WELTGESCHICHTE DES ABERGLAUBENS

VON

JULIUS VON NEGELEIN

ORD. PROFESSOR AN DER UNIVERSITÄT ERLANGEN

ERSTER BAND

DIE IDEE DES ABERGLAUBENS SEIN WACHSEN UND WERDEN

BERLIN UND LEIPZIG 1931

WALTER DE GRUYTER & CO.

VORMALS G. J. GÖSCHEN'SCHE VERLAGSHANDLUNG — J. GUTTENTAG, VERLAGS-BUCHHANDLUNG — GEORG REIMER — KARL J. TRÜBNER — VEIT & COMP.

DIE IDEE DES ABERGLAUBENS

SEIN WACHSEN UND WERDEN

VON

JULIUS VON NEGELEIN

ORD. PROFESSOR AN DER UNIVERSITÄT ERLANGEN

BERLIN UND LEIPZIG 1931

WALTER DE GRUYTER & CO.

VORMALS G. J. GÖSCHEN'SCHE VERLAGSHANDLUNG — J. GUTTENTAG, VERLAGS-BUCHHANDLUNG — GEORG REIMER — KARL J. TRÜBNER — VEIT & COMP.

Die Weltgeschichte des Aberglaubens

ist in zwei Bände eingeteilt

I. Band: Die Idee des Aberglaubens. Sein Wachsen und Werden.

II. Band: Haupttypen des Aberglaubens.

Walter de Gruyter & Co.
vormals G. J. Göschen'sche Verlagshandlung — J. Guttentag, Verlagsbuchhandlung — Georg Reimer — Karl J. Trübner — Veit & Comp.
Berlin und Leipzig

INHALT

VORWORT

Einer vor geraumer Zeit an mich ergangenen Anregung folgend, entschloß ich mich zur Abfassung der Arbeit, die ich nunmehr der Öffentlichkeit übergebe.

Bezüglich der Form meiner Darstellung darf ich hervorheben, daß sie allgemeinverständlich sein mußte, ohne des sachlichen Ernstes irgendwie zu entbehren. Das Textbild durfte durch gelehrte Notizen oder Quellenangaben nicht beunruhigt, Unwesentliches nicht gebracht werden. Den Dank, welchen ich den Darstellern einzelner Teile des vorliegenden weiten Gebietes schulde, muß ich hier und in dieser Form mit voller Wärme abtragen. Besonders wertvoll war mir für den vorliegenden Band das große Werk des leider kurz nach seiner Vollendung gestorbenen Forschers Max Ebert: „Reallexikon der Vorgeschichte“, dem ich das praehistorische Material, soweit ich dessen bedurfte, zum größten Teil, und außerdem viele ethnologische Einzelheiten entnahm. Für das moderne Indien verdanke ich eine große Reihe wertvoller Tatsachen dem zweibändigen Werk von Crooke: Religion and Folklore of Northern India.

Was aber die inhaltliche Abgrenzung meiner Arbeit anlangt, so blieb Selbstbeschränkung um so mehr meine erste Pflicht, als der vom Verlag mir in liberalster Weise zur Verfügung gestellte Raum immerhin begrenzt, der Stoff als solcher dagegen unübersehbar war. Ein Streben, das uns bei jeder andersartigen Darstellung hätte leiten müssen: der Versuch, das gesamte einschlägige Material zu erfassen — wäre hier zur Utopie geworden. Immer wieder kam es darauf an, Wesentliches vom Unwesentlichen zu scheiden, von der Einzelheit ausgehend das Ganze zu erhellen. Tatsachenkenntnis war freilich nötig. Seit Jahrzehnten habe ich sie auf Reisen, durch Studien in der einschlägigen Literatur und durch Erschließung von entlegenen, fremdsprachlichen Quellenwerken zu gewinnen versucht. Neigung und Pflicht zogen mich von der Gegenwart in die Vergangenheit, vom Occident zum Orient. Wenn die Religion — vielleicht die Tochter, vielleicht die bevorzugte Schwester des Aberglaubens — das Herz des Menschen ist, so ist der Orient, die Mutter aller Religionen, die diesen Namen verdienen, das Herz der Welt. Unter den von den Glaubensformen des Morgenlandes durchdrungenen Völkern finde ich eines, welches vorzugsweise zu berücksichtigen war, nachdem die Entwicklung seines Glaubens sich dergestalt enthüllt hat, daß das Wesen aller Religion daran studiert werden kann — hier wiederhole ich Worte Wilhelm Scherers aus seinem Fundamentalwerk über Jacob Grimm —: es ist Indien. Wer Indien kennt, kennt zugleich einen sehr großen Teil der kulturfähigen Menschheit überhaupt; wer seinen Aberglauben erschließt, beschreibt das menschliche Seelenleben von der Zeit an, da der Anthropoide zugleich mit dem Erwerb des menschlichen Ganges den Sinn des Gesichtes walten zu lassen begann, bis zu der Ära, die durch die Gebote der Liebe und Wahrheit jeden Aberglauben aufhob. Der reichstgebildete Arier steht in Indien neben dem kulturarmen Schwarzen. Und doch scheint ein Geist diesen ungeheuren Körper zu beleben.

Wir aber suchen die Vielgestaltigkeit der Erscheinungen. Deshalb mußten wir, über Indien hinausgehend, mit der Urzeit und der primitiven Welt beginnen, wobei allerdings vorauszusetzen, wenngleich unbeweislich, war, daß die Mentalität etwa des eiszeitlichen Menschen der unserer niedrigsten gegenwärtigen ethnischen Einheiten entspricht. Hier finden wir eine Fülle des reichsten Stoffs und Gehalts. Freilich mußte ich angesichts dieses Hinausgehens aus den Grenzen eines engen Fachgebiets und des Blicks auf die ungeheuerlich angeschwollene ethnologische Literatur mir die Frage vorlegen, ob es nicht etwa geboten gewesen wäre, das unübersehbare Material einer Gruppe von Fachspezialisten zur Behandlung zu überlassen. Ich nahm davon Abstand. Nicht um einen Thesaurus des Aberglaubens oder um eine Gesamtdarstellung, die bei riesiger Stoffanhäufung eine begriffliche Zersplitterung hätte ergeben müssen, sollte es sich handeln, sondern um eine Problem-Bearbeitung, aus der sich ein System unter fester Umschreibung des begrifflich Wesentlichen ergeben konnte.

So versteht sich die geplante Zweiteilung des Werkes von selbst. Der vorliegende erste Band ist wesentlich psychologischer und systematischer Natur. Er soll, mit dem Glaubensleben der primitivsten menschlichen Gemeinschaften beginnend, die Modifikationen der abergläubischen Ideenwelt bis zu ihren außerordentlich komplizierten, im indischen Kastensystem sich zeigenden Gebilden in großen Zügen erschließen. Diesem immer wieder zur Problemstellung zurückführenden ersten Teil wird ein zweiter, historischer, folgen. Seine Aufgabe soll es sein, entwicklungsgeschichtliche Haupttypen hinzustellen und deren Eigenart gerecht zu werden.

Das gesamte Werk macht den Versuch, dem Aberglauben in den wissenschaftlichen und weltanschaulichen Gedankengängen unserer Zeit die gebührende Stellung zu sichern. Niemandem zu Liebe, niemandem zu Leide, aber vor allen Dingen nicht farblos zu sein — das war von jeher mein auch in dieser Arbeit verwirklichter Grundsatz.

DER ABERGLAUBEN IM VÖLKERLEBEN

Die indische Sage spricht von einem Zwerg, der darum bat, ihm so viel Land zu schenken, als er in drei Schritten würde durchmessen können. Lachend wollte man ihn gewähren lassen. Da erhob er sich zur weltbeherrschenden Riesengröße und schritt, drei Fußtapfen zurücklassend, über Himmel, Luftraum und Erde hinweg. Seither ist er der Herr der Welt.

Ein solcher Dämon ist der Aberglaube. Man lacht ihn aus und doch steht die ganze Welt unter seinem Bann. Man glaubt ihn klein und doch bezwingt er die Größten; altersschwach, und doch altert und stirbt er nicht; dumm, und doch meistert er die Klügsten. Man meint, sich seiner entschlagen zu können, wenn man den Boden verläßt, den er besitzt; aber, wie das unheimliche Männchen der deutschen Sage, hockt er schon auf dem Pfahl, der die neue Hütte trägt. Er reitet auf dem Rücken Unzähliger; sie fühlen sich unfrei und wissen nicht, weshalb. Deshalb muß es die Aufgabe der Wissenschaft sein, seine Spuren, wo nicht ihn selbst, zu erkennen. Wer ihn zu beseitigen im Stande wäre, würde unermeßliche Kräftemengen für die Zwecke des sittlichen Schaffens auf dieser Welt auslösen können.

Jeder Dämon wird ungefährlich, wenn man ihn beim richtigen Namen nennen kann. Das Rumpelstilzchen des Grimmschen Märchens zerreißt sich, als es sein Namensgeheimnis entdeckt sieht, aus lauter Wut in zwei Teile. Wie nennen wir also den Aberglauben am richtigsten? Was ist er? Es gibt eine große Anzahl von Begriffsbestimmungen dieses Gebildes. Kant nennt in seiner Kritik der Urteilskraft den Aberglauben ein Vorurteil, sich die Natur so vorzustellen, als sei sie den Regeln nicht unterworfen, die der Verstand ihr durch sein eignes, wesentliches Gesetz zugrunde legt und definiert den religiösen Aberglauben als den Wahn, durch religiöse Handlungen des Kultus etwas in Ansehung der Rechtfertigung vor Gott auszurichten. — Beide Begriffsbestimmungen sind völlig unzulänglich. Kant stellt sich den primitiven und antiken Menschen als sein (Kants!) eignes Ebenbild vor und schiebt ihm wesentliche Verstandesregeln unter, die er nicht besitzt noch besitzen kann. Der religiöse Aberglaube vollends ist natürlich etwas ganz anderes als das falsch gerichtete Streben nach Rechtfertigung — ein unpopulärer Begriff, der sofort versagt, wenn wir den Boden des Christentums verlassen. Außerdem denkt Kant hier nur an die abergläubische Handlung, nicht die ihr zu Grunde liegenden Vorstellungen. Wie Kant sich unter dem abergläubischen Menschen im wesentlichen nur den Ostpreußen seiner Tage vorstellen kann, so engt jeder, der sich über dies Gebiet klar werden möchte, den Begriff in seinem Sinne ein. Der Religionshistoriker Jacob Grimm faßt in seiner deutschen Mythologie den Aberglauben einseitig als Beibehaltung einzelner heidnischer Gebräuche und Meinungen nach Einführung des Christentums auf. Der Jurist Schefold definiert ihn als eine Kette von Annahmen, die keine Berechtigung in einer anerkannten Religion haben und die mit den wissenschaftlichen Ergebnissen der neuesten Zeit in unauflösbarem Widerspruch stehen. — Fast jedes Wort dieser Erklärung gibt zu Bedenken Anlaß. Welcher „Annahme" innerhalb einer Religion kann man die Berechtigung zusprechen oder verweigern? Wird ein Glaube dadurch zum Aberglauben, daß man ihm die Berechtigung aberkennt? Dann würde die Religion des Islâm von dem Augenblick an zum regelrechten Glaubensbestande gehört haben, in dem man in Wien oder Berlin die erste Moschee baute. Welche Ergebnisse der Wissenschaft sind die neuesten? Soll man religiöse Überzeugungen wie Tagesmoden aus- und anziehen? Welche Widersprüche sind unauflöslich? Die Wissenschaft hat ihre Götzen und verlacht, was sie später anbetet. — Dankenswert ist hier immerhin die Einführung des Begriffs der Wissenschaft als eines Betätigungsfeldes des Aberglaubens. — Ein gelehrter Mitarbeiter des „Handwörterbuchs des deutschen Aberglaubens" möchte als letzteren den Glauben an die Wirkung und Wahrnehmung naturgesetzlich unerklärlicher Kräfte erkennen, setzt aber vorsichtig hinzu: soweit diese nicht in der Religionslehre selbst begründet sind. Wäre das richtig, so gehörte der Glaube an den Erdmagnetismus, die Gravitation und die Elektrizität zum Aberglauben, denn alle diese Kräfte sind unerklärt und nicht in der Religionslehre begründet. Die „Religionslehre" ist selbstverständlich das Christentum, das uns die Verwandlung von Wasser in Wein und von Wein in Blut lehrt. Also ist die Transsubstantiationslehre einiger christlicher Bekenntnisse wahr, die Lehre von der Erdschwerkraft falsch. — Goethe spricht nicht selten vom Aberg'auben und sieht in ihm das Erbteil starker Naturen, wobei er gewiß vornehmlich an Luther denkt, der alle nur denkbaren Erscheinungen der Natur sich durch ihn auf eine barbarische Art erklärte. Doch hat der Genius auch für die Zukunft Recht behalten. In Bismarck steckten tiefe Wurzeln dieser Herkunft. Überhaupt werden die Genies aller Gattungen sich mit der Natur „in ewigem Bunde" gefühlt haben. Auch Goethe machte keine Ausnahme, da er von einem Losorakel es abhängig machte, ob er Dichter oder bildender Künstler werden wolle; da ein kleiner Wagenunfall ihn veranlaßte, eine Reise abzubrechen; da „das Dämonische" ihn, namentlich wohl in späterem Alter, zu Handlungen wie zu Unterlassungen angetrieben haben dürfte. Ihm als Künstler stand natürlich zunächst der Märchen- und überhaupt Phantasiegestalten bildende Aberglauben nahe, in dem er poetische Werte sieht. Es wäre allerdings in diesem Zusammenhang zu betonen, daß das vom Aberglauben gebundene Gemüt sich zur freien Entfaltung künstlerischer Ideen und Stoffe nicht emporzuringen vermag und daß die Wertung des Aberglaubens als Impuls oder Warnung bei wichtigen Anlässen zu nicht wieder gut zu machenden Schädigungen führen muß. Goethe stand über der von ihm angerufenen Schicksalsmacht. Wie der Zwerg der Sage wird auch der Aberglaube unschädlich, den man beim Namen nennt. „Aus Unmut und Aberglaube ward die vorgesetzte Reise vielleicht übereilt aufgegeben", sagt er nach der Schilderung des Wagenunfalls. Daß ihm der poetische Aberglaube nur Material ist, beweist er, wenn er in seiner Italienischen Reise davon spricht, daß einige katholische Heiligenfiguren, von Guido dargestellt, in Bologna von ihm besichtigt wurden.

Goethe nennt nun die Heiligenlegenden, die so viel Widerwärtiges und Abgeschmacktes enthalten, Erzeugnisse des Aberglaubens: „Zwei nackte Figuren von Guido: ein Johannis in der Wüste, ein Sebastian, wie köstlich gemalt und was sagen sie? Der eine sperrt das Maul auf und der andere krümmt sich... Der Glaube hat die Künste wieder hervorgehoben, der Aberglaube ist Herr über sie geworden und hat sie abermals zu Grunde gerichte*t*." Der Stoff ist ihm hier also nur ästhetisches Material, das er, wenn es seinen Zielen nicht entspricht, als „Aberglaube" widerwillig ablehnt. Als solchen werwirft er den Lokalkultus der sizilianischen, und wohl überhaupt katholischen Kirchen. Besonders verhaßt war ihm das prunkvolle Zeremoniell des feierlichen Kultus zu Rom. In ihm sah er, wie etwa sein aus Italien am 3ten November 1786 in die Heimat gegangener Brief lehrt, die denkbar weiteste Abweichung von dem reinen Glauben des Evangeliums und der Apostel-Geschichte; er spricht hier nicht nur von Aberglauben, sondern von Unglauben, jenem Heidentum, das Christum ganz verkennt und in die Gefahr gesetzt hätte oder setzen würde, wenn er zum zweiten Male auf die Erde herabsteige, von neuem gekreuzigt zu werden. — Mit gleicher Leidenschaftlichkeit wendet sich der Naturforscher Goethe gegen die Newtonsche Lichttheorie, die er wiederholt als Aberglauben bezeichnet, womit er sie offensichtlich herabwürdigen und ihr den Fehler der Unverbesserlichkeit zuschreiben will; ein Aberglaube in diesem Sinne sei ein unkorrigierbarer wissenschaftlicher Irrtum. — Wir haben Goethes Sprachgebrauch an einigen Beispielen dargetan, weil wir der Überzeugung sind, daß nicht die gelehrte Begriffsbestimmung, die sich stets und überall als wandelbar und als ein Hemmschuh freien Denkens erwiesen hat, das Wesen der Sache erschließt, sondern der Sprachgebrauch im weitesten Maße zu berücksichtigen ist. Er gibt Goethes Wendungen zweifellos recht. Die Wissenschaft wird, wenn sie sich den Verstandesideen der Gegenwart verschließt, zum Aberglauben. Deshalb kann man der Wahrheit nahe kommen, wenn man den Begriff des religiösen Aberglaubens rein relativ, den des wissenschaftlichen Aberglaubens nahezu absolut faßt. Die Religionen dieser Erde leben bekanntlich in erbittertstem Kampfe miteinander und bezichtigen sich gegenseitig des schnödesten Aberglaubens. Die christlich orientierte Tagespresse brachte neulich Bilder indischer Büßer unter der Spitzmarke: „Der Höhepunkt des religiösen Wahnsinns". Ihr ist der Hindu ein Heide und Verrückter. Dieser seinerseits sowie der Buddhist nennt in einem apologetischen Flugblatt, das ungeheure Verbreitung besitzt, die Lehre, daß ein Gott aus Rache oder um eine Sündenschuld zu tilgen, seinen Sohn schlachten könne, „verbrecherischen Wahnsinn". Der Islâm wendet sich gegen die Trinität und die Sohnschaft Christi durch die zentrale Lehre: „Er (Allah) zeugt nicht und ward nicht gezeugt." — Innerhalb der einzelnen Religionen gibt es Unterströmungen, die als Aberglauben bezeichnet werden. Das israelitische Gesetz verbietet solche Vorstellungen aufs strengste und will deren Verbreiter getötet wissen. Es liegt im Wesen dieser Ideen, daß sie sich nicht auf das metaphysische Gebiet beschränken, sondern auf traditionellem Wege durch Worte oder Handlungen inkongruente Erscheinungen physischer Art auslösen wollen. Beispielsweise war der bösartige Zauber und die Totenbeschwörung den hebräischen Gesetzgebern sehr verhaßt. Und doch kann man kaum sagen, daß sich Religion und Zauber von einander sachlich unterscheiden müßten. Elias zaubert; die Baalspriester zaubern auch. Wer das meiste erreicht, hat gewonnen. Der Wirklichkeitssinn der Semiten, ihr Streben nach den Gütern dieser Welt, läßt eben die Magie stets als ein wirksames Mittel zum Zweck erscheinen. Ganz anders steht es um den Buddhismus. Er ist „gefrorene Ethik" und nichts als diese. Das Streben nach Tugend aber steht der Magie fern wie der Nord- vom Südpol. — Die einzelnen Konfessionen innerhalb der gleichen Kirche können sich aufs leidenschaftlichste befehden und des Aberglaubens verdächtigen, wie jeder Kenner der christlichen Kirchengeschichte weiß. Der Calvinist sieht in dem Bilderdienst der katholischen oder gar dem Reliquiendienst der griechischen Kirche einen Greuel, Aberglauben schlimmster Art, und umgekehrt der Orthodoxe im nüchternen, verinnerlichten Kultus der Reformierten Kirche ein schlecht bemänteltes Heidentum.

Diesem religiösen Relativismus steht das Absolutum der Wissenschaft gegenüber, wenn man Religion und Wissenschaft richtig, also etwa im Sinne Kants, abgrenzt. Erhebt sich die Letzte ins metaphysische Gebiet, so wird sie, wie etwa der zum religiösen Dogma gewordene Darwinismus, ein einziges Wahngebilde; erniedrigt sich die Erstere dazu, der Verstandeserkenntnis die ihr obliegende Arbeit zu ersparen, so schädigt sie sich selbst, indem sie sich ihrer Göttlichkeit und Unantastbarkeit entschlägt und den menschlichen Fortschritt hemmen will. — Der wissenschaftliche Aberglaube durchsetzt das ganze Leben unseres Volkes. Das Weltbild, auch unserer Gebildeten, wimmelt von folgenschweren Irrtümern, die uns an der Klarheit und Redlichkeit des Denkens unserer Volksgenossen zu Zeiten in erhebliche Zweifel stürzen, jeder sachlichen Belehrung sich unzugänglich erwiesen haben und uns dem Auslande gegenüber schaden. Ich denke hier an die traditionelle Lehre von der Erschaffung der Welt vor wenigen tausend Jahren, von der Bibel als einheitlicher Offenbarungsquelle, der Entstehung des Menschengeschlechts aus Einem Paare, dem Bundesschlusse Moses auf Grund der zehn Gebote. Auf weltanschaulichem Boden ist als besonders töricht und verwerflich die Lehre von der sittlichen Güte der menschlichen Natur zu bekämpfen. Sie ist die Quelle aller Utopien politischer und sozialer Art. Der Mensch ist nicht gut sondern schlecht. Das Streben seines Herzens ist böse von Jugend auf. Nur äußerliche Gewalt und innerliche Furcht verhindern ihn, die Mordecke zu erschließen, die in jedem wohnt. Das goldne Zeitalter war nie da und wird nie kommen. Die Vorfahren waren nicht klüger, nicht stärker, größer oder langlebiger, als wir es sind. Das Gute bricht sich nicht Bahn, weil es gut ist. Es wird nie zum Siege auf dieser Welt gelangen.

Unsinnige Auffassungen und aus ihnen hervorgehende Handlungen haben den Generationen hindurch gegen sie geführten Kampf siegreich überstanden. Noch immer gibt es „Naturobjekte", die nur im Hirn des Menschen leben. Unter den physikalischen Erscheinungen gehört dazu das Irrlicht, im Tierreich nenne ich die Seeschlange, unter den menschenähnlichen Wesen die Meerjungfrau. Es ist dabei von Wichtigkeit, zu wissen, daß der in die Enge getriebene Abergläubische seine Gebilde zwar für die Gegenwart und räumliche

Nähe verleugnet, aber für Zeiten- und Ortfernen oft aufrecht erhält. Man hört dann: „... aber ehemals und im fernen Ozean mag es doch Ungeheuer mit Fangarmen gegeben haben, die Schiffe in den Grund zogen" usw. Seltsam ist der vielfach gemachte Versuch, biblische Wunder zu retten, indem man sie naturwissenschaftlich gewissermaßen entschuldigt. Sie sind dann zwar keine Wunder, d. h. physische Unmöglichkeiten, mehr, aber um so unglaubwürdiger und wunderlicher. Es wird ihnen ihre Hoheit genommen und ihre innere Wahrscheinlichkeit nicht vergrößert. — Ferner muß man sich vergegenwärtigen, daß die Seeschlange oder das Irrlicht, wie sie in der wissenschaftlichen Literatur behauptet und geleugnet wurden, nicht den volkstümlichen, seit Alters unter den Namen „Seeschlange" oder „Irrlicht" laufenden Gebilden gleichzusetzen sind, denn der Volksglaube redet von Meerungeheuern mit feurigen Mäulern, riesigem Leib, Kopf und Kamm. Das Irrlicht huscht nicht bloß über Sumpfgegenden, sondern auch über festes Land, zeigt verlockende Gestalt und sehr verschiedene Farben. Gestalten dieser Art sind naturgesetzlich unmöglich. Daß sie, wie wir dies bei der Seejungfrau erweisen können, einen Anhalt an der Wirklichkeit haben, soll nicht geleugnet werden. Ihre mythische Gestalt gehört vor das Forum des Volkskundlers, ihre naturwissenschaftliche Grundlage interessiert den Spezialforscher dieses Gebiets. Bedeutsam ist es, daß der Glaube an Wassergeister (wie sicherlich auch an Wasserschlangen, Irrlichter usw.) auf den Augenschein zurückgeführt wird. Ein lebendiges Wasserweibchen wurde um die Wende dieses Jahrhunderts zu Königsberg in Preußen in einer Jahrmarktsbude gezeigt. Auf der kurischen Nehrung haben mir ältere Fischer von tadellosem Ruf häufig die Angabe gemacht, sie hätten diese Wassergeister in einer Entfernung von 20, 15, oder gar nur 10 Schritten aufs deutlichste gesehen. Als ein Maler am dortigen Seestrande ein weibliches Nacktmodell kopierte, ging das Gerücht um, der fremde Mann hätte eine Seejungfer in seinem Dienste. Man erzählte den durchreisenden Fremden viel von deren eigentümlichem Wesen. Gewöhnlich werden solche Genien als Weiber mit großen, herabhängenden Brüsten und überaus langem, aschblonden Haar, aber einem meist sorgfältig im Wasser verborgen gehaltenen Fischschwanz ausgestattet gedacht. Sie blicken den Menschen mit Fremdlingsmienen an und sind stumm. Bisweilen gelang es, sie einzufangen. Jener Maler ging ja mit einer solchen Meerfrau ein Bündnis ein — die Urzeit klingt hier nach! Auch an Seepferde glaubt man ebendort. Sie werden als Rosse von gewöhnlicher Größe, aber ebenfalls mit einem meist verborgen bleibenden Fischschwanz begabt, vorgestellt. Namentlich an freundlichen Sommertagen sollen sie das stille Meer beleben. Alte Fischer wollen sie als Rappen, Schimmel oder Schecken im bunten Gewirr zu Tausenden herumspringen gesehen haben, prustend, wiehernd, schnaubend. Solche Schilderungen beweisen jedenfalls, daß man nicht an Wunder zu glauben braucht — man kann sie sehen. Auch die Gottheiten der Antike haben sich immer durch die Visionen ihrer Gläubigen legitimiert. — Die Kenntnis des Tierreichs ist mit schwersten Irrtümern auf anatomischem, biologischem und tierpsychologischem Gebiet durchsetzt. Der Hase hat nicht neun Häute noch die Kröte Giftdrüsen. Der Krebs geht nicht rückwärts und lebt nicht vom Aas. Der Hase schläft nicht mit offenen Augen. Den Hirschkäfer nennt man zwar den „Feueranzünder"; man glaubt, daß er den Blitz anziehen und Brände stiften soll. Er ist aber ebenso harmlos als die Blindschleiche, die sich an den Füßen von Menschen und Pferden festsaugen soll und als die Fledermaus, die als Vampyr, sich in die Haare der Frauen verflechtend, d. h. als Dämon gilt. Ich selbst bin Zeuge davon, daß diesem Wahn unschuldige Tiere in grausamer Weise zum Opfer fielen. — Die Herkunft und die Lebensweise der niederen Organismen wird völlig verkannt. Wie die heilige Hildegard Ameisen aus der Feuchtigkeit hervorgehen ließ, welche die Gewürze ausschwitzen, so führt man noch jetzt manches Ungeziefer auf Kot und Urin als unmittelbare Ursprungssubstanzen zurück. „Würmer" sollen im Gehirn und selbst Frösche im Leibe unreiner Menschen zu Mengen leben. Die Neigung von Hysterikern, ungeeignete Gegenstände und auch wohl Lebewesen zu verschlucken, liegt hier zu Grunde. — Eigentümlich ist die Borniertheit, mit der man menschlich-sittliche Qualitäten auf die Tiere überträgt, ohne sich zu sagen, daß diese ihren Lebenswillen in der ihnen eignen, nicht aber in der dem Menschen zukommenden oder bequemen Weise äußern müssen. Weder ist der Elefant „plump", noch der Löwe „edelmütig", der Tiger „mörderisch", der Hund „treu", das Schwein „schmutzig", das Pferd „edel", der Spatz „frech", am allerwenigsten die Katze „falsch"; diese steht vielmehr an Treue, Tapferkeit und vielen anderen unerkannten Tugenden weit über dem homo sapiens. Um unsere Kenntnis des Pflanzenreichs steht es nicht besser. Die schönsten Naturprodukte sind der Masse so lange gleichgültig, bis sie modern werden, dann aber gehen sie ihrer schnellen Vernichtung entgegen. Ich gedenke hier der Alpenpflanzen und der Seedistel, die, als man sie „entdeckte", in wenigen Jahren in weiten Landstrichen ausgerottet wurde. Als die Tulpenzwiebel zuerst nach Holland kam, brach eine Geisteskrankheit, die bekannte Tulpenmanie, deren Gebilde jedes Phantasieprodukt hinter sich lassen, aus. Diesen „schönen" Gewächsen stehen die „häßlichen" wie den „nützlichen" die „schädlichen" gegenüber. „Nützlich" ist alles, was „nahrhaft" ist, wobei dieser Begriff einen ganz falschen, abergläubischen Wert bekommt. „Schädlich" sind manche Pilze. Die traditionelle Unvernunft verwendet trotz hunderttausendmaliger Warnungen zu diagnostischen Zwecken noch immer den silbernen, in der Pilzsuppe gekochten oder in sie getauchten Löffel: wird er schwarz, so liegt ein Giftpilz vor. Andernfalls verzehrt man das verderbliche Gift oder reicht es weiter — der Löffel ist eben nicht schwarz geworden! — Damit kommen wir zu der Lehre von den Giften und Gegengiften. Die letzteren gibt es nicht! Die volkstümlichen Vorstellungen von den Willensäußerungen und ihrer Abhängigkeit vom Organismus sind völlig verkehrt. Sie beschränken sich meistens auf das dümmste aller Sprichwörter, das bekannte: „mens sana in corpore sano", das meist in dieser Form übersetzt verbreitet wird: „Nur in einem gesunden Leib kann eine gesunde Seele wohnen." Das ist Aberglaube schimpflichster Form, meist geschaffen, über verstumpfender Individualkultur die Forderungen des sozialen Organismus zu vergessen. Ich wüßte kaum einen großen Mann zu nennen, der völlig gesund gewesen wäre. Darwin und Zola waren schwere Neurastheniker; Blücher, Wallenstein, Napoleon, Caesar trugen Wahngebilde in sich; Hölderlin, Lenau, Maupassant, Nietzsche gingen an Gehirnerweichung (Paralyse) zu Grunde. Goethe wurde zu Zeiten für geisteskrank gehalten und litt unter Zwangsvorstellungen. Bismarck war äußerst nervös, empfindlich, zum Jähzorn und zu Tränenausbrüchen geneigt, Schiller und Hölty tuberkulös. Wir wir aus einem erst spät entdeckten Tagebuch wissen, war Schiller jahrelang so schwer krank, daß er sich im Zwiegespräch, um nicht zusammen zu brechen, nicht niederzusetzen wagte. — Furchtbar haust der volksmedizinische Wahnsinn in den Reihen der „Kultur"- und „Natur"-Menschen. Lessings: „... der Arzt, der Mörder sollt' ich sagen..." hat zwar längst seine Berechtigung verloren. Aber beispielsweise das Gebot, während eines (militärischen) Marsches nicht zu trinken, wurde mit drakonischer Strenge im Heere des greisen deutschen Kaisers aufrecht erhalten — man „steckt sich sonst die Lunge an." Das wurde nun vermieden, aber unendliche Qualen und körperliche Schädigungen waren die Folgen dieses tausendmal vergeblich widerlegten, bornierten Vorurteils. Mit der zu Gemüte gehenden Wendung, daß Mutterliebe auch in der Krankenbehandlung das Richtige träfe, werden die schwersten Mißgriffe beschönigt und verschleiert, denn bloße Mutterliebe ist es, die Narkotika beim Schreien von Säuglingen verordnet, das Wiegen und Schaukeln derselben erlaubt, sie übersättigt, mit Wein vergiftet und vieles tut und duldet, was Vernunft und Recht verwerfen. Ungeheuerlich ist die bei der Kindespflege besonders stark hervortretende Furcht vor „Zug". Die Sauerstoffzufuhr wird nach Kräften unterbunden, jeder gesunde Luftzug zur Krankheitsursache gemacht. Hier klingt die (im Faust aus Wagners Worten sich äußernde) Angst vor den in allen vier Himmelsgegenden gelagerten Krankheitsdämonen deutlich nach. — Mehr als dürftig und das Weltbild fälschend ist die allgemeine Auffassung der weltgeschichtlichen Zusammenhänge. Von den Völkern des Orients stammen die höchsten Güter unserer Kultur: alle Religionen, die dieses Namens wert sind, die wichtigsten Großtaten der Philosophie. Den Indern verdanken wir im Dezimalsystem die Basis unseres mathematisch-physikalischen Denkens und Schaffens, den Chinesen die bedeutendsten technischen Leistungen, das Papier und den Druck. Die alten Ägypter haben durch die Auferstehungsidee eine Brücke zwischen Diesseits und Jenseits geschlagen. Und doch wissen wir von den Chinesen nichts, als daß sie Zöpfe tragen; den Türken, daß sie mehrere Frauen haben; den Indern, daß sie Affen anbeten; den Arabern, daß sie das Kamel das Schiff der Wüste nennen — also lauter schiefe oder falsche Bagatellen, die dadurch zum gefährlichen Aberglauben werden, daß sie die Schöpfungen der gesamten Kultur auf das Mittelmeerbecken verlegen und durch die einseitige Betonung von dessen Völkern das Weltbild fälschen, unsere nationale Geschichte erniedrigen und „ewige" d. h. dogmatisch erstarrte Begriffe schaffen, die uns langweilig werden und von den Idealen fernhalten. Denn es gibt nichts gefährlicheres als die Langeweile. Langweilig und verlogen aber ist das ewige Gerede von dem alten Griechen als dem „Schönen und Guten", von der „edlen Einfalt und stillen Größe" der bildenden griechischen Kunst. Die griechische Sprache klang „dem Piepsen von Mäusen ähnlich" und wird auf unseren Schulen fast Buchstabe für Buchstabe falsch gesprochen. — Schlimmer steht es um die

Römer. Es gibt keine hölzernere, zum Ausdruck eines modernen Gedanken ungeeignetere Sprache als die Lateinische. Das römische „Weltreich" war viel kleiner als das Babylonische, von dem chinesischen und einem amerikanischen Imperium ganz zu schweigen. Daß seine Kenntnis, das Studium seiner Rechtseinrichtungen und Rechtsideen, keine geeignete Grundlage für die Erfassung gegenwärtiger Staatsideen ist, lehrt mit besonderer Deutlichkeit Theodor Mommsen und seine gänzlich verunglückte politische Einstellung. Das ganze, unsere Gymnasien befruchtende System des Klassizismus ist ein Gebilde starren Aberglaubens. Mit Homer beginnt nicht die Poesie, mit Herodot nicht die Geschichtsschreibung. Solon oder Lykurg waren nicht die ersten Gesetzgeber. — Besonders schändlich und an politischen Verrat grenzend ist es, was mir in meiner Schulzeit d. h. in der Endzeit der innenpolitischen Gesetzgebung Bismarcks begegnete; damals wurde uns gesagt: das sei alles nichts besonders Hervorhebenswertes. Die alten Griechen hätten schon eine Alters- und Invalidenversorgung gehabt! — Wie man über das Deutschtum der fernen Vergangenheit dachte, geht aus einer Äußerung hervor, deren Zeuge ich als Schüler war: wir sollten von unseren Vorfahren nichts als den gesunden Körper erben. Der Lehrer, der zu mir so redete, war ein Trinker und bezog sich auf den Vers: „Die alten Deutschen ... tranken immer noch eins." Wie töricht! Was unsere Wissenschaft längst festgestellt hat, konnte jedem Einzelnen die schlichte Überlegung sagen: daß der Deutsche kein Säufer sein k o n n t e, selbst, wenn er es gewollt hätte. — Damit sind wir bei den Geschichtslügen angelangt, die, längst widerlegt, als Aberglauben in den menschlichen Gehirnen gleich Fremdkörpern festsitzen. Zu diesen gehören die tendenziösen Erfindungen und Verdrehungen politischer und religiöser Art. Der Prozeß der Umarbeitung von Herrschertaten und Herrschercharakteren im Sinne einer verlogenen Parteiwirtschaft und Partei-Ideenrichtung hat begonnen und verlangt schärfste Aufmerksamkeit. Das „Gottesgnadentum" der Kaiser war ein Ausdruck ihrer Demut, nicht ihres Größenwahnsinns. Es ist ein Geschwätz, zu sagen, daß auch ohne Bismarck das deutsche Reich „geworden" wäre. Der Begriff des mechanischen „Werdens" ist der vergiftendste Ausdruck menschlicher Denkfaulheit; „wie sich der Wagen nicht ohne das Rad, so bewegt sich das Schicksal nicht ohne die männliche Tat" sagt ein indisches Sprichwort. Nur durch die Werke Großer ist das weltgeschichtlich Bedeutende geworden. Diese Großen waren in Einem sehr klein: i m R e d e n. Kein Großer Mann ist ein großer Redner gewesen. Auch Bismarck (den ich sprechen hörte) war es nicht. Fast alle Schlagworte, Redensarten und namentlich „l e t z t e n Worte" bedeutender Männer sind, obgleich geschichtswissenschaftlich seit langem korrigiert, erfunden oder verdreht kolportiert worden. Luther sagte vor dem Reichstag von Worms nicht: „Hier stehe ich, ich kann nicht anders; Gott helfe mir, Amen." Goethe sprach überhaupt kein letztes Wort, am allerwenigsten: „mehr Licht", sondern entschlummerte sanft und unmerklich; Napoleon sagte nicht: „C'est fini". Kurz — mit der Geschichtslüge schwinden Sensationen dahin. Andere widerliche Bagatellen erfreuen sich bei Indolenten und Ignoranten einer besonderen Beliebtheit, wie z. B. die Erzählung von Schiller und den faulen Äpfeln, an denen er roch. Mit äußerster Energie muß gegen einseitige Geschichtsauffassungen vorgegangen werden, die sich gewöhnlich in die hypothetische Form kleiden: „Wäre es Napoleon gelungen, die Russen zu besiegen“ ... „Hätten wir in der Marne-Schlacht...“ Die indirekte Folge solcher auf irrealen Faktoren fußenden Grundlage ist stets nur eine Verzerrung des Tatsachenbildes zu Gunsten vorgefaßter Meinungen. Diese Meinungen können eine subjektive Einstellung ergeben, die sich über den ganzen Geschichtsbereich ausdehnen und zu fälschenden Werturteilen führen muß. Nicht neu, vielmehr sehr alt, aber unter den Erzeugnissen der ungeheuren, kosmopolitischen Falschmünzerwerkstätte der Gegenwart neu entdeckt ist die Geschichtsauffassung, nach der die Weltgeschichte das Weltgericht sei. Die sachliche Falschheit macht diese Gesamtauffassung lächerlich, ihr durchsichtiger politischer Zweck sie ehrlos. Sie hat im Gefolge den Fatalismus: wir können nichts tun, als dies: uns dem von außen auf uns einwirkenden Tatsachenzwange zu unterwerfen. Hier handelt es sich um einen besonders gefährlichen Aberglauben, um eine Morphiuminjektion, die ganze Völker apathisch machen kann. Verkehrt ist auch die Theorie vom Wachsen, Blühen und zwangsläufigen Vergehen einzelner Völker oder gar des ganzen Abendlandes, weil dadurch eine feste Proportion zwischen diesen drei Faktoren hergestellt, also dem Determinismus Vorschub geleistet wird. Solche Lehren beruhen auf unstatthaften Verallgemeinerungen disparater Geschehnisse.

Damit kommen wir zu den verzerrenden Überwertungen des auf intellektueller Grundlage stehenden Aberglaubens. Das Bedürfnis, Phantasie und Gemüt in Aufregung zu setzen, erweist sich stets als zu stark, um durch Naturerfahrung und zuverlässige Belehrung korrigiert zu werden. Daher stammt der Glaube an ungeheure Erscheinungen der Natur, die eine reale Unterlage haben, aber dimensional oder zeitlich bis zur Unkenntlichkeit vergrößert werden. Der Glaube an Riesen gehört hierher. Eine Fülle von geographischen Tatsachen drängt sich auf, von der Wissenschaft längst preisgegeben, von der Menge hartnäckig festgehalten. Ich gedenke hier der haus- oder turmhohen Wellen des freien Ozeans; der Wüstenstürme, die ganze Karawanen verschütten; Erdrisse, in denen Häuserkomplexe, Landschaften und Menschengruppen verschwunden sein sollen; Moore, die ihre Bewohner in die Tiefe ziehen; des Treibsandes, der Mann und Roß auf Nimmerwiedersehen verschluckt.

Wichtig ist es natürlich, die Quelle für die Vergröberungen und Vergrößerungen von Naturobjekten festzustellen. Sie werden stets affektbetont geschildert und deshalb affektbetont aufgefaßt und weitergegeben. Von Einzelheiten sei als besonders überraschend hervorgehoben die Überschätzung der Höhe der Meereswellen. Was aber die Größe einzelner gescheuter, gefürchteter oder bewunderter Tiere anlangt, so war die ehemals übliche Unterrichtsmethode von Schule und Elternhaus die Quelle von Phantasie-Abirrungen, die diese Wesen entstellte, denn wir erfuhren neben der (vom Schüler meist übersehenen oder überhörten) Angabe, wie hoch ein Elefant, wie lang und schwer eine Riesenschlange durchschnittlich sei, unter besonderer Hervorhebung die Maximal-Maße beider Wesen; sie allein blieben im Gedächtnis haften. In Berlin sah ich als Naturwunder eine Schlange ausgestellt, die angeblich 8,3 m lang und $2^1/_2$ Zentner schwer war. (Diese Angaben waren übrigens übertrieben.) Wenn man damals ein Kind, das dieses Tier gesehen hatte, fragte: „Wie lang ist eine Riesenschlange?“, so antwortete es mit Sicherheit entweder: „8,3 m lang“, oder, wenn es diese Zahl nicht im Gedächtnis behielt, je nach seinem Alter und der Stärke und Nachhaltigkeit des erfahrenen Eindrucks: „So lang wie unser Haus“... „wie der Schulhof...“ ...„wie Wertheim“. — Wenn zu fremden Völkern ein diesen unbekanntes Tier gebracht wird, entstehen über sein Äußeres und seine Fähigkeiten sofort die wüstesten Märchen. Zu den in der Antarktis seßhaften Aleuten brachte Chamisso einen Frosch. Er galt sogleich als kleiner Mensch, Dämon u. a. m.

Ein unverbesserlicher ethnologischer Irrtum ist der Glaube an Kinder raubende Zigeuner. Die Furcht vor dem Zigeuner beruht meist weniger auf seinen Neigungen zu Diebereien als auf dieser ihm angedichteten Kindersehnsucht. Allerdings sind gegenwärtig einzelne Fälle dieses Delikts hier und da in der kriminalistischen Literatur belegt. Es kommt vor, daß solche Vagabunden fremde Kinder in das eigne Elend hineinziehen, um sie dem ihnen Gewinn und Müßiggang verheißenden öffentlichen Mitleid in die Arme zu treiben. Doch ist es mehr als fraglich, ob diese ganz sporadisch auftretenden Fälle die Veranlassung zu jenem Glauben gegeben haben. Vielmehr ist es fast sicher, daß die bloße Furcht vor dem Vertreter einer fremden Nationalität zum Ausgangspunkt dieser äußerst stark überbetonten Idee geworden ist; denn der Landfremde gilt vielfach als kinderraubender Dämon.

Um auch auf dem Gebiet der Psychiatrie ein Beispiel anzuführen, so nenne ich die äußerst populäre Gestalt der im Nachtgewand auf der Dachrinne spazierengehenden Nachtwandlerin. Sie ist in der Zeit der Romantik und der spießbürgerlichen Freude an Gruselgeschichten zahllose Male abgebildet, beschrieben und besungen worden. Tatsächlich ist es äußerst schwer gewesen, auch nur eine geglückte Kletterpartie wirklich glaubwürdig zu belegen. Immerhin nehme ich an, daß in jenen Zeiten, in denen die Schlafkammerfenster sich nach den niedrigen (auch zu Wirtschaftszwecken betretenen) Dächern hin öffneten, einzelne Noctambulen einen solchen Spazierweg angetreten haben, denn der Mond wirkt auf Neurastheniker oft aufregend und begünstigt als genügende Lichtquelle das Nachtwandeln. Aber „in Wahrheit sind“, wie die spezialwissenschaftliche Beobachtung gelehrt hat, „geglückte Kletterpartien recht selten, Verunglückungen der Schlafwandler mindestens eben so häufig und die besondere Geschicklichkeit hängt offenbar nur mit der Abwesenheit der Wahrnehmung für die Gefahr zusammen.“ — Übertriebene Wertungen, die sich jeder Warnung unzugänglich zeigen, finden wir namentlich auf dem Gebiete der kosmetischen und hygienischen Modeartikel. Es spottet jeder Beschreibung, wieviel Unbildung und blindmachende Eitelkeit seitens der Vertreiber solcher Artikel bei dem Publikum vorausgesetzt wird. Unter den geschlechtlichen Reizmitteln sei hier des Johimbin's gedacht, das aus der Johimbea, einem zu Kamerun wachsenden Waldbaum, hergestellt wird. Die Eingeborenen jener Gegenden kannten es seit langem und wußten von der Grenze seiner Wirksamkeit, während die Europäer, die es haarsträubend teuer bezahlten, davon eine zweite Jugend erhofften.

Wo liegen nun die Grenzen zwischen Wissenschaft und Aberglauben? Die Geschichte lehrt, daß das Gebiet des Aberglaubens immer mehr zurückgedrängt wird, weil man durch Vergleichung analoger Tatsachenkomplexe das Moment der Willkür aus dem einzelnen Naturvorgang ausschaltet und letzteren als notwendige Äußerung eines Naturgesetzes auffaßt. Einer der zwingendsten Beweise für das Vorhandensein einer Gottheit beim Opfer war das langsame Verschwinden des ihr dargereichten Trankes und das schnelle Verzehrtwerden der Speise durch das heilige Feuer. Nunmehr müssen an die Stelle der Gottheiten, die den Trank schlürfen und die Speisen durch den Mund des Feuergottes genießen, die naturwissenschaftlichen Kategorien der Verdampfung flüssiger Körper unter Wärmewirkung und des Oxydationsprozesses im Verbrennungsakt treten. — Ein weiteres Beispiel: als Beweis der leiblichen Gottesnähe galt bei allen uns bekannten Völkern, die das Gewitter beobachten konnten, der Blitz. Seit wir ihn physikalisch einordnen, bestimmen, ablenken können, ist er ein Naturobjekt. — Morgen- und Abendröte waren noch für Luther Fingerzeige Gottes, eine an den Himmel gesetzte Schrift. Wir kennen seit langem den Grund ihrer Herkunft und wissen, daß sie mit göttlichen Einwirkungen nichts zu tun haben. Sie zeigen sich in gleicher Gestalt unter gleichen Bedingungen bei Völkern, die aus ihnen die entgegengesetzten Schlußfolgerungen ziehen. Daraus können wir unsererseits den überaus wichtigen Schluß ziehen, daß Einwirkungen einer Gottheit durch Naturphänomene nur in der abergläubischen Phantasie denkbar sind. — Die modern-populären Darstellungen über den Aberglauben versuchen ihn der Wissenschaft zu nähern und kokettieren zu Zeiten mit dem Gedanken an das sachliche Ineinandergreifen beider. Man denkt an die Transfusion, die auf der abergläubischen Vorstellung von dem seelentragenden Blute aufgebaut ist und sich, obgleich man diesen mosaischen Gedanken längst hat fallen lassen, gleichwohl behauptet hat. Tatsächlich aber verurteilte der ehemalige Mangel an Asepsis die Blutübertragungsversuche zur größten Gefahr für den gebenden wie für den nehmenden Teil. Außerdem schlich sich angesichts der Falschheit der theoretischen Grundlage ein Heer von parallelen Mißgriffen ein; ich erinnere nur an das Trinken von Blut, um sich die Seelensubstanz des Blutgebers einzuverleiben, an die zahllosen, mit dem gleichen Material vorgenommenen Zauberhandlungen. Und endlich kannte man die Lehre von den Blutgruppen nicht, die uns darüber belehren, unter welchen Umständen die sorgfältigst vorgenommene Blutübertragung glücken kann. — Von noch höherem Interesse ist es, daß auf der falschen Auffassung von der Magie des Wortes sich das „Besprechen" von blutenden Wunden aufgebaut hat und daß tatsächliche Heilerfolge zu verzeichnen sind. Durch Suggestion in der Hypnose ist es sogar gelungen, unterbewußte physiologische Vorgänge (Menstruation) zu beeinflussen. Aber auch hier kann uns der einzelne Erfolg nicht über das Heer von Mißerfolgen hinwegtäuschen, die schwere Schädigungen zur Folge haben. Da alle Krankheiten dämonisch aufgefaßt wurden, so „besprach" man auch z. B. die Wundrose und viele anderen, jeder Suggestion trotzenden Leiden. Zudem kann und darf die Suggestion, der „Glaube" an den behandelnden Zauberarzt, nicht als Vorbedingung für den Heilerfolg geltend gemacht werden — und doch geschieht es im Aberglauben grundsätzlich und immer, vom Standpunkt der Suggestionstherapie mit Recht. — Mit einer gewissen Schadenfreude weist man gegenwärtig darauf hin, daß die Alchimie, die ein Element in ein anderes überzuführen versuchte, gegenwärtig wieder zu Ehren gekommen sei. Demgegenüber muß betont werden, daß nie das Ziel einer Handlung sondern der Weg, der zum Ziel führt, als abergläubisch betrachtet werden kann. Der Phaetonflug ist ebensowenig ein Problem des Aberglaubens als die Verwandlung von Silber in Gold. Abergläubisch dagegen ist das Mittel der Alchimie, das einzelne Mineralien mit „Kräften" begabt, diese in Brautbetten sich paaren und Kinder erzeugen läßt. Das auf so verworrener Grundlage gewonnene Zufallsergebnis hätte unter keinen Umständen seiner Wichtigkeit entsprechend erkannt und zum Ausgangspunkt weiterer zielbewußter Versuche gemacht werden können. Andererseits glaubte man gerade auf Grund der Systemlosigkeit und Geheimhaltung der Versuche Erfolge errungen zu haben, die tatsächlich fehlten; beispielsweise meinte man hartnäckig, durch Berührung von Metallen mit Quecksilber diese in Silber zu verwandeln. Die Grundlage der Theorie war falsch und eben deshalb der Fehler des Experiments unkorrigierbar. Die mit unsachlichen Wertbegriffen belasteten Mittel führten folgerichtig zu methodischen Fehlern, die das erwünschte Ziel nicht näher rückten und jede Kritik an dem gemachten etwaigen Fortschritt verhinderten. — Man spricht davon, daß der Aberglaube ein Gefühl für das in sanitärer Hinsicht Richtige habe und weist als Beispiel auf die Abneigung der semitischen Völker gegen das Schwein als Trichinenträger hin. Um wieviel näher läge es aber, die in dem vergifteten Zisternenwasser vorhandenen Schädlinge zu entdecken oder doch wenigstens dies Wasser selbst „aus Instinkt" zu meiden. Weit gefehlt! — Zudem meidet man nicht nur das Schwein, sondern auch den völlig unschädlichen Hasen. Da das Fleisch von den Semiten nur stark gekocht genossen wird, ist die Trichinengefahr übrigens klein.

Der Gedanke, daß Aberglauben und W i s s e n s c h a f t sich zu Zeiten berühren, entbehrt nicht jeder Berechtigung. Das gelehrte, m y s t i s c h e S c h l a g w o r t wirkt wie die Zauberformel als Mittel, sich über den sachlichen Erkenntnisgrad hinweg zu täuschen. Da erfahren wir von der „Veranlagung" zu manchen Krankheiten und denken dabei an eine unbestimmte Kraft, ähnlich dem Mana der Melanesier und dem Manitu der Indianer. Der arabische Zauberer spricht von „Seelen" und „Energien" (rûh und nafs) als geistigen Elementen, die im Materiellen verkörpert liegen. Bei uns redet man von „Vitaminen," das heißt Lebensstoffen. Ins Mittelalter versetzt uns die Lehre von der „Wahlverwandtschaft" chemischer Stoffe. Wo Begriffe fehlen, da stellt ein Wort zur rechten Zeit sich ein. Dieses Wort verbaut oft Jahrhunderte lang jeden Erkenntnisfortschritt, indem es abergläubisch als ein geistig Letztes gewertet wird.

Hat die K u n s t etwas mit dem Aberglauben zu tun? Zweifellos ist das der Fall. Was sie immer erstreben muß — d i e A l l b e s e e l u n g d e r N a t u r — das hat der Aberglaube und seine traumhafte Synthese, das Märchen, seit langem erreicht. Aus Urzeiten klingt zu uns die in die älteste indische Kunstform gebannte Lehre herüber, die Naturelemente, Erde, Bäume, ja das Wasser ehrerbietig zu behandeln, nach Menschenart um ihre Hilfe zu bitten und sie ja nicht zu schädigen. Sonst trifft den Sünder das jenen Dingen durch die menschliche Schädigung bereitete Los, wenn Ding und Mensch im Himmel sind. „Wenn jemand in dieser Welt... Waldbäume niederschlägt, ... so fressen ihn in jener Welt diese Waldbäume, nachdem sie menschliche Gestalt angenommen haben." — Jedes Opfertier muß um seine Einwilligung zur Schlachtung gebeten werden. Das Gleiche gilt sogar von dem Opfer-Wasser. „Es hat seine Zustimmung gegeben" versichert im Ritual der Funktionär. Diese Idee der Allbelebung, durch den Aberglauben über die Antike bis zu Shakespeare's Zeiten hindurchgerettet, erklärt dessen Werke, ja, ihr dichterischer Gehalt ist durch sie bedingt. Die ganze Flora von Shakespeares Vaterstadt „lebt" für den Dichter. Die Blumen in den Händen der Ophelia haben ihre eigne Sprache. Die Tierwelt ist fromm, gütig, liebevoll, des menschlichen Mitleids würdig. Dem verwundeten Reh stehen Tränen zu Gebote. Die Gestirne des Himmels verehren die Sonne als ihren Regenten, wie die Erde dem irdischen König untersteht. Beide Weltsysteme, das kleine wie das große, hängen magisch miteinander zusammen. Die Verkehrung der Jahreszeiten brütet „ein Heer von Plagen" auch unter den Menschen aus. Der Streit zwischen Oberon und Titania bringt wie die Natur so das Menschentum aus dem Gleis. Erst nach der Beendigung dieses Zwistes können Theseus und Hippolita sich heiraten: das Band der Ehe ist zugleich ein Band der Natur. Umgekehrt führt die Erschütterung der königlichen Stellung zu Verfinsterungen von Mond und Sonne (Lear). Tod oder Fall von Königen werden durch den Sturz von Planeten eingeleitet (Heinrich IV.). Alle diese Einzelheiten ergeben eine dem Aberglauben von Grund aus eigene Weltanschauung, die Idee, daß ein Parallelismus zwischen dem Himmelsbild und Weltenbild, dem Makrokosmos und Mikrokosmos, vorhanden sei und jede Veränderung des einen die des parallelen Teils des anderen nach sich ziehen müsse. Auf diese Grundidee werden wir an anderer Stelle zurückkommen. — Die volkstümliche Kunst hat sich gern mit den Gestalten des Aberglaubens beschäftigt, ohne sie ihrem Gehalt nach erfassen zu können. Der Freude am Überraschenden, Sonderbaren, Abstrusen ist es zu verdanken, wenn vor etwa einem halben Jahrhundert jede Grotte mit einem Zwerg, jede Wiese mit einem kleinen Dämon geschmückt werden mußte. Bisweilen wurden solche Gebilde, namentlich auch die Wassergeister, künstlerisch als lebendige Darstellungen, als Inbegriffe der Elemente, die sie wiedergeben, erfaßt. Bewunderungswürdig ist in dieser Hinsicht beispielsweise ein Münchener Brunnen. Es kam aber auch vor, daß rohe Geschmacklosigkeit, die an Wahnsinn grenzt, alle nur denkbaren Miß- und Ungestalten zusammenraffte und als „Zierrate" verwertete. Ein gutes Beispiel dafür gibt die Statuensammlung des Prinzen Pallagonia nach Goethes Bericht von seiner Italienischen Reise vom 9. 4. 1787. Eine augenscheinliche Freude an der plastischen Darstellung von Mißgestalten des Aberglaubens geht aber auch aus manchen Figuren deutscher Fürstenschlösser hervor.

Die Einstellung der Volksmasse zu den Vertretern von Kunst und Wissenschaft ist durchaus verkehrt und unverbesserlich falsch. Der Gelehrte wird entweder als Vielwisser verspottet oder als Magier gehaßt und gefürchtet. Die Vorstellung, daß ein berühmter Mediziner seine Heilmittel geheimhalte, um Geld und Macht zu erlangen, ist sehr weit verbreitet. — Den Künstler stellt man sich als in Begeisterung, teilweise traumhaft, schaffend vor. Die kontrollierende Urteilskraft, die das visionär entstandene Gebilde beherrschen und gliedern muß, wird ganz unterschätzt. Freilich — es gibt Traumdichter, Traummaler usw. Sie tauchen immer wieder auf und sie werden immer wieder vergessen — und das mit Recht, denn die Kunst nimmt ihr Material aus der Erfahrung.

In den religiösen Systemen tritt der Aberglaube als uralter, überall gleichbleibender Kern auf. Deshalb sagt Goethe mit Recht und Chamberlain sagt es ihm nach, daß der Aberglaube bei allen Völkern und Zeiten der nämliche gewesen sei. Nur auf den Höhen des Lebens sind wir verschieden. In der Öde des Alltags verwischen sich die Gegensätze, in den Niederungen des Volkstums hören sie ganz auf. Die Furcht vor bösen Geistern entwächst einem durch seine Begleitumstände erschütternden Todesfall zwangsläufig. Die so erstehenden Wahngebilde finden sich denn auch tatsächlich auf der ganzen Erde und vereinigen die auf dem nämlichen Boden ansässigen Vertreter verschiedener Religionen. In Palästina brauchen Juden, Moslems und Christen die gleichen Beschwörungsformeln. Es muß also in ihnen eine geheime Kraft stecken. Sie erstreckt sich über alle Dinge der Erfahrungswelt, wirkt auf sie ein und setzt ihre wechselseitige Beeinflussung voraus. Diese Kraft kann man Magie nennen. Magisch ist jede kausale Wirkung. Wenn ein Stein auf den Boden fällt, so wird dies durch die Magie der Erde bewirkt. Wenn ich des Morgens mein Rasiermesser schärfe, so bezwingt die Magie des Streichriemens die des Messers. In der magischen Weltauffassung lebt der Glaube, daß jede Handlung eine diesseitige Ursache und Folge haben müsse, die dem Handelnden als gleichwertig einleuchtet. Das winzige Geschoß, das ein junges, blühendes Menschenleben sofort vernichtet hat, gilt deshalb als mit großer, magischer Kraft geladen. Der Schatten, welcher das Sonnenlicht vorübergehend von der Erde abdrängen konnte, wurde zum Rachen eines gewaltigen Unholds; in dem tödlichen Arsenikkörnchen steckte eine unermeßliche Zaubergewalt. Noch heute gilt eine derartige Denkungsweise: der Glaube an die Diesseitigkeit von Belohnung und Strafe entstammt ihr. So wird der ein Menschenleben vernichtende Zufall zur Schicksalsvorsehung oder einem die Schuld entsühnenden Gottesgericht. — Die magischen Energien sind ihrer Natur nach verschiedenartig. Jeder Gegenstand und Mensch ist Träger einer ihm eigentümlichen Kraft, die nur durch ihn verausgabt und nur durch eine gleichartige aufgehoben werden kann. Diesem Grundsatz verdankt die Analogiehandlung und die Homöopathie ihr Dasein. Wer mit einem Stock geschlagen ist, soll Splitter von diesem Stock sich beschaffen und sie zum Gegenzauber verwenden. Wenn ein Kind „zurückgetauft" d. h. mit dem Namen eines Heiligen belehnt ist, dessen Tag vor dem Tauftag liegt, so wird das Kind krumm; es wird gleichsam von seinem zeitlichen Standpunkt aus auf einen Vorausgegangenen zurückgebogen. Die Magie der äußeren Sprachform, die zwei lautlich gleiche, aber inhaltlich ganz verschiedene Begriffe miteinander in Parallele setzt, tritt uns entgegen, wenn wir hören, daß Kinder im ersten Lebensjahr gehen lernen, wenn man sie über gehenden Teig Schritte machen läßt. Bisweilen bedarf es zur Aufhebung der magischen Kraft eines analogen, nicht des gleichen Gegenstandes. Wenn man Warzen vertreiben will, so bestreicht man sie mit dem Blut von Warzen Anderer, nicht mit dem von eignen Warzen.

Ursache und Folge müssen diesseitig sein. Die höchsten religiösen Wünsche des Menschenherzens: das Streben nach Gott, nach der Erkenntnis und Entsühnung der eignen Sündenschuld und den Wahrheiten, die diese Erkenntnis vermitteln, werden auf magischem Wege nicht befriedigt. Ihm ist vielmehr das Streben nach der Erlangung irdischer Vorteile, nach Kindern und Geld, nach Abwendung von Gefahren und Mühen, auch unter Schädigung des Nächsten, eigen. Im allgemeinen wird man nur von dem Aberglauben des Einzelnen reden dürfen, weil eben der Abergläubische mit der ganzen Welt im Kampf liegt. Die magische Ideenrichtung kann sich aber auch ganzen Völkern mitteilen. Der Gott des Alten Testaments verleiht den Seinigen Sieg im Kampfe. Die zwischen den heidnischen und christlichen Völkern durchgefochtenen Kriege waren also zugleich eine Kraftprobe zwischen den beiderseitigen Göttern und ihren Energiesummen. Bekanntlich hat schon Konstantin den christlichen Glauben nur deshalb angenommen, weil er unter dem Zaubersymbol des Kreuzes siegen zu können voraussah. — Chlodwig gelobte, im Falle eines glücklichen Gelingens des Kampfes gegen die Alemannen zum Christentum überzutreten (i. J. 496). Wurde diese Hoffnung enttäuscht, so blieb man natürlich Heide. Am richtigsten handelte der Gote Agila, entsprechend seiner Überlegung: „es könne nichts schaden, wenn jemand, zwischen heidnischen Altären und einer christlichen Kirche hindurchgehend, nach beiden Seiten seine Ehrfurcht bezeige". Dieser Krieger hielt es also für vorteilhaft, die Kräfteeinheiten der widerstrebenden Gottheiten zu addieren. Das ist echt abergläubisch! Auch Gebete, Zauberformeln, Amulette werden addiert. Der Rosenkranz der buddhistischen Kirche entspricht einer solchen Gesinnung. Der hier zu Grunde liegende Zug ist allgemein menschlich. Die Expansion der Weltreligionen und der Endsieg der Einen hängt von politischen Machtfragen ab. Erwähnt sei, daß alte katholische Kirchen die Statuen vieler Heiligen zeigen, deren Verehrung Getreidesegen, Wein, Fruchtbarkeit der Herden bringen soll. Diese Figuren gelten als Fürbitter. Werden sie als Spender aufgefaßt und wird von den ihnen dargebrachten Opfern und Gebeten der erwünschte Erfolg zwangsläufig abhängig gemacht, so liegt hier die Gesinnungsweise der Magie vor. — Die kosmische Sphäre ist rein magisch. Durch Zauber gehen Sonne und Mond ihrer Wege. Sie verausgaben dabei ihre Kraft und bedürfen der erneuten Auffüllung. Um den Jahreskreislauf mit seinem Wiederaufstieg der Sonne nach dem kürzesten Tage zu garantieren, werden deshalb zur Weihnachtszeit Feuer angezündet, deren Energie dem Gestirn zugute kommt. Man badet, man wirft Personen ins Wasser, um Regen; man hüllt sie in Zweige ein, um irdisches Wachstum zu erzeugen. Nicht Andacht, sondern selbstsüchtige Hilfeleistung liegen hier vor. Ein abergläubisches Kausalitätsverhältnis wird bei den Wundern der Natur hergestellt. Wenn Bäume im gleichen Jahre zum zweiten Male ausschlagen, so gilt dies als naturwidrig und deshalb als verhängnisvoll. Die Lehre des Christentums aber spricht von einem Wiederauferstehen der Seele und des Leibes. Beide sind Werke der göttlichen Gnade und als solche Wunder, wenn der berufene Stellvertreter Christi über einen Sünder den Fluch ausgesprochen hat. Deshalb geht der Annahme des reuigen Tannhäuser in Gottes Schoß das Ausschlagen des Pilgerstabes parallel. Die primitive Idee von der Wiedergeburt der Natur im Frühling hat hier eine religiöse Vertiefung erfahren. Der volkstümliche Zug von der Diesseitigkeit von Schuld und Sühne aber wucherte daneben fort. Es ist von der größten Wichtigkeit, festzustellen, daß immer von der „Strafe" d. h. einem Mißgeschick, auf die vorausgegangene „Schuld", nie umgekehrt, geschlossen wird. Das menschliche Leben war durch eine Unzahl von Tabu-Vorschriften eingeengt, die uns in jeder Lebenslage, beim Essen und Trinken (unsere „Anstandsregeln"), beim Kot- und Urinlassen, bei der Kleidung oder Entkleidung, namentlich aber bei der Nahrungssuche, das Tun und Lassen vorschrieben. Wer eines dieser Gebote oder Verbote überschritt, mußte auf eine „Strafe" gefaßt sein, die übrigens ganz automatisch auch dann eintrat, wenn Vorsatz und Überlegung gänzlich fehlten. Wie aber haben wir uns ein solches naturnotwendiges Kausalverhältnis vorzustellen? Wir wollen die Eskimos des Baffinlandes befragen. Sie haben seit Tagen keinen Seehund gefangen und sind deshalb in einer sehr bedrohlichen Lage. Wenn eins dieser Tiere getötet wird, verbleibt seine Seele drei Tage im Leibe — dann geht sie zurück in die Wohnung der Sedna. Dieses Weib, die Mutter der Seetiere, ist die Hauptgottheit der Zentraleskimos. Sie beherrscht, da vom Fange ihrer Tiere das Wohl und Wehe der Menschen natürlich abhängt, deren Existenz, und alle Taburegeln und religiösen Sitten sind darauf gerichtet, sich ihr Wohlwollen zu sichern. Die Seele des getöteten Seehunds wird von ihrer Wohnung, von der sie gekommen ist, wieder ausgesandt. Wenn es nun in den drei Tagen, während welcher die Seele im Leibe verweilt, geschieht, daß irgendeine Taburegel oder eines der vorgeschriebenen Gebote von einem Menschen verletzt wird, so bleibt die Übertretung an der Seele des Tieres haften und schafft ihm Qualen. Die Seele kämpft, um sich von diesem Anhängsel zu befreien, jedoch vergeblich; sie muß hinunter zu Sedna ziehen, deren Hände dadurch auf unerklärliche Weise empfindlich werden. Nun straft sie die Menschen, die den Schmerz verursacht haben, indem sie Krankheit, schlechtes Wetter und Hungersnot über sie sendet. Wenn dagegen alle Taburegeln genau beachtet wurden, lassen sich die Seetiere gern fangen; ja, sie gehen ihrem Fänger sogar entgegen. — Hier ist, wie wir sehen, die Sünde als ein rein formales Vergehen in Gestalt eines leiblichen „Anhängsels" gedacht, das von dem Täter ursprünglich offenbar auf dasjenige Wesen übergeht, an dem der Eskimo sich „versündigt" hat, erst später auf den lebenswichtigen Seehund in jedem Falle. Von außerordentlichem Interesse ist es hier, den Reiseweg der Vergeltung suchenden Tat bis zum Vergelter vor unseren Augen zu sehen. — Wir finden mithin in dieser Mitteilung eines Eskimos einen ungewöhnlich klaren Fall in der Richtung der Versuche, den Kausalnexus zwischen „Strafe", das heißt einem auf das Subjekt bezogenen Mißgeschick, und „Schuld“ herzustellen. Die zwischen Verfehlung und Unglück liegende räumliche Entfernung wird, wie wir sehen, mit naiver Folgerichtigkeit geographisch überbrückt, da etwa ein Gott, der hier die Kette schließen könnte, nicht vorhanden ist. Nun, im Christentum finden wir ihn, vielfach, wenngleich in der Volksphantasie nicht immer, als allwissend und allgegenwärtig dargestellt und deshalb in seiner Eigenschaft als Rächer fähig, jedes Verbrechen zu erkennen und zu strafen. Die Religion verlegt den Strafort ins Jenseits, der Aberglaube aber ins Diesseits. Immer wieder zeigt sich uns, wie unglücklich, auf heidnisch-unverständigen Voraussetzungen aufgebaut, eine solche Weltauffassung auf ihren Trägern lastet. Jedes Leiden, so namentlich die Seuchen des christlichen Mittelalters, galten diesem als himmlische Heimsuchungen. Der Kranke war folgerichtig als von Gott verflucht angesehen; er wurde aus der menschlichen Gemeinschaft ausgestoßen, verfolgt, getötet. Auch Mißernten galten als Bußen für Frevel. Wichtig ist es, daß zwar modern-ethische Ideen sich mit der Sündenvorstellung verweben, der volkstümliche Zug des verletzten Tabus aber immer wieder durchbricht. Wenn die Ernte des Bauern mißrät, so führt dieser sein Unglück nicht auf die Hartherzigkeit gegen Knecht und Schuldner, die er für sein gutes Recht hält, sondern auf die Fortsetzung der Arbeit nach Sonnenuntergang oder auf ein großsprecherisches Wort zurück. Das Verbot, zu töten, ist aus einer Unzahl von Einzelbestimmungen hervorgegangen, deren Übertretung sehr verschiedene Folgen hat. Wer ein Tier tötet — wobei abermals zwischen wilden und Haustieren ein großer Unterschied gemacht wird — hat bestimmte Bußen, ursprünglich die nach der Kraft des getöteten Wesens abgestufte Rache zu erwarten. Tötet man einen Stammeszugehörigen, so hat man ein Aequivalent dafür zu entrichten; der Mord, am Fremden verübt, war meist straffrei. Der Elternmord steht immer für sich allein da. Wer seinen Vater schlägt oder — wer Fruchtbäume fällt(!), hat zu erwarten, daß seine Hand zum Grabe herauswächst — ein klassisches Beispiel für die Kasuistik und Diesseitigkeit des ältesten „Rechts“! Wenn das Blut des Ermordeten zum Himmel schreit, so wird damit das räumliche Band zwischen dem Rächer und dem zu Rächenden akustisch hergestellt. An die Mordstätte aber ist der Mörder gebannt. So naiv-greifbar denkt die älteste Zeit und der Aberglauben aller Perioden! Was wir Sühne nennen, ist im Grunde nichts anderes als die mechanische Weiterwirkung einer Schuld, die erst beim Täter Ruhe findet.

Die Schwierigkeit, welche solche Ideenverbindungen unserem Verständnis bieten, beruht auf ihrem Alter, ihrer Urtümlichkeit. Aber eben diese ist es, die in den Augen des Abergläubischen die laufende Münze einer Vorstellung um so mehr heiligt, je größer die Zahl der Hände war, durch die sie gegangen ist. Jede Hand, die eine Münze weitergegeben hat, lädt sie mit Kaufkraft. Der Hammer wird um so stärker, je häufiger er geschwungen, das Buch um so weiser, je mehr es gelesen ist. Daher die Magie der „Erbgegenstände“, so namentlich des Erbschlüssels, der, weil er den Begriff des persönlichen Eigentums schafft, zum magischen Richter in Diebstahlssachen wird. Auch der Mensch wird, da man bei ihm seine Erfahrungssumme einseitig schätzt, je älter, um so weiser, d. h. magisch leistungsfähiger. Ein zweites Moment steigert diesen Aktivismus bis zur Ungeheuerlichkeit; wir nennen es die Fähigkeit, durch die Gesamtheit der Persönlichkeit, also durch Suggestion, zu wirken. Auf dieser Gabe einzelner Personen beruht die Entstehung des Priestertums. Wenn nun gar jemand alt d. h.: „erfahren" und zugleich mit dieser Fähigkeit begabt ist, so ist er fast allmächtig. Der Inhalt der „Erfahrung" d. h. das aus individuellen Sondererlebnissen zusammengerührte mixtum compositum kann natürlich außerordentlich verschieden sein. Für die Gegenwart aber wird es am zweckmäßigsten aus gelehrten, halbverstandenen Ideen zusammengebraut. Während die weise Frau epileptische Krämpfe durch Ausrenken des Daumens des im Anfall befindlichen Kranken heilt, „weil diese Methode seit Alters genützt hat", betätigt sich der moderne Kurpfuscher am elektrischen Apparat und treibt „Augendiagnosen". Die Elektrizität ist für den Abergläubischen eine magische Weltenergie; die Augendiagnose greift auf den weltverbreiteten Glauben an die Wunderwirkung des Auges, das den Spiegel der Seele und des Körpers in sich trägt, zurück. Die Tradition ist also stets, wenn auch bisweilen nur unterbewußt, gegeben. Das Widersinnigste wird hier zur Tat und findet begeisterte Anhängerschaft. Auch der Trödelkram der Hexen beruht auf seinem Alter, desgleichen die Beibehaltung des Hammers als deutschen Rechtssymbols aus der Zeit, die den Bogen noch nicht kannte. Das Recht schlummert in dem Hammer wie nach der Meinung der Nordwogulen im asiatischen Sibirien die Zauberkraft, die den „Geist" des Baumes besiegen kann, also ihm magisch überlegen ist, in der Axt. Dies Werkzeug wird dort erklärtermaßen und bewußterweise aus diesem Grunde beibehalten, obgleich der Ankauf von Sägen möglich wäre und in den waldreichen Gegenden auf die Lebensform der Wogulenstämme katastrophal (im günstigen Sinne) wirken müßte. — Wir sprachen von dem „Geist" des Baumes, denn man mißversteht, wie immer wieder nachdrücklichst betont werden muß, den Geist der primitiven Menschheit völlig, wenn man ihn als materialistisch im modernen Sinne bezeichnet. Geist und Materie schlummern hier noch in einem Gegenstand — aber nur der Geist lebt und schafft. Der Stoff ist das graufarbige, ungenannte und unbekannte „Ding an sich". Unter Stoff versteht die griechische Philosophie die hyle, eigentlich: das Holz. Dieses Holz wird etwa von dem im Walde lebenden Indianer wie sicherlich auch von dem alten Deutschen völlig übersehen. Er sieht tatsächlich den Wald vor Bäumen nicht, kennt für „Baum" kein Wort. Aber den einen, großen, wunderlichen, alleinstehenden Baum auf dem Hügel — den kennt er, nennt er mit Namen. Ihn bittet er um Schutz, macht von ihm und seinem Grünen das Gedeihen seiner Familie abhängig. Die Sprache schreitet wie der Geist vom individuellen zum generellen vorwärts. Abergläubisch sein, heißt: sich an die Bedingtheiten von einzelnen Naturobjekten anschließen, von ihnen abhängig machen; an einzelne Menschen, nicht an das Menschentum glauben. Von Einzelnen, auch vom getöteten Menschen und gefällten Baum, geht eine unbestimmt gefühlte Lebenskraft aus. Sie regiert im Lebenden und bestimmt dessen Handeln. Wenn wir davon sprechen, daß uns „der Ekel würgt", wenn Schiller von seinem Taucher sagt: „Da ergreifts ihm die Seele mit Himmelsgewalt", so sind damit die Dämonen der Lust oder Unlust auf die Erde beschworen, die ehemals als alleinige Urheber der menschlichen Leidenschaften galten, wie noch bei Homer die Gestalten der Furcht, Zwietracht, Liebe, des Streites lehren. Selbst wenn wir im deutschen sagen: „es ekelt mich" (statt: ich empfinde Ekel) und im Lateinischen nur so sagen können, liegt der alte Dämon des Widerwillens noch im Hintergrund. Die Poesie läßt ihn deutlich hervortreten. Die Liebe „regte sich im Herzen" der Heldin jedes Backfischromans meiner Jugendzeit. Mehr aber als Liebe (die ihm als Qual erscheint, bis sie sich im Genuß genug tun kann) gilt dem Abergläubischen die aktiv sich zu entladen gewillte Kraft. Recht ist ihm Macht, die Überlegenheit der Person durch geeignete, wenn auch äußerst rücksichtslose Handlungen das eigentliche Ziel. Deshalb wird die Magie stets als Geheimlehre übermittelt. Sie schützt bisweilen einen Stamm vor seinem Nachbarstamm, aber vor allem Mensch gegen Mensch, selbst Verwandte gegeneinander. Der Machtfaktor wirkt sich eben ganz rücksichtslos aus und erhält nur als Schutz gegen die Öffentlichkeit eine äußerliche, auch religiöse Verbrämung. Die hier vorliegende Gesinnungsweise wird selbstverständlich auch bei den Vertretern des Gelehrtenstandes vorausgesetzt und führt dazu, in der mit genügender Schärfe erfolgenden Geltendmachung der staatlichen Machtmittel unter dem Beirat beispielsweise der medizinischen Forscherwelt eine bloße Vergewaltigung der Freiheiten des Einzelnen zu sehen. Arzt und Epidemie werden zu einem Begriff, der Arzt zum geld- und machtgierigen Schwindler, der die Seuche, die er bekämpfen soll, etwa einschleppt, sich persönlich aber vor ihr zu schützen weiß. Noch i. J. 1911 war in Süditalien die Masse der Ansicht, daß die Regierung selbst für die Verbreitung der damals furchtbar hausenden Cholera sorge, um die Armen und Unwissenden aus der Welt zu schaffen. Ein ähnlicher Verdacht taucht bei gleicher Gelegenheit auch in anderen Staaten fast regelmäßig auf. Der Gelehrte ist eben der mit Magie geladene, böswillige Übermensch, um so unbeliebter, als sein Eindringen in die Naturgeheimnisse dem göttlichen Weltgesetz zu widersprechen scheint. Den Hang zur goldnen Mittelstraße, zur Mittelmäßigkeit im Denken und Handeln, werden wir als ein Grundfundament der abergläubischen Weltanschauung kennen lernen.

Der Abergläubische ist überaus furchtsam; er hält sich deshalb auf dem „Mittelweg", wenn der Wilde Jäger, der ihm in Person diesen Rat gibt, durch die Wälder saust oder ein anderer Dämon schwärmt. Deren gibt es unzählige. Die Geisterwelt ist dem Abergläubischen nicht verschlossen. Die Scheidewand zwischen ihr und der Welt des Lebens im Sonnenlicht ist außerordentlich dünn. Im Walde, auf der Wiese, auf dem Getreidefelde, in Bergesklüften, in Brunnen und Wassern aller Art, lauern die Dämonen bei Tage und noch mehr bei Nacht. Aus der Erde steigen sie heraus, vom Himmel fallen sie herab, der Luftzug bringt sie uns entgegen. Zwischen dem Holz und der Rinde der Bäume, im Staube des Kehrichthaufens halten sie sich versteckt. Die Furcht des Primitiven hat sich in den ältesten Zeiten über das gesamte Naturreich erstreckt; sie hat namentlich die großen Wendepunkte des menschlichen Lebens, unter ihnen vorzugsweise das Todesgeheimnis, mit ihrem Schleier umwoben und dadurch jede Naturerkenntnis lange Zeitperioden hindurch verhindern können. Sie umfaßte jeden Kulturbesitz, der jenseits der geistigen Aufnahmefähigkeit des Abergläubischen liegt. Dem Nordwogulen ist, wie wir andeuteten, die Axt der kraftgeladene magische Freund, die Säge ein meidenswerter Zaubergegenstand. Der „Wilde" fürchtet die Feuerwaffe. Amerikanische Stämme zitterten, wenn sie vor den photographischen Apparat traten. Das Telefon gilt in entlegenen Gegenden Europas noch als Zaubergegenstand. Als am Ende des vorigen Jahrhunderts sich die Pfarrersfrau des Dorfes Rositten (auf der Kurischen Nehrung) eine Nähmaschine anschaffte, wurde diese für ein Werk des Teufels gehalten. Das Radio hat als Schöpfung des Satans oder gefährliches Zaubermittel vielfach Zerstörungsversuchen trotzen müssen. Leider ist es sogar der Anlaß zu einer Tötung geworden. Die hierher gehörigen Fälle erstrecken sich auf die Türkei und slavische Gegenden. Es handelt sich dabei um abergläubische ideelle Neuschöpfungen — die Kulturmittel als Träger böser Geister! Die Unausrottbarkeit der abergläubischen Denkweise kann nicht besser als durch solche Fälle dargetan werden. Nicht Gott, sondern der Teufel offenbart sich im Kulturwunder. Nicht der Drang nach Erkenntnis, sondern der Haß gegen die vermeintliche Gefahr kommt ihm entgegen. Selbst die Bewunderung der kulturellen Leistung wird durch den Furchtinstinkt zum Schweigen gebracht. Ihn aufzuheben, indem das neue Objekt der Struktur wie dem Zweck nach den Erfahrungsmomenten untergeordnet wird, ist die Aufgabe der Kultur. Was wir Heimweh nennen — eine Gemütsverfassung, die zu schweren Zerrüttungen des Gemütslebens und völligem Zusammenbruch führen kann — ist der Scheu des Unterbewußten vor dem Fremden, Unverstandenen entsprungen. Sie zeigt sich beim Kulturmenschen in dem bloßen Mißbehagen darüber, daß es in der Heimat anders ist als „zu Hause". Beim Primitiven, den das Unglück von der Heimat entfernt, kann sie zu lähmenden Wahnvorstellungen führen. Ihr geht ein allgemeines, unbestimmbares Angstgefühl voraus, das Schlaf und Nahrungsaufnahme unterbindet. Sie ist der Grund dafür, daß etwa der Australneger, in seiner Heimat an Zähigkeit unübertrefflich, auf fremdem Boden regelmäßig rasch zu Grunde geht. Eigentliche Heimwehpsychosen, mit gefahrdrohenden körperlichen Anomalien verbunden, finden sich bereits bei dem Landbewohner, der in eine Stadt zieht. Dem Dalmatiner war ich, als ich i. J. 1902 zu Rade in sein Land fuhr, ein so unheimlicher Gast, daß er sich vor mir bekreuzigte: das unverstandene Kulturmittel wird als Ausdruck der magischen Gesamtenergie des Besitzers angesehen. Der Gebildete ist deshalb dem Ungebildeten, der Europäer dem Melanesier ein Zauberer. Die primäre abergläubische Furcht trieb im Verein mit dem „Glauben" an eine Kartenlegerin und deren Prophetengabe einen jungen Mann, dem diese den Tod vorausgesagt hatte, zum Selbstmord. Die Karten waren ihm furchtbare Gottheiten gewesen. — Ein alter Mann der Kurischen Nehrung hatte dem dort allgemeinen Glauben gehuldigt, daß er, wenn er in der Johannisnacht an der Türe seines Pferdestalls lauschen würde, die Pferde über ihres Herrn Schicksal sich unterhalten hören könne. Er glaubte dabei, die Nachricht von seinem Tode gehört zu haben. In sinnloser Angst lief er nach Hause und starb bald darauf wirklich. — E. M. Arndt, der noch in dem Wahn befangen war, daß böse Geister sich dort aufhalten, wo

Mörder gerichtet sind, war davon überzeugt, daß diese durch Berührung des Lebenden dessen schnellen Tod herbeiführen könnten. Wer, namentlich bei suggestiv veranlagten Menschen, Neuropathen, Abergläubischen und Kindern, derartige Halluzinationen züchtet, begeht ein Verbrechen, dessen Folgen nicht immer gut zu machen sind. Das Motiv von dem Erlkönig (Elfenkönig), der das fiebernde Kind durch Berührung tötet, wiederholt sich in den verschiedensten Variationen von Sage und Glauben. Wer den in leeren Häusern wohnenden Dämonen sich aussetzt, wird wahnsinnig oder von diesen zerrissen. Julia fürchtet, wenn sie im nächtlichen Grabgewölbe das Wiedererwachen ihres Romeo erwarten würde, der Tobsucht zu verfallen. Die Mittagsfrau der deutschen Sage lähmt den Geist. Naturgeister wie die tanzenden Elben machen blind, irrsinnig oder töten sofort. Ihr Anhauch ruft Siechtum hervor. Zu den Mysterien der Gottheit, namentlich (zu gewissen Zeiten) zum Mond oder den Sternen, darf man die Blicke nicht erheben. Auch in das Leichenauge darf man nicht schauen. — Was Wunder, daß der Abergläubische fast überall den Teufel, dessen Anblick kein sterblich Auge erträgt (Shakespeare), zu sehen meint? Selbst der Zauberpriester ist feige. Bei den Schamanen der Ostjaken „wirkt der Aberglaube auf ihre eigne Einbildungskraft so stark, daß sie selbst überaus schreckhaft und vor Kleinigkeiten furchtsam sind.“ Es ist der Magier vom gewerbsmäßigen Schwindler am besten dadurch zu unterscheiden, daß dieser die düpierende Sicherheit des Pfuschers zeigt, jener sich in den Ketten seiner dämonistischen Furcht windet. Die gläubigsten Christen setzten zu Zeiten eine monströse Erscheinung oder ein anderes Schrecknis als Wahrzeichen im antiken Sinne ganz aus dem Rahmen ihrer frommen Denkweise heraus. Als i. J. 1522 zu Haarlem ein Walfisch angespült wurde, nannte Luther ihn „ein sicheres Zeichen für den Zorn“, wobei er als Zürnenden nur das Schicksal (Fatum) oder eine antike Gottheit gemeint haben kann, denn er setzt hinzu: „wie alte Beispiele zeigen“. Gerade dieses Beispiel, wie überhaupt der Aberglaube des ausgehenden Mittelalters und die Astrologie, zeigen, daß in der bekannten Struktur und dem erfahrungsmäßigen Ablauf des Weltganzen kein Wunder mehr erblickt wurde; das Ungeheuerliche, mochte es ein riesiger Fisch, ein im Herbst blühender Baum oder ein zusammengewachsenes Zwillingspaar sein, dagegen als Schicksal kündend galt. Die Magie des Kosmos war eben in Indien als „heilige Ordnung“, in der christlichen Welt als Ausdruck des Willens Gottes erkannt und deshalb der dämonischen Willkür entrückt. — Freilich gibt es außer bösen Geistern auch böse Menschen. Die ersteren wird man nie, die letzteren äußerst selten los. Sie entleihen von uns Gegenstände des täglichen Gebrauchs, etwa ein Buch, eine Hacke, eine Pfanne, und geben sie dann verhext, das heißt mit jenem „Anhängsel“ der Eskimos, mit dem bösen Fleck der „Sünde“ versehen, zurück. Darum ist der Bauer gegen denjenigen, der ihm etwas abborgen will, sehr mißtrauisch. Man spricht dann falsch von „Ungefälligkeit“. Er ist aber in abergläubischer Furcht befangen. Deshalb nennt er uns nicht den Mädchennamen seiner Frau; sagt nicht, ob seine Tochter einen Schatz hat; klagt immer über Mangel an Geld, läßt ungern Andere in sein Wohnzimmer treten und zeigt niemals seine alten Erinnerungsstücke und

Kostbarkeiten. Man wird in Franken nicht leicht ein Bauernhaus finden, aus dem drei Tage lang nach der Geburt eines Kindes oder eines Kalbes auch nur der kleinste Gegenstand leihweise aus dem Hause gegeben wird. Nennt man doch das Kind nicht mit seinem richtigen Namen, der vielmehr geheim bleiben muß. — Mißtrauen und Furcht äußern sich im Schrecken, der, wie wir sahen, tödlich wirken kann. Auf ihn wird die Wundrose (Erisypel) zurückgeführt, die man „Erschrecket" nennt, desgleichen ein harmloser Bläschenausschlag. Im Altertum wurde das Erschrecken als Auswirkung der Hekate, also der Todesgottheit, hingestellt. Durch ihn kann die Menstruation sofort zum Stillstand gebracht werden. Für schwangere Frauen gilt er als besonders gefährlich. Er schadet ihrer Leibesfrucht. Sie bittet dann ihren Mann um ein abgeschnittenes Stück von seiner Hose. Damit räuchert sie sich und nimmt die Asche ein. Dann schadet ihr der Schreck nicht. — Hier ist die magische Übernahme des anderen Geschlechts durch die Frau hervorzuheben: das Weib wird zum Mann und verleugnet dadurch ihre Leibesfrucht. Die Grundvorstellung geht immer dahin, daß der Schreck als Dämon in Form des schreckerregenden Gegenstandes in den geistigen Organismus von Mutter und Kind eindringt.

Die Verkleidung ist nichts als eine der vielen Formen der Geheimhaltung, des Verbergens, das für die magische Machtentfaltung und für die Abwehr fremder Schädigung von Wesentlichkeit ist. Alle wichtigen Lebensfunktionen werden geheimgehalten; die über ihnen liegenden Tabu's sind so schwer, daß es verboten ist, sie auch nur beim rechten Namen zu nennen. Hierher gehören die Funktionen des Zeugens, des Kot- und Urinlassens, der Speiseaufnahme, der reinen Reflexe (Husten, Niesen usw.). Daß auch das Ritual zum Teil und der Zauberspruch unbedingt in diese Gruppe fällt, ist selbstverständlich. Von den geschlechtlichen Funktionen und Organen, die am meisten gefürchtet sind, gingen wir aus. Da, wo es sich um das reine Reflexleben handelt, ruft die Furcht vor Schädigung — der Reflexablauf wird falsch geleitet, unterbrochen oder beobachtet — die Schamempfindung wach. — Die auf Verletzung der Tabu-Regeln stehenden Strafen sind stets ganz vage, weil man ja von der „Strafe" auf die „Schuld" schließt, ein jedes Mißgeschick also Schuldbeweis sein kann. Daher pflegt man, um ein Gebot zu begründen, nur etwa zu sagen: „Es soll das so gut sein"; oder: „es wird gesagt, daß man so handeln soll". Die rationalistische Opposition gegen ein abergläubisches Gebilde führt nie zum Ziel, weil die Grundlage des Aberglaubens, nach dem die Welt um des Menschen willen geschaffen ist und auf seine Fragen antworten, seinen Bitten Gehör schenken muß, unveräußerlich in der menschlichen Natur sich findet. Diese Idee entspringt der wunderlicherweise auch von Goethe gehegten Auffassung, daß wir Menschen „im Inneren der Natur" uns befinden und es kein Geheimnis gäbe, das dem menschlichen Geist sich nicht erschlösse. Goethe denkt hierbei an die Intuition des Genies; der Abergläubische wendet sich dumm-vertraulich an das einzelne Subjekt oder Objekt. Seine äußere Form, Farbe, seine physiologischen Eigentümlichkeiten werden beobachtet und zu den analogen Teilen des eignen Körpers in Beziehung gesetzt — eine Art von Parallelsetzung, aber durchkreuzt von der Meinung, daß das Äußere dem Kern entspreche. Es kommt diese Weltauffassung darauf hinaus, daß es nur ein vorgefaßtes Schema und dessen physische Abbilder gebe. Danach liegt in der geometrischen Figur eine reine und ewige Vollkommenheit, die Idee des Weltalls. Die Magie verehrte deshalb den Kreis, der die Ewigkeit darstellt, das Pentagramm mit seinen tiefinnerlichen Beziehungen der einzelnen Teile zueinander. Die Nachtblumen gehören dem Reich der Hekate, die Tagespflanzen dem ewigen Licht an. Die Mineralien werden auf die Siebenzahl beschränkt und auf Grund ihrer Farben den Planeten zugeteilt. Den Farben selbst kommt ein Charakter zu: weiß bedeutet Glück, schwarz Unglück und Tod, rot die Leidenschaft. Dem Grün „sah“ man noch in meiner Kinderzeit vielfach „an“, daß es giftig war. In der Medizin werden rotblühende Pflanzen als Blut-Mittel oder Aphrodisiaca — rot ist ja die Liebe! — verwandt. Die Form der Wesen oder Dinge ließ auf den Inhalt schließen: klassisch ist das später zu nennende Mandragora-Gewächs, das zauberkräftig sein soll, weil man in ihm eine menschenähnliche Form entdeckt zu haben vermeinte. Die einzelnen Teile des Körpers werden aufs eingehendste untersucht: die Wahrsagung aus der Hand, den Augen, den Stirnhaaren. Die Volksmeinung setzte also ihr Phantasiegebilde der Wirklichkeit gleich. So entstand die Physiognomik, die Graphologie und jede sonstige Abart des verfehlten Versuchs, in den Augen der Welt deren Seele zu lesen. Noch immer glauben manche Menschen, der Mörder müsse dessen Schaubudentypus zeigen, eine Prostituierte müsse „liederlich“, ein Einbrecher verwegen aussehen. Nichts von alledem! Unter den „Dirnen welche stehlen“ des Berliner Verbrecheralbums finden sich Figuren, aus deren Antlitz der erste Schmelz madonnenhafter Unschuld uns entgegentritt. Der moderne Mörder tanzt im Frack in der besten Gesellschaft. Eine der gefährlichsten Giftmörderinnen der neueren Zeit konnte noch im Irrenhaus, wohin sie zur Beobachtung ihres Geisteszustandes überwiesen war, durch ihre Liebenswürdigkeit bezaubern; sie erklärte vor Gericht, einen „religiösen Fond“ zu haben und starb, einen frommen Spruch im Munde. — Wenn man Napoleon I. nicht als klein, bleich, dickbäuchig, etwas unsicher gehend, nachweisen könnte, wäre er schon längst zum glutäugigen Riesen mit der bekannten Feldherrnpose geworden. Noch verkehrter ist es natürlich, aus einzelnen Körpermerkmalen Schlüsse auf den Charakter von deren Trägern machen zu wollen. Ein Professor der New-Yorker Universität hat, Zeitungsnachrichten zufolge, durch Befragen mehrerer hundert Menschen festgestellt, daß unter diesen einige Weisheitssprüche umlaufen, die steif und fest — wohl in der ganzen Welt! — geglaubt werden, ohne auch nur ein einziges Körnchen Wahrheit zu enthalten. Dazu gehören die Behauptungen, daß alle rothaarigen Personen jähzornig sind, ein eckiges Kinn auf Willenskraft deutet, eine hohe Stirn das Zeichen eines überlegenen Verstandes ist, lange und schlanke Hände künstlerische Veranlagung bedeuten. — Nun, die Natur hat es uns bisher versagt, das komplizierteste Wesen der Schöpfung, den Menschen, durch und durch zu sehen. Die einzige physiognomische Regel von Wert hat der größte aller Menschenkenner, Shakespeare, ausgesprochen: „Noch gibt es keine Kunst, der Seele Bildung im Gesicht zu lesen“. Goethe hat also mit Unrecht das Wort bekämpft: „Ins Innere der Natur dringt kein erschaffner Geist.“ Lavaters Physiognomik setzte Goethe in Erstaunen; doch schien der Versuch, etwa während eines Zwiegesprächs aus der Formgebung der Hände des Anderen auf dessen Charakter zu schließen, ihm einen hinterlistigen Zug zu bergen. Schillers überragender Verstand lehnte Lavaters selbstgenügsames Schema und sein unter Zugrundelegung unbewiesener Ideen einseitig und geistlos breitgetretenes Material mit überlegener Ironie ab: „Eine Physiognomik organischer Teile, z. B. der Figur und Größe der Nase, der Augen, des Mundes, der Ohren usw., der Farbe der Haare, der Höhe des Halses usf. ist vielleicht nicht unmöglich, dürfte aber wohl sobald nicht erscheinen, wenn auch Lavater noch durch zehn Quartbände schwärmen sollte. Wer die launischen Spiele der Natur, die Bildungen, mit denen sie stiefmütterlich bestraft und mütterlich beschenkt hat, unter Klassen bringen wollte, würde mehr wagen als Linné, und dürfte sich sehr in acht nehmen, daß er über der ungeheuren kurzweiligen Mannigfaltigkeit der ihm vorkommenden Originale nicht selbst eines werde“. Und doch versündigen wir uns an der höchsten Mission des Menschen, zu forschen und zu streben, wenn wir aus dem „Ignoramus“ ein „Ignorabimus“ machen wollen. Was der menschliche Erkenntnisdrang in der Gegenwart nicht erreicht, ist sein ferngestecktes Ziel. Die junge Vererbungswissenschaft gibt uns Richtlinien zur Annäherung an dasselbe; die Psychiatrie, die experimentelle Psychologie stehen ihr bei. Die Problemstellung ändert sich allmählich, wird bescheidener, entsagungsreicher, aber eben deshalb dem konkreten Falle eher gewachsen. Auf diesem engeren und kürzeren Wege gilt es, fortzuschreiten. Eine andere als diese Auffassung bedeutete den vorzeitigen Verzicht auf ein von der Vernunft angewiesenes Erkenntnisgebiet; die dadurch selbstauferlegte Entsagung würde uns einengen, uns unter doktrinären Zwang und zum ehrfürchtigen Schweigen bringen, wo wir reden könnten; sie würde — abergläubisch sein!

ABERGLAUBEN DER PRIMITIVEN

Die Primitiven in erster Reihe zu behandeln, ist geboten, weil ihre Religionen von unserem Standpunkt, zum mindesten vom Standpunkt unseres Sprachgebrauchs aus, über den wir uns nicht selbstherrlich hinwegsetzen dürfen, mit Aberglauben durchsetzt, ja, oft fast nichts als Aberglauben sind. Was wir heutigen Tags auf unserer Erde als solchen finden, hat nicht bloß oft seine Wurzel in der Welt des „Naturmenschen" oder des steinzeitlichen Vorfahren, sondern steht diesem seinen inneren Triebfedern und seinen äußeren Formen nach außerordentlich nahe. Freilich sind die Schwierigkeiten, die dem Versuche, in das Denken der Naturvölker einzudringen, entgegenstehen, sehr groß und erst zum Teil überwunden. Die Psychologie dieser Stämme beruht auf einem Studium ihrer Lebensäußerungen in materieller Kultur, Technik, Gemeinschaftsleben, Kunst, Religion. Primitiv nenne ich Menschen, wenn ihnen die Naturgegebenheiten ungenügend bekannt sind, so daß sie zu mangelhafter oder falscher Wertung derselben verleitet und dadurch der Möglichkeit, die Umgebung zu meistern, beraubt werden. Eine solche falsche Wertung liegt, oft in erschrecklich hohem Maße, beim heutigen Ungebildeten auch unseres Volkes, ferner beim „Naturmenschen" und sicherlich auch beim Menschen der prähistorischen Periode vor. Der gleiche Mangel führt oft zum gleichen Fehlschluß. Aber vom „Naturmenschen" müssen wir ausgehen! Sein Leben ist von magischen Verrichtungen durchzogen. Die Tatsache, Art und Gelegenheit dieses Vollzuges wirft auf die Ritualien der alten, ja der gegenwärtigen Kulturvölker ein helles Licht: die weniger komplizierten sozialen Verhältnisse der Naturvölker erzeugen einfachere religiöse Formen. Ihr Handeln ist durch Reflexionen weniger stark gebunden; durch Rechtssatzungen und soziale Instinkte, die etwa schädigende Auswüchse primitiver Gedankenketten verhindern könnten, nicht in gleicher Stärke beeinträchtigt; durch fremdes Kulturgut materieller oder sittlicher Art weniger stark aus den eigenen Bahnen gedrängt, kurz: urtümlicher. Für die vorgeschichtlichen Perioden der höheren Völker können oder müssen wir vieles bei den Primitiven Gefundene als Frühstufe voraussetzen. Wenn wir aus dem unermeßlichen Material, das sie bieten, einiges von dem im eben gegebenen Sinne Wichtigsten herausnehmen, ohne an Vollständigkeit unserer Darstellung irgendwie denken zu können, so müssen wir uns der romantischen Auffassung von der Ungebundenheit dieser „Naturkinder" entschlagen. Wie ihre Sprachen ganz außerordentlich kompliziert sind, so auch ihre Sitten. Die Angelegenheiten selbst des alltäglichsten Lebens werden in zeremonielle Formen, von deren ängstlicher Wahrung Leben und Eigentum des Einzelnen wie der (meist recht kleinen) Gemeinschaft abhängt, hineingebannt, so z. B. die „politischen" Aktionen, der Schluß von Frieden und Krieg, die Begrüßung von Freunden und Fremden, die Feste der Familie und des Stammes; sowie die Etappen im

Leben des Einzelnen von der Wiege bis zur Bahre: die Vorbereitungen und der Vollzug der Nahrungssuche, Bearbeitung und Anlegen von Kleidung und Schmuck. Der Primitive ist kein Unschuldskind schlechthin. Überall gibt es Tugenden und Laster, edle Taten und Sünden, Scham und Selbstgefühl. Dies Letztere kann sich in Ehrliebe und Eitelkeit, in Rücksichten auf die Gemeinschaft und andererseits in rücksichtsloser Geltendmachung der eigenen Person äußern. Von der Gemeinschaft des Blutes und des Stammes fühlt man sich abhängig, nicht minder aber auch von einem mehr geahnten und in einzelnen Äußerungen erschauten als harmonisch erkannten Weltsystem, das mit Volk und Mensch in seltsamer Weise verknüpft ist. Wir pflegen hier von „Religion" zu reden, obgleich wir in solchen Fällen die Beziehung zu einer göttlichen Macht als gegeben annehmen, der Primitive aber von einer Wechselwirkung zwischen dem Menschen und der Außennatur, also zwei durchaus realen, empirischen Faktoren, überzeugt ist. Neben diesen sozialen und mystisch-spekulativen Elementen stehen Triebfedern der allgemeinmenschlichen Art, die aus der vormenschlichen Epoche herübergenommen sind. Überall gibt es Liebe der Erzeuger, zum mindesten des mütterlichen Weibes, zum Kinde, überall eine gewisse Vorahnung oder Vorstufe des Eigentumsbegriffs. Daraus ergibt sich die Notwendigkeit einer Gesellschaftsordnung, die, uns höchst befremdend und mitunter abstrus erscheinend, gleichwohl die Erhaltung einer Gemeinschaft sichert und mit größter Zähigkeit beibehalten und verfochten wird. Aus Gründen, die wir eher mutmaßen als feststellen können, werden sehr scharfe Bindungen und noch viel schärfere Meidungen den Stammes-, ja, den Familien-Mitgliedern, auferlegt. Eine wie ungeheuerliche Kluft sie zwischen Häuptling und Volk schaffen, werden wir später sehen. Noch heute erinnere ich mich einer Zeitungsnachricht aus den achtziger Jahren des vergangenen Jahrhunderts, die von einem Besuche des Kaisers von China bei den Gräbern seiner Ahnen berichtete. Die sämtlichen Straßen, durch die das prunkvolle Gefolge, der Kaiser an der Spitze, zog, wurden mit Stoffbehängen verkleidet; die geheiligte Person durfte den profanen Blicken nicht ausgesetzt werden. Ein Neugieriger, der vom Dache seines Hauses herab den Zug beobachten wollte, wurde schwer bestraft. Der Pfeil eines Bogenschützen traf ihn am Kopfe. Er stürzte bewußtlos herab! Der Kaiser steht im Bereich dieser Meidungsbestimmungen. — Die Völker der alten Kulturwelt, weit mehr die Primitiven, kennen Meidungen innerhalb der Familie; selbst zwischen einer Frau und ihrem Bruder herrscht bisweilen das Verbot, ohne Zeugen mit einander zu reden, wenn nicht beide sich von einander abkehren. Dazu kommt die Vorschrift, sich gegenseitig beständig auszuweichen. Noch in Indien besteht das Gebot, die Schwiegertochter solle die Eltern des Gatten fürchten und meiden (wenngleich die letztere Bestimmung dort bereits stark abgeschwächt ist). Der Vater der jungen Frau aber nimmt nichts von seinem Schwiegersohn an, ja, er trinkt in dem Hause seiner verheirateten Tochter nicht einmal Wasser.

Um so inniger ist die Stellung des Primitiven zum Naturganzen. „Jeder nicht-islamitische Bambara betrachtet sich als nahen Verwandten der Tiere und Pflanzen, ja, ich füge mit Bestimmtheit hinzu: als nahen Verwandten der unorganischen Wesen. Ohne Zweifel unterscheidet er die Naturreiche untereinander, aber . . . er schreibt allem einen Schimmer von Vernunft und von Leidenschaft zu." Der Kpelle versucht deshalb auch, einem Baum oder einem Stein freundlich zuzureden, wie einem Menschen. Das Hauptjagdtier eines jeden Stammes, der Leopard oder Bär, der Löwe, das Pferd sind in diesem Sinne gesteigerte Menschen: ihre Gefangennahme oder Tötung wird durch Opfer oder zeremonielle Riten entsühnt; der bei der Tötung zur Geltung kommende Instinkt der Furcht vor der Rache seitens des Opfers wirkt sich hier ganz besonders stark aus. Leicht ließen sich Beispiele dafür beibringen, daß der Primitive einen seelischen Abstand zwischen sich und einem Haustier oder seinem tierischen Genossen ebensowenig kennt als zwischen sich und seinem Stammesgenossen. Daraus folgt der zur Unzucht mit dem Tier verleitende Versuch einer körperlichen Vereinigung. Die Sodomie ist in der primitiven Welt weit verbreitet. Da, wo sie durch Sitte oder Religion verboten wurde, gilt sie immerhin als ein Ungeheures, dessen Begehung eine besonders starke Fruchtbarkeit hervorruft. Der Mythus ist voll von solchen Geschichten. Selbst die nordgermanische Sage kennt sie. Die Seelenwanderungslehre, deren Kern sich bei den Primitiven in weitester Verbreitung findet, ist ohne die Annahme, daß eine Promiscuität zwischen den Naturreichen besteht, undenkbar. Auch innerhalb der verschiedenen Genera der Tierwelt gibt es geschlechtliche Verbindungen: Schlangen können sich mit Aalen paaren u. a. m. Auf den Salomonsinseln führen die einzelnen Familien Fischnamen. Die Verstorbenen nehmen die Gestalten dieser Fische an. Das völlig Gleiche kehrt an der Goldküste Afrikas wieder. Menschen leiten sich im primitiven Mythus wie in der Sage der antiken Kulturvölker von Tieren ab. Darauf beruht die wunderliche und hochbedeutsame Erscheinung des Totemismus; oder sie ist doch zum mindesten damit verbunden. Nach dem Glauben der nordamerikanischen Indianer wurden die Tiere früher als die Menschen erschaffen und geboten einst über die ganze Erde. Durch Zauberkunst wurden einige von ihnen in Menschen verwandelt und fingen als solche sogleich an, die Tiere durch Jagd zu verfolgen. In jenem Leben aber nehmen alle Tiere menschliche Gestalt an. — Hier klingt der Gedanke der vom Tier am Menschen vollzogenen Blutrache bereits leicht an. Die eben gegebene Idee von der Rückverwandlung des Tieres in den Menschen in der Himmelswelt fanden wir buchstäblich so in einem altindischen (heiligen) Text. Die Primitiven nennen sich vielfach stolz nach Tieren. Das tun auch Semiten, Inder und selbst noch Griechen. Für den Viehhalter ist sein Haupt- und Lieblingstier zugleich seine Gottheit. Die nomadischen Troglodyten in Ostafrika, die ihren ganzen Lebensunterhalt von den Herden gewannen, legten den Namen „Eltern" nicht einem menschlichen Wesen bei, sondern nur dem Stier und der Kuh, dem Widder und dem Mutterschaf, von dem sie ihren Lebensunterhalt gewannen. Als Ammen erscheinen zahme und wilde Tiere häufig in weitverbreiteten Sagen. — Der Baum steht dem Primitiven zu Zeiten kaum ferner. Die kraushaarigen Semang benennen ihre Kinder nach Bäumen, unter denen sie geboren werden. Ihre Früchte schaffen, wenn genossen oder in die Geschlechtsorgane der Frauen eingeführt, diesen Kinder. Der Baum redet, weissagt, übt Rache, verwandelt sich in Menschengestalt; sein Alter ist höher als das des Menschen; in der Schöpfung trat er früher auf als dieser.

Alle diese Teile des Weltganzen stehen zu dem Menschen in einem Verhältnis, das weder als freundlich noch als feindlich bezeichnet werden kann, sondern „ambivalent" genannt wird, d. h. je nach dem Verhalten des Menschen entweder günstig oder ungünstig ist. Es gibt ursprünglich weder gute noch böse Geister sondern nur solche, mit denen man „umzugehen" lernen muß, wie es die Pflicht des Stammesmitgliedes ist, sich mit dem Häuptling „gut zu stehen". Viele dieser Geister haben auf ihren Schultern einen doppelten, zugleich einen lachenden und einen weinenden Kopf. Das gleiche Gift — ebenfalls ein Dämon bekanntester Art — kann heilen und töten. Jede Schlange, jedes Raubtier, ja selbst der Blitz, können den Stammesgenossen, aber auch den Gegner erschlagen. In diesem Sinne ist auch das Messer wie jene Nahwaffe zweischneidig. Das Götteridol ist mit dieser magischen Gewalt in höchstem Grade geladen. Deshalb hält man sich Priester, die eine solche Kraft kennen und sie im eignen Dienst wie — wenigstens im glücklichen Falle — auch in dem der Menschen gleichen Stammes zu brauchen verstehen. Diese Vertrauten der Gottheit gewinnen sie durch Schmeicheleien, binden Zaubermittel an ihre Bilder, ritzen Zauberlinien ein, behängen sich und die Gottheit mit „Medizinen". Freilich können auch sie irren. Wenn eine Tigerklaue, statt den Träger des Amuletts zu schützen, ihn verwundet hat, so ist das Ansehen desjenigen, der dieses „Mittel" gegen den bösen Blick oder einen andern Zauber erfunden und weitergegeben hat, in ernster Gefahr; er weiß sich aber zu helfen: entweder ist es dann nicht in richtiger Weise, zur rechten Zeit, unter den zugehörigen Sprüchen angewandt oder seine Magie ist durch einen stärkeren Gegenzauber aufgehoben worden. Solche Trostmittel sind nicht etwa listiger Priesterbetrug. — Die alte und primitive Welt ist von einer beneidenswerten Geschlossenheit der Weltauffassung. Ihr Glaube an die zu Gebote stehenden Machtmittel ist unerschütterlich. Wer aber kann diese Wunderobjekte durchschauen? Bei den Yoruba symbolisieren die Kauri-Muscheln ganz allgemein die seelischen Gefühlsmöglichkeiten: Haß und Liebe, Abneigung und Zuneigung, Freundschaft und Feindschaft, Freude und Leid, je nachdem sie mit den Vorder- oder Rückseiten aneinandergelegt und mit anderen Gegenständen vergesellschaftet werden, was besonders zu Orakelzwecken geschieht. Der unbestimmte Kraftgehalt ist auch hier das Primäre, die Steigerung desselben bei der Verwendung im Gottesdienst das Sekundäre, die Differenzierung in der Behandlung, die dem differenzierten Gefühlsrhythmus entspricht, das Tertiäre.

Die riesenhafte Kräfte-Ansammlung, Umwelt genannt, wird nun tatsächlich nach Gesichtspunkten gegliedert. Aber diese Gesichtspunkte sind von denjenigen, die wir zur Geltung bringen würden, sehr verschieden. Da finden wir die Gliederung nach Tag und Nacht, Licht und Schatten, mit logischer Schärfe allerdings erst in der Religion des Avesta durchgedacht. Die psychologischen Grundmomente sind hier die Freude am Licht, die Furcht vor der Finsternis. Beide beherrschen in einer Zeit und unter Umständen, die künstliche Lichterzeugung ausschließen, das ganze Leben. In den Komplex des

Lichts, der als der des „Guten“, weil Nützlichen, aufgefaßt wird, gehören deshalb die der Nacht feindlichen Naturerscheinungen, mit denen der Mensch einen Bund schließt. Sie werden später metaphysisch zu Gottheiten verdichtet; der Bund mit diesen bekommt dann reale, greifbare Formen. Die Furcht vor der Nacht und ihren Verbündeten erzeugt zahllose Ungeheuer. Da die Nacht ihre Mutter ist und die Bedrohung jedesmal von einem anderen Objekte aus erfolgt, haben die Objektivierungen der Furchtempfindung die Gabe der Verwandlungsfähigkeit. Selbst eine rationalistische Ausbeutung des mißkannten und deshalb gefürchteten Objekts nimmt dem Phantasiegebilde in den Augen des Primitiven und Kulturarmen nichts von seiner geglaubten Wirklichkeit. Er sieht ein Ungeheuer; näher kommend, erkennt er es als eine Eiche: das Ungeheuer hat sich in eine Eiche verwandelt. Der Landmann schläft in seiner Stube. Eine Katze springt ihm auf die Brust und erzeugt Alpträume von einem Schlafdämon schrecklichster Gestalt. Der Bauer fährt empor, erfaßt die Katze am Schwanz und weiß: sie ist aus der Mahr, dem Alpdrückengeist, durch Verwandlung entstanden. Auch ein Strohwisch kann zu pathologischen Traumbildern führen, wenn er die Atmungsorgane in ihrer Wirkung beeinträchtigt. Dann ist der Strohhalm eben das verwandelte (und einer Rückverwandlung fähige) Gespenst. Nächtliche Vögel haben vorzugsweise die Gabe der Metamorphose. Die Fledermaus kann sich nach einem in Deutschland vorfindbaren Aberglauben in einen Teerklumpen verwandeln, wenn sie den Frauen in die Haare fliegt. Der Teerklumpen bleibt dann unheimlich wie der Vogel aus dem er entstand, und die gemeinschaftliche Mutter beider: die Nacht. Gleichwohl freut man sich, das Zauberwesen dem Namen wie der Gestalt nach entlarvt und in seine Gewalt bekommen zu haben: die undifferenzierte Furchtempfindung kann auf das einzelne Objekt beschränkt und deshalb gemeistert werden. Der Verstand kann in sein Recht treten. Dies gilt auch auf dem Gebiete der Medizin. Sie tastet in wunderlicher Weise nach solchen Befreiungen von dem eigentlichen, suggestiv wirkenden Furchtempfinden durch erlösende „Entdeckungen“. Dem Kranken werden „Würmer“ aus dem Magen, dem Kopf herausgezogen oder doch beschworen, herauszugehen: das „war die Krankheit“. Das symptomatische Mißbehagen des Leidens vereinigt sich hier mit dem traditionellen Furchtbilde zu einem Komplex und drängt nach quasi-rationalistischer Ausdeutung, die doch wiederum mißlingt, denn der Wurm bleibt Dämon im gefährlichsten Sinne, wie das aus dem Magen einer kranken Kuh gezogene Haarknäuel ein Hexengeschenk, ja die verwandelte Hexe bleibt. Leiden (Krankheitsbild), Schmerzempfindung, der Schmerzerreger (Dämon) und das schmerzerregende Mittel (Instrument) sind hier eine Einheit. — Wie aus dem gremium der Nacht, so entspringen aus dem des Wassers und des Feuers zahllose, ineinander übergehende Gestalten. Das Meteor, der Komet, kann die verschiedensten Formen annehmen. In allen diesen Fällen bietet eine Naturerscheinung die tatsächliche Einheit. In anderen aber kann sie in der bloßen zeitlichen Folge liegen. Wer beim ersten Besuch eines fremden Ackerbodens auf ihm Weizen, beim zweiten Gerste gesehen zu haben glaubt, kann, wenn er geistig sehr beschränkt ist und an die Untrüglichkeit seiner Wahrnehmungen so fest glaubt, als dies bei dem Primitiven tatsächlich der Fall ist, zu sich und anderen sagen: Der Weizen hat sich in Gerste verwandelt. Nach westpreußischem Aberglauben verwandelt sich die Gerste in Lolch, der Roggen in Trespe, wenn das Jahr naß war. Die parasitären Gewächse haben dann das Getreide nicht erdrückt sondern sind aus dessen Verwandlung entstanden! Wenn der Kuckuck zu Johanni zu schreien aufgehört hat, so ist er, meint der Westpreuße, zum Sperber geworden; die Nachtigall, nachdem ihr Gesang verstummt ist, zum Sperling. — Für solche Verwandlungssagen, den Ausdruck eines primitiven Kausalitätstriebes, bietet die Weltanschauung des Primitiven die reichste Quelle, denn sie faßt den gegenwärtigen Zustand von Menschen und Dingen als Folgen früherer menschlicher Handlungen auf, wobei sie quasi-ethische Kausalfaktoren unterschiebt. Man vergleiche die urteilslose Verdächtigung von Menschen, die im Leben Pech hatten (Abweisung von einer staatlichen Laufbahn wegen Augenkrankheit) als Kindern der Sünde (hereditäre Lues). Als Sünde gilt es bei vielen Völkern, während der Zeit des Krieges und der Jagd mit Frauen Gemeinschaft zu haben. Überschreitet man dieses Verbot, so schießt man nichts, tötet keinen Feind. Liebe und Ehe freilich können dann um so erfolgreicher werden. Wenn ein Jäger der Omaha-Indianer an dem gejagten Stück Wild vorbeischoß oder nicht zu Schuß kam, so war das eine Vorbedeutung dafür, daß seine Frau alsbald ein Kind bekommen würde. Diese Auffassung ist, wie ich hier bereits vorgreifend bemerke, auch in sittengeschichtlicher Hinsicht äußerst interessant: grade das Ungeheure, Natur- und Sitten-Widrige bringt reichste Frucht. Es lebt im Innern des Primitiven das richtige Gefühl dafür, daß die selbstgesetzten Bande der formalen Ethik zerrissen werden müssen, wenn der Mensch zu dem werden soll, was er seiner Naturveranlagung nach werden kann.

Neben diesem Kollektivismus steht ein Individualisierungstrieb als andere, kaum historisch ältere Komponente. Sie wird durch die Wirtschaftsform des Primitiven in außerordentlich starker Weise begünstigt, ja, durch deren Eigenart erst möglich gemacht. Die „Erfahrungen" des Sammlers oder Jägers ergaben eine ungeheure Fülle neben einander stehender, in begrifflicher Weise dem primitiven Denken sich nicht einordnender Tatsachen, die mantisch gewertet werden. Jede Pflanze, jeder seltsame Stein, jeder Vogel kann irgend etwas besagen, nützen oder schaden, warnen oder begünstigen. Aber es fehlt dieser Scheinerfahrung das superordinierende Element, die Zusammenfassung zu den nächsthöheren Begriffskathegorien. Weil jeder Fall der Naturbeobachtung ein anderes datum gibt als der Vorangegangene, ist diese „Wissenschaft" keiner konkreten Frage gewachsen. Das Beispiel der „Wetterregeln" kann diesen Unterschied erläutern. Es gibt ihrer Tausende. Sie alle stehen neben einander. Der „Beweis" für die Richtigkeit irgendeiner von ihnen liegt lediglich in der kritiklos übertragenen und erweiterten „Erfahrung" des Einzelnen. Die wissenschaftliche Wetterkunde dagegen arbeitet mit einer begrenzten Anzahl von erklärten, auf physikalische Grundgesetze zurückgehenden Tatsachen, deren Gültigkeitsbereich, deren Zusammen- oder Gegeneinanderwirken sie abwägt, um das daraus gewonnene theoretische Resultat immer wieder an der Praxis der Einzelbeobachtung zu prüfen, zu berichtigen, den gewonnenen Ideengängen einzuordnen und diese gegebenenfalls zu korrigieren. Die kritische Wertung des Axioms und der kausalen Verknüpfungen fehlt dem Aberglauben vollkommen. Daher kommt es, daß der Aberglauben bodenständig, die Wissenschaft von Raum und Zeit losgelöst ist, daß der Abergläubische auf fremden Boden schnell zu Grunde geht, der kritisch Eingestellte sich dagegen überall behaupten kann. Es ist diese Beobachtung für das Verständnis der Menschheitsgeschichte, das Auf- und Abtreten der primitiven Völker auf der großen Weltbühne, von hoher Bedeutung. Auf eigenem Boden ist jeder ein Anthäus; entwurzelt, geht er rasch und mit Sicherheit zu Grunde. Für die Wirklichkeitsgebundenheit des Primitiven — diese in doppeltem Sinne: Vereinzelung der Objektbetrachtung und der Erfassung kausaler Vorgänge — ist das ihm zur Verfügung stehende sprachliche Material bezeichnend. Ein Wort für „Mensch“ in unserem Sinne fehlt selbst den orientalischen Kulturvölkern. Der erste „Mensch“ ist stets der Stammesschöpfer der eigenen Gemeinschaft, nie der Fremden, Barbaren, Feinde, im primitiven Sinne das älteste Mitglied seiner Großfamilie, die ihrerseits wiederum urzeitlich keinen Sondernamen trug. Letzterer kam vielmehr nur dem Einzelnen, ja, selbst diesem nicht für die Lebensdauer sondern nur solange zu, als er sich äußerlich und innerlich gleich blieb. Der Name wechselt deshalb mit den Jahren, mit den Jagderfolgen, den Kriegstrophäen. Die viehhaltenden Negerstämme haben für ihre Rinder eine Flut von Sondernamen, die das Tier nach Alter, Farbe, Geschlecht durch ein einziges Wort auszeichnen, nicht minder die Araber für ihre Kamele. Das Studium der altarabischen Dichter wird hierdurch außerordentlich erschwert, die sprachliche Fülle ist erdrückend. Das Gleiche gilt von den Tätigkeits-Bezeichnungen. Für das Herablassen des Kanus in die See hat der Eskimo, für das abendliche Hereintreiben seiner Herde in den Kraal der Neger ein eignes Verbum. Alle diese Konkret-Begriffe und Handlungsabläufe gelten dem Primitiven als zeit- und raumlose Naturgegebenheiten, bei deren Verschwinden er seelisch nicht minder zusammenbricht, als etwa ein deutscher Hochgebirgsbewohner, wenn er erlebt, daß in der Polarregion die Sonne nicht dann untergeht, wenn er gewohnt ist, sich zum Schlaf niederzulegen. Mit dieser vollendeten Anpassung an den Heimatboden hängt die „Liebe“ des Primitiven zu allen Kulturgegebenheiten, seine Überschätzung ihres absoluten Wertes und seine persönliche Einstellung zu ihnen zusammen. Für den Eskimo, doch auch für den Inselbewohner des Südmeers, ist sein kleines Fahrzeug ein lebendes Wesen, bei dem er schwört, das er mit Namen benennt. Das gleiche gilt vornehmlich von der Waffe, überhaupt von den Gegenständen des Nahrungserwerbs und des Krieges. Der Bogen, die Keule, das Schwert, tragen noch im germanischen Altertum die Runen ihrer Besitzer; sie leben und zeigen deren Eigenart, die sich ihnen um so mehr mitteilt, je länger sie in den Händen ihrer Herrn und deren Ahnenkette sind. Wir schließen von der „Lebensdauer“ einer Flinte auf den Grad ihrer Abnutzung, der Primitive auf ihren Wertzuwachs. — Auch jeder Naturvorgang wie jedes Geschehnis des Lebens steht, der historischen Begriffsverknüpfung entfremdet, neben dem Gleichartigen. An jedem Morgen mordet der Tag die alte Mutter Nacht, ein jeder

Frühling den Winter. Das Auftreten einer Europäerin ist ein ungeheures Ereignis, das, so oft es sich wiederholt, stets von neuem beschrieben wird. Diese fehlende Neigung zur Synthese ist eine Urquelle des Mythus und Aberglaubens; Sonderbewertung ist stets subjektiv und Tatsachen fälschend. — Erst spät und sehr langsam stellt sich der Segen regelmäßiger Beobachtungen ein. Man erfuhr, daß man in einer glücklichen Liebesnacht ein Kind empfangen oder zeugen könne; daß man säen müsse, um zu ernten; daß Frühling und Herbst sich regelmäßig abwechseln. Keineswegs sind diese Folgen allen Menschen geläufig. Selbst da, wo man an sie glaubt, läßt man die Möglichkeit des Ausnahme offen. Das Kind kann auch als Jungfrauengeburt (parthenogenetisch) zur Welt kommen. Der „Einbruch“ des Frühlings wird bei den niedrigststehenden Stämmen nicht von astronomischen Gegebenheiten abhängig gemacht. Für die Erkenntnis dieser fundamentalen Kausalitäten ist die Wirtschaftsform des Kulturarmen sicherlich von hoher Bedeutung. Die Jägerperiode kümmert sich um die Bodenform, also um die Gestaltung und Ausgestaltung der mütterlichen Erde, garnicht oder doch nur in ganz eingeschränktem Grade. Dagegen erzieht die Haltung von Haustieren, der Pflanzenbau in irgendeiner Form, zum Nachdenken über zahllose Kausalzusammenhänge, lehrt die Folgeverhältnisse von Frühling und Herbst, von Blüte und Frucht, von Begattung und Geburt kennen. Der Ackerbauer (Hackbauer) vollends muß zwischen „gutem“ und „schlechtem“ Boden zu unterscheiden, eine (ungeachtet aller Metaphysik) rationalistische Einstellung zur Erde als der obersten Quelle produktiver Ergiebigkeit vorzunehmen versuchen. Während der Jäger und Fischer auf „gutes Glück“ angewiesen ist, vermag der Ackerbauer das Geschick in eingeschränktem Grade zu meistern. Die Magik der beiden Ersteren ist letzten Endes ein Versuch, sich des „Glückes“ zu bemächtigen; ihr Orakel die Antwort auf die Schicksalsfrage nach der Fangergiebigkeit. Mit der Lebenssicherung durch Ackerbau und Viehzucht d. h. „sobald er [der Urmensch] nichts zu sorgen und zu fürchten hat“ (Goethe), verändert sich diese Fundamentaleinstellung völlig. Erst jetzt treten die hohen Fragen hervor, welche das Herz des Menschen nicht mehr verlassen, „solange seine Existenz gesichert ist“ (Goethe), Fragen, die allerdings nur, wenn diese Vorbedingung gegeben ist, sich Geltung verschaffen können: nach Gott und dem Verbleib der Seele nach dem Tode. In der Arktis und der Wüste werden sie kaum aufgeworfen. Die unberührten Eskimogruppen beispielsweise kann man als Atheistengemeinschaften und als allen Jenseitsfragen abhold bezeichnen. Auch unsere Polarforscher dachten, wenn die Not einen bestimmten, hohen Grad überschritten hatte, nur an das Essen (Nansen). Die reinen Wüstenstämme verzerren das Jenseitsbild zur widerlichsten Fratze. Diese Enge des Gesichtskreises in räumlicher und intellektueller Beziehung wirkt sich in doppelter Weise aus. Sie läßt diejenigen Gegenden, die der Primitive nicht kennt, die er von den gewohnten Kultur- und Naturbedingtheiten unabhängig weiß, zu ganz phantastisch ausgemalten Märchenländern werden, wie die Romantik des vergangenen Jahrhunderts sie noch träumte. Wunsch- und Schlaraffengegenden wechseln mit grauenhaften Nachtszenerien ab, zumal Nacht und Tod überaus häufig an das räumliche Ende der Welt versetzt werden. Dort leben menschenähnliche Wesen der wunderlichsten Gestalt, halb Tiere, halb Menschen, Riesen, Zwerge, Chimären, Menschen, die den Kopf unter der Schulter tragen. Das hier überreiche Material fließt am bekanntesten aus den Schilderungen der Odyssee, Herodots, dem Gilgameš-Epos und den Darstellungen der Welten der Seeligen und Götter, wie sie der nördliche Buddhismus bietet.

Dieses phantastisch ausgestattete Weltganze steht in einer gewissen Harmonie, mindestens in Wechselbeziehung seiner einzelnen Teile zu einander. Daß „Sünde" durch mechanische Fortwirkung Elend, namentlich Nahrungsmangel erzeugt, daß sie wie der Pesterreger durch Übertragung auf große Entfernungen zu töten vermag — sie ist ein „Anhängsel" ein „Angeschmiertes" — sahen wir schon. Eine naturkundliche oder soziale Ungeheuerlichkeit wirkt auf das Natur- und Menschengeschehen wechselseitig ein. Bei einer Sonnenfinsternis werden viele Leiden unter den Menschen geboren; wenn Zwillinge sich zanken, können die Speisen am Feuer nicht kochen. Alles ist Frucht, alles ist Samen. So wird es sogar im sozialen Grundgesetz gefordert. Dieses kennt nämlich als Grundlage das Vergeltungsprinzip. Auf moralisch-rechtlichem Gebiet heißt es: *Blutrache*, auf sozialem: *Gegengabe*. „Es gilt als unmoralisch, einseitig Leistungen zu fordern, denn es ist ein hervortretender Zug bei *allen* Naturvölkern, daß die Leistung mit einer Gegenleistung verbunden sein muß". Das gilt mit außerordentlicher Rigorosität im Gastrecht, nicht minder im Kultus. Das Opfer ist nichts weiter als eine Gabe zwecks Erlangung einer Gegengabe oder (im selten dargebrachten Dankopfer) die Gegenleistung für ein empfangenes himmlisches Gut. Noch in der israelitischen Religion des Alt. Test. setzen sich die der Gottheit dargebrachten Gaben, zu denen Gebete mit den sie begleitenden Geschenken gehören, in die gnädige Gesinnung Jahwes um, die ihrerseits wiederum irdisches Glück, Reichtum und langes Leben, hervorruft — also eine Wechselwirkung, ein Turnus durch die ganze Natur. Der aufgewandten Kraft entspricht der Erfolg. Die israelitischen Könige veranstalten für ihre weitgesteckten politischen Pläne Massenopfer mit fabelhaften Aufwand. Die Blutrache begnügt sich mit der Tötung der *gleichen* Zahl von Menschen; ja, selbst im Kriege töten die Parteien beim Vertragsschluß so viele Mitkämpfer, daß die Verluste sich gleich sind. Die „Homöopathie" im weitesten Sinne, d. h. die Lehre, daß Verluste (auch an Gesundheit) durch gleichartige Ersatzstücke wieder ausgeglichen werden müssen (an die Stelle des fleischernen Beins gehört das Wächserne) ist lediglich ein Teilgebilde dieser Gesamtauffassung. Wir gaben diese Tatsachen, weil sie geeignet sind, den ungeheuerlichen moralischen und intellektuellen Tiefstand der meisten abergläubischen Gebilde darzutun. Das ius talionis, das Gesetz: „Auge um Auge", hat nichts mit der ethischen Forderung zu tun, daß jedes Unrecht eine entsprechende Strafe finden muß. Ein Mensch verliert durch die Schuld, Fahrlässigkeit eines anderen oder dessen ungewollten Mißgriff eine Hand. Der Geschädigte schlägt dem Schädiger die Seinige ab: „Ich habe meine Hand verloren; nun will ich eine andere haben!" Der Hinweis auf den Kräfteausgleich nach erfolgtem Friedenschluß ist nichts als ein besonders drastisches Beispiel für die wichtigste psychologische Quelle des Aberglaubens; ich nenne sie die *Denkfaulheit* des Primitiven als Teilgebilde seiner Faulheit überhaupt. Der Kulturarme weicht jedem Ansatz zu Anstrengung erforderndem Denken, d. h.: zu jedem Denken, das außerhalb des Rahmens der alltäglichsten Notwendigkeiten liegt, aufs ängstlichste aus. Es darf ihm nicht zum Bewußtsein kommen, daß er denkt. Sein Denkmechanismus läuft als Unterstützung seiner Reflexhandlungen unbewußt ab. Jede Denkübung ist ihm eine Höllenqual. Sie reißt selbst den Gutmütigen unter diesen „Naturmenschen" leicht zu Affekthandlungen hin, wenn sie von dem Fremden, dem Europäer, ihm zugemutet wird. Wie wenig er geneigt ist, gleichartiges, mag es noch so konkreter Natur sein, zu assoziieren, lehrt die mangelhafte Entwicklung des Zahlensystems. Ein sehr niedrig stehender Stamm bedient sich zum Zählen der Finger, die er mit Verwandtschaftsnamen benennt. (Zahl 1 heißt: „Dies ist mein Bruder" usw.) Der Daumen, der sich mit der Zahl 5 deckt, heißt: „Dies ist der Friedensmann ihīi". Die Bezeichnung als „Friedensmann mag der Freude über die Beendigung des anstrengenden Zählgeschäfts Ausdruck geben" (Thurnwald). Jeder Schriftsatz, ja die eigene Namensunterschrift, ist trotz langjährigen Schulunterrichts sehr Vielen unseres Volkes ein Greuel, eine physische Qual; sie wird unter ungeheurem Aufwand an Muskelkraft vollzogen (wobei stets die Lippen, meist die Stimmorgane mitreden) und, wie ich aus eigner Erfahrung weiß, selbst dann verweigert, wenn sie dem die Unterschrift Leistenden wichtige Rechtsvorteile verschafft. Es spielt hierbei die dunkle Furcht vor der Magie des Namens mit. Anstelle des Verstandes, dem kein räumlicher Sitz im menschlichen Körper zugewiesen wird — es gibt zwar Lokalisierungen der Leidenschaften und der Einbildungskraft, jedoch nicht solche des Verstandes in der Sprache der primitiven Welt — tritt als wesentlichstes Agens die von den „Alten" übernommene „Weisheit" ans Tageslicht, die mit äußerster suggestiver Gewalt auf den Nachkommen wirkt. Jede Belehrung, jede systematische Verstandesschulung, weisen die Primitiven zurück: wie ihre Väter nichts gelernt haben, und doch durch das Leben gekommen sind, so können auch sie ungeschult existieren. Jedes Abweichen von den landläufigen Bahnen ihres Denkens lehnen sie ab; doch verstehen sie es, den ihnen durch Fremde (etwa europäische Ärzte oder Missionare) zugetragenen, oft lebenswichtigen Bildungsstoff schnell und vollständig zu assimilieren, das heißt, ihrem Denkniveau anzugleichen. Der Vergleich mit der Handlungsweise des Tierreichs fällt oft vernichtend zu Ungunsten des homo sapiens aus. Bei den Berg-Damas ist die Behandlung der Neugeborenen, denen bisweilen selbst das erste reinigende Bad versagt wird, so schlecht und sorglos, daß das langsame Aussterben dieser Stämme auf die bloße Vernachlässigung des Nachwuchses zurückgeführt werden kann. Die Kai-Leute (Papua's) unternehmen das Abbinden des Nabels nach erfolgter Geburt erst um Stunden nach der Entbindung. Sibirische Stämme sollen statt des ersten Reinigungsbades zu Zeiten Abreibungen mit Schnee vornehmen. Selbst einzelne Sonderhandlungen bei Geburten erfolgen den eigenen Impulsen, suggestiv wirkenden Ratschlägen dritter „vertrauenswürdiger" Personen, nicht der jedesmaligen speziellen Sachlage entsprechend. Wie hoch steht über solchen Mißgriffen die Handlungsweise der Katze, die ihren Nabelstrang abbeißt und die Neugeborenen ableckt — das beste und sanitär einwandfreieste Reinigungsbad der Welt! — Übrigens wendet der Primitive dem eignen Leben keine größere Sorgfalt zu als dem seiner Kinder. Allgemeine Gefahren (Krieg, Pest, Feuersbrunst, Wassersnot) läßt er sorglos an sich herankommen. Anstelle des Götter- oder Gottes-Begriffs tritt für ihn, wenn auch noch nicht in der zum System erhobenen Gestalt vieler orientalischen Religionen, der Schicksalsglaube, der Fatalismus. Er ist die Legalisierung der Denkfaulheit schlechthin. Das Orakel als religiöse Einrichtung setzt diese Denkrichtung oder Heiligung des Nichtdenkens voraus. Es ist überall, bis zu den niedrigsten Kultureinheiten herab, vorfindbar. Der Mythus ist ein Verlegenheitsbehelf; der Volks- (Aber-) Glaube birgt keine, etwa im Kulturmenschen erloschene Phantasietätigkeit. Die Gespenster- oder Seelen-Vorstellung ist kein „Glaube“ und kennt keine „Gespenster“ oder „Seelen“, sondern in den Raum projizierte Erinnerungsbilder, die mangelhaften Abläufen von Vorstellungskomplexen ihr Entstehen verdanken und dem einfachsten Experiment nicht stand halten, der schlichtesten Überlegung weichen müßten. Ein solcher Abwehrwille fehlt aber eben dem „Naturmenschen“. Der „Primitive“ ist unglaublich feige. Der Dämon „herrscht“ eben über ihn. Diese fatalistische Ergebenheit in die Weltordnung verhindert alle sittlichen und äußeren Kulturtaten und dient da, wo der Pflichtbegriff bereits aufgetaucht ist, dazu, sich um die sittliche Verantwortung herumzudrücken. Krieg und Frieden wurden durch das Los entschieden. Der heidnische Araber wählte das Wahrzeichen, weil er sich der Verantwortung vor sich selbst entziehen wollte; denn man getraute sich in schwierigen Fällen nicht, zu entscheiden (Wellhausen). Heutigen Tages begünstigt der Fatalismus jede sittliche Schwäche, heiligt jeden Mangel an Wollen und Vollbringen und wirkt um so gefährlicher, als der Name Allah's auf dem Umwege über das „Schicksalsverhängnis“ mit jeder Unsittlichkeit in Verbindung gebracht werden kann.

Ein solcher Mangel an Aktivismus ist beim Primitiven noch nicht vorhanden. Seine Einstellung zum Weltganzen ist magischer Natur, das Ziel Erreichung von Glücksgütern, Kindern, Macht und Ansehen, sein Wissen das Mittel, auf magischem Wege die Natur zu meistern, also grundsätzlich und inhaltlich von dem europäischen oder „zivilisierten“ Wissen völlig verschieden. Während dieses stets im Zweifel stecken bleibt und im Problem unbefriedigend endet, stellt der magische Gehalt des Wissens des Naturmenschen, Wollen und Können verwechselnd, seinen Träger in den Mittelpunkt des Weltalls und gibt ihm, so lange er an ihn glaubt, alles, was er verlangt. Daher stammt das uns fremde Glücksgefühl des Primitiven. Es wird durch seine Feigheit, seine Dämonen- und Todesfurcht allerdings immer wieder, aber stets nur vorübergehend, ausgeschaltet. Die Gedanken an den Tod als an das stets nahe Schrecknis sind bei den einzelnen Völkergruppen und Stämmen sehr verschieden stark entwickelt. Einzelne schwere Heimsuchungen (Pest) oder fremde Einflüsse (durch buddhistische oder christliche Missionare) können solche eschatologischen Ideen schnell und sehr erheblich, selbst bis zur Massenpsychose, steigern. Ähnliches hat man auch in Europa erlebt. Die Grundstimmung, großenteils durch das Vertrauen auf die Magie und Magier gegeben, ist aber die der sorg- und verantwortungslosen Heiterkeit. Es ist wichtig, dies zu betonen, denn die Vorstellungen der religiösen Sendboten, denen der Heide ein Sünder und der Sünder ein Unglücklicher ist, gehen gänzlich fehl. Das Gefühl der Verantwortlichkeit vor einem traditionellen oder selbstgebildeten Sittenkodex fehlt. Es fehlt aber auch — was schwer wiegt — die Vorstellung einer Kluft zwischen Ideal und Wirklichkeit, der unser Leben durchziehende tragische Konflikt zwischen Wollen und Vollbringen auf allen Gebieten des Lebens. Andererseits kann man sich die dämonische Furchtvorstellung, die dem einzelnen abergläubischen Gebilde den Boden ebnet, nicht lebhaft genug vorstellen. Sie reicht bisweilen, wie wir sahen, aus, den Betroffenen augenblicklich zu töten. Auf den Andamanen gilt die Angst die denjenigen ergreift, der in den Dschungel geht, ganz allgemein als tötlich. Der Mutige aber wird zum Propheten. Er hat sich des Furcht-Dämons bemächtigt. Andre aber unterliegen ihm und werden von ihm ins Todesreich mitgenommen. Sie brauchen nicht gerade im Dschungel zu irren. Jede einsame, namentlich auch nächtliche Stätte ruft den gleichen Effekt hervor. Der Primitive ist überhaupt nicht im Stande, sich einsam zu wissen, d. h. von der Außenwelt zu abstrahieren, so wenig er im Stande ist, einen leeren Raum in einem Gemälde zu lassen. Ein ihm freundliches oder feindliches Wesen muß er in ihn hineinprojizieren. Der Beweis für das Vorhandensein eines solchen Dämons liegt für ihn in der bloßen Furcht vor dem Gespenst; sie ist der Beweis aller Beweise. Es können aber die verschiedensten, diese Seelenverfassung begünstigenden Momente hinzukommen; die harmlosesten Reize auf die Sinnesorgane: ein im nächtlichen Wald auffahrender Hase, der Schrei eines Vogels, ein auf die nackte Haut herabfallender Regentropfen können analoge Wahngebilde zeitigen. Wenn diese schnell genug abklingen, um sich nicht gegenseitig zu verflechten und zu steigern, so bleibt der Abergläubische seelisch gesund. Im allgemeinen trifft dies bei dem Primitiven zu, so daß seine seelische Heiterkeit unter den Furchtinstinkten nicht leidet. Von dem berufsmäßigen Vertreter des Aberglaubens, seinem Priester, gilt es kaum noch. Er ist schon der Familie nach vielfach geistes- oder nervenkrank, zum mindesten hysterisch. Diese Anlage begünstigt er durch den Genuß von Giften und anderen Reizmitteln, weil er dadurch Geld und Macht gewinnt. Der „gute Glaube“ an seine Zaubermittel ist bei ihm wie bei dem modernen Kurpfuscher oder Astrologen als unbewußtes Produkt seines Selbsterhaltungstriebes anzusehen und, moralisch betrachtet, völlig wertlos. Individuen dieser Art sind häufig mit Geisteskranken auf gleiche Stufe gestellt worden; ja, man fragte sich ganz allgemein: worin besteht denn der Unterschied zwischen dem Psychopathen und dem Abergläubischen überhaupt? Daß beide Unsinn denken und reden, ist sicher; ebenso, daß ihre wirren Verstandes- und Gefühlsinhalte bestimmend auf ihr Tun und Lassen einwirken können, ohne daß es möglich wäre, sie Anderen glaubhaft nachzuweisen. Den Unterschied aber sah man darin, daß der Abergläubische die Vorstellung, von der er beherrscht wird, als allgemeingültig voraussetzt, der Wahnsinnige dagegen sein eigner Prophet ist, denn er bildet die Vorstellung selbst und bewahrt sie bei sich. — Das mag zu Zeiten zutreffen. Einen erheblichen Wert aber hat diese Scheidung nicht. Gerade der Abergläubische, der

„Priester" seiner Idee, bildet und bewahrt diese als höchstes Geheimnis. Während der Glaube d. h. die verbreiteten Religionssysteme etwa ein halbes Dutzend Stifter haben, besitzt der Aberglaube, wie jedes zum „Original" gewordene alte Weib eines Dorfes beweist, deren ebensoviele Hunderttausende. Eben deshalb hat sich der Aberglaube als Gemeingut nur sehr kleiner ethnischer Gruppen, niemals ganzer Völkerschaften oder Staatsverbände, halten können — es sei denn, daß ein metaphysisches System ihn schützte und verarbeitete. Er ist also ein Reservat Weniger. Zum Gemeingut erhoben, verliert er deshalb da, wo er aktive Form annehmen will, allen Wert: der Kurpfuscher, der das Carcinom durch Besprechung heilt, gibt sein Geheimnis natürlich nicht preis. — Ebenso falsch ist es auch, daß der Wahnsinnige sein eigner Prophet ist. Er nimmt vielmehr häufig sein Material aus der Erfahrung, studiert emsig, wirft mit gelehrten Brocken aller Art um sich und wird oft zum Propheten Tausender. Jedes große Irrenhaus hat seine Propheten, die oft schweren Schaden gestiftet haben. Mitunter rühmen sich die Kranken der erfahrenen Eingebungen Gottes (Halluzinationen aller Art: der erweckende Ruf aus der Höhe, die Geisterstimme; das lebendig werdende Heiligenbild, die Erscheinung irgendeiner heiligen Persönlichkeit und der Verkehr mit ihr: „persönliches Erleben"). Dann ist die Diagnose leichter zu stellen. Doch selbst dann ist Vorsicht geboten, weil auch hier die Überfütterung mit traditionellem, stark suggestiv wirkenden Material vorliegen kann. Die Suggestibilität liegt letzten Endes in der Durchbrechung des Kausalprinzips: man fürchtet, was man nicht versteht und läßt sich von dem gefangen nehmen, was man zwar den Äußerungen, aber nicht dem Wesen nach erkannt zu haben glaubt. Deshalb ist die Elektrizität gegenwärtig für ungezählte, die Welt durchziehende Betrüger ein magischer Kräftespeicher mit einem kostbaren, leicht in bares Geld verwandlungsfähigen Gehalt. Die tausendfach gemachte Erfahrung, daß die Masse nur das schätzt, was sie höchstens halb versteht, beruht auf der gleichen Grundlage. Andererseits wäre es ganz falsch, dem Aberglauben oder Abergläubischen einen dolosen Charakter zuzuschreiben. In vielen Fällen kann die Frage, ob ein Angeklagter sich bewußt war, durch eine strafbare Handlung eine Schädigung der eignen Person oder Interessen vorzunehmen, für die Beurteilung seines Geisteszustandes von Wichtigkeit sein — bei der abergläubischen Person aber gilt dies nicht. Der äußerst routinierte abergläubische Verbrecher läßt am Ort der Tat bisweilen den eignen Kot zurück, der ihn verraten kann und tatsächlich verraten hat. Die Hexen der vergangenen Jahrhunderte entdeckten sich durch ihr Handwerkzeug den Verfolgern. Die indischen Verbrecherkasten verfahren nach streng vorgeschriebener, rein abergläubischer Methode, die sie unfehlbar in die Gewalt der englischen Gerichte bringen muß. Der Abergläubische handelt also zu Zeiten schwachsinnig, ohne schwachsinnig zu sein. Auch damit kommen wir auf die Denkfaulheit als die eigentliche Wurzel des Aberglaubens zurück. Durch traditionelle, suggestive Begriffsmomente wird die Kette zwischen Subjekt und Objekt, der Kausalnexus, außerordentlich stark abgekürzt, der Selbsterhaltungstrieb zu Zeiten ausgeschaltet. Noch neulich erfuhren wir, daß die englischen Gerichte Neger zum Tode verurteilten, die in dem guten Glauben, ihre Felder zu segnen, sie mit Menschenblut düngten. Auch die „Sitte“, Zwillinge zu morden, besteht fort, trotz der gesetzlichen Strafandrohung. Nach alledem wäre also der Aberglaube „eine Wahnidee im weiteren Sinne“, wie sie denn auch als solche von Medizinern bezeichnet worden ist. Einer ihrer hervorragenden Vertreter macht allerdings folgende Unterscheidung, bei der er vom Aberglauben als Sondergebiet des Übersinnlichen ausgeht. Eine Wahnähnlichkeit machte sich erst dann geltend, wenn auch der Irrtum das Ich zum Substrat hat und sich wiederum nur auf dessen Beeinträchtigung oder Förderung bezieht. Mit dem Aberglauben steht es nicht anders; an Hexen dürfe man glauben, aber nicht, daß man verhext ist, ohne den Verdacht der Geistesstörung zu erregen. „Es ist also die einseitig gefälschte Auffassung von Wohl und Wehe des betreffenden Individuums, die diese falsche Meinung in die Nähe des Wahns zu rücken vermag“ (Specht). Zunächst ist dazu zu sagen, daß das Gebiet des Aberglaubens dort sehr viel enger gefaßt ist als bei uns. Dem Sprachgebrauch entsprechend, der durchaus und immer über allen künstlichen Begriffsbestimmungen steht, reden wir vielmehr von medizinischem, juristischem, kurz auf intellektuellem Gebiet liegenden Aberglauben. Bei ihm wie auch bei der abirrenden metaphysischen Lehrmeinung, dem Aberglauben, an den unser Gewährsmann denkt, kann das Ich in jedem Falle im Mittelpunkt der abergläubischen Vorstellung stehen. Wer immer an Hexen glaubt, glaubt auch daran, daß er behext werden kann. Andernfalls wäre er ja nichts als ein Mensch, vielleicht Gelehrter, der sich „für das Problem des Hexenwahns interessiert“. Tatsächlich lehren die aus abergläubischen Motiven hervorgegangenen Affektmorde der jüngsten Zeit, daß deren Begeher keineswegs auch nur im Verdacht der Geisteskrankheit gestanden haben — von den Verbrechern fremder Völker ganz zu schweigen. Allerdings ist es die Pflicht des Gutachters, die abergläubische Idee, wenn möglich, in das gesamte Bildungsniveau und Erfahrungsmaterial des Abergläubischen einzureihen, seine Fähigkeit und seinen guten Willen, logische Schlüsse zu ziehen, überhaupt nachzuprüfen — und abermals sind wir damit bei der Denkfaulheit angelangt! Versagen diese Versuche vollkommen, ist auch der „originelle Kopf“ nicht da, der aus einer bestimmten subjektiven Weltanschauung heraus die abergläubische Idee in sich großzieht, dann ist der Verdacht der Wahnidee gegeben; denn deren bloße „Unvernünftigkeit“ im Sinne des Rationalismus beweist jedenfalls durchaus nichts, in keinem Falle irgendetwas für ihre psychopathische Eigenart. Der gesamte psychische Habitus des etwa strafbar gewordenen Abergläubischen ist sicherlich zu untersuchen. Gerade das, was unsere Nervenärzte als wesentlichste Momente der Paranoia genannten Krankheitsform angeben: Größenwahn und Verfolgungswahn, beginnend mit Argwohn, ist auch dem Aberglauben als Seelenverfassung durchaus eigen. Was sagt man zu einem Manne, der an persönlicher Feigheit seinen Standesgenossen sicherlich nichts nachgegeben, dessen Argwohn bei der Rezitierung jeder Zauberformel neue Nahrung gefunden hat und der doch nach seiner eigenen und seiner zahlreichen Anhänger Auffassung — er war ein Inder der fernsten Vorzeit (Visvāmitra) — „mit seinem Glanz die drei Welten verbrennen und mit seinem Stoß die Erde schwanken machen“ konnte? Er „vermochte es, den (bis zum Polarstern emporreichenden Sonnenuntergangsberg) Meru auseinanderzureißen und ihn auf jede beliebige Entfernung hinwegzuschleudern; er konnte die Erde in einem Augenblick umkreisen. Die Götter und die alten Weisen zitterten vor ihm." Er kam nicht ins Irrenhaus, ist bei weitem kein Paranoiker. Seine Mittel, abergläubig zu denken (und zu handeln), sind, wie gerade dieser Fall besonders klar erweislich macht, aus der (religiösen) Erfahrung entnommen und laufen, allmählich zu gelehrt tuenden Afterwissenschaften sich ausgestaltend, durchaus in deren Bahnen, allerdings mit individuellen Zutaten. Das Schöpferische liegt ja im Bereich des Aberglaubens (wie überall) durchaus und nur in der Persönlichkeit. Daß nicht der leiseste Hauch von Schwachsinn sich bei unserem Propheten oder ähnlichen Vertretern einer volkstümlichen Weisheit und Macht zeigt, lehrt indirekt die Anhängerschaft und Verehrung jenes Mannes. Denn das Pathologische, auch Psychopathische, ist seinem Wesen nach steril. Wahnsinnige können Sekten gründen, aber diese verfallen zugleich mit der Existenz ihrer Stifter. Das Psychopathische unserer Künstler- oder Gelehrten-Naturen erklärt nicht deren Leistungen, sondern Leistungsausfälle.

Wodurch unterscheidet sich also der Wahnsinnige von dem Abergläubischen? Zweifellos durch die Belehrbarkeit des Letzteren. Der Abergläubische kann umlernen. Es ist ihm möglich, durch langsame und fortgesetzte Belehrung über das Wesen der Naturzusammenhänge eine große Anzahl von Irrtümern zu korrigieren, die zu abergläubischen Gedankenzusammenhängen führen und dadurch die Möglichkeit, durch subjektives Eingreifen in das Weltgeschehen dieses zu beeinflussen, vorspiegeln. Statt traditioneller, wertbelasteter Ideen und materieller Dinge kann der Abergläubische selbsterschaffene oder selbstdurchdachte und deshalb seiner Intelligenz angepaßte Medien für seine Zwecke zu verwenden lernen. Weitreichende abergläubische Ideenverbindungen muß er als solche erkennen und verwerfen. Er muß eben — denken lernen. Selbst da, wo seine Denkfähigkeit versagt, muß er von dem Walten der Naturkräfte und ihrer gleichartigen Äußerung bei gleichartiger Behandlung überzeugt sein. Er muß wissen, daß sie subjektiver Beeinflussung nach Menschenart — Bitten, Drohungen — unzugänglich sind; daß sie keine Launen haben, ihn oder irgendeinen anderen Menschen nicht aus eigenem Willen schädigen oder fördern können. Das genügt. Ein „Wilder", dem man diese Überzeugungen beibringen kann, ist nicht mehr abergläubisch, auch dann nicht, wenn er einer Elektrisiermaschine Funken entnimmt und sich darüber wundert; sie braucht ihm nicht erklärt zu werden. (Ich persönlich wäre dazu nicht im Stande. Sie soll eine Zufallsentdeckung gewesen sein.) Die bloße Verwunderung als solche ist nicht abergläubisch. Sie ist vielmehr die wahrste, tiefste, religiöseste Einstellung zu allem Naturgeschehen. Ihr steht nur noch die Blasiertheit gegenüber.

Der Kampf gegen den Aberglauben ist der Kampf gegen eine falsche Einstellung der Menschheit zu Natur und Mensch. Er wird dadurch erschwert, daß der abergläubischen Form wie dem abergläubischen Gehalt ein außerordentlich hohes Alter zukommt und daß sich beide im Einzelindividuum von neuem erzeugen. Die Vorstellung, daß jüngst Verstorbene die Lebenden besuchen, ist fast allgemein. In zahllosen Gespenstergeschichten wird sie verbreitet und dadurch der jedesmal heranwachsenden Generation suggeriert. Dennoch wäre sie längst verschwunden, wenn sie nicht durch jeden Todesfall psychisch neu-erzeugt würde. Das Schauermärchen der Kinderzeit gleicht einem Samenkorn, das erst in Zeiten seelischer Erregung auf fruchtbaren Boden fällt, um alsdann sofort fest zu verwurzeln. Dieser Affektzustand ist für Religion und Magie notwendig. Fände er sich nicht, beträte der Tod nicht das elterliche oder eigne Haus, suchte uns nicht Krieg, Sorge, kurz, das ganze Elend des Lebens heim, bedrohte uns nicht Gefahr zu Wasser und zu Lande — wir ließen den lieben Gott einen guten Mann sein und lebten herrlich und in Freuden. Im Paradies gibt es weder einen Gott noch einen Theologen. Die Perioden, welche uns an Gott und Schicksal knüpfen, nenne ich „heilige Zeiten". Das dort aufgehende Saatkorn kann nicht jünger sein als der Versuch, die Welt zu verstehen, sich zu ihr in Beziehung zu setzen. Dieser Gedankengehalt und der ihm entsprechende abergläubische Brauch hat bisweilen seine älteste Form bewahrt. Die oft kaum hundert Seelen umfassende Gemeinschaft eines Stammes pflegte aufs strengste die Gleichheit in Gedanken und Handeln und sah in der Pflege der Tradition nicht bloß eine Pflicht, sondern eine Selbstverständlichkeit. Die Vorstellung von einem F o r t s c h r i t t fehlte, da gerade dem Alter — der ältesten Person, dem ältesten Gegenstande und Brauch, die größte magische Gewalt zukam. Wir erwähnten bereits, daß dem intellektuell Beschränkten dadurch ein großer Kräftespeicher gewahrt blieb; wir wiesen auf den Australneger hin. Es gibt Stämme, die sich zum Jägerberuf ausgezeichnet eignen, aber bei dem Versuch, Viehhalter zu werden, Mißgeschick haben und unter der dann erwachenden Konkurrenz mit anderen Viehhaltern schnell zu Grunde gehen. So ist die W i r t s c h a f t s f o r m dem Stamm, dem Volkstum früh mitgegeben, ja, in gewisser Weise sein unveräußerliches Eigentum. Zugleich mit ihr wird der ganze Schatz der ihre Kulturgüter umrankenden abergläubischen Elemente überliefert. Der Konservativismus ist eben ein allgemein-menschlicher Zug. Sagt man doch, daß noch niemals ein Nomadenvolk wirklich a n s ä s s i g geworden wäre. Die (ihm natürlich von Hause aus fehlenden) Eigentumsbegriffe sind deshalb auch in der Zeit, in der es zur Oberschicht bei ansässigen Stämmen geworden ist, im äußersten Maße mangelhaft. Sie verraten den Wüstencharakter: ich denke an die Juden in Palästina und die Araber in Nordafrika. — Nicht minder urzeitlich ist natürlich der geistige Gehalt d e s E i n z e l n e n. Dem Vorfahr zu gleichen, dem noch lebenden Alten oder Ältesten nachzuahmen, ist überall Lebensziel. Ist doch nach weitverbreiteter Anschauung der junge Mensch nichts als die leibliche Wiedergeburt seines Ahns, meist Großvaters — auch im physischen Sinne. Mit dem Hinweis auf den Brauch des Vorfahren wird jede Neuerung abgelehnt, auch dann, wenn sie lebenswichtig ist.

Das in der Sinnenwelt Vorfindbare und im Natur- und Menschheits-Geschehen sich Bietende wird dagegen mit aufmerksamster Scheu, mit Argwohn, verehrt und in die nächsten Beziehungen zur eignen Person gebracht. Dies gilt in gesteigertem Grade zu den „heiligen Zeiten". Die großen Schicksalsfragen des Einzelnen: „Wie lange werde ich leben? Werde ich heiraten? Werde ich genügend viel Geld verdienen?" drängen zu Zeiten von Krankheit,

Liebesleid und Armut nach Lösung. Der Abergläubische fordert diese Antwort, egozentrisch und sinngebunden, wie er ist, von dem nächstliegenden Objekt. Die Frage: „Ist diese Person oder Sache geeignet, mir Antwort zu sagen?" verschwindet dann hinter der Anderen: „Welche Antwort erhalte ich von diesen Personen oder Sachen?" Nur so ist es verständlich, daß das längst entlarvte Medium, die Kartenlegerin, Wahrsagerin, immer wieder hoch kommen und Kunden erlangen kann, daß der Fromme sich an die Gebeine von Kirchenheiligen oder einzelne heilige Knochen wendet, um im Traum zu erfahren, was er — zu erfahren wünscht. Die Thonga Südafrikas verwenden einen ganzen Satz von Seemuscheln und Steinen von ungewöhnlicher Form und Farbe oder bei besonderen Gelegenheiten gefundene Steine, z. B. solche, die aus dem Magen des Krokodils stammen, zum Orakel, das übrigens bei ihnen, wie bei den Deutschen, bei jeder Gelegenheit geworfen wurde. Hier unterliegt also der willensfreie Entschluß dem deterministischen Zwang, der von seltsamen Objekten der Körperwelt ausgeht. Schon hier lernen wir das Wunderbare als die Mutter der magischen Ideenrichtung kennen. Wir müssen den Gedanken aufgeben, daß der Mensch primär nach geistiger Klarheit, Erkenntnis und Durchdringung von Welt und Menschheit strebe. Als erste Gegebenheit dürfen wir vielmehr nur den Wunschcharakter seines seelischen und äußeren Geschehens annehmen. Deshalb kauft das verliebte Dienstmädchen sich Traum- und Punktierbücher, deshalb verehrt, nahe dem „hellen" Berlin, eine nach Tausenden zählende Gemeinde einen gerissenen Gewürzkrämer als heilige Dreieinigkeit. Sobald dieser Wille zum Selbstbetrug und Betrug durch andere schweigt, wird, um mit Goethe zu reden, der Halbgott zum Tier, der Prophet zum Schwindler. Dieses Streben nach entsagender Klarheit fehlt aber der Mehrzahl der Menschen durchaus; sie will über die Gegenwart hinaus ihr Geschick erkennen und bestimmen können. Man stelle den modernen Seelsorger neben den alten Schamanen und frage beide: „Werde ich lebend aus diesem Kriege zurückkehren?", so antwortet der eine: „So Gott will!", der andere auf Grund seines Orakels: „ja" oder „nein", jedoch, schon um seine Kundschaft zu erhalten, in der Mehrzahl der Fälle in günstigem Sinne. Man lasse den modernen Mediziner neben den altheidnischen Medizinmann treten und frage beide: „Ist dieses Leiden behandelbar?" so wird der erstere im ungünstigen Falle vielleicht noch ausweichend, jedenfalls nicht trostreich antworten. Der Letztere kennt keine aussichtslosen Krankheiten, oder vielmehr: die Krankheit kann unbedingt tödlich sein; aber: der Zauber bezwingt sie. — Die seelische Disposition, die Gemütsstimmung des Genesungsuchenden, macht das Absurdeste zur Wahrheit. Solche Stimmungen können in der Veranlagung vorhanden sein, aber erst durch künstliche Hochzüchtung hervortreten, zu „Sensationen" sich ausgestalten. Die Sage von dem „Fluch des Tut-Anch-Amon-Grabes" füllte i. J. 1930 die Spalten der Zeitungen. Bei der Ausgrabung des Bestattungsortes dieses ägyptischen Königs sollen nicht weniger als zwanzig Menschen, die an dieser Handlung einen Anteil hatten, zu Grunde gegangen sein, und zwar in Erfüllung der auf eine Grabessäule eingeritzten Fluchformel, die den Leichenschänder bedrohte. Die Zeitungen brachten immer wieder die Nachrichten neuer Opfer des verhängnisvollen Grabes. Erst um Monate später riß einem Ägyptologen der Geduldsfaden und er erklärte in einem öffentlichen Vortrage: die tatsächlichen Grundlagen für diese Gruselmärchen seien gar nicht gegeben gewesen. Die betreffende Säule besagte nichts, was nicht jede andere Säule gleicher Art besagte. Der Geldgeber der Ausgrabungsarbeiten sei nicht etwa im Grabe, sondern infolge eines giftigen Insektenstichs gestorben, wie dort so viele Anderen. — Die „Sensation" wurde durch die Mitteilung von dem geheimen Massensterben vermittelt, das aber erst dadurch, daß man in ihm eine Strafe für hier auf Erden begangene Sünden sah, den typischen abergläubischen Charakter annahm. Wir werden später noch mehrfach darauf zurückzukommen haben, daß diese törichteste und verwerflichste aller Lebensauffassungen dem Aberglauben vermöge seines ausschließlich diesseitigen und egozentrischen Charakters spezifisch eigentümlich ist. Die Befangenheit der Masse — zur Masse gehört jeder gläubige Zeitungsleser — in diesen Gedankenkreisen macht sie für die Prüfung des Tatbestandes ungeeignet. Das weiß der literarische Neuigkeitsbringer. Darauf beruht sein Trick und sein Honorar.

Dem Versuch einer Welterkenntnis steht der einer Weltbeeinflussung zur Seite. In ältester Zeit und in seiner einfachsten Form trägt er den bloßen Wunschcharakter, denn dem Wunsch — das Wort bedeutete ja bei uns soviel als Zauber — kommt die Vorstellung eines mystischen Zwanges auf den Naturablauf zu, wie uns die Betrachtung indischen Denkens besonders klar lehren wird. Alsbald aber versucht der Mensch durch ein körperliches Zwischenglied zwischen sich und dem Naturobjekt dieses in seine Gewalt zu bekommen. Das bekannteste und älteste Beispiel dafür ist der Zauberstab, über dessen Verwendung in ältester Zeit man sich nicht im klaren ist. Nach meiner Überzeugung genügt es, darauf hinzuweisen, daß der Stock als Tastorgan im Dunkeln und als Machtmittel im Sonnenlicht eine Organvermehrung des Körpers darstellt, die für viele Zwecke (Abwehr beim Angriff, Benutzung nach dem Hebelprinzip bei der Arbeit) von denkbar größter Wichtigkeit war. Man berührt den Fremden, wenn man ihn mit der Zauberrute, dem Stabe trifft, mit dem Magiegeladenen Teil seines verlängerten Arms. Der Zweck ist „ambivalent", kann freundlich oder feindlich sein. Der schlangenumwundene Stab tötet und heilt. Dies gilt nicht mehr von der Zauberrute, mit der am Ostertage in Deutschland am St. Valentins-Tage in England mutige Mädchen, in das Schlafzimmer junger Burschen eindringend, nicht immer zum Schutz ihrer körperlichen Unversehrtheit, diese peitschten: hier lag bereits der Wunsch vor, die Lebensfrische, ja Fortpflanzungsfähigkeit der jungen Natur unmittelbar dem angehenden Bräutigam mitzuteilen. — Weniger kräftige Auspeitschungen, als sie in solchen Fällen ausgeteilt sein mögen, wurden und werden zum Zweck spezieller Sympathiewirkung vermittelt: nach der Auffassung der Trobriander der Südsee wird ein schwerer Baumstamm dadurch leichter, daß man ein trockenes Bananenblatt herauflegt oder den Stamm mit Büscheln eines trocknen Grases schlägt. — Weltanschaulich und kultisch wichtiger als die künstlich (zu vegetativen, kulturellen und andern Zwecken) vermittelte ist die natürliche Analogiesetzung, die aus der Reaktion bedeutsamer, mantischer Naturgegebenheiten auf das Verhalten des

Menschen schließen will: die Außenwelt sagt dem herrschenden Geiste, wie er sich zu ihr einzustellen habe, durch ähnliche (parallele) Handlungen. Wenn die Ratten ein Schiff verlassen, sinkt es; so will es unser Seemannsaberglaube. Die mantische Schlußfolgerung, diese Tiere auf dem Schiffe aufs beste zu füttern, wird aber nicht gezogen. Dagegen versuchen die afrikanischen Kpelle unter allen Umständen die Webervögel auf den Wollbäumen zu halten. Wenn sie wegziehen, muß auch der Stamm wegziehen. Jene Vögel sind nämlich Seelen der Verstorbenen. Schlimmer ist es, wenn eine Eule lacht, denn ihr Ton erinnert an das wiehernde Geschrei der primitiven Leichenklage — auch hier ein „Vormachzauber". Die Assoziationen: Eulenschreie, Leichenklage, Sterben gelten hier durchaus als naturgegeben und deshalb zwangsläufig. Dies ist im höchsten Maße bei der als vorhanden angenommenen Beziehung des menschlichen Lebens zum Naturablauf der Fall. Die auf- und untergehende Sonne zwingt den Menschen zur analogen Verrichtung. Wenn der Tag anbricht, so tritt der Samojede aus seinem Zelt, wendet sich mit dem Gesicht gegen die Sonne und sagt: „Da du, Ilibeambärte, emporsteigst, so richte auch ich mich empor"; und wenn die Abendsonne sich senkt, verrichtet er sein Abendgebet mit den Worten: „Da du, Ilibeambärte, untergehst, so gehe auch ich zur Ruhe!" Das Himmelsbild ist überhaupt ein Prototyp des Weltbildes. Es gilt dies nicht bloß von dem „himmlischen Reich" des Parsismus (dem Himmelreich der Christen), von dem Himmelsbild der Babylonier, Plato's und seiner Schulen, sondern schon von dem Weltbild der Berg-Damas. „Weil Gamab's Lager (Gamab ist der „große Geist" dieser Stämme) so und so beschaffen ist, sind auch die Lager in der Welt des Berg-Dama so und so. Nur weil es dort Wild gibt, kann es auch Wild auf Erden geben. Nur weil dort Feldkost wächst, kann sie auch auf Erden gedeihen." Auch die menschliche Kultur findet nur an den himmlischen Vorgängen ihre Erklärung. Der Zauberspruch, dessen Zweck es ist, eine Kulturtat (Heilung, Herstellung von Geräten) zu erschaffen, beginnt häufig mit der Erzählung eines mythischen Erlebnisses, das als Prototyp für den irdischen Vorgang gilt. Es ist dies psychologisch begreiflich: aus der Fülle der einzelnen, gleichartigen Vorgänge, zum Beispiel der Herstellung von Gefäßen auf der Töpferscheibe, wird ein Urbild dieser Erscheinungen konstruiert, dessen ideelle Betonung so unbedingt vorwaltet, daß von ihm die Erscheinungen der Wirklichkeit abgeleitet werden. Deshalb weilt der Former auf der Töpferscheibe als Urbild am Himmel; und als solcher ist er der Vater aller irdischen Töpfer. Nur weil er Gefäße hergestellt hat, kann der Mensch das Gleiche tun. Nur wenn der Sterbliche im Rahmen des göttlichen Mysteriums des Herstellungsverfahrens bleibt, kann er erreichen, was er erreichen will. Das Töpferrad drehte sich, als der schaffende Gott es zum ersten Mal in Bewegung setzte, nach rechts (im Sinne des Uhrzeigers). So muß es auch der Mensch machen. Eine indische Unterkaste drehte aber ihr Rad nach links. Ihre Mitglieder gelten noch heute den orthodoxen Rechts-Drehern als ein Haufen ganz schlechter Menschen, dem diese kulturelles Zusammenleben und wechselseitigen Eheabschluß verwehren. Mit einer solchen stark komisch wirkenden Einzelheit sind wir zum Zentrum einer primitiven Weltanschauung vorgedrungen: man muß die Erde nach Analogie des Himmels bilden. — Unter den Versuchen, auf die Naturabläufe von menschlicher Seite aus einen Zwang auszuüben, ist, wie es scheint, die des Analogiezaubers am Bilde die Älteste. Natürlich ist man nicht darüber unterrichtet, welchen Zwecken die früh-steinzeitlichen „Venus"-Idole dienen sollten. Sie zeigen nackte Frauen, auch in schwangerem Zustande, mit kolossaler Übertreibung der Geschlechtsmerkmale, der Brüste und Hüften. Es ist aber wahrscheinlich, daß deren Verfertiger den Wunsch gehegt haben: „Möge meine Frau werden wie diese ist!" oder: „Möge ich eine Frau bekommen, die dieser gleicht!" Selbst eine gewisse kultische Verwendung, namentlich auch als Amulett, das ein Weib auf dem Leibe tragen soll, damit sie werde wie jene, liegt nicht außerhalb des Bereichs der Möglichkeit. Der überall hervortretende Wunschcharakter solcher Idole konnte sich auch dann auswirken, wenn diese etwa an die Lagerstätten kreißender oder an den Körper von Weibern mit ungenügender Laktation herangebracht wurden. Zu Wunschzwecken dient ein sehr großer Teil des Kultus, insoweit er mimischen Charakter trägt, dienen also dessen „symbolische" Handlungen, darunter die Tänze in charakteristischen Masken, das rituelle Nachahmen der Tiersprachen und Tierbewegungen. Die so erzeugten Wunschbilder in vollster Klarheit aus dem Menschen herauszustellen, sind Musik und narkotische Gifte aller Art berufen. Wirkt dies alles zusammen, tanzen „Wilde" den Schildkrötentanz bei Musik und nach Genuß von Reizmitteln, so sind sie sicherlich „des Gottes voll". — Vielfach hat der Tanz, wie schon hier bemerkt sei, übrigens den Charakter einer reinen Affektäußerung, wie denn überhaupt die Affekte sich oft rhythmisch entladen. Auch hier ist es bei jeder sich bietenden Gelegenheit, selbst des Privatlebens, wie etwa beim Tode eines einzelnen Stammesmitglieds, der ganze Stamm, der weint, lacht, Gefühle des Hasses oder Mitleids zeigt, die wenig oder nichts mit dem zu schaffen haben, was wir, unserer persönlichen Gefühlseinstellung entsprechend, in Kummer und Freude sagen oder tun. Der ritterliche Deutsche, der bei der herbesten Nachricht keine Miene verzieht, bis er in der Einsamkeit den Tränen freien Lauf lassen kann, steht dem Primitiven völlig gegenüber, der sich — wenn diese Erklärung des „Männerkindbetts", eines überaus weit verbreiteten Brauches, richtig ist — bei der Entbindung seiner Frau ins Bett legt und aus reiner „Sympathie" statt ihrer pflegen läßt, sie aber vor- und nachher recht rücksichtslos behandelt. Bei Entbindungen ahmen die assistierenden Weiber, sogar noch in Litauen, die Schmerzensbewegungen der Kreißenden bewußt oder unbewußt nach. Bei der ersten Zahnextraktion, die der einen unbekannten Eskimostamm aufsuchende amerikanische Arzt (in der Narkose, schmerzlos, vornahm, umstanden die Stammesgenossen das Opfer, laut und rhythmisch heulend. Bei Bestattungen fungiert oft ein Vorsänger oder eine Vorsängerin. „Während des Gesanges fließen (bei den Bergdamas) die Tränen reichlich. Es ist Pflicht aller Erschienenen, bei der Totenklage zu weinen. Wenn aber die Vorsängerin aussetzt, versiegen wie auf Kommando sogleich die Tränen und es kommt nicht selten vor, daß über die gleichgültigsten Dinge hinterher gesprochen und gelacht wird". Hier lernen wir die Totenklage wie später jeden wichtigen Bestattungsritus als soziale Pflicht kennen, wie sie uns in Sophokles Antigone wieder begegnet und sich im heutigen Volkstum, selbst in der Gesetzgebung, erhalten hat. Überall tritt der schauspielerische Charakter hervor. Stehen wir doch bei diesen Vorgängen mit Refrain-Wiederholungen einfachster Art, diesem Hin- und Widerspiel des Einzelnen (Chorführers) und der Stammesgemeinschaft (Chor) an der Geburtsstätte des kultischen Dramas. Schauspielerische Neigungen und Einzelhandlungen finden wir vielfach bei primitiven Völkern. Am Mittleren Kongo stellte man sich so, als ob man den eben Verstorbenen suche. In unserem „Auf-den-Busch-klopfen" und den damit verbundenen Kinderspielen verbirgt sich ein Rest solcher Totenszenerien. Übrigens bemalten früher die Männer jener Gegenden ihre Körper, nahmen ihre Waffen zur Hand und ahmten die kühnen Taten des Dahingegangenen nach. Es fanden richtige Wasserschlachten statt. Man denkt hier wie bei den kultischen Spielen im indischen Ritual an die Möglichkeit, daß das Drama überhaupt dieser Grundlage entwachsen sein könnte. Das ist nicht der Fall. Der Ausgangspunkt ist viel zu eng, das epische Moment, der bloße, der „Fabel" (Lessing) wesentliche Stoff fehlt vollständig. Die über der schnell formelhaft gewordenen Handlung sich ausbreitende kultische Heiligkeit brachte das Schaffen der Phantasie alsbald zum Stillstand. Die kultische Einzelszene genügt ihrem auf Ablauf der seelischen Erregungen gerichteten Zweck. Das Ziel jener Spiele dürfte dies gewesen sein, die Seele nicht bloß zu erfreuen — jenes Schauspiel am Kongo heißt: „Den Toten loben und ehren"; das lateinische Wort für „begraben" heißt ursprünglich „ehren" — sondern ihr die ihrem Range gemäßen Dienste zu erweisen, auf die dieselbe nicht minder Anrecht hatte als auf ihr „Privatvermögen", das zur Grabmitgabe wurde. — Ich denke hier auch an die Wettrennen und Leichenspiele zu Ehren des Patroclus. Nichts kann die Stammeseinheit so sehr fördern, so vollendet zum Ausdruck bringen, als diese Zelebrationen mit kultischem Charakter. Auf ihrer Basis stehen alle Ideen von den Beziehungen der Menschen zur Gottheit, also der Kultus schlechthin mit seinem gesamten Ritual. Das grundlegende Rechtsgebot der Blutrache wird nur auf dieser Ebene verständlich. Die unzerstörbare und uns kaum faßliche Überbewertung der „Sitte", die hier „Sittlichkeit" ist, beruht auf eben diesem Gemeinschaftsgefühl, wie andererseits auch die Verdammung des von dem Stammesbrauch sich absondernden „Übermenschentums". Es allein steht jenseits von Natur und Welt. Alles andere, die „unbelebte", für den Primitiven dennoch lebensvolle Natur, bildet mit diesem eine Einheit, in die auch Könige und Ahnen (obgleich beide eher Götter als Menschen sind) und die Gottheit selbst in allen ihren Formen hineingehört. Denn sie ist mit ihm durch Verträge und Freundschaftsabschlüsse versippt, ja selbst durch Geschlechtsverkehr verbunden. Dem Zauberer gar ist die Geisterwelt nicht verschlossen; er bewegt sich mitten in ihr und ist eins ihrer Glieder.

Der dunkel gefühlten Naturharmonie entspricht deshalb die des menschlichen Körpers, falls derselbe normal gebaut ist. Das göttliche, makrokosmische Kräftemeer reflektiert sich mikrokosmisch im schönen Menschen. Er wird verehrt, als göttlich gefühlt, in der „Gesellschaft" einseitig bevorzugt. Auf den Tonga-Inseln gelten Männer mit schönem Aussehen als mit besonderer Kraft ausgestattet. „Bei der Bräutigamswahl kam nicht Mut oder höherer Rang in

Betracht, sondern einzig und allein das Äußere". Die normale Form der Naturwesen gilt zugleich als „schön" und „gut". Beide Begriffe sind in den Sprachen der Naturvölker ursprünglich identisch; das Gleiche gilt von „häßlich" und „schlecht". In der indischen Sprachgruppe läßt sich diese Gedankenharmonie besonders leicht zeigen. Sie beruht offenbar zunächst darauf, daß die Schönheit, die zugleich als Glück gilt, in sich einen Zauber bergend gedacht wird, der sich als das Gute im Leben betätigt. Ich denke hier etwa an einen Goldschmuck. Vermöge des ihm inne wohnenden „Zaubers", dem schwache Menschen noch heute leicht erliegen, gilt er als Gegenstand der dem Eigner nützenden Magie, deshalb als erfreulich, als schön und gut. Denn das „Gute" ist im volkstümlichen Sinne immer das Nützliche, Tugend ist Brauchbarkeit; sie wird als Schmuck getragen. Aus dem Mangel an Schmuck und Schönheit wird immer auf Untugend geschlossen. Erst die großen missionierenden Religionsstifter haben der Welt den Wert der nackten Tugend gezeigt. Sie hat ihn aber nicht verstanden und ist zu ihren aufgeputzten Göttern, Göttinnen und Götzen zurückgekehrt. Deshalb hat sich die buddhistische Tradition in der Bewunderung und Ausmalung von Buddha's Körper nicht genug tun können. — Bei den Primitiven mancher Stämme gilt der Leib des Häuptlings als heilig. Dieser Stammesfürst kann seine Heiligkeit nun von sich und seinen einzelnen Körperteilen aus auf analoge Naturobjekte übertragen oder vielmehr diese dadurch, daß er sie als Teile des eignen Organismus bezeichnet, analog und auf diese Weise heilig machen. Er sagt zu diesem Zweck etwa: „Dieser Berg ist mein Rückgrat". Er kann auch einen Fluß nach einem seiner Ahnen benennen. Ein solcher Fluß oder Berg ist dann ebenso heilig als etwa der Nacken des Häuptlings oder eine seiner Schultern. Wer es wagen würde, diese zu berühren, liefe Gefahr sofort von einem der bewaffneten Diener des Häuptlings gespeert zu werden. Die körperliche Verhüllung, namentlich der Geschlechtsteile, hat zweifellos teilweise den Zweck gehabt, das Dämonische dieser Teile und damit des Körpers überhaupt zu mildern, allerdings auch den, das Ganze oder seine Teile vor Verzauberung zu schützen. Wo man diese Rücksicht auf den Nächsten aus bestimmten Gründen fallen läßt, ruft man deshalb Furcht und Entsetzen hervor. Der „Naturmensch" wendet sich, wenn er an irgendwelche Bekleidung gewöhnt ist, dem nackten Körper nicht wollüstig zu, sondern von ihm mit Entsetzen ab. Der Nacktanz wirkt in dieser Richtung. Zum Zweck der Unterjochung unter den Willen der Mutter entblößt sich diese vor ihrem Sohne, wobei daran erinnert sei, daß der Anblick der mütterlichen Geschlechtsteile für den Sohn eine große Sünde ist (Alt. Test.), dieser also nichts anderes tun kann, als in solchem Falle zu gehorchen. Die Jungfrau entblößt sich vor dem heranrückenden Heere. Bei gleichem Anlaß stellen sich Weiber auf Festungsmauern und heben die Röcke in die Höhe. Deutsche Jünglinge stürmten in der Heidenzeit völlig nackt, nur ein Schwert in der Hand, ins Gefecht. Überall soll der Eindruck ein furchtbarer gewesen sein. Die Scheu, ja Furcht vor dem nackten Körper ragt tief in das Empfindungsleben unserer Kulturvölker hinein. Sie ist beim Weibe im allgemeinen geringer als beim Mann. — Durch Waschungen wird dieser so heilig gehaltene Leib bei vielen, nicht bei allen Naturvölkern vor der Wirkung eines aktiven Gegenzaubers geschützt. Hygienische Rücksichten fließen in diese Vorstellungskreise mit hinein. Dem Gaste bietet der Beduine heute wie zur Zeit der Erzpatriarchen des Alt. Test. zunächst Fußwasser an. Wenn aber der Moslem vor jedem Betreten der Moschee seine Füße wäscht, so liegen schon kultische Rücksichten vor — die heilige Stätte darf nur barfüßig betreten werden. Die Füße müssen sauber sein. Vor und nach der Mahlzeit besprengt der Beduine seine Hände. Dieser Akt wie der des Mundspülens dient zugleich dazu, Dämonen, die bei der Mahlzeit auf oder in den Körper des Speisenden gekommen sind, zu entfernen. Der Zweck der Waschungen und Bäder ist ferner der, sich der von anderen Menschen, Tieren oder Gegenständen, ferner von gewissen Orten oder Zeiten übernommenen Unreinheit zu erwehren. Dieses Contagium muß man sich als ein substanzielles, von der Körperoberfläche sich beständig abhebendes, gefährliches Etwas vorstellen, das sich durch Berührung, Einatmung und „Einfahren" in den Leib des Anderen diesem mitteilt. Die Lehre von den Namen und den Abwehrmitteln gegen diese Schädiger bildet einen sehr erheblichen Teil des Wissensinhalts auch der Primitiven. Kranke, Leichen, Wöchnerinnen, Zauberer sind je nach den Begleitumständen verschieden lange und in verschieden hohem Grade unrein d. h. magisch gefährlich; die junge Mutter mußte durch (oft höchst unhygienische) Bäder sich selbst und ihre Umgebung schützen. Wenn sie ein Mädchen oder mehrere (männliche und weibliche) Kinder (Zwillinge usw.) geboren hatte, dauerte ihre Unreinheit länger als bei der Geburt eines einzelnen Knaben. Umgekehrt aber findet z. B. bei den Yoruba Westafrikas die Reinigung von Mutter und Kind, wenn ein Knabe geboren war, erst nach neun, nach der Geburt eines Mädchens bereits nach sieben Tagen statt. Auch bei den Baganda Ostafrikas wurden nach der Geburt von Zwillingen besonders sorgfältige Reinigungen vorgenommen. Die Benennung mit dem eigentlichen Rufnamen findet erst dann statt, wenn die junge Mutter aus der „unreinen" Geburtshütte heraustreten darf, mithin selbst „rein" geworden ist. Sie muß sich zuvor waschen. Bei den alten Kulturvölkern schwebt auch über dem Tempel, dem Opferplatz, der tödliche Hauch einer unbestimmt gefühlten höchsten Macht, die, gleichfalls zu bestimmten Tageszeiten und an bestimmten Tagen waltend, den Menschen zu Abstinenzen und Reinigungszeremonien zwingt. Bei Trauerfällen baden alle „Leidtragenden" d. h. von der Leicheninfektion (der Heimsuchung durch die Todesdämonen) mystisch Betroffenen, alle, die sich im Bereich des Todes fühlen. Ween sich bei Sonnenfinsternissen der Todesschatten über die gesamte Natur ausbreitet, ist das reinigende Bad allgemein unerläßlich. Das Besprengen der Hände nach dem morgendlichen Stuhlgang ist prinzipiell nichts anderes. Übrigens ist bei den Primitiven noch ein starker Aktivismus vorhanden: bei Verfinsterungen wird Lärm gemacht und der Dämon mit Waffen bedroht. Die Furcht ist groß: man ist besorgt um die Erhaltung des Volksstamms und des von diesem bewohnten Landes. — Die aktive Energie des Einzelnen ist nach Geschlecht und Alter verschieden stark. Der Greis gilt im allgemeinen als das magisch energieloseste, das geschlechtsreife Weib als das mit höchster Kraft beseelte Glied der Schöpfung. Die Jäger und Fischer-Stämme dulden deshalb häufig keine Berührung ihrer Werkzeuge durch Frauen; es ist hierbei zu erwägen, daß praktische Erfahrungen dabei eine Rolle spielen können. Das Wild vermeidet Fallen, die von Menschen betastet sind, d. h. deren Witterung haben. Das Weib aber hat eine stärkere Witterung als der Mann, namentlich die Schwarze. Die Vorstellungen von der „Spur“ der Toten gehen auf Jäger- und Hirten-Erfahrungen zurück. Das Bad ist eins der Mittel, den Lebenden aus der Geruchssphäre des Toten herauszubringen. Dies gilt im erhöhten Grade, wenn der Lebende mit dem Blut seines (menschlichen oder tierischen) Opfers befleckt ist. Denn der Tote drängt sich nach Blut: wo auch nur ein Tropfen davon auf den Boden oder den Leib des Mörders (Opferers) gefallen ist, da ist auch der Geist des Toten. Deshalb sind nach Morden, Kriegshandlungen, sakralen Begehungen blutiger Art Abwaschungen unbedingt erforderlich.

Der so mit eigner Magie geladene und von fremder Magie bedrohte Körper gilt nicht in allen Teilen als gleichwertig. Wir wollen ihn uns durch eine vertikale und eine horizontale Ebene, welche letztere durch die mittlere Höhe des Leibes gelegt wird, als in je zwei tunlichst gleich große Teile getrennt vorstellen. Dann ist die rechte Körperhälfte wertvoller als die linke und die Obere wertvoller als die Untere. Außerdem gilt die rechte Partie vielfach als männlich, die linke als weiblich, mitunter aber auch das Umgekehrte. Eine Leibesfrucht, die von einer werdenden Mutter der Andamanen-Inseln vorwiegend auf der linken Seite gefühlt wird, wird als männlich angesehen, weil Männer den Bogen in der linken Hand halten; fühlt sie sie aber rechts, so hofft man auf ein Mädchen, weil die Frau ihr Fischernetz mit der rechten Hand benutzt. Nach einer solchen Auffassung ist also der Mensch aus einem Weibe und einem Manne, die eine Einheit bilden, zusammengesetzt. Tatsächlich lehren überaus verbreitete Sagen den Glauben an die hermaphroditische Gestalt des Urwesens. Bei den indogermanischen Stämmen wird die rechte Seite ausnahmslos dem Manne zugeschrieben. Der Brahmanendünkel Indiens gibt ihr deshalb in jeder Hinsicht den Vorzug. „Die rechte Körperhälfte ist heiliger“. „Wer ein Mal auf der rechten Seite hat, den nennt man ‚vom Glück gezeichnet‘ “ — so sagen heilige Texte des ältesten Indiens. Aus dem Alten Testament ist gleiches bekannt. Der Ehrenplatz ist bis zur spätesten Zeit zur rechten Hand Gottes. Dort sitzt der Paraklet (auch bei der Höllenfahrt). Ein abessinischer Eigenname heißt Jamâna Ab, d. h. „Rechte (Hand) Gottes“.

Unter den einzelnen Teilen des menschlichen Körpers wird zwischen dem verweslichen Fleisch und den unverweslichen Knochen unterschieden. Menschenknochen sollen besonders bedeutsam und heilkräftig sein. Sie verscheuchen Dämonen und gelten als heilig. Vorbedeutungen werden ihnen entnommen. Mystische Kraft kommt ihnen zu. Zu Waffen oder Musikinstrumenten umgearbeitet, können sie (wie im deutschen Märchen) zur Rache rufen. Wir müssen uns vorstellen, daß in ältester Zeit nicht etwa der zufällig auf der Erde oder im Waldgebüsch gefundene Knochen sondern vor allem derjenige als „heilig“ galt, der irgendwie in die Erlebnissphäre des Jägers eintrat, vor allem aber die Schädeldecke eines Stammesmitgliedes (Ahns) oder Feindes war. Das Schädeldach von Häuptlingen wurde durch Indianer gewisser Stämme aus dem Grabe entwandt, um gutes Wetter zu bekommen und alsdann wieder begraben. Der Mächtige sollte durch die Wasserbegießung erfrischt und an seine analoge Aufgabe, Wasser herauszuzaubern, erinnert — zu ihr gezwungen — werden. Als weitere Teile von magischer Bedeutung nenne ich das Schädelskelett schlechthin, die Kinnbacken, die Zehen und das Schienbein namentlich des eignen Vorfahren, sowie gewisse Röhrenknochen, denen das wertvolle („kraftspendende") Mark entnommen war. Auch die Knochen bestimmter Tiere, namentlich solcher, welche im Traum erschienen sind, mithin in das zukünftige Schicksal des Träumers eingreifen, oder der selbsterlegten Beute, und die Hauptgräte von Fischen wird verehrt. Selbstverständlich incarniert sich in den Angriffsorganen von wilden Tieren eine besondere Kraft, desgleichen in den leckersten Teilen der als Opfer gefallenen Haustiere, denn — der Dämon, Gott oder Ahn wählt sich das Beste aus. Bei den Einwohnern von holländischen Teilen Zentral-Neu-Guineas wird der Verstorbene („Kugi") durch ein solennes Festessen verabschiedet. Ein Schwein wird geschlachtet und zubereitet. Stets wird das Schulterblatt und häufig dazu auch der Unterkiefer für die Kugi reserviert. Solche Einzelheiten erwecken den Verdacht, daß die „Heiligkeit" des Nackens und Schulterstücks des offenbar recht fetten Negerhäuptlings darauf beruht haben kann, daß beide Teile ein leckerer Braten für Gott und Menschen waren. — Nachrichten von der allgemeinen Heiligkeit der Knochen kommen von Indianerstämmen (Huronen), die sie zu kultischen Zwecken (Geisterflöten), zur Jagd, als Amulette usw. besonders viel brauchen, mit sich tragen usw., zu uns. Der Glaube, daß man die Skeletteile nur zusammenzulegen braucht, um sie durch Zauber beleben zu können, hängt mit dem Verbot der Grabesschändung zusammen und ist in der Legende christlich beeinflußt. Hier genügt es, an die nicht unverdächtige Erzählung von den Böcken Thors zu erinnern (Gylf. 44), die geschlachtet werden. Die Knochen werden auf die zugehörigen Bockfelle gelegt und durch Zauber belebt. Das eine Tier hinkt: der eine Fußknochen war zerschmettert gewesen. — Der Schädel von Toten, und zwar von Menschen jedes Alters und Geschlechts, ist schon in prähistorischen Zeiten abgesondert von dem übrigen Körper bestattet worden. Man darf in dieser Enthauptung des Toten auf der einen Seite einen Ausdruck der Ehrfurcht vor dem Haupte als dem lebentragenden Teil, auf der anderen einen Versuch sehen, die Leiche zu „töten", an dem „Weiterleben" als Gespenst zu verhindern. Wenn man Grund genug hatte sie zu fürchten, wurde sie als „Nachzehrer", der etwa seine Leichenkleidung aß, bis auf die neueste Zeit im Grabe (mittelst Spatens) enthauptet. Die Schädelbestattung wird in späterer Zeit als heidnische Sitte beschrieben. Da wo in prähistorischen Gräbern die Köpfe gruppenweise zusammenliegen, hat man das Recht an eine Art von Pest-Friedhof zu denken. Die übrigen Körperteile wurden möglicherweise verbrannt. In vielen Fällen mag man die Köpfe vom Fleisch befreit und dann zu mystischen Kultobjekten gemacht haben. Hierbei könnte man an den Schädelkultus indischer Sekten und der Naturvölker erinnern, die die Schädeldecken heilig halten, aus ihnen trinken, sie tragen, sie auf der Kopfjagd zu erbeuten versuchen; die, um ihrer habhaft zu werden, geheimnisvolle Morde begehen. Viele afrikanische Völker machen die zauberische „Heiligkeit" des Kopfes zum Grunde, ihn unbegraben zu lassen.

Besonders hervorhebenswert ist in diesem Zusammenhang die Geschichte von den Maori, die einen Engländer-Führer töteten, ihm den Kopf abschnitten und ihn zum Mittelpunkt des Kultus einer neuen mystischen Religion machten. Jeder Anhänger derselben mußte Wasser trinken, das mit diesem Haupt in Berührung gekommen war. Ein Bluttrinken aus dem Körper der frischen Europäer-Leiche war vorausgegangen. — Bei den Battak auf Sumatra wird (oder wurde) ein Kind bis zum Kopf in die Erde begraben. Dann muß es versprechen, die Lebenden zu schützen. Darauf gießt man ihm flüssiges Blei in den Hals. Das Gehirn aber wird zu Wahrsagerzwecken in die Ahnenstäbe verteilt. — Auch im germanischen Altertum hob man den Kopf auf, um von ihm die Zukunft zu erfahren. In Mimirs abgehauenem Haupte dauerte seine Klugheit fort. Der Schädel des menschlichen und tierischen Opfers war prophetisch und schützte das Land vor „Neid" und Seuchen. „Die (bei religiösen Tänzen usw. von den Primitiven getragenen) Schädelmasken entsprossen dem Schädeldienste. Im Schädel des Toten wohnt dessen Geist. Der Neu-Pommer und auch andere Melanesier trugen noch vor wenigen Dezennien Schädelbeine eines Verstorbenen als Masken vor dem Antlitz, wenn sie von den Ahnen ergriffen oder besessen werden wollten. Der Westafrikaner aber fängt die aus dem abgeschlagenen Kopf einer Häuptlingsleiche herausfließende Gehirnflüssigkeit auf, um die eigne Stirn damit einzureiben, wenn er mit dem großen Toten in Beziehung treten will. Aus der Schädel-Maske sind die gekleisterten Kalk- oder Wachsmasken hervorgegangen. Ihnen folgen die Holzmasken. Aus solchen Bräuchen fällt ein Licht auf die weitverbreitete Sitte (Ägypten, Mexiko), das Gesicht des Toten mit einer Maske zu bedecken: sie sollte dem Toten das Leben erhalten. Der Tierkopf der ägyptischen Gottheiten ist eine solche ideale Maske: tierische Kraft und Intelligenz im menschlichen Leibe. — Der Wunsch, die infektiöse Leiche durch Enthauptung unschädlich zu machen, ist nicht in Erfüllung gegangen. Der Tote kann ohne Kopf tanzen, spuken usw., und zwar nicht bloß bei uns sondern z. B. auch bei den Dayaks. Die Furchtempfindung trotzt dem rationalistisch durchdachten Vernichtungsmittel.— Die Schädelverehrung tritt kultisch, ja kulturell sehr stark hervor. Alle Opferplätze, vom nördlichsten Sibirien bis tief zu den Inseln der Südsee, auf denen die Stange als Wahrzeichen einen Kopf trägt, legen von ihr Zeugnis ab. In der Kopfjägersaison steht sie im Mittelpunkt des gesamten Interesses. In malaischen Gegenden kann kein bedeutungsvolles Ereignis des Lebens vorübergehen, ohne daß nicht ein Kopf erbeutet werden muß. Bei indogermanischen Stämmen gibt es mehrere Worte, die zugleich „Schädelkapsel" und „Trinkschale" bedeuten. Die Verwendung des Zauber-geladenen Hauptes war vielfach der reale Zweck der großen Opfer, die namentlich auch das Haus der Opferer schützen sollten. In mythischer Hinsicht wirkt sich die Gestalt des vom Leibe getrennten Ungeheuer-Kopfes, der Sonne und Mond verschlingt, mächtig aus. Es kann keinem Zweifel unterliegen, daß menschliche Köpfe durch primitive Konservierungsverfahren dem Stamm erhalten bleiben sollten, wie der himmlische Nectar den mythischen Schädel vor dem Verfall beschützte. Die bekannte Zitronenscheibe im Schweinekopf unserer Schlächterläden dient dessen leiblicher Erhaltung: wie weit auch die Zitrone gewandert ist, überall vertreibt sie Fäulnisdämonen. Der so erhaltene Kopf eines gewaltigen Wildebers hat sicherlich, auf Giebeln oder Stangen erhöht, ganze Stämme beschützt. — Der Kopfjäger strebte nach einer Spezialität: dem obersten Teile der Schädelkapsel, denn durch diesen tritt nach indischem Aberglauben die befreite Seele aus. Nehmen wir diese Auffassung als primär und verbreitet an, so erklärt sich durch sie der Brauch der Trepanation. Wir finden ihn in den frühen Kulturen von West- und Nordwesteuropa viele Jahrtausende hindurch geübt. Die durch das Herausschneiden des obersten Teiles des Schädeldaches gewonnenen Scheibchen wurden zu Zwecken, die wir nicht mehr feststellen können, gebraucht, auch wohl als Amulette getragen.

Die Unantastbarkeit des Knochengerüsts ist ein dem fremden Beobachter besonders auffälliger Zug des Volksglaubens, dem wir bei Eskimos und sibirischen Stämmen ebenso wie bei den Indianern begegnen. Der frommen deutschen Sage von dem wiederbelebten menschlichen Skelett steht die der Armenier zu Seite. Die Kajk schlachten bei ihren Hochzeiten ein Rind, braten und essen es; gegen morgen legen sie Haut und Knochen zusammen und das Tier geht gesund nach Hause. Nur ein Fuß desselben bleibt gewöhnlich lahm. Dieser letztere Zug, der armenischen und nordischen Sage gemeinsam, ist für mich ein sicherer Beweis dafür, daß beide dem Parsismus entstammen. Die zugehörige Grundvorstellung ist also Gemeineigentum eines großen Teils der alten Welt. Das Gleiche gilt von der speziellen Ehrfurcht vor einzelnen Knochen. Nach isländischem Glauben galt ein bestimmtes Knochenstück im Schenkel von Schafen und Rindern als verwünschter Königssohn (d. h. unantastbares Kultobjekt). Man durfte es daher nicht wegwerfen oder den Hunden geben, sondern sollte es aufbewahren und dazu beten: „Schütze du mich vor dem Höllenrachen wie ich dich vor dem Wolfsrachen schütze!" Der Brauch stammt also aus einer Zeit, in der die Tierknochen den Wölfen zum Opfer zu fallen pflegten, während das bevorzugte Stück, wie wir erfahren, vor Viehseuchen schützen soll. Auch hier möchte ich annehmen, daß es ein Leckerbissen für den Dämon — das Tier — gewesen war, dem es geweiht wurde und daß man von dem Empfänger der Opfergabe einen genügenden Grad von Dankbarkeit erwartete, die Herden zu schonen. Die Erklärung genügt nicht überall. Bisweilen glaubt man die Magie des Körpers an einer Stelle lokalisiert: es gibt Stätten für die „Seele" des Menschen, seine Kraft, Klugheit usw. Nach antiker Meinung machte z. B. ein Knöchel des Giganten Damasos in Pallene den Achill windschnell. Ähnliche Ideen finden sich fast auf der ganzen Erde. Die „Kraft" des höheren Wesens liegt nach allgemeinem Aberglauben im Mark der Röhrenknochen. Werden doch noch in unserer Sprache die Worte für „Kraft" und „Mark" gleichsinnig gebraucht. Das häufige Zerbrechen der Markknochen, dessen Zeuge die prähistorischen Funde sind, mag damit zusammenhängen. — Schließlich sei erwähnt, daß die Sonderbewertung des Knochengerüsts noch bei den orientalischen Kulturvölkern eine Sonderbehandlung nötig macht. Die „Türme des Schweigens" (Dakhma), auf deren Rosten die Leichen der heutigen Parsen liegen, bergen diese nur so lange, bis das Fleisch abgeweidet ist. Die blanken Knochen bringt man an einen Ort, wo sie dem Regen nicht ausgesetzt sind und wohin keine Tiere gelangen können. Sie dürften früher in besonderen Beinhäusern oder in einer Höhlung des Dakhma untergebracht worden sein.

Was vom gesamten Skelett gesagt wurde, gilt entsprechend von seinen Teilen. Ihre besondere Heiligkeit entspricht teilweise ihrer spezifischen Funktion, so z. B., wenn dem Pferdehufe beim indischen Roßopfer Trankspenden dargebracht werden, um Schnelligkeit zu erlangen. Die Kai-Leute des nördlichen Neu-Guinea nehmen den Unterarmknochen eines Toten, der zu Lebzeiten ein großer Jäger war, auf die Jagd mit, weil sie der Überzeugung sind, daß der im Knochen enthaltene Seelenstoff den Besitzern desselben Glück bringt. Außerordentlich häufig und weit verbreitet sind die Nachbildungen der menschlichen Hand. „Innerhalb der paläolithischen Höhlendarstellungen fallen die Handbilder auf, welche auf die franko-kantabrische Kunstzone beschränkt sind. Es finden sich dort neben positiven bildlichen Wiedergaben negative Silhouetten, d. h. helle, farben-umrahmte Handkonturen. Sie wurden in der Weise hergestellt. daß man zunächst eine Hand mit etwas ausgespreizten Fingern an die vorher angefettete Felswand preßte und alsdann darüber zerriebenen, trockenen Farbenstaub (Rötel, Kohle) warf oder blies, welcher sich, rings um die Hand, an den feuchten Fels anheftete. Beim Zurückziehen der Letzteren blieb auf diese Weise ihre genaue helle Silhouette zurück." „Der Brauch, die Hand in gleicher Weise (d. h. wie in frühsteinzeitlicher, eben beschriebener Art) abzubilden, findet sich auch bei jungen Naturvölkern, z. B. in Kalifornien, bei südamerikanischen Stämmen und Australiern, doch haben die heutigen Eingeborenen keine Erinnerung mehr an ihn und seine Bedeutung bewahrt." Überaus häufig, wie etwa bei uns das helle Kreuz auf der Tür des Stalles oder Wohnhauses, sieht man in islamischen Gegenden die Hand als unglückabwendendes Symbol. — Die abgebildeten Hände der prähistorischen Fundstätten zeigen bisweilen verstümmelte Endglieder. Es könnte sich hier um die Folgen von Gliederverlusten in Ausführung des Berufes handeln, wie sie auf der ehemaligen Jagd, beim Umgang mit Tieren, die man gefangen hatte, bei der Handhabung der primitiven Werkzeuge jener Periode, nur zu leicht vorkommen konnten. Ich denke dabei an die alten, ehemals noch als „Knechte" bezeichneten Landleute meiner Kinderzeit und Heimat. Kaum ein einziger unter ihnen hatte aus dem Umgang mit Tieren und ungeschickt gearbeiteten landwirtschaftlichen Maschinen alle seine Finger- oder Fußglieder in seine Greisenjahre herübergerettet. — Auch religiöse Motive kommen in Frage. Auf den Tonga- oder Fiji-Inseln, ferner in Australien und bei nordamerikanischen Indianern wird der kleine Finger „als Zeichen der Trauer" abgehackt, weil man dadurch die Geister zu versöhnen oder sie sich willig zu machen hofft. Hier herrscht also die Idee eines Opfers vor. — Es zeigte sich bei diesen prähistorischen Handnachbildungen vielleicht auch ein früher Kunsttrieb, eine Freude an der Nachbildung menschlicher Körperteile überhaupt. Hat man doch selbst Kinderhände auf solchen Wänden gefunden. Durch sie kann ferner ein Besitzrecht geltend gemacht worden sein. Die Hand als solche genießt in einem Zeitalter, in dem noch nicht ein einheitliches Willenszentrum vermutet wurde, Verehrung als selbständiges Agens. Sie ist es, die Besitz ergreift;

sie kann sich als „Oberhand" geltend machen, hebt sich zum Himmel empor und leistet den Treuschwur. Sie wird abgeschlagen und muß verdorren, wenn Untreue ans Tageslicht kommt. Wir reden von einer Handlung. Das Recht spricht von einer öffentlichen Hand. Durch Bindung der Hände des gleichen Individuums (gegenseitiges Umschlingen der Finger, das „Falten" der Hände) oder dadurch, daß die eine Hand die andere anfaßt und dadurch an einer Tätigkeit verhindert (muslimische Sitte), macht der „Handelnde" sich zum Sklaven, drückt Unterwerfung, ja Willenlosigkeit, auch der Gottheit gegenüber aus. Wenn zwei verschiedene Personen sich an der Hand fassen, so bilden sie eine körperliche Einheit, eine Kette, die da besagt: „Wenn ich dich schädige, so schädige ich mich selbst". Ein solches Treugelübde steht schon im Avesta-Buch so hoch wie ein Eid da. Es gründet Verträge aller Art, zunächst (in arischen Gegenden) solche, die sich auf die Sicherung von Leben und Eigentum beziehen, sodann aber auch Verpflichtungen zu Leistungen. — Die nur einseitig gewollte Berührung eines fremden Körpers durch die Hand hat meist gefährliche Wirkung; sie überträgt die eigne Machtsphäre auf den fremden Leib, wie uns die Betrachtung der „Gesten" zeigen muß. Ist die berührende Hand schmutzig, so gilt sie als doppelt gefährlich. Auch der moralische Schmutz ist materiell abwägbar und kann übertragen werden. Die Furcht vor Übertragung einzelner Gruppen von Krankheitskeimen (Pestbakterien), die sich in der Avesta-Literatur so deutlich kund gibt, wird bereits bei manchen Primitiven im allgemeineren Bilde gezeigt. Die Hand aber schwärt und fällt auch ab, wenn sie etwa bei einem von einem Berg-Dama begangenen Diebstahl verwandt worden ist. Eben diese Stämme sehen übrigens die rechte Hand als männlich, die linke als weiblich an. Desgleichen gilt bei ihnen auch die eine Hälfte des Hauses als männlich, die andere als weiblich. Bei uns wird der linke Mittelfinger als „Herzfinger" angesehen und eine mystische Verbindung zwischen dem Herzen und den Gefäßen der linken Hand angenommen. Der „Herzfinger" hat dämonische Kraft: den Menschen, den der Teufel oder ein anderer Unhold holen will, braucht man bloß am Herzfinger zu fassen, dann muß der Dämon erfolglos abziehen. Bei den Kalmücken galt der rechte Daumen als heilig. Man vergegenwärtige sich auch, daß die Finger und Zehen vielfach mit den Familienmitgliedern gleichgesetzt, nach ihnen genannt und eben deshalb schon verschieden bewertet werden, wobei deren Platz an der rechten bzw. linken Hand, ihre Länge und ihre Eignung für Ringe d. h. zauberhaltigen Schmuck, stark in Frage kommt.

Der Fuß wird uns noch mehrfach als Kennzeichen der gesamten Persönlichkeit des Menschen begegnen: „ex ungue leonem!" („Aus der Klaue (erkennt man) den Löwen") sagt das Sprichwort. Darstellungen von Fußsohlen oder Fußumrissen finden sich auf französischen Dolmen der späten Steinzeit und namentlich unter skandinavischen Felszeichnungen. Ihre Bedeutung ist unklar. Da sie sich nun, wie gesagt, auf Grabsteinen der französischen Megalith-Gräber, seltener auch auf Steingräbern der Bronzezeit in Norwegen und Schweden zeigen, kann man an die Verehrung der Fußspur des Toten als an einen Ersatz der Verehrung des toten Körpers oder Toten schlechthin denken. Ähnliche Ersatzbilder begegnen mehrfach. Der Abdruck wäre dann eine „Erinnerung" an den Toten, gewissermaßen seine Eigentumsmarke; zudem ein dämonisch beseelter Naturgegenstand. Kultur- und religionsgeschichtlich ist die Veneration von Fußspuren ungezählte Jahrtausende hindurch von denkbar größter Wichtigkeit gewesen. Vor der Zähmung des Hundes war sie für den Jäger, selbst noch für den Viehhalter eine Selbstverständlichkeit, denn von ihrer Erkennung und Feststellung hing das Sein und Nichtsein ganzer Stämme ab. Da der Urmensch als Wohnung Höhlen bevorzugte, mußte man die Spur auch des Menschen im Kriege verfolgen. War jemand im Busch oder einer Schlucht verschwunden, leiteten also seine Spuren an die Todesstätte, aber nicht weiter, so hütete man sich, den gleichen Weg zu gehen. Der letzte Pfad des „Dahingegangenen" verlor sich unmittelbar ins Totenreich hinein. Sicherlich war es auch die Absicht glücklicher Führer gewesen, durch Hervorhebung der eigenen Spur die Genossen zu Höhlen, Ritzen, unterirdischen Flußläufen zu führen. Jedenfalls ist der Ausmalung der Spuren von Menschen und Tieren in der diluvialen Kunst mit besonderer Liebe nachgegangen worden. Daß sich daran ein Jagd-Zauber schloß — man malte in das Innere von Jagd-Pferchen und von Fallen Fährtenbilder ein, wohl um zugleich mit der Spur das ihr zugehörige Wild zu fangen — kann nicht zweifelhaft sein. Als Beispiel für den mit der Spur getriebenen Totenzauber, der selbstverständlich vornehmlich bei Jägervölkern, unter diesen abermals bei Stämmen der schwachbesiedelten Flächen des Nordens seine Gebilde gezeitigt hat, sei der Sitte der Tungusen gedacht, von dem Orte aus, an dem man soeben den Toten begraben hat, die eignen Fußspuren mit Schnee zu verwischen oder sie mit dürrem Laube und Zweigen zu bedecken, damit ihnen der Tote nicht folgen kann. — Unter den Teilen des Fußes erfreut sich die große Zehe einer besonderen Berücksichtigung, wohl schon deshalb, weil sie ausnehmend stark allerhand Schädigungen ausgesetzt war. Wenn sie durch einen Unfall unbrauchbar geworden oder verloren gegangen war, tröstete sich der Urmensch wie der gegenwärtige Mitlebende, indem er dachte: „Gut, daß es nicht der ganze Fuß war!" Wenn er nun der Überzeugung war: „Der ganze Fuß war (als Opfer) gemeint!" — gemeint, sei es von einem Krokodil, Wolf, einer Falle oder einem anderen „Macht"-Träger — dann lag es außerordentlich nahe, diesen Körperteil (wie auch unter ähnlichen Umständen nachweislich etwa ein Körperglied) in einer bedrängten Lage quasi-freiwillig wegzugeben, ihn sich vom Leibe zu schneiden, um sich aus der „Falle..." oder aus der „Schlinge der Gottheit" oder „Schlinge des Schicksals" [persische Wendung!] zu befreien; in der Mentalität des Primitiven lag darin kein Unterschied. So lernen wir ein wichtiges Glied der zum Opfer führenden Ideenkette verstehen. Die große Zehe ist zudem überaus empfindlich. In ihr enden wichtige Nervenbündel. Wer durch Stoß oder Schlag sie schädigt, kann leicht ohnmächtig werden. Dutzende von Sagen sind bei uns im Umlauf, die uns vom „Tode" und der „Wiederbelebung" Einzelner von solchem Mißgeschick Betroffener erzählen. Wichtig ist es hier, festzustellen, daß die von dem Schlag zur Ohnmacht (Entrückung) führende Kausalität nicht in unserem Sinne erkannt, sondern lediglich in eine Mehrzahl von zeitlichen Folge-Momenten aufgelöst, und gerade in dieser Folge das Mirakel gesehen wird, um dessenwillen die Erzählung eben erzählenswert ist. Der Rationalist sagt: „Ich stieß mir die Zehe, wurde ohnmächtig, träumte von fernen Gegenden, sah meine verstorbene Mutter, erwachte —", der Primitive: „Ein Stein gab mir einen Schlag; da kam ich ins Paradies; ich sah meine Mutter; sie lebte, sie führte mich.... ich kam wieder zu der Stelle zurück, wo ich gelegen hatte." Die abergläubische Idee von der Entrückung (des Bewußtlosen) auf grüne Wiesen gehört ebenfalls hierher. Ich habe sie als stehende Redensart angewendet gehört, sogar auf offenem Meer. Wer von einer Sturzsee an Bord getroffen wird, ist augenblicklich „auf der grünen Wiese". — Die große Zehe birgt das Unbewußte oder Unterbewußte des Menschen, seine „Kraft" oder „Seele", im engsten Sinne natürlich, die „Geh-Energie". Gefährlichen Toten werden deshalb in Westpreußen die beiden großen Zehen zusammengebunden. Das „Mana" (die „Kraft") des Häuptlings der Südsee sitzt in ihnen. Wer einen im Schlafe Redenden bei der großen Zehe faßt, erfährt von ihm alle Geheimnisse. Dem Toten soll man verehrend die linke Zehe küssen — so will es der deutsche bzw. slavische Aberglauben. „Die Linke" — dies drückt wohl eine besonders starke Demütigung aus, da die linke Körperhälfte die Schlechtere ist. Die Totenfurcht ist ja vorzugsweise bei den Slaven bisweilen noch sehr groß. Zu solchen Zeiten gewinnt die Hand wie auch der Fuß noch an Bedeutung. Die Leichenhand nimmt, wenn sie den Körper des Lebenden berührt, dessen „Unreinheit" (Krankheit) ins Grab mit. Die des Trauernden d. h. in der Todessphäre befindlichen Menschen galt, da sie mit der Leiche wohl in speziellen Kontakt gekommen ist, als besonders unrein. Bei den Bakitara Ostafrikas durften die Trauernden ihre Körper nicht mit ihren Nägeln oder Fingerspitzen kratzen, sondern hatten den Rücken der Hand dazu zu benutzen oder die juckende Stelle mit irgend einem anderen Körperteil zu reiben.

Der Blick des Auges wird seit ältester Zeit und wohl ganz allgemein magisch gewertet. Die Magie des bösen Blicks oder bösen Auges ist weltverbreitet und hat eine treffliche monographische Darstellung gefunden. Daß manche, namentlich domestizierten Tiere dem Blick des Herrn folgen, weiß jedermann. Die noch vom alten Brehm geglaubten Erzählungen von den Löwen, die durch die „Kraft" des menschlichen Auges gebändigt werden, gehören allerdings dem zoologischen Aberglauben an. Dagegen fasziniert der Blick mancher Tiere, besonders einiger Schlangen, Tier und Mensch. Bei allen Völkern dürfte die Furcht vor dem geöffneten Leichenauge, dem „Blick" der Leiche, nachweisbar zu machen sein. Man schließt daher das Auge des Sterbenden. Bemerkenswert ist es, daß diese Vorsichtsmaßregel als „letzter Liebesdienst" aufgefaßt wird. Auch im Totenkultus pflegt sich der Mensch über seine Selbstsucht hinwegzutäuschen. — Immer wieder begegnet uns das Märchen von dem „Bilde im Auge". Es kann Tiergestalt haben, auch verzerrt und unheimlich, ferner bei besonders gefährlichen Personen auf der linken Körperhälfte anders als auf der rechten sein. Natürlich denkt man in allen diesen Fällen daran, daß entweder ein fremdes Wesen oder die eigne Seele in Gestalt eines ganz kleinen Menschen im Auge ihren Sitz habe. Die letztere Vorstellung muß mit der Beobachtung zusammenhängen, daß sich ein Menschenbild beim Wechselgespräch im Auge zeigt. Dieses „Bild" gilt, wie jedes, als „wirklich".

Es kann nicht vergehen, sondern verläßt den Toten und wandert: so glauben die Makusi-Indianer in Guiana. Die Maori sehen in den Sternen der Augen ihrer einäugigen Häuptlinge Geister. Hier tritt uns, wie so oft, die Gefährlichkeit des Einäugigen entgegen. Auf Tahiti wurde das Auge des Feindes — sein Seelensitz — verspeist. Nach Philarchus sollen die durch den bösen Blick behexten Frauen in Skythien sich dadurch auszeichnen, daß sie ein Zwillingspaar in dem einen Auge und das Bild eines Pferdes in dem anderen haben. Bloße abnorme Färbung, die Blauäugigkeit in einer schwarzäugigen Umgebung und umgekehrt, gilt als Grund genug, den Träger, noch mehr die Trägerin der Hexerei zu verdächtigen. Wohl kein abergläubisches Gebilde gibt es, daß so viel Unglück angerichtet hat, wie dieses. Bemächtigte sich doch im Abendlande der Hexenwahn seiner mit besonderer Vorliebe. Daß Augen unter fremder Fernwirkung zucken, daß man mit großen Augen gut sehen kann (die angebliche Scharfsichtigkeit des Pferdes wird darauf zurückgeführt) wird noch vielfach angenommen. Gefährlich und dumm ist die süßliche Redensart: „In den Augen liegt das Herz". Der Liebende sieht in denen der Geliebten das Himmelreich. Lenbach sagte [etwa i. J. 1894 im Privatgespräch] einmal, daß Bismarcks Augen die schönsten wären, die er je gesehen hätte. Diese Äußerung gab ich in Gegenwart eines unentwegten Fortschrittsmanns weiter. „Er hat Kalbsaugen und glotzt" korrigierte mich dieser. Die Lehre von den „Körpermerkmalen" (Signaturenlehre) ist, wie überall, auch in diesem Punkte töricht. — Dem volkstümlichsten Schutzmittel gegen den bösen Blick, dem Bilde des Auges, werden wir wiederholt in der alten Kulturwelt begegnen. Nichts gibt es, was durch solche Nachbildungen des Auges nicht geschützt werden müßte: Leben, Eigentum, Familie. Selbst wenn man die fleischlosen Schädel der geopferten Tiere auf Stangen steckt, wirkt dieser Abwehrzauber mit; die Augenhöhlen sollen die Gegend schützen, nach welcher das Haupt „sieht". Die menschlichen Leichen werden in ihren Gräbern nach gewissen Richtungen orientiert, als blickten sie dorthin. Wir werden bei Besprechung des Totenkultus darüber zu reden haben. — Bilder von Augen finden sich als Schutzmittel sogar auf Schiffen, Böten, angebracht.

Neben dem Auge ist es das Haar, dem man im Aberglauben eine besondere Beachtung zuteil werden läßt. Es ist für den Primitiven keine „Äußerlichkeit". Zu einem schmucken jungen Mann — auch unter den Primitiven gibt es Gecken und Frauenliebhaber — gehört ein oft mit größter Sorgfalt geordnetes und geputztes Haar. Auf elegante Haartracht wird mitunter, z. B. bei den Pima-Indianern von Arizona, bei der Bräutigamswahl von Seiten des jungen Mädchens sehr großer Wert gelegt. Die Ordnung, Fassung, Länge und der Schmuck der Haare, die durch Federbesatz bisweilen künstlich gesteigert werden, kennzeichnet die Stammeszugehörigkeit, die von solchen Merkmalen wesentlich abhängt und zugleich mit ihnen verloren geht, wie umgekehrt der reiche Kopfschmuck die soziale Stellung betont (daher der Federschmuck der Häuptlinge, auch der ägyptischen Könige; der Kopfputz von Bräutigam und Braut). Wie bei den alten Germanen war auch bei den heidnischen Beduinen das lange Haar das Zeichen eines Freien und Edlen. Dem Kriegsgefangenen wurden die Schläfenhaare abgeschnitten. Die einzelnen Haarpartien, ihre

Farbe, Eigenart und Fülle wurden vorzugsweise bewertet; waren sie doch oft das einzige, was ein Individuum vom anderen unterschied. Das Raufen am Barte eines anderen Mannes, das Zerren einer Frau an ihrem Haar, war für beide und deren Gemeinschaft die tötlichste Beleidigung. Wer also Bart- und Haupthaar schor und noch dazu sie einem andern übermittelte, machte sich zu dessen niedrigstem Sklaven, schied von der Mitwelt aus. Die außerordentliche Wichtigkeit der Haartracht als sozialen Kennzeichens genügt völlig zur Erklärung für den Brauch, sich und den Seinigen im Falle des Todes einer mächtigeren Persönlichkeit das Haar abzuschneiden. Es ist durchaus nicht immer nötig, (etwa beim Tode des Hausherrn) diesem sein Haar ins Grab mitzugeben. Gegenwärtig wird es nicht einmal immer abgeschnitten, sondern verkleidet oder doch in seiner Fassung verändert. Wer sich vergegenwärtigt, daß der Kahlkopf (Tonsur) ganz allgemein verspottet, das altersweiße Haar verehrt, das Albinotische so sehr gefürchtet wurde, daß man seinen Träger oft tötete, wird es verstehen, daß die Geste des Raufens des eignen Haars oder gar der Scherung an der Bahre eines Anderen eine zeitliche Selbstvernichtung bedeutete. Die gänzliche Tonsur bei Frauen ist uns z. B. aus dem alten Arabien bekannt. Sie tritt, in gemilderter Form, im Hebräertum auf; hier finden wir das Darbringen einzelner Locken. Der Bezug auf den Toten wird natürlich dadurch besonders deutlich, daß man ihm das Haar des Lebenden in den Sarg legt, ins Grab oder auf das Grab, wohl gar in seine Hand mitgibt. Der Zweck kann hier ein doppelter sein: entweder versucht man dadurch, daß man einen Teil seines Körpers dahingibt, sich seiner Pflicht gegen den Verstorbenen zu entledigen und es zu verhindern, daß dieser sein Recht, den Haarbesitz, gewaltsam sucht, am Haar des Lebenden sich als Dämon festkettet; oder aber man will dieses absolute Besitzrecht des Verstorbenen über den Lebenden dadurch formell anerkennen. Zwischen beiden Ideen gibt es zahlreiche Übergänge, so daß es unmöglich ist, zwischen diesen zwei Möglichkeiten eine strenge Scheidung bei der Beurteilung eines einzelnen Brauchs vorzunehmen. Jede Trauer beginnt mit einer Selbsthingabe und verläuft sich in dem Trost, daß dem Toten das geworden ist, was er vom Leben oder seinen Verwandten zu beanspruchen hat. Die Eigentumsidee beim Haaropfer tritt natürlich beim Tode von Fürsten besonders stark hervor. Zu ihrem Eigentum gehörten ja seine Untertanen. Sie schenkten sich später aus Liebe, wie ursprünglich aus Pflicht. Als Chalid b. al Valîd gestorben war, blieb keine Frau von den Banu l Mughîra übrig, die nicht ihr Gelock auf sein Grab niederlegte. Von syrischen Nomaden wird noch heute ein Pferdehaar ausgespannt, an welchem die trauernden Frauen eigne Haare zum Zweck der Trauer festnähen. In christlichen, aber stark muslimisch beeinflußten Balkangegenden werden die auf das Grab gesteckten Stangen mit Haarlocken (ferner mit Kopftüchern, Äpfeln usw.) als Weihegaben verziert. Wo ein Grabkreuz die Ruhestätte eines Hausvorstandes ziert, trägt dieses das Haar der zugehörigen Weiber. Nach den für das altindische Ritual geltenden Bestimmungen soll man bei dem Manenopfer, also einer erweiterten Totenfeier, im allgemeinen ein Stück von seinem Kleide darbringen. Wenn man jedoch die ersten 50 Jahre seines Lebens bereits hinter sich hat, so bringe man Haare seines Körpers zum Opfer. Hier ist die

Stellvertretung der auch sonst so oft dem Toten dargebrachten Kleidergabe — ein Fetzen Stoff auf oder an das Grab gebracht — durch die des Haares von besonderem Interesse. Der alsbald dem Tode verfallene Greis — in Indien wird man schneller zum Greis als im allgemeinen bei uns — schickt sein Haar dahin, wohin in kurzem der Körper kommen soll. Was die Stellvertretung des Haares für die gesamte Persönlichkeit im Totenkultus anlangt, so weist bereits Weinhold in seiner Darstellung der Germanischen Bestattungsgebräuche auf ein Hügelgrab hin, das viele Mitgaben, wie z. B. ein Gewand, Waffen, Schmuckgegenstände, ein Trinkgefäß, aber nicht die Leiche selbst sondern nur einige lange braune Haarlocken enthielt, also ein Leerbegräbnis zu sein scheint, in dem das Haar offenbar den Toten vertrat. — Über das Haaropfer als Stellvertretung des Menschenopfers und im Begräbnisritual der klassischen Völker zu sprechen, ist hier nicht der Ort. Es ist dies mehrfach auch in monographischen Darstellungen geschehen. Die Mitgabe des Haares kann auch in ganz abweichendem Sinne zu verstehen sein und deshalb völlig andere Ziele haben. Oft wird bei uns der Leiche ihr Haar oder eine Locke davon vor der Einsargung entnommen, um ein „lebendes Andenken“ an den Toten zu haben. Die slavische Volksmeinung, zu mindesten in Böhmen, verwirft freilich diese Sitte, denn „solche Haare vergehen gleichzeitig mit dem toten Körper“. Der vorsichtigere, zum mindesten in Ostpreußen geübte Brauch geht deshalb dahin, die (ausgekämmten oder abgefallenen) Leichenhaare in den Sarg zu legen. Als in Königsberg ein dort bekannter reicher Kaufmann starb, versündigte sich dessen Diener durch einen kleinen Leichenraub, an dessen Objekt einige Totenhaare hingen. Der Mann hatte keine Ruhe. Er trug die Haare zum Grabe seines Herrn, auch auf die Gefahr der Entdeckung und Bestrafung hin. Das alles ist äußerst primitiv. Ostpreußen zeigt sich auch hier als das „klassische Land der ungeschminkten Formen.“ — Außerhalb des Totenkultus vertritt das Haar die Stelle des lebenden Wesens. Es kann, wie dieses, verzaubert, geschädigt, vernichtet werden, kurz, es wird zum „Reste-Zauber“ verwandt. Wählen wir für diesen ein Beispiel: Bei den Papua's ist es, wenn man sich an einem Anderen vergehen will, nötig, daß man von ihm irgendeine Kleinigkeit, ein Restchen Speise, Tabak, Betelnuß, ein paar Fasern vom Tuch oder Schürze, ein Haar, etwas Körperschmutz, einen Bluttropfen, Nasenauswurf usw. erlangt. Kann man auf gewöhnliche Weise kein Mittelchen bekommen, dann sucht man die Leute durch Köder zu fangen, indem man ihnen Tabak oder Betel-Nüsse schenkt, von denen aber vorher etwas abgezwackt ist. Dieser „Reste-Zauber“ findet sich schon bei den Dschaggas Ostafrikas. Entbehrliche Körper-„Reste“ (Nägel, Haare, Speichel usw. ferner Teile des Gewandes) werden dort gesammelt und unter Verwünschungen vernichtet. Auf den Gilbert-Inseln pflegte man das bei der Entjungferung vergossene Blut sorgfältig zu verbrennen, um es zu verhindern, daß mit ihm böser Zauber getrieben werden kann. Bei den Hausa-Stämmen müssen die Hebammen bewacht werden, weil man fürchtet, sie könnten von dem Flaum-Haar des Neugeborenen etwas nehmen, und mittelst desselben einen bösen Einfluß über das junge Wesen ausüben. Man erinnere sich des Hexenbrauchs, von einem Kinde sich ein Haar schenken zu lassen und es zu verzaubern, oder

Speisegeräte zu gleichem Zweck zu borgen. Das Ich des Menschen reicht eben über die körperliche Sphäre hinweg. In Wohl und Wehe umfaßt es dessen gesamten Besitz, namentlich auch seinen Grund und Boden und sein Haus. Nur auf dieser Grundlage verstehen wir ja auch die Verzauberung der Fußspur. Nun sind diejenigen Körperteile und Sekrete. die naturgemäß von selbst abgestoßen oder abgesondert werden und sich stets erneuern, unter solchen Umständen der Verzauberung besonders stark ausgesetzt. Dies gilt nicht bloß beim Menschen, sondern auch beim Tier. Deshalb sagen ostafrikanische Stämme, daß es ein Unrecht sei, Kuhmilch zu kochen, denn darunter leidet das Tier das sie gab. Daß man unter solchen Umständen das Haar ganz besonders schützte, lag nahe. Noch heute kommt es tatsächlich vor, daß weggeworfenes Haar von Nacht- (d. h. Toten-) Vögeln, ergriffen und zum Nesterbau verwandt wird. Ich selbst bin Zeuge der barbarischen Tötung einer Fledermaus gewesen, die sich in eines unserer Zimmer eindrängte. „Sie könnte sich sonst an den Haaren der Frauen festsaugen“. Hier ist der harmlose Naturtrieb des Tieres, Material zum Nesterbau zu sammeln, bereits abergläubisch in den dämonischen Affektzustand verwandelt worden. Die Assoziation zwischen losem Haar und Vogel wird in Ostpreußen auch in der Richtung durchgeführt, daß man sagt: „Man soll Haare nie liegen lassen, sondern verbrennen oder begraben. Sonst verwickeln sich die Vögel darin.“ Die hierin liegende Uneigennützigkeit des Denkens ist nur scheinbar. Tatsächlich verschleiert man mit ihr seine Hexenfurcht. Nach norwegischem Aberglauben soll die Fledermaus die abgeschnittenen Haare (und Nägel) dem Teufel bringen, so daß dieser mehr Anrecht an den Menschen hat. Die Hexen und der Teufel werden mit den Haaren um so eher in Zusammenhang gebracht, als Ballen von Haaren oft in den Leibern von Kühen und Pferden sich finden — solche Tiere waren verhext! Manche, der Unterwelt angehörige (chthonische) Tiere können Menschenhaare entführen und deren Besitzer dadurch schwer schädigen. Wenn sich Mäuse aus ihnen Nester machen, hat derjenige, dessen Haar sie benutzen, so lange Kopfweh, bis es verfault ist (Böhmischer und mährischer Aberglauben). Zieht eine Kröte die Haare eines Menschen in ihr Nest, so siecht der Betroffene unrettbar dahin. — Man muß sich der außerordentlich mangelhaften Naturbeobachtungsgabe des Primitiven erinnern, um derartiges zu verstehen. Das ist gar nicht die Kröte unserer zoologischen Institute, von der hier die Rede ist, sondern das geheimnisvolle, zu Zeiten Kronen tragende, redende, ja menschliche Gestalt annehmende und in dieser Form im Erdinnern residierende Wunderwesen. — Weit über den Totenkultus hinaus ragt die Vorstellung von der äußeren und inneren Abhängigkeit des Menschen von seinem Haar. Es ist sogar gewissermaßen sein Rechtsvertreter, wird als solcher statt des Körpers dahingegeben, beeinflußt, vernichtet. In der volkstümlichen Botanik heißen viele Pflanzen nach den Haaren von Gottheiten oder Dämonen. Das Getreide ist das goldne Haar der Sif. Bei den Nord-Ostjaken lebt eine Sage, deren farbloser Hauptheld kaum etwas anderes ist als „sein Haar und noch etwas dran“. Dieser Unglückliche wird von einem gewalttätigen Menschen platt auf den Boden gedrückt, so daß nur der Haarzopf übrig bleibt. Der Mörder steckt ihn in seine Tasche und erhält dadurch die Kraft des Getöteten. Später zieht er den Zopf aus der Hose heraus — und schon erscheint der Andere in lebender Gestalt! — In Ägypten ist seit Jahrtausenden die Sitte lebendig geblieben, statt der eignen Person deren Haar zu geben. Ehemals schnitt man es den Kindern ab und löste es, um sie nicht dem Tempel (oder später dem christlichen Kloster) verfallen zu lassen, bei den Wärtern von dessen heiligen Tieren (bzw. bei den Geistlichen) gegen eine Silbergabe von gleichem Gewicht aus. In Deutschland behält der Bauer, der eine Kuh verkauft, zu Zeiten einige Haare von ihr zurück, „um den Segen nicht weg zu geben". Es liegt in diesem dolosen Akt eine Opposition gegen die abstrakte Idee des römischen Güterrechts, das vom Marktwert des Kaufobjekts ausgeht. Der echte Deutsche kann seinen Heimatboden und die Wesen, die er ernährt, eben gar nicht verschachern, ohne seinen „Segen" mit zu verkaufen. — Wenn wir uns aber wieder dem Menschenhaar zuwenden, so finden wir dessen Verzauberung in Sage und Volksglauben immer von neuem. In der Wolf-Dietrich-Sage ist Wolf-Dietrich der rauhen Else verfallen, als dieser es gelingt, zwei Haarlocken vom Kopf und die Nagelspitzen von den Fingern abzuschneiden. Im Liebeszauber treten die Haare überhaupt besonders stark hervor. Ein Mann muß um ein Mädchen werben, wenn diese ihm eines ihrer Haare ins Essen gibt. Will (bei uns in Deutschland) ein junges Mädchen recht häufig den Besuch des Geliebten erlangen, so reißt es ihm heimlich ein Haar aus und steckt es unter die eigne Türschwelle oder in den Türpfosten. Dritte Personen können Liebe zwischen zwei jungen Menschen dadurch hervorrufen, daß sie ein Haar von einem Mädchen und eines von einem Manne so zwischen zwei Steine legen, daß der Wind damit spielen kann. — Wie man den gesamten Leib eines Menschen durch Aussetzen der Leiche, deren Begraben, Verbrennen, Dörren, vernichtete, so hofft man bis zum heutigen Tage auf gleiche Weise den gleichen Erfolg mittelst des Haares zu erreichen. Man vergräbt die abgefallenen Haare von Mensch und Tier sorgfältig, oft, wie ehemals die Leichen beider, unter der Schwelle von Haus oder Stall. Ein Indianerjüngling von Arizona verscharrt die erbeuteten Haare des Mädchens, das ihn nicht heiraten will, und hofft sie dadurch zu töten. — Zu gleichem Zweck verbrennt man sie. Man hängt (in Mähren und Böhmen) einzelne Haare der Kuh seines Feindes in den Schornstein: zugleich mit diesem Haar verdorren dann die Kühe. Man wirft Haare oder Nägel in fließendes Wasser. Bisweilen geschieht derartiges in dem Glauben, daß das Haar dessen Trägers persönliche Eigenart übernommen hätte, diese also zugleich mit ihm verbrannt, ersäuft, begraben werden könne. Die Vernichtung des Haares von Kranken wird deshalb auch zu Heilzwecken vorgenommen. Zu gleichem Zweck pflöckt man es in Bäume ein — eine Art ewigen Kerkers, wobei allerdings der Kerkerraum, der lebende Baum, als dämonenfeindlich gilt, mithin die Krankheit vernichten muß. Die unsauberste Art, das abgefallene menschliche Haar zu behandeln, wird von den Christen Konstantinopels angewendet: man darf bei ihnen das Haar nur in den Abtritt werfen; sonst „zerstreut man sein Glück". Die Begründungen abergläubischer Handlungen sind ja stets ganz vage und belanglos. Verraten, würden die wahren Ursachen die Schwächen des die abergläubische Furchtvorstellung Äußernden enthüllen und dessen Person dadurch der fremden Ausnutzung preisgeben. — Interessant ist es, daß das Verbrennen des Haars mit widerstreitenden Ideen verbunden ist. Man warnt bisweilen (auch in Deutschland) davor, das eigne Haar auf diese Weise zu vernichten, denn man würde sich dadurch schädigen. Man rät dazu im Liebeszauber: der Träger der versengten Locke erleidet durch deren Verbrennung die Feuerqual der Liebe, und erscheint der Liebenden, wie die Kuh des Negers den Schmerz der erhitzten Milch fühlte. Selbst die Türken glauben, daß die Person, deren Locke man verbrennt, erscheinen muß. Hier liegt also im Haar der schmerzempfindende, psychische Teil, die „Seele“ verborgen. Der Verlust des Haares bedroht mithin dieses vergeistigte Etwas. Als die Wogulen sich unter den Todesdrohungen russischer Priester dazu verstanden, sich ihr langes Haar abzuschneiden, d. h. zum Christentum überzutreten, warnte einer ihrer Priester seine Landsleute, indem er sagte: „Wenn man Euch das Haar abschneiden wird, wird man Euch die Seele ausschneiden“. In dieser Wendung liegt der Schlüssel für fast den ganzen, mit dem Haar getriebenen Aberglauben.

Noch ferner, als diese Vorstellungsgruppe liegt uns eine andere, die hier nur gestreift werden kann: man war und ist der Überzeugung, daß Organe, die dem Aufbau des menschlichen Körpers bis zur Zeit seiner Geburt dienen, sodann aber abgestoßen werden, ein geheimnisvolles Eigenleben führen, vielfach auch dem „Restezauber“ besonders zugänglich sind und deshalb meist vorsichtig vernichtet werden müssen. Dazu gehört der Mutterkuchen, die Plazenta. Die Battaks sollen, da sie das Lebensfluidum in verschiedenen Körperteilen annehmen, an sieben verschiedene Seelen glauben, von denen die eine, die der Plazenta oder „des jüngeren Bruders“, im Himmel wohnt. — Bei den Papuas bindet die Mutter die Nabelschnur an ihr Netz, in dem sie das Kind trägt, bis dasselbe läuft, damit nicht irgend ein Wesen dieselbe zum Schaden des Kindes gebrauche. Bei Eingeborenenstämmen Südafrikas hat nach der bei der Pubertät erfolgten Beschneidung der Jünglinge ein jeder von ihnen seine Vorhaut sorgsam zu vergraben, denn man glaubt, „daß gerade durch den Besitz eines dem Körper entnommenen Gegenstandes“ die Übeltäter Macht bekommen, zunächst über die Person selbst, von der die Sache herrührt, sodann aber auch über den ganzen Stamm des Betreffenden. Solche wichtigen Organe sind also „Seelenträger“; sie sind wohl noch mehr: man sieht in ihnen mitunter die Seele selbst. Wie im Auge, so kann auch im Körperinnern ein kleines Menschlein stecken, das im Traume und Tode davonläuft. Ein solches Agens, diese verkörperte innere Triebkraft, kann Tiergestalt haben, oder sie wird als Wurm gedacht — je merkwürdiger, um so besser, denn im Wunder endet ja die Tatsachenfeststellung, die Erkenntnis des Abergläubischen. Unter den „Seelen“-Tieren treten natürlich die kleinen und rasch in der Erde verschwindenden besonders stark hervor. Man denkt in Deutschland an einen „Herzwurm“, von dem, wie Grimm sagt, „der gemeine Mann“ glaubt, jeder Mensch habe einen solchen und muß sterben, wenn der Wurm aus dem Munde krieche, auf die Zunge trete. Der Leib ist also als undifferenziertes Loch aufgefaßt, als Behälter der Seele, ihr „Gefäß“ im eigentlichen Sinne. Auch die Kuh des Westpreußen hat einen „Knubbel“ im

Leib. Wenn ihr dieser zum Maule herauskommt, muß sie sterben. Man kann aber einen anderen „Knubbel" von Faustgröße machen, indem man Flachs in Spiritus — Spiritus ist ja bekanntlich „Seele", „Geist" — tränkt. Diese „Ersatz-Seele" schiebt man der Kuh einfach durchs Maul ins Innere. Dann ist sie gerettet. — Bisweilen hat die Seele Krötengestalt, namentlich auch nach dem Glauben der Litauer, oder die der Schlange. Wir werden sehen, daß sie gerade als dieses letztere Wesen häufig entweicht und wieder zu ihrem Eigentümer zurückkehrt. Im Mittelalter erreichte die bereits früher nicht unerhörte Vorstellung, daß ein Teufel, ja ein ganzes Heer von Teufeln, in einem einzigen Menschen sitzen könne, ihren Höhepunkt und wurde in den Hexenprozessen kultiviert. Ein „Conversationslexicon" des 18ten Jahrhunderts gibt an, daß in dem Leibe einer Person eine weiße Maus, ungewöhnliche Würmer, Frösche, Froschlaich, Kröten, Eidechsen, Blindschleichen und schwarze Schnecken gefunden seien; auch soll es in deren Magen wie junge Gänse gepiepst haben. Die weiße Maus ist hier wohl die eigentliche „Stamm-Seele", die anderen tierähnlichen Dämonen sind „Gäste". Die wunderliche Farbe des Fells der Maus hat ihr den Rang gegeben. „Genug, die Maus war doch nicht grau", so tröstet Mephisto den Faust über die Sonderbarkeit von dessen Tänzerin hinweg, der „ein rotes Mäuslein" aus dem Munde sprang. Bei einer Hexe ist dieses Tier natürlich die Seele; doch wird auch die Gebärmutter in gleicher Gestalt sowie in der einer Kröte gedacht. Man möchte vermuten, daß dabei an Uterus-Prolaps oder ähnliche häufige pathologische Erscheinungen erinnert würde. Doch vergegenwärtige man sich auch, daß von dem Zusammenwirken der körperlichen Organe und deren Struktur das Volk keinerlei Vorstellungen hat. Für den Primitiven sind Blut, Herz, Kopf auswechselbar und, weil mit Leben begabt, selber Lebewesen, die mehr zufällig nebeneinander, als in gegenseitiger Wechselwirkung stehen. Die in ihnen vielfach lebendig geglaubten, im Leichnam tatsächlich oft vorhandenen Würmer sind so ziemlich das Geistigste, was sich der Primitive vorstellen kann. Sie sind, namentlich bei wunderlicher Form und Farbe, schlechthin die Seele selbst. Nach Plinius geht aus dem Mark der Knochen des alten Phoenix ein Würmchen und aus diesem ein neuer Phoenix hervor; nach Horapollo aus dem Blute des Alten der Neue. Im Mark liegt natürlich auch hier die „Kraft", wie anderswo in den Armen, die deshalb bei mythischen Wesen verdoppelt und, wenn sie bei Mißgeburten unter Primitiven vorkommen, so sehr gefürchtet werden, daß man diese unglücklichen Wesen tötet. Noch die griechische Sage kennt den hunderthändigen Riesen Hekatoncheiron und vielköpfige Scheusale wie Aegaeon, Briareus, Cotys, Gyges. Die Häßlichkeit des Teufels der Sage geht teilweise auf dessen Riesenwuchs und Mißbildung im Altgermanischen Aberglauben zurück. Der alte Teufel ist ja riesischer Herkunft. Den Riesen der jüdischen Sagen wird dagegen menschähnlichere Gestalt zugeschrieben, nur daß sie an beiden Händen und Füßen einen Finger mehr haben. Der Rückschluß, daß die Mißgeburt teuflisch sei, wird oft auch dahin erweitert, daß besonders große oder nach langen Geburtsqualen der Mutter zur Welt gekommene Einzelwesen, sowie Zwillingskinder, etwas „ambivalent" unheimliches, ein Schrecken oder eine Erlösung der Welt seien. Hierher gehört die keineswegs auf das Christentum beschränkte Lehre von der Jungfrauengeburt, hierhin verweisen wir die mythologischen Gebilde von der Tötung der Mutter Nacht durch den sie zerreißenden Tag, ihr Kind, wie wir sie am deutlichsten im nord- und südgermanischen Volkstum treffen. Nach griechischer Sage wird Asclepios von seinem Vater aus dem Leibe der auf dem Scheiterhaufen den Flammen übergebenen Mutter gerissen — worin man eine „Symbolik" von Naturvorgängen (dem die Nacht zerstörenden Tag; dem die Wolken zerreißenden Blitz) hat sehen wollen. Für uns kommt an dieser Stelle nur die Auffassung in Betracht, daß der Ungeheure auf ungeheuerlichem Wege zur Welt gekommen sein muß. Aus dem abgeschlagenen Haupt der Gorgo erscheint der Pegasus. Im altindischen Mythus stirbt Prajâpati, der Urgott; er fault und bläht auf. Da entsteht das Pferd, unter dem man sich vielfach die Sonne vorstellte.

Wir sahen, daß auf körperliche Ebenmäßigkeit, auf Schönheit, im sozialen Leben der höchste Wert gelegt wird, daß jedes Abweichen von der Regel als äußerst gefährlich gilt. Schönheit ist Rasseneigenart. Eine „internationale Schönheitskönigin" ist, wie der mathematisch errechnete „Durchschnittsmensch", ein Widersinn. Grobe Abnormitäten freilich stellen ihre Träger — weniger in der Wirklichkeit als in der Sage — in die Reihen der „Übermenschen" das heißt der Götter des Aberglaubens. Deshalb ist der germanische Thor ein Einhändiger, Hephaest hinkt, manche Götter, Helden und Riesen haben nur ein Auge. Das letztere gilt auch von dem muslimischen Antichrist. Einäugige sind immer besonders gefährlich. Das Verhältnis von Sage und Aberglauben zu einander läßt sich am Beispiel der Zwillinge gut klarlegen. Sie werden am Himmel (in Tierkreis) und auf Erden (in der Ursage) häufig verehrt. Im sozialen Leben aber sucht man sie zu beseitigen. Zeus und Here, Romulus und Remus waren Zwillingsgeburten glückverheißender Art. Der beiden indischen Asvin werden wir als solcher zu gedenken haben. Erwähnt seien noch die Joskeha und Tawiscara (die Weiße und die Schwarze) die von dem Monde stammten. Ein Schimmer ihrer alten mythischen Heiligkeit verbleibt den Zwillingen, Kindern menschlicher Mütter, noch bei manchen amerikanischen Stämmen; sie werden dort als heilig und als Kinder des Blitzes angesehen und, falls sie jung sterben, in großen Vasen aufbewahrt. In Nigeria behauptet man, daß sie von Skorpionen nicht gestochen und von Schlangen nicht gebissen werden können. Bei den Hausa-Stämmen des zentralen Afrika, die stark muhammedanisch beeinflußt sind, gelten sie sogar als Glücksfall. Zwei Indianerstämme glauben, daß Zwillinge vor der Geburt Lachse waren und daß sie wieder zu Lachsen würden. In sehr weiter Verbreitung aber findet sich die Ermordung eines der beiden (z. B. in Australien) oder des zweiten (bei einzelnen afrikanischen Völkern) oder beider Zwillinge (Südafrika). Die Igorrots auf den Philippinen erwürgen regelmäßig das zuletzt Geborene. Der furchtbare Brauch wird so folgerichtig durchgeführt, daß (in südafrikanischen Gegenden) alte, vertrauenswürdige Missionare erklären konnten, niemals ein menschliches „Pärchen" gesehen zu haben. — Bei den Berg-Damas wird gewöhnlich das schwächere Kind preisgegeben. Eine Zwillingsgeburt verbreitet dort auf der „Werft", dem gemeinsamen

Lagerplatz, Furcht und Schrecken und scheint den nahen Tod des Oberhauptes anzuzeigen. Fast noch schrecklicher als die Ermordung unmittelbar nach der Geburt ist die vielfach verschuldete Vernachlässigung mit Todesfolge. Selbst die Mütter dieser Unglücklichen sind gefährdet. Im französischen Kongo befindet sich [zu Oman] ein Asylort für Mütter von Zwillingen, die neben Witwen, Dieben und Sklaven dort verwahrt werden. — Wenden wir uns aber zu den Seltsamkeiten des Körpers, so werden Haut- und Haar-Farbe streng und argwöhnisch beobachtet. Bei uns gilt der Rothaarige als „jähzornig" — die törichte „Signaturen"-Lehre schadet dem Manne oder der Frau in seinem Milieu. Im Altertum wurden in der Stadt Eileithyia einige rothaarige Menschen alljährlich lebendig verbrannt, wie in Rom alljährlich ein als König verkleideter Krüppel. Vielfach finden wir bei primitiven Völkern der Gegenwart die Tötung von Kindern, die zuerst die oberen Schneidezähne bekommen.

Unter der Zahl der ganz belanglosen, im Aberglauben aber vielseitig und im höchsten Grade gewerteten Abnormitäten nennen wir die Weißfärbung bei Menschen, Tieren und Pflanzen. Wir verstehen darunter sowohl die Weißfärbung, welche „auffällt", ohne einen pathologischen Charakter zu haben, wie die abnorme, den Albinismus. Wenn ein Pferd ein helles Fell hat, so nennt man es einen „Schimmel". Ein solches Tier wurde in Kultus, Aberglauben und Kulturgebrauch vielseitig beachtet und offenbar bevorzugt. Hat dies Tier dagegen kein Pigment, also auch rote Augen, so ist es eine Abnormität, ein Albino. Wesen dieser Art kommen im Tier- und Pflanzenreich wie unter den Menschen vor. Dem Indianer gelten die weißen Biber für besonders göttlich. Solche Tiere wurden auch im Ahnenkult und Totemismus dieser Stämme bevorzugt. Der Batachi (erbliche Fürst der mongolischen Chans) erkannte als Stammeseltern einen blauen Wolf und eine weiße Hirschkuh. In germanischen und allgemein-mittelalterlichen Sagen findet sich der weiße Hirsch (neben dem weißen Hasen und weißen Kaninchen) häufig. Hier sehen wir bereits rein religiöse Vorstellungen (die Frommen als Lichtgestalten; das weiße Tugendkleid), die dem Parsismus entstammen und von dort in das Judentum und Christentum gedrungen sind, in volkstümlichem oder mystisch-pietistischem Gewande erscheinen. Der eigentliche Aberglauben hält sich ans Nächsterreichbare. Er ist dem Mittel wie dem Zweck nach praktisch. Nach Tiroler Meinung heilt das Fell eines weißen Schneehasen Krankheiten. Wenn man am Freitag ein solches Tier schießt, so hilft das gegen Rotlauf. Das mag ganz allgemein vom Hasen gelten (von dem die Medizin überhaupt viel gutes zu erzählen weiß), aber die weiße Farbe steigert die Wirkung. Es gilt dies in jeder Hinsicht, auch namentlich im Orakel. Der Weißling ist deshalb ein bevorzugtes Orakeltier (weißes Pferd; Elephant). Er steht zur Götter- und Geisterwelt in naher Beziehung, bei uns wie bei den Indianern. Ein weißes Kaninchen tritt in einer englischen Sage als verzauberte weiße Jungfrau auf. (Verzauberungen gehören vornehmlich in die Totenszenerien. Der Mensch gestaltet sich im Tode um: der Tod ist ein Formwechsel.) Eine weiße Gemse, die dem Jäger begegnet, bedeutet für diesen den Tod. Die weiße Wildsau ist, wie Grimm in seinen Rechtsaltertümern betont, mantisch erheblich. Den moderneren Gegensatz: weiß-schwarz im Sinne von gut-böse finden wir z. B. in folgender lokalen Sage: An einer Quelle auf dem Pilatusberg zeigen sich in fruchtbaren Jahren zwei weiße Geißen, in unfruchtbaren zwei schwarze. — Wir glauben diesen Einzelheiten die Beobachtung entnehmen zu können, daß der mit den Gewohnheiten des Tieres nur ganz einseitig vertraute und äußerst furchtsame (mantisch-befangene) Jäger in dem albinotischen Jagdtier ein gefährliches, orakelhaftes, göttliches, dem Ahnenreich und Tode zugehöriges Wesen sah. Es gilt dies auch bei den Vögeln: die Araucaner empfinden es als eine Gnade der Gottheit, wenn ein weißer Adler zur Rechten aufsteigt. Der Adler bedeutet dort, rechts gesehen, ohnehin Glück; ebenso, nach Plinius, der weiße Reiher. Bei den (vom Parsismus auch in diesem Punkt beeinflußten) Armeniern verwandelt sich der Gute in einen weißen, der Böse in einen schwarzen Vogel. Den Griechen zeigten weiße, vorher nicht gesehene Tauben (das Mirakel muß natürlich plötzlich in die Erscheinung treten) den Untergang der persischen Flotte am Berge Athos an. Die Schnee-Eule macht eine Ausnahme von allen übrigen Eulen, indem sie überall da, wo sie erscheint, als Glücksvogel aufgefaßt wird. Dies gilt bei den Tartaren und ebenso ausgesprochen bei den Kalmücken. Wer sie schießen kann, soll, ohne jemandem ein Wort zu sagen, hingehen und sie an einer langen Stange auf den ersten hohen Grabhügel in der freien Steppe aufstecken, worauf ihm drei Jahre lang Glück in der Viehzucht und Reichtum beschert wird. — Weiße Schmetterlinge bedeuten in slavischen Gegenden, wo die Totenfarbe weiß ist, Unglück, namentlich dann, wenn man als ersten Schmetterling (im „Angang" des Frühlings) einen von dieser Farbe sieht. Andere Meinungen machen aus dem Weißling keinen „Pechvogel": er soll deshalb Geld einbringen. — Unter den Haustieren wird der Schimmel im Kultus als Abbild der Sonne, des Tags, des Feuers und Blitzes, im Volkstum als „unheimliches" Tier in Indien, Deutschland und anderswo sehr stark hervorgehoben, im praktischen Leben aber eher hintenan- als vorausgestellt. Unsere alten Garderegimenter bevorzugten ihn nicht, auch nicht als Generalspferd, ebensowenig die heutigen Araber, die am meisten rotbraune Pferde mit schwarzen Spitzen lieben. Eines ihrer herrlichsten Pferde, ein Hengst, der mir vorgeführt wurde, war aber ein Grauschimmel. — In Indien „leuchten", so sagt der älteste Text, „hundert weiße Rinder am Himmel als Sterne". Die weiße Kuh spielt im Ritual eine Rolle: wenn sie ein weißes Kalb hat, wird sie in ältester Zeit zum Melken für die bei bestimmten Libationen benutzte Milch als deren Spenderin angewendet. Bisweilen wird eine schwarze Kuh mit einem weißen Kalbe verlangt und das Muttertier in der mystischen Auslegung als die Nacht, das Jungtier als der Tag bezeichnet. Die dem Wasser entsteigenden Pferde und Kühe (Kälber), welche sich nach altem Glauben vorübergehend in den Dienst des Menschen stellen, ihre ungeheure Kraft aber nur teilweise zu seinen Gunsten ausnutzen, um dann wieder im Wasser zu verschwinden — diese Tiere sind häufig weiß. In anderen Sagen gehört ein solches Tier mehr oder weniger deutlich ins Totenreich. Nach einer Tiroler Erzählung hatte ein Jäger eine Kuh besonders lieb. Als diese ein Kalb gebar, fragte der Jäger eifrig, was für eine Farbe dieses hatte. Als ihm geantwortet wurde, daß es schneeweiß sei, fühlte er seinen Tod herannahen, verbrannte alle seine Zauberbücher und starb bald darauf. — Ein ostpreußisches Mädchen erzählte mir: als ihr Vater noch keine Anzeichen einer Krankheit verspürte, kam er eines Tages in sein Haus und berichtete, er hätte soeben eine weiße Katze auf seinen Füßen tanzen gesehen. Nie zuvor war ihm ein solches Tier erschienen. „Wahrscheinlich war es meines Vaters Seele“. Vier Tage später war der Vater tot. Das Mädchen war von der völlig realen Existenz jener Seelen-Katze durchaus überzeugt. — Nur andeutend können wir hier des weißen Elephanten des indischen Gottes Indra, sowie desjenigen, der eine Ecke des Himmels trägt, gedenken. In der Kulturgeschichte finden sich zu Zeiten weiße Elefanten, seltne und äußerst kostbare Tiere, genannt. Unter den Elephanten Chosroë's fand sich ein Weißer. Die Holländer brachten im Jahre 1633 ein solches Tier nach Europa. In der Schlacht bei Ilek-khan ritt Mohammed von Ghazna einen weißen Elefanten. — Zweier kleiner Tiere sei noch gedacht: des Huhns und der Maus. Weiße Hühner machen ihre Besitzer seit Alters mißtrauisch. Da, wo das Huhn seiner Fruchtbarkeit wegen besonders geschätzt wird, freut man sich aber auch seiner weißen Farbe. Plinius erzählt von einem Adler, welcher unmittelbar nach der Heirat des Augustus als ein Vorzeichen reichen Kindersegens der Livia Drusilla eine weiße Henne mit einem Lorbeerzweig im Schnabel in den Schoß fallen ließ. Dioscurides erwähnt die Galle des weißen Huhns als Heilmittel; als solches ist sie in der russischen Volksmedizin bis zur Gegenwart verblieben. Weiße Hennen und Hühner werden auch beim slavischen Sonnenwendopfer gebraucht. Das Krähen der Henne gilt in vielen Orten als sehr bedenklich. Ein krähendes Weibchen wird im allgemeinen sofort geschlachtet. Ist es gar weiß, so wird nach böhmischem Aberglauben jemand im Dorfe sterben. — Wenden wir uns schließlich noch den Chinesen zu! Dort darf in der Leichenprozession niemals ein weißer Hahn fehlen. Er wird in einem Korbe nachgetragen und soll ein Sinnbild der Wachsamkeit und Reinheit sein. Es gibt viele Familien, die um keinen Preis weiße Hühner aufziehen würden: sie fürchten, daß diese Tiere unter die Hausmitglieder Trauer bringen. Im weißen Hahn befindet sich nach chinesischer Volksvorstellung eine der drei Seelen, die jedem Menschen inne wohnen sollen. Man hält nämlich den Hahn für den Vogel des Ostens. Da der Osten die Quelle alles Lebens ist, so muß das Tier auch die unsterbliche Seele des Menschen enthalten. Man opfert es entweder am Grabe, wodurch die Seele frei wird und in das Grab mit geht, oder jeder Leidtragende hebt den Hahn in die Höhe. Auf keinen Fall aber würde man ihn schlachten oder gar essen. — Beim Schwur des Chinesen wird vor dem Götterbild einem weißen Hahn von jeder der Parteien der Kopf abgehauen und gewünscht, daß ebenso der Meineidige sterben möge. Schon hier sei auf die so verbreitete Analogie-Handlung beim Schwur hingewiesen: das Tier ist an heiliger Stätte nichts als der Meineidige selber. Letzterer wird nicht etwa „symbolisch“ sondern real kraft der heiligen (magischen) Schwurhandlung getötet. Sein Tod tritt (wie oft in der Sage) sofort oder erst später in die Erscheinung.

Die weiße Maus wird mantisch besonders beachtet. Vermehrt sie sich doch schneller als die normal gefärbte und zeigt abweichende Lebensgewohnheiten.

Das Einfallen unbekannter Vogelschwärme und weißer Mäuse bedeutet in Böhmen Krieg. Die Seele trägt ihre Gestalt. Im Leibe eines Kindes will jemand — eine Quelle des 18ten Jahrhunderts wiederholt diese Schauermähr mit grausiger Naivität — weiße Mäuse mit langen Schwänzen, Schlangen usw. gefunden haben. Wenn ein solches Tier dem Wirt entläuft, ist er bewußtlos (im Traumzustand); wird es getötet, so stirbt er augenblicklich. Es ist bedeutsam, daß auch hier der Tod mit der Vernichtung gleichgesetzt wird. Mehr der Allegorie als der Volkssage gehört es an, wenn die Seelen gerade der unschuldigen Kinder weiß sein sollen und sich Sagen an das zufällig beobachtete Entschlüpfen solcher Kinderseelen in dieser Gestalt knüpfen. Jedenfalls tötet man diese unschuldigen Tiere nicht gern, auch nicht auf deutschem Boden (Obersteiermark usw.), noch viel weniger auf slavischem, wie sehr man dort auch die gewöhnliche Feldmaus und die anderen Mäuse verfolgt. Fängt man dort zufällig eine, so nimmt man sie behutsam aus der Falle und macht ihr dann gewöhnlich zwischen einem Doppelfenster ein sehr bequemes und weiches Lager. Sie wird gut gefüttert, damit sie nicht stirbt. Sonst würde das Glück aus dem Hause weichen. Wenn sie in der Falle aber tot gefunden wird. so stirbt in dem Hause ein Familienmitglied, wenn nicht die Mäuse durch Geschenke versöhnt werden. (Hier finden wir die albinotische Maus als Seele und die Pflicht, ihr ein Opfer zu bringen. Worin kann dies bestehen? Ursprünglich doch nur abermals in weißen Mäusen!) Ein ganzes Nest weißer Mäuse kann nur ein Sonntagskind finden. Nach Aelians Bericht wurden im Smintheion von Hamaxitus weiße Mäuse auf öffentliche Kosten gefüttert. — Das in solcher Gestalt dem Munde entschlüpfte Tier ist mit allen Eigenschaften der Seelen-Wesen, namentlich dem Blutdurst, der Gabe der Prophetie und dem Gestaltenwandel, sowie der Neigung, in andere Leiber einzuschlüpfen, behaftet und wird dadurch zum Ausgangspunkt einer primitiven Dämonologie. Der Träumer, den es quält, greift nach dem Alp und findet dann in seinem Bett irgendeine Kleinigkeit, in die der Alp sich verwandelt hat — einen Strohhalm oder eine Flaumfeder, je nachdem er auf Stroh oder Federn schläft. Oder er glaubt, daß die fremde Seele als weiße Maus in ihm gewohnt und ihn gequält habe. An den Vampyrismus solcher Totenseelen klingt die Braunschweigische Meinung an, das weiße Wiesel sauge den Kühen die Milch aus. Es war, solange es der Ausrottung widerstand, ein der Maus sehr verwandtes, chthonisches Tier. Oft hören wir, daß es aus dem Schlafenden heraus und in irgend einen Erdritz kroch. Wie das Wiesel, sind auch Schlange und Kröte in der Natur und im Volksglauben seltner geworden. Beide waren, namentlich in weißer Gestalt, hochheilig, trugen Kronen und konnten Menschengestalt annehmen, auch prophetisch werden. Die indische Sage bildet zu diesen Meinungen die unmittelbare Fortsetzung.

Werfen wir auf die weißen Pflanzen einen Blick, so werden wir feststellen müssen, daß sie da, wo sie gänzlich unerhört zu sein scheinen, also Albinos sind, stets große Furcht auslösen, besonders, wenn sie im Garten blühen, weil die Gartenpflanzen zu ihrem Besitzer ohnehin in ein nahes Verhältnis gebracht werden. Wenn in Braunschweig eine von Natur gewöhnlich grüne Pflanze des Gartens plötzlich mit weißen Blättern erscheint, so bedeutet dies einen Todesfall. Auch nach bayrischem Aberglauben stirbt ein Familienmitglied, wenn ein Krautstock oder andere Blätter albinotisch werden. Dagegen betonen schöne, aber als „natürlich“ empfundene weiße Blüten, wie die der Taubnessel oder des Hollunderbaums, lediglich die allgemeine Nützlichkeit dieser Gewächse. Was nützlich ist, bringt, mantisch gesprochen, „Glück“, ist namentlich auch „gesund“ d. h. heilkräftig oder die mitgegebene Summe an Lebensenergie vermehrend, oder ein Schutzmittel gegen fremde Schädigungen. Dies gilt in Tirol z. B. vom weißen Holz der Traubenkirsche. Es vertreibt giftige Tiere. — Wenn wir nun ins Steinreich herabsteigen, so finden wir bei den heidnischen Arabern nach der Angabe von Jaqût den viereckigen Stein, in dem die Göttin Al Lât wohnte, weiß; verehrt wurde auch der 7 Tagereisen von Mekka entfernt gelegene Dhu l'Chalaça. Das Steinidol des Al-Galsad sah aus wie ein sehr großer Mannesrumpf von weißer Farbe mit einer Art Kopf, der schwarz war. Die Ka'ba aber war schwarz und ebenso ein unbehauener Stein, der in Petra als Idol diente. Die Sage berichtet, daß der heilige Stein von Mekka ursprünglich weiß gewesen, durch die Sünden der Menschen aber schwarz geworden war. Solche Ideen muten durchaus parsistisch an. Der Islam hat vieles seines religiös Besten dem Parsismus entnommen.

Wir haben den Ausführungen über die Bedeutung der weißen Farbe einen verhältnismäßig erheblichen Raum gegönnt, weil wir aus dieser Einzelheit verstehen lernen können, wie Aberglauben überhaupt zu Stande kommt. Nichts ist harmloser als die abnorme Färbung der menschlichen Haut, des tierischen Fells, der Blüte und des Blatts, des Steins oder der rötliche Schimmer von kleinen Gefäßen durch eine unpigmentierte Haut des Auges. Und doch vermögen diese Äußerlichkeiten die Bewohner der ganzen Erde, so weit ihnen eine andere als weiße Färbung des Tieres und der Pflanze (oder die letztere überhaupt) bekannt ist (vom Eskimo gilt dies nicht) äußerste Furcht einzuflößen, sie zu gewohnheitsmäßigen Mördern an den nächsten Stammesverwandten zu machen, tierische Schädlinge zu verehrten Wesen umzugestalten. Steine werden geküßt, nur weil sie weiß sind. Weiße Neger am Leben zu erhalten, ist äußerst schwer. Die gleiche Mordsucht äußert sich im gleichen Falle, wie eine altpersische Sage zeigt, noch bei den altorientalischen Kulturnationen. Sie erhält sich um so zäher, als partielle Leukopathie mit schweren, infektiösen Hautkrankheiten (Lepra, Syphilis) verwechselt wird. Die Furchtbefangenheit geht so weit, daß der fast als Hausgenosse gefühlte Schmarotzer, die Maus, für Hunger, Krieg, also für das schwerste Unheil der Erde verantwortlich gemacht wird. Die Überbewertung, nicht die Leuchtkraft der weißen (Fell-)Farbe ist es, die zum Anlaß dafür wird, die großen Himmelskörper unter dem Bilde von weißen Tieren zu sehen. Die hochentwickelten Astralreligionen haben den alten Aberglauben sorgfältig gepflegt und weitergegeben. Er greift bedeutsam in das Reich des Todes ein: das weiße Tier verkündigt dem von zahlreichen Gefahren bedrohten Jäger den Tod, weil es den Erschauer „zu Tode erschrocken“ macht, also in den ganzen Komplex jener Vorstellungen hineindrängt, die sich um den (plötzlichen) Tod lagern.

Was von der weißen Farbe gilt, trifft natürlich auf jede andere, zunächst auch leichtere Abnormität, zu. Wie furchtbar und doch wie tief im Seelenleben des Menschen eingebettet ist es, daß z. B. ein zu groß geborenes Kind als Wahrzeichen für den Tod des Königs d. h. den Untergang des ganzen Stammes, dem Morde verfallen soll. Wer die mystische, d. h. abergläubisch durchsetzte Seelenverfassung der Weiber beobachtet hat, die sich in eine ländliche Wochenstube drängen, um den am meisten suggestiv wirkenden („unheimlichsten") Teil ererbter Weisheit aus ihrem Gedankenschatz herauszuholen, und die beim belanglosesten Anhalt an der Körperverfassung des Kindes den Seufzer zur Verfügung haben: „Hoffentlich stirbt es bald", wird erkennen, daß auch hier die Mordecke in der menschlichen Seele verkleistert aber nicht verbaut ist. Kaum ist es durchzudenken, welch ungeheuere Summe von Kräften durch die direkte oder indirekte Tötung solcher Kinder der Menschheit verloren gegangen ist. Der primitive Künstler und Forscher ist fast stets ein Schwächling, dessen zunächst sonderbar erscheinende, kaum gelittene, erst spät bewunderte Neigungen und Fähigkeiten sich nur deshalb entfalten konnten, weil er zur schweren Körperarbeit nicht tauglich befunden worden war oder sich nicht tauglich fühlte. Gerade solche Menschen wurden beiseite geschafft.

Abnormitäten schwerer Art sind die Mißbildungen.[1] „Wenige Ereignisse", so sagt ihr gelehrter medizinischer Darsteller [Schwalbe], „haben solchen Anlaß zum Aberglauben, zu sonderbarsten Vorstellungen gegeben, wie die Mißbildungen, und zwar nicht nur bei gänzlich ungebildeten Völkern sondern auch bei solchen, die in vieler Beziehung eine hohe Stufe der Kultur erreicht hatten; ja, noch heutigen Tages sind die Mißbildungen ein Gegenstand nicht nur des Abscheus, sondern auch des Aberglaubens sogar für Gebildete, ja selbst für Ärzte". Die mantischen Literaturen der alten Kulturvölker geben deshalb auch in erstaunlicher Kasuistik alle denkbaren Mißbildungen wieder und leiten von ihnen, wie uns der Blick auf jene Nationen lehren wird, unsägliches Unheil für Familie und Staat ab. Sie sind eben das Produkt einer geheimnisvollen Kräfte-Verschiebung im Mikrokosmos und deshalb auch im Makrokosmos. In der tierisch-menschlichen Mißgestalt gar sah man ein Bild des göttlichen Zorns. Sie war von jeher ein Gegenstand unerklärten Grauens und wurde deshalb neben rein tierischen Idolen (Tigern und so weiter) dazu benutzt, vor den Eingängen in Tempeln, Palästen, Privathäusern als Wächter zu stehen; so gedenke ich hier der an den Tempeleingängen der alten Babylonier wachenden Ziegenfische, Fischmenschen usw. Man führte diese Mischgestalten wie überhaupt grobe Mißbildungen aller Art auf den Verkehr mit Tieren oder Dämonen zurück. Solche Wesen wurden und werden deshalb, wenn man sie im Leben der Gegenwart entdeckt zu haben meint, getötet. Der Verkleidung mit tierischen Masken gedachten wir. Auch sie sollen Furcht auslösen und dadurch „das Böse" verscheuchen. Wie die Vielarmigkeit das gesamte Kräfteausmaß des Körpers steigert, so dient die künstliche Körperverstümmlung dem Gegenteil und macht den sie Erleidenden zum Grauen der Welt. Deshalb wurden Verbrecher, Schädlinge aller Art, sehr häufig verstümmelt. Erst ganz spät ist an die Stelle der Furcht vor der Mißgestalt die Empfindung des Lächerlichen getreten, die dann wieder durch die des Mitleids abgelöst wurde. Daß indogermanische Völker ihre Kriegsgefangenen gewohnheitsmäßig verstümmelt haben, ist nicht bekannt, obgleich von den Germanen einmal ähnliches als „on dit“, kaum als Tatsache, berichtet wird. Von teuflischer Rohheit in dieser Hinsicht waren dagegen die alten Babylonier. Sie schnitten, wie uns auch Reliefs lehren, den Unterlegenen Hände und Füße, Nasen und Ohren ab, stachen ihnen die Augen und rissen ihnen die Zungen aus. Sicherlich tritt hier der Rassencharakter in seiner schwärzesten Form in Erscheinung. Ähnliche Scheußlichkeiten finden sich aber auch in Bild und Wort des späteren Indiens und lassen die Überzeugung aufkommen, daß weltliches und geistliches Machtbewußtsein, wenn es traditionell genügend geheiligt und gesichert ist, sich gleich gern an Seele und Leib des „Nur-Menschen“, des Mitglieds des dritten Standes, vergreift. Körperverstümmelung als Rechtsakt findet sich auch im germanischen (fränkischen) Recht bis zur neuesten Zeit. Noch heute kann, wie es scheint, bei den Tschetschenen des nördlichen Kaukasus der Mann seiner Frau, wenn diese sich einen Ehebruch hat zu Schulden kommen lassen, die Nase abbeißen. Das Abschneiden der Nase ist etwas sehr gewöhnliches und wird in Hinblick auf seine morgenländische Herkunft noch im heutigen Kasperle-Theater den Kindern angedroht. Eine jede Verletzung, auch nur das Abhauen eines Ohrläppchens, führt zur Blutrache und ruft dadurch unsägliches Unheil herbei. Der Verstümmelte erwacht beim jüngsten Gericht nämlich nicht „ganz (d. h.: unversehrt) an allen Gliedern“, wie in Indien, sondern hat seinen Verlust auch im Paradies weiter zu tragen.

Die lebenbindende Energie des Körpers wird durch dessen Ausscheidungen gesteigert, wenn man sie richtig anzuwenden versteht. Denn diese Sekrete sind zusammengedrängte Lebenskraft, wie etwa gewisse Körperteile von einzelnen Tieren: die Kralle des Leoparden, die Hoden des Ziegenbocks. Solche Körperteile werden seit frühester Zeit in Säckchen zusammengebracht und am Leibe getragen. Man findet diesen Brauch bei Landstreichern des slavischen Österreichs nicht minder als bei „Wilden“. — Im Schweiß liegt eine außerordentliche Vitalität. Er ist im Mythus lebenerzeugend. Man gibt ihn ein, um die Lebenskraft anderer zu steigern. Um ihn hervorzurufen, wird der Tanz häufig bis zur äußersten Ekstase fortgesetzt. Wenn ein Berg-Dama im Sterben liegt, so sucht sich sein Feind, der vor dem Totengespenst eine größere Angst als vor dem Lebenden hat, mit ihm zu versöhnen. Dies tut er, indem er ein mit eigenem Schweiß durchtränktes Schurzfell, ein altes Kopftuch, das die Spuren seines Schweißes zeigt oder irgend ein anderes Kleidungsstück durch einen Boten dem fernen Kranken zuschickt und ihn damit bekleiden läßt. Es entspricht dies dem deutschen Jägerbrauch, einen Gebrauchshund dadurch treu zu machen, daß man etwas Brot in der Achselhöhle von dem eignen Schweiß durchtränkt werden läßt und dann dem Hunde zu fressen gibt. — Das Blut wird uns immer wieder als eigentlicher Lebensträger begegnen. Der „Geist“ des Toten ist, wie seine Arterien, blutleer. Das aus der Wunde des Opfertiers fließende Blut wird bisweilen mit dem Munde aufgefangen und warm getrunken. Es dienen Riten dieser Art sowohl dazu, dämonische Zustände hervorzurufen wie auch, einen Kranken von ihnen zu befreien. In jedem Falle wird die Magie des frischen, Leben tragenden Blutes in den Vordergrund gestellt. Da das Leben auch im Herzen vermutet wird, gilt das Herzblut am meisten. Es wird zu profanen und sakralen Zwecken Menschen und Tieren entnommen, getrunken oder auf den Körper gestrichen, dessen Schmutzkruste damit völlig durchtränkt sein muß, damit der ganze Körper den gegen Fluch und Zauber schützenden Lebensstoff auf diese Weise erlangt. — Der Speichel gilt als Lebenselixier. Der Mund der Leiche ist im Normalfall trocken. Durch bespeien erlangt man das Leben wieder oder gewinnt an Lebenskraft. Ich denke hier an die Wunderheilungen der Bibel. Die Baronga Südafrikas haben bestimmte Zauberer, durch die sie mittelst einzelner Tierknochen das Orakel befragen. Ein solcher Knochen wird von einem Medizinmann bespien und dadurch „erweckt" oder „sehend gemacht"; er sieht also das Ferne und Zukünftige. Die Bewohner Medinas brachten mit Vorliebe ihre Neugeborenen zu Muhammad. Er spie ihnen in den Mund, so daß sein Speichel das Erste war, was ihnen in den Leib kam. Es diente dies zu Unheil abwehrenden Zwecken. Um diese Wirkung zu verstärken, finden wir bei manchen Primitiven die indirekte Übertragung durch Vermittlung etwa eines Drazänenblatts oder eines Grasbüschels, das besonders guten Schutz gegen böse Kräfte bietet. Wir wissen, daß Gegenstände, die dem Eigner lieb sind, von ihm aber verschenkt werden, zunächst bisweilen einen Kuß aus dessen Munde empfangen; sie werden ihm selbst, bisweilen auch dem Empfänger, dadurch besonders teuer. Ein Hauch des eignen Wesens haftet an ihnen. Bei den Masai spuckt der Geber bei Überlassung eines Geschenks auf dieses. Nicht minder spuckt der Verkäufer zum Zeichen des Vertragsabschlusses auf das übermittelte Objekt. In beiden Fällen dient der Ritus dazu, eine Rechtssicherheit zu gewährleisten: man verpfändet und verlangt zugleich einen integrierenden Teil der eigenen Person. — Urin und Kot werden, frisch und warm angewandt, zu Heil- und Zauberzwecken benutzt. In altem Zustande aber sind sie dem Menschen in der Regel ein Greuel. Bedürfnisanstalten gelten schon bei den heidnischen Arabern als flucherfüllt. Bei uns ist der (heimliche) Gebrauch des (namentlich auch elterlichen) Urins zu Heilzwecken viel häufiger als man zu glauben geneigt ist. Die bei geschlechtskranken Eltern mit Blindheit endende Blenorrhoe ist die Folge. Bei den Slaven wird Speichel und Urin zwecks Heilwirkung in weitem Umfang angewandt und dadurch viel Unglück herbeigeführt. Auf das Küssen der Gebeine Heiliger wie überhaupt das Küssen von Idolen, die dadurch natürlich zu gefährlichen Infektionsträgern werden, sei schon hier aufmerksam gemacht.

Die Körperbewegungen werden verschieden gewertet, je nachdem sie willkürlich oder unwillkürlich sind. Die in der Leidenschaft ausgeführten Bewegungen gelten als dämonisch. Auch hier zeigt es sich, daß der Mensch seine eigne Seele als etwas fremdes fühlt; er steht ihr gegenüber. Das Gebiet der Reflexe nimmt deshalb im Aberglauben eine wichtige Stelle ein. Das Gleiche gilt von den ungewollten Reaktionen auf Reize der Außenwelt und leichten pathologischen Zuständen. Wenn jemand Augenflimmern hat, so ist er von einer geheimnisvollen Lichtquelle, wenn er an Ohrenklingen leidet, von einer fernwirkenden akustischen Offenbarung überzeugt. In diesem letzteren Falle fragt der Maori auf Neu-Seeland: „Bedeutet das Frieden? Bedeutet das Krieg? Bedeutet es Mord? Bedeutet es gutes?" usw. Wenn die richtige

Frage gestellt wird, verspürt der Betroffene Zucken, Krämpfe usw. — Schluchzen und Gähnen treten bei Exaltationszuständen auf und werden schon deshalb gefürchtet. In den von diesen Erscheinungen Gequälten wohnt ein „Geist". Das Gleiche gilt beim Niesen. Es findet sich in äußerst quälender periodischer Form bei Epileptikern und anderen Nervenkranken. Der Schluß auf dämonische Einwirkung ist dann unabweislich. — Es kommen Fälle vor, in denen das (bei Primitiven noch völlig reflektorische, der Massensuggestion entsprossene) Weinen, Heulen, Brüllen, Lachen dem Einzelnen vorgeschrieben ist und andere, in denen es strengstens verboten wird. Beim Verweilen der Männer auf der Jagd oder dem Robbenfang (bei den Eskimos) dürfen die Daheimgebliebenen nicht laut lachen. Auch sie befinden sich als Stammverwandte eben in der dämonischen Gefahrzone. Dem Eskimo ist es aber, sei er Mann oder Weib, verboten, über Wesen von abschreckender Häßlichkeit zu lachen, wie bei vielen Völkern aus Anlaß eines Todesfalls die Tränenflut verboten ist. Der Dämon, der bei solchen Gelegenheiten oder an solchen Orten waltet, gewinnt dadurch Macht über den Menschen.

Unter den willkürlichen Körperbewegungen gibt es eine Gruppe, die Verständigungszwecken dient. Ich nenne sie Gebärden oder Gesten. Wir finden sie bereits im Tierreich, jedoch, wie es scheint, dort vorwiegend als Ausdruck einer Gemütsbewegung und nicht mit dem Zwecke belastet, ein anderes Wesen zu beeinflussen. Selbstverständlich kann auch der Affe einem gleichartigen Tier zuwinken, -nicken usw. Doch haben solche mimischen Gebärden noch keinen konventionellen Charakter — obgleich die Akten darüber noch längst nicht geschlossen sind! Der Mensch (dies ist sicher) verständigt sich durch typische Körperstellungen, die in sehr vielen Fällen die Sprache unterstützen oder, wie dies am besten der Taubstumme und der sprachenunkundige Fremdling lehrt, gar völlig überflüssig machen. Diese Posen sind dem freien Spiel der Muskulatur als Affektausdruck entwachsen. Ihr Grad ist in hohem Maße von der landesüblichen Sitte beeinflußt. Sie haben also nichts mit der „Lebhaftigkeit" des Einzelnen oder der Rasse zu tun. Wenn unsere Juden lebhafter gestikulieren als die Germanen, so zeigen sie damit nur, daß sie ein älteres Kulturvolk und mehr als wir gewillt sind, suggestiv zu wirken. Dem Semiten reinen Schlages kommt dabei seine herrliche und meisterhaft gehandhabte Sprache aufs äußerste zu statten. Er spricht nicht bloß mit dem ganzen Körper sondern auch der ganzen Seele. Die zum konventionellen Affektausdruck verdichteten Posen werden natürlich vor allem auf die Gottheiten projiziert. Die Götterbilder wirken nur durch sie, nicht durch das subjektiv angewandte Kunstmittel des Stils, der Form, auf uns ergreifend, furchtbar, seltener lieblich. Ereignet es sich gar, daß diese Statuen die Pose zu wechseln, eine fürchterliche Haltung einzunehmen scheinen, wie dies in China, Babylon, Indien beobachtet worden sein soll, verändert sich z. B. der Blick des Auges, auf den der Gläubige achtet wie der Jagdhund auf den des Herrn, dann sträuben sich jedermann die Haare zu Berge und man ist aufs festeste von schwerem, drohenden Unheil überzeugt. Wie die Götter haben auch Heilige, Zauberer und Priester einen solchen fürchterlichen Blick. Beim Schütteln der Locke von Zeus erbebt bekanntlich der hohe Olymp. — Eine der ältesten, bereits dem Anthropoïden angehörigen Posen ist das Hinweisen auf ein lebendes Wesen. Wir empfinden, wenn wir die Objekte dieser Geste sind, sie als eine grobe Taktlosigkeit. Ehemals wurde sie schlimmer beurteilt. Wer in einer unsicheren Gegend unter gefährlichen Umständen leben muß, ahnt beim Hinweisen auf seine Person eine Gefahr für sein Leben. Im Krieg (auch der Gegenwart) herrscht in der Vorpostenstellung häufig Schweigegebot. Hier tritt die Geste wieder in ihr höchstes Recht. Als gefährlich und deshalb herausfordernd, als schwere Versündigung gegen die Furcht oder Ehrfurcht verlangenden Götter, ist das Hinweisen auf sie wohl allgemein aufgefaßt worden. Was die Meduse anlangt, so versteinert bereits ihr Anblick. Man könnte diese Sage auf die Blitznatur der Gorgo zurückführen, denn nach weitest verbreitetem Aberglauben hat das Hinweisen mittelst des Fingers auf den Blitz Versteinerung, unter der wir eine durch den Schrecken ausgelöste tonische Lähmung zu verstehen haben werden, zur Folge. Es heißt beispielsweise von einem Gutsherrn in Wittingswalde in Westpreußen, es sei ihm aus diesem Grunde so ergangen. Wir müssen uns jedoch auch des Grauens erinnern, das den Primitiven beim Anblick alles Ungewohnten, Unharmonischen, d. h. „Häßlichen", des seltsam aussehenden Fremden oder Tieres ergreift. Der „Mohr" ist unseren Kindern ein Gegenstand des Entsetzens. Seltsame Kleidung ruft die äußersten Furchtempfindungen hervor. Die Meduse ist dem ägyptischen Bes zum mindesten verwandt und sicherlich von ihm beeinflußt. Er ist ideal häßlich, wie der Ägypter schlanktaillig, grazil, kurz in seinen eignen Augen natürlich ideal schön ist. Bes-Figuren wurden zur Abwehr des verderblichen Neides getragen und sollten auch (als Talisman) einen aktiven Gegenzauber ausüben, der sich wohl bis zur Versteinerung vor Entsetzen steigern konnte. Deshalb versteinert die Meduse. — Je niedriger ein Volk steht, je weniger es die Mächte der Umwelt zu verstehen gelernt hat, kurz, je abergläubischer es ist, um so größer wird die Zahl der Dinge sein, die durch dieses Verbot des Hinweisens geschützt werden. Bei den Berg-Damas darf man mit ausgestrecktem Zeigefinger, der „scharfer Finger" genannt wird, weder auf Respekt erheischende Personen hinweisen (die dies als eine Beleidigung empfinden und sich dafür rächen würden), noch auf reißende Tiere (Löwen, Leoparden), noch auf ominöse Naturerscheinungen, wie etwa den Regenbogen, Himmel, Blitz noch auf Menschenwerke von mystischem Kraftgehalt wie die Gräber. Die Loango-Leute sagen: auf eine Person und auf den Regenbogen soll man nicht mit der Hand hinweisen. Von dem großen Häuptling der Baronga wird gesagt: „Wenn er mit seinem Finger auf dich weist, bist du ein toter Mann." Hier ist also der Häuptling als Gott derjenige, der den gewöhnlichen Sterblichen in seinen tötlichen Kreis zieht. Zu der alten Idee aber kehren wir bei dem Hinweis auf den Aberglauben zurück, daß man auf die Gottheit nicht ungestraft hinweisen, sie nicht sehen darf (die Versteinerung von Lots Weib; wer Jehova sieht, stirbt).

Der Blick scheint uns harmloser zu sein als das Ausstrecken der Hände, wie wir es bekanntlich im Alten Testament und im religiösen Kult in weitester Ausdehnung als Gebetspose finden. Das Erheben der Arme zur Höhe der heiligen Berge oder der diese krönenden Burg ist nichts weiter als ein Anklammerungsversuch. Die Entfernungen zwischen „Himmel" und Erde werden als ganz gering gedacht und in ältester Zeit durch das Schauen in die Höhe, den Gebetsruf („Schreien zu Gott"), Botenverkehr (Engel) überbrückt. Dem gleichen Zweck dient der Blick nach oben, die Begrüßung und Gebetsverneigung (Kußhand), die bis zur spätesten hebräischen Zeit üblich, als Rest des Gestirnkults freilich verboten war. Das Auge spinnt dadurch, daß es sich einer heiligen oder unreinen Stelle zuwendet, ein mystisches Band zwischen Subjekt und Objekt. Die Wirkung der Sonnenstrahlen wird als die eines solchen Blicks verstanden: belebend, „anregend", dämonen-vertreibend (heiligend). Das Auge kann durch sündhafte Gegenstände, denen es sich zuwendet, entweiht werden. Die Sonne darf keine Leichen sehen. Daher die kurze Spanne Zeit zwischen Tod und Begräbnis bei den orthodoxen Juden; daher die Hinrichtungen vor Sonnenaufgang. Bei den Bakitara ist das Hinblicken auf Leichen, Mysterien usw. verboten; das erstere Verbot gilt nur für denjenigen, dessen Vater noch lebt; das infizierte Auge würde ihn wahrscheinlich töten. Im Kultus muß man häufig nach der Himmelsrichtung sehen, der das Opfer gilt. Beim Opfer der Schilluk vom weißen Nil soll z. B. das Schaf bei der Schlachtung gegen das Feld hinschauen. Die Richtung, nach welcher der Opferpriester zu sehen hat, ist im indischen Opfer streng vorgeschrieben. Sie ist oft die alte Richtung nach den Götterbergen oder dem Sonnenaufgang. Die Gesichtsstellung der bestatteten Leiche nach der auf- oder untergehenden Sonne zu ist germanisch-heidnisch. Daß sie noch heute zu Zeiten beibehalten wird, geht z. B. aus der Bestimmung hervor: der Kopf des sterbenden Oberpfälzers darf (so will es das Christentum) weder nach Sonnenaufgang noch nach Sonnenniedergang gerichtet sein. Der Blick in die aufgehende Sonne „reinigt", d. h.: schützt vor Gefahr, während des ganzen Tages. Daher die Frühgebete mit dem Schauen nach Osten. Der Blick auf das Heilige übt die gleiche Wirkung: man sieht auf Amulette, heilige und zugleich schützende Natur- und Kunstgegenstände. Der Dschagga blickt vor der Mahlzeit auf ein Holzklötzchen, das ihn vor Verzauberung durch diese Speise schützen soll. Andererseits sind auch bei den Primitiven viele Gegenstände, so namentlich die Ahnenhölzer der Australier, viel zu heilig, als daß man nach ihnen sehen dürfte. Der Uneingeweihte wird anderenfalls sofort getötet. Die Onas fürchten Berge, Sonne, Mond und Sterne, Seen und Wälder und sprechen nicht schlecht von ihnen, blicken auch nicht lange nach ihnen hin. Diese heilige Scheu hat zur Verhüllung ganzer Personen (durch das Priestergewand) mit Einschluß des Gesichts, zur Bedeckung einzelner Körperteile (des Barts, der Augen mit den Händen, zum Umwickeln der Hand des im Gottesdienst tätigen Menschen mit Binden) geführt. — Die Geste der Berührung mittelst der Hand soll die „Kraft" des Gegenstandes, den man berührt, dem Berührer einverleiben oder umgekehrt die Kraft der Hand des Berührenden auf das berührte Objekt übertragen, je nachdem die „Energie" des Subjekts oder Objekts größer oder aggressiver ist. Denn auch im Aberglauben entscheidet der Wille zum Sieg. Ich nehme ein Stückchen Eis in die Hand und lasse es zerschmelzen: ich habe dessen Kraft vernichtet. Ich werfe es vorzeitig auf den Boden, meine

Hand ist steif und zeigt Frostbeulen: der „Geist" des Eises hat mich besiegt. (Gerade die kleine, harmlose Beule wird auf Dämonen zurückgeführt.) Durch Streicheln, Umarmen, Küssen heiliger Personen oder Sachen, durch intensive Berührung jeder Art wird auch das seelische Fluidum des aktiv Tätigen auf den Erleidenden übertragen, so namentlich Haß und Liebe. Das Gleiche gilt im höchsten Grade beim Liebeszauber, bei dem man auch mit der Verwendung von Körpersekreten, selbst der widerlichsten Art, nicht sparsam ist. Die Liebende reibt den Ring, den sie ihrem Zukünftigen schenken will, zwischen den Händen oder trägt ihn zuvor an der Brust. Nach der Auffassung von Bewohnern des nördlichen Guinea kann der neidische Mensch, der Feind, der seinen Nachbarn eine Mißernte gönnt oder wünscht, durch bloße Berührung eines Yams-Stockes im Felde das Verkümmern einer Frucht bewirken, während der Freund oder Eigentümer durch leichtes Zupfen an einem Blatt dessen Wachstum fördert. — Zu den angedeuteten, zu Posen gewordenen Gesten gehört beispielsweise der noch immer nicht einwandfrei gedeutete Tränenstrom der Braut beim Verlassen des elterlichen Hauses. Die hier aufgeführte Komödie, an der die Stammesmitglieder regen Anteil nehmen, dient wohl wesentlich dazu, der Empfindung der Trauer der Großfamilie beim Verlust eines Mitglieds Ausdruck zu geben. Das gleiche Heulen und Jammern findet sich aus gleichem Anlaß bei Todesfällen. Der Tanz, von dem wir sprachen, das gesamte Zeremoniell, nähert beide Anlässe einander an. Bei der Bestattung kommt allerdings die Furcht vor der Leiche hinzu. Wir erwähnten andere, affektbetonte Anlässe als Gelegenheiten zu Posen, so auch namentlich das gemeinschaftliche Gebet. Wer die Riesenkraft des Islâm bewundern, wer richtig einschätzen will, was Religion vermag, muß dem großen Karfreitagsgebet in einer wichtigen Moschee beigewohnt haben: Pose, nichts als Pose, aber zugleich der Ausdruck der Unterwerfung unter ein gemeinschaftliches höchstes Gut, einen Gott, der auf den nie gebeugten Nacken des zur Erde vor ihm niedergestreckten Wüstensohnes treten darf. — Die Feinfühligkeit und mimische Ausdrucksfähigkeit eines einzelnen Mitgliedes bei solchen Stammesanlässen befähigt zur Führerrolle. Bei niederen Völkern gibt es im Leben des Einzelnen überhaupt nichts bemerkenswertes, was nicht als Pose in die Erscheinung träte; die Reifeweihen der Jünglinge sind in dieser Hinsicht sehr beachtbar. Aus diesen „Formen" des „sozialen" Lebens ist das entstanden, was wir gern „gute Sitte" nennen. Immer und überall wird sie mystisch überbewertet: je mehr bei der Hochzeit getrunken, beim Begräbnis gejammert wird, um so besser. Es „kommt" den Brautleuten, dem Toten „zu Gute". Wie sehr bis in späteste Zeiten hinein der Stamm Affektträger war, lehrt für mich besonders deutlich eine literarische Einzelheit: bei Shakespeare kann der alte Capulet glauben, daß die kaum 14jährige Julia sich um den Tod ihres Vetters, eines ganz rohen Burschen, der ihr innerlich ganz ferngestanden hatte, tagelang in Tränen auflöste, nur eben — weil er ihr Vetter war!

Diese Gebärden haben sich mit ganz besonderer Zähigkeit im kultischen wie im profanen Leben erhalten und zeigen die Einstellung des Primitiven zur gesamten Außenwelt in Form des erstarrten Brauches. Eine solche Stellungnahme ist von der unserigen völlig verschieden. Der Mensch weiß sich nur als verehrender Freund oder furchtsamer Diener der Naturgegebenheiten. Jedes Naturobjekt, das ins Leben desselben eingreift oder eingreifen kann, wie Wasser, Feuer, Berge, werden von primitiven Stämmen verehrt und zwar zunächst meist in dem Sinne vergöttlicht, daß man jedem Strom, ja, unter Umständen jeder Untiefe des Stromes, der durch das Gebiet einer Menschengruppe fließt, einen besonderen Charakter verleiht, der sich übrigens oft im Namen des Wesens ausspricht. Schon in ganz frühen Perioden kommt das Bestreben des Menschen hinzu, sich mit derartigen Gottwesen irgendwie abzufinden. Man gibt ihnen etwa eine Münze oder eine Hand voll Tabak. Nützt dies nichts und steigt die Not, so steigen auch die Geschenke. Im allgemeinen aber begnügt man sich damit, dem „großen Häuptling Feuer" usw. aus dem Wege zu gehen, ihn deshalb auch nicht oder nur mit Umschreibungen oder Kautelen zu nennen. Die westafrikanischen Pangwe setzen für die eigentlichen Namen der „Grundstoffe" Mond, Sonne, Wasser, Feuer, irgend eine Umschreibung, wie der fromme Deutsche manchmal den Himmel als „den da droben" bezeichnet. Die Zauberpriester machen in dieser Hinsicht eine Ausnahme, indem sie die Naturgewalten, die Gottheiten, selbst den Tod, zu beherrschen vorgeben. Durch solche anmaßenden Ansprüche sind sie hochgekommen. Aus den alten Klassikern wissen wir, daß die Stürme und die Wasser des Himmels in Schläuchen eingefangen, daß das Feuer in oder unter der See, im Fuß hoher Berge verschlossen gehalten, daß Krankheiten in Büchsen eingesperrt waren: diese Fesseln zu lösen, ist der Priester fähig. Bei den zentralafrikanischen Bakitaren wird von einer bestimmten Gruppe eine umständliche Zeremonie des Regenmachens geübt. (Der Regen ist dort natürlich besonders begehrt.) Diese Leute besitzen Töpfe, von denen sie sagen, daß sie die verschiedenen Arten von Wetter bergen: Regen, Wind, Hagel; solche Beschwörer sind die ältesten Wetterzauberer. — Wenden wir unter den Naturdingen den himmlischen Gestirnen für einen Augenblick unsere Beachtung zu, so sehen wir die Sonnenverehrung in prähistorischer Zeit am Funde von Trundholm, einem besonders berühmten Objekt, vor uns. Es ist uns prinzipiell wiederum deshalb von Wichtigkeit, weil es von neuem zu zeigen scheint, daß nur die seltene, unerwartete Naturerscheinung, das wunderbare Phänomen, angestaunt wurde; nicht die leuchtende, sondern die verdunkelte Sonne verehrte man. Das verhältnismäßig kleine Kunstwerk zeigt auf drei vierspeichigen Räderpaaren, die durch eine Stange verbunden sind, hinten eine Scheibe, vorn ein Pferdchen. Die Scheibe ist bronzen und mit Gold belegt, Reste eines Wagenuntergestells sind erkenntlich. Das Ganze scheint vorsätzlich zerbrochen zu sein. Wir werden später im volkstümlichen indischen Ritual ein aus sehr vergänglichem Material hergestelltes Bildnis des die Sonne verfinsternden Dämons kennen lernen. Der nordische Fund ist offenbar eine Analogie dazu, geschaffen, bei Verfinsterungen der Trauer über den erlittenen Verlust Ausdruck zu geben, vielleicht auch, den Substanzverlust der Sonne durch das Opfer der Scheibe ausgleichen zu helfen. Auch ein Sonnwendopfer käme in Frage: hier wäre die kleine Sonne, wie so oft, der Großen zur Zeit ihrer schwersten Schwäche dargebracht. — Der Mond tritt weit mehr als die Sonne im Aberglauben des Primitiven hervor. Das Wachstum der Pflanzen, ja der periodischen Vorgänge im Menschen- und Tierleben wird, wie wir solches immer wieder auch bei den alten Kulturvölkern finden werden, von seinem Phasenwechsel abhängig gemacht. Man pflegt den Mond, wie fast jedes in der Natur nächtlich auftretende Licht, als Seele, ja als Sammelbecken der Seelen zu denken. Sein Phasenwechsel bedarf der Erklärung. Er ist ein Tropfen, der geschlürft oder eine Trinkschale, deren Inhalt von den Göttern geleert wird. An ihn knüpfen sich die Unsterblichkeitshoffnungen, dem Naturbilde entnommen, an; deshalb gibt sein Trank die Unsterblichkeit. Sein Dahinschwinden wird als das allmähliche Zernagtwerden von Mäusen, das Dahinsiechen durch Krankheit, durch den Fluch eines mächtigen Zauberers, gedeutet. Weil der Mond stirbt, so sterben auch die Menschen; so sagt mehr als ein Fabelansatz. Die Idee der Wiedergeburt kann nicht ausbleiben. Der Mond sagt zur Laus: „Wie ich sterbe und sterbend lebe, so sollt auch ihr sterben und sterbend leben." (Mythe der Namaquas)

Dem himmlischen Feuer entspricht nach weit verbreiteten Sagen das irdische. Sage und Mythus erzählen von Tieren, die es gestohlen und so den Menschen zugeführt haben. Es gilt als himmlisches, zur Verehrung der überirdischen Mächte zwingendes, selbst göttliches Leihgut und wird als solches mit der Sonne und dem Blitze gleichgesetzt. Die Indianer verehren das Feuer und identifizieren es mit der Sonne. Die Gleichsetzung, die Beantwortung der Fragen: „Wo steckt das Feuer? Wohin muß man jagen gehen, um es ausfindig zu machen? Muß man in den Feuerstein, in das (himmlische) Wasser (der Gewitterwolke), in das trockne Gras, das Reibholz des Feuerquirlers hineinfahren? Wie ist es möglich, daß es stirbt und doch immer wieder neu geboren wird? Daß es leuchtet und mir dadurch Nachts die Welt schenkt? Daß es frißt und dadurch immer hungriger wird? Daß es die Speisen schmackhaft, den abgebrannten Erdboden der Steppe fruchtbar macht? Ist es mein Freund oder Feind? Wie soll ich es also behandeln?" Alle diese Fragen, die im Veda Indiens die „naturwissenschaftlichen" Spekulationen eröffnen, drängen sich dem Primitiven immer wieder auf. Noch vor wenigen Jahren konnte ein alter Maori, seinem Denken entsprechend, sie einem europäischen Forscher entwickeln. Die „Feuerwissenschaft" ist von allen Zweigen des physisch-metaphysischen Denkens am längsten und besten ausgebaut, denn das Feuer ist die gemeinsame Gabe der Gottheit an die ganze Menschheit. Nirgends fehlt seine Verehrung. Die Vorstellung, daß es lebendig d. h. eine Gottheit ist, drängt sich durch sein Flammen- und Farbenspiel, die von ihm verbreitete Helligkeit und seine Tätigkeit, sich „von selbst" auszudehnen, auf. Daher wird es nirgends zum bloßen Diener des Menschen erniedrigt. Der Aberglaube, auch der germanischen Gegenden, verbietet seinen Mißbrauch. Kinder dürfen nicht ihren Urin ins Feuer lassen. Sonst werden sie Bettnässer — eine richtige Beobachtung, nur daß man umgekehrt sagen müßte: der Bettnässer ist zugleich Pyromane. — Der Nordgermane hält noch den Kesselhaken, die Teile des Herdes, heilig, der Primitive den zur Wiederbelebung des Feuers gebrauchten Mechanismus. Der Quirlstock wird von Generation zu Generation vererbt, das mit Löchern versehene Quirlbrett, in dessen Vertiefungen der Reib-Stock hineinpaßt, (bei den Koryaken) vor seiner ersten Anwendung durch ein Renntieropfer und durch Salben mit dem Blut und Fett des Opfertieres, ferner durch Aussprechen von Zauberformeln, eingeweiht. Entzündet, erhält das Feuer im Hause als „Gast“ den Ehrenplatz, bekommt Geschenke, wird mit Butter ernährt und springt dann freudig in die Höhe. (Die Entzündung ist, da sich in ihr ein Wunder vollzieht, ein religiöser und da sie nur unter Teilnahme einer größeren Anzahl von Einzelpersonen möglich ist, ein sozialer Akt.) Das Feuer wird dann von dem geweihten Platz seiner Geburt (bei Indianerstämmen) auf die einzelnen Hausherde direkt übertragen. Diese Zeremonie trägt hochfeierlichen Charakter. Bietet sie doch den sinnfälligen Ausdruck dafür, daß das gemeinschaftliche Feuer den Stamm, wie das Dach die Familie zur Einheit macht. Wenn — was bei niedrig stehenden Völkern sehr gewöhnlich ist — ein starker Stamm sich in zwei Gruppen teilt, wird deshalb auch das gemeinschaftliche Feuer des Nomaden geteilt. Den Ritualien der Sonnwendfeuer alter Kulturvölker nähern wir uns bereits bei einem Einblick in die überaus komplizierten, mehrtägigen Zeremonien der im November (also in der Nähe des kürzesten) und am längsten Tage stattfindenden Feierlichkeiten der Kopi-Indianer. „An dem Tage, an dem das neue Feuer entzündet werden soll, werden alle übrigen Feuer in der Siedlung ausgelöscht, und die Straßen sind dunkel und verlassen. Frauen und Kinder verbergen sich in den Häusern, während die meisten Männer bei der Zeremonie anwesend sind. Alle Pfade, die zur Siedlung führen, sind durch symbolisches Streuen von Mehl in einem rechten Winkel zur Pfadrichtung geschlossen. Niemand darf die Sperre ungestraft überschreiten. Früher wurde ein jeder getötet, der einen solchen Bann brach. An dem Tage, an dem das Feuer bereitet wird, sind große Brennvorräte an allen Hausherden vorhanden, um gleich direkt von der heiligen Flamme entzündet werden zu können. Das heilige Feuer wird durch Bohren auf Brettern bereitet, während die Priester herumstehen und Gebete hersagen. Sobald es aufgelodert und verehrt worden ist, wird eine Fackel angezündet, die ein Läufer zu den verschiedenen Hausherden bringt, um dort die neuen Feuer in Brand zu setzen.“ — Hier finden wir die auch im gemein-indogermanischen Kultus vorauszusetzenden Ritualien der Feuerentzündung auf traditionellem Wege und durch Zusammenwirken eines ganzen Stammes (Dorfgemeinschaft), die Fernhaltung der Unberufenen (Fremdlinge) vom „heiligen Herd“, das flüsternd gesprochene Gebet, die Mitwirkung einer bestimmten Priestergruppe („Feuerpriester“), die Vergöttlichung der vom Feuer verzehrten Überbleibsel (Kohle usw.), seine heiligende und läuternde Wirkung überhaupt, die Übertragung des Elements auf die einzelnen Herde, die Idee der Heiligkeit des neu entzündeten, also unberührten Feuers und vor allem die Vollziehung dieser Ritualien zum Zweck der Förderung des Sonnenfeuers bereits mit voller Klarheit vorhanden. — Bei den Bergdamas wird das Feuer, offenbar in seiner Rolle als gut genährter „ambivalenter“ „Freund“ des Hauses, für den Mißerfolg bei Unternehmungen verantwortlich gemacht. Es wird dann gelöscht, die Asche beseitigt und an seiner Stelle ein neues Feuer entzündet, das von nun an als das „heilige Feuer“ gilt. Von diesem werden alle übrigen, die in den Hütten lodern sollen, in Brand gesteckt. Auch der Bergdama verehrt in seinem Feuer die Sonne. Der

Quirlstock für die Feuerbereitung wird vom Vater auf den Sohn Generationen hindurch vererbt. An dem Besitz dieses Werkzeugs hängt die Häuptlings- und Priesterwürde — ein wichtiger Fingerzeig für die soziale und kultische Wertung des Feuers und dafür, daß die Feuerpriester bisweilen zugleich adligen Geschlechtern angehört haben. — Die Idee der Heiligung durch das Feuer hängt mit seiner Macht, [die Nacht-] Dämonen zu vertreiben, aufs engste zusammen. Was „unrein" ist, hat vor ihm keinen Bestand. Deshalb wird es vornehmlich auch bei Krankheiten (Volksseuchen), Sonnenfinsternissen, Tier-Epidemien (diese gelten als Massenansammlungen von bösen Geistern) und auch bei Entbindungen, wenigsten von Völkern, die ihre ständig unterhaltenen Herdfeuer haben, angewandt. Bei den Samojeden gilt die Frau nach der Entbindung sechs Wochen lang als unrein. Nach dieser Frist wird sie geräuchert und muß über das Herdfeuer springen — ein sicherer Anhaltspunkt dafür, daß die Sitte des Springens über das „Notfeuer", die wir aus germanischen Ländern so gut kennen, den Sinn einer Reinigung hat. — Da alles in diesem heiligen Bezirk Vorfindbare, bis zum Kohlenstückchen herab, die höchste Heiligkeit besitzt, wird dem Feuer auch Heilkraft und die Fähigkeit der Prophetie zugeschrieben, die sich an seine Form und Farbe usw., ferner an die Restbestandteile der verbrannten Gegenstände anknüpft. Am wichtigsten aber ist seine Eigenschaft, das erfaßte Objekt zu „vergeistigen", zu „verklären". Da man ein Verschwinden ins Nichts sich nicht vorzustellen vermag, nimmt man einen Gestaltenwandel, ein Unsichtbar-, d. h. Entrücktwerden an. Das in die Höhe strebende Feuer entführt den Menschen, den es erfaßt hat. Die Leichenverbrennung ist nicht bloß eine Sitte von beispielloser kultureller Wichtigkeit — man denke, was es heißt, in Pestgegenden die Toten unbeerdigt liegen zu lassen oder (mangelhaft) zu begraben — sondern auch der Ausgangspunkt der vergeistigteren Vorstellungen vom Verbleib der Seele, also Ideen, die allerdings langsam einsetzen und immer wieder mit materialistischen Ideen sich kreuzen. Dafür seien uns ganz primitive sibirische Stämme (die Gilyaken) Zeugen: als Besitzerin des Feuers gilt ihnen eine Urahnin, die als guter Geist und Vermittlerin zwischen den Lebenden und Toten waltet. Durch die Verbrennung wird der Dahingeschiedene der Besitzerin des Feuers zurückgegeben. Diese Stellung des Feuers als Götterboten und die Idee der Transsubstantiation durch das Feuer (hier wenigstens angedeutet) ist der Menschheit nicht mehr verloren gegangen. Statt der Verklärung des Leibes (so entsteht der durch das Feuer goldfarbig, krystallen gemachte Leib des verbrannten Ahns) findet sich in der Regel die Lehre von der Scheidung von Seele und Körper, eine Idee, die sich durch den Verbrennungsakt ja unmittelbar aufdrängt, da alsdann die Restbestandteile natürlich als das Leibliche gelten, während man den Aktivismus des Toten nicht mit seinem Hinscheiden als erloschen, sondern nur verflüchtigt denken kann. Es kommt hinzu, daß das Feuer und leichte, von ihm erfaßte Körper rein physisch zum Himmel zu streben, dem Gesetz der Schwere entflohen zu sein scheinen. „Nach dieser Richtung liegt die Auffassung der Senel, daß die Seele durch die Flamme des Scheiterhaufens befreit und gereinigt wird und in den Rauchwolken zur Sonne getragen wird, um nach dem glücklichen westlichen Lande zu fliegen". — Ein Indianerstamm pflegte ein sorgfältig hergestelltes Abbild des Verstorbenen eine Woche lang durch Tänze usw. zu verehren und dann zusammen mit Opfergaben zu verbrennen, um auf diese Weise „die Seele frei zu machen". Auch der bei der Verbrennung verwandte Weihrauch diente dazu, die Seele des Verstorbenen in den Himmel aufsteigen zu lassen. — Eine ungeheure Fülle von Erfahrungen oder Scheinerfahrungen, die sich an jede Feuerentzündung anschloß und durch sie bereichert wurde: das Geheimnisvolle des Entstehens, der Wirksamkeit und des Erlöschens („Sich-Verkriechens") des Elements, seiner Beeinflussung durch Zauberformeln, die Lehre von seiner „Pflege", seinem Kampf gegen die Nachtgeister und seiner offensichtlich göttlichen Natur — alles rein abergläubische Momente, deren keines uns völlig verloren gegangen ist — waren die Grundlagen eines traditionellen priesterlichen Wissens, einer Feuertheologie und eines Priestertums, das sie vertrat. Im indogermanischen Kulturkreis hat sich hieraus ein Stand gebildet, der zugleich die Technik der Feuerentzündung als „Wissenschaft" geheimhielt und ausübte, sich also auch praktisch nützlich machte, die Jahrtausende überdauerte, mythologische Gestalten, Mythologien, Philosophien, mystische Geheimschulen, Tempel und Kulte erschuf und zugleich seine untergeordneten Vertreter von Dorf zu Dorf schickte, woraus namentlich auch die für die Kulturwelt grundlegende Schmiedekunst Nutzen zog. — Außerordentlich groß sind auch die sozialen Folgerungen der Feuerhaltung. Wie das Lagerfeuer der Kollektivbegriff des Stammes, so steht das Hausfeuer in gleicher Bedeutung bei der Groß-Familie, zugleich sein wertvollster Besitz, sein Beschützer, Gast und Gott, nur auf rituellem Wege übertragbar, das heißt: der Ausdruck des Anrechts des Menschen an seinen Boden. Bodenbesitz ist ohne häuslichen Herd, der auf ihm errichtet wäre, nicht denkbar — sicherlich nicht auf indogermanischem Kulturboden. Der dort lodernde Gott wurde nur von der Einen Sippe unterhalten, verehrt, schützte nur sie. Das Familien-Bewußtsein erfuhr durch den Feuerkultus eine gewaltige Stärkung. Die ungeheure Schwierigkeit, eine fremde Person als Frau in diesen Familienkreis zu ziehen, lag darin, daß sie dem genius loci, dem „Platzgott", dem „Hausherrn", kurz: dem heiligen Herd genehm sein, ein leibliches Sippenmitglied nicht werden, sondern sein mußte. Ihre erste Pflicht war stets (bis zur Gegenwart) die Verehrung des Hausfeuers, auch im Hochzeitsritual. Das indische Wort für „Freund" bezeichnet „Sippenmitglied" und wird bei der jungen Frau angewendet, wenn diese die Zeremonie der sieben Schritte vollzogen hat, die zwei Männer als Freunde für das Leben bindet. Diesem Zeremoniell unterwirft sich die junge Frau bei der Hochzeit. Das Hausfeuer zu hüten, war ihre Lebensaufgabe. Wenn unter der Feuerstelle die Gebeine der Ahnen schlummerten, so wuchs die Heiligkeit des Bodens natürlich ins Unermessene.

Ihnen, den Ahnen, gehörte, da, wie wir sahen, Mensch und Eigentum eine Gemeinschaft bildeten, eine Erbfolge also nicht existierte, der Erdboden. Auf ihm wurde der Nachkomme begraben; ihn bestellte er noch als „Geist". Er hilft bei der Arbeit des Lebendigen, fördert den Fischfang, das Gedeihen der Saat. Die Verkettung von Ahnenreihe und Eigentum mit einander geht so weit, daß bei den Osseten des Kaukasus der Käufer eines Landgrundstücks auf ihm einen Leichenschmaus zu Ehren der Ahnen des Verkäufers veranstaltet und bei den Griechen der Käufer eines Hauses oder eines Bodenstücks den Manen des früheren Eigentümers opferte. Der Boden ist mit Toten gedüngt. Die Erdrinde besteht aus Leichensubstanz — so würde der Buddhismus sagen. Die Beziehungen zwischen dem Menschen und dem Boden, aus dem er (auch rein physisch) hervorgeht und zu dem er zurückkehrt, sind als außerordentlich nah und lebhaft betrachtet worden. Jede „neue" Seele mußte, da es einen Seelenschöpfer nicht gab, ja eine inkarnierte Ahnenseele sein und schon deshalb dem Grabe, der Erde entsteigen. Die in ihr sich zeigenden Löcher und Ritzen galten den primitiven Völkern wie auch den Trägern der alten Kulturwelt als Tore zur Unterwelt, die von dort aus das Reich der Lebenden mit ihrem Geisterschwarm versorgte. Nach der Meinung der Bewohner der Trobriand-Inseln stammt jede Sippe von einer Ahnfrau ab, die aus einem Loch in der Erde, aus einer Höhle, Grotte oder Korallenlöchern gekommen war. Diese (ganz konkret bezeichneten) Stellen gelten als nicht kultivierbares („heiliges") Land.

In Steinen wurde Leben vermutet. Die Tjurungas der Australier sind Beispiele für Steine, in denen eine göttliche Kraft wirksam gedacht wird, und zwar in der Weise, daß eine Trennung zwischen dem Stein und der Kraft nicht vorgenommen wird und nicht gedacht werden kann. Die aus Stein gearbeiteten Götteridole und heiligen Bilder sind solche Träger eines göttlichen Numens. Man zeigt sie, verehrt sie (Kaʿba), berührt sie, um dieser Kraft teilhaft zu werden und schützt sie vor Entweihung und profanierender Behandlung oder Besichtigung. Höher stehende Völker pflegen derartigen Steinen, die auch Tote darstellen können (d. h.: als Tote gelten, mit Toten gleichgesetzt werden), oft, nicht immer, eine Gestalt zu geben, die der des in ihnen weilenden göttlichen Wesens entspricht. Solche Steinverehrung kann man Fetischismus nennen, wenn dem Material als solchem Kraft zugeschrieben wird. Von ihr ringt sich langsam die Kunst los, indem sie das Material dem schaffenden freien Willen des Bearbeiters unterwirft und dessen selbständige Bewertung, etwa auf Grund seiner Kostbarkeit, seines Gehalts, seiner Form oder des Orts der Aufstellung, ablehnt. Unter Fetischismus verstehen wir deshalb (auch im naturwissenschaftlichen Sinne) die Verehrung alles Stofflichen als solchen, seine Überbewertung oder Sonderbewertung (zu Heilzwecken usw.). Fetischdienst ist die Verehrung heiliger Knochen (Hirnschalen von Heiligen), Reliquien jeder Art, sofern praktische Vorteile aus ihr gezogen werden sollen.

Fetischistischen Ideen entspringt die Grundlehre des einst gefährlichsten und langlebigsten Feindes des Christentums, des Mithrazismus, denn dieser läßt seinen Gott (Mithra) aus dem Felsen entspringen und stellt diesen Vorgang immer wieder dar. Es ist dies das früheste und höchste Mysterium des Weltentstehens. Dementsprechend sagt der Veda: „Fürwahr, felsentsprossen ist die Sonne". Wir erinnerten an die Felsentstehung und teilweise Felsnatur der deutschen Riesen, des Teufels und namentlich des Rustems der persischen Sage. Steine sind vielfach verzauberte Menschen, da Furcht, Schrecken, die Nähe des Göttlichen, ferner auch der Blitz, der Sonnenstrahl, die Furcht erregende Häßlichkeit, und Schrecken verursachende Gebärde in Stein verwandeln können. Wo Menschenähnlichkeit im Stein gefunden wird, nimmt man solche Verwandlung an: es gibt blutende und wandernde Steine. In arabischen Gegenden glaubt man von manchen Steinen und Felsen, daß sie verwandelte Menschen, besonders Frauen, seien. Und umgekehrt erklärt eine Lokalsage den Namen des Stammes Banu Suhr damit, daß sie ihn zu einem Sprößling der Sandsteinfelsen in der Gegend von Madâin Sàlih macht. Die Orakelsteine der heidnischen Araber reden und prophezeien. Manchen dieser unbehauenen Idole werden Kleider und Schwerter als Weihgaben dargebracht. Bei den Kagaba-Indianern herrscht der Glaube, die alten Vorfahren wären Steinmenschen gewesen oder hätten sich nach dem Tode in Steine verwandelt. Als gott-menschliche Vorfahrenwesen gelten dem Inder die unbehauenen Steinbilder der fünf Pāṇḍu's, die auf Feldern in einer Reihe aufgestellt werden. Der Odyssee ist die Auffassung, daß der Mensch dem Stein entsprungen sei, nicht fremd. Die klassische Kunst ist der bilderlosen Epoche der Alt-Achäer gefolgt, von der Pausanias sagt: „Einstmals sollen bei allen Griechen rohe Steine als Heiligenbilder göttliche Verehrung genossen haben." — Bloße Steine gelten noch heute dem Inder als Grenzgottheiten; so auch dem Kpelle Westafrikas. Solche Steine sollen „Dauer und Stärke" verleihen d. h. sympathetisch mitteilen. Erwähnt seien auch die weitverbreiteten, namentlich in Palästina und Syrien vorfindbaren, unbehauenen, auf die spitze Kante gestellten Steine unbekannter Zwecksetzung, genannt Menhirs. In manchen Gegenden bringt man einzelne Steine mit Zeugungsgottheiten zusammen, so auch in Südrußland. Den Bewohnern der Andamanen-Inseln gelten gewisse, nahe der Küste gelegene Steine als verwandelte kleine Kinder. Wenn eine Frau sich auf einen von ihnen hinaufgestellt hat, so wird sie ein Kind gebären. — Steinerne Werke von Menschenhand, die man in der Erde findet, mögen sie darstellen, was sie wollen, werden als dämonisch angesehen. Gelten doch selbst einzelne wunderliche Steine, denen man unvermutet begegnet oder deren Herkunft, Gestalt, Farbe man sich nicht zu erklären weiß, als Zeugen göttlicher Machtvollkommenheit oder als eigentliche Gottheiten. „Die Samojeden verehren das Bild des Jahammü als göttlich. Es soll vom Himmel in den Fluß gefallen sein. Ein Jurak-Samojede zog es dort heraus. Es ist ein Stein von äußerst ungewöhnlicher Gestalt. Seine Größe ist etwa die eines fünfjährigen Kindes, doch ähnelt es mehr einem sitzenden Mann, der den Kopf irgendeines Tieres am Zaum hält. Dieser Stein wird als Stammesahn angesehen." Auch hier also findet sich die Verquickung von dem Stein- mit dem Ahnenkultus, dem ein gewisses Recht insofern zukommt, als die ungeheuer weit verbreiteten Steinkreise und Steinbegräbnisse der Vorzeit der Totenverehrung entsprossen. Werkzeuge aller Art sind für den Primitiven Beweise dafür, daß dort der Sitz des Erdgeistes ist, der offenbar als Schöpfer solcher Werke gilt. Man bringt ihm deshalb schwarze Tiere dar: einen Hahn, einen schwarzen Widder, einen jungen, schwarzen Stier. Hier begegnet uns die überall festgehaltene chthonische Farbe des Opferwesens. Schon jetzt sei erwähnt, daß auch der Ungebildete unserer Gegend, zum mindesten Ostpreußens, etwa einem Urnenfeld vollkommen ratlos gegenübersteht. Nur zu häufig glaubt er noch immer, daß es, wie etwa ein rückender Schatz, wenn er blüht, „von selbst" aus der Erde gekommen sei. Früher war ihm gegenüber Furcht die vorherrschende Empfindung. Das Landvolk zerschlug die Urnen der deutschen Heidengräber, indem es Krankheit und anderes Übel darin verborgen glaubte und dieses Unheil gleich den Spukgeistern der aufgestörten Toten mit Schlägen zu vernichten meinte (Weinhold). Gegenwärtig ist es mit derartigen Funden allmählich vertraut geworden und kümmert sich nur noch um die materielle Seite der Angelegenheit. Immerhin glauben viele Ostpreußen noch heute, daß prähistorische Steininstrumente eine besondere „Kraft", namentlich, zu heilen, in sich bergen. Mit ihnen wird der „Weichselzopf", eine auf Dämonen (Wichtel) zurückgeführte Verflechtung der Haare, abgeschnitten, weil er dann nicht „wiederkommen" soll. Gewisse Steine, die eine Vertiefung haben, also teilweise vielleicht alte Opfersteine waren — sie sind leicht dadurch kenntlich, daß sich auch zur trockensten Jahreszeit in ihnen Regenwasser findet — gelten als wundertätig. — Darauf, daß man einzelne Menschen als Äquivalente von Steinen gleicher Schwere oder ähnlichen Aussehens oder Farbe (Rot-Färbung) gelten ließ, können wir in diesem Zusammenhang nicht eingehen. Leben gewinnen solche Felsstücke schon durch Bestreichen mit roter Farbe, dem Mittel der urältesten Zeit, Leichen lebendig oder göttlich zu machen. Zu gleichem Zwecke dient die Begießung mit Blut oder Öl.

Die abergläubische Bedeutung der Wasserbesprengung, der Benutzung des Wassers namentlich im Totenkultus, sei hier nur angedeutet. Den Toten verlangt nach Wasser wie nach Blut. Da, wo Weltentstehungssagen aufkommen, steht das Wasser an erster Stelle. Die Mexikaner nannten sich Kinder der Göttin des Wassers. Ähnliches galt von den Peruanern. Die alten Kulturvölker unserer Welthalbkugel sind sich in dem Glauben, daß aus dem Wasser die Welt entsprungen sei, in merkwürdiger Weise einig. Wie die Erdgöttin des Parthenon-Frieses aus ihrem Element zur Hälfte herausragt, so in der altindischen Sage die Erde aus dem Wasser. Die Erkenntnis, daß alles Leben nur aus der artgleichen Zelle entspringen kann, ist überall noch ganz unpopulär.

Die gleiche Herkunft führt zum Gefühl einer inneren Zusammengehörigkeit. Das Tier gilt als mit höheren Kräften ausgestattet als der Mensch. Es ist älter wie er, mit prophetischer Gabe versehen (weise), steht zum Menschen im Verhältnis des Vorfahren zum Nachkommen oder doch in einem Autoritätsverhältnis. Ihm verdankt der Mensch sein wichtigstes Kulturgut, das Feuer, dessen älteste Gestalt stets am Himmel vermutet wurde. Die Gabe der Weissagung, die später beim Haustier so außerordentlich stark hervortritt, ist bereits den halbdomestizierten Ziegen der Baronga eigen. „Dieses Tier kennt uns und weiß, was in uns lebt." Seine Knöchel sind Parallelfiguren zu den einzelnen Dorfbewohnern und werden als solche mantisch gewertet. Das Führertalent der Ziege wurde auf den Wanderzügen des Stammes ausgenutzt. Es gilt als göttliche Divinationsgabe. Das Pferd führt den Arier zum Weideplatz, die Ziege den indischen Eingeborenen den gangbaren Gebirgspfad, die Kamelin den Araber zum Wasser. Hatte er sich ehemals in der Wüste verirrt, so kehrte er seine Kleider um, hielt die Kamelin an, klatschte in die Hände und fragte das Tier nach der Richtung, als wende er sich an einen Menschen. Vögel werden vielfach zu gleichem Zweck benutzt. Man gedenke nur der Siegfriedsage. Der Ajeje-Vogel des Stammes der Lango brachte dessen Mitglieder zum wilden Honig. Das Gemeinschaftsgefühl mit dem Tier geht so weit, daß man in seine Haut hineinschlüpft, um sich in dasselbe zu verwandeln. Denn die Haut, das Fell, das Federkleid ist der Träger der generellen Eigentümlichkeit jedes Wesens. Die Jäger des Palaeolithikums verwandelten sich, wie die uralten Höhlenmalereien Spaniens beweisen, indem sie sich tierische Felle umlegten, in diese Tiere. Hier grenzen die Sagenreiche von den Wer-Wölfen, Wer-Ziegen, Wer-Ebern, Wer-Hunden an. Alle diese Ideen und Wesen leben noch heute fort, auch bei uns in Deutschland. Das menschliche Individuum mit Tiermaske ist auch im Mythus von dem durch tierisch-menschliche Mischgestalt ausgezeichneten nicht verschieden. Gilgameš und Herakles tragen Löwenfelle. Auf einem altbabylonischen Relief zeigt der Beschwörungspriester eine Löwenfellmaske, wodurch er dem Wesen der löwenartigen Dämonin ähnlich wird und sich deshalb ihr unbemerkt nähern und seine Beschwörung anbringen kann. Die Religionsentwicklung hat an der Vorstellung häufig festgehalten, daß der Zauberpriester seiner Gottheit äußerlich und innerlich tunlichst gleich sein soll. Übrigens war die Umhüllung mit der Tierhaut nicht unumgänglich nötig. Den damit verbundenen Zweck erreichte man oft dadurch, daß man auf ihr saß. Seit Jahrtausenden ist der wandernde Brahmane ohne sein Antilopenfell kaum zu denken, auf dem er sitzt und schläft. — Durch die Haustierwerdung verändert sich die Gefühlseinstellung des Menschen zum Tier völlig. Es wurde zur Amme, zur Mutter des Menschen. Was wir als Sodomie brandmarken, muß ehemals die weiteste Verbreitung gehabt haben. Wie die Indianerin nach dem Tode ihres Säuglings sich wohl einmal ein junges Schweinchen an die Brust legte, so benutzte der verdurstende Jäger ein etwa in der Fallgrube gefundenes Tier dazu, seinen tötlichen Durst an dessen Eutern zu stillen. Wenn seine Frau im Kindbett gestorben war oder keine Brustnahrung hatte, dann lag es nahe, das Tier zu schonen, um dessen Milch zur Erhaltung seines Nachkommen zu verwenden, d. h. aus dem Jagd- ein Haustier zu machen. In sehr frühe Zeit müssen wir das Verbot des Muttermordes verlegen; sobald dem Kinde die erste Nahrung aus der Mutterbrust zugeflossen, die erste Speise verabreicht war, galt die Amme als unantastbar. Deshalb steht am Anfang der Domestikation des Rindes dessen Heilighaltung und unbedingter Schutz vor der Schlachtung. Wir erwähnen als Beispiel die heiligen Stiere und Kühe der Bakitara Ostafrikas. Der König ließ nach einer unter bestimmten Riten verbrachten Nacht zwei junge Stiere, die zu seinem Badezimmer gebracht worden waren, des Morgens auf sich warten. Sie hatten bestimmte Namen und eine vorgeschriebene Farbe; sie trugen Glocken. Der König nahm den einen (den schwarzen) Stier an den Hörnern und sagte, indem er seinen Kopf an den des Tieres preßte: „Ruhinda, nimm allen üblen Zauber und alle Feinde von mir!" Darauf tat er das gleiche mit dem anderen Stier und sagte: „Gieße deinen Segen auf mein Land und mein Volk!" Dann entließ er die Stiere. Der Urin dieser Tiere galt als zauberkräftig. Mit ihm wurde die Stirn des Königs eingerieben. — Hier finden wir bereits eine Reihe von kultischen Tatsachen, die später festgehalten wurden: die Vergöttlichung des Rindes; seine Sonderstellung im Kultus; die Beachtung seines „Angangs" (es wird des Morgens dem König zugeführt; sein erster Blick trifft dieses Wesen); die Wertschätzung seiner Farbe, wobei die „Zeichnung" des Rindes unter genauem Wechsel ins Konträre im indischen Opfer beim Pferde wiederkehrt (das Pferd muß weiß sein, aber eine schwarze Stirnzeichnung haben); die Übel abwehrende Funktion der Glocken; die Übertragung des materiell gedachten Unheils vom Menschen auf das Opferwesen; die reinigende Zauberwirkung des Urins. — Der weitere Verlauf des Rituals lehrt die Beteiligung von Kühen, die zum ersten Mal ein weibliches oder männliches Kalb geworfen haben, das dabei mitwirkt; die Heiligkeit der Zeremonie des Melkens, für die ein bestimmter Priester vorhanden ist. Dieser lebte unter strengen Tabu's: er mußte in geschlechtlicher Hinsicht völlig neutral sein (ja er durfte nicht einmal eine Frau ansehen); sich, wenn möglich, der Rede enthalten; sich salben. Die sehr komplizierte Handlung geht in starrer Gesetzmäßigkeit vor sich. Alles erinnert außerordentlich stark an indische Bräuche und lehrt zum mindesten, daß die Periode der primitiven Viehzucht eine Fülle abergläubischer Ideen brachte, in deren Mittelpunkt das Tier stand, von dem man lebte. Seine Heiligkeit wird durch die vorgeschichtlichen Tierbestattungen bezeugt. Es fanden sich Skelette oder Teile von Schafen, Rindern und Pferden, denen keine menschlichen Überreste zur Seite lagen. Hundebestattungen sind auch heutigen Tages bei Stämmen des hohen Nordens nicht unerhört. — Nicht nur ganze Tiere, sondern auch einzelne Teile derselben werden besonders beachtet: die Galle des Krokodils; Schnurrhaare und Kot von Leoparden; Köpfe von Schlangen, Fröschen, Eidechsen, Fischen, Schildkröten, Krabben, Skorpionen; Augen, Gehirn, Leber, Federn von einigen Vögeln; Hautstückchen, Haare, Fußteile und Mist von Tieren, die sehr flink, stark und mutig sind; Geschabsel von Zähnen, Hörnern und Knochen. Alle diese „Fetische" haben eine in sich verborgene „Kraft", die zu Nutzen oder Schaden der eignen Person oder Fremder, zur Wiederherstellung rechtlicher Verhältnisse, zur Rache am Feinde, Erlangung von Gesundheit oder ungewöhnlichen Kräften und Fähigkeiten benutzt wird. Der betreffende Gegenstand braucht nicht schlechthin dämonisch zu sein, sondern erhält seine magischen Eigenschaften vielfach erst durch den Komplex, in dem er sich befindet oder in den er hineinversetzt wird. Er wird dadurch „geweiht" und deshalb zauberkräftig. Als Analogie auf europäischem Boden nenne ich die Zauberwurzel, das seltsame Kleeblatt, die Flossengräte des Hechts, das Brustbein des Huhns, das Maulwurfgerippe. Die Hexe „weiht" solche Dinge, bespricht sie und macht sie dadurch fähig, zu schaden oder zu nützen. Zeit und Ort (Nachtszenerie; Kreuzwege) kommen auch hier sehr in Betracht. — Manche Tiere dürfen nicht getötet oder, wie wir sahen, zum mindesten nicht verspeist werden. Sie stehen mit dem Stamm, in dem das Verbot gilt, in einem besonders nahen Zusammenhang: nicht das einzelne Tier (die einzelne Schildkröte) sondern die Tiergruppe schlechthin (die Schildkröte als zoologische Einheit) ist das Wesen, das Tier des Stammes. Es ist dafür das unklare

Schlagwort „Totemismus" geprägt. — Nicht alle Tötungs- oder Speise-Verbote lassen sich auf ihn zurückführen. Nicht selten gilt das Fleisch von mehreren Tieren als streng verpönt, von anderen als unheilvoll, meidenswert, obgleich weniger gefährlich; von abermals anderen als nur zu gewissen Zeiten erlaubt. Auch manche tierischen Produkte sind verboten, so z. B. auf den Andamanen und bei den indischen Brahmanen der Honig. Die Nahrungswahl wird dadurch reguliert und stark eingeschränkt, daß, wohl ohne Ausnahme, der Glaube herrscht, das Fleisch eines Tieres verleihe dessen Verzehrer seine individuelle Eigenart oder Gattungsart. Der Genuß von Lercheneiern soll eine klare Stimme verschaffen, von Gänseeiern dumm machen; der des Bluts von gehetzten und tötlich getroffenen Jagdtieren verleiht große Kraft. Produkte, deren Genuß verboten ist, werden zu medizinischen Zwecken benutzt, so z. B. der Honig: er wird über die erkrankte Brust des Mannes der Andamanen-Inseln gestrichen. In diesem Falle gelingt es, den Grund für den Brauch zu erkennen: man wollte die Geister des Waldes fernhalten, in deren Obhut ja der (wilde) Honig zusammengetragen wird. Gleiches mit Gleichem! Man darf im Aberglauben keine Logik suchen, so wenig als etwa in der Überlagerung der ältesten Stadt Troja durch sechs oder sieben andere Städte: alles volkstümlich Gewordene ist der historischen, nicht verstandesmäßigen Erklärung zugänglich. Der Brahmane, der den Honig meiden soll, heiligt die Lippen seines Kindes, indem er es bald nach der Geburt mit ihm bestreicht.

Unter den Pflanzen werden namentlich die giftig wirkenden Vertreter verehrt, so z. B. der Tabak und diejenigen Arten, aus denen man Alkohol gewinnen kann, sowie die zur Vergiftung von Waffen gebrauchten. Das Ausreißen ihrer Wurzeln, ihr Pflücken geschieht unter weitgehenden Vorsichtsmaßregeln; ihre Anwendung ist von Zaubersprüchen, die den Geist der Pflanze dem Besitzer willfährig machen sollen, begleitet. Wir gedenken in diesem Zusammenhange des zeremoniellen Teegenusses in China und der feierlichen Darreichung von Kaffee bei den Beduinen. Bisweilen hat man selbst bei dem altindischen Rauschtrank den Eindruck, als ob seine ganze Sphäre; der Ort seines Wachstums; das Wachsen als solches; der Boden, der die Pflanze trägt und nährt; jeder Mensch, der irgendwie mit dem Gewächs in Berührung kommt; der zur Herstellung des Rauschtranks notwendige technische Mechanismus; der Vorgang der Gährung und „Läuterung" des Produkts; endlich vor allem das fertige Getränk in einer Sphäre der Heiligkeit liegen, die sicherlich dem priesterlichen Streben nach kultischen Vorrechten genehm ist, aber nicht ihm entstammt. Neben solchen Giftgewächsen sind es auch Nährpflanzen, deren Anbau von vielen Geboten und Verboten umgeben ist. Es ist selbstverständlich, daß angesichts der vielen Zufälligkeiten, denen ihr Blühen, Gedeihen, Ernten unterliegt, der Mensch sich in der Gewalt solcher „ambivalenter" Naturgegenstände fühlte. — Die schwarze Magie, die das nächtlich unter Zaubersprüchen ausgehobene Giftkraut umgibt, findet sich bereits bei den Primitiven. Schon hier muß angedeutet werden, daß Tier wie Pflanze im Totenglauben sehr stark hervortreten. Ist doch der Leib, wie wir sahen, als das zufällige und wandelbare Kleid der Seele empfunden, die Metamorphose also, der Keim der Seelenwanderungslehre, auf sehr früher Stufe vorhanden, allerdings nicht etwa in dogmatische

Form gekleidet, sondern eher kasuistisch orientiert. Wenn ein Wasservogel sich da zeigt, wo ein Mensch kurz vorher ertrunken ist, liegt der Glaube nahe, daß er aus dem Verunglückten entwachsen ist. Begrabene verwandeln sich in Schlangen, Maulwürfe, Mäuse, die am oder im Grabe sich aufhalten, vielleicht auch unter suggestiv wirkenden Umständen ihm entsteigen. Solche Manifestationen der Seele werden aufgesucht: an dem Bestattungsorte breitet man ein leeres Gewand aus. Das erste kleine Tier, das sich darauf setzt, ist der Geist! Man schafft ferner der befreiten Seele künstlich einen Tierleib: man fängt einen Vogel oder Fisch, bringt ihn auf den Begräbnisplatz und hält das Tier dort eine Weile fest. Sobald man es darauf freigelassen hat, ist man der Überzeugung, daß es mit der Seele des Verstorbenen belastet ist. Die Meinung, daß Menschen sich im Tode in Nachtvögel verwandeln, muß im großen Umfang, auch bei europäischen Völkern, vorausgesetzt werden. Bei Indianerstämmen finden wir die Meinung, daß der Tote sich in einen Papagei, bei den Küstenkaffern und Basuto's, daß er in irgend ein Tier sich verwandele. Auch die Metamorphose in eine Pflanze ist, wie im deutschen Volksglauben eine Ausnahme, so bei manchen Primitiven die Regel. Nach der Auffassung der Andamanen-Bewohner sollen die Seelen der ungeborenen Kinder in dem Baum: ficus lacifera leben. Dieser kann auch der Vermittler, der „Zwischenwirt", der Seelensubstanz sein, die von ihm in einen Vogel gleitet, der auf ihm lebt. Auch hier finden wir in allbekannten deutschen Sagen die genauesten Analogien. Solche Vögel genießen bisweilen einen weltweiten Ruf. Als Beispiel wählen wir den Raben, der vom menschlichen Ahn bis zum gehaßten Leichenfresser alle Stadien einer abergläubischen Verehrung durchmacht. Gewisse Indianerstämme des Nordwestens Amerikas führten auf ihn die Abstammung des Menschen und selbst die Schöpfung der Welt zurück. Zum Ahnen-, das heißt: zum Totenreich steht er (um bei den Nordvölkern zu bleiben) selbst noch auf Island in enger Beziehung. Die nordgermanischen Stämme entnehmen seinem Krächzen das Todesorakel. Selbst im tiefsten Süden gilt das Gleiche: bei den heidnisch-arabischen Dichtern verkündet sein Ruf den Tod oder die Trennung von der Geliebten. Er wird dort sehr häufig genannt. Als im höchsten Grade unrein gilt er auch in Indien. Dem aasfressenden Tier wird dort selbst von dem so milde gesinnten Buddhismus ein ausgesprochener Haß entgegengebracht. Unter den indogermanischen Völkergruppen sind es die Slaven, die ihn neben den Nachtvögeln, ferner dem Kuckuck und der Krähe für einen Todesboten halten. Was man in indischen Kompendien der Mantik liest, findet man manchmal in Berichten über den südslavischen Aberglauben, dies Tier betreffend, fast wörtlich wieder. Der Germane gibt so düstern Vorstellungen weniger Raum. Aber auch er sagt ganz allgemein, daß der Rabe durch sein Krächzen Unglück weissage und daß, wenn sich eine Krähe oder ein Rabe auf ein Haus setzt, oder schreiend darüber hinfliegt, jemand in dem Hause stirbt.

Wenden wir uns jetzt jedoch, nachdem wir die Einstellung des Primitiven zum Naturganzen und seinen wesentlichsten Gruppen kennen gelernt haben, dem diese Elemente erfassenden Subjekt zu und lassen es vor unseren Augen entstehen und vergehen!

Die Geschlechtsorgane des Weibes, sein Uterus, werden oft (auch sprachlich) mit dem in ihm schlummernden Fötus verwechselt und beide in wunderlicher Weise als Fremdkörper angesehen. Daher heißt das altindische Wort „garbha" zugleich Uterus und Fötus, das deutsche: „Mutter" auch Mutterleib (Uterus). Es wird für einen Behälter (Topf) gehalten, daher die Vorstellung vom Uterus-Prolaps als Herausspringen einer Maus usw. und die Meinung vieler niedrigen Völker, daß das Weib konzipiert, wenn es einen Frosch fängt, kocht und ißt. Die Konzeption erfolgt auch durch Wasser und Wind, ferner nach dem Genuß von gewissen Früchten, dem Einstreuen von Samen von Pflanzen in Scheide und Nase. Nach Seneca macht das Wasser des Nils die Weiber so fruchtbar, daß sie 4—5 Kinder auf einmal bekommen. Die Anteilnahme der Gestirne an der Zeugung wurde vielfach angenommen. Die Sonne befruchtet menschliche Weiber. Bei Plinius findet sich die Lehre, daß der Vollmond (d. h. der abnehmende Mond) Schwangeren und Neugeborenen feindlich ist, weshalb (zum mindesten in Indien) an gewissen Tagen der Geschlechtsverkehr verboten war. Der Zusammenhang der Befruchtung mit der Geburt ist jetzt, wie ehedem, einzelnen sehr niedrig stehenden Stämmen unbekannt, andere halten und hielten ihn für die Regel, der gegenüber Ausnahmen zulässig waren. Galt doch selbst den griechischen Klassikern die Möglichkeit noch als gegeben, daß Stuten und Adler durch den Wind befruchtet werden. — Für niedere Tiere wurde die Jungfrauengeburt bis zur neuesten Zeit als naturwissenschaftlich möglich angegeben und von der Volksmasse als Selbstverständlichkeit hingenommen. Noch zu Anfang dieses Jahrhunderts mußte ein solcher Irrwahn in den medizinischen Vorlesungen bekämpft werden. Hat doch erst Pasteur erwiesen, daß die nach ihm „Bazillen" genannten Mikroben nicht durch Urzeugung entstehen. Bis zu seiner Zeit galt der Glaube an die Urzeugung von Fischen und niederen Lebewesen aus dem Wasser, der Flöhe aus dem Urin, der Frösche und Würmer aus Schlamm, von Mäusen aus einem alten Hemde (nach van Helmont), von Wanzen aus Mist als „Volkserfahrung". Als den Mutterschoß des Alls hatten wir das Wasser, die Erde, kennen gelernt (Wasserentsprossene kosmische Urmächte; erdentsprungene Riesen). Den Wasserwesen wohnt eine ungeheure Fruchtbarkeit inne. Der Okeanos der Griechen, d. h. das verkörperte Weltmeer, hatte 3000 Söhne und ebensoviel Töchter. Wie einzelne Urgottheiten entsprangen auch Heroën dem Wasser. Nach Pindar soll Zeus den Herakles wie den Perseus in einem goldnen Regen erzeugt haben. Die griechischen Flußgötter wurden, indem man ihnen erotischen Verkehr mit sterblichen Weibern zuschrieb, zu Stammesvätern weit verbreiteter Geschlechter. Ihnen wurden ihrer Zeugungskraft wegen unverschnittene männliche Tiere geopfert. Diese mystischen Ideen und kultischen Handlungen wurden von der theoretisierenden Kunst und der Philosophie aufrecht erhalten. Wie in der Jonischen Schule, so ist auch bei Homer das Wasser der Grundstoff aller Dinge. Okeanos wird dort als „Geburt(sstätte) der Götter", Tethys als Allmutter bezeichnet. — Diese Auffassungen ergeben also den Glauben daran, daß das menschliche Weib entweder zur Fortpflanzung zwar notwendig sei, als männliche Komponente aber auch Naturkräfte dienen können (auch Tiere sind denkbar, ferner Pflanzen); oder daß statt des Weibes ein Naturelement

(Erde, Wasser) treten könne. Niedere Tiere entstehen spontan aus dem sie ernährenden Medium. — Lange Menschheitsperioden vergingen, ehe diese Auffassungen den modernen wichen. Sie können nicht in der Sammler- und Jägerzeit, wohl aber durch die Beobachtung am Haustier und am Ackerboden erlernt worden sein. Der männliche Same galt ganz allgemein als „Wasser", die Erde als der von ihm zu befruchtende Schoß. Die Wechselbeziehungen zwischen Weib und Ackerboden geben den tausendfältigen Erntegebräuchen den eigentlichen Inhalt. Die Sprache überträgt die Erfahrungen des Landmanns auf die physiologischen Abläufe des menschlichen Geschlechtslebens. Der Fötus gilt als „Frucht" und gestaltet sich aus, wie diese. Dazu bedarf er allerdings eines Werkmeisters. Deshalb redet man von Zeugungs- (Schöpfungs-, Ausgestaltungs-) Gottheiten, die Handwerker sind. Bei den Dschagga in Ostafrika heißt es: „Dein Großvater [als dessen Wiedergeburt du dich anzusehen hast] kerbte dich und setzte dir die große Zehe, als du Wasser warst im Mutterleib" (wobei die große Zehe wieder den eigentlichen Seelenträger bezeichnen soll, der neben dem roh Stofflichen auch bei der Erschaffung steht. Das Wasser ist das Sperma, der Kerbstock vertritt den Menschen selbst. Die Kerbung und Benennung jeder Kerbe sollte wohl dafür sorgen, daß sich jedes Glied im Mutterleibe bildet). — Eine solche, zwischen Geist und Körper scheidende, die Notwendigkeit der Befruchtung voraussetzende Lehre ist natürlich viel jünger als die Monistische des Primitivsten, etwa des Trobriander. Er leugnet es auf das Entschiedenste, daß der physiologische Akt notwendig sei. Man nimmt dort an, daß Geister verstorbener weiblicher Verwandten den Frauen Nachts die Kinder bringen und die Mutter auf diese Weise empfangen. Diese Geister sollen aus der See (die Trobriander sind ja Inselbewohner) kommen. Auch den Aranda-Stämmen des mittleren Australiens gilt das Kind als Geist, der in die Mutter eingegangen ist und sich dort verkörpert hat. Solche Dämonen können auch im Traum die Frauen heimsuchen. Es sind dies die Ahnengeister der Großfamilie, des Stammes, die, wie wir sahen, nach dem Kausalitätsgesetz „irgendwo bleiben" d. h. sich reïnkarnieren müssen. Mit dem Glauben daran, daß sie körperlich wie geistig zugleich der Ahn und der Nachkomme, als letzterer der „kleine Mensch" sind, der sich in die Frauen hineinschleichen will, haben wir die älteste Stufe der uns zugänglichen Vorstellungen von Leben und Sterben, Geburt und Grab, erreicht. Weibstoll — der Kausalzwang läßt sich nicht abweisen — lauern diese Genien auf Kreuzwegen, in Wäldern, zur Nachtzeit an Straßen und an unheimlichen Stätten, wobei sie auch Tiergestalt annehmen können. Ursprünglich aber dürften sie sich, namentlich bei Stämmen, die einen festen und eng begrenzten Wohnsitz haben, aus Erdspalten dem Menschen nähern. Dieser Glaube ist in hervorragendem Maße bei Inselbewohnern verständlich und tatsächlich vorfindbar z. B. bei denen der eben genannten Inseln, und bei australischen Stämmen. Dort werden die Sitze dieser Ahnenseelen, nämlich Wasserlöcher, kleine Höhlen und Grotten, Risse im Boden gezeigt und heilig gehalten. Das Menschengeschlecht entstammt also auch hier der dämonenhaltigen Erde und wird durch Vermittlung der weiblichen Ahnenreihe mit weiteren Seelen versorgt.

Noch weniger als die Mitwirkung des Mannes wurde die Menstruation als Vorbedingung für die Geburt eines Kindes erkannt. Die Entdeckung ihrer physiologischen Eigenart gehört der neuesten Zeit an. Wie alles nicht Erkannte ist sie deshalb in den Mittelpunkt eines obszönen Turnus gestellt und — den einfachsten Gesetzen der Logik und Redlichkeit zum Trotz — auch namentlich von mönchischer Seite als Mittel der Hetze gegen das weibliche Geschlecht benutzt worden. Stets wird, wo man den Namen verdreht, auch der Begriff gefälscht. Solcher Verschleierungen und Drapierungen mit Nebenvorstellungen gibt es auf dem Gebiet des Geschlechtslebens unzählige. Einmal traditionell übermittelt, tragen sie den Geist der Herabwürdigung, Pikanterie, gemeinen, obszönen Flachheit in sich und mit sich fort. Hier Wandel zu schaffen, ist die erste Aufgabe des Ethikers. Er wird das Wort des wertfrei arbeitenden Gelehrten wählen. Was der Aberglaube so häufig lehrt, daß der Teufel, dessen Name man nennt, aufhört, für den ihn Nennenden ein Teufel zu sein, das trifft gerade auf dem Sexual-Gebiet unbedingt zu. Das richtige Wort für den richtigen, klar erfaßten und zergliederbaren Begriff — und der Unzuchtteufel entflieht. — Davon ist man aber im primitiven Leben weit entfernt. Die Menstruation bleibt ein Problem. Wie schon ihr Name besagt, wird sie mit dem Monde in Zusammenhang gebracht. Die Blutung soll wohl auch häufig das Anrecht von Dämonen an die Weiber beweisen, ihnen die Zession des ius primae noctis zubilligen, da sie häufig mit Defloration verwechselt wird. Jedenfalls ist die Furcht vor dem Menstruationsblut allgemein und hat zur Ausscheidung der Menstruierenden aus der Gemeinschaft geführt. Im mikronesischen Gebiet, z. B. auf der Insel Nauru, gibt es besondere Bluthäuser für Frauen und Mädchen. Solche Hütten befinden sich von den Wohnstätten oft weit entfernt und werden gleichzeitig von mehreren Frauen der gleichen Familie und Sippe benutzt. Sie gelten als tabu. Für vornehmere Frauen werden dort auch Gebär- und Wöchnerinnenhäuser errichtet. Bis zur Zeit der ersten Überweisung an eine solche Hütte gilt das junge Mädchen als Kind und geht, selbst noch bisweilen bei den alten Kulturvölkern, völlig nackt. Die Notwendigkeit der Hüftbekleidung hängt mit dem besprochenen Vorgang zusammen. Zu dieser Zeit tritt auch die große Frage des Eheabschlusses an die junge Frau heran. Wir müssen uns stets vergegenwärtigen, daß das Ausscheiden aus der Familie bei der Hochzeit nach außen hin (Exogamie) als schwerster Verlust, als Tod eines Stammesmitgliedes, galt und deshalb irgendwie ausgeglichen werden mußte. Dies geschah und geschieht oft durch Arbeit. Bei sehr vielen Völkern hat der Bräutigam zunächst im Hause seines zukünftigen Schwiegervaters zu arbeiten, um sich so die Braut zu verdienen. Manchmal wird nur Eine Tagesleistung verlangt, deren Qualität und Größe zur gesamten Brauchbarkeit des Mannes und zu dem zukünftigen Eheglück in abergläubische Beziehungen gesetzt wird. Bei den Jakun von Johor geht der junge Ehemann auf die Jagd, deren Erfolg als Omen für die zukünftige Ehe angesehen wird. Der vielleicht älteste und am meisten in dem besprochenen Ideengang liegende Weg, den Verlust der jungen Frau auszugleichen, wird noch vereinzelt (bei wenigen afrikanischen Stämmen, Eskimos) beschritten, namentlich auch bei Jägerstämmen vorgefunden: man gibt eine

Frau für die andere hin; es findet also eine gegenseitige Verschwägerung beider Stämme statt. Sie ist der klarste Ausdruck für das überall obwaltende Gefühl der Gegenseitigkeit auf gleicher soz'aler Basis und für den individuellen Hauch, der jeder Gabe, jedem Tauschgeschäft innewohnt. „Bezahlte Arbeit ohne persönliches Verhältnis zum Arbeitgeber kennt die primitive Gesellschaft nicht." Es ist dies von außerordentlicher Wichtigkeit für die richtige Würdigung der als „Kaufehe" ihrem Wesen nach meist ganz verkannten Einrichtung. Sie ist der Ausdruck des gegenseitigen Freundschaftswillens der beiden zum Eheabschluß gewillten Teile, wie wir ihn klassisch in der Erzpatriarchensage walten sehen: Jakob diente um Rahel bei Laban 7 Jahre und dann abermals 7 Jahre (Gen. 29). Beide, Laban und Jakob, sind ohnehin miteinander verwandt, also gleichstehend. Das ist die Vorbedingung für jedes Vertragsgeschäft.

Der Vertrag ist, wie wir sahen, ohnehin ein religiöser Akt und nur als solcher denkbar. Auch das älteste semitische und indogermanische Opfer war ein feierlicher, zu Gabe und Gegengabe verpflichtender Vertrag zwischen Gott und Mensch, ein Ausdruck der brüderlichen Einigung des Opfernden mit dem leibhaft erschauten, am Tisch gespeisten Himmlischen, der dann mit „Vater" „Mutterbruder" „Bruder" angeredet wird. Diese Verwandtschaftsempfindung liegt auch dem Geschenk des Primitiven zu Grunde. Sie heiligt es und macht es für den europäischen, überraschten Empfänger oft tief ergreifend. Gegenwärtig finden wir die Gabe zu Zeiten in doppelter sozialer Abstufung. Als Beispiel wählen wir die Kiziba's Ostafrikas. Dort darf, entsprechend den entwickelten Grundanschauungen, ein Gleicher den Gleichen, ferner aber auch ein höher Stehender einen Niedrigen beschenken, nie aber ein Niedrig-Stehender einen Hohen. Das „Geschenk" trägt hier also einen ausgesprochen charitativen Charakter. Ihn behält es durch die ganze Aera des despotischen und absoluten Regimes hindurch, angefangen etwa von den Batutsi Ostafrikas, bei denen der König den gesamten Grund und Boden für sich in Anspruch nimmt, und dem göttergleichen König des alten Ägyptens, dem „Herrn" d. h. Alleinbesitzer seines Landes, bis zum letzten Kaiser des heiligen römischen Reichs. Wie das Leben als Geschenk des himmlischen, so wird der private Eigenbesitz als Lehnsgut des irdischen Königs betrachtet. Als Gegengeschenk gelten nur Lob, Dank und Preis, „des Armen Gabe" (Hamlet). „Das Feld gehört dem Bischof und dem König"; „dem Herrn gehört das Wild und das Gefieder. Der Strom, das Meer, das Salz gehört dem König". „Es ist der Eine, der sie schützt und nährt". Die durch die Tradition geheiligten Machtansprüche einer Minderheit, eines von dieser herausgestellten Einzelnen, machen das ganze Lebensrecht des „Untertanen" zu einem Gnadengeschenk seitens des Monarchen, religiös gewandt: Gottes (hier Monarchie, dort Theokratie).

Aus dem Vertragscharakter der Ehe fließt die Sitte der Bestellung von Brautwerbern. Sie zeigt von neuem den sozialen Charakter dieses Vertragsabschlusses und ist natürlich nur in der exogamen Eheform (Heirat außerhalb des eignen Stammes) denkbar. Die beiderseitigen Familien schätzen sich gegenseitig auf Grund der von den Vermittlern vorgenommenen Erkundungen nach gesellschaftlicher Position, religiöser Einstellung, nach Vermögen, aufs genaueste ab. Es ist also ein Aberglaube, zu meinen, daß das Vermittlungssystem unwürdig sein, als eine Art von Kuppelei aufgefaßt werden müßte. In arischen Kreisen finden wir es seit ältester Zeit. Der Brautwerber ist Bote und als solcher geradezu Stellvertreter des Bräutigams. Auf sein Aussehen, seine Haltung, wird sehr geachtet. Viele abergläubische Ideen schließen sich an die Zufälligkeiten dieser indirekten Brautschau.

Was nun den Zeitpunkt des Eheabschlusses anlangt, so wird er bei vielen Stämmen von den durch die Tagwählerei gegebenen Bestimmungen abhängig gemacht. Zugleich aber waren auch und bleiben für alle Zukunft soziale Faktoren von größter Wichtigkeit. Wir sahen, daß die Probeleistung des angehenden Ehemanns von Vorbedeutung für dessen gesamte spätere Leistungsfähigkeit ist. Es muß also auf einen, wenn auch noch so bescheidenen, Lebensmittelvorrat Gewicht gelegt worden sein. Damit verschieben sich die Ehetermine der Sammler, Jäger, ja selbst der Ackerbauer und Viehzüchter auf die Zeiten der günstigen Fang- bzw. Ernte-Bedingungen. Es ist dies um so mehr der Fall als fast überall, auch bei den ärmsten Fischern, der Versuch gemacht wird, am Hochzeitstage es hoch hergehen zu lassen — schon deshalb, weil damit die reichliche Ernährung der Zukunft magisch vorweg genommen wird. Ein guter Fang ist also in diesem Falle Vorbedingung. — Umgekehrt scheiden für den Eheabschluß die magersten Zeiten von selbst aus. In der Aera der größten Armut soll bei einzelnen sehr niedrig stehenden Völkern der Geschlechtstrieb daniederliegen. Es wird auch angenommen, daß man Mädchen und Mann zeitweise auseinanderhält (die Mädchen nicht zu den Buben auf die Alm gehen läßt), um es zu verhindern, daß die Zeit der Entbindung mit der der allergrößten Knappheit zusammenfällt. Andererseits spricht man nicht umsonst von Frühlingsgefühlen. Die klassischen Arbeiten von Mannhardt überheben mich der Notwendigkeit, nachzuweisen, daß Frühling, Aussaat und Geschlechtstrieb auch im Volksbrauch aufs engste zusammengehören und in regstem Wechselverkehr zueinander stehend gedacht werden. Wenn irgendwo, ist hier eine Harmonie zwischen Mensch und Natur in frühesten Zeiten erfaßt worden. Sie kam in den Orgien der Saat-, in den Bacchanalien der Erntefeste zum Ausdruck, die eine erstarrte Form annahmen und in ihr überliefert wurden. Die kultischen Mysterien gehören durchaus in diesen Kreis. Geburt und Tod eines menschlichen Prototyps sichern den Ablauf der Naturzusammenhänge. Deshalb stellen Feste der niedrigsten Stämme eine Erzeugung, deutsche Ackergebräuche die Entbindung des Menschen drastisch dar. Solche mimischen Akte (als erstere können wir die Mairitte Deutschlands, die Wahl einer Maikönigin betrachten) sind eine Zweck-Kunst, deren Inhalt als gegeben gilt und deshalb nicht geeignet ist, sich frei zu entfalten. — Das kultische Drama hört auf, Religion — Aberglauben! — zu sein, wenn es zur Schöpfung eines Einzelnen wird. Als bekanntestes Beispiel eines solchen kultischen Romans wähle ich die Entführung der Proserpina durch Pluto. Hier fallen „Raubehe“ und Entrückung durch die Todesdämonen zusammen. Auch im kulturellen Leben kann der Unterschied zwischen beiden nicht als groß empfunden worden sein, da der Fremde, namentlich auch der räuberische Fremde, schlechthin als Dämon galt. Es ist wahrscheinlich, daß nach siegreichen Kriegen ganze Völker auf diese Weise resorbiert wurden und daß der schwächere Stamm unter solchen Gewaltakten seitens des Stärkeren oft schwer zu leiden hatte. Immerhin hütete man sich vor ihnen in der Regel um des Friedens willen. Die Blutrache drohte! Sie war deshalb in dieser ihrer brutalsten Form stets ein Rechtsbruch, kein Rechtsakt, und deshalb eine Ausnahme, nie die Regel. Der entschlossene Wille des aggressiven männlichen Teils, die Frau zu gewinnen, mag aber vor Drohungen nicht zurückgeschreckt haben, die der Anhängerschaft des weiblichen Teils in gewisser Weise willkommen sein mußten, weil sie den Kaufpreis steigerten. Wir wissen, daß bei den Stämmen des sibirischen Nordens der Verehelichung ein langes Feilschen um den Kaufpreis vorausgeht, das zu Zeiten in Drohungen mit einer Entführung mündet. Viele Sitten kriegerischer Stämme: das Herübertragen der Braut über die Schwelle, ihr Jammern usw. werden in dieser Weise verständlich. Macht geht vor Recht. Es wird allerdings der soziale und auch der religiöse Ausgleich angestrebt: die junge Frau muß in jedem Fall die Gottheiten des Hauses zu gewinnen versuchen. Auch in diesem Punkt wirken soziale Faktoren von äußerster Wichtigkeit mit: im hohen Norden, wo die Frau vermöge ihrer geringeren Widerstandsfähigkeit gegen das Klima numerisch ungünstig dasteht, ist sie mehr geschätzt als in Indien, wo jährlich deren Hunderttausende beseitigt werden. Bedeutsam ist es, daß aber auch hier „Kaufpreise" bezahlt und äußerst luxuriöse Hochzeiten gefeiert werden. Die Hochzeit, der Eheabschluß, ist überall Stammes- und deshalb Ehrensache. Dies geht so weit, daß manchmal nicht die Braut, sondern vielmehr der glückliche Bräutigam weinen und jammern muß.

Er weiß sich aber zu trösten, sobald er sich mit seiner jungen Frau zusammen „an den Tisch" gesetzt hat. Zu den einfachsten (im Sinne der Primitiven rechtsgültigen) Formen des Eheabschlusses gehört das gemeinschaftliche Essen der Beiden aus einem Topf, wobei zur Erheiterung oft gespielt wird. Wenn man dort etwas „Besonderes" in der Speise fand, war dies bedeutungsvoll. In Ostpreußen galt es bisher für den liebenden Jüngling als ein gutes Omen, wenn ihm „Weißsauer" (die weißen Teile eines Geflügels), und als schlechtes Omen, wenn ihm „Schwarzsauer" (Blut usw.) bei dem bedeutungsvollen Gang zu dem erhofften Schwiegervater angeboten wurde — denn alsdann war er „durch die Blume" abgewiesen. Man schickte übrigens gern den Brautwerber voraus, der mit den gleichen Gerichten bewirtet wurde. In Liebesangelegenheiten ist man nämlich sehr empfindlich.

Sobald die Frau in das Haus ihres Gatten getreten ist, muß sie nach alter Auffassung die Manen versöhnen und den Schwiegereltern dienen. Die Furcht vor diesen, das Verbot, sie anzusehen, mit ihnen allein im gleichen Raum zu sein, sie anzureden, läßt sich nur aus der Empfindung verstehen, daß die Ehefrau als Nicht-Stammesmitglied dem Stamme ihres Mannes fern ist und bleibt. Damit hängt zusammen, daß vielfach, namentlich dann, wenn die natürlichen Voraussetzungen für die Ehe fehlen oder nicht innegehalten werden, die Frau gewöhnlich zu ihrem Stamm zurückgehen darf. Es liegt also eine Scheidewand zwischen Mann und Weib — bisweilen im eigentlichsten Sinne, denn die ersten Nächte gehören nicht dem Liebesglück, sondern sind „Tobias-Nächte". Dies gilt natürlich nicht allgemein, wohl aber bei vielen Stämmen, z. B. bei manchen Herero. Das junge Paar darf hier in der ersten Nacht ihres Zusammenseins in der „Werft" (dem gemeinschaftlichen Lagerplatz), der der Mann angehört, keine eheliche Gemeinschaft pflegen, sondern es muß die ganze Nacht hindurch den hölzernen Träger, der die Hütte stützt, zwischen sich haben. Wird aber endlich die eheliche Gemeinschaft aufgenommen, so drängt sich die Dämonenfurcht wiederum zwischen die Liebenden. Sind es doch meist Ahnenseelen, die dann den Eintritt in das junge Weib suchen. Auch der Mann ist vor ihnen nicht verschont. Die vielbesprochene Sitte des Männerkindbetts erklärt sich wohl am besten daraus, daß man unter bestimmten Voraussetzungen dem Manne einen ebensogroßen Anteil an der psychischen Konsistenz des Kindes zuschrieb wie dem Weibe und ihn deshalb den gleichen Schutzmaßregeln für die ganze Zeit zwischen Zeugung und Geburt unterwarf. Jedenfalls besteht ein derartiger mystischer Schutz. Nach späterer Auffassung ist jeder Affekt des Vaters oder der Mutter ein abgesplitterter Seelenteil, der sich namentlich dann, wenn er sich bei der Zeugung oder bestimmten anderen, bedeutsamen Zeitpunkten entlädt, auf das im Entstehen begriffene Wesen irgendwie überträgt. Nach christlicher Meinung mancher Kreise soll dies besonders auch bei der Taufe der Fall sein. Es gibt sogar im Volkstum eine auf den Fötus seitens des Vaters sich geltend machende magische Fernwirkung. Der ganze Komplex von Zeugung und Geburt ist soweit davon entfernt, an das Licht der Wirklichkeit gerückt zu sein, daß selbst die mit dem Europäertum in enge Berührung gekommenen Hausa-Stämme für die Schwangerschaft eine Zeitdauer von 6—9 Monate oder einem Jahr angeben. Die Inder tun das Gleiche, und selbst bei uns findet man Frauen, die eine derartig nachhaltige Beeinflussung seitens des Mannes — die 300 Tage des Code civile — für möglich halten. Die Schwangere gilt leider als durch Speisen und Getränke gefährdet, deren Namen und Eigenart wechseln. So mußte z. B. unter den kalifornischen Jägerstämmen der Maidu die werdende Mutter jeden kalten Luftzug vermeiden, durfte kein Salz oder Fleisch genießen und kaltes Wasser nicht berühren. Auf den Andamanen muß sich der Vater nach der Geburt des Kindes einen Monat lang des Honigs und gewisser anderer Speisen enthalten. Da er sich auch dem Männerkindbett unterwerfen soll, ist es anzunehmen, daß der „dämonische" Honig seinem Kinde schaden würde. — Die durch so törichte Beschränkungen gequälte werdende Mutter genießt religiösen Respekt, ist „heilig", hat aber daran ebensowenig Freude als irgendein sonst auf Erden heilig gesprochener Mensch. Vor dem in ihr verborgen lebenden Keim oder vielmehr vor ihr selbst als dem doppel-„seligen" Wesen („doppelherzig" — so im Sanskrit) hat man Furcht und schreibt ihr deshalb auch bisweilen den mit Magie geladenen („bösen") Blick zu. Die Schwangerschaftsgelüste müssen unter allen Umständen befriedigt werden, so heißt es z. B. bei den Hausa. Das gleiche gilt bei den Bergdama. Selbst Fremde gewähren dort der Schwangeren Essen, ja, sie kommen durch Geschenke ihr zuvor. Bei der Geburt helfen Frauen, kaum irgendwo Männer. Die körperliche Stellung beim Fruchtaustritt ist sehr verschieden und für die Kreißende oft äußerst quälend. Sie wird in den einzelnen Gegenden traditionell festgehalten. Auch hier soll das törichte Sprichwort: „Was dem Einen recht ist, ist dem Andern billig" jeden Mißgriff entschuldigen. Das Neugeborene wird scharf besichtigt. Das Schicksal des Kleinen ist bisweilen von der Veranlagung, dem Wollen der Eltern, determiniert. Das Streben nach Blutrache pflanzt sich beispielsweise als körperlich-geistiges Gut fort. Wie ein „Vermögen" in positivem oder negativem Sinne, wie ein äußeres Geld und Gut, oder auch wie eine Krankheit wird diese Veranlagung, diese Disposition, vererbt. Fluch und Segen können auch rückübertragen werden. Die Untaten der Kinder fallen dann den Eltern zur Last, wie umgekehrt die mystisch-greifbare, diesseitig in die Erscheinung tretende Sünde bei den Kindern sich wiedergebärt. Wenn wir uns vergegenwärtigen, daß bei sehr vielen Stämmen (noch den Litauern unserer Tage) die jungen Männer bei der Entbindung ihrer Frauen die Rockärmel, Leibgurte, Schuhschnüre öffnen, so verstehen wir das Männer-Kindbett als eine Folgerung aus dem Wunsch, an der Entbindung, an der man sich als Mann „schuldig" fühlt, deren rechtliche Folgen man zu tragen gedenkt — die Erfüllung der Vaterpflichten ist auf Grund eines solchen Ritus in der Regel eine Selbstverständlichkeit — nun auch aktiv teilzunehmen. Der geöffnete Gurt ist, wie die Mystik Indiens dies offen ausspricht, der maximal erweiterte, zum Austritt der Frucht bereite Muttermund. — Auch die Haltung, Wort und Gebärde der das Geburtszimmer füllenden „weisen Frauen" gilt für das Schicksal, für die Gemüts- und Geistesveranlagung des Kindes als äußerst wesentlich, da sie sich sympathetisch überträgt; den Bergdamas z. B. ist nur diejenige Frau als Hebamme willkommen, die in frühester Jugend kräftig und ruhig war, denn dann hofft man, daß auch das Kind nicht weinerlich, schwächlich oder zanksüchtig wird. Wir erinnern schon hier daran, daß von der Eigenart und den Lebensschicksalen des Kindes bei den germanischen Völkern auf die drei Geburtshelferinnen (Nornen), ihre Anwesenheit und Mitwirkung zurückgeschlossen wird und daß dieser Schluß äußerst volkstümlich gewesen sein dürfte. Es gibt ja keine Wunderlichkeit, die sich nicht auf schnellste auf dieser Basis „erklären" ließe.

Unter den physiologischen Ereignissen des Geburtsvorganges begegnet dem weitesten Mißtrauen der Austritt der Plazenta, des (normalerweise) nach der Geburt sich selbsttätig loslösenden „Mutterkuchens". Ihn zu fürchten, mußte schon deshalb nahe liegen, weil er als eine „zweite Geburt" galt, die offensichtlich (der Form nach) nicht-menschlich, also dämonisch war und mit der menschlichen um so eher verglichen werden konnte, als der frühe Abort, wie die Plazenta, nur „ein Fleischklumpen" [ohne Arme und Beine] ist. Als normale Erscheinung betrachtet, mußte der Mutterkuchen als eine Wiedergeburt des Ahns oder doch der ihm innewohnenden Lebenskraft, d. h. als eine Abart der normal ausgereiften Frucht, angesehen werden. Man schont deshalb zu Zeiten dies Gebilde vor der Verbrennung. Bisweilen wird oder wurde es sogar verspeist. Die Verzehrung ist die primitivste Vernichtungsart. Sie und alle anderen Methoden der Beseitigung der menschlichen Leiche werden ihrer dämonischen Natur wegen auch bei der Nachgeburt angewandt. Man wirft sie weg, übergibt sie den Hunden, räuchert sie, vergräbt sie. — Bei den Hausa-

Stämmen wird sie im Garten, in der Mitte des Hofs, begraben oder auch in einem alten Grabe beigesetzt. Spuren ihrer Verehrung wie auch der der „Glückshaube“ beim Neugeborenen (Amnium-Rest) treten jedoch immer wieder auf.

Das Neugeborene muß einen Namen bekommen. Oft wechselt er häufig und wird nicht öffentlich gebraucht, um nicht zu Zauberzwecken verwandt werden zu können. Er richtet sich meist nach dem Ahn, der sich in dem Kinde wiedergebärt, nach irgendeiner Äußerlichkeit des Kindes selbst oder einem die Geburt begleitenden Umstand. Diese äußerliche Bezugnahme muß natürlich für das Kind günstig sein. Stehen beispielsweise die Sterne verhängnisvoll, so wartet man in Babylon und Indien so lange, bis der Himmel ein freundliches Gesicht zeigt. Denn ihm und der Erde gehört der junge „Weltenbürger“ ja an. Die Kayans auf Borneo wählen z. B. den Abschluß einer günstigen Ernte als eine für die Namengebung passende Zeit. Die Samojeden Nordsibiriens kennen Namen wie „Fuchs“ zum Zeichen dafür, daß am Geburtstage viele Füchse gefangen wurden, oder „Deutscher“, weil an jenem Tage ein deutscher Kaufmann oder Reisender das Zelt besucht hat.

Allgemein ist die Verfehmung der Wöchnerin. Um bei den Samojeden zu bleiben: während der sechs Wochen nach der Entbindung gilt sie als ungeeignet für ihre Schamanen-Tätigkeit, also für das untergeordnetste Priesteramt. Ihr ist es dann verboten, mit ihrem Manne zusammen zu speisen; frisches Fleisch zu essen; eine fremde Hütte zu betreten; zu kochen; ihrem eignen oder einem fremden Manne etwas zu reichen. Die Dämonen umschwärmen das blutende, den Wochenfluß ausscheidende Weib. Es wird deshalb bei vielen Völkern in ein besonderes Haus gebracht und darf nur bestimmte Speisen genießen. Das Gleiche gilt von dem jungen Vater! Bei einem gewissen Indianerstamm sollen z. B. beide Eltern nur gewisse Engerlinge essen, weil diese fett sind und deshalb das Neugeborene fett machen sollen. Ich gedenke dabei der dummen Redensart vieler Deutscher: „Fett macht fett“, wie der törichten Einschränkungen, denen unsere jungen Mütter noch immer unterliegen. Viele Speisen sind den „totemistischen“ orientalischen Stämmen ohnehin verboten. Andere werden aus einer angesichts der dämonistischen Atmosphäre gesteigerten „Bedenklichkeit“ in dieser Zeit gemieden. Der einzelnen Ratschläge und Meinungsäußerungen gibt es unzählige. Jede Geburt gibt Veranlassung diesen Schatz zu vergrößern. Am meisten rät und hilft man, wo es nichts mehr zu raten und zu helfen gibt. Die Originalität der Einzelpersönlichkeit tritt hier als ein für den Aberglauben schöpferisches Moment überaus deutlich hervor. Auch Beeinflussungen durch fremde Mitteilungen (die Hebammen kommen aus anderen Stämmen oder Gegenden) sind vorhanden. Jedenfalls sucht man Mutter und Kind zu schützen, wobei die altbekannten Mittel: Feuer, Lärm, Räucherungen (neben abwehrenden Mitteln aus dem Tier- und Pflanzenreich, Gesängen, Tänzen) z. B. auf den Riu-Kiu-Inseln in so ausgiebigem Maße angewendet werden, daß Mutter und Kind dabei wochenlang nicht zur Ruhe kommen. Es herrscht dort die weitverbreitete, aus dem Grimmschen Märchen jedermann bekannte Furcht vor dem Kinderraub. Doch können auch Mutter und Kind plötzlich „verschwinden“.

Die abergläubische Furcht vor der jungen Mutter, der Schwangeren, der Menstruierten, ist nichts als eine potenzierte Scheu vor dem Weibe schlechthin. — Weltweit ist die eigentümliche Meinung verbreitet, daß eine Frau, die über einen Gegenstand, namentlich aber über einen Menschen hinweggeht, diesen sich dadurch psychisch zu eigen macht, ihn rechtlich schützt und so ein Hoheitsrecht über ihn gewinnt. Die Worte für „überschreiten," heißen deshalb auch in vielen Sprachen nichts anderes als „schützen". Dadurch, daß man sich breitbeinig über ein Tier (Opferwesen) oder ein Bodenstück stellt, wird man zu dessen Herrn. Nun sollen Weiber, selbst nach deutscher Meinung, nicht über Kinder hinwegschreiten. Auch der (für die Jägerstämme selbstverständlich lebenswichtige) Hund verliert, so meinen diese Nordstämme, wenn er zwischen Weiberbeine kommt, den Geruchssinn, ferner das Vermögen, die Waldgeister auf der Jagd zu sehen usw. Viele Gegenstände darf das Weib nicht betasten, vor allem solche, die für den Nahrungserwerb unbedingt notwendig sind, und heilige Dinge, so z. B. die Schlitten oder wichtigsten Schlittenteile der nordsibirischen Nomaden und deren Waffen, ferner auch die Hausgötzen der Samojeden nicht berühren; bei den Australiern des Festlandes und der Inseln ist es ihr verboten, die Steinidole der Männer oder die Männer-Häuser zu betasten oder die letzteren gar zu betreten. Die kunstvoll hergestellten Geisterflöten und die Schwirrhölzer soll sie nicht einmal ansehen. Entsprechendes gilt von anderen Gegenständen des profanen oder sakralen Gebrauchs. Eine solche Abscheu, diese sakralen oder profanen Machtmittel in irgendwelche Berührung mit Frauen kommen zu lassen, müssen wir auch im germanischen Norden voraussetzen. Sie ist noch heute nicht ganz erloschen und schiebt zwischen Weib und Mann zweifellos eine hohe Scheidewand. Andererseits ist es irrig deshalb von einer im modernen Sinne „niedrigen" Stellung der Frau zu reden. Ihre auf ihren Geschlechtseigentümlichkeiten beruhende Sonderart verlieh ihr Gewalt. Bei den alten Germanen tötete sie die Kriegsgefangenen, denn wen ihre „heilige" Hand berührte, verfiel dem Gottesbann. Nur sie vollzieht nach ältestem arischen Brauch die Ahnenspenden — nicht weil sie in die Küche gehört, wo diese Spenden stattfanden, sondern weil das Feuer und der unter ihm stehende Boden den geheiligten ahnenkultischen Komplex bildeten. Der Furcht vor ihr entstammt auch die eigentümliche Sitte, sie nicht am Tisch des Mannes essen zu lassen, ein in Indien und indisch beeinflußten Gegenden, wie wir sehen werden, bis zu den niedrigsten Kasten hin geübter Brauch. Das Geschäft des Kochens wird deshalb dort gern den männlichen Mitgliedern der hohen Kasten überlassen. Gewiß spricht hier uralter Priesterhochmut mit. Sind doch schon gewisse Speisen und Getränke für die Weiber unberührbar, denn sie sind „heilig". In ältesten Zeiten scheint, wie noch jetzt bei ganz primitiven Stämmen, die Sammlerin (Leserin) den Inhalt ihres Topfes für sich und ihre Kinder reserviert zu haben. Da die Furcht vor ihrem „bösen Auge" uralt ist, hütete sich der Mann, in dies Gefäß auch nur hinein zu sehen, wie sie ihrerseits im allgemeinen die Jagdmahlzeit des Mannes unberührt ließ, ehe dieser seinen Hunger gestillt hatte. Die Jagd, ja selbst die Schlachtung, wird als eine Abart des Kampfes gefühlt, nach dessen Abschluß die Sieger sich wie rasend auf die Beute stürzen, um deren Blut zu trinken und Fleischstücke mit den Zähnen aus dem Fell heraus zu reißen. Es ist im Grunde selbstverständlich, daß die daheim gebliebene Frau „die Überreste" und nichts als diese bekam. Auf der einen Seite finden wir also das Verbot, dem Mahl der Männer zu nahen (wobei man auch in Betracht ziehen muß, daß es „weibliche" und „männliche" Gewächse gibt, also Pflanzen und auch wohl Tiere nur von den Zugehörigen ihres „Geschlechts" genossen werden dürfen) und deren Fanggeräte anzutasten (bei gewissen Indianerstämmen ist es den Frauen verboten, auch nur den Stellen zu nahen, an denen die gefährlichen Pfeilgifte ihrer Männer hergestellt werden; selbst die Giftköche dürfen mit Frauen keinen Verkehr haben) auf der anderen Seite das Bewußtsein des weiblichen Hoheitsrechts in Haus und Hof, auch im häuslichen Gottesdienst. Dies geht so weit, daß der Fidschi-Insulaner es nicht wagt, nachts zu Hause zu bleiben. Wenigstens verstößt das gegen die gute Sitte. Er nähert sich also seiner Frau nur wie ein heimlich Liebender. Solche Auffassungen gehören in die weite Gruppe der Stellungnahme zur Ehe als einem Rechtsbruch hinein. Immer wieder begegnen wir dem Empfinden, daß man dem Stamm ein nie ganz wieder gut zu machendes Unrecht antut, wenn man ihm eine geschlechtsreife Frau entzieht. Daraus geht für mich hervor, daß die Endogamie, vordem das Leben in der Horde, bei einem großen Teil der Menschheit das Ursprüngliche war. Freilich mag die „Kauf"-Ehe kaum jünger sein, als Kauf und Tausch überhaupt. Aber der Stamm, viel weniger noch die Gottheit des Stammes, war mit diesem Wechsel recht eigentlich zufrieden. Die Frau gehört eben zum „Fleisch und Blut" ihrer engsten Gemeinschaft. — Bis in späte Zeit hinein genießt sie aktives und passives Schutzrecht. Das Eine hängt offenbar mit ihren Geschlechtseigentümlichkeiten, das Andere mit dem Bestreben, die werdende oder junge Mutter im Interesse des Gemeinschafts-Zuwachses zu erhalten, zusammen. Wie die Schwangere, so ist auch (selbst bei Negerstämmen) die Mutter eines Säuglings so heilig, daß sie bei Kriegen als Unterhändlerin dient und sich als solche eines unbedingten Schutzes erfreut, so lange sie ihr Kind auf dem Arm trägt. Ihrerseits schützt sie Flüchtlinge, indem sie einen, ihrem Leibe, womöglich Unterleibe, anliegenden Gewandteil über den Bedrängten wirft. Bei den Wamira und Wedau im südlichen Neu-Guinea kann eine Frau einen Gefallenen im Kampfe dadurch retten, daß sie ihre Grasschürze über ihn breitet. Bei den Galla-Stämmen konnten früher zwei Frauen einen Fremden unter ihren Schutz nehmen. Er brauchte sie nur zu berühren. Am üblichsten aber ist es, unter ihrem Mantel Schutz zu suchen: daher der hochberühmte Mantel-„Friede", ein heiliges Asyl. Bis zur Zeit der Hugenotten-Verfolgungen haben Bedrängte sich seiner bedient. Es findet sein Urbild in der Schutzstellung, die eine Mutter bei der Verfolgung ihres Kindes einnimmt. Sie verbirgt nicht allein, sondern sie heiligt durch die Leibesberührung. Was wir als Mutterliebe verehren, findet im Instinktleben und in der ihm Ausdruck verleihenden Geste der Frau seine Grundlage. Aber auch die religiöse Sehnsucht, das Heilige zu umarmen, ist damit aufs engste verwandt. Ins Rechtsleben greift dasselbe Motiv ein. Im vorislamischen Beduinentum bezeugt man den Göttern dadurch seine Verehrung, daß man sie küßt;

man streichelt ihre Idole, berührt sie mit einem Stocke, preßt sich an die Mauern der Kaʿba und klammert sich an ihren Behang. „Die Kraft der heiligen Männer der heidnischen Araber überträgt sich durch Kontagium". Diese Heiligkeit wird durch Vererbung übermittelt, durch Askese und Opfer neu erworben und gesteigert. Ein vedischer Text sagt: „was derjenige, der [ein bestimmtes Opfer] dargebracht hat, auch nur mit einem Schilfrohr berührt, das wird unsterblich und unendlich".Dadurch werden Sphären der Heiligkeit geschaffen. Zu diesen gehört in erster Linie das Wüstenzelt. Bis zu seinem äußersten Pflock reicht der Lebensodem des Beduinen. „Um an dem Schutze eines heidnischen Arabers teilzunehmen, braucht ein Hilfesuchender garnicht in den Schatten eines Zeltes einzutreten oder am Mahle teilzunehmen. Es genügt, daß er bis zu den an Pflöcke gespannten Zeltseilen vordringt und darauf tritt, daß er seinen Eimer an den Eimer des Anderen hängt, daß er den Saum seines Kleides von hinten berührt, daß er dessen Söhnchen an der Hand oder um den Leib faßt. Wenn der Schutzherr selber seinen Schützling beschirmen will, so wirft er ihm seinen Mantel über."

Ein Mantel vermag den Verfolgten vor seinem Bedränger zu schützen. Er umfaßt, verhelt auch den Toten — daher der Name der Todesgöttin Hel und der helende Mantel Wodans! Das Todesproblem, das in diesem Kleidungsstück eine seiner unzähligen Lösungen gefunden zu haben glaubte, steht im Mittelpunkt sowohl aller Religionen wie jedes Aberglaubens. Gewiß trägt sich der eine Mensch und das eine Volk viel, das andere wenig mit Todesgedanken — aber das, was wir Religion im hohen und Ehrfurcht erzwingenden Sinne des Wortes zu nennen pflegen, ist doch kaum etwas anderes als eine Beantwortung der Frage: „Was wird aus uns nach dem Tode?" vielleicht in dieser Form: „Was kann uns die Todesgedanken erträglich machen?" Der Aberglauben faßt dieses Problem ganz anders an. Er stellt die naheliegende Frage: „Wo bleibt der Verschiedene?", um darauf feststellen zu können, wie man sich seiner am besten zu entledigen vermag. Er trägt also im wesentlichen Abwehrcharakter. Ein jeder Todesfall muß anders liegen als der vorausgegangene. Deshalb sind Ideen und Handlungen kasuistisch gewertet. Selbstverständlich versucht man, in die ungeheure Vielgestaltigkeit ordnende Prinzipien zu bringen.

Die Totenbehandlung richtet sich nicht nach vorgefaßten Ideen. Die Handlung eilt hier dem Wollen und Erkennen voraus. Dementsprechend verfährt das Tier. Der durch einen plötzlichen Todesfall aufgeregte, hilflose Mensch ist erstaunt über die „Unlogik" seiner eignen Handlungsweise. Der Bereich des Todes ist eben das „heilige" Land schlechthin. Wer es betritt, hat, wie die Göttin Ištar bei ihrem Gang in die Unterwelt, bereits vor dem siebenten und letzten Tor alle Kleidung abgelegt. Er ist dann Mensch — und nichts weiter. Dadurch erklärt es sich, daß gerade im Totenglauben die ältesten Vorstellungen immer wieder ans Tageslicht kommen.

Der Primitive, der ja stets vom Äußeren, vom Symptom, schnell und subjektiv beeinflußt auf das Wesen der Sache schließt, sagt vom Toten häufig: „Er schläft nur!" und bleibt bei dieser Auffassung namentlich dann, wenn er sich den Tod nicht „erklären" kann, d. h. wenn die Leiche lebenähnlich aussieht. Wir sehen im Tode ein Definitivum — das „Land ohne Rückkehr", so sagt der Babylonier. Der Primitive glaubt die Rückkehr der „Seele", des „Lebens", jenes verzwickten Leibesorgans, oft genug beobachtet zu haben. Jede schwere Krankheit nennt man bei den Bergdama „Tod". Der unerwartet Wiedergenesene wird umbenannt; er ist eben ein „anderer Mensch", ein Wiedergekehrter. Zwischen Tod und Ohnmacht wird im Sprachgebrauch mancher Stämme, z. B. der Kate's, nicht unterschieden. Dem Samojeden gilt die Ohnmacht als ein vorübergehender Tod. Nimmt der Todesgott aus Versehen den Schatten zu früh oder stiehlt er ihn, so hat er ihn wieder zu geben. Geschieht dies, so ist der Mensch vom Tode — wir würden sagen: von einem Ohnmachtsanfall — erwacht. Die Kupfer-Eskimos berichten häufig Geschichten von Menschen, die gestorben, aber wieder aufgewacht sind. Doch brauchen wir, um diese Sagen zu hören, nicht so hoch in die Arktis hinaufzusteigen. In Ostpreußen erzählt man sich hunderte von Schauergeschichten; immer handelt es sich darin um Menschen, die „tot waren, im Sarge lagen und wieder lebendig wurden". Was hier die Ausnahme ist, war früher als stete Möglichkeit vorgesehen, die der Wunsch oder die Furcht zur Hoffnung oder Erwartung machten. Die Schlafstellung der Toten, die diesen von den Lebenden bei Lagerung der Leichen gegeben war, braucht allerdings weder Furcht noch Hoffnung auszudrücken. Der Tote schläft, liegt; deshalb läßt man ihn schlafen und liegen. Auch da, wo Jenseitsvorstellungen langsam aufkommen, bleibt diese Lage bestehen, so z. B. in manifester Weise bei den Wakikuyu. Auffällig, auch für das moderne Empfinden, ist die Ähnlichkeit zwischen Schlaf und Tod beim Epileptiker, ferner — was für die Fortbildung der abergläubischen Ideen der Primitiven sehr stark in Frage kommt — bei dem durch Gifte, Tänze usw. schwer berauscht niedergesunkenen „Propheten". Seine Seele wohnt, so lange sie dem Körper entzogen ist, bei den Göttern und kann, zurückgekehrt, von deren Geheimnissen erzählen. Sie hat mit den „Fernwohnenden", den Entrückten, den Ahnen, sich unterhalten und sie nach dem eignen und anderer Lebender Schicksal befragt. Daher stammt der Glaube an die Prophetengabe des Träumers. — Während die Traumbeobachtung den Glauben an eine vom Körper verschiedene Seele geradezu erzwingt, führen andere Gedankenreihen zu der Meinung, daß in jedem Teil der Körpersubstanz auch ein Stück Seele stecken müsse. Wie wäre es sonst möglich, daß man den Eingriff in jede beliebige Körperstelle fühlt? Woran liegt es, daß man, je wohler, um so dicker; je kränker, um so magerer wird? „Die Lebenshauche fürwahr sind das Leben", aber „in jedem Gliede ist ein Lebenshauch" — mit diesen Worten drückt der Veda Indiens seine Erkenntnisse aus. Auch das Blut ist das Leben. Die ärztliche Kunst besteht deshalb in der Zuführung von Lebenssubstanz. Beim plötzlich Gestorbenen ist sie noch voll vorhanden. Am besten leitet man sie von dem einen zu dem anderen Menschen direkt herüber. Darauf beruht die Blut-Transfusion. Die Bergdamas pflegen, um einen Kranken zu heilen, in Gegenwart eines Zauberers ein Haustier zu schlachten. Die Hand des Schlächters schafft dabei unter der Herzgrube eine kleine Wunde, dringt in den Brustkorb ein und entreißt das noch pulsierende Herz. Nach Paracelsus ist die „Galgenmumie" für die Ärzte äußerst wichtig, denn durch Krankheit weicht das Blut und fängt der Leib bereits bei Lebzeiten zu verfaulen an. Immer wieder hören wir deshalb von der Heilkraft der Leichen oder Leichenteile plötzlich Getöteter. Bei den heidnischen Arabern muß eine Frau, deren Kind bald nach der Geburt starb, auf die nackte Leiche eines durch Verrat gefallenen Mannes treten. Dann bleibt ihr das Kind leben. — Die Leichenklage kann den Verstorbenen erwecken. Der deutsche Aberglaube, daß man den Toten „aufschreien" könne, findet sich z. B. auch auf den südlichen Molukken.

Die Frage: „woher kommt der Tod?" wird verschieden beantwortet. „Es gibt nur einen Tod, [und der heißt] eben Hunger" sagt der Veda. Gemeint ist damit wohl die Atrophie, die der Mond beim Abnehmen und der greise (ausgemergelte) Mensch erleidet. Immer wieder kehrt die Vorstellung, daß unsichtbare Geschosse eine tötliche Erkrankung hervorgerufen haben. Da, wo der Tod von Feindeshand das normale Ende war, zwang zu dieser Meinung einfach die naive Logik. Die verbreitetste Idee aber war die, daß, wie jede Wirkung und Fernwirkung, so auch diejenige, die wir im Tode sich auswirken sehen, der Zauberei entstammt. Als Zauberer kommen „Macht"-geladene Menschen, auch unsichtbare „Kraft-Träger", als Einzelindividuen oder zu Gruppen zusammengefaßt; endlich nur ein Dämon, der „Tod" selbst, in Frage. Im Dienst dieses Zauberers steht das Magie-geladene Wort, das dem Totenreich zugehörige Tier, die gefährliche Pflanze. So entstehen Kollektiv-Vorstellungen von ganzen Totenreichen, denen ein Heer von Dämonen entquillt, und die Naturdinge tötlich machen können. Damit sind wir an der Quelle der für die seelische Verfassung des Naturmenschen so bezeichnenden dämonologischen Furchtvorstellung angelangt. Nach der Auffassung der Maori ergreift die Zauberkraft, die von dem „Hause der Göttin der Vernichtung" ausgeht, Steine, Bäume, Gräser und Nahrungsmittel, unter Umständen überhaupt alles und jedes. Hier scheinen unklare Ideen einer Allgemeininfektion der Natur vorzuliegen. (Sie stehen schroff der Empfindung gegenüber, daß es „guten" und „schlechten" Boden gebe, daß der Tod, wie der Tote sich irgendwo festsetze und eben dort sein Opfer fordere. Das sind dann „heilige" Stätten!) — Die metaphysische Vernichtungsquelle der Maori ergreift auch Häuser und „verhext" sie — dann müssen deren Bewohner sterben. Wird ein einzelner Stein oder ein Stück Holz „verhext" oder dieses oder ein anderer „verhexter" Gegenstand etwa in eine Quelle mit Trinkwasser geworfen, so müssen alle, die diese Dinge berühren oder das Wasser trinken, sterben. Es wird also der „Unreinheit", die bei den alten Kulturvölkern ganz bestimmte, kodifizierte Gründe hat, eben noch ein metaphysischer Ursprung angedichtet und natürlich hier, wie überall, von der Wirkung (der Krankheit) auf die Ursache (die Gottheit) geschlossen. Das europäische Denken unterscheidet sich nur dadurch von dem neuseeländischen, daß es das Todesgeschick als letzte Ursache annimmt, während die Spekulation des Maori es mythisch verbrämt. Der Europäer würde, wenn sein Reisekamerad auf Neu-Seeland sich aus einer Eingeborenen-Trinkschale eine tödliche Infektion zugezogen hätte, sagen: „Der Mann hat Pech gehabt", wobei an einen Zufall gedacht sein kann, wenn der so Redende sich gegen ein gleiches Los absolut gesichert glaubt, aber sofort eine Schickung konstruiert wird, wenn er sich selbst im Aktionsradius dieses Verhängnisses weiß. Denn niemand will der bloßen Zufälligkeit sein Dasein verdanken. Die Pest schafft hier besonders deutlich eine „heilige Gegend". Für den Maori ist sie in dem verseuchten Lande ohnehin vorhanden. „Die Herrin des Jenseits hat diese Schale angefaßt (oder verhext)" — das würde ihm zur Erklärung des Todesloses genügen. Das abergläubische Denken strebt auch hier dem Endglied einer gewaltigen Kausalkette unter Überspringung aller Zwischenglieder — beginnend mit der Übertragung der Bakterien auf die Schale, aufhörend mit dem traurigen Geschehnis der Erkrankung — zu.

Die in gewissem Sinne naturalistische Vorstellung, daß bestimmte „verhexte", d. h. mit tötlicher Zaubermaterie getränkte Dinge durch Berührung den Tod weitertragen können, tritt vielfach zurück hinter der Auffassung, daß, namentlich bei Seuchen, der zuerst Dahingegangene die anderen nachhole. Das gesamte Leichenritual, so weit es die Vernichtung des toten Körpers durch irgendein Mittel zum Zweck hat, geht von dieser Vorstellung aus. Sterben in einem Sippenlager der Bergdamas Südwestafrikas mehrere Personen hintereinander, so sagt man, der Erstverstorbene habe sich seine Verwandten oder Freunde nach dem Jenseits geholt, um ihm dort Gesellschaft oder gute Dienste zu leisten. Diese oder ähnliche Vorstellungen liegen so tief in der menschlichen Natur und sind, wenn die Todesfälle sich drängen und die Ursachen die Gleichen sind, soweit verbreitet, daß wir in ihnen „ethnische Elementarideen", die unausrottbarsten Ausläufer der zum Aberglauben herabgesunkenen Spekulation über Sein oder Nichtsein, erblicken müssen. Es wird dadurch ein überaus reger Verkehr des Reichs der Lebenden mit dem der Toten angebahnt, die, wie wir sahen, als die „Weggegangenen" gelten können, sich also von den Überlebenden, den „hier Gebliebenen", dem Äußeren nach nicht zu unterscheiden brauchen. Die Bewohner des mittleren Kongo suchen ja ihre Toten im Busch und glauben, daß sie sich in ihm versteckt haben, um Stammesangehörige zu besuchen. — In welcher Erscheinung kehrt nun der Tote zurück? Vielfach ist das Bild des Sterbenden der Phantasie seiner Angehörigen so fest eingeprägt, daß Bild und „Wirklichkeit" (die Halluzination der Rückkehr) völlig miteinander übereinstimmen. Sehr oft aber spielen geäußerte oder im Unterbewußtsein schlafende Furcht- und Hoffnungs-Empfindungen mit hinein; sie färben die Leiche und ihre Kleider, ihre Haltung und Gebärden. Diese Projektionen der Empfindungen des Lebenden gelten dann natürlich für Weissagungen des Toten oder für Äußerungen seiner Wünsche und Hoffnungen. Das „wiedergekehrte" tote Kind sieht besonders blaß aus und streckt die Arme nach der Mutter aus; dann meint diese: „Es holt mich bald nach. Auch hat es Hunger. Ich habe ihm so lange nichts zu essen gegeben." — Der Frau des auf den Kriegspfad gezogenen Schwarzen erscheint ihr Ehemann, Pfefferkörner im Gesicht, denn sie muß erwarten, daß er für den verwöhnten Gaumen des siegreichen Feindes schmackhaft zugerichtet wurde. Von großer Wichtigkeit ist es, daß die „Phantasie", richtiger das seelische Beharrungsvermögen (Trägheitsmoment), ungern, ja wohl nur bei dem Geisteskranken, die Welt mit Gespenstern erfüllt. Der Tote bleibt im allgemeinen da, wo er gestorben ist. Er erscheint nur bei seelisch Abnormen am Tage, sonst beschränkt er sich auf die Zustände des eingeschränkten Selbst- und Weltbewußtseins desjenigen, dem er erscheint. Von seinem Grabe aus, das zu diesem Zweck manchmal eine Öffnung hat, besucht er die Verwandten oder diejenigen, die besonders viel an ihn denken. Die Siedlungspolitik der alten Zeit ist wesentlich von dem Gedenken bestimmt worden, ob der in Aussicht genommene Platz sauber ist oder nicht. Bei den Igorrots auf den Philippinen darf niemand in der Hütte sterben, aber die Leichen bleiben in ihr oft wochenlang aufgebahrt. Es ist dies zugleich ein Beweis dafür, daß man nicht die Leiche in materiellem Sinne sondern deren Reflex in der Phantasie fürchtet. Dieses Spiegelbild kann auch Tiergestalt haben. Gestalten solcher Art leben im tiefsten Innersten jedes Menschen und können, ihm selbst zum Schrecken, unvermutet hervortreten. Der heimgesuchte Überlebende ist der sicheren Überzeugung, daß der Tote selbst es war, der vor ihm stand; er ist jedoch zugleich davon durchdrungen, daß die Leiche bei einer gleichzeitigen Exhumierung im Grabe gefunden worden wäre. Sie kann auch zugleich in der Erde schlummern und als unheimliches Tier ihr Haus beunruhigen. Wenn man den Toten nicht vernichtet, seine körperliche Existenz nicht irgendwie aufhebt, kann eine solche Heimsuchung sich lange Zeit wiederholen. Sie erfolgt auch zuweilen unter Kombination der menschlichen mit der tierischen Erscheinung. Dämonen dieser Art haben ihre Vorbilder in der diluvialen Höhlenkunst, auch in Gegenden, in denen rein menschliche Gestalten so gut wie völlig fehlen. Der moderne Volksglaube kennt die gleichen Gebilde z. B. im Weichselland. Die vielen dort vorhanden geglaubten Wer-Tiere haben, wie das Pferd Alexander d. Gr., menschliche Körperabzeichen. Auch die Hexen lassen bei ihren Zurückverwandlungen in Menschen tierische Körperteile oder Abzeichen zurück. „Durch Pieckel (Wpr.) brachten Bärenführer vor einigen Jahren einen Bären, der hatte Augen und Füße wie ein Mensch. Alles erschauerte; das war wohl ein Teufel mit Ziegenhörnern." Der schrecklich rote Wolf von Lippink konnte sich in einen Hirsch verwandeln und der Menschenfresser von Groddek in einen weißen Wolf. — Wüßten wir nicht, daß diese Wer-Wölfe ohnehin rein dämonistischer Natur sind — die weiße Farbe des Exemplars von Groddek würde es uns lehren. Eine weitere Gruppe von „Gespenstern" zeigt noch mehr als diese Wer-Tiere, wenngleich engst mit ihnen verwandt, ihre Herkunft aus der Phantasie von Psychopathen. Solche Dämonen können, von einem unbestimmten Drange getrieben, in irgendeiner Gestalt, selbst als Rad, umherschweifen (oder herumrollen!), Unheil verrichten und morgens in Menschengestalt schweißtriefend und völlig erschöpft in ihren Betten gefunden werden. Auch diese Vorgänge werden als völlig real vorgestellt. Die stark gesteigerte Verwandlungsfähigkeit der letzteren Gruppenvertreter vermehrt das „Unheimliche" dieses Gebahrens, macht den „konventionellen" Vorgang des Herausschlüpfens der Seele als Maus usw. zu einem „persönlichen Erlebnis" und dadurch zu einem die individuelle Freiheit stark einschränkenden Wahngebilde. Die Kondo-Leute in Ostafrika meinen, daß gewisse Menschen die Fähigkeit haben, die Seele aus dem eignen Körper herauszuziehen. Sie sieht dann wie ihr Leib aus, schweift umher und verrichtet allerlei Unfug. Menschen dieser Art sind auch Hellseher (Fernseher) und können von dem erzählen, was sich in der Ferne zugetragen hat. Hier wie dort handelt es sich um Individuen, die Halluzinationen unterliegen.

Die Lebensäußerungen der Totenseelen sind im allgemeinen sehr beschränkt. Sie zerstören den Glauben, daß die Gespensterfurcht der Ausgangspunkt aller Religion gewesen sein kann. Überhaupt gilt (besonders deutlich bei den Hebräern der ältesten Zeit) „der Tod erst dann als vollständig und definitiv erfolgt, wenn der Leib die Form, welche sein Leben gehabt hat, durch die Verwesung verloren " hat. Erst nach dieser Zeit kann man von dem „Geist" des Toten sprechen. Der Leib liegt bis zur Bestattung vor aller Augen da. Nach seiner Beseitigung verändert er sich in der Phantasie des Lebenden. Seine Größe ist dann geringer als zu Lebzeiten. Schon durch das „Seelenloch" der Urne kann kein normaler Mensch kriechen. Vielfach vermindert sich die Länge immer mehr. Die Erfahrung, daß in die best-verschlossene Hütte der Tote eindringen kann, macht solche Schlußfolgerungen notwendig. Auch der Glaube an die Tiergestalt der Seele — es handelt sich um kleine Hausparasiten — wird durch jeden Traum von dem Toten, den man im eignen Hause träumt, sehr begünstigt. — Die Stimme des Verstorbenen ist bei den Primitiven „ein dumpfes Murmeln, Zirpen oder Pfeifen, gleichsam der Geist einer Stimme", oft dem Pfeifen von Mäusen ähnlich, ein Geflüster, das höchst schauerlich klingen kann, aber keine unmittelbare Gefahr heraufbeschwört. Es tönt bisweilen wie das Summen von Insekten, wie Zwitschern von Vögeln (so auch bei Homer, welcher letzterer mit dem Hauptworte, das er dabei braucht, ein unheimliches Geräusch bezeichnen will, das weit ab liegt von dem metallnen Klange der menschlichen Stimme. Auch das die Totensprache wiedergebende Zeitwort soll den feinen, vibrierenden Laut malen, wie ihn Feldmäuse, Vögel und andere kleinere Tiere hervorbringen). Selbst der sein Leichentuch (vor Hunger) nagende „Nachzehrer" der Slaven quiekt oder schmatzt wie ein Ferkel, wenn man ihm den Kopf absticht. Auch die in der dämonischen Sphäre befangenen Vertreter der alten Kulturvölker (Priester und Wahrsager gewisser Art) reden von „Totenstimmen, die jemand zu Lebzeiten hört" und die dann natürlich Unglück bringen. Wir müssen sie uns wie ein verklingendes, unerklärliches Geräusch vorstellen. Eine solche Stimme wird auch dem toten Hebräer zugeschrieben. Sie ist so gut wie gar keine, dem Piepsen eines kleinen Vögelchens ähnlich. Deshalb fragt der Dichter: „Wer preist dich in der Unterwelt (Scheol)?" (Ps. 6, 6). Diese ist der Ort des Schweigens (Hiob 3, 17; Ps. 31, 18; 94, 17; 115, 17). Dem semitischen Rationalismus war es gegeben, die Leiche allmählich als Leiche zu denken, einen Körper sich vorzustellen und dennoch von den Momenten, die das Leben ausmachen, abzusehen. Allerdings gelangte man, wie das Totenritual (Trauerbrot, Trauerbecher usw.) lehrt, erst sehr langsam und niemals vollständig zu dieser Abstraktion. Leben und Seele sind ja eins, und beide nach altsemitischer Vorstellung im Körper gefangen, mit ihm lebend und mit ihm langsam zu Grunde gehend. Bis zum Eintritt des völligen Leichenzerfalls fühlt der Tote deshalb noch, wenn auch dumpf, seinen trostlosen Zustand.

„Nur Schmerzen fühlt sein Fleisch an ihm (dem Toten) und seine Seele an ihm trauert“ (Hiob 14. 22.) Nach einem Talmud-Autor schmerzt den Toten der Wurm wie die Nadel im Fleisch des Lebenden. Die Rabbinen zerbrachen sich ihre Köpfe darüber, wie lange die Beziehung zwischen Seele und Leib nach dem Tode fortdauert. Die Einen erachteten dieselbe nur als so lange andauernd, als die Gesichtszüge des Menschen noch nicht verfallen sind, weil da noch die Möglichkeit für die Seele vorhanden sei, in den Körper zurückzukehren. Nach anderen dauert die Beziehung 12 Monate lang. Als Grund wird angegeben, daß der Körper noch nicht in Verwesung übergegangen ist und infolgedessen die Seele auf- und abwärts steigt. — Wesentlich ist es, daß hier ein gewisses, der Antike sonst fremdes Mitleid mit dem Toten zur Geltung kommt. Spuren davon sind auch sonst nachweisbar. In südslavischen Gegenden (Gacko) fragen die Klageweiber den Verstorbenen am dritten Tage nach dem Tode, ob ihm die Erde leicht, die Kopfunterlage etwa zu hart sei, ob er zu essen und zu trinken habe, ob er sich nach Vater, Mutter, Verwandten usw. sehne. In germanischen und litauischen Gegenden achtet man deshalb auf die Lage und Kleidung der Leiche sehr. Anderenfalls erscheint der Tote dem Überlebenden im Traume, z. B., wenn eine „Klammernadel“ durch das Hemd hindurch die Haut erfaßt hat, ein Tuch auf den Mund geglitten oder irgend etwas zu fest umgebunden ist. So lange der Körper nicht verfault ist, fühlt die Seele die Fußtritte auf dem Grabe. Ein gewisses Mitgefühl mit dem Toten muß bereits manchen Eskimostämmen zu eigen sein. Sie fürchten, daß die schweren, die Leiche belastenden Steinhaufen ihr Schmerzen bereiten. Aber weder sie noch andere Stämme geben deshalb den weltverbreiteten Brauch auf, die Beschwerung mit jenen Steinen vorzunehmen. — Andererseits finden wir seit sehr früher Zeit (ältestem Veda und Prähistorie) und in außerordentlicher Verbreitung den Brauch, dem Toten eine Wohnung zu schaffen. Hier drückt ihn das Gewölbe nicht. Überraschend sind in dieser Hinsicht beispielsweise die ohne Zimment oder Stützwerke erbauten kaukasischen Grabgewölbe. Aber auch hier mag der Lebende bereits, der meist ein Großer und Mächtiger war, für diese ewige Wohnung in seinem Interesse häufig rechtzeitig gesorgt und der Nachkomme alle Mühe auf sich genommen haben, um den Toten am Wiederkommen zu hindern. Die Furcht davor wurde, je länger die Leiche in der Erde lag, um so geringer. Das „Schattenhafte“ der Seele in jener fast allgemeinen Vorstellung, ihr fast geräuschloses Huschen, zeigt sich abgesehen von Homer in einer berühmten Edda-Stelle: Die Brückenhüterin sagt zu Hermodr: „Unter dir Einem Lebendigen tönt meine Brücke mehr als unter den fünf Haufen toter Männer, die gestern darüber ritten.“ Grimm vergleicht damit das leise Getrippel der über die Brücke fortziehenden Zwerge. Die vielfach sehr auffällige Kleinheit der Grabmitgaben braucht nicht „symbolischen“ Charakter zu haben, sondern steht zu der „Schwäche“ der Toten im richtigen Verhältnis. Ein Tropfen Wasser genügt, ihren Durst zu stillen (Indien). Allerdings darf man die Totenpflege nicht vernachlässigen. In einer bestimmten, frühen Menschheitsepoche war die Furcht vor dem Toten, der seinen eignen Unrat oder sein Leichentuch essen muß oder sein Grab verläßt, um sich Speise zu suchen, auf das Äußerste gesteigert. Durch gute Pflege des

Toten kann aus dem bösen ein segnender Schutzgeist werden. Dem entsprechen die Grabanlagen. Man klemmte in Europa dem Toten die Trinkschale oder den mit Fleischstücken versehenen Bratspieß in den Mund, oder man führte ihm durch röhrenförmige, teilweise bis ins Grabinnere herabreichende Gruben die Nahrung zu. Auch die Giebellichter der Megalith-Gräber hatten wohl ursprünglich den Zweck, ihn mit Nahrung zu versorgen. Sie besteht leider nicht vorwiegend aus harmlosen Stoffen, sondern vielleicht seit ältester, prähistorischer Zeit — aus Blut. Das Gespenst ist blutdürstig. Diese weltverbreitete Vorstellung ist vielleicht die unseligste, die je im Gehirn des Menschen Platz gefunden hat. Eine unermeßliche Summe von Angst und Qual beim Opferveranstalter und Opferwesen ist dadurch während einer nicht auszudenkenden Reihe von Jahrtausenden auf die Lebewesen dieser Erde gehäuft worden; unschätzbare Werte wurden nutzlos vernichtet. Selbst der längst verstorbene, zum winzigen Männchen zusammengeschrumpfte Ahn der deutschen Sage, der nach Verlust von Namen und Eigenpersönlichkeit ins große Heer der Toten mündete, hat jene Blut-Lüsternheit noch nicht verlernt. Mit dem Blut des erlegten Stieres sollte der Hügel der Elben (Totengeister) gerötet und aus dem Fleisch des Tieres den Elben ein Mahl zugerichtet werden — so verlangt es die Kormakssaga. Blutopfer für den Ahn sind im tiefsten Süden nicht minder üblich als im Bereich der nordischen Saga. Die Zahl und Grausamkeit der Darbietungen erklärt sich also aus dem Vampyrismus des, wie die Berichte unserer Missionare und Forschungsreisenden immer wieder hervorheben, zunächst völlig menschengleich und rein leiblich gedachten Toten. Die Angst vor ihm war es, die sehr umständliche Reinigungsvorschriften notwendig machte und ein von den antiken Kulturvölkern teilweise beibehaltenes Ritual erschuf. Da kommt es auf den Klang der Glocken, auf Singen und lautes Beten, auf Lärm an. Bisweilen gibt man, offenbar im Sinne der Antizipation, wilder Freude den Ausdruck, wie etwa bei uns ein Examenskandidat, der sich unsicher fühlt, bevor er den verhängnisvollen Prüfungsraum betritt, die lautesten und schlechtesten Witze macht — es muß gehen! Die Bevölkerung von San Cristoval beschmiert sich bei einem Todesfall mit weißem Kalk das Gesicht und durcheilt dann unter Geschrei und Springen, mit dem Ausdruck der Freude, das Dorf, unter Scheinkämpfen heftig hin- und herlaufend, Speere werfend und voll Jubel, als wenn es zu einem Feste ginge. Der Lärm dient hier natürlich der Verscheuchung der Totengeister. Da sie dem Menschen aufhocken, muß man ihnen diese Sitzgelegenheit verleiden. Das geschieht durch Räuchern des Körpers, Wachen, Beschmieren mit Farben, Salbungen mit scharf riechenden Stoffen. Bei den Berg-Damas gelten solche Salbungen noch bewußter Weise dem Zweck, böse Einflüsse fern zu halten. Kinder, denen Vater und Mutter starben, haben sich deshalb den ganzen Körper mit Erde zu bestreichen. Auch das Schminken mit Farben, wobei offenbar abermals das Rot bevorzugt wird (z. B. Henna), dient zu gleichem Zweck. Die sich hier äußernde Furcht ist von der Priesterschaft der alten Zeit und niedriger Stämme, so weit ich sehe, nirgends bekämpft worden. Im Gegenteil: man lebte von ihr. Es heißt die menschliche Geschichte durch das Mittel des gefährlichsten, als „Idealismus" genießbar gemachten Aberglaubens verzeichnen, wenn man den geistlichen und weltlichen Machthabern irgendeiner Epoche genügende Entsagungsfähigkeit zuschreibt, um Wahngebilde politischer und religiöser Art, die ihnen nützten, zu bekämpfen. Im Gegenteil: durch die Suggestibilität ihrer Lehren werden sie zu dem, was sie sind; durch die Tradition behaupten sie sich; durch Mystik, die auf halbes Verstehen seitens der „Untertanen" rechnet, sichern sie sich ihren Besitz. Dies gilt in hervorragendem Maße von der iranischen Priesterschaft. Sie zog den Dämonismus in einer bis dahin nicht gekannten Weise groß. Nicht nur die Leiche selbst, sondern auch, wer sie berührte, wird unrein, ferner in jedem Falle die ganze Verwandtschaft des Verstorbenen. Die Naturelemente werden verpestet. Die Leichenträger leben in der Wüste in Höhlen, nur spärlich mit Speise und Kleidung versorgt; oft werden sie frühzeitig oder als Greise getötet. Die Übertragung erfolgt durch den „Dämon Verderbenbringer" in Gestalt einer Fliege, die ihren Sitz in den „Löchern" des Körpers (den Ausgängen der Sinnesorgane usw.) hat und Unreinheit überträgt. Mit der Pestfliege ist dies Wesen, wie die eben gegebene biologische Notiz lehrt, nicht identisch. Die Parsen-Priester hassen seit Alters alles, was dem „Gewürm" angehört, führen kleine Waffen bei sich und hauen auf das los, was nach ihrer Ansicht in diese Kategorie gehört. — Ein weiteres Mittel, das Totengespenst unschädlich zu machen, ist dies, daß man den Todesfall laut bekannt gibt. Der Lärm, mit dem die Nachricht, namentlich von dem Hinscheiden von Fürsten, überall verbreitet wird, findet darin seine Erklärung, daß dem Worte magische Kraft zukommt. Indem man das Wort „Tod" oder „der Tote" (mit Namennennung) oder die Erzählung von einem todbringenden Ereignis (bösen Traum) laut in die Welt, namentlich zur Sonne gewandt, ausschreit, schickt man diese verhängnisvollen „Körper" in die weite Welt, vernichtet sie. Allerdings geht eine entgegengesetzte „Theorie" dahin, die Namen von Verstorbenen, bösen Geistern, Dämonen, lieber nicht zu nennen, weil man sie dadurch „zitiert". Der Ritus des „Todansagens" ist keineswegs auf Deutschland beschränkt, wo der Gegenstand oder das Wesen (Biene), dem man den Tod ansagt, offensichtlich dadurch aus dem mystisch-namenlosen Todeskomplex herausgerissen wird, sondern findet sich in seiner eigentlichsten Form auch z. B. in Indien. „Sobald ein Śudra (ein Mitglied der niedrigsten Kaste) den letzten Seufzer ausgehaucht hat", sagt der Jesuit Dubois in seinem sehr wertvollen Werk über Indien, „müssen zwei ihm Nächststehende diese traurige Botschaft der ganzen Nachbarschaft mitteilen". Diese Mitteilung ist wohl nur ein (abgeschwächtes) Schreien; sie kann es im gegebenen Fall ja nur sein. Der Zweck ist der des die Totenruhe störenden, die Todesgeister verscheuchenden Lärms, der, wie das räumliche Verschieben des Besitzes des Verstorbenen von der Stelle, das Eigentumsrecht des Toten schmälern soll. Nach deutschem Brauch werden Vieh und Bienen aufgescheucht, Möbel von der Stelle gerückt. Wenn „alles anders wird", wie es zu des Herrn Lebzeiten war, hat dieser nur noch geschmälerte Rechte.

Ein weit verbreitetes, durchaus dem Aberglauben angehöriges Mittel, sich des Toten zu entledigen, ist das Verbot der übermäßigen Trauer. Einschränkungen der lauten Leichenklage finden wir mehrfach, so z. B. im Buddhismus und im Alt. Test., vor allem aber in germanischen Gegenden. Die Begründungen sind, wie immer im Aberglauben, ganz vage und gehen hier, wie leicht erkennbar ist, an der Sache selbst vorbei. Die bei der lauten Klage aufgewandte seelische Energie reißt das Phantasiebild an den Ort des Klagenden, fesselt ihn an diesen. Das zur Schlachtung reife Tier, das man bedauert, und der Sterbende, den man laut bejammert, kann nicht sterben. Das „Aufschreien" des Toten gilt im nordischen Altertum wie in der Gegenwart als möglich, aber verboten. Wer den toten Verwandten mit seinen Tränen benetzt, bekommt die Auszehrung; oder es sterben dann gar mehrere Personen in der gleichen Freundschaft — so sagt man in Bayern; oder man stört dadurch die Ruhe des Toten; solche Tränen brennen ihn wie Feuer. — In älterer Zeit und bei primitiveren Völkern feierte man den Jahrestag des Hinscheidens des einzelnen Toten weniger als den allgemeinen Trauertag um die Toten des Jahres. In Litauen war der grüne Donnerstag der „große Tag der Gespenster". Dem, der an sie denkt, erscheinen sie dann. Daß die Mutter ihre jung verschiedenen Kinder nicht zu lange beweinen darf, lehrt die bekannte Sage vom Tränenkrüglein. Auch die übermäßige Trauer der Kinder um die Eltern ist untersagt. Ein ostpreußisches Mädchen erzählte mir: sie sei von ihrem Vater vor dessen Tode aufgefordert worden, nicht über sein Hinscheiden zu weinen, weil der Tote selbst sonst keine Ruhe hätte. Gleichwohl hätte sie nach dem Weggang des Vaters sich in haltlosen Tränengüssen erschöpft. Da sei „eines Nachts der Tote aus der Erde gekommen" und hätte sich „auf ihre Brust gelegt". Sie atmete den Leichengeruch und sah den Körper ganz so, wie er am Tage des Begräbnisses wahrgenommen werden mußte. — Der Tote erscheint hier also persönlich und buchstäblich, nicht etwa sein „Geist". Er legt sich als Alp auf die Brust. Alpe sind Totenseelen. Die Erzählerin dieses Erlebnisses verfiel langsam einer manifesten Geistesstörung. — Ein Beispiel aus dem nordischen Altertum: Den Helgi zieht Sigruns Trauer aus Walhalls Frieden. Die Beschwörungen von Totengeistern zu Wahrsage- oder anderen Zwecken sind unter Umständen erfolgt, welche die Halluzinationen in gefährlichster Weise begünstigten. Die wesentlichsten Einzelfaktoren sind diese: Psychisch prädisponierte, meist weibliche Personen; Nachtszenerie; suggestiv wirkende Handlungen (Ritual) und Worte (Beschwörungen); Einsamkeit der Gegend. Es läßt sich wohl verstehen, daß der zur Arbeit im Dienst der Familie Berufene vor diesen Geistern, von denen ihm mehr, als es wünschenswert war, erzählt worden sein mag, ein Grauen empfand und deshalb die Quelle solcher Visionen, die exaltierte Trauer, verstopfte. — Auch die Slaven Bosniens verbieten sie. Eine Stelle des Avesta besagt: die für den Toten vergossenen Tränen bilden einen Bach, der ihn hindert, die Cinvat-Brücke (zum Lande der Seligen) zu überschreiten, und nach einer anderen Stelle wird alle Totenklage, die dem Verstorbenen zur Last fällt, verboten. Auf das gleichartige muslimische und jüdische Gesetz (Deut. 14, 1f.) wiesen wir bereits hin. Die mittelpersische Literatur und das Solonische Gesetz geben weitere Belege dafür, daß man in der erregten Gemütsverfassung das Geistertor sah, aber doch die Geister für echt und wirklich hielt.

Die Vorstellung von der Tiergestalt der Seele knüpft sowohl unmittelbar an vermeintliche Wahrnehmungen, als auch an kindliche Spekulationen an, zu denen, wie wir sahen, Traum- und Entrückungs-Erlebnisse einen wesentlichen Anlaß gaben. Die Meinung, daß der Mensch sich im Tode in einen Vogel verwandele, daß Vögel verwandelte Menschen seien und unter Umständen wieder menschliche Gestalt annehmen, ja, daß Vogel und Mensch durch Verkleidung in einander übergehen können, ist sogar den niedrigst stehenden Stämmen geläufig. Die Zauberer derselben sollen vielfach die Fähigkeit der beliebigen Verwandlung in solche Tiere haben; beim Menschen ist sie angeblich während seines Schlafes in der Weise beobachtet worden, daß die Seele dem Leib als Vogel entschlüpft, während der Körper als eine tote Hülle zurückbleibt. Wenn man das „Seelen"-Tier tötet, gefangen nimmt, kurz, irgendwie am Wiedereinschlüpfen in den Körper verhindert, so ist das Leben endgültig dahin. Das „Seelen"-Tier ist so real, daß es auch seinerseits getötet werden kann. Dann ist es mit der Existenz des Betroffenen wirklich aus. Bis dahin lebt er als „Ahn", nicht des Einzelnen, sondern des ganzen Stammes. Ihn zu töten, ist verboten. Selbst die Südslaven schlachten weiße Hennen, in denen sie noch etwas Dämonisches sehen, nicht gern. Eine solche Metamorphose gilt den primitiven Völkern nicht als durchaus unheilvoll, weder als Strafe für begangenes Unrecht noch als Bedrohung der Lebenden. Später verändert sich diese Einstellung. Schon bei Homer klagt die Nachtigall. In Indien trifft die Vogelverwandlung in der ältesten Zeit Unholde. Vögel als Teufel und böse Wesen finden sich auch im N. Test. (Matth. 13, 4. 19, Apost. 18, 2), unter offenbarer Beeinflussung vom Parsismus. Nun wird auch im Tierreich dualistisch zwischen schwarz und weiß, nächtlich und taghell unterschieden. Einzelne durchaus harmlose Wesen, wie die Taube, gelten immer als Unglückspropheten. Das gleiche gilt verständlicherer Weise von der nächtlichen Eule. Die Lehre von der Einkleidung der Seele wird dadurch sehr kompliziert, daß vielfach mehrere Seelen in dem gleichen Körper angenommen werden. Das intellektuelle, psychische Leben wird dann von dem Vegetativen getrennt. Oft stirbt das Eine im Tode, das Andere entweicht als Vogel. Unter den Stämmen, die dieser Ansicht sind, nennen wir die Huronen. Auch die Ojibway nehmen zwei Seelen im Körper an, von denen die eine im Traum umherwandelt, um das zu erfahren, was im Erwachen aus dem Schlaf erinnert wird. Die Bororo scheinen sich mit Einer Seele gleicher Art und Fähigkeit zu begnügen. Die Azteken nahmen die Metamorphose von Mensch zu Vogel nach dem Tode an, und zwar sollen die Seelen von deren Kriegern sich in Kolibri-Gestalt gekleidet haben. Vielfach gilt diese Metamorphose als Auszeichnung. Nach den Zaparos und bei den Isannas verwandeln sich die Tapferen in bunte Vögel; die Frauen gehen in Reptilien über. In Virginien wurden die Seelen der Häuptlinge zu Singvögeln, die sich bei Anbruch der Nacht sehen ließen. Zur düstern Szenerie der Nacht gehört der unheimlich rufende Vogel. Er wird wohl überall gefürchtet, besonders aber an Geisterstätten, in Höhlen, in Wäldern und an sumpfigen Seen. Manche Indianer scheuen deshalb Wildenten, andere den Ziegenmelker, einen nächtlichen und unheimlich schreienden Vogel. Er steht im Verdacht, der Bote der unterirdischen Mächte zu sein und das unsichtbare Gift der Seuchen und des

Todes auf die Menschen herabzuträufeln. Alle diese Vögel sind verwandelte (abgeschiedene) Menschen. Der Wahn dieses Metamorphosenglaubens reicht bis zu Aristoteles herab; nach ihm werden die Seelen der Dichter und Sänger nach ihrem Tode zu Schwänen. Auch die aus der Antike bekannte Furcht vor Schmetterlingen, Raupen und ähnlichem Ungeziefer findet sich bei Primitiven. Da, wo es sich um unbekannte Arten handelt, steigert sie sich bis zum Entsetzen. Das gilt noch heute bei unserem Landvolk. Die törichte, auch im Sprichwort wiederkehrende Idee von den Mäusen oder Raupen, die jemand „im Kopf hat", gehört hierher. Hinweisen müssen wir darauf, daß die in der deutschen Sage in Vogelgestalt auf dem Baum des Gartens klagende Seele sich, etwas variiert, bereits im alten Ägypten findet. Sie klagt dort nicht, weil die Verwandlung aus der Menschengestalt noch nicht als etwas Heidnisches d. h. Strafwürdiges gilt, aber sie beobachtet von ihrem Baum aus den Fortgang des Lebens im eignen Hause. Als Beispiel für einen ganz harmlosen, sehr nützlichen Vogel, der überall gefürchtet, gehaßt und verfolgt wird, weil er in der Nacht sein Wesen treibt, nennen wir die Eule (in allen ihren Spielarten, von dem kleinen Käuzchen bis zu dem größten Exemplar seiner Art). Die Meinung, daß ihr Schreien, ihr Sich-Niederlassen auf der Wohnstätte, ihr plötzliches Auffliegen, ihr Lachen, den nahen Tod bedeute, findet sich z. B. bei den West-Australiern, den Pima-Indianern, den Kalmücken und bei allen indianischen Völkern. Unter den Ariern erwähnen wir noch die Armenier, die Inder (bereits im Veda gehen Zauberer in Eulengestalt um; der Zauberer kleidet sich ja gern in Dämonengestalt; deren Prototyp ist Wotan, dessen Seele sich im Schlafe in die verschiedensten Tiere verwandelt); die verschiedensten germanischen Stämme, darunter, aus naheliegendem Grunde, vorzugsweise die Bewohner des Bayerischen Hochgebirges und Tirols; die Slaven, bei deren südlichen Stämmen dieser Vogel noch häufiger ist als anderswo; auch slavisierte germanische Gegenden übernahmen den finsteren Wahn. Die Welt des Islâm hat ihn sich zu eigen gemacht und auf die christlichen Bewohner ihrer Gebiete übertragen. Er findet sich bei den Deutschen Konstantinopels sowie bereits bei den vorislamischen Beduinen. Dort gilt die Eule noch als Inkarnation eines Toten. In dieser Gestalt setzt sich die Seele auf ihren Grabstein und klagt auf der Bestattungsstätte der Schicksalsgenossin ihr Leid. Ihre Begegnung bedeutet den Tod: Der achjalitischen Laila flog aus dem Grabe ihres Geliebten eine Eule in das Gesicht. Sie starb bald darauf. In der Sage ist die Verwandlung in Eulengestalt eine Strafe für Gotteslästerung oder Mord. Bei den Slaven verwandelt sich der Teufel in Eulengestalt und versteckt sich dann z. B. in eine ausgehöhlte Weide. — Wir haben hier in möglichst gedrängter Form den Beweis dafür zu erbringen versucht, daß, während Zeiten und Nationen sich wandeln, während die Völker sich untereinander so wenig eins sind, daß der Spanier im Indianer kaum mehr einen Menschen gelten lassen will, der gleiche Wahn, dem keine Beobachtung zu Grunde liegen kann, den jedes mutvolle Einschreiten zerstören muß, der keine Kausalität auf naturwissenschaftlichem Boden kennt, sie alle, alle, die ganze Menschheit seit Abrahams Zeiten, zu einigen, zu ängstigen, zu Roheiten und Verfolgungen wehrloser Naturwesen anzustiften vermag.

Die Seele offenbart sich auch als Maus. Wir sind hier in der einzigartigen Lage, beweisen zu können, daß dies schon in der Zeit des indoarischen Gemeinschaftslebens für möglich gehalten wurde. Die Muskeln des Körpers, die Hoden des männlichen Wesens (mushka; daher Moschus) sind „kleine Mäuse". Sie treten erst bei der Körperbewegung zum Vorschein, sind Bewegung schlechthin. Von der Kolik heißt es, daß sie als Maus aus dem Leibe gelaufen kommt. Der Kranke hat wohl ein Gefühl dieser Art. Vor allem aber hat das „Leben" im Körper Mausgestalt. Es zeigt sich als weiße oder rote Maus, enteilt aus dem Munde des Schlafenden oft auf gefährlichen Wegen (Alpdrückentraum!) und läuft bisweilen irre. Aus dem Körper eines Ermordeten entweicht diese Seele schnell. Sie stellt sich zu Zeiten im Alptraum, einem Krankheitsgebilde, dar. Dann muß man ihr Schwierigkeiten machen, sie in Bäume usw. einpflöcken, sie nur dann freigeben, wenn sich ihr ursprünglicher Träger gemeldet hat. Einen pathologischen Zug trägt die Vorstellung von ihr auch beim Durst-Traum. Deshalb soll man nicht durstig zu Bett gehen, denn anderenfalls treibt ein Zwang die Seelenmaus, nach einer Wasserstelle zu laufen. Dabei kann sie sich verlieren. Kindern entläuft sie bisweilen. Darum sollen sie nicht mit offnem Munde schlafen. Ihnen entweichen ihre Seelenmäuse gern unter den Herd, zur „Vestlgrube" der Tiroler, dem warmen Aschenloch des Herdes. Er ist der Ursitz der Ahnen, der Ort unter dem sie einst schlummerten, zu dem sie zu Beginn jedes Jahres eingeladen werden. Die Hausgeister haben Maus-Gestalt. Sie werden durch kleine Spenden genährt. Mit ihrem Enteilen weicht der Segen aus dem Hause. Andererseits ist es nicht gut, wenn sie sich zeigen, besonders nicht, wenn sie an den geheiligten Orten des Hauses offen auftreten: am Hausofen, dem Ehebett, der Tenne, der Dachtraufe. Diese Wesen — es gilt dies von jeder Verkörperung, jedem Bild der Seele — gehören eben ins Innere des menschlichen Organismus. Ihr Austritt bedeutet den Tod. Wenn Zwerge auf Mäusen reiten, so sehen wir das Bild der Seele verdoppelt: der reduzierte Mensch; die Maus. Der Eine steht oder sitzt auf der Anderen — wie im alten Babylon. Die bekannte Sage von Hatto und dem Binger Mäuseturm braucht nicht zu besagen, daß Seelen in Verließen gefangen gehalten werden. Man kann Mäuse tatsächlich mit Musikinstrumenten anlocken.

In Gestalt ganz kleiner Tiere sehen wir die Seelen bisweilen herumlaufen. Sie können auf ein der Todesstätte nahes Tuch gesetzt, zur Rückkehr vom „Engelland" in die Heimat veranlaßt werden. Sie suchen neue Körper, sind also auch präexistent. Zu Kindern sagt man, wenn man über etwas spricht, was sie noch nicht miterlebt haben: „Du bist damals noch mit den Mücken herumgeflogen." In ganz West- und Niederdeutschland war ehemals der Glaube verbreitet, daß Schmetterlinge oder Marienkäfer die Kinder brächten, das heißt selbst Ahnenseelen seien. Völlig davon verschieden ist die z. B. in Armenien sich findende Vorstellung, daß, wie alte Menschen immer mehr zusammenfallen, sich körperlich reduzieren, so auch der Tote zu einem kleinen Etwas, einem Nichts, einer Mücke wird. Auch dies ist psychologisch sehr leicht verständlich: er schwindet im Gedächtnis des Lebenden immer mehr dahin. Die klassischen Sagen sind bekannt. Bei den Tonkinesen wird ein

Weib aus Trauer über den Verlust ihres Gatten in eine Grille verwandelt. Diese Metamorphosen sind stets leidvolle Geschehnisse.

Eine von der bisher besprochenen ganz abweichende Vorstellungsreihe sieht im Schatten- oder Spiegelbild des Menschen dessen Bewegungselement, etwas nicht greifbares Geistiges. Es kann verzaubert, geraubt, entführt werden. Dann leidet darunter der Geschädigte oder er stirbt. Die vielgestaltige Gruppe von Manipulationen, die an dem Bilde eines Menschen statt an diesem selbst vorgenommen werden, gehört hierher. Jeder Mensch hat sein individuelles Spiegelbild, das man sich photographisch treu dem Original vorstellen kann (deshalb haben alle „Naturmenschen" eine uns unverständliche Scheu vor dem harmlosen Lichtbild-Apparat), das aber auch Tiergestalt anzunehmen vermag. Die „Seelentiere", namentlich die Schlange, umwinden in der klassisch-antiken Kunst den Heros (Ahn) und den Gott, werden auch verehrt. Die außerordentliche Bedeutung dieser Idee liegt darin, daß sie, wenigstens auf dem Boden der alten Kulturvölker und unter diesen wiederum am meisten in Iran, eine individuelle Seelenvorstellung schaffen. Dem Zwang derselben hat sich keine der altorientalischen Nationen ganz entziehen können. Am wenigsten tritt sie in Indien hervor, wo eben das Individuum in der Kaste völlig aufgeht. Das Avesta kennt seinen Fravashi, später zu Farvar geworden, der Islâm in zweifelloser Abhängigkeit davon die jedem Menschen zur Rechten und Linken stehenden zwei Schreiberengel. Die alten Araber sprechen von dem Dschinn, die alten Ägypter von dem Ka. Daneben steht der römische Genius.

Wir gedachten eben der Entführung des Schattens, mithin der Entrückungsidee, die zunächst rein materiell aufzufassen ist. Dämonen oder tiergestaltige Geister (windschnelle Rosse — so noch bei den Armeniern —) nehmen den Toten in das unbekannte Land oder in eine schwer betretbare Gegend (Busch, Inseln des Nilkatarakts) mit. Man muß ihn dann eben aufsuchen! Die Rolle des Räubers fällt vor allem dem vorausgegangenen Toten zu. Das sichtbare Bild wird zwecks Erklärung des Todesphänomens zu einem Unsichtbaren. Nicht der Tote raubt den Lebenden, sondern dessen Schatten die Seele des Lebenden. Dieser schwindet dann dahin und stirbt. Da der Tote Blutsauger ist und als Wurm im Körper des Anderen oder als Zauberer durch magische Gewalt das Fleisch des Lebenden fressen kann, geht diese Vorstellung der Kupfer-Eskimos in die des Vampyrs über. Bei einem Besuch des eben genannten Stammes erkundigte sich eine Frau bei dem Forscher Jenness, ob er bei seinem Aufenthalt bei den westlichen Eskimos ihren ersten, vor einigen Jahren gestorbenen Mann angetroffen hätte. Zwischen der leiblichen und seelischen Entrückung wird also kaum ein Unterschied gemacht. Man muß sich auch hier vergegenwärtigen, daß die Leiche des Seemanns tatsächlich „entrückt" wird und für ihn der Wellentod das normale Ende ist. „Ein echter Fischer muß versaufen" sagt ein Sprichwort der samländischen Küste. Die unheimlichen Metamorphosen der Slaven haben hier im Norden keinen Raum. Auch der Papuaner von Parimau deutet auf die Frage, wohin die Toten gegangen seien, unbestimmt auf den Horizont und meint: „In die Ferne". Diese Wanderung wird zunächst auch dann, wenn die Leiche nicht

„vermißt“ wurde, völlig realistisch vorgestellt. Die Spekulation ist eben zur Glaubenssache geworden. Die Wadschagga stellen neben den Sterbenden einen Bergstock. Fühlt ein alter Mann seinen Tod nahe, dann spricht er zu seinem Sohn: „Gehe hin und schneide mir einen Wanderstab, mit dem ich gehen kann.“ Damit bekundet er seine Absicht, zu den „Ahnengeistern“ „aus der Welt“ zu gehen. Sicherlich dient die Gabe eines solchen Stocks dazu, den Toten von den Lebenden quasi-räumlich zu entfernen. Zugleich aber reflektiert sich in ihr die allmähliche Trennung, Loslösung der Seele des Lebenden von der des Toten, wie sie sich aus dem Erlöschen des Bildes des Verstorbenen in der Erinnerung des Überlebenden von selbst ergibt. Dieses Bild hat in der ersten Zeit nach dem Tode an der Beobachtung des Habitus der Leiche natürlich einen mächtigen Halt. Die Reise beginnt deshalb erst beim Unähnlichwerden gegenüber dem in der Phantasie festgehaltenen Lebensbilde. Der Tote entfernt sich von der Erde um so mehr, je weniger er menschlichen Liebesdiensten, menschlichem Denken und Fühlen sich als zugänglich beweist. Nach der Auffassung der Leute von San Cristoval verläßt am vierten Tage das Fleisch die Knochen und deshalb der Geist den Leichnam. Dieser Tag heißt „das kleine Dahinscheiden“, der zehnte „das große Dahinscheiden“. Das Jenseits, das Ziel der Wanderung, ist nicht phantastisch ausgeschmückt, sondern ein einfaches unsichtbares Weiterleben in der alten Form. Seine Dauer und Intensität richten sich nach dem Maß der im Jenseits langsam ablaufenden Energie. So kommt es, daß der Fischer auch nach dem Tode fischen, der Jäger Wild erjagen geht. Der Landmann bestellt seinen Acker. Allmählich aber „lebt“ jeder dieser jenseitigen Berufsvertreter „sich aus“, vielleicht nach ebensoviel Jahren, als sein Erdenleben dauerte, oder nach 5 Jahren. Wo die innere Lebenskraft mangelt, etwa beim Kinde, zu Zeiten auch bei der Frau, bei armen Leuten, bei Schwachen, alten und geringen Personen, verläuft dies Zerfließen ins Nichts sehr schnell. Bei ihnen fällt auch der Totenkult, der den Dahingegangenen (durch Speise, Trank, Licht, Wärme) ja am Leben erhält, bald weg oder er kommt überhaupt nicht auf. Er ist wesentlich auch an den Besitz gekettet, der auf der Erde für den Toten zurückbleibt; Frauen und Kinder aber besitzen in der Regel nichts. Stark und wirksam ist dagegen die Seele von Häuptlingen, Zauberern, jedenfalls von Taten-Menschen im guten oder schlechten Sinne des Worts, auch von Menschen mit böser Zunge und von Jähzornigen. Die Lästerzunge überlebt ja das bösartige Weib auch nach unserer modernsten Meinung noch bisweilen; sie muß „extra totgeschlagen“ werden. Die Furcht vor Klatsch und Verleumdung ist bei den Primitiven allgemein und sehr groß. Deshalb werden bei den Berg-Damas und den Ainus wie bei nordischen Völkern (und sicherlich auch anderswo) altweibliche böse Geister sehr gefürchtet. Dem bösen Wort wird ja eine magische Gewalt zugeschrieben. Das alte Weib gilt ohnehin, schon der Triefaugen wegen, als unheimlich, meist als Zauberin, Hexe. — Der Volksfremde hatte keine oder doch keine gleichberechtigte Seele. Man verwandte ihn deshalb zum Opfer für die eignen Götter. War man doch vor seiner Rache sicher. Nur dem Edlen und Freien, vorwiegend dem Mann, „der Ahnen hat“, wird eine Seele zugeschrieben, die sich wiedergebiert, desgleichen dem Zauberer. So haben zum

Beispiel nach dem Glauben der Samojeden nur deren Zauberpriester, die Tadiben, das Alleinrecht eines zukünftigen Lebens. Bei anderen Völkern hat nur der Adlige eine anständige Seele. Nach der Meinung des amerikanischen Volks der Tlaskalaner gehen die Seelen der vornehmen Verstorbenen in schöne, lieblich singende Vögel oder in edle vierfüßige Tiere, die des gemeinen Volks dagegen in schlechte Tiere, wie Wiesel, Käfer u. dergl. über.

Die Bestattung hatte den Zweck, den Toten, d. h. seinen wirksam gedachten „Geist", seine Energie, unschädlich zu machen. Dem widerspricht nicht, daß man in den oft erst vor kurzem Dahingeschiedenen gütige, hilfreiche Geister sieht. Die Behandlungsart der Leiche erstrebte in erster Linie sei es eine Vernichtung, sei es eine Erhaltung der weichen Körperteile, griff aber noch zurück auf die älteste Art der Einstellung zu ihr: ihre bloße Vernachlässigung, ihre Aussetzung. Wenn wir eine Leiche unbekümmert auf freiem Gelände liegen lassen würden (die unentdeckten Selbstmörderleichen der Parks unserer großen Städte!), so würde sie zunächst von Fliegen und Maden, alsbald aber von größerem Raubzeug bis auf das Skelett verzehrt werden. In menschenärmeren, d. h. tierreicheren Gegenden vollzieht sich ein solcher Prozeß sehr schnell, unter Umständen in Stunden. Es liegt eine traurige Ironie des Schicksals darin, daß es einem sehr großen Teil der Menschheit viele Jahrtausende lang als heiligste Pflicht galt und gilt, die Toten zu begraben, d. h. sie einem äußerst langsamen und überaus anstößigen Selbstvernichtungsprozeß auszusetzen, der nur damit entschuldigt werden kann, daß er zu Unrecht als der „Natürliche" bezeichnet wird. Die Aussetzung ist vielmehr der älteste, in den meisten Fällen sauberste und schnellste Weg, sich des Toten zu entledigen. Er wurde, wie wir sehen werden, bis in späte Zeiten begangen, wenn es sich um harmlose Leichen handelte.

Die Gefährlichkeit der einzelnen Leichen war (wie die uns bereits bekannte der „Seelen") sehr verschieden. Mörder, Ermordete und Selbstmörder spuken, bis sie ein ehrliches Begräbnis gefunden haben. Sogar in den heutigen Kulturstaaten Europas besteht bei gewissen, engen Verwandtschaftsgraden Bestattungspflicht. Für das Altertum sei an Antigone erinnert. Immer wieder machen wir die Wahrnehmung, daß erst ganz spät und selbst dann oft nur scheinbar, des Toten, seines Zustandes und seiner vermeintlichen Leiden aus Liebe zu ihm gedacht wird. Schon um den Sterbenden kümmert man sich kaum mehr; vielfach wirft man ihn, „wie einen alten Kater", auf die Straße. Leichen von Kindern werden in Dunghaufen (Gruben) verscharrt oder weggeworfen. Von der Bestattung von Frauen und Kindern erfahren wir aus den altorientalischen Quellen wenig oder nichts. Es fehlt diesen Toten eben die Macht zu schaden und deshalb ihren Anverwandten das Interesse an ihnen. Es gilt dies allerdings nicht allgemein. In prähistorischen Gräbern ist den Leichen ganz kleiner, neu-, wenn nicht frühgeborener Kinder eine bemerkenswerte Sorgfalt zugewendet gewesen. Diese Leichen wurden bisweilen sorgfältig bestattet, mit Schnecken-Überresten, die lange Ketten gebildet haben müssen, schön geschmückt. Andererseits zeigt sich manchmal eine völlige Vernachlässigung solcher Leichen. Volkstum und Individualcharakter — alles das sind Mächte, von denen wir aus jenen Urzeiten nichts wissen können —

lassen sich natürlich nicht auf eine einheitliche Formel bringen. Die Vorstellung von der Unheimlichkeit der Leiche ist bei dem Tode einer Wöchnerin besonders akut. Der gesamte Stamm, dem sie angehört, namentlich aber das zurückgelassene Kind hat von ihr zu fürchten. Deshalb betrügt man die Tote bisweilen, indem man statt des Kindes einen Blütenkolben in ihren Schoß legt. Man sieht: auch hier, bei den einfältigsten Primitiven, sind die Teufel und Dämonen schon dumm. Durch seine in der Zauberei, dem Ritual angewandte überlegene List macht der Primitivste diese Geister zu Narren. Wie wäre das Leben anderenfalls erträglich gewesen? Der mächtige, richtig verehrte (d. h. wohl versorgte) Tote ist nach Verschleierung des Verwesungsprozesses auch bei „Naturmenschen" durchaus als gütig vorgestellt. Er steht zu Zeiten im Mittelpunkt eines Kultus, der sehr an den der Moslems erinnern kann. Bei den Basoga Ostafrikas werden die Gräber von Häuptlingen, Zauberern und anderen gefürchteten oder weisen Personen besucht, weil man die Toten um Belehrung für den regierenden Häuptling befragt. In Zeiten der Dürre wurde von fürstlichen Tempelpriestern dort um Regen gebetet. Die Bitte um Regen ist für den Ahnenkultus typisch. — Die vom Standpunkt des Primitiven aus komplizierteste, die Feuerbestattung, wurde dementsprechend in der ältesten Zeit vermutlich, in der späteren Aera sicherlich auf gefährliche Leichen, auf Nachzehrer, große und mächtige Männer beschränkt, wobei der Schädling, Zerstörer, das zweibeinige Raubtier vor dem sittlich Hochstehenden einen gewaltigen Vorsprung hat, wie denn, ganz allgemein gefaßt, die Suggestion, die vom Lumpen und Verbrecher ausgeht, zehnmal so groß ist als die vom anständigen Menschen oder vom Opfer eines Verbrechens ausgestrahlte. Der herostratische Ruhm umgibt jede Niedertracht der Gesinnung mit einer Gloriole. Hinter dem Lustmord steht der Vorstadt-Volksaufklärer mit dem Kurbelkasten, hinter dem Hungersterben von Tausenden von Frauen und Kindern der bewundernde Historiker. Die Gräber dieser Verbrecher sind, wie ihre Leichen, eine Quelle von Kraft, die dem Lebenden zu eigen war und „doch irgendwo bleiben muß", d. h. bei der Leiche, dem Grabmonument usw. sich entlädt. Nur solche Toten werden, wie wir sahen, kultisch verehrt, namentlich auch mit Opfern bedacht. „Wo die Furcht vor dem Toten gering wird, sinkt auch der Preis dieser Geschenke".

Als gewöhnliche Todesart der Stämme, die vom Zufall leben, sahen wir das unerwartete Zugrundegehen bei der Berufsbeschäftigung oder im Kampf. Hier erübrigte sich eine Bestattung. Der Tote ist eben „entrückt". Allerdings kann er auch in diesem Falle von Menschen oder Tieren aufgezehrt werden. In diesem Falle hat die Zerstörung der Leiche nach der allgemeinsten Auffassung das Zerrinnen des gesamten körperlich-geistigen Komplexes ins Nichts zur Folge. Wer von einem Fuchs, Wolf, Hund, zerrissen und verspeist ist, der ist eben verschwunden. Das aber gerade war es, was man in anderen Fällen erzielen wollte. Deshalb setzte man den Toten aus. Zum Zweck der gegenseitigen Vernichtung töten und fressen sich die primitiven Krieger. Es kann hierbei zu Zeiten der Gedanke aufkommen, daß die in dem Feinde verborgen gewesene Energie, Frische. Kampfesleidenschaft, sich als magisches Fluidum dem

Mörder mitteilt. In sehr vielen Fällen wird man sich um den Toten ebensowenig gekümmert haben, als in einem schweren Gefecht um den Nebenmann. Er ist eben weg — vergessen! Man warf bei der Wanderung die Leiche in einen Fluß, eine Erdritze und war dann klug genug, solche Orte seinerseits mit „Respekt" zu betrachten: dort konnten Dämonen hausen. Vielfach werden sie dort halluziniert. Die Stätte des Todes, der Ort im Wasser, an dem jemand ertrunken ist, holt den Zweiten nach. Deshalb verbaut man dem dort „wohnenden" Geist den Weg durch Dornen, Zäune, Wassergräben, man vermeidet die Stätte auch des trocknen Todes, indem man weiterzieht, sobald der Tod eines Menschen eingetreten ist, ja, unter Umständen noch zuvor. Hier deckt sich die primitive „Theorie" der Toten-Erledigung mit der alltäglichen praktischen Erfahrung, daß man, um die Erinnerung an einen Menschen, der unsern Wohnsitz geteilt hat, los zu werden, nichts besseres tun kann als — zu verreisen! — Der Körper wird an der Stätte des Sterbens bisweilen begraben. Des Toten Haus verfällt.

Der furchtbare Brauch der Menschenfresserei, d. h. sowohl der Verzehrung der Leichen von Menschen die eines nicht von dem Verzehrer beabsichtigten Todes gestorben sind, wie auch des Fressens von Menschen, die zum Zwecke der Verspeisung getötet werden, ist bei einer langen Reihe von Völkern aus Geschichte und Gegenwart erwiesen, und oft beschrieben worden. Er hat sich im Menschenopfer erhalten. Tröstlich wäre es für die von Schiller und anderen so schwunghaft besungene „Würde der Menschheit", wenn diese grauenhafteste aller Bestialitäten sich auf Entartungserscheinungen ethnischer Natur, primitivste Kulturen, urzeitliche Begehungen, allenfalls noch auf Not und Verzweifelung bei schwerster Hungerzeit oder auf den Affekt äußerster kriegerischer Wut beschränkte. Nichts von alledem ist der Fall. Die „Kultur" ist eine trügerische Decke, die keinen Belastungsproben standhält, und, einmal zerrissen, einen erschrecklichen Fäulnisherd offenbart. — Was die Prähistorie anlangt, so kann man aus dem gleichmäßigen Fehlen gewisser Knochen des Menschenskeletts auf Anthropophagie schließen. Man verzehrte diese Teile, um dadurch ihrer „Kräfte" teilhaft zu werden. Wie die vom Tiger Gefressenen zu Tigern, von Wölfen zu wölfischen Dämonen (Werwölfen) usw., so werden umgekehrt die Verzehrer von Helden zu Heroen. Die Bewohner der Kingsmillgruppe der Karolinen-Inseln essen die Körper der im Kampf erschlagenen berühmten Krieger, um sich dadurch Tapferkeit anzueignen. Die Basutos verzehrten die gefallenen Boers, weil sie wähnten, daß dadurch deren Mut in ihre Leiber überginge. Der Genuß von Tierfleisch ist mit den gleichen abergläubischen Vorstellungen verbunden. Die Bahau vermeiden es, das Fleisch des Hirsches zu essen, um nicht furchtsam zu werden. Die Abiponen essen gern Tiger, Stiere und ähnliche Tiere, um stark zu werden, aber nicht Hühner, Schafe usw., weil solcher Genuß feige mache. Man gedenke der bei uns verbreiteten Meinung, daß Taubenherzen melancholisch machen. Die Taube gilt ja, wie wir wissen, als „Seelen-" d. h. als Unglückstier. Der gesamte Dämonismus der Völker ist von der Wahnidee durchsetzt, daß Unheilgeister in menschliche oder tierische Körper eindringen und durch Zernagen von lebendem Gewebe dieses zerstören können. So wird auch die faulige menschliche Frucht erklärt. „Möge [die Klasse der] keimzerstörenden [Dämonen] die Föten nicht schädigen!" wünscht der älteste indische Zaubertext. — Doch kehren wir zu den Menschen zurück und gehen in die neue Welt! Die Chavantes am Araguay, einem Nebenfluß des Tocantine, essen die verstorbenen Kinder, um sich ihre Seelen anzueignen. Es soll also hier der Sohn im Vater wie sonst umgekehrt der Vater im Sohn wiedergeboren werden. Solche Ideen wie diese letztere, deren unerschütterliche Zähigkeit in der Gedankenwelt des Primitiven wir kaum zu verstehen vermögen, waren in der Urzeit und namentlich dann, wenn die Ehe innerhalb des Stammes blühte, also keine fremden „Seelen" von außen diesem zuflossen, eine mächtige Säule für die Verwandtenanthropophagie, unter Umständen auch (in Australien) für den Kindermord zum Zweck der Anthropophagie. — Pestleichen sind nirgends verzehrt worden. Man überließ sie den Tieren. Je frischer die Körper waren, um so besser. Nach dem Bericht des Strabo haben die Massageten die Leichname der nicht an Krankheiten gestorbenen Personen, mit Schaffleisch vermischt, also sicherlich ohne „religiöse" Nebengedanken, aufgegessen und auch die Derbiker ihre Verwandten verzehrt. — Der Genuß von Menschenfleisch erfolgt häufig aus Rache, also namentlich während des Krieges und zu Zeiten von inneren Unruhen. Er beabsichtigt, mit dem Leibe zugleich den Geist des Unterlegenen zu quälen und zu töten. Wo der Kannibalismus in Negerländern überhaupt vorkommt, hat er meist diesen Zweck. So wird es uns verständlich, daß vorzugsweise die lebentragenden Teile, Herz und Leber, der Rachsucht zum Opfer fallen. In der Prometheus-Sage klingt diese Vorstellung mit grausiger Deutlichkeit nach. Das Auffressen des herausgerissenen Herzens ist in einem der allerneuesten chinesischen Geschichte angehörigen Fall noch erweisbar. Bis vor kurzem boten für das Verzehren der Körper von Feinden die Tahiti- und Hawai-Inseln, ferner der Tonga-Archipel, und gegenwärtig noch die Paumotu-, Markesas- und Harwey-Inseln sowie Neu-Seeland Beispiele. Was die alte Kulturwelt anlangt, so sind einzelne Rückfälle in den Kannibalismus nicht unerhört; wahrscheinlich ist er im größeren Maßstabe in Ägypten für die Zeit vor der 7ten Dynastie. — Das was man partielle Anthropophagie nennen könnte, ist außerordentlich weit verbreitet: es ist der gegen menschliche Körperteile gerichtete Vernichtungswille; wir finden Vernichtung des Herzens (s. oben), des Auges (Ägypten), der Geschlechtsteile (Homer), desgleichen der Sekrete. So sollen z. B. die Ostjaken Sibiriens dem besiegten Feinde die Kleidung abgenommen, das Herz gegessen, den Skalp abgeschnitten haben. Erst dann betrachtete man das betreffende Opfer als definitiv tot, so daß es seine Existenz nicht fortsetzen konnte. Die Ostjaken verlegen nämlich den Sitz der menschlichen Seele in das Haar des Kopfes. Mit seinem Verlust geht die Seele verloren. — Ein besonders unsauberes Kapitel dieses Buches müßte sich mit dem Trinken der Leichensekrete beschäftigen. Es ist allerdings eher zum Zweck der Inkarnation als der Vernichtung der Seele z. B. auf Samoa verbreitet gewesen und wurde dort von Frauen verübt, die, wie ich aus eignem Augenschein weiß, den vollen Reiz weiblicher, unserem Geschmack sich annähernder Schönheit zeigten. Verschiedentlich, z. B. auf Neu-Guinea, findet sich auch das Einreiben des

Körpers mit Verwesungssekreten. — Nochmals muß in diesem Zusammenhang auf den Vampyrismus einerseits, die Sitte des Bundesschlusses durch gegenseitigen Blutgenuß andererseits hingewiesen werden, dessen älteste Form darin besteht, daß der eine dem anderen das Blut aussaugt. Wir finden diese Zeremonie noch auf dem Libanon und in einigen Gebieten Arabiens. Das Nebeneinander der Vernichtungs- und Einverleibungsidee zeigt sich hier besonders deutlich.

Wer sich zu der Radikalkur des Verzehrens des Toten nicht verstehen will, verläßt die unheimliche Stätte. Bei Nomaden, die wertlose Zelte, oder ganz primitiven Viehhaltern, die leicht erbaubare Hütten haben, ist dieser Brauch nicht selten. Er krönt sich im Verlassen vonGeister-Mühlen, -Burgen, -Häusern, wobei sehr stark zu betonen ist, daß auch in diesem Falle, wenn zwei das Gleiche tun, es nicht das Gleiche ist. Der Spiritismus, der solchen Unsinn lehrt, nutzt Schwachsinnige und Psychopathen aus. Er setzt diese mit dem bürgerlichen Leben in Widerspruch. Sie tragen das Gefühl einer gewissen Minderwertigkeit in sich, wenn sie nicht ausgesprochen geisteskrank sind. Der Hottentotte dagegen, der beim Todesfall eines berühmten Mannes dessen Dorf verläßt, handelt „traditionell", also ohne eigentlichen inneren Kausalzusammenhang. Übrigens befürchtet er dennoch die Rückkehr des Toten, falls er auch nur ein Stück von dessen Habseligkeiten mitgenommen hat. — Auch wenn unter den Wakamba ein Häuptling stirbt, wird das ganze Dorf verlassen, in dem er gewohnt hat. Bei den Herero geschieht dies unter gleichen Bedingungen wenigstens für einige Zeit. Das Räumen des Sterbehauses finden wir bei den Brasilianischen Eingeborenen. Die Witwe und die Kinder verlassen die Hütte und geben sie dem Verfall preis. Die japanische Urbevölkerung der Ainos pflegt die für die Familienmitglieder streng verbindliche Sitte, das Haus des Verstorbenen niederzubrennen. Die Furcht vor dem Toten ist dort, wie schon dieser Brauch lehrt, besonders groß. Gräber werden deshalb niemals besucht und der Name des Toten nicht genannt. — Bei den vorislamischen Beduinen, die doch in ihren Gedichten so häufig sagen, daß mit dem Tode alles aus sei, hat sich vielleicht (neben der Sitte, Kessel und Schüssel des Verstorbenen zu zerschlagen) das Umwerfen des Zeltes als Sitte gezeigt. Wenden wir uns zu den Stämmen des sibirischen Nordens, so finden wir verschiedene Sitten: man reißt bei den Jakuten bisweilen das Sterbehaus nieder. Dagegen pflegen die Samojeden bei Todes- und sogar bei Geburtsfällen ihre Zelte zu verlegen.

Dem Verlassen oder Vernichten der Todesstätte geht die Sitte parallel, dieselbe beizubehalten, den Toten aber oder sogar den Todkranken aus ihr schleunigst zu entfernen. Die Damaras werfen den Kranken aus ihrer Hütte heraus. Oft wartet draußen schon der Wolf. Die menschliche Bestialität befleckt sich mit dem Brauch, in gleicher Weise sterbende Wöchnerinnen zu behandeln. Die Bergdamas erbauen für den Scheidenden eine gesonderte kleine Hütte aus Zweigen. Die Wadschagga haben früher sterbende Greise ausgesetzt, die sie oft recht weit von ihrem Wohnsitz entfernten. Damit nicht genug: um ihre Geister zu versöhnen d. h.: ihre Rückkehr zu verhindern, trug man die Kranken in die Steppe hinunter, salbte sie aber zuvor mit Butter und hüllte sie in die Haut eines frisch geschlachteten Ochsen. Leider finden wir in der altnordischen Literatur das Zeugnis einer ähnlichen Handlungsweise: man machte eine Grube, setzte den Greis hinein und ließ ihn dort umkommen. Hier geht das Aussetzen des Sterbenden in das des Sozial-Lästigen (Greises, Mißgeburt) über. Auch die Kaffern setzten früher ihre Sterbenden aus. Wo dieser Brauch oder die verwandte Sitte, Leichen weg zu schaffen, existiert, hören wir regelmäßig, daß wilde Tiere sich der menschlichen Körper annehmen. Es soll die Aussetzung also der völligen Vernichtung dienen. Um diese zu sichern und jede Rückkehr abzuschneiden, entfernt man den Toten nicht auf dem gewöhnlichen Wege, sondern zieht ihn unter der Schwelle durch, hebt ihn durch ein Loch im Dach oder in der Mauer zum Hause heraus. Solche Bräuche finden sich in Europa noch im weiten Umfange, nur, daß man gewöhnlich nicht den Leib sondern die Seele auf möglichst ungewöhnlichem Wege entlassen will und die gemachte Öffnung alsbald zu verschließen pflegt. — Das Herauswerfen der Leichen war so gewöhnlich, daß z. B. bei den Kaffern das Wort für „begraben" nur ein Hinauswerfen bedeutet. Diese Stämme fürchten gewisse Tiere offenbar nur deshalb, weil sie menschliche Seelen verschlungen haben könnten. Das paßt zu der Tigranthropie-, Lykanthropie-Vorstellung usw. völlig. Wesen, ihrem Äußeren nach scheinbar halb Mensch, halb Wolf, haben, dieser Theorie zufolge, eben einen Menschen verdaut. — Die Semiten begruben ihre Toten, setzten aber ihre Feinde aus Rache den wilden Tieren zum Fraß vor. Unbegraben zu bleiben, galt ihnen als größtes Unglück. Die alten dämonistischen Ideen haben sich in der Periode eines metaphysischen Nihilismus zu behaupten verstanden. Deshalb auch die Gräberschändung, das nachträgliche Herauswerfen der Gebeine aus dem Grabe, als ungeheuerlichste Schmach. Die Babylonier fürchteten, wie überhaupt die Semiten, von der Zerstörung der Gebeine (Knochen) das absolute Nichts-Werden, die Unmöglichkeit, auch nur in die düstere und trostlose allgemeine Versammlungsstätte der Toten aufgenommen zu werden. Der Geist des Beunruhigten konnte zum mindesten an den Trankopfern und kultischen Speisungen der Toten nicht mehr teilnehmen. Er litt Hunger und Durst und quälte deshalb seine Verwandten. Die Tiere zerstörten den Leib allmählich völlig. Die babylonischen Revolutionäre werden „den Hunden, ... den Vögeln unter dem Himmel, den Fischen der See" gegeben. Man fühlt, wie sie körperlich abgebaut werden: „Ihre abgehauenen Gliedmaßen ließ ich fressen die Hunde, Schakale, Geier, Adler, die Vögel des Himmels, die Fische des Meeres". Auch bei den alten Beduinen war es eine besondere Rache, wenn man den Feind unbegraben liegen ließ. Das Los der Unbestatteten ist nach den poetischen Produkten dieser Stämme folgendes: die Hyäne kommt herangehinkt, während der Sterbende noch am Leben ist, zerrt ein Stück ab und trägt es ihrem Jungen in das Dickicht. — Die Schilderung atmet semitische Rachsucht und Grausamkeit. Aus dem A. Test. verweise ich nur auf Jes. 14, 19f. — Der Zarathustra-Anhänger brauche ich hier nicht mehr zu gedenken, wohl aber der Bewohner der Mongolei, die ebenfalls ihre Toten aussetzen. Es ist dieser Brauch eine einfache Folge der Wüstennatur des Landes. Das gefürchtete, verpestende Fleisch wird, wie die belletristisch aufgebauschten Berichte es so häufig geschildert haben, dann durch Raubvögel in kürzester Zeit glatt von den Knochen abgelöst. — In Indien finden sich einzelne Beispiele für die Aussetzung Lebender oder Toter aus Rachsucht: die Dānavas erschlugen den Kaca und warfen dessen Stücke den Wölfen vor. Indra tat ein gleiches an den Yatin. Die Griechen waren, wie Sage, Kunst und Geschichte beweisen, aufs tiefste davon durchdrungen, daß das kultische Begräbnis unbedingte Pflicht sei. Selbst den Siegern in der Seeschlacht wurde es als todeswürdiges Verbrechen angerechnet, die Leichen unbegraben liegen gelassen zu haben. Es ist dies um so hervorhebenswerter, als der Glaube an das nächtliche Wandeln einzelner Totenseelen dort kaum existierte. Jahrtausende gehörten dazu, der Masse der Völker und Menschen das Bewußtsein, daß sie die Geister durch Bestattung unschädlich machen müßten, so unverlierbar einzuhämmern. Es war dies nur in Verbindung mit der Idee möglich, daß man dadurch dem Toten, eigentlich natürlich dem Überlebenden, die „letzte Ehre" bezeigte. Die Stammespflicht der Beihilfe am Begräbnis (gemeinschaftliche Herstellung und Beförderung des Sarges zur Gruft, Anteil an den Begräbniszeremonien) kam der individuellen Eitelkeit außerordentlich stark entgegen. Bis fast zur Gegenwart kümmert man sich um den Einzelnen nur, wenn er Hochzeit hält oder begraben wird. Die bei solchen Gelegenheiten ausgegebenen, ruinös wirkenden Riesensummen (der indische Landmann gerät durch die Hochzeit seiner Tochter für immer in Schulden; die deutsche Bauernfrau verschleudert den Rest ihrer Habe beim Leichenbegängnis ihres Mannes: es nützt dem „Seligen") sprechen hier eine deutliche Sprache. Beide Momente, das soziale und das kultische, sind von gleicher Wichtigkeit. Das letztere sichert sich seine Stellung früh durch die Beimischung von eigentlich religiösen Elementen. Der Körper des Toten oder einzelne seiner Teile werden einer schützenden Gottheit unterstellt. Wir lernten solche „heiligen" Körperteile (Haare, Fingerglieder) kennen. Der Kupfer-Eskimo schlägt sich einen Fingerteil ab und ist dann überzeugt, daß dieser fortdauere, während der übrige Körper von reißenden Tieren verzehrt würde.

Den Brauch der Aussetzung finden wir in der ganzen Menschheitsgeschichte wieder. Und immer wird betont, daß dann die bekannten Leichenräuber den Leib vernichten. Die klassische Literatur der Antike erzählt, daß die Baktrer ihre Leichen den Hunden preisgaben (Onesicritus). Cicero berichtet dies von den Hyrkaniern; Strabo von den Massageten, doch macht er den Zusatz, daß dies nur bei den an Krankheiten Gestorbenen geschehen sei. Diese Mitteilung ist hochinteressant, denn wir finden in der Gegenwart mehrfach den gleichen Brauch ausschließlich bei hochinfektiösen Leichen geübt. Er wird dadurch zu einer primitiven sanitären Maßnahme von größter Wichtigkeit — dem einzigen realen Bekämpfungsmittel der Pest. — Die Edda (Gudr.-kv. 12) kennt für den deutschen Mann nur die Möglichkeit, nach seinem Tode entweder von Wölfen zerrissen oder verbrannt zu werden. Von der Heimat der Kamtschadalen bis herab zu Neu-Pommern finden wir den Brauch, die Leichen den wilden Tieren geradezu anzubieten. Als solche Totengräber kommen in Betracht: Hund, Wolf, Fuchs, Wildschwein, Schakal, Hyäne, Luchs, Tiger. Auch die fleischfressenden Vögel verdanken angeblich ihren bösen Charakter dieser Ernährungsmethode.

Welche Absichten walteten bei diesem Brauch vor? Daß man Leib und Seele zugleich vernichten wollte, kann nicht fraglich sein. Nicht die Schlachtung, sondern die Verzehrung bedeutete das wirkliche Ende. Deshalb darf im südlichen Zentral-Neu-Guinea das Totemtier zwar getötet, aber nicht gegessen werden; deshalb bedeutet das Zerreißen einer Person oder Sache durchaus ihr Zu-Nichts-Werden. Der Leichenschwund wird auf geisternde kleine Tiere oder Hunde zurückgeführt, so z. B. bei den Trobriandern; das Gleiche gilt von der Aus„zehrung" des Lebenden. Gram und Tod sind zehrende Dämonen. Sie verschlingen in Wolfsgestalt bei Sonnenfinsternissen die ganze Welt. Nach dem Schöpfungsbericht der Jurak-Samojeden soll der Tod (Nga) die Schöpfung der Welt durch Num während dessen Abwesenheit zerstören, indem er durch List den Menschen überwältigt und dann auffrißt. Mehrere Völker nehmen das unsichtbare Verschlungenwerden durch geisternde Tiere im Moment des Todes an. Ein solches kosmisches Ungeheuer (das auf dem Wandgemälde von Orvieto noch einen Hundekopf trägt) ist der Orcus der Römer, der italienische Orco. Wie der deutsche Teufel wird er makrokosmisch und mikrokosmisch gefaßt. Er wittert Menschenfleisch, verschlingt die Welt wie den Einzelnen, ist gefräßig (esuriens). — Die abergläubische Einstellung zu den Leichenräubern ist verschieden. Wo der Brauch nicht mit einem anderen konkurriert, lobt und pflegt man die realen, füttert auch die mythischen „Toten"-Hunde. Für den Parsen gilt es noch heute als Pflicht, sich im Tode von einem Hunde mindestens ansehen zu lassen — das bekannte Saeg-didaeh. Wo aber eine jüngere, kompliziertere, „kultiviertere" Bestattungsart eindrang, erachtete man die Aussetzung als weniger ehrenvoll. Der Tote sollte nicht mehr völlig vernichtet, sondern zu einem nützlichen, durch die kultische Pflege seitens des Menschen dessen Interessen gewonnenen Geist gemacht werden. Der Gedanke der absoluten Vernichtung wurde für jeden Lebenden schauerlich. Deshalb füttert er die sichtbaren und unsichtbaren Totenhunde und wünscht, an ihnen vorbei zu kommen, wenn er die große Reise ins Jenseits macht. — Jedes Wesen, das sich an menschlichen Leichen vergreift, hat körperliche Kennzeichen, der Hund „vier" Augen: das ist der Zerberus, einer der sichersten Zeugen gemein-indoarischer Religionsgestaltung.

Anderer Formen der Leichenaussetzung wollen wir, weil sie in den Aberglauben der indogermanischen Stämme nicht unmittelbar eingreifen, hier nur andeutungsweise gedenken, z. B. der Aussetzung von Leichen (auch in Särgen oder Matten) auf Bäumen. Wir finden sie z. B. bei den indischen Nagas; diese legen die Leichen in einen kahnähnlichen offenen Sarg oder Trog, der außerhalb des Dorfes an einem Baum hängt. Hier bleibt die Leiche der Sonne und der Luft ausgesetzt, bis sie ganz vertrocknet ist. Der Zweck ist also offenbar der, sie zu dörren, den Prozeß der nassen, in den feuchten Tropenländern rapid fortschreitenden Verwesung möglichst zu verhindern. — Türkische Bestattungsgebräuche lehren einen neuen Leichenschänder kennen: den kostbaren Zobel. Um ihn zu fangen, wirft der Stamm der Ugi die Verstorbenen auf die Steppe hinaus. Der Stamm Sivei stellte die Leichen auf Bäume. Auch die Aussetzung auf Bergen und in Wäldern ist bezeugt. Das

Motiv ist immer entweder die bloße Bequemlichkeit oder der Wunsch, den Totendämon möglichst weit vom Hause zu entfernen oder ganz unschädlich zu machen. Auch Aussetzung im Wasser findet sich bei den Primitiven. Sie ist das Prototyp der bekannten prunkvollen Bestattungen in Schiffen, wie wir sie aus dem germanischen Norden kennen. Die Körper (und Seelen!) werden einfach ins Wasser geworfen, um von Haifischen gefressen zu werden. Ein solches Tier hat dann, da es ja mit dem Stamm des Toten gewissermaßen verwandt geworden ist, den Rang eines Familien-Haifisches zu beanspruchen. Von ihm haben die nächsten Verwandten des Gefressenen angeblich nichts mehr zu fürchten; im Gegenteil: sie werden von ihm geschützt.

Die älteste Wohnung zugleich des Lebenden und des Toten war die Höhle. Für das Höhlengrab liefert das naheliegendste Beispiel das gelobte Land. Dort herrschte in prähistorischer und frühsemitischer Zeit ein nur durch das Vorhandensein von Höhlentempeln und Höhlengräbern verständlicher Totenkultus. Er erging sich in Anrufungen des Namens der Toten, Grabspenden und Beigaben, bestehend aus Waffen und Geräten. Diese Sitten überdauerten die Gründung der mosaischen Religion, die sie vergeblich bekämpfte. Wie man den Namen Jahves pries, so den des Toten. Man beschwörte ihn von seinem Grabe aus, reichte ihm Speise und Trank. Solche Sitten werden noch in späten Schriften des Alt. Test. als selbstverständlich vorausgesetzt und nur in gewisse ethische Bahnen gelenkt. Der Brauch der Höhlenbestattung geht in Palästina bis auf das Neolithikum (jüngere Steinzeit) zurück. Man hat die Umwandlung einer solchen Höhle in ein Schachtgrab beobachtet. Der Glaube daran, daß man durch das Bewohnen von Höhlen den Zusammenhang mit dem Geisterreich wahren kann, ist aus prophetischer Empfindung geboren und im Alt. Test. erhalten. Der Prophet der ältesten Zeit ist dort der in schmutzigen Höhlen wohnende, selbst von Schmutz starrende Verrückte, der seine Visionen dem Geisterreich der Tiefe entnimmt. Erst sehr langsam kann die Grotte zum Eigentum eines Menschen, oder vielmehr des Gottes, der sie dem Menschen zum Lehn gibt, geworden sein. Dadurch kommt sie aus dem Bereich der Dämonen in den des menschlichen Herrn herüber. Es ist bekannt, einen wie großen Wert die Patriarchen, Könige, Richter auf die Totenruhe in eigner Heimaterde, das heißt: dem Machtgebiet ihres Gottes, legten. Abraham kaufte für sich und seine Angehörigen eine Höhle auf dem Grundstück makpelā bei Hebron. Neben der natürlichen Höhle finden wir das in Stein eingehauene Grab, über dem ein Opfer dargebracht und bei dem die Totenmahlzeit gehalten wurde. — Das Analoge bei den Primitiven: die Bapari kehrten beim Tode in die Stammeshöhle ihrer Vorfahren zurück.

Neben der Aushöhlung eines Felsens finden wir die Sitte der Bewerfung der Leiche mit Steinen. Die „Steinigung" nach dem Tode, die keinen anderen Zweck hatte als die vor dem Tode, nämlich den, die gewaltsame Ausschaltung eines gefährlichen Wesens aus der menschlichen Gesellschaft zu erreichen, hat schon Diodor zusammen mit der Fesselung des Verstorbenen genannt. Die Megabarer genannten Troglodyten banden die Körper der Verstorbenen mit Ruten von Dornstrauch zusammen, indem sie den Hals an die Beine heranpreßten, also etwa die Fesselung eines Kriegsgefangenen nachahmten. Darauf bewarfen sie die Leiche mit handgroßen Steinen, bis sie sie völlig zugedeckt hatten. Solche Abwehrmaßnahmen, besonders auch gegen diejenigen Körperteile gerichtet, die für den Seelensitz in Frage kommen, wiederholen sich immer wieder. Auf San Cristoval müssen die großen Zehen und die Daumen des Toten mit Rotang zusammengebunden werden. Vielfach werden Leichen in Felle verpackt, in Säcke gesteckt, selbst unter Zerbrechen der Knochen. Dies geschieht oft sofort nach dem Tode, ja, bisweilen vor dessen Eintritt. Auch das Hineinstopfen der gesamten Leiche in große Tonkrüge, das Einnähen in Felle usw. hatte die gleiche Bedeutung; ihr Verschnüren in Rindenstoffe und Zusammenpressen auf den denkbar engsten Raum geht eben dahin. Die Hockergräber, wie sie die Vorgeschichte im weitesten Umfange kennt, finden sich vereinzelt noch gegenwärtig bei sehr niedrig stehenden Stämmen und dienen dort augenscheinlich dazu, den Toten zu fesseln und dadurch unschädlich zu machen. Allerdings wird er in seiner gezwungenen Stellung, die ihm keinen Angriff und keine Verteidigung gestattet, außerdem noch unter die verwahrende Erde gebracht. Die Erklärung dieser Stellung ist viel umstritten; man gedachte der gleichartigen Pose der am Feuer kauernden Primitiven; der Schlafstellung, als mit der des Hockers identisch; der Vorstellung von dem Toten als Fötus usw. Besonders beachtenswert ist auch die Auffassung vom Hocker als dem im Familienkreis am Herdfeuer kauernden Abgestorbenen. Seine Haltung macht allerdings einen recht gewaltsamen Eindruck. Beine und Arme sind stark zusammengezogen; die Ersteren im Knie- und Hüftgelenk stark gebeugt; die Letzteren über die Brust gekreuzt oder so gelegt, daß die Hand den Mund oder die Wangen berührt. Es liegt also doch wohl eine Fesselung vor.

Die Furcht vor dem Toten hat alle Versuche, ihn unschädlich zu machen, überdauert. Die Megalith-Bauten konnten den Toten nicht zurückhalten. Er sprengte die schweren Marmorkiefern der ihn verschlingenden Gruft (Hamlet). Die ostafrikanischen Bakitara, Feldbauern, wagten es nicht, die Grabeserde mit den Händen auf den Toten zu werfen. Sie taten dies mit den Ellenbogen. Niemand, dessen Vater noch am Leben war, durfte beim Begräbnis helfen oder etwas vom Fleisch des Totenfestes genießen.

Unter diesen Umständen versteht man es, daß man, nicht im Interesse des Toten, sondern abermals in dem der gefährdeten Überlebenden, es wünschte, daß dem Verstorbenen „die Erde leicht werden möge." Der Brauch der Steinbestattung macht diese Redensart zur heuchlerischsten Phrase, welche je unter den Menschen im Kurse stand. Allerdings können wir ihr einen gewissen Sinn abgewinnen, wenn wir uns vergegenwärtigen, daß in dem Steinbau der Druck nicht unmittelbar auf dem Toten lastete. Die Steinigung der Leiche liegt den Nomaden nahe. Sie ist jedenfalls der bequemste Weg, den Toten von der Welt des Lebens abzutrennen. Offenbar erst später kommt die Bestattung in der eignen Hütte auf. Es ist möglich, daß es eine Zwischenzeit gab, in der man, wie ja die Jägerstämme der Indianer es tun, die Gebeine des Toten oder, wie sibirische Stämme, das Bild des Ahns auf die Reise mitnahm. Selbstverständlich vollzieht sich die Entwicklung in diesem Punkt so wenig wie in irgendeinem anderen gradlinig. Als gewaltigste Zeugen dieser kultischen Idee haben wir die Megalith-Gräber zu betrachten, die „Hünenbetten", von deren gewaltiger Größe man auf Riesenmenschen und Riesenzeiten schloß, die es nie gegeben hat. In Deutschland hat man das Gewicht der zum Bau eines solchen Komplexes zusammengeschleppten Gesteinsmassen mit Einschluß des Erdreichs, das zu ihrer Befestigung nötig war, auf 1/2 Million Kilogramm geschätzt. Die einzelnen Decksteine allein wogen bis zu 22000 kg. Auch bei den Hügelgräbern Deutschlands finden wir derartige Steine, wenngleich von unvergleichlich geringerer Schwere. Sie sollten Kopf und Fuß der Leiche bedecken. Ophelia singt im Hamlet: „... Zu Häupten ein Rasen, zu Füßen ein Stein". Es kommt auch Steinbedeckung an Kopf, Schultern und Oberleib vor. Das alte Versenken von Leichen, die in Felle eingenäht und mit einem Stein beschwert waren, in Sümpfe, muß, wenn es je einwandfrei bezeugt worden ist, ganz besonders gefährlichen Toten gegolten haben. Daß man diese durch die Beschwerung am Wiederauferstehen verhindern wollte, weiß noch der heutige Volksglauben. Er geht aber in die Irre, indem er meint, daß man durch die Belastung „den armen Seelen" Ruhe verschafft. Für die Albernheit der Begründung solcher Bräuche ist eine Tiroler Erzählung von zwei Menschen bezeichnend, die sich gegenseitig töteten und unter einem großen Stein begraben wurden, „damit ihnen die Erde nicht schwer wird"(!!); gemeint ist: damit ihnen die Erde so schwer wie möglich wird. Übrigens werden sie trotz allem zu Gespenstern, die ihren Stein verrücken. Im germanischen Sagenkreis verschließt ein gewaltiger Stein am Grunde der Erde, gleichsam als Decke und Gitter, den Eingang zur Unterwelt. Grimm vergleicht damit den „Ahnenstein, der die Grube des etruskischen mundus schloß und alljährlich an drei heiligen Tagen abgenommen wurde, damit die Seelen auf die Oberwelt steigen könnten". Das schwere Tor der Hölle, die ja immer zugleich Totenreich ist, gehört auch hierher. — Bei Homer finden wir die Steinigung mit der Feuerbestattung kombiniert. Besonders gefährliche Ungeheuer werden unter gewaltigen Steinlasten begraben, so z. B. Typhon unter der Insel Kreta. Wenn jemand im modernen Italien in der Gegend zwischen Tarent und Reggio auf dem Gefilde eines gewaltigen oder zufälligen Todes stirbt, so hält man es für das einzige Mittel, dem Spuken seines Geistes ein Ende zu machen, wenn man junge Knaben hinschickt, die sich dem Leichnam stillschweigend nähern und ihn mit einem Haufen von Steinen bedecken. — In der Steinwüste ist dieser Brauch sicherlich uralt. Nach Strabo finden wir ihn bei den äthiopischen Troglodyten. Die syrischen Nomaden legen noch heute Steine zu Füßen und Häupten des Toten. Auf das Grab des alten Beduinen legte man Steinplatten oder kleine Steine. Die Vorüberziehenden werfen kleine Steine auf das Grab. Aus dem Alt. Test. vergleiche man hierzu: II. Sam. 18, 17. Unter den Primitiven nennen wir die indischen Larka-Khols. Sie verbrennen zwar ihre Toten, oft sicherlich unter dem Zwange brahmanisch-arischer Religionsübung, beschweren aber zudem die Asche mit Steinen, die oft so groß und schwer sind, daß die Einwohner von 3—4 Dörfern dazu gehören, um sie fortzuschaffen. Bei den chinesischen Kirgisen bringt jeder Verwandte zur Leichenfeier einen Stein mit und stellt ihn auf das Grab. Den Brauch des Steinbegräbnisses finden wir u. a. in Samoa, Neukaledonien, Australien, bei den

Buschmännern. Einer von diesen Letzteren teilte einem Offizier der früheren deutschen Schutztruppe (nach einem Bericht von Frobenius) mit, er würfe auf jeden derartigen Steinhaufen, wenn er ihn beim Jagen treffe, einen weiteren Stein. Denn wenn der Tote nicht von Steinen bedeckt sei, so wäre es möglich, daß er wieder auferstände, und das wäre nicht gut. Die Kaffern und viele Völker Südafrikas, ferner die Osagen in Amerika kennen die gleiche Sitte. Der eben genannte Buschmännerbrauch deckt sich sachlich völlig mit dem der Tibeter, nur fehlt bei letzteren die Veranlassung: die Leiche. Weder die Tibeter noch wir sind darüber unterrichtet, was die jedem Fremden sehr auffälligen Steinhaufen der dortigen endlosen Steppen bezwecken. Der Dämonismus bedarf ja keiner Toten: das Übel haftet am Boden und muß dort beschwert werden, damit es nicht aufersteht. — An Stelle der Steine treten in den Wäldern natürlich Laub und Zweige. Sie werden, wie im tibetischen Ritus, von jedem Vorübergehenden auf Gräber geworfen. In Deutschland finden wir die Stein-, Erd- oder Zweig-Haufen über den Ruhestätten Erschlagener, die in der gleichen Weise erhalten und vergrößert werden. Es liegt hier also eine sehr deutlich ausgeprägte Furchtempfindung zu Grunde, die sozial bindende Handlungen zur Folge hat. Man hat das Gefühl, als ob manche Leichen so gefährlich waren, daß man ihre Zerstörung durch Tiere nicht abgewartet hat, sondern, durch einen religiösen Instinkt getrieben, ihre verfehmten Ruheorte immer wieder dem menschlichen Blick und „Gewissen" entzog.

Das Einwickeln von Toten in Felle, ihr Einnähen usw. sind jedenfalls Mittel, die Leiche vor dem Erdbewurf zu schützen und sie zugleich am Wiederkommen zu verhindern. Wie überhaupt das tierische Fell, so übermittelt namentlich das der Kuh bei Viehzüchtern die heiligende Eigenschaft dieses Tiers, wenn man dessen richtige Verwendung versteht. Deshalb wickeln die eben genannten primitiven Bauern und Viehhalter die Leiche eines Häuptlings in die Haut einer frisch geschlachteten Kuh ein. Auch ein Schaf bringt man und tötet es. Der Erbe nimmt die rohe Haut und breitet sie zwischen den Beinen des Toten und über den unteren Teilen von dessen Bauch aus. Da das Rind das wertvollste Tier dieser Stämme ist, dürfte es, wie in Indien, wo wir einen ganz ähnlichen Brauch kennen lernen werden, beabsichtigt sein, durch die lebensfrische Haut den Hingeschiedenen zu erhalten. Damit haben wir das Gebiet der Mumifizierungen erreicht, das in Ägypten mit höchstem technischen Geschick Jahrtausendelang gehandhabt wurde, aber bereits eine sehr lange Vorgeschichte hat. Die Prähistorie auch Ägyptens ergibt übrigens den Brauch des Einnähens in Felle. Es gewinnt den Anschein, daß man einerseits die Lebensähnlichkeit des Toten zerstören wollte, soweit sie dem Lebenden gefährlich sein könnte; und daß man sie andererseits erhalten wollte, soweit sie ihm nützlich sein mußte. Die primitivste Form der Mumifizierung ist jedenfalls das uns bekannte Dörren, in der Sonne, über Feuer, Rauch, auf Bäumen oder Felsenplatten, wobei es nicht einmal unbedingt darauf ankommt, daß der Geröstete eine menschenähnliche Form behält, sondern abermals eher darauf, daß die verweslichsten Teile, also die Eingeweide, aus dem Körper herausgezogen und für sich allein behandelt (z. B. in „Eingeweidekrüge" gesteckt) werden, während man Fleisch und Gebeine nach der Trocknung in die eigne Haut des Toten wieder hineinsteckt oder den ganzen Leichnam zu einem Mumienbündel zusammennäht. Als älteste Konservierungsmittel lernen wir Salz, Honig, Wachs, kennen. Den Leichenverfall aufzuhalten oder den Zweck der Lebensähnlichkeit der Leiche ungeachtet der Zerstörung einzelner Körperteile zu erreichen, bediente man sich im weitesten Umfange, auch bei Tieren, der Prothese, des plastischen Substituenten. Denn Bild und Wirklichkeit gehen ja in einander über! Als Beispiel eines Fundorts aus der Jägerperiode der Menschheit nenne ich die Montespan-Höhle. In ihr fanden sich fünf aus Höhlenlehm gefertigte Tier-Plastiken, darunter die freistehende Wiedergabe eines Bärenrumpfs von 1,10 m Länge und 0,60 m Höhe. Den Kopf bildete ehedem ein echter, wohl mumifizierter Bärenschädel, dessen Knochenreste tatsächlich auf dem Boden zwischen den Vordertatzen vorgefunden wurden. Eine dreieckige Vertiefung am Halse ließ darauf schließen, daß dieser Originalkopf s. Z. an der Tonstatue befestigt war. — Während hier nichts als der Kopf „echt" ist — das Kunstwerk selber scheint von Speeren durchbohrt, also als Prototyp eines Jagdbären benutzt worden zu sein und magisch eine gute Bärenjagd vorausgenommen zu haben — und andere Bilder sogar nichts als „echte" Haare, Knochen oder Asche der wirklichen Leiche tragen, gilt vielfach gerade das Umgekehrte. Das verfallende Gesicht, das bald unkenntlich werdende Auge wird bei der sonst natürlichen Leiche durch ein Fehlendes ersetzt. Ich gedenke hier der Fundgegenstände von dem Totenfeld zu Ancon in Peru. Löst man dort von einem Mumienballen die äußere Umhüllung los, so überzeugt man sich schnell, daß der scheinbare Kopf eine Verzierung ist, gebildet aus einem Kissen, welches zur täuschenden Nachahmung eines Gesichts rot bemalt ist. Eine aufgenähte, aus Holz geschnittene Nase, Augen aus Muschelschalen oder Baumrinde mit einer aus einem Wachstropfen gebildeten Pupille, ein Mund, dargestellt durch Baumwollenfäden, Haare, nachgeahmt durch schwarzgefärbte Aloe-Fäden oder ersetzt durch wirkliche Perücken, sollen die Täuschung vervollständigen.

Die Ausdehnung des Brauchs der Mumifizierung ist sehr erheblich. Das Ausdörren der Leichen lernen wir bei amerikanischen Gräbern, z. B. bei den Totenstätten der Incas kennen. Die indischen Kukis und Nagas wählen das gleiche Verfahren. Bei jenen wird es auf Könige beschränkt, wie es denn nur als äußerstes Mittel denkbar ist, den göttergleichen Monarchen noch lange über sein natürliches Leben hinaus mit der Fähigkeit zu begaben, das Hilfe-Geschrei seines Volkes zu hören. Auf Borneo kommt eine Erhaltung der Leichen durch Kampfer vor. Auf Formosa und Tahiti wird mumifiziert. Die alten Griechen kannten das gleiche Verfahren schon durch eine Tradition, die durch Gräberfunde z. B. Mykenes als richtig bewiesen wird. Das griechische Wort ‚tarchyein' bedeutet zunächst: „einpökeln", „einbalsamieren", dann überhaupt „bestatten". Nach Herodots Bericht legten die Babylonier die Leichen in Honig, während die Gerrhen, ein skytischer Stamm, sie mit Wachs überzogen, das offenbar entnommene Eingeweide aber dadurch ersetzten, daß sie das Leibesinnere mit duftenden Kräutern ausfüllten. Von diesen aromatischen Medizinen hören wir in der Folgezeit noch häufig. Nach Xenophon balsamierten die Lacedaemonier ihre Könige mit Honig ein. In der altnordischen Sage taucht Mimirs unsterbliches Haupt vor uns auf. Durch Wotan's Zauberkunst ist es so gut mit Kräutern gesalbt, daß es nicht faulen kann.

Zu den wichtigsten und verbreitetsten Bestattungsarten gehört die des Begräbnisses des Toten in seinem eignen Hause. Sie ist natürlich nur bei Stämmen möglich, die ihre Wohnsitze nicht zu schnell wechseln, also bei den herumschweifenden Wüstenstämmen undenkbar. Wenn wir von „seinem", von des Toten eignem Hause sprechen, so ist damit schon gesagt, daß es kein Erbrecht am Boden gibt. Die Gruft, in welcher der fromme Israelit des Alten Testaments beigesetzt zu werden wünscht, ist das Eigentum seiner Väter, nicht etwa das der Überlebenden. Dort wohnen und herrschen auch noch die aus dem alttestamentlichen Kanon so sorgfältig herausredigierten Geister der Ahnen. Von dort erteilen sie Orakel. Wo sollte das jüngste Glied dieser Ahnenkette weilen als eben dort? Dem Toten sein Eigentum zu belassen, ist eine einfache und unabweisbare Forderung des primitiven Gerechtigkeitsempfindens, zugleich eines unhemmbaren Furchtinstinkts, der sich gegen die um ihr Eigentum gebrachte Leiche richten würde. Einer vieltausendjährigen Gedankenarbeit, eines Heeres von Kompromissen, Zugeständnissen an das Lebensrecht gegenüber dem Totenrecht, von Nothandlungen der Lebenden in Perioden wirtschaftlicher Bedrängnis und wiederum von Zeiten ängstlichen Zurückweichens vor der Macht der Dahingeschiedenen bedurfte es, um eine wenn auch äußerst unvollständige Loslösung des Toten von seinem Eigentum zu ermöglichen, bei dessen Besitzergreifung durch den Erben dessen Empfindungen in die Worte gekleidet werden könnten: „Aber ein Unrecht ist es doch, wenn wir ihm überhaupt etwas nehmen!" (Eine völlig gleiche Empfindung herrscht übrigens auch, so weit ich sehe, auf Seiten des Mannes, der eine exogame Ehe abschließen will. Er arbeitet bei dem Schwiegervater, gibt Körperkraft und Geld weg und fragt sich immer wieder: „Wie fange ich es an, die Frau zu bekommen, ohne daß ich ihrem Stamm ein gar zu großes Unrecht tue?" Und sagt sich dann z. B.: „Ich will mit ihrem Stamm die Fiktion eines Raubes verabreden. Denn es ist ja unmöglich, daß dieser sie mir auf anderem Wege überläßt!"). Bei der Besprechung der Grabmitgaben werden wir auf die Erbrechtfrage noch einmal zu reden kommen müssen. Von Wichtigkeit sind die leider selten eingeforderten Erklärungen solcher Gebräuche durch die Primitiven selbst. Ein Mismi, Mitglied einer bengalischen Völkerschaft, leugnete einmal ausdrücklich, daß die Mitgabe von Waffen und Geräten dazu geschehen sei, dem Verstorbenen das „ewige Leben" zu sichern, sondern man wolle sich mit dem Eigentum des Toten nicht bereichern. Wenn bei den ebenfalls in Bengalen ansässigen Butias ein Familienoberhaupt stirbt, so verhindert der weltliche oder geistliche Würdenträger (Deb oder Dharmarāja) alle Erbstreitigkeiten dadurch, daß er selbst das Eigentum annektiert. Es hat eben niemand gegründeten Anspruch darauf. — Häufig trifft man das scheinbar sinnlose Zerschlagen des ganzen Hausrats eines jung Verstorbenen. Wir finden es in erstaunlichen Ausmaßen bei den Galela und Tobeloresen und (unter den Kultur-Nationen) noch bei den heutigen Armeniern. Man zerschlägt dort die Töpfe des Hausrats und ruft dem Toten zu: „Geh und komm nicht zurück!" Das völlige Gefesseltsein an seinen Besitz findet sich schon andeutungsweise bei den wandernden Beltiren. Dort darf vor Ablauf von 7 Tagen nach einem Trauerfall kein einziger Gegenstand aus der Jurte getragen werden, „da sonst die Überlebenden kein Glück haben werden!" Im germanischen und slavischen Trauerhause muß alle Arbeit ruhen. Kein Rad darf sich drehen, nichts gesponnen werden. Das wäre ein Eingriff in die Rechte des Toten. Bewegt sich doch sogar nach deutschem Aberglauben das Spinnrad manchmal noch lange nach seines Besitzers Tode von selbst; d. h.: der Tote spinnt! Ein ausgeprägtes Erbrecht findet sich seltsamerweise bei den Ureinwohnern von Formosa. Bei den meisten Völkergruppen, sicherlich bei den Indogermanen, ist es langsam im Gefolge der Anerkennung einer Ahnenkette entstanden, in der stets der Erbe die Wiedergeburt des Beerbten war. Zerriß die Kette, so waren umständliche Ritualien, eine förmliche Adoption seitens der Ahnen, notwendig, sie zurechtzuflicken. Sobald aber diese Vorfahren die Nachkommen auf ihrem Grund und Boden duldeten, war eine Ursache zur Beunruhigung seitens der Lebenden nicht mehr gegeben. Der Tote wacht, kaum ordentlich bestattet, über die Arbeit der Lebenden in Haus und Hof. Das Gesicht des begrabenen Süd-Chinesen ist so gelegt, daß er das Wohlergehen seiner Kindeskinder in seinem Hause beobachten kann. Die Gebeine des Ahns weihen und kräftigen das Haus des Nachkommen. Das von vielen Völkern bei jedem rituellen Hausbau vollzogene Opfer verlangte die Tötung eines dort einzumauernden Menschen, der „Wächter" sein sollte. Die durch Krönchen oder weiße Farbe ausgezeichneten, den heimischen Herd aufsuchenden Tiere — Schlange, Kröte, Maus — sind gütige Ahnengeister (s. o. S. 111). Die Doppelgänger des Menschen nach dem Glauben vieler Araber, die Dschinnen, werden mit jenen Schlangen gleichgesetzt, die so oft im Gemäuer der Häuser vorkommen und verschwinden. — Ganze Körperteile von Menschen werden (im indischen Ritual) in das heilige Mauerwerk (s. im folg.) hineingebacken: so etwa die lebentragenden Haare. In Palästina, von dem wir ausgingen, ist unter dem Fußboden der Häuser öfter ein Krug aus prähistorischer Zeit gefunden worden, der eine Kindesleiche trug [wie überhaupt die Sitte, Leichen in Krügen zu bestatten, in Palästina auf ganz kleine Kinder, Tot- und Frühgeburten, beschränkt blieb]. Es ist möglich, daß man dort, wie mehrfach, eine besonders große Furcht vor Kindesleichen hegte, die zu jener Einkapselung führte. Die kleinen Leichen waren mit dem Kopf nach unten in den Krug gesteckt und mit nachgeschütteter Erde bedeckt worden. In Jericho und Gezer läßt sich die Sitte des Begräbnisses im Hause bis in die israelitische Zeit hinein verfolgen. „Bauopfer werden diese Leichen... nicht sein sondern ärmere Leute, die ein kostspieliges, gemauertes oder in den Felsen gehauenes Grab nicht bezahlen konnten"; zu vergleichen sind: 1. Sam. 25, 1.; 1. Kön. 2, 34. Hier sehen wir die Kinderleichen noch gefürchtet und lediglich aus Faulheitsrücksichten im Hause selbst verscharrt. Die erstarkende Idee der Zugehörigkeit zur Ahnenkette konnte solchen Brauch mächtig fördern, denn dem Ahn mußte Gelegenheit gegeben werden, (im Traum usw.) in die lebende Hausbewohnerin einzuschlüpfen. Daß diese Vorstellung bei den Indogermanen lebendig war, macht die Meinung von der Neigung des schlangengestaltigen Ahns, durch den Mund des Menschen in dessen Inneres einzufahren, fast zur Gewißheit. Zeugnisse dieses Glaubens liefern uns die Berichte mehrerer Negerstämme. Aber auch ohne diese wissen wir, daß der weise schlangengestaltige Vorfahr, der zusammen mit den Kindern des Hauses spielt und mit ihnen aus einer Schale Milch trinkt, nichts als eine zur Wiedergeburt reife Seele sein kann. Völkerkunde und Völkergeschichte liefern viele Beispiele für den Brauch des Begräbnisses im Hause, der sich gleich blieb, obwohl die Gesichtspunkte, unter denen er ausgeübt wurde, verschiedene waren. Die Calabaris beerdigten ihre Toten in dieser Weise. Sie sind die Gebildetsten aller Neger der Sklaven-Küste. Ihre Absicht ist es, daß „die Seelen der Verstorbenen in die nächstgeborenen Kinder übergehen." Die Bakuene, die Livingstone auf seiner Reise nach Südafrika und Madagaskar traf, tun das Gleiche oder werfen die Leichen in die Höhlen der Ameisenfresser, um sich der Mühe des Begräbnisses zu überheben. Hier herrscht also wieder das Faulheitsmotiv, auch bei der Aussetzung. In den weitaus meisten Fällen überwiegt aber die Hoffnung auf die Erhaltung der im Toten schlummernden „Energie"; sie wird durch die Mumifizierung gebunden. Deshalb wird nach Herodot der mumifizierte Tote in eine Säule gelegt und diese ein volles Jahr lang im Hause aufbewahrt. Bastian gedenkt einer mumifizierten Leiche aus der Torres-Straße. Sie war sorgfältig an ein Gerüst gebunden. Derartige Mumien sollen innerhalb der Häuser aufbewahrt und zur „Erinnerung" an die Toten gepflegt worden sein. — Die Bewohner der Marianen-Inseln verehrten die Gebeine ihrer Voreltern in ihren Häusern, indem sie dieselben mit Kokusnuß-Öl salbten. Neben dem Begräbnis im Hause finden wir bei den Primitiven ein solches neben demselben, so z. B. bei den Galela und Tobeloresen. Nur in Form eines Hinweises kann ich hier nochmals des Bauopfers gedenken. Es beweist die Richtigkeit des gegebenen psychologischen Motivs. Man bringt es am lebenswichtigsten Teil des Gebäudes dar. Unter dem Giebelpfahl des malajo-nigritischen Hauses wird oder wurde ein Menschenopfer vollzogen. Der so Getötete gilt stets als der dort wachende Genius. Bei den semitischen Nationen war die Tötung von Menschen zum Zweck der Festigung von Häusern besonders gewöhnlich. Für das Begräbnis innerhalb des Hauses, in dessen Wänden oder unter dessen Schwelle bei den alten Babyloniern spricht deshalb alles (Jastrow). Den Arabern untersagte es erst der Islâm, die Häuser zu Grabstätten zu machen. Aber Muhammad selber wurde in seinem Hause begraben, neben ihm seine ersten Nachfolger. Die ansässigen Araber ließen sich oft dicht am Hause begraben, erst später auf Friedhöfen, die aber, wie bei den Israeliten, nicht etwa der Glaubensgemeinschaft, sondern dem Stamme gehören. — Viele primitive indische Stämme huldigen der gleichen Sitte: die Nagas, die sie aus Faulheit bei Kinderleichen beibehalten haben. Andere wählen als Begräbnisplatz die Stätte unter dem Hausdach oder in dessen nächster Nähe. Die Garos stellen im Hause selbst zudem noch ein geschnitztes Bild des Verstorbenen auf. Die Leichenverbrennung verhindert die Sitte nicht: bei den Uraus werden Asche und Knochen des vorher verbrannten Verstorbenen in einem irdenen Gefäß vor dem Haus des Verstorbenen aufgehängt. Die Larka-Khols verwahren die Urne wenigstens noch eine Zeit lang in ihren Hütten. Es ist dies bedeutsam und fast rührend: der vom Brahmanismus auferlegte Leichenbrand wird dort noch nicht als das, was er sein soll, verstanden: als Mittel, den Toten zu transsubstantiieren. Es ist dies um so begreiflicher, als bei diesen Stämmen die Sitte besteht, die Asche der Toten des ganzen Jahres erst zu einem besonderen (im Januar liegenden) Totenfest des Stammes abzuliefern: die Bestattung ist eben Stammespflicht; der Einzelne gehört dieser Gemeinschaft, nicht in erster Linie der Familie an. — Was die Griechen anlangt, so muß die gleiche Sitte für die älteste Zeit (z. B. in Athen) vorausgesetzt und ihre Bewahrung in ländlicheren, d. h. konservativen Gegenden, wie in Thrazien, als lange Zeit beibehalten angenommen werden. Bei Euripides in der Helena hat Theoklymenos das Grab seines Vaters beim Palast errichtet. Er begrüßt den Geist desselben bei jedem Ein- und Ausgang. Dieser Gruß des Lebenden und Gegengruß des Toten („chaire" — „kai sy!") ist echt griechisch und macht den Begräbnismodus verständlich. Er geht eben von der Empfindung des innigsten Gemeinschaftsgefühls zwischen Lebenden und Toten aus, wie wir sie im deutschen, von dogmatischen Elementen unverfälschten Volksglauben am reinsten und schönsten treffen. — Bei den Römern weisen die Ahnengestalten der lares grundules und der dii penates auf diese Sitte. In älteren Zeiten wurden die Verstorbenen im Hause ihrer Familie beerdigt, wie auch später die Kinder, die vor dem 14ten Jahre starben (d. h. solche, die noch nicht in die Gemeinschaft der Toten, den großen Staat der Ahnen, aufgenommen worden waren). Solche jungen Wesen wurden unter dem überstehenden Dach des Hauses begraben. Die Dachtraufe gilt auch heute noch in Deutschland, zweifellos im Gefolge des gleichen Brauchs, als ein im volkstümlichen Sinne „heiliger" Ort, der mit der Geisterwelt im engen Verkehr steht. — Die Slaven und Litauer kennen eine Reihe von Hausgeistern am Scheunentor, auf dem Herde oder Ofen, auf dem Heuboden, unter der Erde hausend; sie alle stehen mit der Welt des Lebens im engsten Verkehr. Daß sie Ahnen sind, erhellt klar schon daraus, daß Letten und Esten ihnen alljährlich im späten Herbst, also offenbar zur Zeit der angeblichen Wintersonnenwende, ein „Seelenfest" (mit Darbringungen von Mahlzeiten usw.) weihten, damit sie Vieh und Saaten Gedeihen verliehen. Alles dies ist unmöglich, wenn die „Seelensitze" nicht im Hause, unter der Schwelle und so weiter, mindestens vorgestellt wurden. Gegen solche Bräuche muß die christliche Kirche natürlich, wie auch der Islâm, aufs schärfste protestiert haben, denn ihr Recht, den Toten im „geweihten Boden" oder auf verfluchter Erde bis zum jüngsten Tage schlummern zu lassen, ist bis zum heutigen Tage eines ihrer gefährlichsten Machtmittel. Daher kam es auf die Konzentration der Leichen auf Kirchhöfen an. Gegenwärtig macht sich im Gefolge der immer häufiger werdenden Leichen-Einäscherungen der Wunsch bisweilen geltend, den Toten im Hause zu haben. Diese Gefühlseinstellung läßt sich aus einer langen Vorgeschichte, von der wir einige Einzelheiten gaben, verstehen. In ganz frühen Entwicklungsepochen finden wir die Toten der Familie in einem kapellenartigen Anbau des Hauses, unter dem sie begraben wurden, verehrt. Andererseits will es mir scheinen, daß eine solche Verehrung selbst der Aschenreste eines Toten vom Fetischismus nicht ganz frei ist und deshalb schwere Folgen heraufbeschwören kann, wenn dem Urneninhalt durch Zufall oder Boshaftigkeit irgend ein Mißgeschick widerfährt. Regere und differenziertere Empfindungen werden bei dem Überlebenden zweifellos erweckt, wenn er sich mit dem Bilde des Verstorbenen begnügt. Er muß allerdings wissen, was nicht jeder „Kulturmensch“ weiß, daß auch das Bild ihm nicht Materie, nicht das Selbst des Toten sein darf. Dessen Vervollständigung durch Haarbüschel des Verstorbenen bezeugt noch den Zusammenhang von Bild und Körper, der in der völligen Gleichsetzung beider so wunderliche Blüten trieb. Ahnenbilder werden bei Primitiven mit Speisen, die man ihnen ins Gesicht speit, gefüttert; ja, es gibt sogar hohle Ahnenfiguren, in die die Opfergaben gegossen werden. Papua-Stämme pflegen Holzbilder der Toten zu schnitzen, und, als Korwar verehrt, auch in den Gemeindehäusern aufzustellen. Solche Bilder werden gleich nach der Bestattung gefertigt; dann wird die Seele durch Geschrei und Lärm gezwungen, den Luft-Aufenthalt zu verlassen und in den Korwar überzugehen, der von nun an der Träger des Geistes ist, als solcher angeredet und um seine Meinung befragt wird. Auch sollen manche Papua-Stämme (nach Bastian) bisweilen ihre Ahnen einfach aus den Köpfen der Abgeschiedenen bilden, in die sie neue Augen usw. setzen. Reste eines solchen Bilder-Fetischismus sind der Gegenwart und dem deutschen Boden durchaus nicht fremd. Kurz verweise ich hier auf die Totenmasken der prähistorischen Gräber, die Muschel-Masken der älteren und jüngeren Steinzeit, die neben dem Zweck, den Toten zu erhalten, auch den gehabt haben können, ihn zu verkleiden und dadurch seinen Anblick den Lebenden zu verwehren. Denn der Anblick (namentlich auch seitens) der Leiche bringt Gefahr. Weit bekannt sind die Gesichts-Urnen, welche die Asche der Leichen trugen und wohl deren wichtigsten Teil, das Gesicht, den Kopf, erhalten sollten. Die Hausurnen sind mit den Gesichtsurnen einen höchst merkwürdigen Bund eingegangen: es gibt die merkwürdige Zwitterform der Gesichts-Tür-Urnen; dies sind Gefäße der ostdeutschen Gattung die im Bauchteil die eingeritzte Darstellung einer Tür haben. „Hier fließt der Hausgedanke mit dem Porträtgedanken zusammen“. Von den Gesichtsmasken und Gesichtsvasen und von den Aschengefäßen führt ein besonders interessanter Übergang zu den mehr als mannshohen Tonkrügen aus Bethsean. Ihr Rand ist verdickt und die Öffnung desselben breit genug, eine eingeschnürte Leiche durchzulassen. Unter diesem Rande war eine menschliche Maske gebildet. Auge und Mund sind geschlossen, die Ohren ziemlich groß. Den Kopf umgibt bei den bartlos dargestellten Männern ein Perlendiadem, bei den Frauen ein Schleier. Die äußerst magern Arme umrahmen das Gesicht, die Hände berühren sich unter dem Kinn. Das Ganze ist ein Leichenbehälter, der den Übergang von einer Gesichtsurne zu einem Sarge bildet. Der Sarg, der übrigens in den muslimischen Gegenden nicht im Gebrauch ist, hat also eine lange Vorgeschichte. Er wird dort durch eine Bahre ersetzt. Der Körper wird von einer Decke umhüllt, die Koran-Sprüche trägt und von einer Leiche zur anderen kommt. Da diese Hülle leicht infiziert werden kann, ist sie eine große Gefahrenquelle. Palästina-Syrien kannten seit ältester prähistorischer Zeit den

Sarkophag nicht. — Die Gesichtsurne mündet in das auf dem Grabstein eingelassene Bild des Toten. Solche Wiedergaben werden in den deutschen Häusern und in der abendländischen Kulturwelt in Ehren gehalten, aber auch abergläubisch gefürchtet. Daß Bilder der Eltern sich bewegen (warnen usw.), herabfallen, um ein Unglück anzumelden und vieles Ähnliche ist heute noch als Volksglaube, teilweise romantisch durchsetzt, lebendig und würde neue Nahrung erhalten, wenn neben dem Ahnenbilde die Urne stände. — In allen germanischen Ländern findet sich das Gefühl für die Heiligkeit der Hausschwelle, unter der die Hausgeister leben und zweifellos vielfach die Leichen der Bewohner bestattet worden sind. Ein gewisser Hrappe befahl den Seinigen, nach seinem Tode den eignen Leichnam unter die Küchentür stehend zu begraben, damit er das Haus übersehen könne (s. S. 139). Bei den (germanisch beeinflußten) Lappen ist das Hausbegräbnis (unter dem Herde) erwiesen. Auf die Schwelle darf man nicht treten, sich nicht setzen; sonst wird man von spukhaften Erscheinungen angegriffen; so meinen die Isländer. Der Niss, der nordische Hausgeist, die Vaetter leben unter der Schwelle. Dort wird der Sarg vor dem Heraustragen dreimal niedergesetzt oder gewogen — Mittel, die Seele eben dorthin zu bannen. Dort sieht man Geister, so sagen die Ostpreußen; „die armen Seelen" leiden, wenn man die Schwelle betritt, die Tür hart zuschlägt. — Zu vergleichen ist der Brauch, den Mutterkuchen (Plazenta; s. o.) im Hause zu begraben. Er wird bei Litauern, Slaven und Anderen geübt. Es ist allerdings möglich, daß hier keine Rücksichten auf die Ahnenseelen sondern solche auf die eigne Bequemlichkeit obgesiegt haben. — Für den in seinen Formen wechselnden Brauch des Begräbnisses im Hause kann der Ausgangspunkt, wie ihn der semitische Orient in den prähistorischen Funden zeigt, nicht zweifelhaft sein: aus den Höhlen der Troglodyten stiegen die Seelen hervor und suchten sich in den Nachkommen ihres Stammes neue Leiber. Die religiöse Denkform der Urzeit läßt es von vornherein als das Wahrscheinliche, ja einzig Mögliche erscheinen, daß diese Idee die Primärvorstellung war, und die Eigenart der semitischen Eigennamen (hier kann man auf Noeldeke, R. Schmidt usw. verweisen) erhebt es zur Gewißheit.

Bis zur Gegenwart reicht das Bestreben, dem Toten eigne Wohnungen zu geben. Die gewaltigsten Schöpfungen dieser Art staunen wir in den Pyramiden an; die bescheidensten Anfänge liefern die Stämme des entlegenen Nordens, die für sich, d. h. für ihre auf der hartgefrorenen Erdkruste liegenden Toten, unter Umständen sogar für den treuen, unentbehrlichen, den Weg ins Jenseits weisenden Jagdhund eine bescheidene Hütte errichten. Glauben die Eskimos die Erkrankung eines Verwandten sei lebensgefährlich, so bauen sie dem Kranken ein kleines Haus aus Schnee oder ein Zelt, je nach der Jahreszeit, in der er dem Tode entgegensehen muß. Niemand wagt sich zu ihm, um nicht mit der Leiche in Berührung kommen zu müssen. Die Todesfurcht ist also im Stande, die entmenschteste Roheit zur Tat werden zu lassen. Der Dämonismus schaltet auch hier den Utilitarismus völlig aus: sobald der Kranke dahingeschieden ist, wird sein Eigentum für den lebenden Verwandten unbenutzbar: das Zelt, in dem er starb, seine Geräte, selbst die von Anderen getragene und nur mit der Leiche in Berührung gekommene Kleidung — alles das fällt trotz der bitteren Armut des Überlebenden der Vernichtung anheim. — In deutschen Gegenden wurden Männer und Frauen der angesehenen Stände im allgemeinen zunächst begraben, dann errichtete man über der Stätte ein Zelt, das also eine Art von Totenwohnung darstellt.

Riesenbauten dieser Art erwähnten wir bereits, um zu zeigen, mit wie großen Mitteln man den Toten auf seine unterirdische Wohnung zu beschränken verstand. In unserem Zusammenhang sollen diese Megalith-Gräber zeigen, wie gewissenhaft man bestrebt war, dem Toten eine unzerstörbare Wohnung zu errichten, für die die natürlichen Höhlen als Vorbild dienten. Diesen Absichten entsprechen die ungeheuren Dimensionen dieser Gräber. Die Deckplatten besitzen (vgl. o. S. 124) bei einer Dicke von fast 1 m bis zu 7,5 m Länge und 7 m Breite. Das Material dazu hat oft viele km weit herangeschafft werden müssen. Diese Gräber sind mit geometrischen Figuren geschmückt, ferner mit Beilen, Tieren, die, wie die Schlangen, auf die Mond-Todes-Gottheit hinweisen, mit Mondbildern und Schiffdarstellungen, die auf die Entrückung der Seele hinzuweisen scheinen, ferner mit Radfiguren und Kreuzen (mit Strahlenkranz), die auf astralmythologischen Vorstellungen beruhen. Die Leichen sind in Tierfelle eingehüllt. In diesen Gräbern sind meist mehrere Tote beigesetzt worden und häufig Totenmahle, von denen die Brandspuren Zeugnis ablegen, veranstaltet gewesen. In Terra di Bari waren rituelle Mahle dem Toten zu Ehren, und zwar in der gleichen Gruft deren Mehrere in zeitlichen Abständen von einander, abgehalten worden. Man fand als deren Zeugen Kohlen und Tierknochen. Riesenbauten megalithischer Art finden sich von Skandinavien bis Ägypten, Palästina und Indien. Sie reichen zeitlich zum mindesten bis zum 5ten Jahrtausend zurück. Sicherlich bargen sie zunächst die Leichen Vornehmer, deren Wohnungen zu ihren Lebenszeiten man aus diesen Totenhäusern wiederherstellen kann. Manche Megalith-Bauten können ursprünglich den Lebenden gehört haben und erst später an Tote abgetreten worden sein. Dann würde es sich also um eigentliche Hausbegräbnisse handeln. — Mit diesen sind die Grabhäuser aufs engste verwandt; sie ahmen die Formen des Wohnhauses genau nach und gehen in diese über. Ihren Zweck erkennen wir teilweise nur an ihrer geringeren Größe. Das prähistorische Grabhaus ist aus Holz gebaut. Seine Lage in Gemeinschaft mit anderen Bauten der gleichen Art läßt sichere Schlüsse auf die ältesten Siedlungsformen ziehen, wie wir aus den „Hausurnen" auf die Bauart der einzelnen Wohnhäuser der Lebenden schließen können. Diese Urnen sind von den Sarkophagen zu unterscheiden. „Gibt auch der Sarkophag fast immer ein mehr oder weniger abgeschwächtes und symbolisiertes Bild des Hauses, so daß noch heute der europäische Sarkophag die Giebelform des europäischen Hauses, der jüdische den Flachdeckel des orientalischen Hauses bewahrt, so versteht man unter „Hausurnen" im engeren Sinne nur die tönernen Aschegefäße in Form eines Hauses oder Hausmodelle vorwiegend sepulkraler oder wenigstens allgemein-kultischer Verwendung." Solche Urnen sind in vielen Ländern Europas, ferner in Griechenland, Vorderasien, Italien, Ägypten und Japan gefunden worden. — Die Idee der Totenwohnung ist realistisch völlig durchgeführt in den sog. „Hausgräbern". Bei ihnen ist in den Grabhügel eine regelrechte Wohnung für den Toten eingebaut. Wir finden solche Grabanlagen in der Bronzezeit auf deutschem Gebiet, vor allem aber sehr kunstvoll im skytischen Kulturkreis. Zu vergleichen sind ferner die etruskischen Kammergräber, welche wirkliche Wohnungen waren, die nicht nur mit Wandgemälden sondern auch mit allen möglichen Dingen zum täglichen Bedarf des Toten ausgerüstet sind, z. B. mit Spiegeln, Lampen, Toilettengegenständen usw., selbst einer vollständigen Kücheneinrichtung. — Ihnen stehen sachlich nicht allzufern, obgleich in die Gruppe der Megalith-Gräber hineingehörig, die vielfach nachgebildeten, berühmten Tombe dei Giganti, also etwa „Riesengräber", „Hünengräber", wie sie im prähistorischen Palästina die Vorstellung von riesenhaften Totengeistern erzeugt haben. Sie sind korridorartig, oft hinten zu einer Apsis gerundet; vorn vor der Verschlußplatte und der Krönung ein stelenartig aufgerichteter Block, meistens eingeleitet durch einen Halbkreis und Bänke, auf denen die Trauernden und Betenden Platz nahmen oder Inkubationsbefragungen der Toten stattfanden. Möglicherweise fand dort auch der Kult der Erd- und Fruchtbarkeitsgottheiten statt, worauf die Anbringung weiblicher Brüste und auch Phallen an Steinen hinzuweisen scheint. Es ist aber auch sehr möglich, daß dem Toten lediglich die geschlechtlichen Fähigkeiten erhalten bleiben sollten. Dieses Bestreben tritt im Völkerleben sehr stark hervor. Wir werden sehen, daß tote Könige, Krieger und Hengste noch zu Zeugungsakten geladen und verheiratet werden. Die Fortpflanzung gehörte eben zu den Aufgaben des Toten im „Himmelreich", das er sich, seinen Bedürfnissen auf der Erde entsprechend, ausgestattet oder ausgestattet vorgestellt hat. In der Befriedigung dieser Forderungen erfüllen sich auch seine Jenseitshoffnungen, soweit er „entrückt" geglaubt wird. Der von der Jagd nicht zurückgekommene Vater jagt noch immer; dort, jenseits des großen Stromes, geht es ihm viel besser wie hier. Der Fischer fischt, der Bauer ackert. Der König, der dort das Land beherrscht, die Frau, die als Herrin der Seehunde waltet, sie spenden dem guten Untertanen reichlich. Zu solchen Vorstellungen gehört nicht Phantasie, sondern Beharrungsvermögen. Der Fischer kann sich seinen ertrunkenen Kameraden, wie ich aus eigenster Erfahrung weiß, gar nicht anders als fischend vorstellen. Kommt sein Boot beim Fang in die Nähe der Unglücksstelle und taucht dort ein Seehund auf, so schweigt alles — aber man weiß, wer der Gewisse mit der Glatze und dem großen Schnurrbart ist.

Die prähistorischen Gräber sind oft von Steinkreisen umgeben. Daß sie durch ihre Umzirkung das darin liegende Bodenstück zum Eigentum des Toten machen und diesen zugleich daran verhindern sollten, einen solchen Grenzwall zu überschreiten, lehrt z. B. folgende Analogie auf völkerkundlichem Gebiet: der Ewe macht seine Rechtsansprüche auf ein Land dadurch kenntlich, daß er rings um das in seinen Besitz übergehende Land kleine Erdhügel aufwirft; sie dürfen nicht zerstört werden, weil sie unter dem Schutz höherer Mächte stehen, die den Friedensbrecher mit der Wassersucht schlagen würden. Solche in Palästina auch als gilgal bekannten Ummarkungen sind als erste Mittel, Eigentum am Boden (und damit zugleich Asylrecht, Privatbesitz, Hoheitsrecht) zu begründen, von außergewöhnlicher Wichtigkeit.

Auch in diesem Zusammenhange müssen wir des Furchtmoments als des Erklärungsmittels so gewichtiger Bräuche gedenken. Nur die Furcht vor dem Toten macht die tatsächlich festgestellte Form dieser Monumente verständlich. Das Verschütten der Grabeingänge und Stollen sowie die Trennung einzelner Kammern von dem ganzen Komplex der Grabanlage hat den Zweck, den Toten an der Rückkehr zu verhindern, vielleicht auch, die Ausraubung des Grabes durch Verschleierung unmöglich zu machen. In Palästina und Syrien hat man seit ältester Zeit sogar sich bemüht, die gesamte Ruhestätte der Toten unsichtbar zu machen und deshalb oberirdische Denkmäler irgendwelcher Art zu vermeiden. Die Behandlung der Leichen und die gesamte Auffassung von dem „Charakter" der Toten sind diesem primären Abscheu des Lebenden vor dem unbeweglichen Körper, der „doch so ganz anders ist als er war", entsprungen. Die gegenwärtige höchste Aufgabe der Vertreter aller Religionsgemeinschaften ist es doch wohl danach, die Sächlichkeit dieses Leibes, der weder handeln noch leiden kann, auf der einen Seite; das Walten einer von diesem völlig getrennten Seele andererseits zu lehren — einer Seele, deren Existenz und Wesen in keiner Weise durch den körperlichen Organismus erklärt werden kann und von einer metaphysischen, hohen Macht einer unbekannten Bestimmung zugeführt wird. Der Dämonismus macht feige und wirkt dadurch demoralisierend. Denn hinter der Feigheit steht der Selbstverteidigungsdrang mit dolosen Mitteln. Man wird mit den Spukgestalten „schon fertig".

Dies geschieht in erster Linie, wie wir sahen, durch Zertrümmerung der Körpersubstanz. Für sie gebe ich ein Beispiel aus der Vorgeschichte: in Gezer war unter einem Hause (also Hausbegräbnis!) über mehrere männliche Leichen die obere Körperhälfte eines jungen Menschen von etwa 18 Jahren gelegt, der also vor der Bestattung in zwei Teile zerschnitten worden war. — Ähnliches finden wir mehrfach. Auch das Begräbnis einzelner Körperteile kommt vor. Im Karmel-Gebiet Palästinas fand man 11 Schädel mit zerbrochenen Knochen, ferner in einer Zysterne mehrere Schädel ohne weitere Knochen. Es ist wahrscheinlich, daß man in solchen Fällen den Leben tragenden Teil des Körpers, den Kopf, abgesondert vom Rumpf, beiseite schaffen und unschädlich machen wollte. — Ein weniger brutales Mittel ist die Anlage von Verschanzungen gegen den Toten, derart, wie wir sie beispielsweise soeben kennen gelernt haben; die Anlage von Wällen und Graben, desgl. Wasserringen, Zäunen und Dornenhecken. Immer wieder fällt die geringe Größe dieser Anlagen auf, die zur Kleinheit dieser Geisterwesen im richtigen Verhältnis steht. Da die Nützlichkeit solcher kultischen Mittel sich natürlich nicht experimentell erweisen läßt, gewinnen die zugehörigen Handlungen allmählich einen „symbolischen" Charakter. Es genügt „der gute Wille", dies oder das zu tun. Um ein Dorf oder ein Haus gegen böse Geister zu schützen, legen die Kpelle Westafrikas eine Schnur aus Fasern oder aus Lianen um den ganzen Grundriß der Stadtmauer oder des Hauses, denn man meint, daß die Geister einen solchen Strick nicht zu überschreiten vermögen. Dies Motiv spinnt der germanische Volksglauben, wie wir sehen werden, bekanntlich weiter: die Totengeister (Zwerge) müssen eine zeitraubende Arbeit verrichten, bevor sie der erste Sonnenstrahl trifft, der sie in Stein verwandelt; sie sind schwach an Geist wie an Körper und können nicht zählen. Ihnen fehlt der Mutterwitz des Teufelbanners. Dieser nimmt auf San Cristoval den jungen Kern aus einer reifen Kokosnuß und spaltet ihn in zwei Teile. Sodann geschieht das gleiche mit einer zweiten Nuß. Darauf werden die vier Hälften zu je zwei falsch zusammen gepaßt (also Hälfte A mit B statt mit A^1; A^1 mit B^1) und ein solches Gebilde dann unter den rechten Armknochen desjenigen Toten gelegt, von dem man glaubt, daß er anderenfalls die Kinder beunruhigen würde. Dazu hat er jetzt nicht mehr Zeit: er muß die falschen Hälften immer wieder zusammensetzen. Homer spricht nach Voss's Übersetzung von „der Toten kraftlosen Häuptern"; man kann von Schwachköpfen reden. Eine weitere Abwehrmethode der Art, wie wir sie später mehrfach wieder antreffen werden, liegt in dem Versuch, den Toten in eine Flasche einzuschließen (wie man bei uns den „Geist" des Merkurius [Quecksilber] in eine solche einsperrt), Geister in Bäume einzupflöcken, in Felsen, Berge, Höhlen, hinein zu locken, in einer Schlinge zu fangen oder seinerseits durch eine Schlinge oder enge Öffnung irgendwelcher Art zu kriechen, um die anklebenden Dämonen auf diese Weise abzustreifen. Der letztere Versuch der „Volksmedizin", der sich seit der Zeit des ältesten Veda in Indien und überall in germanischen Ländern in unzähligen Variationen nachweisen läßt, begegnet uns drastisch bei den Kamtschadalen: nach ihrer Heimkehr von der Bestattung müssen die Teilnehmer dort durch Reifen aus Baumzweigen hindurchkriechen. — Erinnert sei an die als Totenopfer geltende, erlösende Gliederverstümmelung. Als „Glied" von hoher Heiligkeit gelten auch die Haare. Sie werden nicht immer dem Toten mitgegeben, sondern z. B. bei den Yoruba sorgfältig in ein Stück weißer Baumwolle gesteckt und so in der Erde vergraben. Die Empfindung, daß man sich eines Teiles seines Leibes entäußern müsse, nicht die, daß ein Teil dem Toten gehöre, scheint die Veranlassung dieser Handlung zu sein. Sehr verbreitet ist die Meinung, daß der Tote, wie überhaupt der Dämon, dem Lebenden, namentlich dem Blutsverwandten, aufhocke oder in ihn eingefahren sei. Daher peitschen die Korjaken die Angehörigen des Toten mit Ruten; daher erfolgen die vielartigen, grausigen Quälereien der vom Teufel Besessenen oder Beseelten. Die Primitiven stellen sich die kleinen Quälgeister in der Luft schwärmend vor. Sie schlagen nach ihnen mit Beilen, Stöcken, verscheuchen sie durch Steinwürfe, Armbewegungen, Anrufe und Lärm, bisweilen unter Ausrufen, die eine typische Form bekommen können und dann allmählich zu unentbehrlichen Teilen von Zauberhandlungen werden. Das Gleiche gilt bei Geburten, da bei ihnen, wie wir sahen, das Dämonenreich weit seine Pforten öffnet. Die Kalmücken lassen den Ehemann der Kreißenden um deren Zelt herum ein Luftgefecht ausführen und dabei ununterbrochen ausrufen: „Fort, Teufel!" Luftgefechte gegen Dämonen durchziehen die abergläubischen Übungen wohl aller Völker. Seit ältester Zeit werden die kleinen Teufel mit Steinen verjagt, die ja die älteste menschliche Waffe sind. Wenn bei den Berg-Damas die Ziegenherde sich vermindert oder die Tiere abmagern, d. h. wenn ein böser Geist mit den Herden sein Spiel treibt, so ruft man einen Zauberer, der das Herzblut einer Ziege nach allen Seiten verspritzt und dadurch die Luft reinigt. Die Geisterscharen stürzen von allen Himmelsrichtungen auf Menschen und Tiere ein; deshalb muß man sich vierfach sichern. Noch heute pflegt man in Westpreußen, wenn die Milch nicht buttert, Steine aus den vier Himmelsrichtungen glühend ins Butterfaß zu werfen. Die Rotgluthitze, der Feuerbrand, der glühende Stein ist eines der wesentlichsten Mittel, die Dämonen zu verscheuchen. Immer wieder werden uns die Geister der Weltengegenden, in den alten Kulturen Gottheiten begegnen, die, nach den Himmelsrichtungen orientiert, walten und die Aufgabe haben, Götter- und Menschenpaläste zu beschirmen. Ein besonders interessantes, ungelöstes Problem bietet die Ausrichtung der Gesichter der Leichen in frühen Gräbern. Es gibt schlechthin heilige Himmelsrichtungen. Die Sehnsucht von Menschen und Völkern richtete sich nach einer unbestimmten Ferne, einer vermeintlichen Heimat. Damit verbinden sich auch Paradiesesvorstellungen. In der Zeit der archaïschen Kulturen — nicht früher! — galten diese Stätten der Sehnsucht an gewisse Etappen der täglichen Sonnenbahn geknüpft. Auf oder hinter einem Berge der Glückseligkeit erscheint morgens die Sonne; ihm gegenüber steht ein Sonnenuntergangsberg. Die menschlichen Seelen machen nun entweder den Tag- oder den Nachtkreislauf der Sonne, welcher letzterer sie natürlich durch die dunkle Erdregion führt, mit, d. h. die Toten sind mit ihren Gesichtern entweder nach Osten oder nach Westen orientiert. Nach Osten zieht sie die Sehnsucht, nach Westen ihr finsteres Los. Die Sehnsucht nach dem Licht muß schon deshalb oft überwiegen, weil der Lebende vielfach, um rechtzeitig zu erwachen, zweifellos die Ost-Orientierung wählte. Die „Sitten“ der Toten unterscheiden sich von denen der Lebendigen, ganz allgemein gesprochen, nicht ohne erheblichen Grund. Obgleich es deshalb wahr ist, daß die Gesichter der Leichen der Auferstehung der Sonne zu gerichtet sind, braucht ein (romantisch angehauchter, sentimentaler) Auferstehungsglaube nicht vorhanden gewesen zu sein. Ebenso häufig ist nämlich das Gegenteil der Fall: die Augenhöhlen zeigen nach links. Der Überlebende hatte gar kein Interesse daran, seinem Verwandten in den Himmel zu verhelfen. Die allgemeine Sitte, mit dem Gesicht nach Osten sich zum Schlafe niederzulegen, erklärt die Ost-Orientierung vielfach genügend. Jedenfalls „blickt“ in den Höhlengräbern die Leiche nach dem Ausgang der Höhle — dem Licht — zu. In anderen Fällen scheint das Gesicht sich der Gegend der Sehnsucht des Lebenden, also z. B., wenn Völkerverschiebungen die Westrichtung zum Ziel haben, dem Westen zuzuwenden. Doch sind streng eingehaltene Regeln für Orientierung und Haltung des Körpers für die frühen prähistorischen Leichen überhaupt nicht festzustellen; später wechseln sie ohne erkennbaren Grund. Bisweilen ist die Kopflage verschieden, die der Längsachse des Körpers gleichbleibend. Das vorgeschichtliche Grab in Ägypten ist in der Regel nordsüdlich orientiert; doch liegt manchmal der Kopf in südlicher, manchmal in nördlicher Richtung. Eine genaue West-Ost-Richtung der bestatteten Leichen, hinter deren westwärts ruhenden Häuptern Steine sich emporreckten, hat man schon bei den Aurignac-Menschen von Solutré festgestellt und die gleiche Orientierung findet sich in der Mehrzahl der Fälle auch noch in allen jüngeren Perioden. Die mit dem Jäger- und Nomadenleben verbundene Vorstellung von großen Wanderungen der Toten als Analogien zu den Zügen der Lebenden hat nicht nur die Lagerung der frühen Leichen, sondern auch die Vorstellungswelt des Primitiven maßgebend beeinflußt. Die unausrottbare Meinung, daß es uns um so besser gehen müsse, je weiter wir von der Heimat entfernt sind, hat jene Wanderungen und die Ausmalung von glücklichen Gegenden, Jagdgründen, Inseln als deren Ziel veranlaßt. Die Vorstellungen vom Tode verloren dadurch von ihrer Finsterkeit. Die Furcht des Überlebenden vor der sich nun ja auch räumlich immer mehr entfernenden Leiche wurde immer geringer, je länger die Wanderung des Toten in das gelobte Land dauerte. Dies läßt sich an dem Nachlassen und allmählichen Erlöschen der totenkultischen Handlungen genau verfolgen, wobei die einzelnen Etappen der Entfernung der Seele vom Diesseits (dank einer höchst überraschenden, auch numerischen Gleichheit) seit dem Altertum mit Hauptkult-Tagen, nämlich dem dritten, siebenten, vierzigsten auf den Tod folgenden Tage, zusammenfallen. Es umschwebt z. B. der Geist drei Tage lang das Haupt des Toten. Nach deren Ablauf findet die kultische Bestattung statt. Damit deckt sich der Termin zum Aufbruch auf die Wanderung. Nach einem Jahr ist das Ziel erreicht. Deshalb wird (in Indien) der Tote, d. h. die Leiche, dann zum Ahn erhoben; und deshalb fällt auf die erste Wiederkehr des Jahrestages ein besonders großes und feierliches Fest. Diese Wanderung, dieses psychische Sich-Distanzieren tritt auch dann ein, wenn die Leiche (etwa in gedörrtem Zustande, oder ihre Knochen oder eine sie darstellende Rippe) den lebenden Nomaden oder Jäger begleitet, wie etwa bei den Samojeden oder am Cap van Couver. Und wiederum ist es erstaunlich, daß im Norden und Süden das Fortwerfen des totenkultischen Bildes nach der gleichen Zeit stattfindet — nach 5 Jahren! Wie das Bild, die Seele des Toten alsdann erloschen ist, so hockt auch der Leichendämon des Mannes dann seiner Frau nicht mehr auf — sie kann sich wieder verheiraten! Bis dahin muß sie in irgendeiner Weise ihre körperliche Zugehörigkeit zum Manne zeigen. Viele Trauergebräuche haben wohl nur den Zweck, den Trauernden von den Lebenden zu entfernen, ihn „abnorm" zu machen. Je wichtiger die Äußerlichkeiten der Lebens- und Körperhaltung des Einzelnen in den Augen der Familien- oder Stammesgemeinschaft waren, um so „verdienstlicher" — im Sinne der ältesten Zeit, um so kultisch-richtiger — war deren Vernachlässigung zur Trauerzeit. Dazu gehört das Beschmieren des Körpers mit Lehm und wunderlicher, auch weißer Farbe (weiße Trauertracht, Auftragen von weißem Ton auf den Körper), Verschmutzung des Leibes und der Haare, Nacktheit, Vernachlässigung auch der Haarschur; starke Speiseeinschränkung unter Wahrung bestimmter Abstinenzen und Bevorzugung ekelhafter Sachen (San Cristoval); ekstatische Selbstverletzung des Körpers, Zerreißen von Kleidern; Heulen und Tanzen. Da die Trauer Stammespflicht ist, muß die persönliche Eitelkeit schon in ältester Zeit sehr gewichtig hervorgetreten sein. Das Weiß der Trauertracht macht nicht „künstlich elend". (Wir denken dabei an die eroberungslustigen jungen Witwen unserer Luxusbäder). Bei den chinesischen Kasak-Kirgisen zieht die Witwe sich selbst ein schwarzes Kleid, der Leiche ein weißes an.

Das Dämonenreich, das, wie alle diese Gebräuche und Anschauungen lehren, den Lebenden künstlich zum Toten machte, ihm jede Lebensfreude, jeden Umgang mit den Mitmenschen, jede fruchtbringende Tätigkeit nahm, das ihn seine gesamte Habe zu zertrümmern zwang — dies Totenreich zu zerstören, war die größte Menschheitsaufgabe. Wie diese gelöst wurde, wissen wir: durch den Leichenbrand. Er mußte sich mit der Zerstörung der weichen Teile des menschlichen Körpers begnügen und wurde nur in dringenden Fällen angewandt; so z. B. wenn die Leiche Schaden stiftete. Wir erfuhren von Vigahrapp, der sich von seiner Wirtschaft nicht trennen konnte und deshalb sich vor die Tür des Wohnhauses eingraben ließ (s. S. 132). Weil er aber wiederkam und vielen Schaden anrichtete, grub man ihn aus, verbrannte ihn und streute die Asche in das Meer. Hier darf man ausnahmsweise eine bakterielle Vergiftung als Grund für die Körpervernichtung annehmen. Ein weiteres, sehr wichtiges Motiv ist zweifellos das berechtigte Bestreben, die kultischen Handlungen unnötig zu machen, die ja keinen Zweck haben, wenn der Tote wirklich tot ist. In dem altägyptischen Gespräch eines Lebensmüden mit seiner Seele sehen wir diesen den Feuertod wählen, „weil sein Körper dann keiner weiteren Fürsorge mehr bedürfe". Die alten Semiten betrachten die Leichenverbrennung als die größte Strafe und furchtbarste Rache gegen den Toten und seinen Stamm. Wenn das Knochengerüst nicht erhalten und in Ordnung gelegt war, konnten die Totenspenden nicht mit Erfolg vollzogen werden. Sie aber waren heiligste, traditionelle Pflicht, um deren Willen man ja auch die Gräber schonte und verehrte. Als Toter verbrannt zu werden, war dem alten Araber, dem der Babylonier, Assyrer und Hebräer in diesem Punkte sicherlich nichts nachgab, nicht weniger schrecklich als der Flammentod bei lebendigem Leibe. Das Christentum hat die Leichenverbrennung ebenfalls zu bekämpfen versucht. Das Skelett mußte für die Auferstehung aufbewahrt bleiben. Schon den Christen zur Zeit der Antonine erschien dieser Bestattungsmodus als Hindernis der körperlichen Auferstehung. Wir sahen, daß er im indoarischen Kulturkreise das völlig Entgegengesetzte bezweckte. Der bekannte Spruch vom ausgefallenen Milchzahn, der in das Herdfeuer geworfen wird, damit dieses „einen Eisernen" „zurückgebe", lautet in der armenischen Fassung: „Nimm dir, Großväterchen, einen Hundezahn und gib mir einen goldnen Zahn". Das Feuer dient hier also zur körperlichen Wiedergeburt. Wir sahen, daß das himmlische Feuer in der Natur und das irdische im kultischen Brauch ein Gleiches tut; ferner, daß zwischen beiden eine Analogie besteht. Weil die Waswaheli am Neujahrstage ihre Herdfeuer erlöschen und neu entzünden, erlischt beim Wintersolstitium das göttliche Licht der Sonne und entzündet sich von neuem; das Feuer gebiert sich im Himmel und auf Erden wieder. Wir verweisen noch einmal auf das Mysterium des indischen Agni (Feuergott). Er ist es, der, „nachdem er alt geworden war, immer wieder jung wird." Der Feueraltar, das Feuer selbst, sind mystische Erscheinungsformen des Frommen, der sich dem Dienst des Feuers weiht; beide sind eins; sie sollen die Namen tauschen: „Meinen Namen, den ersten, o Wesenskenner", so betet der Fromme zu Agni, „welchen Vater und Mutter am Anfang gaben, den trage du, damit ich wiederkommen kann; deinen Namen [aber] möchte ich tragen, o Agni." Wie dort also die Wiedergeburt der Sonne, so wird hier die des Menschen von der Entzündung eines Feuers abhängig gemacht. — Und abermals heißt es: „Weil der Opferveranstalter den Feueraltar [zum Opfer aus Backsteinen] schichtet, so fügt er dadurch für die jenseitige Welt mittelst des Opfers seinen eignen Leib zusammen.“ Die Zusammenfügung dieses Leibes aus 13 Ziegeln, deren jeder eine besondere greifbare Bedeutung hat, wird in den folgenden Versen gelehrt. Und endlich erwähne ich die hochwichtige Veda-Stelle: „Wenn ein Mensch stirbt und man ihn auf den Scheiterhaufen legt, dann wird er aus Agni heraus geboren; [zwar] verbrennt seinen Körper der Feuergott; dann [aber] wird er so, wie man vom Vater oder von der Mutter seinen Ursprung abzuleiten pflegt [eig.: „geboren wird“], aus dem Leichenbrand herausgeboren.“

Die primitive Gedankenfolge ist natürlich eine viel schlichtere. Die Verbrennung ist lediglich das radikalste Mittel, das Fleisch von den Knochen zu trennen. Viel einfacher ist es, es abzukratzen, was schon in vorgeschichtlicher Zeit geschah. Die Gebeine wurden rot bemalt d. h. wohl vergöttlicht, aufbewahrt. Die Loslösung der Weichteile erfolgte erst, wenn dieselben sich vom Knochengerüst von selbst abzulösen begannen. Es handelt sich hier also um eine zweistufige Bestattung. In Nikaragua wurden die Leichen von Häuptlingen über einem Feuer trocken geröstet und darauf in diesem Zustande ein Jahr lang aufbewahrt. Erst dann wurden sie auf den Marktplatz gebracht, um verbrannt zu werden. Das Dörren oder Rösten kann auch durch die Sonne (auf Felsplatten), auf Bäumen (auch unter Einnähen in eine Tierhaut), in hohlen Bäumen, alten Kanu's, auf dem Familienherde, erfolgen. Es war auch möglich, die Sterbehütte mit der Leiche in Brand zu stecken. Das Skelett suchte man zu retten, zumal einzelne Knochen besonders heilig zu sein schienen. Rot geschminkte Knochen sind zu Jerusalem und Megiddo gefunden worden. Es ist in diesem Zusammenhang zu erwähnen, daß Knochen von Fremden, Feinden oder Zauberern ganz besonders hohen magischen Gehalt hatten. Es wurde der Versuch gemacht, das Skelett richtig zu ordnen. Daran schloß sich ein förmlicher Dienst der Gebeine, die Sonderung und Verehrung einzelner Skeletteile, namentlich (schon in sehr frühen Perioden der Vorgeschichte) des Kopfes. Zu Gezer wurden die Knochen, nachdem das Fleisch heruntergefault war, in halben, der Länge nach geteilten Krügen gesammelt. Vielfach ordnete man in den Urnen die Brandreste entsprechend ihrer Zugehörigkeit zum Körper. Die Schädelstücke lagen dann also zu oberst, Fuß- und Beinknochen zu unterst. Die Congari-Indianer von Süd-Carolina legten den Körper des Verstorbenen so lange ins Freie, bis sich das Fleisch glatt von den Knochen ablösen ließ. Dann entfernten sie es und verbrannten es. Die Knochen wurden darauf sorgfältig aufbewahrt und geölt, der Schädel aber in ein besonderes aus Opossum-Haaren gewebtes Tuch getan und dort Generationen hindurch bewahrt. Bei den Wadschagga-Negern zeigt sich ein eigentümliches, vergeistigendes Prinzip. Sie werfen die bloßen Gebeine ihrer toten Kinder weg, opfern aber dann deren Seelen und beten zu ihnen. Hier zeigt sich in naiver Weise der Versuch, von dem Materiellen zum Geistigen, vom Aberglauben zur Religion, durchzudringen. Eben diese Neger brauchen andererseits für das geistige Element einen greifbaren Halt. Stirbt eines ihrer

Mitglieder in der Fremde, so beerdigen die Angehörigen an seiner Stelle einen möglichst schädelförmigen Stein, den man von derjenigen Landesgrenze holt, über die der Verstorbene beim Abschied gezogen ist. Die Kokosnuß als Ersatz für einen Menschenkopf werden wir alsbald kennen lernen.

Noch oft finden wir eine zweite Bestattungsart hinter oder neben der ersten. — Nach dem Bericht eines antiken Schriftstellers sollen die Parther, den Iraniern offenbar auch in diesem Punkt eng verwandt, ihre Toten den Vögeln und Hunden preisgegeben, die von dem Fleisch entblößten Knochen aber bestattet haben. Mehrfach kommt es vor, daß man die Leiche, zunächst nur für einige Tage, primitiv mumifiziert, und sie sodann (offenbar, wenn der Leichenverfall unaufhaltsam eingesetzt hat) verbrennt oder begräbt. Gewisse bengalische Völkerstämme lassen ihre Toten 4—5 Tage oder sogar Monate lang liegen. Während des Leichenverfalls legen sie sie in einen hohlen Baum, um sie dort zu räuchern; endlich werden sie verbrannt. — Die Mumifizierung ist auch dann, wenn sie ganz primitiv (etwa durch Austrocknen am Feuer) vollzogen wird, wesentlich ein Vorrecht der Vornehmen. Das Bestreben, das Scheinleben der Leiche zu verlängern, steht mit deren Verehrung im Bunde. Ganz niedrigstehende Stämme scheinen sich auf diese Anbetung des noch sichtbaren, toten Körpers im wesentlichen zu beschränken und ihr eine erhebliche Zeit zuzuwenden. Die Ainos, japanische Urbewohner auf der Insel Krafto, nehmen nach erfolgtem Tode die Gedärme aus dem Körper der Leiche; dann wird diese auf ein Brettgestell gespannt und zum Trocknen der frischen Luft ausgesetzt. Während dieser Zeit halten sich die Verwandten um dieselbe versammelt. Dann wird sie auf einer Begräbnisstätte beigesetzt. Nur da, wo die sozialen Unterschiede der einzelnen Berufsstände noch nicht erheblich sind, wo Klima, Gegend, Sitte und Gewohnheit ein ganzes Volkstum zu einer Einheit verbindet, wo dieses einen ungegliederten religiösen Komplex bildet, ist auch die Bestattungsart eine einheitliche. Die ältere Form wird, wie im religiösen Leben überhaupt, fast nie durch die „höherstehende" jüngere erdrückt, sondern nur an eine zweite Stelle gebracht. Deshalb erhält sich der Brauch der Leichenaussetzung in manchen Gegenden neben dem der feierlichen Bestattung lebendig. Das Vorrecht dieser genießen nur die im Kriege Gefallenen; die Unehre jener widerfährt den an Krankheiten langsam Hinsiechenden. Auch lokale Gewohnheiten, Opportunitätsfragen, Bequemlichkeit und Willkür sowie das leidige Geld rufen zu Zeiten trennende Unterschiede hervor, wobei, wie in dem nunmehr zu nennenden Falle, das Bestreben, die Leiche möglichst vollständig von der Welt des Lebens abzuschließen, gleichwohl hervortritt. Bei den Igorrot auf den Philippinen wird der Tote entweder in einen ungefähr 6 Fuß langen Sarg gelegt und dieser in eine natürliche Höhle, an denen die Korallen-Kalk-Felsen des Landes reich sind, hineingeschoben, oder, wo Höhlen fehlen, in Bäume gesteckt oder auch, wie im nördlichen Benget und auf dem Monte Data, in künstlichen Gruben unter der Schwelle der Hütte begraben. — Der Adelige hat Vorrechte vor dem „Bürgerlichen", der Mann vor der Frau, beide vor dem Kinde, das vielfach nur „entfernt" wird. Die Türken pflegen in dem Kreise Tarbagatai die Leute des „Schwarzen Knochens" (Gemeine) in die Steppe zu werfen, die des „Weißen Knochens" (die Vornehmen) zu verbrennen, die des „Mittleren Knochens" zu beerdigen. Bei den westmongolischen Torguten werden die Leichen der angesehenen Männer gewöhnlich verbrannt, die der Frauen aber meist den Hunden vorgeworfen. — Im frühesten Indien wird nach dem Zeugnis des ältesten Veda unterschieden zwischen: Begrabenen, Beiseite-Geworfenen, Verbrannten, Ausgesetzten. Gegenwärtig pflegt das indische Volk der Maler die an ansteckenden Krankheiten Gestorbenen und die Priester auszusetzen, die Übrigen aber zu begraben. Bei manchen indischen Stämmen ist die vom arischen Indien übertragene Feuerbestattung auf die männlichen Mitglieder beschränkt. Frauen und Kinder werden begraben. Besonders hervorhebenswert ist es, daß selbst in den Gegenden der Zarathustra-Religion die dort so streng vorgeschriebene Aussetzung „niemals in ganz Irân Eingang fand, sondern vor allem auf die nordwestlichen Landschaften und im übrigen auf die Priesterstände sich beschränkte. Das Avesta selbst berichtet, daß man in der Gegend von Meschhed die Toten verbrenne und in Harahwati sie begrabe." Die Könige der Perser und Meder scheuten sich nicht, der letzteren Sitte zu huldigen. Sie haben sich bekanntlich große Grabhäuser erbauen lassen. — Im nordischen Altertum finden wir Verbrennen und Begraben neben einander, wie dies die Geschichte der dortigen mythischen Könige lehrt. Frey soll der erste, im Hügel beigesetzte König sein. Sein Grab verbreitete Segen über das ganze Land. Man denkt dabei unwillkürlich an die heiligen Gräber der Moslems. Der hier vorliegende Typus, die Ruhestätte des Einzelnen, ist höchst ungewöhnlich. Schon ganz frühe prähistorische Perioden geben uns in der Anlage von Massen- und Sammelgräbern Fingerzeige dafür, daß man den Toten nicht anders als den Lebenden sich nur in größerer Gemeinschaft, in der Familie oder dem Stamme denken konnte. Von dem Glauben an ein eigentliches Totenreich braucht deshalb nicht gesprochen zu werden. Der Primitive, der zu gleicher Zeit etwa drei Menschen aus seiner nächsten Umgebung verliert, legt sie nebeneinander, ohne zu wissen, weshalb. Auch die Gemeinschaftlichkeit der Todeszeit und des Todesschicksals kann hier entscheiden. Wo nach Schiffsunglücksfällen große Verluste an Menschenleben zu beklagen sind, werden besondere Ruhestätten für die angespülten Leichen errichtet. Ein Geistlicher, der sie einsegnete, sagte einmal in meiner Gegenwart: die Toten schlafen vereint dem Jüngsten Tage zu.

Diese Auffassung ist nicht ganz christlich, denn der Schlaf ist nicht an jene Stelle und an das Skelett gebunden; sie ist aber auch nicht ganz heidnisch, denn die volkstümliche Auffassung der Primitiven läßt den Gedanken an einen Schlummer nicht aufkommen. Der Tote besteht auf seinem Recht an dem gesamten Eigentum und klebt an ihm wie ein materieller Stoff. Immer wieder hören wir von Pferden, die über den Tod ihres Herrn nicht nur traurig waren, sondern den Geist desselben geradezu auf dem Rücken trugen, so daß sie für die menschliche Tätigkeit unbrauchbar wurden. Sie wälzen sich auf der Erde, wie, um den Dämon abzustreifen. Die gleiche Inanspruchnahme erstreckt sich auf das gesamte Hausinventar: es zeigt seltsame Bewegungen und läßt Töne hören, verändert seine Farbe und wird untauglich oder gefährlich. Man hört Lachen und kichern aus den Ecken der Zimmer. Diese Erscheinungen, ein solcher

Ausdruck des unübertragbaren Besitzrechts, wiederholen sich namentlich zur Zeit der großen Totenfeste. Es ist verständlich, daß man unter solchen Umständen die Wohnstätte samt allem, was sie barg, mied oder doch deren Inhalt dem Toten mitgab oder nachsandte. Der Begriff des Eigentums war nun freilich ganz beschränkt. Er umfaßte beim Manne im wesentlichen dessen Kleidung, Schmuck, Speisegeräte und Waffen. Aus der Umhüllung, zunächst mit Tierfellen, sieht man die Erweiterung der Individualvorstellung geradezu hervorwachsen: das Fell des Tieres gibt seinem Träger dessen Kraft und Eigenart mit, es wird zum wesentlichen Teil dessen Körpers. Umgekehrt umfaßt dieser wiederum die Kleidung; viele Wendungen unserer Sprache bezeichnen die Färbung am Hals von Tieren als Halsband, Kette usw., die Zeichnung der Beine als Stiefel, das Fell als den Schmuck usw. Das Grimmsche Märchen kennt gesattelte Katzen und gestiefelte Kater. Die Verwandlungsfähigkeit der Nacht- und Todes-Dämonen beruht auf ihrer Kleidung als dem wesentlichsten Attribut ihrer Persönlichkeit. Der Tod verhehlt sich den Menschen und verhehlt die Menschen. Dies drücken die Attribute des Hutes, des Helms, der Kappe, des Mantels, des Attern-Krönleins aus; sie alle sind ursprünglich Larven, die den dahinter stehenden Körper unsichtbar machen. Das plötzlich unsichtbar Gewordene taucht aber ebenso plötzlich an einem anderen Orte — so nimmt man an — sogleich auf, d. h.: es ist entrückt. Die Fähigkeit der Todesdämonen, zu entführen, hängt also mit dieser Kleidung, die sie dem Lebenden umwerfen, zusammen. Besonders klare Bilder dieser Art sind die Siebenmeilenstiefel des deutschen Märchens und die Sandalen des Hermes. Sie objektivieren den Begriff der in die himmlischen Fernen tragenden Geschwindigkeit. Wenn man bei uns sagen hört: „In diesen Schuhen geht es sich gut", so überträgt man die Energie der Gehbewegung unwillkürlich von dem eignen Nervenapparat auf diese Kleidungsstücke. Eben darin aber liegt der Grund, daß sie dem Toten mitgegeben werden, denn der Weg, den er zu wandeln hat, ist weit. Ganz diesen Schuhen analog sind Ausrüstungsstücke aller Art zu Verkörperungen von Ideen geworden. Im germanischen Altertum stellt, wie Grimm schön hervorhebt, Speer, Hammer, Hut, Helm, Mantel, Horn, Becher, Spange, Ring, Schiff, Rad, Baum, Rute, Blume, Tuch, Speise, Trank, die korrelaten geistigen Elemente von Sieg, Glück, Frieden, Genesung, Fruchtbarkeit, Reichtum, Tugend und Dichtkunst dar. Im nordischen Mythus ist Odins Speer Gungnir ein Ausdruck seiner Sieghaftigkeit, Thors Hammer Miölnir der seiner zerschmetternden Kraft und, mythengeschichtlich, mit dem Gott selbst, dem verkörperten Blitz, identisch. — Was von Kleidung und Waffen gilt, trifft nicht minder beim Schmuck zu. Wie das Gewand der Aphrodite ist der Halsschmuck der nordischen Göttin Freya ihr unentbehrliches Attribut; in ihm verkörpert sich die Schönheit der zur Liebe reizenden Göttin. Es ist Analoges nicht bloß bei mythischen Figuren der Fall. Männerwaffen und Frauenschmuck gelten in allen prähistorischen Perioden, die überhaupt vom Menschen Kunde ablegen, als höchst wichtige Attribute. Ihre Weihung an den Toten war, mag die Mitgabe aus Gold oder aus wertlos erscheinenden Glasperlen bestehen, für den Überlebenden ein entsagungsreiches Opfer. Durchaus attributären, begrifflichen, für uns allerdings nicht mehr näher feststellbaren Wert hatten auch die alten „Kommandostäbe" früher Gräber. Aus ihnen erwuchs der Brahmanenstab und das Königsszepter Indiens. — Besonders groß aber war die Bedeutung, welche der Gewandung im alten Iran und in Indien zukam. Die Priester waren dort, offenbar seit ältester Zeit, schon durch die Farbe ihrer Kleider ausgezeichnet. Diese „machten Leute" und durften nur innerhalb der Kaste getragen werden. Die Avesta-Texte legen auf schöne Bekleidung, die ja bei einem Bauernvolk wie die Zarathustra-Anhänger es waren, zweifellos einen Kulturgrad darstellt und kulturell in gewisser Weise produktiv wirkt, hohen Wert. Alle guten Götter und Göttinnen, namentlich aber die fromme Seele, ein bildhübsches fünfzehnjähriges Mädchen, sind schön gekleidet. Von entscheidender Wichtigkeit wurde die körperliche Drapierung in jüngerer Zeit. In den Geheimkulten des Parsismus und Mithrazismus gab es eine Kette von „Stufen", die durch Verkleidungen, auch in Tiergestalt, gekennzeichnet waren und stark an Formen unserer Logen gemahnen. Das Judentum hat vieles davon dem Parsismus entlehnt. Die Vorstellung von der festlichen Kleidung der reinen und der schmutzigen Gewandung der schuldigen Seele ist seither im volkstümlichen Christentum erhalten geblieben. Die auf die Totenbekleidung verwandte Sorgfalt legt einen Beweis dafür ab. Schon nach der Anschauung des Avesta betraten die Frommen den Himmel in himmlischen Kleidern. Wenn die Sterbekleider schön und neu sind, so ist die Seele vergnügt, sonst traurig — so sagt die jüdische Tradition. Man vergleiche damit das neutestamentliche Gleichnis von dem Teilnehmer an der Hochzeit und seinem Gewande. Kleider sind schon deshalb von höchster Wichtigkeit, weil sie den sozialen Rang ihres Trägers, auch im Jenseits, bezeichnen. Nach Gazzâli wird die Seele des Gläubigen in seidenen Tüchern zum Himmel getragen, die des Ungläubigen aber in Sackleinwand dorthin gebracht, um dann abgewiesen zu werden. Bei der Auferstehung sind die Menschen nackt und barfuß. Nur wenige Auserwählte werden bekleidet auferweckt. Bekannt ist der Wert, den die armenische, griechische und römische Kirche auf die Bekleidung ihrer Heiligenfiguren legt und die ungeheure Größe der für diese Zwecke unproduktiv angelegten Summen. — Es ist danach, religionspsychologisch gefaßt, unvermeidlich, daß die Seele oder vielmehr der Tote das alte Gewand aufsucht. Er hat im Grabe keine Ruhe, wenn es nicht in jeder Beziehung ordentlich, zum Beispiel nicht weit genug ist.

Kleidung, Schmuck und Waffen, gewissermaßen Körperteile, müssen also durchaus entweder zugleich mit dem Körper, dessen Zersetzung man zu beschleunigen sucht, zerstört oder, was auf dasselbe herauskommt, ihm ins Grab mitgegeben werden. Sie werden (auch außerhalb der Gruft) begraben, verbrannt, in den Busch geworfen, durch Aussetzen usw. der Vernichtung anheimgegeben. Auch ihr Zertrümmern, wie namentlich das Zerbrechen des Eßgeräts, wiederholen sich immer wieder, wobei man den Eindruck bekommt, als ob möglichst viel Lärm geschlagen werden soll. Die primitive Totenfeier ist ja nichts als ein gewaltiges Lärmen, das dem Toten den Aufenthalt bei den Lebenden möglichst verleiden soll. Deshalb zerschlagen noch heute die christlichen Armenier die Töpfe des Verstorbenen, wenn er zum Kirchhof getragen wird, und rufen ihm zu: „Geh weg und komm nicht wieder!" Bei den Akikuyu von Britisch-Ostafrika werden ebenfalls die Töpfe des Besitzers zerschlagen, obgleich sie als Erzeugnisse einer ortseignen Technik hohen Wert besitzen. Bei den Kupfer-Eskimos ist es üblich, einige oder auch alle Geräte des toten Mannes zu zerbrechen. Die Eingeborenen sagen: „Der Mann ist tot und wünscht, daß auch seine Geräte sterben!" Diese Aussage geht in einer für das Nebeneinander der abergläubischen Ideenwelt äußerst bezeichnenden Weise neben der Mitteilung eines Mitglieds des gleichen Stammes einher, daß der Verstorbene Eigentümer dieser Geräte sei und zürnen würde, wenn man sie ihm wegnähme. Auf San Cristoval wird das Eigentum eines Mannes nach seinem Tode zerstört, seine Bäume werden umgeschlagen, seine Kokosnüsse und Yams auf dem Boden herumgestreut, seine Schüssel zerbrochen. Das zerbrochene Gut wird auf das Grab gelegt. Ein Lieblingshund oder ein Schwein wird bisweilen an dem Grabe aufgehängt. Hier weist das Aufhängen des Besitztums des Toten auf dessen Grabe darauf hin, daß die Machtsphäre des Verstorbenen nicht über das Grab hinausreicht. — Wir finden daneben die Sitte, erst dann, wenn die gesamten Totenfeierlichkeiten beendigt sind, mithin etwa am 200sten, 400sten, 1000sten Tage nach dem Hinscheiden, den gesamten Besitz des Toten zu verbrennen. Offenbar glaubte man, daß der „Geist" zu Zeiten wiederkommen und ihn benutzen könne. Dieser Termin läuft mit dem wirklichen Tode (also dem Eingang in die Ahnenkette, der Erreichung des Jenseits usw.) ab. Das religiöse Gewissen bäumt sich aber selbst nach dieser Zeit so sehr gegen eine Erbübernahme auf, daß man die Verbrennung des Mobiliars bevorzugt. — In weitester Verbreitung finden wir den Brauch, die Gebrauchsgegenstände vor der Mitgabe unbrauchbar zu machen. Schon bei prähistorischen Funden fällt neben deren Kleinheit ihre Verstümmelung auf. Die Samojeden geben dem Toten ein zerbrochenes Gewehr, ein stumpfes Beil, in das Grab mit. Dagegen gehören die übrigen Grabmitgaben dieser Nordländer zu den unmittelbaren Gebrauchsgegenständen in gebrauchsfertigem, ja bestem Zustande: vortreffliche Pelzkleider, gute Genußmittel. Die Gründe hierfür sind vielleicht mannigfacher Art: vor dem scharf bewaffneten Toten hätte man Furcht empfinden können. Gute Waffen sind als kostbarstes Eigentum oft von der Mitgabe ausgeschlossen gewesen. Dem mit magischer Kraft begabten Toten konnten auch kleine oder stumpfe Waffen dienen. Endlich ließ sich, wie wir gesehen haben, der Tote auch betrügen. Er ist ja dumm und leicht zufrieden zu stellen. Deshalb nimmt er mit Ersatzgegenständen vorlieb. Damit gelangen wir zu dem weiten Gebiet der Substitutionsgaben. Der Tabak des toten Litauers ist so schlecht wie möglich, die Schnapsflasche leer, die Stiefel nicht immer in Ordnung. Bekannt ist, und als klassisch anzusehen, der bei dem reichen Chinesen geübte Brauch, an seinem Sarge außer Papier-Barren auch Papier-Sänften, Papier-Diener und -Pferde zu verbrennen. Ein Topf voll Reis gehört in Wirklichkeit, nicht bloß in effigie, ans Grab. Es ist diese „symbolische" Massenverbrennung auch deshalb bemerkenswert, weil sie auf eine ehemalige Feuerzerstörung der Leiche hinweist. Denn im allgemeinen teilen die Grabmitgaben, dem „komplexen Denken" des Primitiven entsprechend, das Los des Toten: wird er verbrannt, so opfert man auf dem Wege der Verbrennung; läßt man ihn an der Luft verwesen, so wirft man die Opfergaben weg; bestattet man ihn, so vergräbt man die Gaben in der Erde.

Dem Toten wurden außer diesem Material sicherlich schon in frühen prähistorischen Perioden auch Lebensmittel mitgegeben. Er würde sie sich sonst holen können! Es kam nur darauf an, in welcher Weise man sie ihm zuführte. Wenn man ihn als „lebendig", d. h. im eigentlichen Sinne der Speise noch bedürftig, annahm, so lag es nahe, sie ihm unmittelbar in den Mund zu stecken oder, wenn er begraben war, sie ihm, etwa durch eine Öffnung im Grabe, einzuflößen; war er aber verbrannt, sie gleichfalls in regelmäßigen Zeitzwischenräumen zu verbrennen. Wie das Feuer den Leichnam selbst, so verzehrte die heiße Tropensonne oder das Brandscheit, auf dem das Speisegefäß stand, auch das Wasser und führte es in anderer Form dem Toten zu. Die schauerlichsten Untaten der Menschheit, die Racheakte des Lebendig-Begrabens, lassen sich nur so verstehen, daß man dem Lebendig-Toten das geben wollte, was ihm zugehörte, um sich keines kultischen Verbrechens schuldig zu machen: man stattete ihn deshalb mit einer „Wohnung", mit Kleidern und mit Eßwaren aus, die für eine bestimmte Zahl von Tagen genügend waren. Ja, es kommt vor, daß man nach einer gewissen Zeit den Lebendigen oder Toten aus seiner fürchterlichen Lage wieder befreit. — Im ägäischen Kulturkreise (Mykene) wurden als reale Erneuerungsmittel dem Toten die zukommenden Kultspeisen direkt zugeführt. Zu diesem Zwecke finden wir auf dem Grabe reich geschmückte Vasen aufgestellt, zur Aufnahme von Totenspenden dienend, die durch den hohlen Boden in die Gruft flossen. Auch die in Indien im kultischen Gebrauch vorhandenen, mit vielen Löchern am Boden versehenen Wassergefäße können ursprünglich keinen anderen Zweck gehabt haben. In Westafrika reichen zur Grabwohnung des Geistes Umtamba tuwittu zwei Trichter von oben herab, in die man Rum, das Lieblingsgetränk des Lebenden, einzuschütten pflegt. Unmittelbare Totenspeisung, wie sie sich in Ägypten bildlich findet (die „Zeremonie der Eröffnung des Mundes" mittelst Meißels), kommt oder kam noch in Sibirien vor, ferner am Bonny. Dort gießt man in einen Trichter durch das über dem Munde der im Grabe liegenden Leiche offen gelassene Loch die Tagesration von Palmbier hinab. Der Gefäßhals wird direkt in den Mund der Leiche eingestellt. Genau entsprechendes findet man in Peru. Die Eingeborenenstämme von Brasilien huldigen einer Sitte, die den Übergang von der physischen Einflößung des Tranks zu dessen kultischer Verausgabung an den Toten bedeutet. Dort fordert nämlich die Witwe des Verstorbenen mit anderen Frauen zusammen unter Weinen die beim Totenfest anwesenden Männer auf, einen Abschiedstrunk zu nehmen, damit der Verstorbene seine Reise alsbald antrete, da er unmöglicherweise scheiden könne, so lange seine Freunde bei ihm weilten. Sie kredenzt jedem der Männer eine Kalabasse voll Baivas. Das ganze Gefäß wird nun in die Mitte gestellt, in die Nähe des Verstorbenen. Bei der Abenddämmerung setzen die Weiber der Leiche Leckerbissen vor. Auf das fertiggestellte Grab aber legen sie die Waffen des Verstorbenen, tragen Speise und Fleisch sowie Wildpret aller Art an dasselbe und pflegen die Totenklage zweimal täglich zu wiederholen. — Die Vorstellung vom Durst des Toten ist ganz allgemein auch bei den Völkern ausgebildet, die, wie die Hebräer, keinen eigentlichen Totenkultus zu kennen scheinen. Da, wo es an Wasser nicht fehlt, liegt die Vorstellung, daß der Tote dürsten könne, ferner, als in wasserarmen Gegenden. Die Meinung, daß man „auf das Wohl" des Dahingeschiedenen trinke, wenn man sich am Leichenschmaus beteiligt, d. h. daß man den Toten zum Trinken „animiere", und daß es ihm gut schmecke, ist, wie ich versichern kann, noch heute in litauischen Gegenden vorhanden. In Armenien trinkt man an den Manenfesten kein Wasser, weil man glaubt, es dadurch den „durstigen" Toten zu entziehen. — Für das Altertum verweise ich in gleicher Sache auf Ägypten mit seinen Totenspenden durch die Scheintür des Grabes hindurch, ferner darauf, daß dem Heros der Phoker das Opferblut durch eine Röhre in den Grabhügel hinabgegossen und daß in das Grab des Hyakinthos zu Amyklae Opfergaben hinabgesandt wurden.

Noch mehr als Hunger und Durst, die den Toten dazu zwingen, das eigne Leichentuch anzunagen oder sich Opfer unter den Lebenden zu suchen — die Blutsauger und Fleischfresser des Mythus — fürchtet man die ewige Finsternis des Grabes. Nur sie macht es dem Toten möglich, zu „geistern". Bei hellem Tage kommt er nicht, es sei denn in der klassischen Tragödie der Franzosen oder in ganz schlechten Romanen. Es ist bekannt, daß man dem Sterbenden ein Licht in die Hand gab, daß Lichter in den drei dem Begräbnis vorausgehenden Nächten oder doch am letzten, dem „Wachabend", am Sarg gebrannt werden. Man legt auch ein Licht in den Sarg hinein. Die Totenfeste sind mit dem Entzünden von Lichtern verbunden: die Seele muß sich auf ihrer Reise zurechtfinden. Bekannt sind namentlich die chinesischen und annamitischen Totenfeste, die dem Zweck dienen, mittelst Laternen den Weg zu weisen. In Tonkin wird beim Totenfest der Weg vom Grabe zur Wohnung mit kleinen Lichtern erhellt. Chinesisch ist auch der Brauch, Papierlaternen dem Toten zu Ehren zu verbrennen. Die Sitte, einen Feuerstein und Zunder in das Grab zu legen, die wir bei Lappen und Litauern finden (fanden), wird damit erklärt, daß der Totenweg erhellt werden soll. Wir deuteten bereits an, daß schon in früher prähistorischer Zeit in den Leichenstätten wiederholte Male Feuer angezündet wurden. Das Bestreben, Licht und Speise in das Grabesinnere zu geben, mag hier zusammengewirkt haben. Primitive beleuchten das Grab, nachdem es geschlossen worden ist. Die Bermun brennen auf ihm 7 Nächte lang ein Feuer, „damit der Geist des Verstorbenen nicht weine". Auch auf der Leichenstätte der (indischen) Lhota wird mehrere Tage nach dem Begräbnis ein Feuer unterhalten. Nach Dubois' Mitteilungen mußte in Indien an der Stelle, an welcher ein Brahmane den letzten Seufzer getan hatte, 10 Tage lang ununterbrochen eine Lampe brennen. Dies läßt sich aus der Auffassung des Veda verstehen: „Der Tod — das heißt Finsternis und Schatten." Dagegen heißt „das Leben" soviel wie „das Verweilen im Licht." Dieser „Lichtkult", der alsbald den Zweck erhielt, die Nacht- und Todesdämonen von den Lebenden zu verscheuchen, wurde im Parsismus bekanntlich systematisiert. Nach dem Zeugnis des Avesta kommt die Seele des Gerechten in das ewige Licht, die des Ungerechten in die unendliche Finsternis. Auch der Veda verkündet dies. Die altsemitischen Astralideen flossen im späten Judentum mit dieser Lehre des Avesta zusammen. Das N. Test. kennt bereits das Licht als die Wohnung Gottes (1. Tim. 6, 16; Jac. 1, 17), und die Verstoßung der Gottlosen in die äußerste Finsternis (Matth. 22, 13). Der unter parsistischer Einwirkung mächtig zur Geltung gekommene, auch gnostisch beeinflußte jüdische Dämonismus sieht im Licht ein Verteidigungsmittel gegen die Teufel. Hier wie überall ist der Zug bewahrt, daß es die Stätte des Sterbens ist, an der man das dämonenvertreibende Feuer anzünden muß. Nach der Lehre des orthodoxen Judentums sollte man da, wo die Leiche gewaschen war, in den ersten 7 Nächten nach der Beerdigung, offensichtlich zwecks Erhellung der Grabesfinsternis, ein Licht anzünden, „weil man damit der Seele des Verstorbenen einen Dienst zu erweisen glaubte." Das ist um so verständlicher, als schon die alten Assyrer die „Grube" (Scheol) als „den Ort, da man nichts sieht", das „Haus der Finsternis" bezeichneten. Das Grab, das „Haus der Schrecken", ruft jeden Tag dreimal: „Ich bin das Haus der Einsamkeit"; „ich bin das Haus der Finsternis"; „ich bin das Haus der Würmer". Die Finsternis der „Grube" wird im Alt. Test. mehrfach betont (Hiob 10, 21f.; 38, 17; Ps. 143, 3).

Daß sich die Gruft bisweilen schwer schließt, daß sie nach den Verwandten des Toten ruft und diese zu verschlingen wünscht, wissen alle Völker, die sie für ihre Verstorbenen anlegen. Je größer die Einflußsphäre des Dahingegangenen war, um so mehr bedurfte dieser seines Besitzes. Zu ihm gehören in erster Linie auch seine Frauen. Daher der bekannte, furchtbare Brauch der Witwentötung am Grabe des Fürsten oder doch am Tage des Todes oder der Bestattung desselben. Die Frage, ob diese Tötung eine freiwillige war oder ob es sich um eine einfache Schlachtung handelte, verkennt den maßgebenden Zwang der religiösen Sitte, der sich ohnehin niemand ganz entziehen kann. Das Weib oder die Weiber taumeln zugleich mit Sklaven, Dienern, Hunden, Hofnarren (Zwergen) in den ungeheuren Todesschlund. So war es im ältesten Ägypten. Das Grab des Königs Kea, des letzten Herrschers aus der ersten Dynastie, zeigt viele Kammern, die zu beiden Seiten der Eingangstreppe und um die Sargkammer herumliegen. Da die ganze Anlage durchaus einheitlich, also auf einmal erbaut und notwendigerweise auch belegt worden ist, müssen wir in diesem Falle die barbarische Sitte annehmen, daß dem König seine Hofstaaten gewaltsam in den Tod folgen mußten. Die gleiche Sitte lernen wir aus Nubien kennen und neue Ausgrabungen im zentralen Asien ergeben sie aufs neue als dort lebendig. Von einer scheinbaren Freiwilligkeit können wir da reden, wo das Vernichtungsstreben auf die Witwe beschränkt war. Den Gedanken, daß sie etwa pfäffischer Grausamkeit oder männlicher Tyrannei als bejammernswertes Opfer gefallen sei, müssen wir in jedem Falle völlig aufgeben. Niemals ist die Frau eine Sklavin des Mannes, weder im Leben noch im Tode gewesen, wenn sie es nicht sein wollte. Diejenigen, welche so gern von der Sklavenstellung des Weibes reden, vergessen, daß jede Demütigung es war, die von den Geschlechtsgenossinnen bewundert und zwar ausschließlich bewundert wurde, und daß die Besserung der Frauenstellung im Sinne unserer Zeit niemals von Frauen ausgegangen ist. Die

Witwenverbrennungen Indiens, die Hexenverbrennungen, sie wären ohne rege tätige Anteilnahme der zeitgenössischen Frauen nicht durchzuführen gewesen. Shakespeare stellt zahllose gemeine Männer, fast niemals eine auch nur untreue Frau vor. Goethe macht sie in seinen Schöpfungen nach eignem Ausspruch besser als er sie in Wirklichkeit gefunden hat. Dagegen sind die typischen Frauenromane masochistisch verseucht. Der Mann der Sehnsucht muß ein Sadist, zum mindesten ein Rohling sein. Der Aberglaube, nach dem die Frauen den Herrschergelüsten ihrer Männer im Diesseits oder Jenseits zum Opfer fielen, bedarf der Zurückweisung. — Die Tötung der Witwen erfolgte vielfach dadurch, daß sie sich selbst auf unblutigem Wege töteten, zum Beispiel erhängten. So auch die Witwen der Banyankole Ostafrikas. Sie pflegten, namentlich wenn sie zu alt waren, um wieder zu heiraten, Selbstmord durch Vergiftung oder Erhängen zu begehen. Alte Frauen trugen häufig Gift bei sich, so daß sie es jeder Zeit nehmen konnten, und niemand pflegte sie daran zu hindern, da eine solche Handlung als lobenswert galt. Gelobt wird ja alles, was der „Sitte", dem Herkommen, entspricht. Dies gilt auch beim „Freitod" der Witwe. Ihre Mitgabe ins Grab des Ehemanns ist uns bei indianischen und anderen primitiven Stämmen, ferner bei einer Reihe alter und jüngerer Kulturvölker bekannt und wird, wenn wir über die Witwenverbrennung Indiens zu reden haben werden, aufs neue besprochen werden müssen. — In vielen Gegenden von Peru wurden mit vornehmen Leuten — ganz allgemein kommen nur diese für das Frauenopfer in Betracht — außer ihren Waffen und Schätzen auch ihre Weiber lebendig begraben. Manche Stämme der Dinka und Schilluk gaben gleichfalls dem verstorbenen Könige eine lebendige Frau mit, die sie in die ihn als Leiche bergende Hütte einmauerten. Auch bei den übrigen Grabmitgaben, einem Mädchen und einem Knaben, wurde die blutige Tötung vermieden: man setzte diese Kinder in einem durchlöcherten Boot gebunden auf einem Flusse aus. Die Mitgabe der Lebenden ist schon ohnehin ein Fingerzeig dafür, daß ihre persönlichen Pflichten gegen den Toten nicht völlig erfüllt waren. Worin diese bestanden, kann keinen Augenblick zweifelhaft sein. Mann und Weib sind nicht bloß eine Seele, sondern ein Leib. Bei den Takhali-Indianern muß die junge Witwe nach dem Tode ihres Mannes 9 Tage lang neben dem Toten liegen. Bei der darauf folgenden Verbrennung darf sie den Gatten nicht verlassen, bevor sie selbst halb verbrannt ist. Dann soll sie die Gebeine sammeln und mehrere Jahre lang stets auf dem Rücken mit sich tragen. — Bei einem Stamme nordwestlich des Ubangi-Knies muß die Witwe auf dem Grabe ihres Mannes, der mitten in ihrer Hütte bestattet ist, ein Jahr lang schlafen. Den Prozeß der Ablösung von dem Toten suchen die Matamba künstlich zu beschleunigen. Nach ihrem Glauben sitzt die Seele des verstorbenen Mannes auf der Frau; sie versuchen deshalb, dieselbe zu vertreiben oder zu ertränken, indem sie das Weib von einem Priester mehrere Male in das Wasser stoßen lassen. Manche Weiber, welche diese Zeremonie an sich nicht dulden, beklagen sich über Brustschmerzen, da ihre Brust zu eng sei, ihre eigne Seele und die des Mannes zu umfassen. Die Motu in Port Moresby graben dem Toten vor seinem Hause ein Grab, wickeln ihn in eine Matte und senken ihn in die Grube, über der eine kleine Hütte aufgeschlagen wird. Wenn er dann nach einiger Zeit wieder aus dem Grabe genommen wird, reibt die Witwe sich mit dem faulenden Fleische ein. Aus diesen Gedankenzusammenhängen heraus ist die Idee der himmlischen Hochzeit, die sich in Indien krönt, entstanden. Sie findet sich sehr deutlich bei den Bakitara Ostafrikas. Wenn dort ein reicher Häuptling gestorben war, erschien die Witwe in einem neuen Rindenstoff-Umhang, legte sich neben der Leiche hin und breitete einen Teil des Rindenstoffs über diese aus, als wäre sie im Bett neben dem Lebenden. So verharrte sie einige Minuten. Diese Handlung wurde als Abschiednahme von dem Toten betrachtet. Tatsächlich ist sie ein Ausdruck der Sehnsucht, den Toten das Liebesglück noch einmal kosten zu lassen und der Frau zu einem Kinde zu verhelfen. — Sobald der Glaube an eine Wiederauferstehung nach dem Tode (etwa dank der durch das Feuer gewährleisteten Wiedererneuerung) ausgebildet ist, beginnt mit diesem feierlichen öffentlichen Beilager zugleich die Wiedervermählung und das zweite Leben. Beispiele für einen ähnlichen Brauch bietet, wie ich schon jetzt erwähnen will, das indische Pferdeopfer: der getötete Hengst wird neben die Lieblingsfrau des Königs gelegt, und zwar bedecken sich beide mit einem gemeinschaftlichen Wolltuch. Aus dem indogermanischen Kulturkreise nenne ich nur den Bericht des Thietmar von Merseburg: „Zu Zeiten des Vaters des Herzogs Bo'izlav von Polen, da derselbe noch ein Heide war, ward einer jeden Ehefrau, die ihren Mann verlor, nachdem derselbe verbrannt war, das Haupt abgeschlagen und so folgte sie ihm nach". — Zu dem für Fürsten vollzogenen Totenopfer gehörten namentlich auch seine Sklaven, weniger aus Bequemlichkeits- als aus Repräsentationsrücksichten, denn der „Natur-" und primitive „Kultur"-Mensch ist, wir wir wissen, außerordentlich eitel. In einen sozial abgestuften Organismus eingebaut, mißt er seinen Wert nach der Nummer der Stufe, auf die ihn die Geburt gestellt hat. Von Gott mitgegebener Schwachsinn und ein durch Suggestion zum Aberglauben großgezüchtetes Fehlurteil haben hier — nicht bloß im Orient — einen Adelsstolz gezüchtet, der sich in diesen gewohnheitsmäßigen Sklavenmorden am Grabe des Herrn in ungeheuerlicher Weise auswirkt. Nach Chamisso's Bericht aus seinen Reiseschilderungen (Reise um die Welt) stammen die auf der Südsee-Insel O-Waihi noch zur Zeit seines Besuchs i. J. 1817 herkömmlich geschlachteten Opfer aus der niedrigsten Kaste. Sie wurden an den Leichen von Königen, Fürsten und vornehmen Häuptlingen getötet und zugleich mit diesen bestattet. „In gewissen Familien dieser Kaste erbt nach bestimmten Gesetzen das Schicksal, mit den verschiedenen Gliedern dieser oder jener vornehmen Familien zu sterben, so daß von der Geburt an verhängt ist, bei wessen Tode einer geopfert werden soll. Die Schlachtopfer wissen ihre Bestimmung und ihr Los scheint nichts abschreckendes für sie zu haben. ... Als nach dem Ableben der Mutter von Kahumanu sich drei Schlachtopfer von selbst meldeten, ihr Verhängnis zu erfüllen, ließ Kareimoku [der König] solches nicht geschehen und es floß kein menschliches Blut. Wohl finden noch Menschenopfer statt. ... Sie opfern die Verbrecher ihren Göttern". Man gewinnt danach den Eindruck, daß auf dieser Insel die Prädestinationsidee mächtig entwickelt war und, wie überall, den Tod leicht machte. Da sie den Glauben in sich schloß, daß Gottheiten Blut verlangen, ohne daß der moralische Wert des Eigentümers dieses Bluts angegeben wäre, genügte die Schlachtung von Verbrechern. Es ist möglich, daß sich hier die primitive ethische Vorstellung bereits zeigt, daß die Gottheit den Tod desjenigen will, der ihre Gebote (Tabus) überschritten hat. Daraus kann sich allmählich die Lehre entwickeln, daß ein Totengott als Regent und Gesetzgeber über den Menschen walte. Wahrscheinlicher ist jedoch die Wahl von Sklaven und Verbrechern, weil man der Volkssubstanz nicht zu Leibe gehen wollte. Solche Wertung des Einzellebens hängt oft mit der gegenseitigen Berührung von Primitiven und den Sendboten der Zivilisation zusammen, die auf die Gesittung und Volkszahl schnell und äußerst schädigend einwirkt. — Auch bei gewissen Stämmen auf Borneo werden, wenn ein Häuptling gestorben ist, seine Sklaven getötet, „um ihm im jenseitigen Leben dienen zu können." — Ob diese Begründung des Berichterstatters die Seinige oder die des einheimischen Gewährsmanns ist, bleibt dahingestellt. Insbesondere pflegt man dort auch Schädeljagden zu veranstalten und die erbeuteten Schädel am Grabe des verstorbenen Häuptlings niederzulegen — sicherlich ein reines Standes-Charakteristikum! Sklaven werden vor allem im Kriege gemacht. Ihre Abschlachtung war allgemein, bekanntlich auch im alten Germanien, üblich; sie entsprach der Vorstellung von dem Blutdurst der Todesgötter, die natürlich Opfer verlangten und mit verhältnismäßig so billigen Opfern als Stellvertretern für kostbarere vorlieb nahmen. Berichte und Funde decken sich hier vollkommen und eröffnen ein äußerst finsteres Bild der totenkultischen Ideen. Als Beispiel dienen die Funde von Tune und Gokstad in Norwegen, wo sich in mächtigen, über 20 m langen Schiffen neben dem mit fürstlicher Pracht umgebenen Häuptlinge Sklavengebeine, Pferde-, Hunde- und Falken-Skelette erhalten haben. — Die Gestalten von Fürsten und Mächtigen hoben sich auch im Jenseits schärfer ab als die der Einzelnen. Deshalb ist es wohl verständlich, daß da, wo ausgesprochene Jenseits-Ideen vorhanden waren, wie in China und Ägypten, die Sklaven auch nach dem Tode in ihr trauriges Los verstrickt gedacht wurden. Im Jahre 621 v. Chr. ist im Reiche Thsin (in Schenki) die Sitte aufgekommen, Menschen mit dem gestorbenen Fürsten zu begraben, um ihn in der andern Welt zu bedienen. Tsentsche von Tschin starb in Wêi; seine Gattin und sein Haushofmeister kamen überein, Menschen mit ihm zu begraben und hatten diese schon bestimmt. Als des Verstorbenen Bruder ankam, sagten sie zu ihm: „Der Verstorbene war krank und hatte keine Pflege unter der Erde; wir bitten daher, Menschen mit ihm begraben zu dürfen."

Wir haben hier in gebotener Kürze des Menschenopfers, nur so weit es im Totenkultus vollzogen wurde, gedacht. Im gesamten religiösen Dienst nimmt es eine absolut beherrschende Stellung ein, so sehr, daß es bis zum heutigen Tage selbst Stämmen, die vor Generationen zum Christentum „bekehrt" worden sind, nicht fremd geworden ist und daß wir vielfach seine heimliche Vollziehung zu Zeiten anzunehmen haben. Zu welchen Zeiten? Offenbar solchen, die besonders „religiös" waren. Diese aber waren niemals die guten, sondern stets die schlechten Zeiten. „Es ist ein Wahn zu glauben, daß Unglück den Menschen besser macht" (sagt Bodenstädt). Eben deshalb lehrt das Elend beten und zaubern. Man verehrt nur, was man fürchtet. Wo die Furcht fehlt, fehlen auch Glauben und Aberglauben. Der „Symbolismus", der den Mythus geschaffen hat, ist entweder spekulativer Natur oder eine Verkörperung dieses Furchtempfindens. Ich gebe dazu, daß wir auch dann, wenn es uns gut geht, etwas „erleben" können, was uns überrascht, ergreift. Aber wir achten dann nicht allzusehr darauf, vorausgesetzt, daß es nicht in praktischer Hinsicht tief in unser Leben eingreift, und uns in Gefahr setzt. Das Gute wird reaktionslos hingenommen. Der „gute Gott", eine — wie man annimmt — weit über den Kreis der indogermanischen Völker bis tief in die Polarregionen hineinragende Gestalt, hat nicht etwa, wie immer wieder gesagt wird, frühzeitig seinen Kultus verloren, sondern ihn nie besessen. Jener Gott ist eben ungefährlich. Dankbarkeit gibt es im Kollektivempfinden der Menschheit nicht. Das Tatsachenbild wird in merkwürdiger Weise gewöhnlich dadurch verzerrt, daß diejenigen, die uns mit dem religiösen Menschheitsempfinden vertraut machen wollen, meist ein über den Durchschnitt hinausgehend starkes religiöses Empfinden und eine frühzeitig erworbene, in formaler wie sachlicher Hinsicht sichergestellte Glaubensüberzeugung im Sinne einer Kirche besitzen.

Ich nehme den Menschen — selbstverständlich wird hier immer nur von dem Träger des Aberglaubens, also im besten Falle dem Durchschnittsmenschen gesprochen — als ein Wesen an, das den Naturgegebenheiten nur dann eine gesteigerte Beachtung schenkt, wenn Zeit, Ort oder Gelegenheit ihn dazu nötigen, im übrigen aber auf reine Nützlichkeits-Erwägungen und -Handlungen sich zu beschränken pflegt. Völlig klar bin ich mir natürlich darüber, daß das, was wir den kulturellen Fortschritt zu nennen pflegen, dadurch nicht erklärt wird. Für den Abergläubischen, den Durchschnittsmenschen, gibt es tatsächlich einen solchen Fortschritt in keiner Weise. Schon die bisherigen Vergleiche zwischen den Anschauungsformen des „Primitiven", des urzeitlichen und des modernen Menschen müssen dies gelehrt haben. Immer wieder werden wir diese Grundvoraussetzung unserer Auseinandersetzungen, auch in Hinsicht auf deren äußere Struktur, bestätigt finden. Woher aber kommt das, was der gesittete und glückliche Mensch als das Erhabene verehrt? Es strömt aus der Offenbarungswelt weniger Großer. Es ist dem Geheimnis der Individualität entwachsen, das wir hier natürlich nicht zu untersuchen haben, das wahrscheinlich auch niemals gelüftet werden wird. Unter den „Großen" im Sinne dieser Andeutungen verstehe ich keineswegs nur die Religionsstifter oder religiösen Genies.

„Heilig" ist, wenn ich diesem Worte die von uns gewählte Stimmungsfarbe geben darf, unter den Zeiten vor allem die Nacht. Sie ist die älteste Gottheit. Ein orphischer Hymnus verehrt sie als die Erzeugerin aller Wesen (nyx genesis panton). Die Edda und — nach Tazitus — der Deutsche schlechthin läßt den ersten Tag aus der Nacht erzeugt werden. Die Basutos erzählen von einem Hubeane, der mit einem Messer den Leib eines Ungeheuers zerschnitten habe, das ihn und alle Menschen verschlungen hat. Hubeane ist (nach Frobenius) ein Sonnenheld. Am Anfang des Weltgeschehens steht ein ungeheurer Mord. Marduk tötet die Tiâmat, Jahve den Leviatan. Der

Sonnengott geht aus der Nacht wie ein Wesen hervor, das durch die Geburt die Mutter zerreißt. Der Nacht und ihren Dienern und Dienerinnen ist eine gewisse fromme Anhänglichkeit immer verblieben. Selbst ihre Verehrung finde ich nirgends völlig ausgeschaltet. Was Lessing von dem Rationalisten seiner Zeit sagt: ‚er fürchtet die Gespenster des Nachts und verlacht sie am Tage‘, das gilt, unter gewissen Einschränkungen, ganz allgemein. Ein ganzes Heer von abergläubischen Erscheinungen existiert für den Primitiven nur des Nachts. Am Tage nennt er es nicht. Andere Wesen werden zwar auch am Tage gesehen, aber kaum gewertet. Nachts sind sie ein Gegenstand höchsten Entsetzens. Es gehören dazu die nächtlichen Unglücksvögel. Die Arauaken nennen den Jaguar bei Tage meist mit seinem eigentlichen Namen, bei Nacht aber kabadaro (= Klauen); die Boa constrictor heißt tags: kamudu, nachts aber akkara (Tau). Sobald diese Tiere in den zeitlichen Kreis ihrer „Heiligkeit“ eintreten, bekommen sie einen anderen, ihr gefährliches Wesen verschleiernden Namen oder — man schweigt von ihnen. Das Heilige nennt man nicht; ihm gegenüber ist Schweigen ohnehin am vorteilhaftesten. Schweigen ist deshalb auch zu gewissen Tageszeiten (bei Sonnenauf- und- Untergang sowie Mittags) geboten. Entsprechendes gilt vielfach von einem Tage der Woche, des Monats und gewissen Jahresabschnitten. Da, wo der Jahreskreislauf in seinem Einfluß auf Vegetation, Tierwelt und menschliches Leben erkannt worden ist, sind Unterlassungen und Begehungen für dessen Teile vorgeschrieben. Ich gedenke des Sabbats innerhalb der Woche, des Neu- und Vollmondfestes innerhalb des Monats, der Frühlings- und Herbst-Aequinoctien und -Solstitien im Jahreslauf. Das ganze Jahr ist in der Zarathustra-Religion den zugehörigen Tages-, Wochen- und Monats-Göttern untergeordnet. Bei den alten Mexikanern, nicht anders in verschiedenen Teilen Afrikas, besaß jeder Tag einen besonderen Charakter, der durch die Beziehung zu einer Gottheit gekennzeichnet wurde. — Gewisse Zeitpunkte im Menschenleben sind von so großer „Heiligkeit“, daß an ihnen nichts unbedeutend sein kann. Der sonst ganz stumpfe, nur dem nächsten Nutzen zugewandte Primitive scheint hier plötzlich völlig verändert. Er merkt auf jede Äußerlichkeit und zieht von ihr aus abergläubische Schlußfolgerungen. Die Worte, die ein Weib in der Stunde ihres Gebärens sagt, gelten als Omina und das Kind wird danach benannt. Bei den Samojeden trägt das Kind seinen Namen nach irgend einem „zufälligen“ Merkmal oder zur Erinnerung an den Ort, an dem es geboren wurde, oder auch an verschiedene Geschehnisse, die während der Geburt stattgefunden haben, ferner auch nach einem Tier oder einem Menschen, der damals in der Nähe war. Der gesamten Umgebung kommt also gesteigerter mantischer Wert zu. — Es muß betont werden, daß solche Gelegenheiten ganz disparate und sonst völlig gleichgültig erscheinende Menschen ohne Rücksicht auf den speziellen Charakter des Falls zusammentreiben und zu aktiven Elementen machen. Der Rausch der erweckten Massensuggestion verfliegt, sobald die Quelle derselben versiegt ist, aufs schnellste. Die weise Frau, die hundert Mittel wußte, um einer Gebärenden zu helfen, geht, sobald der Geburtsakt glücklich oder unglücklich verlaufen ist, mit stumpfer Gelassenheit an ihr Tagewerk. Die auf dem litauischen Dorfkirchhof wie eine Meute von Schloßhunden heulende Trauergemeinschaft betrinkt sich, spielt Karten (tanzte früher aufs ausgelassenste), sobald die Gruft sich geschlossen hat. Von den heutigen Großrussen heißt es: „Wenn die Frauen ihre Totenklagen anstimmen, fällt die weinende Witwe infolge ihres großen Jammers oft in Ohnmacht, das heißt sie wirft sich auf das Grab ihres Mannes und bleibt hier regungslos liegen. Dann schütteln sie die anwesenden Frauen und bringen sie wieder zu sich; aber sie fällt aufs neue auf dem Grabe nieder und setzt ihre Totenklage fort. Solche Ohnmachten folgen mehrere aufeinander. Oft sind sie fingiert, da es der Verlassenen Ehre macht, wenn man von ihr sagt, daß sie richtig zu weinen verstehe.“ Trauer und Freude sind nicht die verinnerlichten Erfolge einer gesitteten Individual-Einstellung zu dem Einzelbild des großen Menschheitslebens und Menschheitsleidens sondern übergelagerte psychische Straten, Auswüchse des animalischen Kollektivismus, Produkte eines unausdenkbar langen Gemeinschaftslebens. — Der Eheabschluß wird zu „heiliger“ Zeit vollzogen, bei Jägern etwa dann, wenn reicher Fang die als ominös empfundene Gelegenheit zum Hochzeitsschmause gibt (die Probeleistung; s. o.), bei den Ackerbauern zur Zeit der Frühjahrsbestellungen. Ich gedenke hier des Mairitts usw. Das Traumerlebnis tritt mächtig in seine Rechte. Das in ihm offenbarte Bild, der gehörte oder erschlossene Name des geliebten Wesens, gelten als determiniert. Nacht, Traum und Tod sind miteinander aufs engste verwandt. Die Nacht ist auch deshalb eine „heilige“ Zeit, weil sie von dem Totenreich mit Traumgestaltungen gespeist wird. Die Vorstellung von der freischaffenden Macht des menschlichen Willens fehlt den Primitiven, ja selbst den Vertretern der alten Kulturwelt ohnehin. Von ihr kann im Schlaf vollends keine Rede sein. Deshalb werden die Traumgestaltungen als magische Zwangsmittel gefühlt. Es kommt nur darauf an, festzustellen, was sie „bedeuten“, was sie wollen. — Eine weitere (physische) Offenbarungsquelle sind die Sterne. Der Verehrung der Himmelskörper wird man nicht durch ästhetische oder romantische Gefühlseinstellung gerecht, zumal das, was uns am gestirnten Himmel ergreift — die Idee der Raum- und Zeit-Unendlichkeit, der unermeßlichen, sich verausgabenden physischen Energie — dem Primitiven nicht zum Bewußtsein kommt. Es ist auch nicht wahr, daß man die Gestirne nur oder vorzugsweise verehrt hätte, wo sie am meisten leuchten. Die einzige Gefühlstatsache, die stark genug war, Himmel und Erde durch die Vermittlung der Gestirne so nahe aneinander zu knüpfen, als beide in der Astrologie tatsächlich miteinander verbunden erscheinen, ist, so weit ich sehe, die, daß die Sterne als Feuerfunken lebende Wesen, Ahnen, waren. Diese Vorstellung fehlt tatsächlich auch nirgends, wo die Sternkunde blühte. Mag man von Ahnen, Seelen, Gottheiten reden — die überirdische Macht galt als wirksam und wurde zum grundlegenden determinierenden Faktor für das Einzelleben, sobald dieses mit dem Einzelstern in Verbindung gesetzt wurde. So entstand der Brauch, dem Kinde die Nativität zu stellen; der Jungfrau den Hochzeitstag zu berechnen. Den Primitiven ist angesichts ihrer mangelnden Gabe, den gewohnten Gang der Himmelskörper zu beobachten, dieser Weg, für die Hochzeit einen heiligen Zeitpunkt zu finden, allerdings nicht gegeben. Doch achten sie auf die allgemeinen Wahrzeichen der irdischen Natur teilweise mit großer

Sorgfalt. Bei den Kayans und Kenyahs auf Borneo z. B. erfolgt der Eheabschluß erst dann, wenn man viele Vorzeichen beobachtet hat, z. B. im Schreien der Vögel, im Laufen der Spinnen, im Fluge des Habichts. Hier handelt es sich, wie immer wieder betont werden muß, nicht etwa um einen dummen und halb-humoristischen Tagesaberglauben, von dem sich jene Menschen treiben lassen, wie wir etwa vor einem Spaziergang die Rockknöpfe abzählen und dabei fragen: „Gehe ich nach rechts oder nach links?", sondern um den Ausdruck einer ungewöhnlichen, die natürliche Handlungsfreiheit sehr stark einschränkenden Gemütslage, welche die mangelnde Entschlußfähigkeit durch äußere Impulse ersetzen will. Ich möchte hier von einem Stimmungsmoment reden, das, wie das magnetische Feld unserer Physiker, wichtige naturgesetzliche Auswirkungen aufzuheben scheint, und uns doch wieder unverändert und ungebessert in den Alltag hineingleiten läßt. — Was von Geburt und Hochzeit gesagt wurde, gilt natürlich in gesteigertem Grade vom Tode. Hier beweisen Tracht, Gebärden, Lebensäußerungen, höchst ungewöhnliche Anschauungen und Handlungen, die der Trauernde seiner sonst vorhandenen Verstandesklarheit zuwider sich zu eigen macht, daß schwerwiegendste innere Veränderungen mit ihm vorgegangen sind. Was ihn ehemals kalt gelassen, vielleicht seine Phantasie angeregt hat, die Vorstellung von dem ins Haus zurückkehrenden, Menschen raubenden Toten, das tritt jetzt als neue Wahrheit vor seine Seele. Was er nicht verstand, vielleicht verwundert ablehnte — das, was wir Totenehrung, Ritual nennen — wird zu einem zwangsläufig ihn bestimmenden Inhalt dieser neuen psychischen Konsistenz. Noch weniger als der Glauben, kann freilich der Aberglauben ohne Priester auskommen. Die Ideen und Impulse bedürfen der äußeren Anregung, um ausgelöst zu werden. Dies geschieht durch den Magier. Er lebt in einer ganz anderen Welt als wir und ist in ihr als in seiner Festung unangreifbar. — Er tritt in den weiteren sozialen Verband namentlich bei großen Geschehnissen, so z. B. vor Kriegen, bei dem Platzwechsel nomadisierender Stämme, bei Hungersnot und anderen Gefahren. Die Maori auf Neu-Seeland entnehmen der Natur vor Beginn ihrer Kämpfe sehr eingehende Wahrzeichen. Jäger- und Nomadenstämme tun das gleiche, wenn es sich um Boden- und Nahrungserwerb handelt. Die suggestive Gewalt dieser Omina ist außerordentlich groß. Wir lächeln über einen Jäger, der nicht zu Schuß zu kommen meinte, weil er ein altes Weib als Erste im Walde getroffen hat und — der Jäger lächelt vielleicht mit. Er traut seinem Wildbestand, seinem Gewehr und seinem Lebensmittelvorrat daheim; er sucht vielleicht am gleichen Nachmittag abermals sein Glück. Ganz anders der Primitive: bei ihm hängt von dem einen Jagderfolge unter Umständen seine Existenz ab. Er ist für die Einwirkungen der Außenwelt durch die Erregung, in die ihn der Pürschgang versetzen muß, psychisch prädisponiert und überempfänglich. Dies zeigt sich auch in den vermeintlichen Folgen unglücklicher Wahrzeichen. Hört ein Mitglied des nilotischen Stammes der Lango beim Antritt einer Reise den Specht klopfen, so ist alles in Ordnung; fliegt er aber quer über seinen Pfad und setzt der Reisende dann noch sein Unternehmen fort, so hat er plötzlichen Tod zu erwarten. Trifft er ein kleines Insekt achwao auf dem Weg und berührt er es, so stirbt er selbst oder einer seiner Verwandten innerhalb eines Jahres. — Der Todesdrohungen gibt es zahllose. Wanderungen, Jagd- und Beute-Züge führen ja tatsächlich ins Verderben oder Gedeihen. Der Abergläubische meint die Schicksalsfrage aus dem großen Buch der Natur ablesen zu können, weil er sich der physikalischen Tatsachenverkettung und seiner eignen Willenskraft nicht bewußt geworden ist. — Elementare Gewalten aller Art, die sich zu Gefahren für Mensch und Tier auswachsen, wie Gewitter, Überschwemmungen und Brände liefern ebenfalls einen für den Aberglauben günstigen Nährboden, zumal sie meist unversehens hereinbrechen, ja der Fatalismus der meisten Menschen es ablehnt, sie voraussehen zu wollen. Der Mensch, der dem Vernichtungsschicksal sich zwangsmäßig in die Arme getrieben zu wissen glaubt, bewahrt eine stumpfe Ruhe. Erst verhältnismäßig spät, in der alten Kulturwelt, beginnen Abwehrhandlungen gegen das auch nur möglicherweise nahe Todesschicksal. Hier gilt dann das Motto: „Lieber viel und rechtzeitig opfern als ins Elend geraten!" Das Opfer, der Kern und eigentliche Inhalt jedes Kultus, wie auch die Orakelbefragung, sind Mysterien, die durchaus den gehobenen, seelisch überempfindlichen Menschen voraussetzen. Weihen, oft der qualvollsten Art, Nahrungsentziehungen, äußere Reizmittel (durch Musik, Tänze, Gifte) gehen den kultischen Handlungen voraus und lassen den geistig Geschädigten an das „glauben", was er bei gesunden Sinnen ablehnen würde. Darum ist es gefährlich, mit dem Heiligen zu spielen. Wenn einer von den alten Arabern das Vogelorakel aufsuchte, „die Raben scheuchte", obwohl es ihm gut ging, stürzte er ohne Zweifel ins Ungemach. Prüfung des Heiligen oder gar Spott galten als schwerste Gotteslästerungen — obgleich von einem Gott im engeren Sinne hier garnicht die Rede sein kann, es handelt sich vielmehr um den Wahrer des Fatums, seines Ansehens und seiner Unabwendbarkeit. Ihm soll der Mensch gebunden nahen — die Gebetshaltungen sind Fesselungen, mag man die des frommen Hindu wählen, bei der uns fast die Fingerknochen zerbrechen oder die des Moslems, der sich damit begnügt, die eine Hand mit der anderen festzuhalten. Der Versuch, „über das Schicksal hinaus" zu denken, zu handeln, zu fühlen und zu erkennen ist es, was die Schranke des fatalistischen Aberglaubens zerbricht und dadurch den Menschen sich selbst wiedergibt. Auf der untersten Stufe steht der Bursch, der durchaus tanzen will: „Ich tanze heute und wenn ich mit dem Teufel tanze." Auf höherer der Faust der Sage, der zum Himmel flog; am höchsten der Romeo des 29jährigen Shakespeare, der, als das astrologisch ermittelbare Fatum ihn zertrümmert zu haben schien, ausrief: „Ist es denn so? Ich biet' euch Trotz, ihr Sterne!" Das Geniessen, Erkennen, Leiden und Handeln des Genies durchbricht die abergläubische Linie.

Heilig wie die Zeit muß der Ort sein, an dem der Abergläubische sein Wunder erwartet. Viele Wesen oder Begebenheiten sind ganz harmlos, wenn sie nicht in der Nähe heiliger Orte sich abspielen. Namentlich gilt dies von einzelnen Worten oder Ausrufen, zufällig erlauschten Wendungen, die überhört werden, wenn sie an profaner, und höchst ominös sind, wenn sie an heiliger Stätte ertönen. Das Gleiche gilt wiederum von Träumen. Sie werden durch den gesuchten oder ungesuchten Schlaf an heiliger Stätte zum Inkubationsorakel, das mehr als irgend eine andere Form der Weissagung oder Offenbarung wirksame Impulse gegeben hat. Welche Stätte aber ist heilig? Aus der teilweise auf sehr altertümliche Formen zurückgreifenden Mantik der orientalischen Kulturvölker gewinne ich den Eindruck, daß diese Frage seit Urzeiten von Priestern und Laien aufs genaueste erwogen und von ihrer Beantwortung vieles abhängig gemacht wurde, was fernab der religiösen Spekulation zu liegen scheint: so namentlich die Wahl oder das Verlassen des Wohnsitzes oder Aufenthaltsorts, der Platz der Andacht und des Nahrungserwerbs (auch des Nomaden und überhaupt des Nicht-Ansässigen). Wir sahen, daß gute und böse Geister den Boden in ihren Besitz nehmen, daß sie mit dem einen Stamm verbündet, dem anderen feindlich oder den Menschen überhaupt verderblich sein können; daß die Erde Blut trinkt und deshalb vor jedem Hausbezug eines Opfers, ursprünglich wohl stets eines Menschenopfers, bedarf; daß Tiere den Platz divinatorisch feststellen können, der für menschliche Ansiedlungen geeignet ist. — Daß bereits die ältere Steinzeit, das Diluvium, heilige Orte kannte, wird durch die Massenhaftigkeit der dortigen Höhlenzeichnungen auf engen Plätzen bei gleichzeitigem Freibleiben vieler daneben befindlicher Felswände wahrscheinlich. Die eigentliche „heilige" Stätte, von der die magische Kraft der unbestimmt gefühlten höheren Macht auf den Zauberer ausgeht, ist oft eine unheimliche, von schlechter, ja giftiger Luft erfüllte Höhle. Die Narkose durch Kohlensäure, Kohlenoxydgas und schweflige Säure sowie die blosse Rauchvergiftung ist in jenen ältesten Zeiten in weitem Umfang gesucht worden; sie vermittelte den Verkehr mit den höheren Mächten. Ein weiteres Heiligtum war das Steingrab und dessen Umgebung, der eigentliche Ruheplatz der göttlichen Ahnen, eine Stätte der Furcht und Scheu für den Friedensbrecher und Räuber; und ferner der von Steinen eingefaßte Bezirk, wohl oft als heiliger Hain deutbar, da Bäume schon bei primitiven Völkern verehrt werden. Baumcomplexe bildeten einen „Ausschnitt aus der Natur" — die Vorstufe des „Tempels" (auch in sprachlicher Hinsicht, da das lateinische „templum" einen Bodenausschnitt, nicht etwa ein Gebäude bezeichnet). Die zu mystischen Phantasien anregenden, das Totenreich verkörpernden Höhlen können im ägäischen Kulturkreis durch eine Axt gekennzeichnet worden sein. Sie mußten schon ohnehin deshalb als heilig gelten, weil sich vielfach in ihnen Reste menschlicher Körper finden. Die Urnenfriedhöfe und deren prähistorische Fundgeräte wurden gefürchtet und gemieden (s. o.), wie alle Plätze, an denen Totengeister verkehren oder die durch unverstandene Spuren urzeitlicher menschlicher Tätigkeit „wunderlich" erscheinen. Die hier gemachten Funde beweisen übrigens keineswegs durchaus einen stumpfsinnigen Fetischismus, eine Verehrung von toten Gegenständen und Fratzen. Im ägäischen Kulturkreis finden wir die Wiedergaben menschlicher, namentlich weiblicher Körper, deren Darstellung sicherlich abergläubische Zwecke hatte (angesichts ihrer Üppigkeit vermuten wir, daß sie sympathetisch die menschliche oder allgemeine Fruchtbarkeit vermehren sollten), vorherrschend. Später finden wir Figuren einzelner Gottheiten, wie zum Beispiel der Göttin mit den Löwen. Diesen Gestalten gegenüber treten Fratzen, Greife, Sphinxe, die, wie es scheint, niemals selbständige Verehrung genossen, ganz zurück. Dagegen wurde diese Adoration manchen wenig behauenen, entfernt menschenähnlichen, Figuren wohl zuteil. — Heilig war dem alten Europäer auch sein bereits über der Erde angelegter Wohnraum, dessen Wände durch zauberkräftige Zeichnungen geschützt waren, unter dessen Mauern oder Schwelle die Gebeine der göttlich verehrten Ahnen schlummerten und dem Räuber und Friedensbrecher wehrten, zumal jeder Platz, an dem die Totengeister verkehren, besonders lebhaft verehrt wird. Selbst die primitivsten Stämme vermeiden Stätten, an denen eine Leiche gelegen hat oder jemand gestorben ist. Eine weitgehende und allgemeine Heiligkeit genießen seit frühester Zeit der Erdboden, aus dem eine Schlange kroch oder in dem andere dämonische Tiere hausen; die Höhe von Bergen, die gewöhnlich von Propheten oder solchen, die es werden wollten, aufgesucht werden; Felsen oder Steine, die durch Form, Farbe oder Größe zur Verehrung auffordern (und deshalb auch häufig mit Geschenken wie z. B. Früchten, kleinen Steinen bedacht werden); der Platz, an dem sich im Wachen oder Traum wundersame Begebenheiten abgespielt haben; einsame Stätten, wie Sand- oder Waldwüsten, deren Bewohner sich durch Abstinenzen geistig schädigten und dadurch dem „Ahnenreich" näherten; der (z. B. von den Zauberern der Andamaneninseln gern aufgesuchte) Busch, wie auch besonders die von Geistern belebt geglaubten (und deshalb auf San Cristoval [Salomo-Inseln] als „Totendörfer" bezeichneten) heiligen Büsche und Dickichte, die so sehr nach dämonischen Mächten verlangen, daß, wenn ein Mann durch einen solchen Busch hindurchgeht, seine Seele an ihm hängen bleibt. Zu diesen Naturgegebenheiten kommen künstlich eingerichtete Gottesstätten. Heilig sind zu Zeiten der großen kultischen Handlungen zwar alle Elemente; sie alle tragen dann göttliches und unnahbares in sich, so daß der Mensch sich kaum im Wasser zu baden, Feuer zu benutzen, die Erde mit nacktem oder anders als nacktem Fuß zu betreten wagt. Aber von höchster Magie gesättigt sind dann beispielsweise die Opferplätze und die auf ihnen lodernden Opfer- und Zauberfeuer, die Stätten, welche die Gottheit als Gast des Menschen besucht und die sie in irgendeiner Gestalt betritt, z. B. der ausgebreitete Mantel, der den als Fliege wiederkehrenden Ahn zum Sitz einlädt (s. o.); jeder Thron, auf dem ein Gott oder Dämon Platz genommen hat, so z. B. bei den Ägyptern die Götterbarke, bei den Hebräern die Lade Jahve's, bei den Jurak-Samojeden der nur für die ha-ha-Götter zur Benutzung freigegebene und von eigens dafür bestellten Renntieren gezogene Schlitten; alles, was sich innerhalb des abgegrenzten heiligen Bezirks an Personen, Tieren und Sachen befindet. Bei den Primitiven gelten Gräber und offne Heiligtümer als Wohnstätten der in ihnen weilenden Gottheiten und Ahnen und deshalb als deren geschlossene Rechtssphären. Ihr Betreten ist mit besonderen Reinheits- und Abstinenzvorschriften verbunden und nur den Mitgliedern des Stammes oder dessen Priestern oder gewissen geweihten Personen, die zur Gottheit in naher Beziehung stehen, erlaubt. Selbst ganz primitive Völker, die im übrigen dem Einzelnen die weitgehendste Freiheit zugestehen, bestrafen das Betreten dieser Orte mit dem sofortigen Tode, zweifellos teilweise auch aus Angst davor, daß die dort wohnende mystische Macht ihnen genommen und auf Fremde abgelenkt werden könne. Bisweilen werden zwar zu untergeordneten Diensten Fremde oder Sklaven zugelassen, dann aber getötet, wie zum Beispiel im germanischen Dienste der Nerthus. Auch das Eindringen in Mysteriengesellschaften oder der Verrat an deren Geheimnissen hat die gleichen Folgen. Selbst persönliche Manifestationen von Göttern oder Geistern können zu sofortigem Tode des von ihnen Heimgesuchten führen. Das Gleiche gilt von Offenbarungen menschlicher Heiliger, namentlich solcher, die sich als Verkörperungen von Gottheiten ausgeben, mithin auch vieler Fürsten, so zum Beispiel römischer Kaiser in der Zeit des Cäsarenwahns. Auf der Sandwich-Insel O-Waihi war um 1800 n. Chr. ein Häuptling „dergestalt Tabu, daß er nicht bei Tage gesehen werden durfte. Er zeigte sich nur in der Nacht; wer ihn bei Tagesschein zufällig nur erblickt hätte, hätte sofort sterben müssen: ein heiliges Gebot, dessen Vollstreckung nichts zu hemmen vermag" (Chamisso). Ein Teil dieser Heiligkeit erfüllt auch diejenigen, die zu den großen auf jener Insel vollzogenen religiösen Festen zugelassen worden waren. Sollte einer von diesen ein Weib nur zufällig berühren, so müßte es sofort getötet werden. Zentralaustralische Stämme töteten sogar denjenigen, der in die Nähe von Männern kam, die mit der Herstellung gewisser heiliger Hölzer oder Steine beschäftigt waren oder der solchen Arbeiten zusah; ferner alle, die zu ihren Feierlichkeiten zu spät kamen, mithin den geweihten Ring überschritten, auch dann, wenn sie Gäste waren. Je größer das Gefühl der Gebundenheit an die dumpf gefühlte Gottesmacht ist, um so rücksichtsloser die Bestrafung jedes kultischen Mißgriffs. — Die Heiligkeit von Personen kann entweder in dem Augenblick erlöschen, in dem diese den geweihten Kreis überschreiten (verlassen), oder sie kann für eine bestimmte Zeitdauer behalten oder lebenslänglich sein. Vielfach ist die Wiederholung bestimmter Opfer oder Begehungen ein genügendes Mittel, sie immer wieder aufzufüllen; bisweilen reicht der bloße Adel der Geburt (so z. B. bei Königen) aus, sie für immer zu erhalten. Das gilt im alten Babylon und Ägypten, es gilt leider aber auch noch im Europa von Ludwig XIV. und seinen Nachahmern. Der Blick dieser Sonnenkönige ist, wie der Glanz der Sonne selbst, dem Sterblichen unerträglich. — Zeitungsnachrichten brachten um 1910 die Mitteilung, daß, als der Mikado eine Art von Landtag zusammenberief, die japanischen Würdenträger das göttliche Antlitz nicht zu schauen gewagt hätten. Geisteskranke Herrscher in Preußen und Bayern reflektierten ähnliche Anschauungen von der Sonnengleichheit des Königsantlitzes. Das beste Prototyp ist dafür das Gesicht Moses, das unerträglich blendet. Auch hier stehen die Arier bisweilen über den Semiten: eine göttliche Aureole umgibt zwar aller persischen Könige Haupt, aber schon von dem allerersten, von Yima, wich sie, weil er einmal unwahr redete!! — Eine weitgehende Heiligkeit maßen sich endlich die Priester vieler Bekenntnisse an. Nur durch ihre Vermittlung kann man mit der Gottheit verkehren, nur durch sie den Schutz auf sich oder andere herabbeschwören. Schon die segnende Handbewegung eines Priesters oder gar des „heiligen Vaters" kann vor Anfechtungen schützen oder, was wichtiger ist, Asylrecht verleihen. — Bei den Maoris Neuseelands werden Orte schon dadurch tapu, daß ein Priester beim Trinken von Wasser einige Tropfen aus seiner Hand auf den Boden fallen läßt. Dieser Zustand dauert verschiedene Zeit lang, je nach der Menge des vergossenen Wassers.

Der bloße, durch Symbole ausgedrückte Wille eines Machthabers — denn ohne Macht gibt es kein Recht — genügt, um Stätten mit Asylrecht zu begaben. Bei den Maori z. B. sind dazu verzierte Stangen ausreichend. Wir gedenken hier der ganz primitiven Mittel (Wimpel, Zweige usw.), einen einmal entdeckten Schatz (ein Honigdepot im Urwalde) vor Zugriffen zu schützen. Der das Asyl Gewährende war gewöhnlich ein Häuptling, Priester oder Heiliger. Auch der Schutzgeist einer verstorbenen hochstehenden Person verhinderte die Ausübung jedes gewaltsamen Eingriffs in Person oder Leben eines Schuldigen oder Unschuldigen. Bei den niedrig stehenden Primitiven ist die Gewährung des Asylrechts ein fast körperlich zu deutender Ausfluß der Macht dieser Personen, ihrer Kleidung (daher: „Mantelfrieden") und Worte. Deshalb ist dies Recht ursprünglich von dem Willen des Schutzgewährenden abhängig, so z. B. an der Goldküste von dem Fetischpriester, während später die schützende Macht neben den Schutzherrn gestellt und als Ausfluß seiner Stellung und deren magischer Gewalt gedacht wurde, deshalb auch übermittelbar war. Naturgemäß übertrug sie sich zunächst auf das Haus des Mächtigen, die Hütte des Häuptlings. Dort findet der Flüchtling ein Asyl, bisweilen sogar vor dem Bluträcher. Im Heiligtum gelten göttliche Personen oder deren Statuen als Spender solchen Schutzes. Das Asylrecht erstreckt sich schon bei den vorislamischen Beduinen auf Tiere, die in eignen heiligen Bezirken Unterkommen fanden. Ein gleiches war im alten Deutschland insofern der Fall, als heilige Rosse in besonderen Hürden gehalten wurden. Das Asylrecht wird von keinen ethischen Erwägungen gekreuzt. Wer in den Schutz einer Araberhütte tritt, genießt ihn, auch wenn er der Mörder des einzigen Sohnes des Asylgewährenden ist. In die Hut von Kirchen und Muttergottesbildern sind oft viele Verbrecher, auch massenweise, geflüchtet. Manche Personen tragen die „Asylfähigkeit" kraft ihres Amts mit sich von einem Ort zum andern, so namentlich die Gesandten von Staaten. In der Zeit der Boxer-Aufstände hat die Kaiserlich deutsche Gesandtschaft in China dieser Schutzpflicht hervorragend genügt. Die Unantastbarkeit kann sich auf bestimmte Gelegenheiten ausdehnen, so namentlich auf kultische Verrichtungen, auch im weitgehendsten Sinne; ferner auf lebenswichtige Handlungen größerer Gemeinschaften, so z. B. auf Krieg, Jagden und Fischfang. Bei Letzteren erstreckt sich ein gemeinschaftliches tapu über die ganze Gegend des Fanges; die Stätte, an der die Vorbereitungen vollzogen wurden und über die Personen, welche sich an der Unternehmung aktiv beteiligten. Der soziale Instinkt sagt bei derartigen Vollziehungen jedermann, daß ein Friedensbruch ein Verbrechen wäre. Reste dieses Naturinstinkts haben sich bis zur Gegenwart erhalten. Während des letzten Krieges galten Zänkereien an Wasserstellen, verübt unter Mitgliedern vorrückender Kolonnen, als nicht nur strafbar, sondern auch im Sinne des militärischen Gesittungskodex als unfair. — Von solchen Stätten und Gelegenheiten aus verbreitete sich das zum Landfrieden führende Asylrecht, das von der Willkür der Machthaber längst losgelöst war, immer weiter. In Albanien wird der Bessa (Friede) gewohnheitsmäßig auf gewisse Örtlichkeiten und Zeiten ausgedehnt. Bessa genießt jeder, der in Begleitung oder Gesellschaft eines weiblichen Wesens ist: die Hirten auf der Weide; die Leute, die an einer Wasserleitung arbeiten oder einen Weg ausbessern. Dort und auch bei den Osseten genießen gewisse Wege sowie Quellen und Unterkunftsorte den Friedensbann. Bei der Ernte oder zu einzelnen Festen wird Bessa erklärt. Auch Priester stehen dort unter dem aktiven Asylrecht. Eigenartig, aber für die Menschheitsentwicklung und ihre Geschichte überaus bezeichnend ist es, daß der fundamental, ja beispiellos wichtige Asyl-Gedanke bei den niedrigstehenden Stämmen bereits vielfach vorhanden, aber gerade da stehen geblieben ist, von wo aus er hätte sozial bedeutsam werden können. Schutz von Person oder Eigentum auf freiem Gelände gibt es dort nämlich meist nicht. Damit ist der Kriegszustand verewigt. Wir nennen Palau als eine der Gegenden, in denen nur die Häuser Asyl boten.

Der Wahrer (und Rächer) des (verletzten) Asylschutzes zeigt in dieser seiner Stellung eine hohe, vielfach nur den Göttern zugebilligte Machtbefugnis, über deren alleinige Ausübung er mit großer Eifersucht wacht. Wir wissen, daß jede Ungehörigkeit, um wieviel mehr jeder Versuch, sich ein Recht zu nehmen, anstatt es zu empfangen, in Fürstenpalästen aufs schwerste geahndet wird. Diese Eifersucht ist alt und weitverbreitet. Niemand möchte in seinem Hause einen zweiten Herrn haben. Sobald der Begriff des Eigentums am Boden durchgeführt ist, genießt jede Pflanze den Schutz ihres Herrn. Bekanntlich zählt, d. h. verteidigt, Rübezahl die wertlosesten Einzelgewächse seines Landes. Die Maori verehren eine hohe Herrin, die über den „Meidungs-Vorschriften“ der Erde wacht. Würde jemand von einem gebannten Orte zum Beispiel ein Blatt oder einen Zweig pflücken, so würde er von einem der Geister in die See gezogen und dort getötet werden. Sind doch die Gottheiten der alten Kulturvölker, auch der Gott des alten Testaments, der ja keine anderen Gottheiten noch auch irgendwelche Lokalkulte, noch auch einen völligen Glücks-, Weisheits- und Erkenntniszustand beim Menschen duldet, außerordentlich eifersüchtig. Bei den primitiven Völkern ist es das Feuer, das, wenn es heilig gehalten wird, keinen Konkurrenten leidet. Alle profanen Brände müssen, wenn das „Notfeuer“ angezündet wird, in seinem Umkreise ausgelöscht werden. Gerade da, wo dieser Kultus in sein Recht tritt, zeigt sich zugleich das Aufkommen einer Alleinherrschaft, die Eigentum und Asylschutz gewährleistet. Das Feuer ist immer der Herr, der zugleich bedroht, waltet und schützt. Die Sonne ist der absolute Gebieter; deshalb machen sich die römischen Kaiser zu Sonnengöttern. Vom Monde glauben die Leute auf den Andamanen das Gleiche; sie halten ihn für so sehr eifersüchtig, daß sie meinen, er verstecke sich hinter einer Wolke, wenn man zur Zeit seines Leuchtens künstliches Licht (Fackeln) anzündet. Bekanntlich sollen bei uns während eines Gewitters keine Feuer angesteckt werden. — Was die Entwicklung des Asylrechts anlangt, so besaßen es die Klöster während des Mittelalters im weitgehenden Grade. Noch heutigen Tages ist es dort nicht ganz erloschen, da der weltliche Arm nicht überall auf die Klöster übergreift. Die modernen „Asyle für Obdachlose“ tragen diesen Namen nicht immer mit Unrecht. Es ist mir bekannt, daß in einem der vielleicht größten Institute dieser Art der vom Leben ohnehin schwer genug Mißhandelte sich vor der Polizei geborgen weiß: so lange das Asyl ihn verwahrt, wird er nicht verhaftet. Die Empfindung, aus der diese Milde hervorging, war einstmals die der unbegrenzten göttlichen Macht; jetzt nennt man sie, vielleicht mit Unrecht: Menschlichkeit.

Unter den Mitteln, die der Aberglauben sich ausersah, auf den so bezeichneten Plätzen und zu den eben angedeuteten und vielen anderen Gelegenheiten wirksam zu werden, ist keines verbreiteter als der Zauber. Die zu seiner Unterstützung angewendeten Sprüche sind Machtsymbole, die, meist verderbt und unverstanden, einen großen Teil der Welt durchwandert haben. Sie wirken nicht durch den Glauben an die religiösen Ideen und Satzungen, deren sie sich vielmehr nur als Mittel für ihre Zwecke bedienen, sondern durch die magische Kraft des Wortes, der Formel, und vorzugsweise der in ihr begegnenden Heiligennamen. Diese Namen sind denn tatsächlich auch das einzige, was sich an ihnen verändert, wenn der Jude sie vom Christen oder Moslem übernimmt. Er erwähnt dann den Elias, nicht Christus als den großen Wundertäter und ersten Zauberer. Im übrigen finden wir die gleiche Formel bei Juden, Christen und Moslems, wie wir im chinesischen Turkestan aus dort entdeckten Fragmenten die gleiche, zweifellos mit Zauberkraft begabte Bekehrergeschichte, zurechtgemacht für die Anhänger Manis, Ormûz', Buddha's und Christi, ermitteln konnten. Während auf dem Boden der Glaubenslehre erbittertster Streit herrscht und es innerhalb der Konfessionen unmöglich bleibt, sich darüber zu einigen, ob die hl. Maria überhaupt oder mehr fleischlich oder mehr geistig zum Himmel gefahren, ob Christus gottähnlich oder gottgleich ist, vertragen sich die Konfessionen in den Niederungen des Aberglaubens aufs beste. Die Katholiken holen sich von den Protestanten und diese von jenen Kommunionwein, um ihn widergöttlich zu brauchen. Man borgt sich gegenseitig geweihtes Wasser usw. Es kommt ja nur auf den Zweck an, den man erreichen will. Daß die Gnadenmittel einer anderen Religion oder Konfession an „Kraft" denen der eignen nicht nachgaben, ist noch nie bezweifelt worden. Im Gegenteil: die altansässigen Priester und ihre Manipulationen wurden gerade deshalb bekämpft, weil ihre Zauberkraft übermächtig war; so z. B. auf dem Boden des Euphrat-Tigris-Landes die Zauberer der Sumirs. Die „Religionen" vieler Primitiven sind fast nichts als Zauber und Zauberlehre. Ihre Magie ist eine Art von Physik oder Mechanik, zugleich Psychologie, da auch die eigne Seele eine „Kraft" aussendet und mit fremder Kraft in einen Kampf kommen kann. Jede Pflanze sendet eine Energie aus, die durch die Magie des Zauberworts — ebenfalls eine „Kraft" — nach einer gewissen Richtung gelenkt werden kann. Bei dem giftigen Gewächs ist sie besonders groß. Der Tod gilt vielfach, namentlich dann, wenn er nicht unmittelbar erklärt werden kann, bisweilen aber auch schlechthin, als durch Zauber veranlaßt. Die Furcht vor fremdem Zauber und die Rachsucht als Folge vermeintlich erlittenen Schadenzaubers führt vielfach zum Mord. Wo Primitive mit ganz überlegenen Fremden zusammen kommen, gelten diese als mächtige Zauberer. Ihre äußeren und geistigen Machtmittel werden als Erfolge überlegener Zauberwissenschaft angesehen. Dadurch steigert sich das Mißtrauen, die Furcht vor diesen Unbekannten mit jeder ihrer Handlungen, auch dann wenn deren

Wirken offensichtlich segensreich ist. Der Litauer mag allenfalls zu der Überzeugung gebracht werden können, daß nur die überlegene Kunst eines Gynäkologen und Klinikers seine Frau bei einer schweren Entbindung am Leben erhalten hat, aber der Mann, dem er diese Rettung verdankt, ist ihm im Grunde seines Herzens verhaßt. Er fürchtet in ihm den überlegenen Zauberer und seine Geheimwissenschaft; denn immer wieder muß es betont werden, daß die Kenntnisse des Zauberers im Gegensatze zu denen des wahren Gelehrten an seine Person gefesselt sind, also von ihm geheim gehalten werden. Entscheidend wichtig ist es, daß der Primitive — wir dachten an den Litauer — von der Wirksamkeit seiner völkischen Magie aufs festeste überzeugt bleibt. Versagten beide aber nachweislich, z. B. beim Heilzauber, so lag die Schuld lediglich daran, daß der Vollzug der Zeremonie kein „korrekter" oder der Gegenzauber siegreich gewesen war. In diesem Sinne siegreich zu sein, ist das Ziel primitiven Denkens und Wünschens. Jedes Handwerk beruht auf einem solchen über das Material, an dem man es ausübt, siegreich gewordenen Zauber. Es kommt eben darauf an, daß man den richtigen „Kniff" heraus hat, der zum Erfolg über das widerstrebende Material führt. Deshalb wird eine „Kunst" nicht öffentlich erlernt, sondern im engsten Kreise gehalten, von diesem allerdings treu übertragen. Jedes Berufswerkzeug, das Netz des Jägers oder Fischers, die Lanze des Kriegers, werden mit eignem Willen ausgestattet, der durch den Willen und die manuellen Fähigkeiten des primitiven Menschen — die Falle muß so und nicht anders stehen, sonst „geht das Wild nicht hinein" — in die gewünschte Bahn gelenkt wird. Es gilt dies bereits für die Jägervölker sehr früher Perioden und erklärt deren sich gleichbleibende und geheimgehaltene Technik. Diese besitzen eine Jagdmagie, die entweder im Sinne des magischen Folgezwangs oder der Analogie vom Bilde auf die Wirklichkeit Einfluß üben will. Dem ersteren Zweck dient vorzüglich der Tanz. Wer jemals eine Hochzeit unter „Primitiven" mitgemacht hat — eine jener Hochzeiten, die Tage und Nächte hindurch dauern, bei denen Lärm, Musik, Speise, Trank und Tanz nicht aufhören — weiß, daß ohne den Tanz keine Hochzeit möglich ist, daß er je länger um so wilder wird, um so mehr die Geister in Gefangenschaft setzt, bis sich unter seinen orgiastischen Rhythmen die ganze sichtbare Umgebung auflöst in dem Schrei: „Freude!" Damit aber wird das Glück der Ehe mystisch antizipiert. Das Gleiche gilt — ich gehe von der Heimat zur weitesten Ferne — von dem Büffel- (bezw. Kasuar-) Tanz. Er ist, während Himmel und Erde bei dem vielleicht wochenlangen wilden Stampfen von ganzen Gruppen widerhallen, in Maske, Haltung und Rufgebärde eine völlige Beschränkung auf das eine Ziel, das so einheitlich und ausschließlich die Seele des „Wilden" erfüllt, wie uns Kulturmenschen kein noch so erhabener Begriff beseelen kann: das Wort „Büffel!". Es zwingt den Büffel dynamisch heran (s. u.). Anderer Art ist die bildliche oder plastische Analogiesetzung. In früher prähistorischer Zeit wurden auf Höhlenwände die Bilder von Pferden, Bison oder anderen Tieren wie von Jagdwaffen durchbohrt, geritzt oder gezeichnet, oder (in Ton) plastisch dargestellt. Wir gedachten der Zeichnungen von Jagdfallen mit den Fußabdrücken von Wild, wobei zu erwägen ist, daß der Jäger gerade durch solche Tapfen, wie etwa der moderne Nimrod durch den Brunstschrei des Hirsches oder der Elefantenmörder Afrikas durch das Klappen der Ohren des Riesentiers, aufs höchste erregt worden ist, so daß die plastische Reproduktion dieser Szene eine hohe lebendige Kraft auf den Beschauer zurückstrahlte. Der Wunsch nach Erlegung der Tiere nimmt das Ziel auch hier als erreicht voraus. Die Indianer Zentral-Brasiliens kennzeichneten zu Gunsten derjenigen, welche nach ihnen eine bestimmte Stelle an einem Flusse aufsuchen wollten, dieselbe durch Abbilder von Fischen, die sie in den Sand gemalt hatten. Das besagte, wie uns der Forschungsreisende Karl v. d. Steinen berichtet, so viel als: „Hier kann man Fische fangen!". Tatsächlich erwies sich durch den sofort vorgenommenen Versuch diese Stelle dem Fange günstig. Was liegt nun unter diesen Umständen näher, als daß man zu gleichem Zwecke das gleiche Mittel wählt, wie es bereits die Diluvialmenschen taten? Von der Zeichnung der Fische an einem Fluß wird dann der Fang abhängig gedacht. Der Trugschluß ist wiederum nur dadurch möglich, daß die Zeichnung als selbsttätiges Mittel, das den Erfolg verbürgt, nicht aber als subjektiver Willens- oder Darstellungsausdruck angesehen wird. — Den primitiven Kulturen ist, soweit sie eine gewisse Stufe überschritten haben, die Vorstellung geläufig, daß die Schöpfungen der Weltanfänge, die makrokosmischen Primärvorgänge, die mikrokosmischen Analogien zwangsläufig herbeiführen. Ein sehr instruktives Beispiel entnehme ich einem heiligen indischen Text. Ich übersetze die Stelle so: „Die Weltseele war am Anfang; sie war allein; sie wünschte: „Ich möge eine Gattin haben; dann möge ich Kinder erzeugen; dann möge ich Reichtümer besitzen; und dann eine [religiöse?] Arbeit leisten". Denn so weit geht das Wünschen; nicht kann jemand, der etwas wünscht, jemals etwas finden, was darüber hinausgeht; deshalb wünscht auch jemand, wenn er allein ist: „Ich möge eine Gattin haben; dann möge ich Kinder erzeugen; dann will ich Reichtum haben; dann eine Arbeit leisten" [vielleicht: „ein großes Opfer darbringen"]. Wenn nun jemand von diesen [Gütern] ein einzelnes Gut nicht erlangt, so hält er sich für unvollkommen; denn darin besteht die Vollkommenheit". — Es wird hier also das ganze Menschenleben in seiner trivialen Nichtigkeit — geboren werden, heiraten, Kinder zeugen, Geld verdienen, sich in die Kirchen-Kollekte einzeichnen — von uranfänglichen Geschehnissen abhängig gemacht, die ihrerseits wieder mit dem Wunsch auch in die Erscheinung treten. — Die „Wilden" haben „Phantasie" genug, um Bestialitäten zu begehen, die sie dem Feinde anwünschen. Dazu rufen die Dschagga-Neger ihren Hexenmeister herbei. Es geschieht dies auch dann, wenn der Verdacht einer Schädigung durch Dritte ganz allgemein (ohne Richtung auf eine bestimmte Person) obwaltet. Dieser Zauberer zieht einer für ihn „bereitgestellten Ziege bei lebendigem Leibe das Fell so ab, daß nur die Kopfhaut daran bleibt; dann schneidet er dem Tier alle vier Beine am Knie ab, so daß es auf den blutenden Stümpfen läuft. In diese Stümpfe bläst er Luft hinein, die das Tier am ganzen Leibe anschwellen läßt. In diesem Marterzustand schlingt er ihm einen Strick um den Hals und schleppt es so um das ganze Gehöft und den Bananenhain des Mannes herum [zu dessen Gunsten der Zauber veranstaltet ist], wobei es natürlich kläglich schreit. Zu diesem Schmerzensschrei ruft er mit lauter

Stimme seine Verwünschungen aus: „Mensch, der du mir etwas stiehlst: schwelle an wie diese Ziege. Der du Nachts lauschest an meiner Hütte, der du mir eine Zauberwurzel legst, oder meiner Frau, oder meinem Kinde, oder meiner Kuh, oder meiner Ziege eine Zauberwurzel legst, der du mein Heim in schlechten Ruf bringst, der du mich verklatschest unter den Leuten, der du mein Weib oder mein Kind mit bösem Blick ansiehst, schwelle an wie diese Ziege!" — Weltweit verbreitet ist der Bildzauber. Das primäre Zauberwesen ist hier nicht lebend sondern künstlich gebildet — das ist der ganze Unterschied. Kaum irgendeine abergläubische Unsitte werden wir so leicht im Wandel der Zeiten wiederfinden können als diese. Wir sprachen von dem durchbohrten Bison und Pferd (Wild-Pferde). Unter den Lango schlägt man Nägel, Messer usw. in einen menschengestaltigen, aus Holz gebildeten Fetisch. Bisweilen werden diese Zerstörungsmittel erhitzt, um dem Fetisch größere Qualen zu verschaffen. Dieser soll sich dann rächen, indem er denjenigen tötet, dem der Schadenzauber gilt. Der Brauch greift also auf die Sitte der Kettenblutrache zurück. Wenn die Indianer eines bestimmten Stammes einen Menschen oder ein Tier schädigen wollen, so stellen sie von ihm eine Zeichnung oder ein kleines Bild aus Birkenrinde oder Holz her. Darauf wird der Teil, welcher das Herz darstellt, mit einem scharfen Instrument eingeritzt, und, wenn die Zeichnung den Tod bringen soll, etwas „Medizin" dazu verwendet. Die Einstellung zu diesem Bildwerk ist die, das es etwas mehr geistiges als leibliches, die „Seele" des Feindes wiedergeben soll. Ist es doch die „Seele", das Leben, das man vernichten will. Das Gleiche gilt vom Schatten oder Spiegelbild: auch an diese Reflexe wendet man sich nur in spekulativem Interesse; ein geistiges Prinzip ist es, dem man sich dadurch in Liebe oder Feindschaft annähert. — Die Leute im Kondelande gehen, wenn sie Schaden üben wollen, zum Zauberer, um sich ein Holz und eine besonders zubereitete Nadel von ihm geben zu lassen, die man in das Holz hineinsticht. Der Betreffende, dem der Zauber gilt, wird dann krank und stirbt schließlich, wenn die Nadel lange genug stecken bleibt. Das Barbarische, Gehässige dieser Manipulationen leitet in der entwicklungsgeschichtlichen Betrachtung den Schadenzauber der alten Kulturvölker ein. Er ergeht sich gern in reinen Zerstörungshandlungen, für die ich aus der Frühwelt folgendes Beispiel gebe, das zugleich als Analogiehandlung mit Schwurcharakter gelten kann: bei den Galla-Stämmen schlachtet ein Angeschuldigter ein Huhn, indem er ihm Glied für Glied vom Rumpf reißt und den Kadaver bis auf die letzte Feder zerstückelt. Dann wirft er alles mit den Worten weg: „Wenn ich der Schuldige bin, möge es mir so ergehen wie ich jetzt dem Vogel getan habe." — Die alten Kulturnationen bieten für den „Bildzauber" auch im harmlosen Sinne ein unübersehbares Material. Erwähnt seien nur ein paar instruktive Einzelheiten. Nach den Vorschriften des altindischen Rituals soll, wer Wohlstand wünscht, mit einem Messer ein Kälberpaar zeichnen, zuerst das männliche, dann das Kuhkalb, immer unter Rezitation von Sprüchen. — Die bildliche Darstellung zu magischen Zwecken ist nirgends verbreiteter gewesen als im alten Ägypten. Einer seiner besten Kenner sagt darüber: „Die gemalten oder eingeritzten Bilder von Dingen versicherten dem Manne, zu dessen Behuf sie hergestellt worden waren, die Wirklichkeit derselben; der Doppelgänger sah sich selbst, auf den Wänden des Hauses abgemalt, als wenn er äße und tränke, und er aß und trank [dann nach seiner Meinung tatsächlich und persönlich]". Der bekannte Haß der Moslems gegen Bilder und Bildwerke aller Art hängt jetzt nahe mit ihrer Furcht zusammen, bezaubert zu werden. Die Fellahs (modernen ägyptischen Kleinbauern) zerbrechen vielfach die alten Statuen der Ägypter, um die in ihnen wohnenden Geister unschädlich zu machen. Auf dem Sarge des Henui (Mittleres Reich), der nur religiöse Formeln enthält, findet sich das Zeichen für F, das Bild einer Nacktschnecke, die später mit gefährlichen Schlangensorten identifiziert wurde, stets durchschnitten dargestellt, um dieses böse Tier gleichsam schon im voraus zu töten, bevor ein böswilliger Mund durch Zauberformeln dasselbe zur Schädigung anderer Menschen mißbrauchen könnte. Eine Art von schützender Magie finden wir in der gleichen Periode, wenn wir stechende Tiere (Skorpione), beherrscht durch andere Gewalten, bildlich zu dem Zweck dargestellt sehen, den Beschauer oder Eigner des Bildes vor diesen Tieren in analoger Weise zu schützen. Als Beispiel für bösartigen Bildzauber aus moderner Zeit sei hier nur eines Beispiels gedacht: die Gräfin von Soissons wurde beschuldigt, ein Wachsbild Louis IV. in der Absicht hergestellt zu haben, auf diese Weise nach dem Leben desselben zu streben. — Die Kunst hat seit ältester Zeit auch da, wo sie dem Zweckgedanken entsagt zu haben scheint, magische Elemente in sich geborgen. Die Menschenbilder des Paläolithikums zeigen sich häufig in lebhafter Bewegung, die, nicht anders als die Körperglieder, bisweilen übertrieben dargestellt wird. Man kann diese Eigenart auf künstlerische Projektion einer vorherrschenden Empfindung, der bei jenen Jägerstämmen vorhandenen Freude an Jagd und Krieg, mit ihrem Äußersten an körperlicher Anspannung zurückführen. Der Gesamtcharakter jener Kunst aber rechtfertigt durchaus die Vermutung, daß es sich um einen Bildzauber handelt, daß diese Übertreibungen als Substanzansammlungen den lebenden Urbildern zwecks Vermehrung ihrer magischen Kraft zufließen sollen. Die Spezies der dargestellten Jagdtiere wechselt natürlich, wobei die selteneren (aussterbenden) Arten den häufigeren bisweilen vorgezogen werden, wie dies dem Wunschcharakter jener Kunst entspricht; das seltene Tier hat den größeren Affektionswert. Im Verfolg dieses psychischen Moments verstehen wir es, daß ein Laie oder Pfuscher jener Interdiluvialperiode ein längst gemaltes Wildrind in ein Wildschwein verwandeln konnte. Der letzte Zweck dieser prähistorischen Darstellungen, der nur aus dem speziellen Anlaß ihrer Entstehung restlos entschleiert werden könnte, entzieht sich natürlich unserer sicheren Kenntnis. Die „anthropomorphen" Darstellungen dürften vermummte Jäger, Individuen mit Zeremonialmasken und ähnliches zeigen und bisweilen auch gute oder böse „Geister" wiedergeben. Aus Frankreich befinden sich als einzelne Darstellungen von Tieren aus der Diluvial-Periode: das Rentier, Wildpferd, Bison, Edelhirsch, Mammut, der Urstier, Steinbock und die Gemse, selten auch andere Tiere (Rhinozeros, Bär, Eber, Wolf usw.). Daß alle diese Höhlenbilder der Jagdmagie dienten, geht schon daraus hervor, daß sie eben in Höhlen, in ewiger Nacht, gezeichnet wurden, ihre Farben also garnicht zur Geltung kamen. Bei den Vedda's auf Ceylon sollen die Felszeichnungen von Frauen ausgeführt worden sein; sie seien beim Warten auf die mit der Jagd beschäftigten Männer entstanden. Es wäre dies auch insofern interessant, als die Frauen in jener Zeit des Wartens einer großen Anzahl von Verhaltungsmaßregeln und Verboten unterlagen, wie sie das „complexe Denken“ erforderte.

Wo der Wunsch- und Zweckgedanken einseitig betont wurde, kam es auf künstlerische Ausgestaltung natürlich nicht an. Es genügt, wie wir noch sehen werden, zu Zauberzwecken die Zahl der den Zauber Ausübenden oder Erleidenden irgendwie zu kennzeichnen. Ein Gott der Kenyahs auf Borneo trägt um seinen Hals ein Band aus geknotetem Rottan-Streifen, wenn er zu einer religiösen Zeremonie gebracht wird. In diesem Bande befinden sich soviele Knoten, als Menschen den Raum bewohnen, in dem er steht. Knoten stellen überaus häufig mystische Bezüge auf Einzelindividuen her. Ein weiteres „Bild“ dieser Art ist der unbehauene oder roh behauene Stein, schon bei den Südslaven der Stellvertreter eines Toten und statt desjenigen, den ein „Nachzehrer“ ins Grab ziehen würde, diesem in den Sarg gelegt. Rohe Bildwerke sehen wir am Cap van Couver an der Stelle von Leibern Vermißter. Sie werden in den fünf ersten Jahren, die auf den Verlust folgen, alljährlich am Totenfest neu bekleidet und mit Opfern geehrt. Wenn Bildwerke irgendwelcher Art einem Verständigungszweck dienen, so gehen sie in den Bereich der Schrift über. Oft bleiben sie auf deren erster Stufe stehen. Um Eigentum zu gründen, genügen irgendwelche Ritzungen auf den Ohren von Kühen usw.; selbst die völlig ausgebildete Lautschrift wirkt auf denjenigen, der sie nicht lesen kann, mysteriös (zauberisch), weil das Mittel (der einfache, aus Tintenzeichen hergestellte Komplex) zu der oft ungeheuren Wirkung (Todesnachricht eines Verwandten) in keinem verständlichen Verhältnis steht. Daher hat die antike Tragödie und Shakespeare (der im entscheidenden Augenblick stets Boten als Nachrichtenübermittler auftreten läßt) einen großen Vorsprung vor — schon vor Schiller. Der Wutanfall Karl Moors beim Empfang des Briefes seines Vaters bleibt uns eine Zeit lang unverständlich: er wirkt entweder unheimlich (Magie!) oder lächerlich. Die Schrift ist also mit Magie geladen, und zwar einer Magie allgemeinster, formlosester Art, auf welche die „Signaturenlehre“ keine Anwendung finden kann, denn das schlichte Blatt ist ja im Verhältnis zu seinem Inhalt so gut wie nichts. Es vermittelt konkrete und zwar sehr spezielle Tatsachen, die man der Schrift nicht „ansehen“ kann, die ihrer Größe, Form, Farbe nach zu dem mitgeteilten Geschehnis in keinem Verhältnis zu stehen scheinen. Dadurch erregt das Schriftbild Empfindungen, die wiederum konkrete, auf der gleichen Schwingungsebene liegende Parallelvorstellungen erschaffen. Da diese nicht wirklichkeitsgebunden sind, andererseits aber auch unter dem suggestiven Einfluß des magischen Geschehnisses nicht „von selbst“ abklingen können, bleiben sie dem freien Spiel der seelischen Kräfte, der „Phantasie“, überantwortet und werden dadurch zu Bausteinen der Kunst. Denn der Kunst ist ja alles eigentümlich, was sich hier erschließt: die Entstehungsart aus dem affektbelasteten Erlebnis, die Aufnahmeart mittelst der im Reich der ideellen Freiheit sich auswirkenden, nicht wirklichkeitsgebundenen seelischen Kräfte, die Gestaltungsart auf Grund des im Unterbewußtsein aufbewahrten Materials an affektbelasteten Parallelvorgängen. Ich bin deshalb (worauf ich in dem Kapitel über den indischen Aberglauben aufs neue zurückkommen werde) davon überzeugt, daß die Magie eine wesentliche Quelle der Kunst ist oder doch mit ihr aus einer gemeinschaftlichen Quelle fließt. Karl Moor, der den Brief seines schurkischen Bruders liest, ist allerdings im realen Geschehnis aufs engste befangen und deshalb von jeder „ästhetischen" Regung soweit als nur irgendmöglich entfernt. Der Zuschauer der Szene aber kann im Bilde des erregten unglücklichen Menschen einen Affektträger verwerten, dem er sich mittelst seines Erfahrungsmaterials seelisch anpaßt. Dadurch „bereichert" er sein „Innenleben", „erfreut sich", ohne Nutzen daraus zu ziehen — empfindet einen Kunstgenuß. Wie die Magie aus dem undifferenzierten rein emotionellen (Affekt-) Zustand, der sich noch im Tanz reflektiert, sich dazu durchringt, die wesentlichen Objekte der Körperwelt, zu Gruppen geordnet, auch gruppenmäßig zu bewerten, und aus diesen Gruppen wiederum ein Einzelwesen als bedeutsam, als magisch schlechthin, als „Gott" herausstellt, so sucht auch die Kunstempfindung ursprünglich den rohen Affekt, das bloße „Sich-Fürchten" vor etwas ihr innerlich Fremdem, das Mitgerissen-Werden von etwas Unverständlichem. Erst im Laufe einer langen Entwicklung spinnen Magie und Kunst ihre Fäden zum Menschen schlechthin und dem Geschmacksvirtuosen, dem Einzelmenschen, herüber. Deshalb liegt die Quelle für die magische Empfindung dem „Naturmenschen" stets vor Augen, der „Kulturmensch" muß sie künstlich suchen und findet sie je länger, um so seltener. Von der Fülle der im magisch geladenen Geschehnis (jeder Zustand wird als Geschehnis gefaßt) liegenden Lustwerte kann noch die Gegenwart zeugen. Die Bänkelsängerpoesie bezweckt den unausgeglichenen Affekt mit den Mitteln eines geistigen Insults. Sie ersetzt durch künstlich wiedergegebene die natürlichen Schreckensszenen, in deren Miterlebenkönnen so ziemlich die Krone von alle dem verborgen liegt, was die Masse an Glücksgefühl ersehnen darf. Noch heute erinnere ich mich des Tages, da in der Nähe eines sehr entlegenen ostpreußischen Fischerdorfs die See eine Menge von menschlichen Leichen auswarf, die dann in das nächstgelegene Spritzenhaus gefahren wurden. Die herumlungernden Fischerweiber brüllten wie die Stiere, hielten sich, die Hände über die Brust gekreuzt, künstlich zurück und liefen doch zu den aufgequollenen Wasserleichen. Alle solche Geschehnisse wirken nicht etwa durch ihren „Realismus" (ein inhaltloses Wort!), sondern im Gegenteil: durch die Magie ihres Gehalts, das jenseits der Wahrnehmbarkeit liegende Unverständliche. Das Gleiche gilt von dem Extrem der psychischen und der körperlichen Leistung. Beide bewundert man, weil man „es nicht kann", weil die sich entladende Leidenschaft oder körperliche Fähigkeit ein letztes Problem aufstellt, das einen Lustwert bietet. Selbst den Seiltänzer glaubt man im Besitz unerreichbarer „Kräfte". Es geht dies für mich mit völliger Sicherheit aus der volkstümlichen ostpreußischen Erklärung hervor, daß die Geschicklichkeitsproben herumziehender Schaubudenkünstler „Wunderkunststücke" und als solche „Augenverblendnisse" seien.

Doch, kommen wir zum Brief von Franz Moor zurück! Der betrachtete magische Affektträger hat im Drama eine spezielle Färbung angenommen. Er ist „sehr häßlich". Das Volksempfinden erwartet deshalb, zugleich magischen und ästhetischen Postulaten Raum gebend, daß er auch häßlich aussieht. Wie kann man so häßliche Worte auf schönem Papier schreiben! Man müßte dem Briefe doch „ansehen" können, was er enthält! Man möchte ihn zerreißen. Eine Urkunde gar, die ein Todesurteil enthält, wird leicht zum Höllentor, dem zahlreiche Geister entsteigen. — Dagegen möchte man einen „lieben" Brief „in Gold fassen". Ein Heer von Beziehungsvorstellungen entquillt dem schlichten Objekt. Nur deshalb ist es verständlich, daß man bei einem Kunstwerk das Original der Photographie, die erste Auflage (von Goethes Faust) der zweiten vorzieht. Faust selbst rühmt sich eines Buches „von Nostradamus eigner Hand". Bücher mit goldenen oder silbernen Buchstaben wären nicht verständlich, wenn deren fromme Hersteller nicht dadurch dem Bibel-Gehalt ihre Verehrung hätten bezeigen wollen. Oft diente die Schrift dazu, durch den ihr eignen Inhalt oder durch symbolische Zeichen (die „Runen-Wissenschaft") irgendeinem Gegenstande größere Macht zu verleihen. Schon die „tjurunga" genannten Schwirrhölzer zentral-australischer Stämme tragen solche Zeichnungen. Es ist andererseits hervorhebenswert, daß man, beispielsweise in Indien, den Zauber im Wort und Tat Jahrtausende hindurch der schriftlichen Niederlegung entzog, um ihn nicht zu profanieren. Die Einzelheiten der Zauberhandlungen, das Anbeten, Füttern, Kleiden, Verletzen der Idole aus Gier nach Geld oder Rindern, aus Rachsucht und Neid vollzog sich aber in aller Öffentlichkeit oder mußte doch auch dann, wenn es niederträchtigerweise im Dunkel der Nacht stattfand, wenigstens dem Erfolge nach den Geldgebern dieser minderwertigen Priesterklassen bekannt sein.

Die Amulette und Talismans sind Bilder und Symbole, mystische Kräfte-Einheiten, geschaffen, Glück und Erfolge zu gewährleisten und feindliche Wesenheiten abzuwehren. Sie haben die denkbar verschiedensten Formen, ja es gibt kaum ein Ding, das nicht unter gewissen Voraussetzungen fördern oder verteidigen könnte. Für die Entstehung des Amulettwesens ist es beachtenswert, daß die Symbole religiöser Verehrung, vom rohesten Fetisch, der von einem englischen Staatsbeamten verlorenen und deshalb von einem Neger aufgehobenen Schlipsnadel, von irgend einer seltsamen Fischgräte, bis herauf zu dem geheim an die Brust geketteten Christusbild, kurz alles, was dem Charakter nach in irgendeiner menschlichen Vorstellungswelt als „heilig" angesprochen werden kann, ausnahmslos als Amulett Verwendung findet, vorausgesetzt natürlich, daß man es am Leibe tragen kann, oder daß es geeignet ist, einem Tier umgehängt zu werden. Ist dies nicht der Fall, so muß es zum Amulett verarbeitet werden. Dies tut man z. B. indem man es durchbohrt und an einem Faden sich um den Leib bindet. Die Verbreitung der Amulette ist eine so ungeheure und ihr Alter so unermeßlich groß, daß man nicht zu viel sagt, wenn man behauptet, die Äußerlichkeiten der menschlichen „Kultur" hätten sich lange Jahrtausende zu einem nicht kleinen Prozentsatz in der Gewinnung und Fertigstellung von diesen Zaubergegenständen erschöpft. Insofern, als das Anhängen von Amuletts auf den Körper eines Anderen oder die Billigung des Tragens gleichartiger Objekte dieser Art innerhalb einer

Gemeinschaft der Ausdruck einer gewissen Zubilligung der persönlichen Rechtssicherheit ist, bleiben Amulett und Schmuck auch für die Förderung des menschlichen Gemeinschaftslebens von Wert. Unter einem Talisman verstehen wir häufig eine körperliche (materielle) Kräfte-Einheit, die den Träger aktive Vorteile erringen läßt. Wie diese unter den primitivsten Verhältnissen gewonnen werden kann, lehrt uns der höchste Norden Sibiriens. Vor der großen Jagdsaison opfert der Samojede einem der Waldgeister, dem Jagdgeist, ein Rentier; in dessen Blut wird von einem Tadiben (Zauberpriester) ein kleines, aus Holz geschnittenes Rentierbild getaucht. Dieses bürgt, am Körper befestigt, reichen Fang. — Das Eintauchen von heiligen Gegenständen in Blut ist das bekannteste Mittel, einem Idol Leben zu geben. Man opfert ein Rentier dem „Gott" — ich könnte sagen: der Idee — des Rentiers, man gewinnt dadurch einen (mittelst des Opferblutes lebendiggemachten) Repräsentanten dieser Idee und kann durch Hilfe dieses nur so erlangbaren Wert- und Kräfte-Trägers einzelne Wesen von der Gestaltungsform dieses Trägers „anziehen". Schon hier sei darauf hingewiesen, daß der Grundsatz: „similia similibus" auch im primitiven Opfer häufig gilt: dem Gott der Rentiere kann nur das Rentier geweiht werden. — Das naturwüchsigste Amulett wird sicherlich von dem eignen Körper genommen. Bei den Berg-Damas salbt während des Festes der Namengebung der Vater des kleinen Kindes seinen eignen Körper an allen erreichbaren Stellen, indem er etwas Fett in beide Hände nimmt und sich so lange damit einreibt, bis die Schmutzkruste an seinen Fingern in der Form kleiner Röllchen klebt; dieser Schorf wird sorgfältig gesammelt, zu einem Kügelchen zusammengeknetet und in ein Stückchen Fell gebunden. Das so gewonnene Säckchen hängt er dem Säugling als Amulett um den Hals. Auch Hautstücke von Tieren werden verwendet. Die Kinder dürfen das betreffende Tier dann nicht essen. Es besteht hier also ein gewisses Schutz- und Pietätsverhältnis zwischen Tier und Mensch. Da nun die Vaterschaft durchaus als Schutz-Einrichtung aufgefaßt wird — die „väterliche Gewalt" kommt dem Mutterbruder zu — so ist es mir wahrscheinlich, daß die Idee vom totem, dem (tierischen) Ahn- oder Schutz-Geist, mit der dieses Wechselverhältnisses eng verwandt ist. Gewöhnlich bedient man sich einiger Hautstückchen der Ziege, des Elands, der Giraffe, des Gemsbocks, und zwar in der Weise, daß sie mit einem Riemchen zusammengebunden werden. Beide Enden des Riemchens liegen wie ein Kette um den Hals des Kindes. Wenn das Kind in seinem späteren Leben diese Tiere schont, so dient jedes Hautstück dazu, es in einer gewissen Weise zu schützen. Das Eland verleiht zum Beispiel Hilfe gegen Lungenerkrankungen. Die Verletzung der Schutzpflicht ruft solche Leiden natürlich hervor. — Wie vom Lebenden, kann man vom Toten das Amulett nehmen. Der Häuptling der Hereros Südwestafrikas benutzt bei feierlichen Gelegenheiten für sich eine Kalebasse, die mit Amuletten aus Muscheln, Finger-Knöchelchen, Schwämmen und Perl-Schnüren der Ahnen geschmückt ist. Bei den Yukagiren Sibiriens finden wir das gleiche Verfahren, noch viel drastischer durchgeführt. Dort werden die Leichen der eignen Verwandten verteilt, getrocknet und in Ledersäcke gelegt. Solche Stücke heißen dann „Ahnen" und sollen große magische Kraft haben. Roher

Fetischismus dieser Art findet sich auch noch sporadisch bei höheren Kulturen im Verwahren, Pulverisieren, Genießen von Totenknochen oder Leichenteilen. Der Schutz, den unsere Ordensritter vor äußeren und inneren Feinden durch das zur Schau getragene Kreuzeszeichen zu haben glaubten, wird im Sektenzeichen vorgebildet, das man öffentlich oder heimlich trug. Die Śivaiten und Viṣṇuiten glauben sich durch diese auf den Körper aufgetragenen Symbole schmücken zu können, die zugleich die magische Kraft des Trägers vermehren sollten. Die Geheimkulte tragen diese Kultzeichen oft in grausamer Weise auf. Der Eintritt in den Jünglings- und Novizenstand ist meist mit Quälereien verbunden. Die Proben der Jünglingsweihen sind noch im alten Sparta von dieser barbarischen Art. Beim Kybele-Kult brannte man dem, der eingeweiht werden sollte, mit glühenden Nadeln Kultzeichen auf den Leib. Auch hier soll dieses Zeichen dessen Träger vor Gefahr beschützen. — Naturgegenstände, wie Baumwurzeln, Kräuter, Stöcke, Hörner mit Pulver darin und vieles andere völlig bedeutungslose Zeug wird von den Naturvölkern in der gleichen Hoffnung getragen. Die Neigung, zu sammeln und sich das Gesammelte an den Leib zu stecken, ein bei Schwachsinnigen sehr bekannter und verbreiteter Zug, ist auch den Primitiven eigen. Sie freuen sich über alles, was sie in die Hand oder in den Mund nehmen können und behalten es bei sich. Es „kann" wohl einmal „nützlich" oder „gesund" sein. Der Drang nach Besitz nimmt sehr naive und kleinlich erscheinende Formen an. — In der frühen Steinzeit (Paläolithikum) bereits finden wir, wenn die Wandbilder dieser Epoche überhaupt Menschenfiguren zeigen, nicht nur die sonst nackten, mageren Körper reichlich geschmückt sondern auch diesen Schmuck liebevoll und gründlich ausgeführt. Das weist mit Bestimmtheit darauf hin, daß er magische Bedeutung hatte, den Einzelnen etwa auf der Jagd oder im Kriege vor seinen Feinden, vor bösen Geistern, schützen, ihm Stärke oder andere Tugenden verleihen sollte. Bereits die Urzeit kennt als Amulette Klauen von Adlern, Zähne wilder Tiere, vorweltliche Muscheln, Phallen, Knochenteile von Menschen, wie z. B. sog. Trepan-Stücke, d. h. Schädelstücke von Personen, die bei Lebzeiten die Trepanation glücklich überstanden und das fortgemeißelte Schädelstück „anderwärts verwandt" haben. Von eigenartigem Interesse sind die durch ihre Kleinheit jedem praktischen Gebrauch entzogenen Waffen (Keile, Pfeilspitzen, Schaber). Gerade die Waffe ist ja eines der beliebtesten Amulette. Es kann sich aber auch um „Kümmerformen" von Geld handeln, da Waffen als Werteinheit ausgegeben werden, und Waffen neben Geldstücken zu den häufigsten Amulettgegenständen gehören. Wo ungeprägte Metallstücke in Kurs sind, werden diese, noch mehr aber importierte Geprägte allgemein angestaunt und so verwandt; das Gleiche gilt von veralteten und in der Erde gefundenen Münzen, zumal schon ihr Metallgehalt (Gold) ihnen göttliche Macht verleihen kann. Für afrikanische Völker hatte der Maria-Theresien-Taler ein geheimnisvolles Aussehen.

Das Amulett geht in einen Glück herbeiziehenden Talisman über, wenn es z. B. Knochen der Ahnen (Haare der Mutter) oder andere Dinge enthält, die das Kräftemaß des Trägers notwendigerweise vermehren müssen. Talismans und Amulette stehen beim Wilden in höchstem Ansehen, und sind oft sein einziger Besitz, auf den er auch vertraut, wenn er z. B. von Löwen angegriffen zu werden fürchten muß. Vorzugsweise werden sie im Kriege getragen. Bei den Zentral-australischen Aranda und Loritja wird jeder Krieger mit einem Zaubergegenstand ausgerüstet, um in Wut zu geraten und die Feinde besser treffen zu können. Natürlich gibt es auch für die Jagd und die (gefahrvolle) Reise sowie für jede andere Not besondere Schutz- und Glücks-Sicherungs-Mittel. Der Talisman-Aberglaube ist völlig unverwüstlich. Immer wieder werden wir ihn als Mittel, den Glücksstand von Person, Familie, Haus und Hof zu sichern und zu vermehren, in stets neuen Formen noch in der Gegenwart auftauchen sehen.

Der Körperschmuck trägt den Charakter von Talisman und Amulett seit Urzeiten. Er bedeutet auch im verinnerlichten Sinne eine „Bereicherung" seines Trägers. Der Geschmückte ist ja der Glückliche. Er empfindet an und in sich ein Mehr an Lebensfrische, Lebenskraft, Lebensgeltung. Um des Schmuckes willen sind Morde vorgenommen, Kämpfe ausgefochten worden. Mit Menschen oder wilden Tieren stritt man, trug den Schmuck und nahm ihn, der ja nicht vererblich und nicht käuflich war, endlich ins Grab mit. Man verband damit bisweilen auch den Glauben, den Körper vor Verfall zu schützen. Ohnehin ist der Schmuck mit dem Leibe schon durch seine keiner willkürlichen Veränderung fähige Auswahl und Form aufs engste verbunden. Da er die Stammeszugehörigkeit des Mannes anzeigt, werden Abweichungen schwer, oft mit Ausstoßung oder mit dem Tode geahndet. Selbst der Frauenschmuck ist nicht nur für die glücklichen Besitzerinnen, sondern auch für deren Männer seit der Urzeit Tagen ein Heiligtum gewesen: auch er wird, obgleich man Frauenleichen im allgemeinen wenig fürchtet, ins Grab mitgegeben. Kleidung, Schmuck und Maske vereinigten sich stets zu Mitteln gegen böse Geister, die Kleider besonders dann, wenn man sie zu Masken machte, z. B. das Hemd, den Rock umdrehte. Wie andere (südliche) Stämme mit dem Palmwedel, so glauben die Lengua-Indianer mittelst des Federhelms böse Geister (die in Sümpfen wohnen) verscheuchen zu können. Der Schmuck ist Amulett und Stammessymbol namentlich in der Form der Körperbemalung, die der Form und der Farbe nach keineswegs willkürlich ist. Eine rote Schminke haben prähistorische Leichen durch Bestreuung mit roter Erde (Eisenrötel oder Ocker) empfangen. Die rote Farbe dient aber wohl hier wie so oft der Verehrung, Vergöttlichung. Die Grabfunde beschränken sich selbstverständlich auf schwer vergängliches Material. Wir müssen aber auf Grund der Felszeichnungen die Mitgabe von Federn, Krallen usw. mit Sicherheit vermuten. Gefundene Muscheln, Bernstein, Versteinerungen und Steinchen dienten dem eiszeitlichen Menschen als Schmuck. Dazu kamen gewiß Gegenstände aus Elfenbein, Horn, Muscheln. Der Schmuck umgab große Teile des Körpers; er lag rings um die Stirn oder in der Schläfengegend, auf dem Schädeldach (in Form von Hauben oder Kopfnetzen), am Halse, auf der Brust (hier wohl vorzugsweise als Amulett), am Oberarm, Ellenbogen- oder Handgelenk, in der Hüftengegend, in den Oberschenkeln und Knien. Die Kinder besaßen Häubchen, Halsbänder und Röckchen oder Schürzchen. Die Grabbeigaben der Frauengräber sind weniger reich und mannigfaltig. „Die Volkskunde lehrt uns, daß diesem Zierat ein besonderer Wert, eine Bedeutung in Richtung einer Auszeichnung des Trägers etwa als Kopfjäger, Krieger und vielleicht auch Anführer zukam. Seine Anlegung dürfte also nicht jedem Mitglied eines Stammes dieser eiszeitlichen Gemeinschaft gestattet gewesen sein. Er betonte und erhöhte den Eindruck der Körperformen auf Freund und Feind". Daß dieser Eindruck ein ganz gewaltiger sein konnte und daß durch ihn wiederum eine enorme, uns höchst albern erscheinende Eitelkeit großgezogen wurde, muß immer wieder hervorgehoben werden. Der Primitive ist ja Sinnen-, namentlich Augen-Mensch. Die Maske (Meduse) verwandelt ihn in Stein. Kleidungsstücke betrachtet er als Rang-Symbole: der Zylinderhut des Negerhäuptlings; die Pariser Damentoilette, der hl. Maria eines „bekehrten" Jakuten angezogen. Um Edelsteine zu gewinnen, verkümmern gegenwärtig viele tausend Bergarbeiter unter der Erde. Die prähistorischen Fundorte beweisen, daß manche Schmuckstücke weit hergeholt sein müssen. Wir dürfen danach in entlegenster Urzeit einen regen Tausch- und Raubverkehr zwischen den verschiedensten Völkern annehmen. Einzelne kostbare Stücke haben im Laufe vieler Generationen den Besitzer häufig gewechselt und sind z. B. etwa vom atlantischen Ozean bis in die Gegend von Mentone gekommen. Die primitive Kunst erdrückt noch heute die Körperform durch Kleidung und Schmuck. Die Götter und Könige sind nur Emblem-Träger. Je niedriger das Kulturniveau ist, mit dem der „Künstler" rechnen muß, um so mehr drückt er das Individuell-Menschliche zu Gunsten der Äußerlichkeiten zurück. Dies läßt sich namentlich auch noch bei den volkstümlich-russischen Darstellungen des unglücklichen letzten Zaren gut verfolgen. Man sieht hier deutlich, wie die Masse („der Untertan") nicht das Geheimnis der Persönlichkeit, sondern das des „Kraft"-geladenen Materials, des Fetisch, auf sich wirken lassen will.

Die magische, am Bild vollzogene Handlung bedarf des Wortes. Dies gilt in der Weise, daß noch bei modernen Kulturnationen die abergläubische Handlung von einer formelhaften, kurzen Wendung oft begleitet erscheint und in der schwarzen, der teuflischen Magie das Schweigen als ganz besonders unheimlich stets hervorgehoben wird. Ein Schweigegebot besteht beim Kultus der höchsten Gottheiten. Sämtliche Religionen, auch das Christentum, empfinden im Worte noch einen Kraftträger und mahnen zu seinem vorsichtigen Gebrauch ganz besonders im Schwur. Die großen religiösen Wegweiser der Menschheit haben deshalb wenig und nie überflüssig geredet. „Schweigen ist dem Wissen näher als Sprechen", sagt der Sind-Dichter Schâch Lâtîf. Das Wort ist nicht blos das Medium, durch das der Primitive auf die Welt zu wirken hofft. Er glaubt in sich eine Energiesumme zu fühlen, die den Widerstand einer widerstrebenden geistigen Macht besiegen und das Gewünschte als Wirklichkeit vor den Wünscher zwingen kann. Der Zauberer ist ja nichts anderes als ein Mann, der, wenn er mit genügender Entschlossenheit etwas „will", nur in die Luft zu greifen braucht, um es zu erhalten. Wir können uns selbst sogar umschaffen, können zum Gegenstande des eignen Wünschens unser Selbst ausgestalten. Noch Luther bildete sich ein, daß er durch die „Kraft" des selbst Gott bewältigenden Gebets das Naturgesetz ablenken, seinen Willen zur Tat werden lassen könnte. Etwas naiver, aber durch die hier zu Grunde gelegte Seelenwandrungslehre erklärlicher und vernünftiger, ist der Ausspruch eines indischen (epischen) Textes: wer sich wünscht, eine Gazelle zu werden, oder Gazellen über alles liebt, wird zur Gazelle. — Die Primitiven fürchten die ihnen unverständliche Rede stets, die verständliche unter gewissen Umständen als Zauber. Die höhere Macht, in deren Händen man sich fühlt, wagt man überhaupt nicht oder nur mit umschreibenden Ausdrücken zu benennen. Der (gefürchtete) Bär heißt bei den sibirischen Nordvölkern „der Alte", bei uns „der Braune". Von ihrem heiligen Feuer sprechen die Bergdamas mit Ehrfurcht; es heißt nicht „Feuer" schlechthin, sondern mindestens „rotes Feuer". Auch wagt man nicht ohne weiteres zu sagen, daß das Feuer „schlecht brennt". — Im sozialen Leben übt der Berg-Dama-Jäger die gleiche Vorsicht. Er sagt nicht: „Jenes Weib ist schwanger" sondern: „sie hat es schwer" oder: „es geht ihr nicht gut", was den Wendungen des neupersischen Epos Firdôsî's völlig entspricht: „Ihr Leib trug eine Last". — Statt: „Sie wurde entbunden" sagt der gleiche Dichter: „Sie wurde getrennt". — Sowohl die deutsche wie die persische Wendung zeigt ein durch die verbale Umschreibung sich kundgebendes Taktgefühl, das die Verwendung eines affektbelasteten und daher suggestiv wirkenden („magischen") Worts tunlichst vermeidet. Der Umschreibungen für „totsein", „sterben" gibt es unzählige. Wie leicht kann die wahrste Wendung am meisten erschüttern! Die „Magie des Worts" hat dann gewirkt. Die Poesie sollte nach einer lange festgehaltenen Theorie durch den Ersatz „unschöner" mittelst „schöner" Worte „erfreulich" wirken: die Stimmungen sollten durch Worte als Gefühlseinheiten ausgelöst werden. Wir nennen dies „Wortgeklingel", der Orientale aber empfindet es ganz anders, da er in dem Magie-Gehalte der Rede göttliche Offenbarung sieht. Manche Worte müssen, sei es von Männern oder von Frauen, dauernd gemieden werden. Die Meidungsvorschriften, welche beispielsweise die Frau im Konde-Lande von ihrem Manne trennen, erstrecken sich auch auf ihre Rede: sie darf die Hauptstamm-Namen der Familie ihres Mannes nicht aussprechen. Bleibt dort das Kind einer Frau klein und schwächlich, so heißt es: „Sie hat gewiß den Namen des Schwiegervaters genannt!" Auf diesem Grunde entsteht dort eine gesonderte weibliche Sprachweise. — Die Stände ergehen sich bei den alten Kulturvölkern und teilweise bei den Primitiven in sehr verschiedener Redeweise. Der Priester will, wie vielfach auch der Gelehrte, immer unklar sein: nur dann wirkt er auf die Seelen. Dazu bedient er sich veralteter Wendungen. Die Mystik ist, wo immer sie auftritt, eine geistig-moralische Versklavungsmethode mit „uranfänglichem" Ritual und Wortschwall. Die Ojibwa-Indianer machen die Aufnahmen in ihre Zaubergesellschaften von der Überstehung von Riten, verbunden mit Gesängen, abhängig. Beide pflanzen sich von Generation zu Generation fort. Alte Ojibwa-Worte werden dabei verwendet. Wenn man die archaische Sprache ändern würde, so könnte das die Macht der Zauberworte beeinträchtigen. — Das Rätsel-Raten ist nur aus der Heiligkeit und mysteriösen Gewalt der Sprache verständlich. Es muß vorzugsweise die Kenntnis der religiösen Mysterien seitens des Erfragten erweisen und wird deshalb beim Eintritt in Geheimgesellschaften, bei Kämpfen religiöser Gruppen gegeneinander, ferner an entscheidenden Wendepunkten oder bei besonders bedeutsamen Lebenslagen geübt. Wie Turandot bei Schiller sich durch die Lösung dreier schwerer Rätsel gewinnen lassen soll, so müssen die Brautwerber eines Heiratskandidaten in West-Tibet, bevor sie das Haus des Mädchens betreten, eine Reihe von Rätseln raten (die auf mythologischem Gebiet liegen). Wenn die Befragten in einer Antwort versagen, so bekommen sie Prügel. „Auch beim Bierlied des Hochzeitsfestes wird das mythologische Rätselraten fortgesetzt, insbesondere die Herkunft und die Zubereitung des Bieres beschrieben" — wobei man erwägen muß, daß, wie schon die Edda lehrt, die Bierzubereitung eine heilige Sache ist. Im kultischen Leben nimmt das Wort vermöge seiner Zauberkraft den Erfolg der Handlung voraus; im profanen ist es magisch wirksam. Der „Segen" segnet, der Fluch bringt Unglück; vor dem mit Neid untermischten Worte muß man sich fürchten. Selbst der Ausdruck ehrlichen Lobs oder wahrer Bewunderung kann, weil er den „Neid des Schicksals" wachruft, schaden. Das Schmähwort „verletzt". In kosmogonischen Sagen niedrigstehender Völker vertritt das gesprochene Wort die Stelle der Schöpfermacht. — Der Unglück berichtende Bote wird zur Eule oder zum „befleckten" Individuum. Dem entsprechend fürchten sich bei Shakespeare die Boten, den befreundeten Personen oder gar Königen eine Unglücksnachricht zu übermitteln: „Ein trauriges Gesicht entstellt den Boten." Die Jenseits ihrer Glücksgipfel angelangten Despoten (Richard III., Macbeth) schlagen hemmungslos auf die Boten ein, die sie das Erblassen ihrer Glückssterne vorempfinden lassen. Der Mißhandelte rechtfertigt sich: „Ich meldete die Nachricht doch erfand sie nicht." Die zu Grunde liegende Vorstellung ist die, daß das gesprochene Wort nicht Mittel zum Zweck der Tatsachendarstellung ist, sondern neben der Tatsache steht, ja sie erst erschafft, wie dies in der Kunst, vor allem im Märchen geschieht. Das Kind und jeder, der, wie das Kind, Wahrheit und Schein zu verwechseln vermag — die alleinige, unerläßliche Vorbedingung für jede künstlerische Aufnahmefähigkeit — macht eben das Märchen, indem es dasselbe durchempfindet, zur subjektiven Wahrheit, Wirklichkeit. Neben dem Tatsachengehalt, der im Märchen fast nichts besagt, steht die aufgebotene Summe von Empfindung und Phantasie, die sich nur im mündlichen Vortrag in der Wortdarstellung, Wortbetonung weitergeben läßt. Deshalb muß jedes Märchen erzählt werden. Andernfalls verliert es seinen magischen Gehalt. Es lebt übrigens durchaus in der Magie des Worts. Ein leichtfertig geäußerter Wunsch geht durch den ihm inne wohnenden magischen Zwang in Erfüllung. Der Eltern „Segen" baut den Kindern Häuser; der Fluch wendet sich auf den Fluchenden (automatisch) zurück. So denken Primitive und Antike. Wenn bei den westafrikanischen Ewe-Leuten ein Vorübergehender eine schöne Yams-Pflanzung seines Nachbarn im neidischen Ton lobt, so hofft er dadurch das Wachstum der Feldfrüchte des Nachbarn zu schädigen. Um dieser Gefahr zu begegnen, pflanzt der dortige Bauer am Saume des Ackers ein unserem „Zwiebelrohr" ähnliches Kraut, das er „Mundgras" nennt (weil der „Mund" des Feindes ihm Schaden bringen kann). Auch gräbt er Maiskolben in die Erde, so daß nur ein kurzes Ende davon zu sehen ist (zweifellos in der Absicht, den Nachbarn oder das von diesem beeinflußte neidische Schicksal über sein Ernteglück hinwegzutäuschen). — Neben dem Neide, der allgemeinsten und am meisten sozial-ausgleichend wirkenden Charaktereigenschaft des Menschen, steht bei den Primitiven der Klatsch in höchster Blüte. Auch er gilt, einmal losgelassen, als selbständige Macht und wird sehr gefürchtet, weil man, wie gesagt, nach dem Wahrheitsgehalt nicht fragt. Die Folgen sind äußerst verhängnisvoll: Panik, Aufstände auf Grund ganz törichter Mitteilungen, Affekthandlungen aller Art, darunter Selbstmorde. Boshaften und albernen Klatsch einzudämmen oder, wenn möglich, im Entstehen zu töten, ist deshalb eine erste Pflicht der europäischen, unter Naturvölkern lebenden Befehlshaber. Aus dem mit Stimmungsmomenten belasteten Einzelwort kann die suggestiv wirkende Rede ja erst hervorgegangen sein. Sie ist, wie bekannt, z. B. bei Indianern in staunenswerter Weise entwickelt und dient dann sehr bald den Zwecken der ständischen Gliederung: die feine, zierliche, spielendgewandte Rede bezwingt alle Herzen und macht den Priestern wie den Häuptlingen ihre Aufgabe leicht, die Masse zu beherrschen. Umgekehrt strahlt das Lob der Stammesmitglieder auf den Beherrscher zurück. Es ist für ihn die höchste Ehre, die Beschimpfung (Verbal-Injurie) die äußerste Schmach. Sie hat blutige Fehden, die bekannten Blutrache-Kriege, zur Folge. Auch Weissagungen, wie bei uns die berüchtigten Weltuntergangsprophezeiungen, die zugleich mit dem Christentum ins fernste Ausland gedrungen sind, können aufs verhängnisvollste wirken. — Die Weissagung ist dem Segen und dem Fluch verwandt. Der Segen vollzieht sich automatisch, kraft des gesprochenen Worts und der Autorität des Sprechers. Er ist selbst dann gültig, venn er erschlichen wird (Gen. 27. 36ff.). Als religiöse Handlung ist er gewöhnlich mit einer Geste verbunden (Handauflegen usw.). Wichtiger als er ist der Fluch. Er rollt sich selbsttätig durch die Geschlechterfolge. Bei den Primitiven ist er, auch seitens der Eltern den eignen Kindern gegenüber, sehr verbreitet. Wie es Menschen gibt, die „schön reden" können (unseren Litauern ist diese Gabe noch heute das Einzige, was sie von ihren Pfarrern verlangen), so auch berufsmäßige und gefährliche Flucher: alte Weiber (Hexen), Zauberer. Der Fluch verwandelt Glück in Unglück, weiß in schwarz, junge in alte Menschen, Gesunde in Krüppel, macht fruchtbares Feld zur Wüste, hat an jedem Mißlingen schuld. Bei den Maori war er so sehr gefürchtet, daß er zum Anlaß von Kämpfen wurde. Dieser primitive Glaube an die Magie des Fluchworts hat sich, kaum geschwächt, in die Gegenwart und nach Europa herübergerettet. Im Islâm wird seit Alters sehr viel und feierlich gesegnet und geflucht. Baut sich doch die ganze israelitische Heilsgeschichte auf den durch Verträge gewährleisteten und durch die Patriarchen immer wieder erneuerten Segnungen Jahve's auf. Auch bei den Primitiven sind es übrigens vielfach die Ältesten, die in einer Gesellschaftsklasse zusammengeschlossenen Greise, die besonders wirksam segnen und fluchen können. Bei manchen in den Kreis des Islâm hineingezogenen Stämmen, wie bei den Kunama Abessyniens, sollen Fluch und Segen die Stelle der positiven Religion vertreten.

Der Fluch kann dadurch, daß er sich gegen den Sprecher richtet und nur eventuell in Erfüllung gehen soll, zum Eide werden. Er sichert sowohl die Tatsächlichkeit vergangener Geschehnisse oder Zustände (macht sie glaubwürdig) wie auch zukünftige Leistungen, und wird dadurch zu einem außerordentlich wichtigen Rechtsmittel. Dies gilt allerdings nur dann, wenn das genügende Maß sittlicher Verantwortlichkeit bei dem Schwörenden vorausgesetzt werden kann oder die genügende Furcht vor der himmlischen oder irdischen Strafe vorhanden ist. Diese Vorbedingungen fehlen beim Primitiven. Eine ausgebildete Höllenvorstellung findet sich bei ihm nicht. Der schrankenlose Subjektivismus jener Leute läßt sie Lüge und Wahrheit oft nicht unterscheiden, in keinem Falle in der Lüge ein moralisches Unrecht sehen. Vielfach, zum Beispiel im arabischen, aber auch noch im deutschen Altertum ist der Eid vielmehr eine Kraftprobe. Die Eideshelfer schwören aus Solidaritätsgefühl im Sinne der Partei, von der sie herangezogen waren, gegebenenfalls ohne Tatsachenkenntnis. Bei den Primitiven gilt aber der Eid als eine dämonische, in Worten, ja im Speichel verkörperte Macht, ein ungeheures Fremdes, das man ausspeit, und das, wenn es durch Mißbrauch verhöhnt wird, dem Meineidigen „die Zunge verbrennt" — ein Ausdruck, der uns Deutschen nicht ungeläufig ist. Bei den Kpelle führt man die bekannten tiefgreifenden pathologischen Gewebszerstörungen des Mundes, der Nase und Lippen (Lepra, Lupus, Syphilis, Carcinom und Sarcom) auf die Kraft der „Medizin" zurück, welche beim Eidschwur genommen wird. Der Genuß solcher schwachen Gifte dient mehrfach als Prüfungsmittel im Gottesgericht. Im Konde-Lande wird, wer nach dem Trinken des Muawi-Decocts in Gegenwart seines Prozeßgegners erbrechen kann, von den Seinigen mit Jubel begrüßt: er hat gesiegt! Denn für ihn war ja das Gift unschädlich. Es sollte der Rächer des Meineids sein. Nur da, wo der Eid völlig vom Staat als Beweismittel übernommen ist, wird auf den Namen Gottes geschworen. Ein solcher Schwur kann dann auf einzelne, streng religiös veranlagte Individuen und Sekten sehr stark wirken. Fromme Traktätchen bringen Schauergeschichten von Meineidigen, die sofort nach ihrer Aussage tot umfielen. Im allgemeinen aber glaubt man an die unmittelbare rächerische Tätigkeit Gottes gegenwärtig kaum noch. Da auch diejenigen schwören müssen, die jedem religiösen Bekenntnis fern stehen, ist der Eid zu einer bloßen Form geworden, die gerade deshalb anstößig berührt, weil sie das Heilige, dem ursprünglichen Gehalt entfremdet, in den Dienst quasi-praktischer und meist sehr belangloser Sonderinteressen stellt. — Die Eidesform kann seelisch wirksam sein, wenn sie feierlich ist. Von der Feierlichkeit, welche die Gottesnähe greifbar versinnbildlicht, hängt nach allgemeinem Aberglauben die Bedeutung des Schwurs ab. Der Litauer versichert noch heute seinem Richter, er habe einen (privaten, also rechtsungültigen) Eid, (etwa zu Vertragszwecken) geschworen: „auf schwarzer Decken, das Fenster geöffnet, Tag und Nacht gefastet". — In Staaten mit alter und streng monarchischer Verfassung, wie in Babylon, wird auf den König als leibhaften Stellvertreter Gottes geschworen, bisweilen auch auf den Kronprinzen. Der Schwur kann ganze Völker binden und muß alsdann natürlich besonders feierlich sein. Sehr früh beginnt man Idole als Zeugen herbeizuschaffen oder man verrichtet, wie namentlich bei Staatsverträgen, zugleich ein Opfer, denn dieses ist es, das die Vorstellung unmittelbarster Gottesnähe und Gottesgemeinschaft am sichersten erzeugt. Wir werden später über die auf sakramentaler Grundlage aufgebauten

Staatsverträge des Alt. Testaments ein Wort zu sprechen haben. Jahve selbst geht zwischen den Teilen des den Vertragsbund begründenden Opfers hindurch. Er selbst vollzieht dadurch die Stammesvereinigung. Ein Opfer findet auch bisweilen beim Eidschwur von Primitiven statt. Es bedarf der Feststellung, wie weit muslimische oder christliche Einflüsse hier bereits vorliegen. Die im ostafrikanischen Küstengebiet dabei gewahrten Formen stellen eine Mischform dar: zugleich gilt die beim Opfer vorhandene Gottheit und ein Schwert als Rächer. Wenn in jenen Gegenden zwei Stämme miteinander Freundschaft schließen wollen, so kommen sich beide Parteien auf halbem Wege entgegen und schlachten bei der Zusammenkunft einen Ochsen, den sie gemeinschaftlich verzehren. Hierauf setzen sich zwei angesehene Leute als Vertreter beider Stämme auf einer Matte einander gegenüber nieder, während ein alter Mann jedem ein Schwert über den Kopf hält und den Eventualfluch ausspricht, daß der Verletzer der Blutfreundschaft durch ein gleiches Schwert (ursprünglich: „durch dies Schwert") umkommen möge. — Der Gegenstand, auf den man schwört, wird leiblich oder bildlich in den Eidring mitgebracht. Mag er eine Waffe oder ein gefährliches Tier oder ein Teil davon (Bärenfell) sein, er gilt, schon weil er im Eidesring, d. h. an einer magischen — „heiligen" — Stätte sich befindet, als der persönliche Wächter des Eides; die Mitbeteiligten sind meist Greise und Priester, gegebenenfalls auch ganze Stämme. Man würde moderne Ideen unterlegen, wenn man sie für Zeugen ausgäbe: sie erhöhen den Affektwert und damit die Heiligkeit des Schwurs. — Der Eid kann sich auch auf fernerliegende Dinge beziehen. Man kann (wie die Kpelle) schwören: „Wenn ich nicht die Wahrheit sage, so möge die Schlange auf dem Wege mich beißen, möge ich im Wasser ertrinken, möge mein Leib schwellen", wobei man an den Varuṇa Altindiens denkt, der ein Gott des Eides ist und zugleich als Strafe die Wassersucht sendet. Man kann auch die Erde und, wie wir sehen werden, alle Sterne anrufen. Sie sind dann aber nur noch Zeugen, nicht mehr Rächer. Die primitivste Form des Eides ist jedenfalls die Zuverlässigste.

Die mystische Gewalt des Worts verkörpert sich am greifbarsten im Namen. Insofern, als er bei den schriftkundigen Völkern an heiliger Stätte aufgeschrieben wird, und die Schrift zugleich Bild ist, ist auch er zugleich Wort, Symbol und Bild. Das Kind lernt seinen eignen Namen erst nach dem Erwachen des Individualbegriffs richtig zu brauchen; es bezeichnet mit ihm ein Individuum, zum mindesten einen Gattungsvertreter, den es von den Übrigen zu irgendeinem Zweck unterscheiden will. Der Schwur bemächtigt sich des Namens und macht sich die magische Gewalt desselben zunutze, indem er sie steigert. In der eigentlichen Eidesformel, die bereits von den antiken Kulturnationen festgelegt ist, ist die Nennung des Schwörenden mit seinem Eigennamen und auch die der als eventuelle Rächer angerufenen Gottheiten notwendig. Der Eigennamen stellt nicht eine in modernem Sinne „soziale Persönlichkeit", sondern eine „Macht" im Sinne der Magie dar, kann deshalb auch magisch bewerteten Gegenständen zukommen. Bekanntlich haben in der Sage Schwerter, in der Tradition und im Handel besonders wertvolle Edelsteine, im Weltverkehr Schiffe ihre Namen. Das Gleiche gilt bei der frühen und primitiven Menschheit von Häusern, Armringen und Kähnen. Die Sitte, in diese Gegenstände Eigentumsmarken zu ritzen, der Glaube, daß sie nicht bloß an den Geschicken, sondern auch an dem eigentlichen Leben ihrer Träger Anteil hätten, vervollständigt die Idee der beiderseitigen unbedingten Zusammengehörigkeit, die im Bilde der Ehe ausgedrückt werden kann: die „Eisenbraut" Körners. Die Benennung von Bergen, Flüssen, Ebenen, von Naturdingen wie Sternen und Naturerscheinungen wie Winden mit Eigennamen, drückt Gefühlsbeziehungen aus, die abergläubig ausgewertet werden. Daß bei den niedrigsten Primitiven der Name für den Träger von größter Bedeutung ist, geht schon daraus hervor, daß seine Verleihung an den Säugling in zeremonieller Weise erfolgt. Wir sahen oben, daß der Vater dem Kinde durch die Namengebung seine Seele oder doch ein Stück von ihr bezw. der eines Ahns oder eines kürzlich verstorbenen nahen Verwandten schenkt. In Mazedonien erhält bei der (jetzt christlichen) Taufe das Kind nicht selten den Namen seines jüngst verstorbenen Bruders oder seiner verstorbenen Schwester. Im semitischen Sprachbereich (1. Macc. 11, 70; Sinaïtische Inschr.) finden wir Eigennamen wie: „Großvater"; „Vater seines Vaters"; „mein Ersatz" [vgl. d. griech. „antipatros" d. h.: „Ersatz des Vaters" oder „Ers. d. Großvaters"]; „Vatersbruder" [dies offenbar im Anschluß an das Levirat: das Neugeborene soll eine Wiedergeburt des Oheims sein, der dazu berufen ist, der Witwe Kinder zu erwecken; damit wird das Kind also ebenfalls zum „Ersatz des Großvaters"]. Die Sitten der Namengebung, des Anhauchens des Kindes durch den Vater, der ersten Speisedarreichung, des Aufhebens vom Erdboden, des Männerkindbetts sind primitive Legitimitätserklärungen, die dem physischen, nicht zunächst rechtlichen Anspruch des Vaters an das junge Lebewesen Genüge leisten. Partizipiert das Kind doch nicht bloß an dessen Namen, sondern auch an dessen Verhalten während der Schwangerschaft der Mutter, nicht minder an der mystischen Auswirkung von des Erzeugers eignen Jagd- und sonstigen Abenteuern, seinen sexuellen Seitensprüngen und leidenschaftlichen Wünschen oder Eigenartigkeiten, die wiederum im Namen ihren Ausdruck finden können. Wenn einer bei den alten Arabern „Grobian, Sohn Eseleins" heißt, so kann er nicht dafür, daß er sich wie ein Esel beträgt. Muhammad gab sehr viel auf das Omen, das im Namen liegt. Er gibt bei den Primitiven häufig ein wenn auch im sonstigen Profanleben unwichtig erscheinendes Ereignis der Geburt wieder, sei es die Tageszeit derselben, den Schrei eines Tieres, sei es den Ausdruck von irgendwie begründeter Freude oder Furcht, oder die Anwesenheit einer bedeutungsvollen Person. Für die ganze primitive Namengebung ist auch der Wochentag und Jahresteil mitunter von Bedeutung, auf die die Geburt fiel, weil jeder Zeitabschnitt gewisse dämonologische Färbungen trägt, die sich aus deren mystischer Sonderart, aus obwaltenden Tabus oder Gefühlsgestaltungen ergeben, mit denen jener Abschnitt durch eine individuelle Lebenserfahrung oder traditionelle Meinungen belastet ist. Wir sprechen von „Kindern des Elends", deren es in den Perioden der schneereichen langen Winter des Nordens viele geben mag. Die zu so unglücklicher Zeit Geborenen erhalten dann entsprechende Sondernamen. Damit vollzieht sich die früheste Einstellung des Menschen auf die kosmologischen Abläufe. Nach der Lehre des Christentums dient der Karfreitag der Selbstbesinnung und Abstinenz. Wer deshalb an diesem Tage erzeugt ist, wird zum Fluch für die Welt. — Sehr weit verbreitet sind Geheimnamen, die häufig der Zauberer des Stammes dem Kinde gibt. Sie sollen vor Verhexung schützen: nur, wer den Namen des Kindes kennt, kann es verzaubern. Deshalb wird er sorgfältig verschwiegen (z. B. bei den Indianern von Guinea); er ist häufig nur dem Träger selbst oder dessen nächsten Verwandten bekannt. „Es ist das größte Zeichen von Vertrauen, wenn ein Indianer einem Weißen oder einem Neger seinen Namen nennt." Der Name ist, als Spiegelbild der Person, ebenso gefährlich wie diese. Deshalb wird der Name Gottes oder eines Gottes oder einer Göttin, namentlich, wenn deren „numina" unheilvoll sind, nicht gern genannt. Das Gleiche gilt von der Bezeichnung der Todesgottheit und dem Namen von bösen [Krankheits-, Trug-] Dämonen, ferner von Toten. Diejenigen, denen die jüngst Verstorbenen nahe stehen, sprechen deren Namen nicht aus; diese Scheu reicht von Sibirien bis Australien (Bastian). Man meidet es auch, den Kaiser oder regierenden Fürsten zu nennen. Der Fürst der Baronga darf unter keinen Umständen bei Namen gerufen werden. Reste von dieser Scheu verblieben bis in die späteste Zeit. So hatten z. B. die Hohenzollernregenten ihre Decknamen. Der greise Kaiser hieß bei den Berlinern „Lehmann". Man umging, wenn man von ihm unter diesem Namen in mißbilligendem oder frivolem Tone sprach, nicht nur den Majestätsbeleidigungsparagraphen, sondern auch das Gefühl, ein moralisches Unrecht getan zu haben. — Der Name wechselt zugleich mit der Individualität oder wesentlichen Eigenschaften seines Trägers. Auf den Caribischen Inseln nimmt ein Kranker, wenn er gesund wird, einen neuen Namen an, ebenso ein Angetrunkener; dieser fühlt sich auch bei uns als „anders wie früher" und ist deshalb ein „neuer Mensch" geworden. Umgekehrt wechseln die Kayan auf Borneo den Namen bei einer ernstlichen Krankheit oder einem Unfall, was ja auch, namentlich in Kriegszeiten, Flüchtlinge und Spione zu tun pflegen. Nicht minder als diese ist der Kranke von vielen Feinden (Dämonen) umringt, denen gegenüber er sich durch Vertauschung seines Geschlechts (Anziehen von Weiberkleidung bei Männern), Masken und falschen Namen unkenntlich zu machen sucht. Es kann sich ereignen, daß der Name beibehalten wird, aber Charakter und Gestalt wechselt. Wie man bei uns den eines besonders schweren Verbrechers nicht gern nennt, so auch auf den Andamanen den desjenigen, der z. B. Vater oder Mutter verloren hat. Über ihm waltet, an ihm klebt der Tod. Wenn die Griechen die Persephone als Herrin bezeichneten, so liegt die kollektivistische Zusammenfassung der gleichen Idee vor. Die Namensänderung, die aus dem Saulus einen Paulus macht, ist äußerst volkstümlich geworden und wiederholt sich bei zahllosen „Bekehrungen", auch zum Christentum. Die Juden des ersten nachchristlichen Jahrhunderts vertauschten ihre Namen, um sich den Dämonen zu entziehen oder vor irgendeinem Verhängnis Schutz zu finden. Nach dem Ablauf ihrer Trauerzeit, d. h. der Periode ihrer Unreinheit, nahmen Witwe und Witwer vielfach andere („reine") Namen an; sie sind dann nicht mehr mit den Seelen ihrer Toten belastet. — Dem Gefühl der Furcht steht das der Beherrschung der bösen, an ihre Namen gebannten Geister gegenüber. Die Kupfer-Eskimos halten deshalb die Diagnose allein für hinreichend, eine Krankheit zu beseitigen. Nach westpreußischem Glauben braucht man, wenn etwa ein Schwein erkrankt ist, zwecks Heilung zu dessen Besitzer beispielsweise nur zu sagen: „Dein Schwein hat die Würmer". Dann wird es von diesen frei. Es läßt sich hiermit auch der Brauch vergleichen, eine Gewalt dadurch zu brechen, daß man offen über sie spricht: man erzählt den bösen Traum dem Sonnenlicht usw. Darin liegt die Erkenntnis verborgen, daß ein Verschweigen von Wahn- und Schreckgebilden zu deren Einwurzelung führt; wer aber zur rechten Zeit den Mund zu öffnen vermag, dem tun sie nichts zu leid, mit anderen Worten: die Sage erkennt bisweilen die Furchtquelle des Aberglaubens. — Unheilabwehrende Namen finden sich bereits bei den Primitiven. Durch sie will man das Kind vor Armut, Krankheit, vorzeitigem Tod beschützen. Sind bei gewissen Negerstämmen mehrere Kinder nacheinander dem gleichen Elternpaar gestorben, so legt man dem Jüngsten Namen bei wie etwa: „Finde keinen Gefallen am Tode" oder: „Er wird am Leben bleiben." Damit vergleiche ich schon hier das neugriechische „Zoë" und das altindische „Jīvā". Beide Worte bedeuten „Leben". — Die erwähnte Sitte, dem Kinde einen Spitznamen nach einer sonderbar erscheinenden Einzelheit seines Körpers oder seiner Kleidung zu geben, findet sich sehr häufig bei primitiven Völkern und ragt über die antiken Kulturen hinaus bis in die Gegenwart hinein. Wir wissen von einem „Großkopf" der Primitiven; von Frauennamen wie „Schielende" (eigentlich: „Schiefe") bei den Samojeden; einem „Schmutzfuß" bei den Indern. „Rotkäppchen" könnte fast ein Indianername sein. Hier wie dort ist die Kleidung mit der Persönlichkeit verwachsen. Ohne sein Käppchen ist dies Mädchen ebensowenig zu denken als im Märchen der König ohne seine Krone. — Endlich sei einer auf die Namengebung unmittelbar folgenden Sitte der Xopi-Indianer gedacht, die deshalb von ganz besonderem Interesse ist, weil sie im modernen Indien ein genaues Gegenstück hat. Das Kind wird von der Mutter bei Sonnenaufgang hinaus ins Freie getragen. Während sie es dann mit Mehl besprengt, sagt sie: „Du bist herausgekommen, die Sonne zu sehen". Man darf darunter einen Versuch vermuten, das Kind „der Sonne", d. h. dem Leben, zu erhalten. Vermeidet man es doch ängstlich, es im Dunkeln zu lassen. Vielmehr muß man während der ersten Nächte seines Lebens beständig Licht brennen usw.

Die magische Handlung wird häufig von Musik begleitet und ihre Wirkung durch sie wesentlich gesteigert. Musikinstrumente sind uns bereits aus der älteren Steinzeit bekannt. Es sind Pfeifen aus Rentierknochen, die jedenfalls die Aufmerksamkeit des Jagdwildes erregen, vielleicht auch dessen Ruf oder Schrei irgendwie nachahmen sollten. Daß man in einem solchen Musikton ein Wunder, die Stimme eines lebenden Wesens sah, kann kaum einem Zweifel unterliegen. Man unterschied zwischen der Verwendbarkeit der Röhrenknochen der einzelnen Jagdtierarten für den speziellen Bedarfszweck und war auch vielleicht, wie nachweislich später, davon überzeugt, daß ein in voller Lebensfrische zu Grunde gegangenes Exemplar eine tönendere Magie in einzelnen Knochen berge. — Als primitivste Musikinstrumente müssen wir einzelne Körperteile gelten lassen, die in der Ekstase des Schmerzes und der Freude aneinandergeschlagen werden. — Die Bauchtrommel der Veddas auf Ceylon gehört hierher, desgleichen das Schlagen der Hände auf die Oberschenkel. Unter Mitwirkung einer hinkenden Umkreisung des getöteten Tieres entsteht auf diese (letztere) Weise der versöhnende Totentanz der altindischen Frauen um die Leiche des geopferten Pferdes; ganz ebenso tanzen die Frauen des Stammes beim Friedensschluß auf den Andamanen. Das Klatschen in die Hände und der Hände auf andere Körperteile vervollständigt dies Bild. Solche Musik ist natürlich, noch losgelöst von jedem greifbaren inneren Gehalt, nur kultische Form, als solche aber ein wichtiges Steigerungsmittel der Handlung im Sinne der Erfolgsidee. Vielfach wird die durch die Musik ausgelöste Erregung für Kampfzwecke verwendet, namentlich, wenn Frauen sich im Kriege den Gefechtslinien nähern, was nicht ganz selten ist. Das „Rühren der Kriegstrommel", in der sich der Dämon des Kampfes befindet und gefangenhalten läßt, eröffnet die Schlacht. Bei den zentral-australischen Aranda und Loritja werden, bevor der Kriegszug selbst angetreten wird, Gesänge angestimmt, die vor allem zauberischen Zweck haben und in denen durch Worte der Erfolg der eignen Waffen und der Mißerfolg der Feinde vorweggenommen werden soll. Das Singen von Kriegsliedern wird dann die ganze Nacht hindurch fortgesetzt. Daß auch bei den „Kulturnationen" Gesang und Alkohol in ähnlicher Lage ähnlich wirken, kann nicht bezweifelt werden. Das Singen und Schreien während des Kampfes, das die Ohren der Götter öffnen sollte und bisweilen demjenigen den Sieg verschaffen konnte, der am lautesten schrie, war bereits im Altertum bekannt. Weit höher steht der Gesang nach vollendetem Kampf. Er ist die jetzt nur noch spärlich rinnende Quelle des Epos: der Dichter ist zugleich Vortragender; er schafft, indem er unterhält. Zu den blinden Bettlern, die ehemals die Länder durchzogen und die Menge durch die mittelst Vokal- und Instrumental-Musik gehobene Erzählung ihrer Kriegserlebnisse ergötzten, gehört auch Homer: die Blindheit, die sich auch bei den gegenwärtigen Rhapsoden (Montenegros, einer Ural-Gegend, einiger Gegenden in Afrika) nicht selten findet, lenkt den geistigen Blick auf das Vergangene; die Musik schafft das Erinnerte zur Vision um. Vielfach ist der Siegestanz nach Heimkehr vom Schlachtfelde von ruhmredigen Erzählungen der eignen Taten begleitet gewesen. Bisweilen begann man gleich „hinter der Front" zu prahlen, zu tanzen und zu singen. Bei den Schipaia-Indianern des Xingu-Gebiets in Zentral-Brasilien singt derjenige, welcher einen Feind gefangen hat, vor der Versammlung und erzählt dabei den Hergang seiner Taten. Unmittelbar vor der Schlachtung des Gefangenen tritt der Sieger abermals hervor und singt. Sicherlich dürften diese Lieder der Form wie dem Gehalt nach äußerst barbarisch sein. Sie könnten sich um so mehr zu wahren Kunstwerken steigern, als sie sich von der rohen Zufalls-Wirklichkeit entfernen, im einzelnen das Allgemeine sehen. Dann löst sich das Kunstwerk allmählich vom Künstler ab, hört auf, zeit- und raumbedingt zu sein. Aber der suggestive Faktor, der im Zusammenwirken von Geschehnis, Persönlichkeiten, Zeit und Raum mit Mimik und Gesang liegt, ist dann verringert — und gerade er ist es, den der Primitive sucht. Ich gedenke hier der „Kriegsmusik" unseres alten Heeres mit ihren Darbietungen seitens einer Regimentskapelle, unterbrochen von Kommandorufen, Hurrabrüllen und Kanonenschlägen.

Im religiösen Dienst hat das logisch betonte Wort, die verstandesmäßig gegliederte Rede keine Stelle. Die Exaltation ist für jeden Kultus unentbehrlich. Deshalb können Gebete entweder zu leise oder zu laut, auch ganz im geheimen, gesprochen, geplappert oder gesungen werden — aber man darf sie nicht „korrekt" vor sich oder anderen hersagen. Wie der Dichter so braucht auch der halluzinierende Priester (Prophet) die Musik als Träger und Erreger seiner Ekstase. Dichter und Priester gehen schon in der primitiven Welt, die mit ihren Ergüssen allerdings meist noch sehr lakonisch ist, ganz allgemein aber in dem alten Orient, in einander über. Musik als Mittel zur Hypnose und Exaltation lehrt uns bereits das Alt. Test. kennen (1. Sam. 10, 5; 2. Kön. 3, 15); sie dient ferner dazu, Menschengruppen aneinander zu schließen. Bereits aus der Hallstatt-Zeit sind uns Reigen von Frauen erhalten, zu denen ein Mann auf der Leier spielt. Ihre höchste Gewalt und häufigste Anwendung aber findet die Musik im Zauberspruch. Im Dienste der Magie steht sie auf einer der frühesten und allgemeinsten Stufen ihres Werdens. Sie löst, wie der Traum, in den sie oft einwiegt, „die Knoten der strengen Gedanken" und schafft eine Ebene des Denkens und Empfindens, auf der alles als möglich gilt. Es ist dieses bei monotoner Rhythmenfolge und einfachster Instrumentation am meisten der Fall. Sprache und Gestalt des echten Zauberspruchs sind außerordentlich arm. Erst die Musik verleiht ihnen „Flügel". Vielfach werden die gleichen Worte oder gleichen kurzen Sätze, Ausrufe von Götternamen oder Anrufungen an die Götter, zum Zweck einer magischen Zwangswirkung immerfort wiederholt. Die kleinsten Gemeinschaften der Primitiven stellen für diesen Zweck eine geeignete Sonderpersönlichkeit heraus: den Zauberpriester. Er ist, wie noch der semitische Vorbeter, zugleich Sänger; bei den Ostjaken heißt er geradezu: Ilhot („Sänger"). Als Vorsänger, umgeben von dem ihn im Kreise umgebenden Chor, der ihm monoton und meistens gestikulierend antwortet, ist er bei Primitiven eine sehr gewöhnliche Erscheinung. Der Wechselgesang ruft die steigende Erregung des als Solisten auftretenden Zauberers hervor. Durch ihn wird er zum Propheten. Was er sagt, ist „wahr". Seine Worte oder Laute werden gedeutet. Man achtet auf die Lippenbewegungen des Delirierenden. Macht er die Bewegung des Kauens, so hat man ein gutes Jahr zu erwarten. Die Beeren und die Feldzwiebeln werden gut gedeihen. Führt er die Hand zum Munde und schmatzt dabei, so darf man sich auf einen ungewöhnlich ergiebigen Fang freuen usw. So wird der Primitive zum Prophetenberuf erweckt oder vielmehr narkotisiert. Selbstverständlich ist damit nicht etwa der Prophetenberuf „erklärt", selbst keineswegs der des Alt. Test., dessen älteste Vertreter sich bereits in einem engen religiös-sittlichen Pathos ergingen. — Unter Prophetie im gegenwärtigen Sinne verstehen wir die auf intuitiver Durchdringung der Tatsachenzusammenhänge sich aufbauende Weg-weisung des Genies. Den letzten Band von Bismarcks „Gedanken und Erinnerungen" wird wohl niemand aus der Hand gelegt haben, ohne sich oder anderen zu sagen: „Der Mann war ein großer

Prophet!" Anders steht es um die Voraussage historischer oder kosmischer Sondergeschehnisse (Weltuntergänge). Sie sind Produkte einer aufgeregten, verworrenen und kranken Zeit und nur aus ihr zu verstehen. Absoluten Wahrheitswert haben sie nicht.

Wir sahen, daß das Handwerk als magisches Werk gilt. Der Ausüber desselben steht im Dienst und in der Lehre des Gottes oder des Hexenmeisters, welcher als Erster es schuf und übermittelte (Siegfried als Schüler der zauberkundigen Zwerge). Auf den Neuen Hebriden galt die Kenntnis von magischen Hilfsmitteln als erforderlich zur Ausübung eines Handwerks. Gesang und Zeremonien sollten zum Gelingen mithelfen. Ohne sie ruhte kein Segen auf der Arbeit. Diese braucht sich jedoch nicht rhythmisch zu gliedern; sie wird nicht einmal der Stimmungsfarbe, viel weniger den Rhythmen oder Akkorden nach von dem Gesang getragen. Die Lieder der Karawanentreiber entsprechen dem Kamelschritt nicht, ebensowenig die arabischen Versmaße der Gangart der Reittiere. Auch für Indien gilt nicht, daß die bei der Pressung des alkoholischen Göttertranks gesungenen Lieder in das Zahnwerk des handwerkmäßigen Betriebs eingreifen; aber sie sind für seine Förderung magisch notwendig, namentlich da, wo es sich, wie bei der Herstellung des indischen oder deutschen Göttertranks (Soma, Meth), um kultische Geschehnisse handelt. Das Lied wird dann eben zum Zaubergesang. Als solches ist es namentlich bei Aussaat- und Erntefesten aufzufassen. Bei der Tabakbestellung von Indianerstämmen wird die grobe Arbeit von den Männern geleistet, von den Frauen aber durch Zaubergesang unterstützt. Bei andauernden, keine wesentliche Aufmerksamkeit erfordernden Arbeiten wird durch den Gesang oder schlichte Instrumentalmusik nicht nur ein wohltuendes Gemeinschaftsgefühl erweckt — hier gedenke ich der abendlichen Klänge der Handharmonika auf dem Verdeck eines großen Seglers — sondern auch das Bewußtsein der Eintönigkeit der körperlichen Tätigkeit aufgehoben, ich könnte sagen: eingeschläfert. Es gibt kein besseres Mittel, sich über die Monotonie großer Märsche hinwegzutäuschen und der in ihrem Gefolge stehenden Ermüdung zu wehren, als Musik. Ohne sie wären die Marschleistungen unseres Heeres in Kriegs- und Friedenszeiten unausführbar gewesen. — Wo dagegen die Musik nur die Stimmungsfarbe für die gleichzeitigen Geschehnisse gibt — bei Krieg, Bestattung — dient sie immer dem Zweck der Exaltation. Wie der Ton der Trommel nur als Ruf eines in ihr befindlichen Geistes verstanden wird, so auch die aus der Masse auf den Einzelnen durch die Musik übertragene Erregung. Der Gesang dient auch zum Verständigungsmittel, z. B. auf See, wo zwei aneinander vorüberfahrende Schiffe sich durch Anruf, der gewisse Intervallen und Tonfolgen kennt, in ganz bestimmten engen Grenzen auseinandersetzen können, und im Hochgebirge, wo man angesichts der großen und schwer überbrückbaren Entfernungen der einzelnen Almen von einander sich einer Art von Sprechgesang im Wechselverkehr bedient, der teilweise formelhaft geworden ist. So entstand der Dialog im Lied des Hochgebirges. Die Zwiesprache wird zur Kunst, sobald sie zwecklos wird und tritt dann auch sofort in die magische Sphäre ein. Nur weil sie magisch ist, kann die Kunst erfreuen. Wer sie ausübt, fühlt seine Kraft in einer gewissen Richtung gesteigert, ohne die Kraftquelle verstehen zu können. Namentlich in Gefahr und Not wird deshalb der Gesang ausgeübt. Der einzelne Eskimo, der Indonesier singt und ruft dabei die Götter oder Ahnen an, wenn sein kleines Boot in Seenot ist. Beim Untergang der „Titanic", des angeblich größten Schiffes der Erde, stimmten die Verlorenen ein gemeinschaftliches Lied an. In Kriegsnot, beim Angriff wird gesungen. Bei Hunger- und anderen Epidemien „riefen" die Heimgesuchten „zu Gott". Je mehr die Einzelschicksale zu bloßen Teilen eines gemeinschaftlichen Loses werden, um so wahrscheinlicher ist auch der äußere Zusammenschluß in der Kunstausübung. Bedeutsam ist, daß zu solchen Zeiten die Texte dieser Lieder dem Jäger ebensowenig zum Bewußtsein kommen als dem in die Falle geratenen Tier sein Schrei. Aber unstreitig ist es: beide würden erst dann wahrhaft leiden, wenn ihnen ihr Ruf unmöglich gemacht würde. — Ein traditionelles Element liegt in der Gewißheit der metaphysischen Hilfe, die viele Lieder und Gebete aussprechen. Hier wird in der Zeit der Not die Rettung als durch höhere Macht bereits erfolgend suggeriert. Das Geschehnis der Erlösung findet in dem Liedinhalt einen magisch wirkenden Parallelvorgang.

Zu den kultischen Handlungen, in deren Gefolge eine große Zahl rein magischer Vorstellungen steht, gehört der Tanz. Er bildet mit dem Wort und der Melodie meist eine Einheit. Es gibt keinen Tanz ohne Musik. Häufig, nicht immer, hat er religiösen Charakter. Wie man bei uns tanzt, wenn man fröhlich ist und fröhlich ist, wenn man gut zu essen und zu trinken hat, so auch bei den „Wilden". Es wird aber von dem Einzelnen nicht und selbst von der Gruppe nicht nach Belieben, sondern regelmäßig von vielen und zwar bei Gelegenheit großer Feste getanzt; dies geschieht namentlich dann, wenn die ganze Gemeinschaft Anlaß zur Freude hat. Die Australier tanzen z. B. bei der Reife einer Frucht, dem Beginn der Austernfischerei, der Jünglingsweihe, der Begegnung mit einem befreundeten Stamme, dem Auszug zu einem Gefechte, einer glücklichen Jagd. Die Mincopie haben die gleichen Anlässe, ferner nehmen sie die Genesung von einer Krankheit, das Ende einer Trauerperiode in dieser Weise wahr (sie freuen sich, von einem einengenden Tabu erlöst zu sein). Wir sehen schon hieraus, daß dem Tanz als sozialisierenden Faktor eine wichtige biologische Funktion zukommt, die der ausübenden Handlung übergeordnet ist: selbstverständlich weiß kein „Wilder", „weshalb" er tanzt. Auf Fragen dieser Art würde er wahrscheinlich überhaupt keine Antwort geben können. Der Tanz kann deshalb nur magisch gedeutet werden. Dies ist auch dann der Fall, wenn er zur sexuellen Aufreizung dient oder zum Kriege anstachelt. Bei einem Buschmännertanz, den Burchell vor mehr als 100 Jahren sah, tanzte in einer engen Hütte nur ein Mann. Die anderen begleiteten mit Gesang und Trommelschlag; alle sangen und hielten den Takt, indem sie sanft mit den Händen klatschten. Die Worte, deren sie sich bedienten und die an sich Nichts bedeuten, waren Ae-o, Ae-o und wurden unaufhörlich wiederholt. Bei dem Tone O wurden die Hände zusammengeschlagen und der Tänzer sprach die Silben Wa-wa-kuh aus. Sicherlich handelt es sich hier um Zaubersilben, die natürlich zugleich den Rhythmus tragen sollten. — Vielfach gewinnt der Tanz dadurch, daß er in Tiermasken erfolgt oder in Haltung und Gebärde das Tier nachahmt, einen für den Europäer höchst ergötzlichen Anstrich. Der eben genannte Gewährsmann berichtet: „Die Buschmänner tanzen nur, wenn sie gegessen haben und voll sind, und zwar in der Mitte des Krals bei Mondschein. Die Bewegungen bestehen aus unregelmäßigen Sprüngen: es ist, um einen Vergleich (?) der Eingeborenen zu gebrauchen, als ob eine Herde von Kälbern hüpfte. Sie springen, bis sie sämtlich müde und schweißbedeckt sind." Man darf daraus schließen, daß die Bewegungen der Kälber tatsächlich und zwar bis zur äußersten Erschöpfung nachgeahmt wurden. — Auch die Tänze mancher Eskimostämme stellen zahllose burleske Nachahmungen von Vögeln und Tieren dar. Bei den Australiern gibt es Emu-, Dingo-, Frosch-, Schmetterlings-Tänze. Den Känguru-Tanz am Viktoria-See sah Eyre „so wunderbar ausgeführt, daß er in jedem europäischen Theater donnernden Applaus hervorgerufen haben würde". Es wäre einseitig, wenn wir solche Tiertänze mit dem Schlagworte „magisch" abtun würden. Sie sind teilweise rein ästhetischer Natur, der Freude an der Nachahmung, die beim Primitiven sehr groß ist, entsprungen. Aber in sehr vielen Fällen liegt der zauberische Zweck sicherlich zugrunde. Wenn Priester sich wie Frösche gebärden — das altindische Ritual kennt ein hierher gehöriges Lied — so wollen sie damit den Regen heraufbeschwören. Die übrigen nachgeahmten Tiere sind entweder Jagd- oder Haustiere. — Der Nahrungssuche dient also der Tanz, und zwar, wie wir sahen, durch das Mittel der äußersten, das Gefühl für die Wirklichkeit ausschaltenden Kräfteanstrengung. „So erzählt z. B. Catlin von den Mandan-Indianern des oberen Missouri, daß, als junge Männer des Stammes vergeblich das Land nach einer Büffelherde abgesucht und, zum Lager zurückgekehrt, die traurige Nachricht gemeldet hatten, der Häuptling beschloß, einen großen Büffeltanz zu veranstalten, der so lange fortgesetzt werden sollte, bis die Tiere erschienen. Unter Umständen konnte so ein Tanz ohne Unterbrechung drei Wochen lang Tag und Nacht dauern. Waren die einen Tänzer ermüdet, so wurden sie durch andere abgelöst. Die Tänzer, die von allen Seiten zusammengeholt wurden, waren in Büffelfelle mit Büffelschädeln und -Hörnern verkleidet und trugen Pfeil, Bogen und Speer. Die Trommeln wurden geschlagen, die Rasseln geschüttelt, der Tanz war von beständigem Singen begleitet. Dabei wurden die Bewegungen der Büffel nachgeahmt. So hoffte man, den großen Geist, der den Lauf der Herden lenkt, in einem den Jägern günstigen Sinne zu beeinflussen. Wachen in Büffelkleidung waren ausgestellt, um das Herannahen der ersehnten Herden zu melden. Ermüdete einer der Tänzer, hielt er inne und beugte sich unter der Last seiner Ausrüstung, so spannte wohl einer der Zuschauer seinen Bogen und tat so, als ob er auf den ermüdeten Tänzer schösse, der dann zu Boden fiel und den Todeskampf eines Büffels nachahmte. Darauf stürzten sich andere mit Messern auf ihn und mimten die Bewegungen des Abhäutens eines Büffels nach; schließlich trugen sie ihn fort." (vgl. oben). Vielfach haben Tänze, rhythmische oder periodische Bewegungen (Umzüge) in Tiermasken, den Zweck, entweder den Dämon, der etwa gerade die Tanzenden oder deren Umgebung bedroht, abzuschrecken oder gegen ihn ein anderes Wesen auszuspielen, das gegen die Krankheit immun ist. Der Esel soll z. B. nach dem

Glauben der vorislamischen Beduinen gegen das Fieber unzugänglich sein. Man schreit deshalb wie ein Esel und kriecht auf allen Vieren, um sich vor dem Fieber zu schützen. Hier handelt es sich zwar noch nicht um einen eigentlichen Tanz, aber um die Keimzelle dazu. Er entstand sofort, sobald die Fiebergefahr zur gemeinschaftlichen Abwehr rief. Maskentänze zum Zweck der Dämonenabwehr sind sehr weit verbreitet und, z. B. auf Ceylon, derartig ausgebildet gewesen, daß jede der Hauptgefahren durch eine spezielle Maske dargestellt war. Eine andere Gruppe von Mummenschanzen wird von niedrig stehenden Völkern in der Maske und unter Nachahmung derjenigen Tiere vollzogen, zu denen der tanzende Stamm sich in einem speziellen Abhängigkeitsverhältnis fühlt. Es handelt sich hier um die sog. Totem-Tiere, die mithin verehrt werden sollten. Das Hineinleben des Menschen in die von ihm gewählte oder traditionelle Maske fehlt selbst dem germanischen Volkstum nicht. Die Burschen, die dem Schimmelreiter nachahmen, werden mit ihm so sehr eins, daß die Maske plötzlich Leben gewinnt und wiehert.

Der unmaskierte Tanz kann gleichwohl einen stark mimischen Eindruck machen und sich an die Dämonenwelt wenden. Die Kulte von Geheimgesellschaften haben fast regelmäßig diesen Zweck und sind bisweilen, wie jene Esel-Nachahmung, „medizinischer" Art. Bori heißt ein bei den Hausa üblicher, bis zur Ekstase geteigerter Tanz, der von einer bestimmten Gesellschaft kultiviert wird und ehemals vielleicht mit der Behandlung von Geisteskranken oder doch von Psychopathen zusammenhing. Insbesondere wurde er auch auf Kinder, namentlich Mädchen, angewendet, die entweder sich nicht entwickelten oder krankhafte oder verbrecherische Tendenzen zeigten. Früher scheint es ein Besessenheitstanz gewesen zu sein, bei dem Schreie wie von verschiedenen Tieren ausgestoßen wurden und wobei von den betreffenden Personen zum Schluß die Zukunft gewahrsagt wurde. Auch hier, wie bei den wilden Exaltationen der nordsibirischen Stämme, diente die bis zur völligen Bewußtlosigkeit fortgesetzte Bewegung mithin mantischen Zwecken. Der Tänzer ist, wie wir alsbald sehen werden, ins Geisterreich eingetreten. Die indianischen Tänze veranschaulichen diese Idee oft besonders deutlich, auch durch die Wortbezeichnung. Bei den Winnebago-Indianern von Wisconsin lautet eines der Worte, die gewöhnlich gebraucht werden, wenn man von Geistern spricht: „Xop". „Dieses Wort scheint im Sinne von „Entsetzen" oder „Selbstvergessenheit" zu verstehen zu sein und wird bei den Zeremonien angewendet, bei denen die handelnden Personen den Tanz zu einem Gipfelpunkt der Erregung steigern." Danach gehört dieses Wort xop in die Sphäre des Enthusiasmus, die durch das Mittel des Tanzes den Menschen zum Gefäß der Gottheit macht. Um eben diesen Zustand der Visionen und Halluzinationen zu erreichen, wurden häufig noch Rauschgifte angewendet. Die berauschten Tänzer nahmen in der Vision, wie durch die zu erwähnenden mimischen Darbietungen in der künstlerischen Wirklichkeit, den gewünschten Erfolg voraus: Wenn bei den Krähen-Indianern ein Mitglied durch einen anderen Stamm eines seiner Verwandten beraubt war, so tanzte der Geschädigte den Sonnentanz so lange, bis er das blutende Bild eines Feindes sah, das ihm die gewünschte Rache versprach. Es liegt immer, besonders aber in unruhigen Zeiten, die Gefahr vor, daß eine solche Tanzwut übergreift. Die Tanz-Epidemie, von der Saul mitfortgerissen wurde, erinnert an die gleiche hysterische Erscheinung der französischen Revolution und leider auch an durchaus gewohnheitsmäßig gewesene Exzesse der Umwälzung vom Jahre 1918, ferner an die Mpepo-Krankheit des ehemaligen Deutsch-Ostafrika, der vorzugsweise Frauen unterlagen. Dort fielen ihr, wie es scheint, Kranke, die zu verschiedenen Stämmen gehörten, zum Opfer. Aus ihnen heraus sprach „der Geist" mit Personen ihrer Umgebung [wie ehemals (nach der Septuaginta-Version) in der Erzählung von der Hexe von Endor aus dem „Beseelten"]. Endlich fielen die Heimgesuchten, nachdem sie, von rasender Tanzwut beseelt, sich in steigendem Orgiasmus gedreht hatten, zu Boden. Für den hysterischen Charakter dieser Erscheinungen, die auf Abergläubische einen starken Eindruck machen, spricht auch hier deren effektiv gewordene Übertragbarkeit und die Analogie mit christlichen und außerchristlichen Geheimsekten, in denen „Priester" und andere „Auserwählte" sich mit dem in den tobenden Kranken weilenden „unreinen Geist" zu unterhalten und ihn endlich auszutreiben suchen. Die Bannung der Mpepo-Krankheit erfolgte übrigens wiederum auf dem Wege des Tanzens.

Wir gingen davon aus, daß der Tanz dem Nahrungserwerb dient. In ältester Zeit scheint er diesen Zweck großenteils durch die Anlehnung an die Dämonenwelt erreicht zu haben, die ja als Spenderin der Nahrung galt. Dieser Ideenverbindung ist er nie ganz untreu geworden. Namentlich tragen die alten Erntetänze wesentlich chthonische Züge. Die mimischen Darstellungen der alten Kulturvölker feierten den Tod von Sonderwesen menschlicher oder tierischer Art im Herbst, und deren Auferstehung im Frühling jedes Jahres in höchst zeremonieller Weise, derartig, daß jede Kultgemeinschaft ein oft mysteriös verschleiertes Gebilde dieser Art verehrte, dessen Tod man durch exaltierte Klagen und dessen Auferstehung durch stille oder laute Orgien beging. Diese beklagten oder bejubelten Bilder bekamen dadurch Symbol-Charakter: die Vegetationsperiode des Jahres wurde mit ihnen geboren oder zu Grabe getragen. Man hat sie oder die gleichartigen Gottheiten, denen sie geopfert wurden, als „Vegetationsgottheiten" bezeichnet. Die in England so beliebte „Maikönigin" ist das Abbild einer solchen Gottheit. Auch sie muß tanzen. Bei deutschen Maifeiern wird sogar dasjenige Mädchen zur „Maikönigin", das am besten (und längsten) getanzt hat. Der Zweck ist erklärtermaßen der, dem Getreide zum Wachsen zu verhelfen. In Ostpreußen war der Fastnacht-Bügeltanz zum Gedeihen des Flachses unerläßlich. Die Tänzerin rief, ekstatisch mit den Armen fuchtelnd: „Flachs, wachs". Sie gebärdete sich wie eine Prophetin und sah die Bearbeitung der Flachsfelder und ihr Wachsen vorüberziehen, — Aber damit nicht genug. Die Aussaat- und Erntefeste der Primitiven sind von einer den fremden Beobachter immer wieder in Erstaunen setzenden Obszönität. Dieselbe zeigte sich auch beim Tanze, der selbst in Deutschland bis auf allerneueste Zeit zuweilen die Paare nächtlich auf dem Ackerfelde vereinigte. Darin liegt eine Analogiehandlung. Den gleichen Charakter tragen auch die Tanzfeste der Weinlese, der Gewinnung einiger besonders wichtiger (namentlich auch für die Zubereitung von Rauschtränken geeigneter) Pflanzen, der Getreide-Ernte, der Austreibung des Viehs und der Begattung der weiblichen Haustiere. Als Beispiel für einen solchen Fruchtbarkeitszauber nennen wir den vielerwähnten Kaaro der Watschandi. Das Fest beginnt mit dem ersten Neumond, nachdem die Yams reif geworden sind und wird von seiten der Männer mit einem Freß- und Saufgelage eröffnet. Alsdann führen sie im Mondschein einen Tanz um die Grube auf, welche mit Gebüsch umgeben ist. Grube und Gebüsch repräsentieren das weibliche Geschlechtsorgan, dem sie auch im übrigen ähnlich gemacht sind, während die von den Männern geschwungenen Speere die männlichen Glieder vorstellen. Die Männer springen nun mit höchst wilden und leidenschaftlichen Gebärden, welche ihre geschlechtliche Aufregung verraten, umher und stoßen dabei ihre Speere in die Grube." Die Richtigkeit der Deutung dieser Zeremonie muß ich natürlich dem Berichterstatter überlassen. Aber, vorausgesetzt, daß sie vorhanden ist, beweist der Brauch keine unbedingte mimische Analogie. Ich bin nicht weltfremd genug, um nicht zu wissen, daß bei der Masse der „Wilden" wie der Zahmen zum Freß- und Saufgelage auch der Geschlechtsverkehr gehört und kann nicht glauben, daß jene Australier ihre Leidenschaft durch das Lanzenwerfen auf ein bloßes Sinnbild abgekühlt haben können.

Neben dem Nahrungs- und Geschlechtstrieb steht, bei jedem gesunden und gesitteten Mann gleich stark und unerschütterlich, der der Selbsterhaltung da. Vor, während und nach dem Kriege wird getanzt, ja, der Krieg selbst wird von uns als „Tanz" bezeichnet. Wenn (bei Fontane) Seidlitz „auf dem Falben" „an die Front heran" sprengt, „dann weiß es groß und klein... das wird ein Tanzen sein". Die Analogie des Kriegs mit dem Tanz besteht in der äußersten, emotional kundgegebenen Vitalität des kämpfenden und des tanzenden Individuums. Frauen tanzen vor der Schlachtreihe, um Männer zum Kampf, und vor einzelnen erregten Menschen oder Gruppen, um sie zur Schlägerei anzufeuern. Die Krieger tanzen vor der Schlacht, um sich Mut zu machen. Bisweilen wird das ganze Bild einer Schlacht, der Angriff und die Verfolgung des fliehenden Feindes, mimisch dargestellt. Der Sieger tanzt und singt vor den Seinigen (s. o.). Einen Kriegstanz, den er in Neu-Süd-Wales sah, schildert Mundy so: Die Tänzer führten zunächst eine Reihe komplizierter und wilder Bewegungen aus, bei denen die Keulen, Speere, Bumerangs und Schilde geschwungen wurden. „Plötzlich teilte sich die Masse in zwei Gruppen, und mit betäubendem Gekreische und leidenschaftlichem Geschrei stürzten sie zum Handgemenge aufeinander. Die eine Partei wurde rasch aus dem Felde geschlagen und in das Dunkel verfolgt, aus dem man Geheul, Stöhnen und Keulenschläge vernahm, welche die Illusion eines blutigen Gemetzels vollständig machten. Plötzlich tauchte die ganze Truppe wieder dicht beim Feuer auf, und nachdem sie sich in zwei Reihen geordnet, wechselte der Takt der Musik; die Tänzer bewegten sich in langsamerem Rhythmus, indem sie jeden Schritt mit einem Aufstampfen und einem grunzenden Laute begleiteten. Allmählich wurden die Paukenschläge und die Tanzbewegungen wieder geschwinder, bis sie endlich so blitzschnell wurden, wie sie ein menschlicher Körper überhaupt ausführen kann. Zuweilen sprangen sie alle bis zu einer erstaunlichen Höhe in die Luft; wenn sie den Boden wieder berührten, so zitterten die Wadenmuskeln an den weitgespreizten Beinen so sonderbar, daß die weißen Tonstreifen wie ringelnde Schlangen erschienen, während ein lautes Zischen die Luft erfüllte.“ Es läßt diese Schilderung besonders gut erkennen, daß ein derartiger Tanz geschaffen ward, um Kampfeswillen zu produzieren. Man sieht ihn aus den wilden Gebärden der Krieger förmlich herauswachsen. Die indischen Gottheiten werden tanzend zu Schöpfern. Auch die bösen weiblichen Göttinnen und Dämonen tanzen und setzen dadurch ihre Lebensenergie aus sich heraus. Der umtanzte Gegenstand steht danach, auch räumlich, im „Mittelpunkt“ der heiligen Handlung, des kultischen Reigens. Die weitest verbreitete kultische Handlung ist die meist dreimalige oder siebenmalige Umkreisung eines Heiligtums, mag es ein getötetes Tier, eine heilige Stätte oder ein Idol sein. Die niedrigststehenden Primitiven tragen rohe Holzidole in den geweihten Kreis und umtanzen sie alsdann. Aus kultischen Tänzen mit Tiermasken ist die griechische Tragödie und vielleicht das Schauspiel Indiens hervorgegangen. Jedenfalls bedeutet das Wort für „Schauspiel“ zugleich „Tanzreigen“. Die Schauspieler sind „Tänzer“.

Die furchtbare Wildheit des primitiven Tanzes, die ihm z. B. bei den Buschmännern den Namen „Bluttanz“ verliehen hat, ist sein eigentlichstes Symptom. Der Tänzer darf nicht ermüden; er fällt um, wenn ihm das Blut aus Mund und Nase läuft. Dann ist sein Geist in eine andere Welt, bei den buddhistisch beeinflußten Nordstämmen Sibiriens in den siebenten Himmel, gegangen, oder er verkehrt mit den Ahnen, den Toten. Tänze sind deshalb bei Totenkult-Handlungen sehr gewöhnlich. Gerade hier vermeidet es der Einzelne, sich dem Tode oder Toten gegenüber individuell einzustellen. Der ganze Stamm ist es, der weint, schreit, klagt, die Leiche trägt, beim Totenkult ißt, trinkt und tanzt. Der Tanz gehört in diese Gruppe von Begehungen schon deshalb unbedingt hinein, weil er die Idealform des komplexen Handelns ist, das übrigens vielfach selbst da gefordert wird, wo der Schauplatz kein Einheitlicher ist; d. h. der „heilige“ Ort, die „heilige“ Gelegenheit, nehmen auch diejenigen in Anspruch, die nur ideell, nicht wirklich, mit beiden verbunden sind. Wir Modernen würden darin, daß etwa eine junge Frau Tanzvergnügungen mitmacht, während sie ihren Gatten an der Front und im schweren Gefecht weiß, eine „unpassende“ Handlung sehen. Der Primitive geht weiter. Er erklärt den komplexen Charakter des Handelns von Mann und Weib als ein Erfordernis für das Gelingen des Vorhabens des Ersteren. „Würde die harmonisch wirkende Verhaltungsart verletzt, so stellten sich Folgen ein, die ihrerseits sich aus dem Symbolcharakter der betreffenden Übertretungen ergeben“. So wenig als der Jäger, der Soldat oder der Seemann die Mächte nennen darf, unter deren Obergewalt er während der Ausübung seines Berufs steht, darf, dieser Harmonie zufolge, auch sein eigner Name in solchen Zeiten genannt werden. Der Jäger, dessen Verwandte diese oder entsprechende Verhaltungsmaßregeln vernachlässigen, eines der zahlreichen, auch über ihnen liegenden Tabus brechen, fängt nichts. Die Frau, deren Gatte sich weigert, durch das Männerkindbett seine Sympathie zu bezeugen, kann nicht leicht gebären. Der nicht von allen Stammesmitgliedern beklagte Häuptling vermag nicht wieder aufzuerstehen. Die geringste Störung der Harmonie in der

Vollziehung der Begräbnisriten verhindert den Erfolg, auch bei dem nordischen Balder, der bekanntlich deshalb, weil ein altes Weib ihn nicht beweint, im Hause des Todes bleiben muß. Es ist, um die hier vorliegende abergläubische Idee richtig zu werten, wichtig, sich klar zu machen, daß es sich nicht etwa um eine allgemeine (christliche) Auferstehungshoffnung handelt. Es handelt sich überhaupt um keine Hoffnung, sondern um die in den Grundelementen des Denkens weitester Völkergruppen verankerte Gewißheit, daß ein Fürst — nicht „ein Mensch" — wenn er im Tode alles besitzt, was er im Leben brauchen zu müssen glaubte, sein bisheriges Leben ungesehen weiterführen kann. Dazu müssen ihm die gehorsamen Untertanen verhelfen. Das haben sie nun in Wirklichkeit getan, und zwar von Skythien, vom östlichen Rußland über die Ostseegegenden hinweg bis tief nach Skandinavien hinein. Die Gräberfunde lehren dies mit immer mehr zunehmender Deutlichkeit. Die Wiederauferstehung des Balder ist also eine von Asien aus nach Island zugleich mit dem Gräberkultus gedrungene mythische Idee. — Freilich kennen slavischer, deutscher und primitiver Volksglaube bei dem „gemeinen Mann" etwas der Auferstehung Ähnliches. Wir gingen davon aus, daß der Vortänzer bewußtlos zusammenstürzen kann; er muß dann auferweckt werden. Dies geschieht sicherlich überall durch Umringen seines Körpers und Lärm. Szenen, in denen ein Kind den Toten darstellt, das von den Anderen umtanzt, umsungen, vielleicht auch leicht geschlagen und dadurch auferweckt wird, sind mir aus der eignen Kinderzeit nicht ungeläufig. Slavische Tänze von erweisbarem höheren Alter und gleicher Art sind vorhanden. Man legt aber zuviel in sie hinein, wenn man etwa von einer „tröstlichen Auferstehungsidee", die darin verkörpert wäre, reden würde. Auch der Ohnmächtige, der vor Ermüdung Umgefallene, ist „tot" und es liegt nichts näher, als ihn zu erwecken. Alle Spiele, die das Verschwinden (Sichverstecken) eines Volksgenossen (Angehörigen) und seine endliche Wiederauffindung darstellen, grenzen an die im Kinderspiel allerdings außerordentlich flach und folgearm gefaßte Todesszenerie an, ohne mehr zu sein als ein Spiel, ein Tanz. Zwar pflegt unsere Gelehrtenweisheit zu sagen: ehemals war das Alles „heiliger Ernst". Der Tote erstand in Wirklichkeit vor den Augen seiner erstaunten Zuschauer. Mit einer solchen Verallgemeinerung tut man aber der Gegenwart wie der Vergangenheit unrecht. Das, was wir von den Primitiven aus früherer und jetziger Zeit wissen, führt uns zu der Vorstellung, daß der innere Wahrheitsgehalt der mimischen und überhaupt der religiösen Darbietungen den Darstellenden nicht zum Bewußtsein kam und sich in jedem Falle mit profanstem, unsere Empfindung von Gott und Religion aufs tiefste verletzenden Verhalten ausgezeichnet vertrug. Auf der andern Seite ist es noch heute den Spielenden um ihr Spiel ungeheuer ernst, wie die Trefflichkeit der aufgewandten Mittel und der Erfolg beweist. Denn allen diesen Spielen liegt ein „Symbol"charakter zu Grunde, der ja auch allein ihren Lustwert ausmacht. Sie sind ästhetischer Natur; ihre Wahrheit ist die der Kunst, die aus Wunsch, Hoffnung und Tradition ihre Gebilde aufbaut. Man kann deshalb nicht sagen, daß derartige Auferstehungsspiele einen „Glauben" an das Wiederaufleben im Jenseits voraussetzten und förderten. Sie sind auch da vorhanden, wo von „Tod und

Auferstehung" doch nur gesprochen werden kann, wenn zufällig dort anwesende Missionare dies bereits getan haben. Parker schildert eine derartige Zeremonie von den Eingeborenen am Loddon. „Die Tänzer hielten Zweige in den Händen, mit denen sie sich gleichmäßig über die Schultern wedelten, und nachdem sie eine Zeit lang in Reihen und Halbkreisen getanzt hatten, sammelten sie sich allmählich zu einer dichten kreisförmigen Gruppe. Alsdann ließen sie sich langsam auf den Boden sinken, und indem sie die Köpfe unter den Zweigen verbargen, stellten sie das Nahen des Todes, und in der vollkommen reglosen Haltung, in der sie einige Zeit verharrten, den Zustand des Todes dar. Dann gab ihnen der Alte, indem er plötzlich einen neuen lebhaften Tanz begann und seine Zweige wild über die ruhende Gruppe schwenkte, das Zeichen: — Alle sprangen mit einem Male auf und fielen in den Freudentanz ein. Dies sollte das Aufleben der Seele nach dem Tode bedeuten." Es bedarf der Feststellung, ob, bezw. von wem und in welcher Form die Erklärung des letzten Satzes gegeben ist. Wir sahen und betonten, daß der Tod nicht als ein endgültiger Zustand angesehen wurde. Andererseits war diese Auferweckung auch keine „natürliche" — dann wäre das Schauspiel sinnlos gewesen. Es hatte eben einen magischen Charakter. Die Aufweckung erfolgt im Schauspiel, gerade weil sie in der Wirklichkeit des realen Lebens als „wunderbar", nicht als unmöglich gilt. — Die Vereinigung von Totenkult, Musik und Tanz finden sich, wie abschließend bemerkt sei, in den erwähnten Sagen von Orpheus und dem deutschen Totenspieler, nach dessen Pfeife alles tanzen muß. Die unwiderstehlichste Macht, die des Todes, ist im Bilde des Spielmanns, der sogar die Steine in die Gewalt seiner Rhythmen zwingt, verkörpert.

Wir haben die Musik, den Tanz, das Wort als Mittel genannt, abergläubische Handlungen zu erzeugen oder zu steigern. Welcher Art aber waren und sind diese Handlungen? Sie müssen sich an religiöse Ideen angeschlossen und ihnen gewisse Ausdrucksmittel gegeben haben. Diese Ideen entsprechen drei Etappen der Religionsentwicklung, wobei ich wiederholen muß, daß im religiösen Leben das Neue nicht das Alte verdrängt, sondern sich ihm zugesellt. Ich rede von der Verehrung des Schicksals, der Ahnen, der Götter.

Das Schicksal zu ermitteln, ist der Wunsch jedes Menschen, der die Zukunft als präformiert ansieht, statt sie seinem eignen Denken und Handeln zu unterwerfen. Der Glaube, daß sie „unabänderlich", d. h. von Menschen nicht beeinflußbar ist, kreuzt sich mit der Hoffnung, ihr durch rechtzeitige Kenntnis zu entgehen. Fatalistische Gedankenketten verdrängen bisweilen jedes wirklich religiöse Element. Bei manchen niedrig stehenden Völkern ist die Orakelkunst sehr verbreitet und zu einem komplizierten System verdichtet worden. Die Thonga Südafrikas bilden in dieser Kunst besondere Wahrsager aus. Die einfachste von ihnen geübte Art, die lediglich als Antwort „ja" oder „nein" ergeben kann, ist die, zwei Grashalme von verschiedener Länge zu ziehen. Auch unsere Kinder tun das. Außerdem aber gibt es dort ein Knöchel-Orakel. Die Beinstückchen liegen im Korb des Wahrsagers und geben eine Übersicht über das Los aller Leute, ihr Leben, ihre Einrichtungen und die soziale Verfassung. — Zum Staatsorakel wird die Schicksalsbefragung, wenn man einen Schaden (Krieg) von der Gesamtheit abwenden oder entsühnen will. So wird das Losorakel zum Gottesgericht. Auch hierbei haben sich die beobachteten Formen unermeßliche Zeiten lang kaum geändert. Was von den Neu-Caledoniern berichtet wird, könnte noch heute bei den Ostpreußen oder Pommern Sitte sein. Dort verschafft sich der Beschwörer Sprossen von drei Arten von Pflanzen, reibt sie zwischen seinen Händen, um dann mit diesen einen Stengel zu reiben, den er an ein Stück Holz knüpft. Hierauf zieht er den Knoten mit kurzen Stößen an, um damit ein Orakel etwa nach einem Diebe anzustellen. Verschiedene Namen werden genannt. Bei wessen Namen der Knoten reißt — der ist der Dieb! Das Gottesurteil gilt in der gesamten Rechtspflege als wichtigstes Beweismittel z. B. bei Untreue und Zauberei. Ein Verfahren der alten Araber nenne ich deshalb, weil es an die deutsche (im zweiten Bande dieses Werkes zu erwähnende) Sitte der Wahrsagung aus dem Erbschlüssel oder Erbsieb auffällig erinnert. Wenn die vorislamischen Beduinen einen Diebstahl aufklären wollten, so mußte ein Beschwörer die Leute, unter denen er den Dieb vermutete, sich in den Kreis aufstellen lassen. Sodann nahm er den Krug zwischen die beiden Zeigefinger, blies, sprach eine Formel und ging mit dem Kruge an den Leuten der Reihe nach vorbei. Wenn er beim Dieb angekommen war, so begann der Krug angeblich sich von selbst zu drehen. — Dem Wasserkruge kommt in der Wüste und in Gegenden, deren Bewohner das Los des Verdurstenden aus eigenem Augenschein kennen, eine gewisse Heiligkeit zu. Heilig sind auch andere mantische Beweismittel, so z. B. bei den Samoanern die Kokosnuß, bei vielen Negerstämmen einzelne Tierknochen. Der aus diesen Objekten und deren Verhalten gewonnene Rechtsbrauch hat, was den Modus seiner Verwirklichung (Auswirkung) anlangt, einen mechanischen Charakter. Der Mensch vollzieht nicht im Namen der Gesellschaftsordnung die Strafe sondern läßt zunächst dem rächenden Naturgeschehen den freien Lauf, wie beim Giftordal; oder er „hilft" dem Schicksal allenfalls „nach". Die Hand, die sich an Vater und Mutter vergreift, fault ab oder sie wird abgehauen. Die Blutrache wird rein evolutionistisch ablaufend vorgestellt. Sie „wälzt sich" von Geschlecht zu Geschlecht und ist eben deshalb so furchtbar und unaufhaltsam. Wer verbotene Mysterien erschaut (etwa ein Weib oder ein Kind, das in Australien ein Ahnenholz sieht), erblindet. Die vom Stammeshäuptling vollzogene Blendung ist deshalb der Vollzug eines Schicksalsspruchs, eine reine „Naturnotwendigkeit."

Die eben erwähnte „Heiligkeit" einzelner Objekte begründet eine Ideenwelt, die sich zum Ahnenkultus ausgestaltet. Die sog. Churingas der Naturvölker Australiens und Tasmaniens einerseits, die steinzeitlichen Malkiesel andererseits tragen symbolische Zeichnungen und stilistische Figuren. Menschen, Tiere und Pflanzen werden darin dargestellt. Der Steinzeit bereits scheint danach der Glaube eigen gewesen zu sein, daß diese Teile des Naturganzen als schöpferische oder schützende Ahnen gegolten haben. In der primitiven Welt findet sich der Ahnenkult d. h. die Anrufung und Speisung (Tränkung) der Vorfahren, auch bei Stämmen, die einen eigentlichen Gottesbegriff nicht kennen. Überall da, wo der „Naturmensch" aus der flachsten

Alltäglichkeit seines Daseins heraustritt, ja selbst, wenn er nur Schutz oder in entbehrungsreicher Zeit Nahrung verlangt, Gesundung des Leibes oder Abwehr von nahe bevorstehenden Gefahren wünscht, ruft er die Ahnen an. Sie sollen an seinem Mahle teilnehmen und ihm dann ihrerseits beim Fischfang, der Jagd, dem Ackerbau mithelfen. In weitester Verbreitung gilt deshalb das Gelingen der Feldbestellung als ein Beweis der Mitarbeiterschaft der Ahnen. Dem Jäger spenden sie Rentiere, dem Fischer (Eskimo) Robben. Der Grund für diese Vorstellung ist leicht einzusehen: der greise Jäger besitzt eine hervorragend große, über das menschliche Maß hinaus durch seine Geistergemeinschaft gesteigert gedachte Erfahrung, die er dem Nachkommen zugute kommen läßt. Ein psychologisches Moment darf zudem nicht vergessen werder: der „Primitive" bleibt im Grunde seines Herzens ein Kind. Der im wilden Forst verirrte und bedrohte Jäger, die daheim in der Waldeseinsamkeit hungernde Frau — sie alle rufen nach den Eltern oder Großeltern, die immer den letzten Bissen für sie übrig hatten. Im Traum zeigt der Ahn dem Fischer der Kurischen Nehrung die richtige Fangstelle; er hilft ihm beim Ziehen der Schleppnetze — der schwersten Arbeit, die in jenen Gegenden geleistet werden muß — und flickt die Flundernetze, wenn ein Seehund sich in ihnen festgesetzt und sie dadurch zerrissen hat. Selbst nachdem der Ahn die Haifischgestalt angenommen hat, schont er seine Nachkommen. Man ruft ihn selbst dann bisweilen an, wenn er noch am Leben ist. Die Verehrung der „Alten", die zu dem oft sehr streng ausgebildeten System der „Altenherrschaft" führt, ist die Grundlage des Ahnenkultus. Die kosmischen Kausalzusammenhänge werden durch ihn ebenso gut als die des Alltagslebens erklärt. Wie der gütige Ahn im Traum oder in der Vision dem Enkel den rechten Weg zeigt, ihn zu der sehnlichst gewünschten Wasserstelle führt, wie er (bei den Schilluk vom weißen Nil) die Elephanten von den Durrah-Feldern fernhält, so schaut er als Stern vom Himmel herab. Man muß ihm dann in Rede und Gebärde Ehrfurcht bezeigen, die sich z. B. auf den Andamanen in der Anrede „Herr Mond!", „Frau Sonne!" kundgibt. Die Ahnen verteidigen auch den Grund und Boden, auf dem einer ihrer Nachkommen Fuß gefaßt hat. Bei den Ewe-Stämmen in West-Afrika stellt sich der Mann, dem ein Stück Land bestritten wird, der es jedoch für sich in Anspruch nimmt, vor einen Erdhügel und ruft die Namen seiner Vorfahren vor den Häuptlingen und anderen Zeugen aus. Diese sind also auch hier noch die eigentlichen Herrn des Landes (s. u. S. 191).

Wir verstehen eine solche Auffassung nur dann, wenn wir den Glauben voraussetzen, daß mit dem Tode des männlichen Ahns dessen Seele nicht verloren sei, sondern vielmehr zur Neu-Einkörperung bereitstehe. Dadurch wird das Weib zum Träger der Seele eines werdenden männlichen Kindes. Dieser Auffassung werden wir in Indien begegnen, wo z. B. in einer sehr alten Genealogie der als Makrokosmos gedachte „Urmensch" aus seiner eignen Tochter virāj wiedergeboren wird. Doch schon bei manchen australischen Stämmen herrscht die Auffassung, das Kind komme vom Manne; das Weib bewahre es nur auf. Selbst die horrende Sitte, die eigne Großmutter zu heiraten, um ja „wiedergeboren" zu werden, ist nachweisbar. Auf den Andamanen wird ein

Kind, das nach dem Tode eines anderen von der gleichen Mutter geboren ist, so begrüßt, als ob es dasselbe sei und es wird auch mit dem gleichen Namen belegt wie das verstorbene. Stirbt dieses ebenfalls und wird ein drittes geboren, so behauptet man von ihm, daß es zum drittenmal geboren sei. Der Glaube an die Wiederverkörperung des Ahns im Enkel findet sich z. B. bei den Aschantis Westafrikas. Dort wird das Kind acht Tage, nachdem es einen Namen bekommen hat, zu seinem Großvater väterlicherseits gebracht. Dieser spuckt dem Kinde in den Mund, damit es seinen Geist, den es allerdings schon durch Benennung mit seinem Namen erhalten hat, nun auch materiell empfange. Bei den westafrikanischen Gâs ist die Sitte, den Enkel nach dem Großvater zu benennen, so streng durchgeführt, daß innerhalb einer Familie sich immer nur zwei Namen in regelmäßigem Wechsel wiederholen. Ebendort herrscht auch die Sitte des Begräbnisses im Hause: der Ahn fährt in den Neugeborenen leiblich vom Grabe aus ein. Bekanntlich herrscht noch gegenwärtig in jenen deutschen Kreisen, die auf Familientradition Wert legen, der gleiche Brauch der Wiederverleihung des Namens. Die Generationsreihe wird dadurch zu einer Kette oder einem Faden. Der Primitive sagt nach dem Fest der Namengebung bei einem Trinkgelage, wenn er die Geburt seines Enkels feiern will: „Der Faden des Spinngewebes verknüpft sich von selber. Der Name des Großvaters ist zurückgekehrt auf unseren Grund. Wir werden nicht aussterben". Hier finden wir einen der indoarischen Gewebsmagie zeitlich vorausgehenden Zauber mit dem Spinnfaden — einen Fall von ganz außergewöhnlichem Interesse.

Äußere kulturelle Formen (wie etwa Bodenansässigkeit), namentlich aber die Schätze innerer Kultur und Gesittung konnten die Generationsketten über eine meist typische Zahl von Gliedern ausdehnen. Man spricht dann von drei oder von sieben „Ahnen", von denen der Folgende immer vom Vorausgegangenen das etwa erlernte magische Material, die in der Familie traditionell werdende „Zauberkraft" übernimmt. Sie hat zunächst keinen eigentlichen Inhalt, ist eben Kraft als solche. Beim Krieger zeigte sie sich in der vom Vater mitgegebenen Leibesgröße und Muskelkraft, beim Priester in der (allerdings meist außerordentlich einseitig gerichteten) Intelligenz. Ungeheuerlich klingt es, wenn wir hören, daß nur die Adligen „Seelen", das heißt ein vererbbares psychisches Medium, haben sollen, und daß dem (indischen) Gelehrten die Weisheit angeboren ist oder durch eine bestimmte Adoptionszeremonie leiblich eingeflößt werden kann. Wer aber einmal die Fürsten der arabischen Stämme neben einander sitzend gesehen hat, diese prachtvollen überragenden Männergestalten, denen die Kunst der Pferde und der Waffen tatsächlich „angeboren" ist, und wer trotz emsigen, Jahrzehnte langen indologischen Studiums sich vor einem indischen Gelehrten zum wahren Anfänger erniedrigt gefühlt hat, kann den Wahrheitsgehalt einer so abergläubischen, unklaren Idee nicht ganz verkennen. Sie konnte, selbst in dieser gehobenen Form, nur dann sich behaupten, wenn die Ehen im engsten Kreise stattfanden. Darin liegt für mich ein neuer Beweis für das Alter der Innen-Ehe, zum mindesten in ältester indogermanischer Zeit. In Priesterkreisen erstrebte man offenbar zunächst die Erhaltung und Förderung einer bestimmten Nervenveranlagung, dann auch wohl eines Geheimwissens von Giften, das diese Veranlagung entwickelte; und zum dritten baute man auf diesem schlüpfrigen Grunde die Ausgestaltung und traditionelle Übermittlung von Zauberformeln und Zaubermanipulationen auf, deren mit der naivsten Rücksichtslosigkeit erklärte praktische Zwecke Geld und politische Macht waren. Diese dritte Stufe wurde erst von den alten Hierarchien vollständig erreicht. Die Erblichkeit der Priesterwürde hat stets große Gefahren für ein Volk und für die Menschheit schlechthin. Andererseits läßt es sich nicht leugnen, daß sie allein es ist, die einseitig durchdachte Gedankengänge mit bewunderungswürdigem Scharfsinn auszugestalten, zu überliefern, heilig zu sprechen weiß. Eine Familienreihe bedeutender Männer, sei sie geartet wie sie wolle, ist eben eine Lebensnotwendigkeit für ein Volk. Die Samojeden Sibiriens kennen drei Gruppen von Ahnen: diejenigen, die einer Familie gemeinsam sind und dadurch zu Hausgötter-Geistern werden; die einer örtlichen Gruppe, wahrscheinlich ursprünglich einem Clan Gemeinsamen; die allen Samojeden Angehörigen. Die Letzteren sind selbstverständlich die Bedeutendsten: nur Männer, die sich um das ganze Volkstum verdient gemacht haben, kommen zu diesem Rang empor. Sie genießen dann eine besonders hohe Verehrung nach dem Tode. Dies gilt auch im alten Irân, wo wir die nämlichen drei Gruppen von Ahnen antreffen. Die persischen Keilinschriften, die uns diese wichtige Mitteilung machen, denken dabei an göttergleiche Vorfahren, die soziale, namentlich kriegerische, Verdienste um ihren Stamm, ihre Provinz, das ganze Volk besitzen, während es sich bei den in die kleinsten Gemeinschaften zersplitterten Samojeden und auch bei den Indern um alte Hexenmeister (Brahmanen) handelt. Die Wirksamkeit dieser einzelnen Größen reicht weit über ihr Leben hinaus: die Prachtbauten der altpersischen Grabdenkmäler (Königsgräber) zeugen dafür ebenso sicher als die bescheideneren Monumente, unter denen ein muslimischer Heiliger schlummert. Selbst bei den Basoga Ostafrikas wurde über dem Kopf eines Häuptlings ein Gebäude aufgerichtet, das oft ein großes Haus bildete. Das klassische Land für den Ahnenkultus ist Ägypten. Dort findet er sich in allen Formen. Die altägyptischen (wie die erwähnten sinaitischen) Namen sprechen teilweise aus, daß das Kind, das diesen Namen bekommt, verstorbene Geschwister oder den Vater ersetzen soll. Der einfache Bauer begnügte sich dort mit dieser Wiedergeburt oder er versuchte durch plumpe Holzidole sie seinem Kinde zu gewährleisten. Die Könige errichteten sich Pyramiden, die magisch den gleichen Zweck verfolgten und gegenwärtig nur als monströse Beispiele unproduktiver Arbeit und romantisch-mystischer Bestimmung eine weitgehende, unerfreuliche Volkstümlichkeit genießen. — Der Glaube an die Wiedergeburt des Ahns im Enkel setzt, wie es scheint, ansässige, dagegen der von uns betrachtete, daß der Tote auf seiner Reise sich auch psychisch immer mehr von uns entferne, daß er endlich wirklich sterbe, körperlich sich zur Null reduziere, vielleicht nomadische Lebensformen voraus. Die Juraken Sibiriens meinen, der Schatten im Schattenlande lebe ebensolange wie der Mensch auf Erden und folge ähnlichen Beschäftigungen. Am Ende seines Lebens verringert er sich, verschwindet endlich und wird mit einem kleinen Kinde von neuem geboren. Hier zeigt sich die Vorstellung von der leiblich-geistigen Reduktion desToten mit der grundsätzlich verschiedenen, ja entgegengesetzten von der Wiedergeburt im Enkel wunderlich vereinigt. Die Letztere setzt die Meinung voraus, daß die raumbefreite Seele sich lüstern in die nächststehende Frau alsbald (im gleichen Augenblick [Dala-i-Lama in Tibet] oder etwa am gleichen Vormittag) eindrängt.

Es konnte sich ereignen, daß der Vater ohne Sohn stirbt. Darin liegt für die kleinen (wenige Dutzend Köpfe zählenden) Gemeinschaften der Urzeit das denkbar größte Unglück. Erst der Tod ohne Sohn ist der wahre Tod. Man tat das Äußerste, ihn zu verhindern; namentlich vermählte man die Leiche des Geschlechtsreifen, fing den Atem in Tüchern usw. auf, erfüllte die Pflichten der Totenspeisungen aufs sorgfältigste. Aber das alles genügte nicht. Deshalb schritt man zum Mittel der Adoption. Sie ist urzeitlich und allgemein. In erhebender Weise findet sie sich schon bei Tieren. Die Meinung, daß ein Vater nur sein eignes Kind, eine Mutter nur „ihr leibliches Fleisch und Blut wahrhaft lieben" könne, zerrinnt in ein Nichts, wird zu einem die wichtigsten sozialen Beziehungen in gefährlichster Weise fälschenden Aberglauben angesichts des Alters und der Verbreitung der Adoption auf der Einen Seite, der Gleichgültigkeit des Vaters gegen seine Kinder im primitiven Gemeinschaftsleben und des häufig betätigten Ausrottungswillens der Mutter auf der anderen Seite. Sehr engen, der Kindschaft sich annähernden Anschlußwillen finden wir bei Primitiven häufig, auch gegen Landfremde. Die niedrigst stehenden Stämme (auf San Cristoval) kennen Adoption an Kindesstatt nach vorausgegangenem Todesfall mit allen rechtlichen Folgen (völlige Gleichheit mit dem durch Blutsgemeinschaft begründeten Verhältnis). — Die Blutsbrüderschaft mit ihrem Zeremoniell ist nichts als die physische Auffüllung eines mangelhaft gewordenen Blutsvorrats seitens des Stammes. Endlich gibt es ein weiteres Mittel, den Stamm zu erhalten, vorausgesetzt, daß dem Vater eine Tochter beschert ist: die Einrichtung der Erbtöchterschaft. Sie ist nur in angesehenen Familien vorfindbar. Wenn ein solches Mädchen dazu bestimmt ist, statt des Sohnes den Stamm zu erhalten, muß ihre Verehelichung natürlich ganz abweichende rechtliche Folgen haben. Diese Frau kann dann nicht in die Mannesverwandtschaft übergehen. Ihr Gatte bleibt in der widerwärtigen Stellung des „Prinz-Gemahls", sie selbst aber ist in zauberischer Weise zur Vertreterin eines Sohns geworden. Mitunter wird sie als solcher erzogen, ferner, wenn ihr die Wahrung der Rechte an ihr ererbtes Land zusteht, mit den Pflichten des Waffentragens und der Blutrache betraut. Sie ist gewissermaßen zugleich Mann und Weib; das von ihr erzeugte und geborene Kind wird dadurch zum wiedererstandenen Ahn des eignen Geschlechts.

Die Adoption ist als ein Beispiel dafür, wie sich ein Urtrieb, das Streben nach Erhaltung der kleinen, zum sozialen Verbande zusammengeschlossenen Gemeinschaft, aus den Tiefen des Unterbewußtseins zur Rechts- und Staats-Einrichtung formen kann, für uns von Bedeutung. Die Geschichte des Aberglaubens ist zugleich ein Stück menschlicher Rechts- und Sittengeschichte, ein Abriß der Darstellung menschlicher Mentalität überhaupt. Werfen wir auf diese, soweit sie sich aus unseren Darlegungen bisher erschloß, noch einen Überblick.

Die ersten Bindungen, die sich der Mensch auferlegt, sind, wie es scheint, den Naturgegebenheiten entsprossen, die er als Naturgesetzlichkeiten faßt. Der Jäger, der die Stunde versäumt, in der das Wild wechselt; der Fischer, der nicht mit Sonnenaufgang, wenn der Fisch „zieht", die Netze auswirft — sie beide fangen nicht. Der Ackerbauer muß rechtzeitig seine Arbeit beginnen. So wird die Natur dem Menschen zu einer Göttin. Das Gewöhnliche gilt ihm als naturnotwendig, ihrem Willen entsprechend, das Überraschende, Seltene als naturwidrig. Aufgabe des Menschen ist es also, sich in ihre Satzungen hineinzufügen, denn der Gedanke der Auflehnung gegen sie gilt danach als schwerstes, ja als einziges Verbrechen. Antikes Recht ist stets „Naturrecht" in diesem Sinne. Die Überschreitung dieser Satzungen wird als eine Art der Majestätsbeleidigung aufgefaßt. Die Natur wacht über ihre Hoheitsrechte mit derjenigen Ängstlichkeit, die in der Ära der Zauberhandlungen und Zauberideen dem stets von seinem Genossen bedrohten Menschen eigen ist.

Eifersucht und Neid sind deshalb die ältesten, stets mit Furcht untermischten Empfindungen, die dem „Naturmenschen" eignen, sobald er sich aus seinem engsten sozialen Kreise herausbewegt. Innerhalb dieses Kreises herrscht eine bis zur körperlichen Verwachsenheit gehende Einheit des Handelns und Empfindens. In Südwestafrika wird der gemeinsamen Sippenzusammengehörigkeit dadurch Ausdruck gegeben, daß man die Formel spricht: „Meine Knochen sind deine Knochen und Deine Knochen sind meine Knochen." Alle Stammesmitglieder sind eines Blutes und tauchen aus einer Schüssel, deren Inhalt wiederum zum gemeinschaftlichen Fleisch und Blut sich umgestaltet. Das vereinigte Rauchen aus einer Pfeife begründet zwischen Indianerstämmen Friede und Freundschaft. Dadurch, daß Mann und Mädchen gemeinschaftlich Speisen zu sich nehmen, werden bei Indianerstämmen Ehen begründet. Den gleichen Erfolg hat es auf der Carolineninsel Yap, wenn der Jüngling seiner Auserwählten eine Betelnuß schenkt und diese sie annimmt. Solche Bündnisse sind sehr eng. Freunde gleichen (männlichen) Geschlechts kämpfen zusammen in der Schlacht und sind auch beim Nahrungserwerb unzertrennlich. Die Treue reicht über den Tod hinaus, da dem überlebenden Teil die Pflicht der Blutrache, wie zu Lebenszeiten des Genossen die Aufgabe zukommt, den Anderen auch namentlich vor bösem Klatsch und Neidauswirkung zu schützen. Eine derartige Freundschaft wird dadurch biologisch ungeheuer wichtig, daß sie der Blutsverwandtschaft gleichgeachtet und als solche (z. B. bei den zur Zeit der Sommer- oder Winter-Sonnenwende stattfindenden großen Feierlichkeiten der Zuñi-Indianer) öffentlich ausgerufen wird. Auch wir sprechen manchmal von einem „erklärten" Freunde. Wenn zwei Mitglieder verschiedener Stämme und verschiedenen Geschlechts sich in gleicher Weise binden wollen, so gereicht dies den Genossen zum Heil und führt zur Ehe. Das Gleiche ist der Fall, wenn zwei Gruppen zum Zweck der Verbrüderung ihre jungen Mädchen austauschen. Auch kann es vorkommen, daß ein Mitglied des Einen zu einem befreundeten Mitglied des Anderen schleicht und dessen Frau besucht. Das Kind, das aus einer solchen sonst verbotenen Verbindung entspringt, wird nicht dem physischen Vater sondern der

Mutter und deren Stamm gut geschrieben. Neben dieser Erzeugung unter Zession aller Rechtsansprüche und neben Adoption steht die Zeremonie des „Säugens des vertauschten Kindes", welche zwischen den Masai und einem benachbarten Stamm, etwa den Kahe, vollzogen wird. Zwei Weiber der Stämme, die mit einander einen solchen Freundschaftsbund eingehen wollen, kommen mit ihren Kindern unter Zeugen an einem verabredeten dritten Orte zusammen. Hier vertauschen sie ihre Kinder und jede legt das Fremde einen Augenblick lang an ihre Brust. Darauf nehmen sie die Kinder im Lederschurz auf den Rücken und schließen mit einander Blutsbrüderschaft. Einer der Zeugen macht jeder der beiden Frauen in die Bauchhaut einige Schnitte und reicht ihr ein Stückchen des Herzens oder der Leber eines eben geschlachteten Viehs. Damit wischt jede das aus ihrer Wunde hervortretende Blut ab und steckt den Bissen dann der Anderen in den Mund. — Hier finden wir in hochinteressanter Vereinigung die Sitte des sakramentalen gemeinschaftlichenMahles, bestehend aus dem jedesmaligen, besonders heiligen Teil eines Opfertiers, kombiniert mit dem Genuß des Bluts der anderen Partei. Bereits auf die indogermanische Urzeit scheint der Brauch zurück zu gehen, daß zwei „Freunde" gleichen oder verschiedenen Geschlechts gemeinschaftlich sieben Schritte machen, deren letzter als ganz besonders heilig gilt. Der letzte Fußtapfen wird ausgegraben und verehrt. Danach handelt es sich dabei um eine offenbare Teilung gemeinschaftlich durch Ausschreiten erworbenen Grundbesitzes. — Endlich erwähnen wir den zeremoniellen Geschenk-Austausch: Betelnuß (s. o.), Zuckerwerk, Stimulantien, Toilettenartikel, Schminken, Salben, Luxusgegenstände. Der Eheabschluß ist also nur ein spezieller Fall dieses Stämmevereinigung begründenden Geschenkaustausches; ich denke hier natürlich auch an den (scheinbaren!) Wechsel der Ringe bei der Trauung. Die Gegenseitigkeit dieses Austausches ist unbedingt zwingende Pflicht, und zwar in so entscheidender Weise, daß ihre Unterlassung dem schuldigen Teil das Leben kosten kann. Noch heute würde sie in den rein muslimischen Gegenden zum Boykott des den „Anstand" Verletzenden führen. Das arabische Wort für Anstand ('ădăb) bezeichnet eine religiöse Tugend. Die vom Schwiegersohn dem Schwiegervater gemachten Geschenke wandern vielfach an diesen wieder zurück. Sie müssen einander gleichwertig sein. Die absolute Gleichwertigkeit des Gebens und Nehmens beherrscht den Menschen beim Opfer gegenüber der Gottheit, beim Freundschaftsschluß gegenüber dem Freunde, in der Blutrache gegenüber dem Feinde (Auge um Auge!); sie ist das Grundprinzip der Gesamteinstellung des aktiven Menschen gegenüber der Außenwelt. Sie verbürgt und fordert den sozialen Ausgleich. Die Gleichmacherei in jeder Form ist das platteste und daher volkstümlichste Mittel zur Abwehr von Beeinträchtigungen aller Art, der Neid ein antisozialer und deshalb auch abergläubisch gewerteter, in der Richtung des Gütertausches laufender Impuls, eine Charaktereigenschaft, die dem „Schicksal", den „Göttern", und — dies letztere ist sicherlich richtig — dem Menschen zukommt. Sie setzt nicht bei der Aufteilung großer Vermögenswerte, die ja beim „Naturmenschen" fehlen, sondern bei der Verteilung der Jagdbeute ein, obwohl schon hier gewisse konventionelle Hemmungen bestehen. Der Neid wird in erster Linie und wohl am frühesten bei den Äußerlichkeiten der Kleidung und des Schmucks rege. Nur unter dieser Voraussetzung ist die Bewertung von Federn usw. als Häuptlings-Insignie zu verstehen. Besitzt einer auf Buin irgend etwas besonderes, wie z. B. eine schöne Trommel, so hat er dafür, um den Neid der Anderen zu beschwichtigen, gelegentlich dem einen oder anderen, der es verlangt, eine „Trostgabe" zu entrichten, damit ihm ein solcher Neider seine Trommel nicht zerschlägt. Wir sahen, wie verheerend die Wirkung des neidischen Worts und Blicks ist. Beiden zu begegnen, dienen in Deutschland die Neidstangen, die einzigen noch erhaltenen, sicheren Überreste aus dem germanischen Heidentum. Auf ihnen oder auf Dachgiebeln sind Pferdeköpfe angebracht. — Das eigne Wort kann Neid provozieren. Die Maori vermeiden es ängstlich, überheblich zu reden, da sonst der durch eine solche Überhebung Gekränkte sich rächen und den Redner verzaubern könnte. Auch hier ist später an Stelle der einzelnen rächenden Person, die im Auftrage des „Sittengesetzes" handelt, dieses selbst getreten: der Übermut „straft sich"; er „tut niemals gut" (deutsches Sprichwort). — Bei den am mittleren Congo wohnenden Boloki gehen die Sklaven in der Regel viel besser gekleidet als ihre Herren. Denn diese hegen große Scheu, ihre Reichtümer zur Schau zu tragen. Sie fürchten, daß ihr Besitz darauf zurückgeführt wird, daß sie durch Zauberei die Sachen anderer Leute in ihre Häuser gebannt haben. — Die Furcht davor, der Zauberei, d. h. des einzigen nach allgemeiner Auffassung todeswürdigen Verbrechens bezichtigt zu werden, ist ein Beleg für die Gefährlichkeit des Neides als sozialen Hemmungsmittels. Noch heute wird, wie im Märchen, in Deutschland der Wohlstand des vom Glück Begünstigten oder durch den Erfolg seiner Arbeit Gesegneten auf Wichtelmännchen, Kaukse usw. zurückgeführt, die Geld „hecken" und deshalb den Spezialnamen der Heckmännchen haben. — Auf den Trobriand-Inseln gilt Erfolg in Liebesangelegenheiten, Schönheit, Geschicklichkeit im Tanzen, Streben nach Reichtum, vor allem zu große Macht in der Zauberei als nachteilig und sündhaft. Der Einzelne muß sich durchaus innerhalb der Grenzen seines Standes halten. Auch durch persönliche Tüchtigkeit und Leistungen darf er nicht hervorstechen. Anhangsweise muß darauf hingewiesen werden, daß der primitive, durch den „Neid" überwachte Kommunismus bei altorientalischen religiösen Sekten mächtig zurückschlägt und in der Mentalität der Gottheit stark verankert wird: dieser Einstellung entspringt der äußerst neidische Jahve der Wüste, durch die Wüstenpropheten verkündet; der Gott besonders auch Hiobs, der als „Wundermann" „bald erhöhn bald stürzen kann", ein Zug, der auch im Gleichnis vom reichen Mann und armen Lazarus sehr deutlich hervortritt und in der islamischen Allah-Vorstellung besonders mächtig erscheint. Der traditionelle Neid der alten Despotien hat diese Stimmungsfärbung verursacht, die dazu führen mußte, den Dr. Faust der ewigen Höllenqual zu übergeben, weil er in den Himmel fliegen wollte. Für unsere Zwecke muß hervorgehoben werden, daß diesem Neid überall zwingende magische Kraft zugebilligt wird. Bei den Naturvölkern sind Feuer, Blitz, Mondschein gleichfalls überaus neidisch und sehr auf ihre persönlichen Hoheitsrechte bedacht. Wer zur Zeit ihres Waltens einen „Concurrenten" in die Welt setzt (ein zweites Feuer anzündet usw.), stirbt, verwandelt sich in Stein usw., desgleichen, wer sie nur sieht oder gar auf sie hinweist. Der gleiche Neid wird den aus der Alltagsordnung heraustretenden Sterblichen entgegengebracht. Darauf beruht seine furchtbare, schädigende Macht; denn nur das Ungewöhnliche, das Ganz-Andere, ist es, was kulturfördernd wirkt. Freilich kennt auch der Aberglaube dies Andere, aber nur im antisozialen Sinn: sein Dr. Faust beschränkt sich darauf, zu zaubern, um Reichtümer zu gewinnen und durch Zerstörung fremden Guts und Lebensglücks mächtig zu werden. Er ist, wie jeder große Zauberer, der vollkommenste Egoist. Damit eröffnet sich uns ein Blick in den Kernpunkt des Problems: Aberglauben ist Selbstsucht; Religion: Liebe. Buddha hat die Liebe als die „Erlöserin des Herzens" gepriesen. Sie ist es: durch die regulative Schlichtheit der sittlichen Norm verdrängt sie das tausendmaschige Truggespinst des Aberglaubens. So wird sie „des Gesetzes Erfüllung".

Eifersucht und Neid treiben als Giftpflanzen auf dem fauligen Sumpfboden der Furcht. Ihr ist der Aberglauben entsprossen. Der ihm Ergebene fürchtet alles, der Fromme nichts. Der Hindu wagt es nicht, Nachts über die Straße oder auf den nächsten Kreuzweg zu gehen. Der Buddhist wanderte über die von Dämonen belagerten Schneehänge des himmelstützenden Himālaya im Dienst seiner Heilslehre: eine Großtat, der keine andere Religion Gleichwertiges an die Seite stellen kann. Der Mensch des alten Bundes fürchtet: deshalb tötet ihn die Namensnennung seines Gottes oder die Berührung von dessen Thronsitz; der Blick auf dessen Zornestaten verwandelt ihn in eine Salzsäule. Der Mensch des neuen Bundes liebt: die Liebe besiegt alles, auch den Tod. Für den furchterfüllt Hassenden gibt es zahllose Dämonen (Teufel); für den Liebenden nur ein jenseitiges Höchstes: die Liebe, die Gott ist und in der sich Gott offenbart. Sie ist, wenn auch zeitlich gebunden, im religiösen Kommunismus wirksam, wie ihn die Wüste mit ihrem bis zum Äußersten gesteigerten Gebot der Gastlichkeit notgedrungen kennt, wie ihn die aus der Wüste stammenden Propheten (Amos) als Pflicht zum mindesten gegen die Stammesmitglieder lehren, wie das Urchristentum ihn verwirklicht zu haben schien. Besonders streng wurde er in der alten buddhistischen Gemeinde aufrecht erhalten. Die hier angebahnte sittliche Einstellung ist das denkbar beste Schutzmittel gegen den abergläubischen Verfolgungswahn und die Selbstvergrößerungsmethode, in der das magische Denken seine Krone und zugleich seinen unerwünschtesten Auswuchs findet, denn der weltbeherrschende Zauberer, der Egoist schlechthin, der ungeachtet des ohnmächtigen Neides der Mitwelt diese auf den Kopf stellen möchte, ist ja nicht bloß der einzige todeswürdige Verbrecher sondern auch der Gott der Anderen, wie dies noch das Epos der alten Kulturvölker, am reinsten aber die volkstümliche Bänkelsängerpoesie und der Schundroman, die Verherrlichung des Galgenstricks und aller, die daran hängen, lehren. Je raffinierter ein Verbrechen begangen ist, um so lauter hallt sein Ruf noch heute im Blätterwalde wieder. Auch das Märchen ist ohne Ethik: wer sich durchsetzt, gewinnt. Von einer sittlichen Einstellung kann schon deshalb keine Rede sein, weil dem Primitiven die Vorstellung von der Freiheit des menschlichen Willens fehlt. Deshalb wird nicht der antisoziale Wille sondern die abergläubisch gewertete Handlungsweise zum Beurteilungsmaßstab für die Schwere der Strafe gemacht. Um eine Strafe in unserem Sinne, ein die verletzte Rechtsordnung wiederherstellendes Korrektiv, kann es sich schon deshalb nicht handeln, weil die Organe, die zur Sünde führen, dem Menschen angeboren, durch die Gottheit, durch Prädestination, durch die Seelenübertragung (Seelenwanderungsglauben) ihm verliehen sind. Der Böse gilt als von Dämonen, die ihn leiten, besessen und deshalb für seine Handlungsweise nicht verantwortlich. Er wird gemieden, ausgeschaltet, nicht bestraft. Der böse Zauber (die „schwarze Magie") wird verfolgt, aber bewundert, die weiße Magie ist die eigentliche „Religion", ihr Ziel die Erlangung von Macht, Reichtum, Kindern, langem Leben und anderen Vorteilen, die den Gemeinschaftsinteressen nicht zuwiderlaufen. Eine persönliche Beziehung Einzelner oder eine solche der Gesamtheit zu einem ethisch gerichteten göttlichen Numen existiert nicht. Deshalb ist es die erste Aufgabe der christlichen Missionstätigkeit, ein solches Gebilde in der fremden Welt zunächst zu schaffen. Dabei könnte etwa von einem göttlichen Häuptlinge ausgegangen werden, dessen strafende Funktion weit mehr als die Belohnende zu betonen wäre; denn ein „guter" Gott existiert meist schon und gilt als völlig harmlos.

Eine Ethik, die für alle Menschen gleich wäre, gäbe es auch dann nicht, wenn wir diesen Begriff im Sinne des Primitiven modifizieren wollten. Der Feind oder Gefangene wird anders bewertet als der Stammesangehörige, der Diener anders als der Herr, der Mensch anders als der von ihm verehrte Gott. Den Überirdischen (Unsichtbaren) kommt bei sehr vielen Völkern und Stämmen namentlich auch das Recht zu, das Fleisch oder bestimmte lebentragende Teile von Mensch und Tier zu genießen; dem Sterblichen ist dies versagt. Es ist diese Auffassung die Grundvoraussetzung für das Opfer. Der Mord gilt also durchaus nicht als unsittlich. Er ist vielmehr nur ein Herrenrecht, eines der Reservatrechte, die fälschlich als „Gebote" bezeichnet, vielmehr Tabus zu Gunsten einzelner Menschen oder Berufsklassen sind. Wer diese Tabus innehält, gilt als sittlich, namentlich dann, wenn er sich den traditionellen Vorschriften und Gewohnheiten seiner engsten Gemeinschaft sowie den von ihr gegebenen kultischen Gesetzen unterordnet, die, ohne irgendwie ethischer Natur und ohne uns oft auch nur verständlich zu sein, die Freiheit des Einzelnen außerordentlich stark beschränken. Der Kreis der von der primitiven ethischen Norm erfaßten Einheiten umgibt auch Tiere, Pflanzen und „tote" Objekte. Es herrscht vielerorts der Glaube, daß die menschliche engste Gemeinschaft von bestimmten Tieren, Pflanzen oder Dingen abstammt oder zu ihnen in engster Beziehung steht. Ein solches Wesen, ein Totem, darf man, wie wir sehen, nicht essen, vielfach nicht ohne Schutzmaßregeln berühren, wenn der Stamm, zu dem der Einzelne gehört, die Gruppe dieser Wesen verehrt; die Eidechsenverehrer essen keine Eidechsen usw. Der Anblick oder die Berührung von Götterbildern oder göttlicher Insignien, die Verletzung von heiligen Pflanzen (das Fällen „geschützter" Bäume; Ausreißen geschützter Wurzelkräuter wie z. B. des Alraun), das Betreten heiliger Gegenden (umzäunter Grabdenkmäler) und die Berührung aller in diesem

Komplex vorhandenen Personen oder Sachen (des Priesters beim Opfer; des geweihten Opfertieres) gelten als verboten. Strafbar ist die „Beleidigung“ von Himmelskörpern, Blitzen usw. Auch sie sind durch Hoheitsrechte geschützt. Die Schutzvorschriften begünstigen oft das Tier vor dem Menschen. Wenn es einem der Bergdama-Jäger gelungen ist, einen Löwen etwa mit einem Speer oder Pfeil zu erlegen, so fürchtet man die Rache wegen dieses „Mordes“. Die aus ihm entwachsende Gefahr wird dann dadurch abgewandt, daß am Oberarm des Jägers einige Einschnitte gemacht und auf die blutende Wunde Herzblut des Löwen geträufelt wird. Dagegen gilt der Mord am Mitmenschen im weitesten Kreise als erlaubt; man mordet, um den Getöteten aufzufressen, aus seinem Körper Zaubermaterialien zu gewinnen, die eigne Eitelkeit, Rachsucht, Geldgier zu stillen. Der Fremde wird meist nur dann geschont, wenn man ihn fürchtet. Der Mord am Stammesgenossen wird vielfach überhaupt nicht entsühnt, am Mitglied einer anderen Gemeinschaft nur aus Furcht vor der Blutrache unterlassen. Gewisse Eskimos sehen es aber ruhig an, wenn Einer oder der Andere von ihnen einen dritten ermordet oder beraubt. Auch bei den Beduinen Arabiens galten Mord und Raub als durchaus ritterlich und erlaubt. Die Begriffe von gut und böse gibt es vielfach nicht einmal im Wortschatz dieser Stämme. Auf der einen Seite herrscht deshalb eine abergläubische Scheu vor der unrechtmäßigen oder unrechtzeitigen Tötung oder Verspeisung einer Heuschrecke, auf der anderen die offenste Freude am Mord, da er nur dann eine Sühnung fordert, wenn ein Grund zu der Annahme vorliegt, daß er anderen als den Nächstbeteiligten Schaden bringen kann. Dies ist bei der Tötung von Kindern und von Greisen um so weniger der Fall, als beide „keine Seelen haben“, d. h. nach dem Tode sich nicht rächen können. Kindesmord ist deshalb oft an der Tagesordnung, namentlich da, wo er wirtschaftlich bequem erscheint. Die Tötung von Greisen finden wir selbst bei Stämmen, welche die „Alten“ verehren, die sog. „Altenherrschaft“ kennen. Der heimliche und offne Mord hat zu „Kopfjagdsaisons“ geführt und in Geheimgesellschaften die schlimmsten Blüten getrieben. Jeder Jüngling, der zum Weihefest auf Bougainville (Südsee) zugelassen wurde, hatte zuvor einen Mord begangen und war stolz darauf. Dagegen wird das vergossene Blut von Tieren oft sorgfältig zugedeckt. Diejenigen dieser Wesen, deren Gaben den Menschen nützen, haben Anspruch auf Schonung und Entgelt. Sogar bei sehr niedrigstehenden Jägern sind solche Ideen nicht ganz unerhört. Die Mitglieder des Lango-Stammes lassen sich von dem ajeje-Vogel zum Honig führen. Wenn aber einer der Geführten es unterlassen hat, dem freundlichen Tier einen Tribut in Gestalt einer kleinen Honigmenge zurückzulassen, so fürchtet dieser Jäger, aus Rache für seinen Undank von dem Vogel zur Höhle eines Löwen geleitet zu werden.

Wir sehen es: die „Strafe“ folgt der „Sünde“ sofort auf dem Fuße. Es liegt dies (vgl. o.) schon darin beschlossen, daß zwischen beiden ein mystisches Band als bestehend gedacht wird. In der einfachsten Form ist es durch den Selbsterhaltungstrieb und das Rachebedürfnis des Verletzten gegeben: wer geschlagen wird, schlägt wieder. Ein diesseitiger oder gar metaphysischer Richter existiert nicht. Jedes Naturwesen rächt sich vielmehr für den Übergriff in seine Machtsphäre, so gut es kann: das verletzte Raub-Wild verschlingt oder zerreißt den Bösewicht; der Blitz erschlägt den Übermütigen; das Grab läßt den höhnisch vorgestreckten Finger abfaulen. Wirklich gutmütig ist nur der „himmlische Vater". Man braucht sich um ihn deshalb nicht sehr zu kümmern. Die Handlung, welche ein Vergehen darstellt, löst automatisch die ihr entsprechenden bösen Folgen aus, wie etwa der Genuß einer heißen Speise das Verbrennen der Zunge und die Verspeisung einer abführenden Wurzel den Durchfall. Der Ausgangspunkt der unerwünschten Auswirkung ist allerdings falsch gefaßt, da in den Gewächsen ein ihnen wesenseigner böser Wille vermutet wird. Deshalb muß auch die Behandlungsmethode und deren Ergebnis falsch sein. Auf Grund von mystisch gefühlten Zusammenhängen zwischen Mensch und Pflanze wird die Verwendung der Letzteren zur menschlichen Nahrung verboten, die Übertretung dieses Verbots als mit Krankheit bedroht vorgestellt und dementsprechend auch vice versa eine Krankheit auf die Übertretung des Speisegebots zurückgeführt. Bei den Eskimos durchzieht diese Idee der magischen Verkettung von Schuld und Strafe das ganze Leben. Der ungünstige Ausfall einer Jagd, ein Unfall bei der Nahrungssuche oder daheim, Krankheiten — kurz alles Unheil wird auf eine „Sünde", die Verletzung eines tabu's, zurückgeführt. Der Tod freilich gilt, außer wenn er bei ganz altersschwachen Personen eintritt, als durch Zauberei veranlaßt. Zwischen Zauber und Vergeltung besteht aber kaum ein Unterschied, da jede Verletzung der Rechte von Personen oder Sachen einen gegenwirkenden Zauber, d. h. eine Vergeltungshandlung auslöst. Auch von dem religiös veranlagten Volk der Maori wird jedes Mißgeschick auf irgendeine „Sünde" des Betroffenen zurückgeführt, so z. B. wenn jemand sich auf einem Kanu in Not befindet oder in anderer Gefahr schwebt. Aus dieser Empfindung einer nicht klar bewußten „Schuld" heraus entsprang unter den gleichen Voraussetzungen das Seeopfer, die Tötung (Ertränkung) eines Mannes der gefährdeten Besatzung. Nicht minder ungewiß, als der große Kausalzwang gewiß ist, bleibt dem Primitiven die Zeit und Art der Sühne. Über die Form der Auswirkung irgend einer magischen Handlung, mag sie vom Menschen zum Naturgeschehen oder von diesem zurück zum Menschen führen, ist sich niemand klar. Es „mag", oder „soll" gut sein, diese oder jene Medizin zu nehmen, diese oder jene Darbringung zu vollziehen; es ist dies „seit alter Zeit gelehrt" oder von einem Priester „so gesagt". Umgekehrt straft die beleidigte Natur in stets verschiedener Form. Bei den Bergdamas und in Tibet ist es, wie wir sahen, Pflicht, auf gewisse Steinhaufen im Vorübergehen einen weiteren Stein zu werfen. Wer dies unterläßt, läuft Gefahr, sich die Füße wund zu laufen, sich zu verirren oder sonst einem Mißgeschick anheim zu fallen. In der Vernachlässigung jener Zeremonie wird nämlich eine sehr große Sünde gesehen, die sich unbedingt straft. Für die Festlegung des Schuldbegriffs überhaupt ist dies von höchster Wichtigkeit. Das Vergehen am Einzelnen wird lässig beurteilt oder übergangen. Ins Gewicht fällt nur das Delikt an der Gemeinschaft, an ihren heiligen Formen, Sitten und Umgangsvorschriften. Während der Mörder und Blutschänder oft leer ausgehen, wird deshalb schwer bestraft, wer die Vorschriften für den Umgang mit Weibern oder die Ehe verletzt, ganz besonders aber der (sich den kultischen Gebräuchen bewußt entgegenstellende) Zauberer. Seiner Bestrafung, der Friedlosmachung, liegen die abergläubischen Vorstellungen der Furcht vor dem Übermächtigen, den man nicht zu töten wagt, zu Grunde. Selbstverständlich kommt neben der Ausstoßung aus dem Stamm auch die Tötung, und zwar auf den verschiedensten Wegen, vor.

Diese Lehre von der Kausalverkettung alles Geschehens — jedes Erlebnis kann man als Belohnung oder Strafe auffassen — hat, wie wir sehen werden, in ihrer äußersten Folgerichtigkeit durchgeführt, die gelehrte indische Auffassung von der Seelenwanderung, dem Karman, gezeitigt. Sie treibt aber auch im dortigen Volkstum sehr sonderbare Blüten, und zwar, was grundlegend wichtig ist, in der Richtung, daß von der Strafe auf die Schuld zurückgeschlossen wird. Die gesamte Mantik, soweit sie schreckhafte Bilder in das Naturgeschehen malt, dient dazu, aus diesen Geschehnissen auf den Zorn einer Gottheit und aus diesem Zorn auf eine Sünde der Menschen zurück zu schließen. Die Zeitungen brachten vor wenigen Monaten folgendes Beispiel aus dem Dorfe Jurood in dem indischen Distrikt Dhir. Dort hatte sich im Tempel eine Schlange eingefunden. Die Dorfbewohner hatten ihr mit großer Ehrfurcht Opfergaben vorgesetzt. Sie trat aber in den Hungerstreik. Ihre Verehrer, die dies Reptil für eine Tier-Inkarnation der Göttin ihres Heiligtums hielten, glauben, daß die Herrin des Tempels in Zorn geraten sei, da irgendeiner ein Gelübde nicht ausgeführt habe. Man ist nun auf der Suche nach dem Sünder und viele Dorfbewohner legen sich besondere Bußübungen auf, um die Göttin wieder zu versöhnen. — Ein weiteres Beispiel aus aller Welt: die Lango-Leute meinten, daß die große Dürre des Jahres 1918 darauf zurückzuführen gewesen sei, daß ein gewisser Jok (ein Geist, der auch in Naturdingen waltet) mit dem Weibe eines anderen Jok Ehebruch getrieben habe und sich weigerte, die auf diese Übertretung stehende Entschädigung zu zahlen. Erst nachdem er seiner Schuldverpflichtung genügt hatte, fiel der ersehnte Regen. Hier gedenken wir des „ein Heer von Plagen" ausbrütenden (ebenfalls das Naturgeschehen verwirrenden) Streites zwischen Oberon und Titania bei Shakespeare. Auf Neu-Guinea wird eine spezielle Gruppe von Krankheiten, die man dort Kugi nennt, auf Felddiebstahl oder das Entwenden von Baumfrüchten zurückgeführt. Wenn irgend etwas, so ist dieser Rückschluß von einer angeblichen Strafe auf begangenes Unrecht verwerflich. Er ist objektiv fast immer nachweislich falsch und deshalb, weil er eine Interpretation des unerforschlichen göttlichen Ratschlusses bedeutet, irreligiös und gotteslästerlich hochmütig. Er bedeutet den Rückfall in eine Zeitperiode, in der die Chaldäer als Betrüger und betrogene Betrüger die Straßen der großen Städte unsicher machten, um aus Träumen oder wachen Erlebnissen des Einzelnen auf dessen Charakter und Geschick zu schließen. Auf Erden gibt es eben keine Gerechtigkeit. Man darf sie nur im Himmel suchen — und das ist gut so, denn anderenfalls würde jedermann sich über das „verdiente" Mißgeschick des Nachbarn freuen. Wie widerlich mutet uns Ibsens Bearbeitung des Vererbungsproblems (die irrige Vorstellung von Paralyse als hereditärer Lues) an! — In diesem Zusammenhang muß ich erwähnen, daß laut unwidersprochenen Zeitungsnachrichten der Erzbischof von Genua und der Kardinalerzbischof von Neapel im Juli vorigen Jahres die furchtbaren, Unteritalien zerstörenden Erdbeben als göttliche Strafen für die unkeuschen Moden unserer Damen bezeichnet und durch Aufrufe an ihre Diözesanen im Sinne ihres Kleidergeschmacks zu wirken versucht haben. Es ist ein derartiger Erlaß als Beispiel dafür wichtig, daß die zwischen Schuld und Sühne bestehende Kontinuität aus einer sehr großen Kette von Einzelgliedern zusammengesetzt gedacht werden kann; denn es bedürfte sehr großen Scharfsinns, den Weg von dem Erdbeben zur kurzen Rocktracht unserer Frauen zu finden. Der Primitive dachte und denkt viel schlichter. Für den Eskimo war die Schuld ein sich ablösendes „Anhängsel", das beim Schuldigen halt machen muß. Nach einfacher deutscher Auffassung müssen wir uns das Unglück, das nach einer so gearteten Weltauffassung von der Schuld nicht geschieden wird, als „Pech" anklebend vorstellen. Das „Glück" ist dementsprechend eine „Materie", die sich durch Determination an den Einzelnen heftet und an Äußerlichkeiten des Körpers („Glückshaube" d. h. Eihautrest bei der Geburt; Muttermal) und der Kleidung oder des Schmucks (Glückskleinod) erkenntlich macht, ja in ihnen wohnt. Nach ostpreußischer Auffassung hat das ganze Grundstück des Bauern eine „Deeg" (d. h. „Gedeihen"), die sich in dessen „glücklicher Hand" bei der Arbeit zeigt. Auch gute Geister helfen im Haus, Keller, unter der Schwelle, draußen auf dem Felde mit. Sie beschränken sich dabei natürlich auf das Anwesen ihres Herrn, also einen sehr kleinen Raum. Groß dagegen ist der Bezirk, welcher der persönlichen Auswirkung des Häuptlings unterliegt.

Daß der Häuptling ein schöner Mann sein soll, daß wenigstens körperliche Schönheit, vereinigt mit Gewandtheit, erhöht durch gewisse Körpermerkmale, ihn für seine hohe Würde prädisponiert, wissen wir bereits. Nach indischen Begriffen muß er — eine lange Nase haben! Denn „durch eine lange Nase erlangt man Beliebtheit bei anderen Menschen und bei den Frauen" sagt ein autoritativer altindischer Text. Den Grund dieser Geschmacksrichtung werden wir im nächsten Hauptkapitel erfahren. — Weshalb aber muß der Körper schön sein? Abermals sagt unser Text: „Gewöhnlich finden sich Übelstände (Unheil, Laster) in den häßlichen Frauen [— das gleiche gilt selbstverständlich auch von Männern! —]; wo Schönheit ist, da wohnen Vorzüge." Der Körper der Häuptlinge ist (vgl. oben) durch besondere tabu's geschützt. „Bei den Maori auf Neu-Seeland galt der Kopf und Rücken eines Großhäuptlings als besonders heilig, und er mußte sorgfältig darauf achten, seinen Kamm oder seine Haarbinde oder seine Schultermatte nirgends zu lassen, wo ein „gemeiner Mann" sie berühren konnte. Denn wenn einer den heiligen Kopf berührte, so war dies ein grausiges Verbrechen. Selbst ein Verwandter gleichen Ranges, der etwa das Haar des anderen, auch wenn es ein adliges Kind war, gekämmt oder geschoren hatte, mußte sich einer Reinigungszeremonie unterziehen. Die Kinder der Adligen litten oft an Ungeziefer, weil das Haupt eines solchen Kindes nur von Personen hohen Ranges berührt werden durfte, und ein Tapu-Kind durfte unter keinen Umständen gewaschen werden. — Der Kopfbann ging so weit, daß vom Kopf eines Großhäuptlings nicht einmal gesprochen werden durfte. Die Berührung eines solchen Kopfes war ein Verbrechen, das zu Feindseligkeiten führte, wobei Besitz geplündert und Land genommen wurde. .... Selbst wenn der Schatten eines großen Häuptlings auf einen Vorratsspeicher fiel, so wurde der Inhalt tapu und mußte vernichtet werden". Wenn ein solcher Häuptling ein gewöhnliches Haus betrat, sich gegen einen Pfosten lehnte, ein Stück Speise zu sich nahm, war das Haus, der betreffende Pfosten, der Rest der Speise für andere tapu. — Die individuelle Begabung des Häuptlings, die zur Führerstelle befähigt, wird magisch erklärt. Sie reicht zum Amt des Richters und Rächers in Privatangelegenheiten meistens nicht aus. Dagegen veranlaßt sie dazu, die allgemeinen Stammesangelegenheiten wahrzunehmen und zu leiten, namentlich bei Kriegen, bei öffentlichen Beratungen, Tänzen und bei der Beobachtung von Wahrzeichen sowie zeremoniellen Meidungen hervorzutreten. Unbezweifelbar ist es, daß die Häuptlinge diese religiöse Gewohnheit nicht etwa aus politischen Erwägungen heraus, sondern deshalb ausüben, weil sie die besten Söhne des Stammes im Sinne ihres Volkstums und ihrer Rasse sind. Dies verhindert natürlich nicht eine Auswertung religiöser Gewohnheiten zu politischen Zwecken, namentlich unter dem Einfluß des Europäertums. Die berufsmäßige Beschäftigung der Adelsschicht steht auch dem Häuptling zu und verleiht ihm erneutes hohes Ansehen. Er zeigt oft eine besondere Geschicklichkeit in der Herstellung und Führung von Waffen. Das Material, dem sie entstammen; das bei Entnahme der notwendigen Rohprodukte (Holz, Gift, Federn) geübte Verfahren; das Geheimnis der technischen Verfertigung und Handhabung sowie die Unterstützung beider durch traditionelle Mittel — alles das gehört ins Reich der Magie oder zeigt die magische Gesamteinstellung. Sie geht natürlich im höchsten Maße auf den Träger über, der, mit seinen Waffen vielfach allein vertraut, sie überhaupt oder doch allein zweckentsprechend oder unter voller Auswertung ihrer Fähigkeiten anzuwenden im Stande ist. Das in ihm waltende „Leben", das sich namentlich im Kriege, beim Tanze usw. bis zur Raserei steigern kann, verschafft ihm Ehrfurcht. Gilt es doch ebenso wie seine List und Klugheit als dämonisch. Suggestiv wirkt auch sein Reichtum, der da, wo ein Erbrecht bereits existiert, zur Vererblichkeit der mit ihm verbundenen Würde führen kann. Die eigentliche Göttlichkeit, derer er sich bisweilen erfreut, kann aber aus den Auffassungen des Volkstums, das ihn so hoch erhebt, kaum verstanden werden, es sei denn, daß in ihm ein ausgesprochener Konservativismus lebt, der ganz alten Dynastien immer zugute kommt, der bekanntlich bereits die Adelsschicht begünstigt, aus der das politische Führertum erwächst. Die Aureole erhöhter ererbter Klugheit, Tapferkeit und Schönheit kann solche Gruppen lediglich auf Grund des Alters ihrer Ansprüche umgeben. Sie können aber auch landfremd sein und sich dem Volkstum als eine höhere soziale Schicht aufpflanzen. Ich denke daran, daß eine Samoanergruppe die deutsche Herrlichkeit, der sie unterstellt war, derartig schilderte, daß man in einer Götterregion zu weilen gemeint hat, während man doch nur in das Verwaltungsgebäude des Gouverneurs versetzt war. Dieser deutsche Mann war für sie der größte Zauberer, seine Bewaffnung magisch geladen, seine Bilder lebendige Dämonen usw. Das Entsprechende gilt aber von dem Häuptling auf Samoa: dem Hause, das er besaß, zu nahen, war lebensgefährlich. Was er an Nahrung berührte, war von Heiligkeit erfüllt und wurde deshalb abseits getragen und weggeworfen. Sein Körper durfte nicht berührt, sein Name nicht ausgesprochen werden. Seine Anwesenheit machte jeden Ort heilig. Sein Blick war gefährlich. Seine Frauen galten als tabu. — Man muß auch erwägen, daß der Häuptling die kultischenMachtmittel verwaltete und deren Gefährlichkeit (die gerade auf Samoa betont wird) auf seine Person übertrug; ferner, daß, wenn er einem fremden Stamm angehörte, sehr leicht seine „Herkunft" (in geographischer wie genealogischer Hinsicht) mythisch oder mythenbildend zur Steigerung seiner Macht verwertet werden konnte. Aus dem Westen stammend, konnte er als „Sohn des Westens" oder „Sohn der untergehenden Sonne" verehrt werden, wie ein mir bekannter Forschungsreisender von einem Indianerstamm als inkarnierter Morgenstern angesehen wurde. Im Gefolge einer solchen, dem „komplexen Denken" des Primitiven entsprossenen Vorstellung steht natürlich die Belehnung des Häuptlings mit vielen göttlichen Machtmitteln. Die Sonne vertreibt die Nachtdämonen, ist ihr Besieger und Regent. Das gilt dann auch vom König aller altorientalischen Staaten. Er wird dadurch zum Schutzherrn der Wahrheit, Gerechtigkeit, denn die Nacht ist die Zeit des Trugs, die Sonne macht alles „wahr". So übernimmt er die göttliche Richterfunktion. Der Zusammenschluß vieler Stämme zu einem Staat — ein unbedingtes Kriegserfordernis im Falle der Bedrohung durch eine überlegene Macht — und die Erblichkeit seiner Würde beginnt ihn, von dessen Geschick und Willen tatsächlich alles abhängen kann, zum Herrn seines Landes im engsten Sinne des Wortes zu machen. Er vertritt es, stellt es leiblich dar. Die auf dieser Ebene liegende Vorstellung von dem König als einem geistigen Medium, dessen schaffende Kraft sich in der vegetativen und wirtschaftlichen Ergiebigkeit seines Landes auswirkt, findet sich schon bei den Baronga Südafrikas. Dort ist der Landesherr „der Hahn, dessen Hühnerhof sein Land ist. Er ist der Stier, ohne den die Kühe nicht kalben. Ohne ihn ist das Land wie eine Frau ohne ihren Gatten."

Durch diese Bilder, die hier natürlich mehr als poetische Fiktionen sind, die Symbolcharakter haben, wird der Häuptling in eine Parallelstellung zum Reich, das er regiert, d. h. im primitiven Sinne zur Welt, gebracht. Wenn er seine Pflichten nicht erfüllt, so stockt (wie bei der Höllenfahrt der Götterkönigin Ištar im babylonischen Mythus) alles Leben auf der Erde. „Der Stier geht [dann] nicht mehr auf die Kuh". Diese Vorstellung eines babylonischen Textfragments ist unverändert erhalten geblieben. Aber noch mehr: er kann seinen hohen Beruf nur wahrnehmen, wenn er, der jetzt zum Abbild der „Welt-im-Kleinen" geworden ist, als „Welt-im-Großen" lebt, d. h., nicht anders als diese die traditionellen Satzungen erfüllt, „tugendsam" ist. Verletzt er dieses Gebot, so ruft er Unheil auf der Erde hervor. Gemäß der uns bekannten primitiven Einstellung wird umgekehrt jedes Unglück, das sein Land trifft, auf sein „Verschulden" zurückgeführt. Er kann für Überschwemmungen, Hungersnöte usw. persönlich zur Rechenschaft gezogen werden. Bisweilen ist er auch an falschen Richtersprüchen schuld, da sein Verhalten nach weit verbreiteter Auffassung die Tatsächlichkeit, d. h. Wahrheit des Weltgeschehens nachahmen muß: indem er etwa von rechts nach links statt im

Sinne des Uhrzeigers ein Heiligtum umkreist, setzt er sich mit dem Sonnenlauf und dadurch auch mit der „Wahrheit" — denn der Sonnenlauf ist Wahrheit — in Konflikt. Das Dogma von der Heiligkeit und Unveränderlichkeit des einmal gegebenen Königsworts, das noch der Reaktionsperiode des 19. Jahrhunderts als eine gewisse Naturnotwendigkeit erschien, hat hier seine Grundlage. Es wird namentlich im Indien des Mittelalters verinnerlicht und mit herrlichem Pathos betont.

In Indien finden wir, wenn irgendwo, das Älteste neben dem Neuesten. König darf nur werden, wer die 33 „Schönheitsmerkmale" am Körper trägt, wer aus fürstlichem Geblüt, aus adliger Kaste ist; sonst stürzt er die Kastenordnung und damit die Welt um. (Das erinnert an den Glauben der Fiji-Insulaner, nach dem die erste Vorbedingung für die glückliche Regierung eines Fürsten dessen edle Abstammung in der mütterlichen und väterlichen Linie ist.) Aber — König (so lehren die gleichen indischen Texte) darf auch nur sein, wer die Wahrheit spricht und sein Wort wahr macht. Gegen einen so geschützten Begriff von der Göttlichkeit der Königswürde haben, meine ich, auch wir nichts einzuwenden.

Wir begannen, von Indien zu reden. Dieses Land, diese „Welt", im Rahmen unseres Themas kennen zu lernen, muß jetzt unsere Aufgabe sein.

INDISCHER ABERGLAUBEN

Die Ostindische Halbinsel, an Größe das Deutsche Reich fast um das Zehnfache, an Bewohnerzahl um das Fünffache übertreffend, beherbergt ein gewaltiges Völkergemisch so inkongruenter Art, daß von einer einheitlichen Wertung dessen, was man Glauben, mithin auch dessen, was man Aberglauben nennen darf, nicht die Rede sein kann. Als Kulturträger gelten dort die arischen Stämme, deren Priesterschaft, die Brahmanen, eine durch mehrere Jahrtausende sich hindurchziehende, meist in der Sanskritsprache geschriebene, noch heute nicht erloschene Literatur von ungeheurem, auch gegenwärtig nicht übersehbarem Umfange geschaffen hat. Die Fülle der in den Originalquellen gegebenen Tatsachen auf religiösem Gebiete, ergänzt durch Berichte fremder Beobachter, ist beispiellos. Als Aberglaube werden wir dort gelten lassen können, was dem Brahmanismus, der orthodoxen Priesterschaft, als solcher erscheint, ferner alles das, was diese, statt auf naturgesetzliche Notwendigkeiten, auf dämonische Mächte zurückführt und was sie, dieser falschen Vorstellung Raum gebend, in Bezug auf jene primären metaphysischen Faktoren, in freundlichem oder feindlichem Sinne aktiv äußert. Mithin kommt die abergläubische Idee und Handlung sowohl der Kasten und Völker, denen die indische Priesterschaft ihre Rechtgläubigkeit entgegenstellt, wie die magische Vorstellungswelt der Brahmanen selbst in Betracht. Die naheliegende Frage, was diese geistigen Machthaber heutigen Tages unter „Aberglauben" verstehen, sind sie uns nicht schuldig geblieben. Danach kann Aberglauben auf einem Übermaß an Glauben oder religiösem Handeln beruhen, etwa in der Weise, daß man die Heiligkeit und Unverletzlichkeit der Tierwelt auf das schädliche Gewürm ausdehnt oder die Umkreisung von Heiligtümern als Ausdruck von deren Verehrung zu einem zwei Monate hindurch anhaltenden Dauerlaufe ausgestaltet. Neben dieser quantitativen Auffassung steht die qualitative: abergläubisch ist, wer unwahres, törichtes und nichtiges glaubt, kurz, für wahr annimmt, was nicht im religiösen Gesetz verankert ist; denn die ewigen Wahrheiten liegen, keiner Veränderung fähig, in diesem verborgen. — Neben den, lediglich gelehrten Begriffsdefinitionen entsprungenen Worten für Aberglauben gibt es dafür ein altes, echtes Wort: schraddhā. Es bezeichnet in der frühen Sprache in der erdrückenden Mehrzahl der Fälle seines Vorkommens das gläubige Vertrauen, nicht aber ein solches auf die Güte oder Gerechtigkeit der Gottheit, sondern auf die Zaubermacht der Vedaverse, die sieghafte Wirkung der Opferzeremonien und namentlich auf die Wundermacht der diese vollziehenden Priester. Die Ritualien verlangen solchen Glauben als Vorbedingung ihrer Wirksamkeit; deshalb ist die dem großen Opfer vorangehende „Weihe" geradezu eine Verkörperung des „Vertrauens". Die Vorwegnahme des gewollten magischen Effekts fällt also mit jener Seelenstimmung, die wir als abergläubisch zu bezeichnen gewohnt sind, zusammen. Sie kommt einem Herrschergefühl über das Reich der Natur gleich. Durch sie hat sich der Inder von der Empfindung der Furcht befreit, die ihn vor den unverstandenen Naturdingen beseelte. Das Grauen vor dem bösen „Etwas", dem „Bösen" schlechthin, das in der Dunkelheit in tausend Gestalten auf uns einwirkt, um vor den Strahlen des dämonenverscheuchenden Sonnengotts zu entfliehen, ging dem Versuch voraus, die Natur zu meistern. Jede Klarheit in Gedanken, Worten und Bildern zerstreut diesen frühesten dämonologischen Wahn. Deshalb lassen Dämonen sich nicht beim Namen nennen, nicht abbilden oder im Spiegel betrachten. Wolken, d. h. die in ihnen hausenden Geister, vertreibt man, indem man einen Spiegel gegen die Gewitterwolke hält. Schlangendämonen kann man dadurch töten, daß man sie ihr eignes Bild im Spiegel sehen läßt. Geister werden gebannt indem man ihnen ihr Zauberzeichen zeigt. — Die furchtbare Heiligkeit des Dämons schlummert in den Naturobjekten. „Der Wald (Urwald, Waldwüste) ist ein Sammelplatz für die Götter" sagt ein Text. Das Gleiche gilt von Quellen und Gewässern aller Art, von Bergen und Bäumen, der Erde und dem fruchtbaren Land, den Elementen. Der Glaube an das Walten der Naturgesetze besteht, wenn überhaupt, nur für die räumlich und zeitlich nahe liegenden Objekte. Je weiter wir uns von diesen entfernen, um so mehr zerfließen die Grenzen zwischen Wirklichkeit und Märchen. In der ältesten Zeit, am fernsten Orte, ist alles möglich. Die Wunder der in die früheste Vorzeit zurückverlegten Sagenliteratur werden deshalb ebenso kritiklos geglaubt wie die Märchen, deren Schauplatz dem Hörer entrückt ist. Das ungeheuere Autoritätsbedürfnis des Inders hat ihm einen uns unfaßlich groß erscheinenden Schatz abergläubischen Denkens gerettet. — Man darf nicht die Aufstellung unternehmen, daß die Naturobjekte nach indischer Auffassung „belebt" seien. Sie sind vielmehr Komponenten einer Kräfteeinheit, des Kosmos, und als solche geistige, nicht primär leibliche Elemente, ständig gespeist durch die von der Erde in die höheren Regionen zurückflutenden seelischen Substanzmassen. Der Körper des Menschen löst sich nach seinem Tode in seine Bestandteile auf und strömt alsdann in die analogen makrokosmischen Elemente zurück: zur Sonne wird sein Auge, zum Wind sein Lebenshauch. Das Gleiche gilt beim Opfertier: zur Erde geht sein Gebein, zu den Weltgegenden sein Ohr. Der Parallelismus zwischen den Körperteilen der „Welt im großen" und „Welt im kleinen" wurde durch die Erfahrungstatsache der gegenseitigen Beeinflussung beider gestützt: von der Sonne hängt das Schauen des Menschen ab; aber durch den Zwang der Magie wurde die Wirkung auf das himmlische Gestirn erreicht. — Der psychische Organismus, vom physischen nicht klar gesondert, untersteht dem determinierenden Zwange des makrokosmischen Naturgeschehens. Wie der Wind des Menschen Atem, so ist das Feuer, in ihn eingebettet, die Liebesempfindung. An der Periodizität der Naturabläufe nimmt er Anteil, wenn er Nachts schläft, im Frühjahr das Feld bestellt, die weiblichen Körperfunktionen sich mit den Mondmonaten erneuern weiß. Sich der in den Naturabläufen offenbarenden „heiligen Ordnung" zu unterstellen, ist seine Lebensaufgabe. Sie schließt die Befolgung der heiligen alten Sitte ein, die uranfänglich und unvergänglich über dem Menschen waltet. Die Sterne des großen Bären, die, den Polarstern umwandelnd, das höchste Naturgesetz predigen, sind nichts als sieben alte Weise, die urzeitliche ewige Gesetze für Menschenordnung und Götterdienst gaben. Deshalb steht und fällt die Weltgesetzgebung mit der menschlichen Gesittung; es bürgt die Tugend des Menschen für die Weltordnung, wie die Dissonanz der Naturobjekte den Menschheitsbestand auflöst. — Im allgemeinen gilt alles, was blüht, Früchte trägt, in gesundem Zustande sich befindet, kurz „produktiv" ist, als heilvoll; hingegen alles Zerrissene, Zerbrochene, Schadhafte, Tote, alles, was ist, wo oder wie es nicht sein soll, als magisch gefährlich. Aber selbst das Ominöse wird harmlos, wenn es in das große Gefüge der „heiligen Ordnung" eingegliedert ist. Meteore, sonst stets als verderblich vorgestellt, haben zu den Jahreszeiten der Meteoritenschwärme nichts zu sagen. Die Ausscheidungen des Körpers gelten nur dann als gefährlich, wenn sie von diesem losgelöst sind. Rein ist der Hund beim Fangen des Wildes, der Vogel beim Abpicken der Frucht. Die aus einem solchen komplexen Denken hervorgehenden Bilder sind Träger von Lust- oder Unlust-Gefühlen; sie werden als „schön" oder „häßlich" bezeichnet. Ein Wasserkrug, eine junge Frau, sind „schön"; ein leeres Rinnsal, eine Leiche „häßlich". Darin liegt ein wichtiger Fingerzeig für die Quellenforschung der Lehre vom Schönen überhaupt. Der Affektinhalt, der Lebensbejahung entsprungen, wendet sich ins Positive, wenn er das Befruchtende, Schaffende als Naturglied einbegreift; ins Negative, wenn er die dem Naturganzen widerstrebende Abnormität sich zu eigen machen muß. Weil der Frauenkörper mantisch „schön" ist, also gutes bedeutet, wird er, zunächst generell, dann individuell gefaßt, auch ästhetisch schön. Es gibt keine Schönheit, die nicht Glück brächte. Beide kleiden sich in Ein göttliches Symbol, die Schrī, Gemahlin Vischnu's. Wie die Mantik die tiefste Wurzel der Ästhetik, so ist sie die letzte Quelle der gesellschaftlichen Sitte, des Rechts, der Heilkunst und vor allem der gesamten Religionsübung. Das Opfer ist ein Zaubermittel und bezweckt, die Gottheit in die Gewalt des Menschen zu zwingen; das gleiche gilt von dem Lesen heiliger Texte und traditionell geweihter Textstellen. Kaum gibt es ein Naturwesen, das nicht zum Zaubergegenstande gemacht werden könnte. Doch selbst das psychische Element wird zum Ausgangspunkt magischen Geschehens. Die Stimmung beispielsweise, in der die volkstümlichen Feste gefeiert werden, wird zum Kraftträger: die Freude, deren Ausdruck die Aussaat- und Ernte-Zeremonien begleitet, soll das erhoffte Ernteglück gewissermaßen vorwegnehmen. Die Trauer, mit der man den Toten in lauten Klagen ehrt, hält dessen versöhnten Geist den Lebenden fern. — In einer uns höchst eigentümlich erscheinenden Weise vermischt sich magisches mit realistischem Denken. Selbst in der Medizin steht neben dem praktischen Tun die Zauberpraktik. Nach der Lehre eines alten Mediziners soll man, wenn der Fötus vor der Geburt abgestorben ist, entweder ein Verfahren mit Besprechungen und dergleichen nach den Vorschriften der Atharvaveda eintreten lassen, oder ein erprobter Chirurg soll die Frucht extrahieren.

Aufs tiefste ist die Magie in Indiens Land und Leuten verankert. Aus der berühmten „Seeteufel"-Erzählung des Grafen v. Luckner erfahren wir, daß der mit dem gesündesten Geist und den besten Nerven ausgerüstete Europäer dem Glauben an die Zaubereien indischer Magier hilflos erliegt, daß seine Kritik durch die Gewalt jenes Scheinwesens rettungslos gelähmt wird und sich ihm Halluzinationen aufdrängen, die nachweislich schon vor etwa 1000 Jahren die Masse in Schrecken und Erstaunen versetzten. — Zwar ist es möglich, Inder zum Christentum zu bekehren, aber das verhindert sie nicht, nach wie vor indisch zu denken und zu fühlen. Viele solcher Bekehrten fallen wieder zu ihrem alten Glauben zurück. Mitglieder der höheren Kasten zu gewinnen, gelingt unseren Missionaren fast nie. Sādhu Singh Sundar, der sich mit dem Erzbischof Soederblom photographieren ließ, ist das traurige und unrühmliche Beispiel nicht eines guten Christen, sondern eines schlechten, nur ganz äußerlich zum Christentum bekehrten abtrünnigen Hindu, der den Glauben seiner Väter verhöhnt, ohne ihn verstanden zu haben, ja, ohne ihn wirklich zu kennen. Ihm stehen zahllose Christen gegenüber, die zwar nicht zum Hinduismus übergetreten sind, aber dessen Religion und Aberglauben übernommen haben, an dessen Götter und Dämonen glauben, die Riten der heiligen Bäder mitmachen, sich mit Kuhmist beschmieren und Bäume anbeten, ganz zu schweigen von den geheimen Praktiken auf volksmedizinischem und anderen Gebieten. Der Dämonismus Indiens hat in der wüsten Form der Tigranthropie, des Glaubens an die allnächtliche Verwandlung von Menschen in Tiger, sogar christliche Missionare ergriffen.

Sicherlich ist der Aberglaube Indiens der gefährlichste Hemmschuh seiner religiösen, intellektuellen, kulturellen Entwicklung. Die zahllosen, auf dem Menschen lastenden Tabus verschlingen einen sehr bedeutenden Teil der Zeit, die nutzbringender Arbeit gewidmet sein könnte. Dies gilt bei beiden Geschlechtern und in eingeschränktem Grade selbst für die verworfensten Kasten. Die Schulzeit des jungen Brahmanen muß unterbrochen werden, wenn Todesfälle in der Familie eintreten, unerwünschte oder unreine Personen entgegenkommen, ominöse Tiere sich zeigen. Der Klang der Laute, aber auch der heiligen Opfergesänge, Verunreinigung des Studienorts durch eine Leiche oder falsche Wahl der Studienstätte, die Manifestation himmlischer oder anderer Wahrzeichen, wie Blitz, Donner, Erdbeben, Regen, das Fallen von Meteoren, haben die gleichen Folgen. Diese Liste könnte sehr erheblich verlängert werden. — Die den Naturobjekten beigemessene Heiligkeit macht deren Berührung seitens des Landfremden für diesen zu einer Gefahr, von deren Größe er schwer eine richtige Vorstellung gewinnen kann. Vor einigen Jahrzehnten entfernte ein wissensdurstiger europäischer Gelehrter von einem indischen Begräbnisplatz einen Leichenstein. Die englische Regierung hatte Mühe, den Aufstand, der sich deshalb erhob, rechtzeitig zu unterdrücken. Das Einschmieren von Gewehrpatronen mit tierischem Fett verursachte die bekannte militärische Revolte des Jahres 1857 mit allen ihren furchtbaren Folgen. Im Jahre 1928 erlaubte der in einer indischen Industriestadt residierende englische Gouverneur den wenigen, dort ansässigen Moslems die

Schlachtung einer Kuh, des für den Hindu heiligsten Tieres. Eine schreckliche, anhaltende Empörung sowie ein Streik der dortigen Gesamtbevölkerung, der die ganze blühende Wollindustrie jener Gegend lahm legte, blieben nicht aus. Die zufällige Verletzung irgend eines Dorfgötzen kann katastrophal wirken, obgleich diese Fetische dem niedrigsten religiösen Standpunkt entsprechen und nichts als Travestien hoher Symbole einer nicht mehr verstandenen Vergangenheit sein können. Fungieren doch Buddha und die besten Persönlichkeiten seiner Umgebung jetzt als Dorf-Schutzheilige. Die Steinpfeiler, auf die König Aschoka seine berühmten Toleranzedikte, wohl die herrlichsten Offenbarungen religiös-sozialer Gesinnung, geschrieben hat, gelten jetzt als Darstellungen des Fruchtbarkeit verleihenden männlichen Gliedes. — Dem Aberglauben ist of eine unerhörte Grausamkeit inne. Das Austreiben magischer Kräfte aus einer gefürchteten, zauberkräftigen Person erfolgt unter den größten Qualen für das unglückliche Opfer dieses Wahns. Ein Weib, das verdächtig ist, eine „Leberesserin" zu sein, erhält Brandmarken auf beiden Seiten des Kopfes und der Beine. Man füllt ihre Augen mit Salz und hängt sie 50 Tage lang in einem unterirdischen Raume auf, währenddessen Zaubersprüche über sie gesprochen werden. Der Glaube an Hexen, Zauberer, Tigranthropen usw. erfordert, wie die englischen Gerichte am besten wissen, immer neue Opfer. Diese Dämonenträger werden aus irgend einem Scheinanlaß ermordet. Nur dem mangelnden Zusammenschluß der einzelnen Kasten ist es zu verdanken, daß Razzias und Fememorde im kleinen, nicht im großen vorkommen und Scheußlichkeiten vermieden werden, die an Bestialität den christlichen Hexenprozessen nichts nachgeben würden. Dagegen sind als Früchte der indischen Hexenjustiz noch heute Verhöhnung, Mißhandlung, Körperverletzung mit Todesfolge, Zerteilung durch das Schwert, Aussetzung im Dschungel, Ausstoßung aus der Volksgemeinschaft, lebendige Verbrennung namentlich bei niederen Stämmen im Schwange. Der alte Wahn der Witwenverbrennungen lauert im Hintergrunde und bricht, wenn die Furcht vor der englischen Herrschaft sich verringert, zugleich das Nationalgefühl erstarkt, zum Schrecken der Kulturwelt immer wieder hervor. Die Angst vor Fremden, namentlich auch Engländern, erschwert die Verwaltung des Landes und setzt dessen Herrn in ein ganz falsches, überaus düsteres Licht — zur Gefahr für beide Teile. Unglaubliche Märchen werden den Europäern angedichtet und, da zum Beispiel der Engländer die indischen Reinheitsvorschriften nicht beobachtet, mithin in des Hindu Augen kastenlos und deshalb gänzlich verworfen ist, willig geglaubt. Morde aus Gründen niederer Selbstsucht können sogar den Verwaltungsbeamten fälschlich zur Last gelegt werden. Das gesellschaftliche Verhalten des Weißen ist dem Durchschnittsmenschen der indischen Stämme ein unfaßlicher Greuel. Wenn der Engländer beim Essen Messer und Gabel braucht, so beweist er damit, daß seine Finger giftig sind. Als wüste, wohl nur verleumderischerweise ihm untergeschobene Schmutzerei gilt die Verwendung von Klosettpapier statt des Sandes oder die Reinigung der Aftergegend mit der rechten Hand. Die Abneigung des Inders, verschiedene Kasten in den gleichen Räumen zu beherbergen, erschwert neben dem Haß gegen die abendländischen Ärzte, die man für Verbündete des Teufels hält, jede Eindämmung von Epidemien, deren Furchtbarste der Göttin Kālı zu unterstehen pflegen. Die ihr geweihten, von Kranken gespendeten und deshalb natürlich von Pesterregern wimmelnden Gaben werden in fließende Gewässer geworfen, um dadurch die Pest zu „übertragen". Der Zweck wird erreicht, aber das Verfahren ist mörderisch und versagt bei dem Versuche, die Krankheit vom eignen Herde wegzubannen. Die Mittel der modernen Prophylaxe und Hygiene sind dem Eingeborenen völlig unfaßlich; die üblichen Ritualhandlungen, selbst wenn sie (wie z. B. Waschungen) an deren Stelle zu stehen scheinen, zur Erreichung des gewünschten Zweckes gänzlich ungeeignet. Gewöhnlich laufen sie in den Bahnen der Dämonenabwehr. Die ihnen zu Grunde liegende Gespensterfurcht lähmt die freudige Energie des Schaffens und malt Schreckgespenster, wo zur Befürchtung kein Grund ist. Der übertriebene Respekt vor den Priestern als Zauberern versklavt die Volksmasse und verhindert deren geistigen Aufstieg. Die Magie sucht, auf intellektuellen und moralischen Fehlgriffen sich aufbauend, Vorteile meist ungesetzlicher Art zu erreichen und schädigt damit in ethischer und geistiger Hinsicht. Der medizinische Aberglaube erschwert das rechtzeitige Eingreifen wissenschaftlich geschulter Kreise und fordert unzählige Todesopfer. Ich denke nur an den Wahnsinn, eine Frau am sechsten Tage nach der Entbindung, besonders auch dann, wenn dieser Tag mit dem Höhepunkt des puerperalen Fiebers zusammenfällt, kalt baden zu lassen, Geisteskranke zu prügeln usw. Die auf Aberglauben beruhenden Kastenvorschriften bezüglich der Reinheit von Speisen erschweren die wirtschaftliche Ordnung; beispielsweise darf nur ein Mitglied gleicher oder höherer Kaste, am besten also ein Brahmane, bei einem Hausherrn als Koch im Haushalt fungieren, weil sonst sein Blick, seine Berührung der Speisegefäße, diese unrein machen würde. In der Zeit größter körperlicher Entbehrungen am Ende des Weltkrieges mußte ich es mit erleben, wie im Gefangenenlager in Zossen ein Riesengefäß von gekochtem Reis weggeschüttet wurde, weil die Brahmanen, die davon genießen sollten, dessen Löffelstil von der Hand eines Adligen berührt gesehen hatten! — Die Mantik der Himmelswahrzeichen ruft unbegründete Furcht vor Katastrophen aller Art hervor, die der Astrolog zu Zwecken eignen Vorteils verwendet. Die Traumkunde verhindert die rationalistische Bewertung unzähliger Pläne und Handlungen. Der Glaube an die Seelenwanderung stellt, volkstümlich aufgefaßt, das giftige Gewürm, das jährlich Tausende von Landeseinwohnern tötet, dem Menschen gleich. Kein Hindou-Policeman wird einen tollen Hund erschlagen. Andererseits werden die Bande zerrissen, die Mensch an Menschen knüpfen sollen. Ein Brahmane, der ein rituelles Reinigungsbad nehmen muß, weil er mir als Kastenlosem die Hand gegeben hat, kann mir nicht nahe stehen. Der im Gefolge der Seelenwanderungstheorie stehende Glaube an das gerechte Walten des Schicksals, das jeden Menschen in den Zustand versetzt, der seiner sittlichen Persönlichkeit in der Zeit früherer Existenzen entspringt, lähmt in ungeheuerlicher Weise die natürliche Tatkraft, das Streben nach moralischer, geistiger und wirtschaftlicher Vervollkommnung. Dem aussätzigen Bettler der niedrigsten Kasten erscheint es als eine Tat göttlicher Gerechtigkeit, daß er in einem unausdenklichen Elend lebt, während der Schoßhund der an ihm vorbeifahrenden Lady, in jeder nur möglichen Weise verhätschelt, sich unter dem Sonnenschirm seiner Herrin wohlfühlt. Wenn das Getreide nicht reift, Mäuseplagen es heimsuchen oder Überschwemmungen es vernichten, so sind die Sünden der Menschen daran schuld — man läßt das Unglück eben über sich hinweggehen. Im Narbada-Tal führt man den Mehltau, der vielfach das Getreide zerstört, auf die in der Zeit der Engländer-Herrschaft sich häufenden Fälle von Ehebruch zurück, oder man denkt zur Begründung dieser Plage an die englischen Ausmessungen des Bodens zum Zweck der Steuererhebung, da geometrische Exerzitien die Mutter Erde beleidigen sollen; oder man spricht vom Genuß von Kuhfleisch.

Und doch dürfen wir uns die arisch-indischen Stämme nicht im dumpfen und gemeingefährlichen Aberglauben hoffnungslos versunken vorstellen. Lebensfrische und Lebenszähigkeit, die tausendjährigen Drangsalen aller Art siegreich standhielten, vereinigen sich bei diesem seltsamen Völkerkomplex mit uralt-übernommener Metaphysik. Die Stämme, denen wir so vortrefflich realistisch gezeichnete Beobachtungen von Land und Leuten verdanken, die uns die berühmte Erfahrungsweisheit des indischen Sprichworts liefern, die in den Schlachten der Weltgeschichte sich als Helden bewährten, können zugleich Realisten und Phantasten, Empiriker und Metaphysiker sein. Der Bauer vermag sich, wenn er Märchen erzählt oder hört, über die Verlogenheit und Feigheit seiner Priester lustig zu machen und wird gleichwohl seine Tochter nicht verheiraten, ohne zuvor durch den Astrologen die dazu „glückliche Stunde" festgestellt zu haben. Der Brahmane kann in der ganzen Welt ein bloßes Trugbild sehen; aber der Schakal, der ihm in den Weg läuft, veranlaßt ihn gewiß dazu, eine Zauberformel zu seinem Schutze zu sprechen und ein reinigendes Bad zu nehmen. Der moderne und europäisch gebildete indische Professor tritt vielleicht für das Frauenstimmrecht ein, aber — daß die Witwenverbrennung von der englischen Oberherrschaft verboten ist, beklagt er offen oder im geheimen. Daß unser elektrisches Licht auf einer dem Menschen dienstbaren Kraft beruht, weiß er zwar und kann es im englischen Hause immer wieder bestätigt finden. Wenn er aber abends den Strom einschaltet und die Lichtflut sich ergießt, so betet er, wie ich selbst erfahren habe, den hochheiligen, uralten Vers: „Diesen, des [Sonnen-] Gottes Savitar preisenswerten Glanz verehren wir andächtig." So seltsam vermischt sich Vergangenheit und Gegenwart, Denken und Empfinden, Bewußtes und Unterbewußtes, Seelisches und Leibliches bei diesem wunderbaren Volke.

Der indische Aberglaube stammt, wenngleich wahrscheinlich ehedem weniger streng systematisiert als in den späteren Perioden, aus der Urzeit. Ihn auszurotten, ist nur einmal in der Menschheitsgeschichte mit voller Strenge und begrifflicher Schärfe versucht worden. Der Buddhismus war es, der ihn bekämpfte, um, je länger um so mehr den Lehren seines Meisters entfremdet, ihm schrittweise zum Opfer zu fallen. In seiner reinsten Form aber kannte er keine Dämonen, die über den Menschen Macht hätten. Der Mensch steht im

Mittelpunkte der Welt. Er ist das Schlußstück der großen Kette geistig-sittlicher Werteinheiten, die, vom Unbelebten ausgehend, und durch alle Stufen der Lebensformen vordringend, das Weltall beseelen. Nur er vermag an sich die Erlösung zu vollziehen, denn nur ihm kommt eine vom Körper substanziell verschiedene, mit dem Rechte der Selbstbestimmung versehene Seele zu. In dieser Lehre liegt eine kopernikanische Tat. Durch die Anerkennung einer sittlichen, nur dem Menschen eignen Freiheit wurde eine Umwertung aller Werte vollzogen. Die Götter des Buddhismus sind den Offenbarungen des menschlichen Ethos unterworfen. Der Böse wohnt im eignen Herzen und findet durch die eignen Sinnesorgane dort einen Zutritt. Die Macht der Außenwelt prallt an der sittlichen Festigkeit des Reinen ab. Nicht die Gestirnwelt bereitet ihm das Schicksal: für den Guten sind die Gestirne immer günstig. „Wir beachten nicht die Vorzeichen; das Beachten der Vorzeichen ist ja nicht von Buddha gebilligt. Darum soll ein Weiser die Vorzeichen nicht beachten.“ Deshalb wird auch die Beobachtung des Vogelfluges ausdrücklich verboten. Wie im Buddhismus zum ersten Mal Geist und Materie einander gegenübertreten, so werden in der zeitgenössischen Literatur erst hier die Toten entseelt, wird der Tod als die natürliche, unvermeidliche und allgemeine Zielsetzung für alles Leben erkannt. Jetzt erst wird man sich darüber klar, daß der Verstorbene weder essen noch trinken, weder vorwärts schreiten noch zu den Lebenden zurückkehren kann, daß er an die Güter dieser Welt, die ihm nichts nützen, nicht gefesselt ist. Damit aber werden alle Grabmitgaben und Totenopfer, alle Gebete und Beschwörungen, der ganze Hexen- und Teufelsspuk widersinnig. Gewiß, der Buddhismus kennt in seiner volkstümlichen Form viele Höllen, Totengeister und Seelenwesen, aber gerade darin nähert er sich dem Christentum außerordentlich, daß er, wie dieses, eine Gerechtigkeit lehrt, deren Walten alle außerweltlichen Machtwirkungen aufhebt. Jede Zauberei wird als töricht verworfen, denn das einzige wirksame Regulativ der empirischen wie der intelligiblen Welt ist das Sittengesetz, das alle magischen Bezüge aufhebt. Deshalb soll man keine Amulette tragen, nicht an Glückssymbole glauben. „Wer nach dem heiligen Gesetz lebt, ist unbesiegbar durch das Geschick.“ Er hat das beste Glückssymbol erkoren. Es gibt keine glücklichen oder unglücklichen Tage, durch deren Festsetzung mittelst des Horoskops die astrologisch orientierten Brahmanen sich bis zur heutigen Zeit Geld erwerben und Unheil stiften. Ein tugendhaftes junges Mädchen bedarf eines „glücklichen“ Hochzeitstages nicht. Es selbst ist „Glückszeichen“ genug. Überhaupt sind alle abergläubischen Handlungen töricht, denn sie führen nicht zur Befreiung sondern in die Sklaverei; das Gleiche gilt von den eng mit ihnen verketteten Abstinenzvorschriften, den Regeln über Speise und Kleidung. Buddha hat den Genuß von Fischen erlaubt und Schweinefleisch gegessen, was ihm sehr verübelt wurde. Der Bodhisattva (d. h. Buddha-Kandidat; Buddha in einer späteren Geburt) trotzt den Reinheitsvorschriften und stößt sich in die Gewohnheiten der niedrigsten Kasten herab, indem er ein von Mäusen benagtes Gewand einem Leichenhügel entnimmt und sich anlegt. — Zwei legendäre Züge sind für die buddhistische Ablehnung des Aberglaubens besonders bezeichnend. Eine Sage berichtet, daß ein Fürst die Gemeinschaft von dreißig buddhistischen Mönchen verfolgte, ihr aber nichts anhaben konnte. Der König glaubte deshalb, diese Brüder besäßen eine Schutz verleihende Zaubermedizin. Der Bodhisattva, der Einer dieser dreißig war, belehrte ihn: „Herr, einen anderen Zauberspruch haben wir nicht; sondern wir Leute töten kein lebendes Wesen; wir nehmen nicht, was uns nicht gegeben wird; wir führen keinen üblen Wandel; wir reden nicht die Unwahrheit, wir trinken keine berauschenden Getränke; wir üben uns in der Liebesbetätigung.... dies ist unser Zauberspruch, unser Schutz und unsere Stärke." — Besonders bedeutsam aber ist eine zweite Legende. Buddha besucht den Asketen Kassapa, der den Namen eines Demiurgen trägt, also wohl mit unbeschränkter Macht über die Welt ausgestattet gedacht ist, in seiner Einsiedelei. Er will ihn bekehren und vollbringt deshalb eine große Anzahl von Wundertaten. Sie alle machen, wie groß auch die Magie ist, die dadurch der „Vollendete" beweist, auf Kassapa keinen Eindruck. Dieser denkt: „Mit großer Wunderkraft und Macht begabt ist dieser große Asket, aber er ist doch nicht so heilig wie ich." Als Buddha einsieht, daß er auf diesem Wege nichts erreicht, spricht er zu Kassapa: „Du bist nicht heilig, Kassapa, und hast auch nicht den Weg der Heiligkeit betreten, noch ist dein Wandel derartig, daß du durch ihn heilig wirst oder den Weg der Heiligkeit betrittst." Nun neigt sich der alte Zauberer vor Buddha und nimmt von ihm die Lehre an. — Buddha will also mit jenen Worten sagen: „Mag ich auch noch so viel Wunder tun, ich bin dadurch für dich um keinen Zoll breit dem Himmel näher. Aber dadurch, daß ich dich aus dem Wust deiner Zauberei auf das Sittengesetz zurückverweise, daß ich dir die Heiligkeit als Ziel setze, die jenseits aller Magie steht, wirst du, der mächtigste unter meinen Gegnern, der Vertreter eines früheren Weltalters, zu meinem Schüler." Tatsächlich hat der Buddhismus das Urzeitalter der Magie überwunden.

In der frühesten Ära steht der Mensch mit allen seinen durch die Not und Gefahren des Lebens geschärften Sinnen der Natur nah. Tastend, leckend, riechend, macht er sich ihre Objekte zu eigen. Das Berühren glückbringender Gegenstände, ihr Streicheln, Umschmeicheln wird wiederholt hervorgehoben. Es gehört zu den täglichen Obliegenheiten des Königs. Eine innigere Berührung bietet der Kuß: „küssen" und „riechen" werden mit dem gleichen Wort bezeichnet; es handelt sich also um den Nasenkuß, der auch Leichen zuteil wird: man fängt mit ihm die entfliehende Seele auf. — Beim Manenopfer nehmen die Ahnen, die Speise riechend, teil. Das Beschnuppern seitens vieler Tiere gilt als bedeutsam, das der hochheiligen Kuh beispielsweise merkwürdigerweise als unheilbringend. Bei einem großen Königsopfer beriechen die Pferde vor und nach dem zu dieser Feier gehörigen Wettrennen die Opferspeise, um Kraft und Schnelligkeit zu erlangen (die in dem Opfermahl schlummert). — Das Lecken ist als Kuß des Tieres bekannt und wird vom Menschen nachgeahmt. Wer Wohlstand wünscht, soll mit der Zunge die Stirn eines zuerst geborenen Kalbes belecken, noch ehe die Mutter dies tun kann, und dann den Schleim verschlucken. — Diesen ältesten Äußerungen eines halb tierischen Instinktlebens tritt der Mensch der arisch-indischen Periode gegenüber, indem er in die Welt blickt. Das Auge wird jetzt zu seinem Führer („nayana“ und „netra“ heißen im Sanskrit: Auge und Führer); mittelst des Auges lernt er das All verstehen (lat. videre heißt sehen; das Gleiche Wort im Sanskrit: wissen, verstehen). Der Sinn des Gesichtes gilt als der Edelste, blind geboren zu sein als die größte Strafe. Für den Zustand der Blindheit, ja Halbblindheit kennt die altindische Sprache spezielle Wörter. — Wir sahen bereits, daß man im alten Indien von religiösem Glauben als einer Zuversicht auf das, was man nicht sieht, kaum sprechen darf. Dem Gott Indra der ältesten Periode hängen die Arier an, weil sie ihn sehen, weil er, wie manche andere Götter und Götterboten, zu Zeiten unter den Menschen wandelt, an ihren Opfermalen teilnimmt, bei gleichzeitig stattfindenden Konkurrenzdarbringungen sich entweder für diesen oder jenen opfernden Stamm entscheidet. Die Gottheiten der späteren Zeit steigen als Menschen oder in Tiergestalt zu den Irdischen herab. Dann zeigen sie ihre Manifestationen, deren es bei Schiva nicht weniger als 1008 geben soll.

Die Verteilung der abergläubischen Ideen und Handlungen auf die Kasten ist natürlich sehr verschieden. Der Brahmane schleppt seinen alten Hausvorrat von Aberglauben, den er Wissenschaft nennt, mit sich von Ort zu Ort und von Geschlecht zu Geschlecht, denn von ihm fristet er ja vielfach sein Leben. Der Landmann läßt von ihm Saat und Ernte abhängig werden; aber die Naturbeobachtung, die aus der Erfüllung seiner kulturellen Pflichten erwächst, dämmt die Willkürherrschaft des Aberglaubens ein. Der vom Zufall Lebende ist ihm ganz ergeben, besonders deshalb auch jedes Mitglied einer verbrecherischen Kaste. Die Thugs, jene bekannte Mördersekte, hatten ein sehr ausgeprägtes System des Aberglaubens, das ihnen etwa sagte, wann es vorteilhaft wäre, zum Raubzug auszuziehen usw. Auch ihre eigentlich religiösen Vorstellungen sind dem Aberglauben psychologisch eng benachbart und wachsen aus den dumpfen Instinkten von Wollust und Grausamkeit hervor. Für das Verständnis des brahmanischen Lebens und Ergehens ist die Kenntnis einer Zahl abergläubischer Ideen erforderlich. Der Aberglauben beherrscht das soziale Leben des Brahmanen nicht minder als seine geistige Einstellung zur Außenwelt. Er zieht als Summe von Abwehrmitteln gegen die gefürchteten bösen Einflüsse eine äußere Korrektheit groß, die mit wahrer Gesittung nichts zu tun hat, weil sie sich in den kodifizierten Geleisen bewegt und deshalb im Ernstfall natürlich gerade versagen muß. Seit unausdenklicher Zeit hat sie den Kastenhochmut unterstützt und einer Eitelkeit Vorschub geleistet, die uns halb belustigend, halb widerlich anmutet. Sie soll sich natürlich auch in bare Münze umsetzen, nicht anders als die konventionelle Frömmigkeit des abendländischen Europäers früherer Jahrhunderte. „Durch das richtige Verhalten kommt als Frucht irdisches Gut. Durch richtiges Verhalten erlangt man Glück und Glanz. Das richtige Verhalten macht böse Anzeichen zunichte.“ Die Kasuistik dieser Modehandlungen könnte Bücher füllen. Aus Texten wie dem „Spiegel des Wohlverhaltens“ erlernt man die Zeit sowie die Art und Weise, in der man des Morgens aufstehen, sein

Gebet verrichten, essen und trinken, sich den Mund spülen und die Zähne reinigen, Kot und Urin lassen, sich danach säubern, Gäste empfangen, seinem Gewerbe nachgehen, seine Frau begrüßen, bei der Begegnung von glück- oder unglückverheißenden Personen oder Sachen sich benehmen, sich vor körperlichen und seelischen Gefahren schützen und Abends ins Bett gehen soll—ins Bett, dessen Länge, Höhe und Material genau vorgeschrieben sind. Selbst Opfer und Gebet sind bis in die kleinsten Einzelheiten der Handgriffe und der Akzentuationsgesetze der zugehörigen Gesangsstrophen in dies Procrustesbett gezwängt. Neben der Askese sind sie der einzige Lebensinhalt des „Religiosen", des Sādhu.

Die Zahl begrenzt das menschliche Leben nicht nur in räumlicher, sondern auch in zeitlicher Hinsicht. Die Periodizitäten der natürlichen Geschehnisse im makrokosmischen wie mikrokosmischen Dasein haben den Begriff der Schicksalsmacht gebildet, die, nicht willkürlich das Weltall überlagernd, sondern es nach bestimmten immanenten Gesetzen beherrschend anerkannt wurde. Es wurden gewisse Feiertage festgelegt, an denen alle Arbeit ruhen sollte; sie treten unerwartet in ihr Recht, wenn ungeheuerliche Ereignisse im Natur- oder Menschenleben die gestörte Ordnung des Weltalls offenbaren und jede menschliche Betätigung gefährlich machen. An solchen Tagen ruht selbst die erfolgreiche Arbeit des Arztes. Zu heilig, um irgendwelche Betätigung zu dulden, ist beispielsweise für den Landmann die erste Zeit der Getreideblüte, da diese über das Gedeihen des Ackerbaues entscheidet. Die nach Hunderten zählenden Kasten haben ihre eignen Ruhetage, an denen sie der Taten oder Leiden ihrer Schutzheiligen gedenken. Im Zweifelsfall wird das Schicksal befragt. Es gibt Zeiten, in denen nur bestimmte Arbeiten zu unterlassen, bestimmte Handlungen von Erfolg sind. Die Zeit, das Geschick, offenbart seinen Willen durch die Sterne des Himmels, zumal in ihnen der Zeitablauf sich sichtbar darstellt und die Himmelskörper als beseelte, waltende Mächte, als Ahnen, gelten. Der Astrolog forscht deshalb nach der „glücklichen Stunde" und bestimmt sie für alle religiösen Handlungen, die Staats- und die Familienopfer, bei Geburt, Hochzeit und Tod, bei Reisen oder Kriegszügen, bei Aussaat und Ernte, bei den größten politischen Handlungen wie bei der häuslichen Wäsche. Über die rechte Stunde zu jedem Unternehmen gibt es Traktate, die in den Dörfern feilgehalten werden. Die Vermeidung oder Notwendigkeit des Bades oder bestimmter Arten und Weisen, zu baden (wobei der Gebrauch des Öls bald nützlich, bald schädlich ist), wird umständlich reguliert. Gelingt es nicht, einen Termin dem unglücklichen Zeitpunkt zu entrücken, so trifft den Handelnden oder Leidenden natürlich ein Verhängnis. Ominös ist die Morgen-, Mittag- und Abendzeit. Die Dämmerungen werden auch in Indien stets gefürchtet. Unter den Wochentagen ist der des Saturn, der Sonnabend, unheilvoll. Donnerstags oder Sonnabends werden in Nepal die Hinrichtungen vollzogen. Als im Jahre 1817 in Bengalen die Pest ausbrach, wurde dies dem Umstande zugeschoben, daß im August jenes Jahres sich unter den Kalendertagen 5 Sonnabende befanden. Der Vogel bedeutet an jedem Tage in der Woche verschiedenes. Der Schaltmonat gilt als sehr unglücklich. Eine schreckliche Epidemie in Nepal, die vor etwa 120 Jahren ausbrach, wurde darauf zurückgeführt, daß der Rājā das große Dasahra-Fest während eines Schaltmonats gefeiert hatte. In den Ebenen der United Provinces beginnt der Landmann das Jahr damit, daß er vermittelst eines brahmanischen Gelehrten eine glückliche Stunde für den Beginn der Arbeit des Pflügens sich festsetzen läßt. Dazu wird häufig die Nacht bestimmt. Sie trägt, wie die Bodenbestellung, chthonischen Charakter. Der Fruchtbarkeitszauber ist bei den niedrig stehenden Stämmen noch durchaus an die Nacht gefesselt. Schweigend muß man dann das erste Samenkorn legen. Geburt und Tod quellen aus der Erde.

Der Determinismus, den wir in solcher Tag- und Zeitenwählerei wirksam sahen, der im Seelenwanderungsglauben mit scharfsinnigster und umfassendster Folgerichtigkeit durchgeführt ist, verkörpert sich praktisch in der Orakelbefragung. Das Bedürfnis, die Zukunft zu erfahren, um ihren Schrecknissen durch geeignete Maßnahmen entgehen zu können, klammert sich an viele der nächstliegenden Gegenstände des täglichen Bedarfs. Es sei daran erinnert, daß an Erbgegenstände, seltsame, dem Haus angehörige Dinge der verschiedensten Art, Wohl und Wehe der Familie geknüpft wurde. Pflanzen und Früchte werden in gleichem Sinne verwendet. In Süd-Indien benutzt der zu einer Schudra-Hochzeit hinzugezogene Brahmane die altbeliebte Kokosnuß, um sie zu spalten und aus der Richtung ihrer Risse zu weissagen. Die Ölweissagung findet sich auch in der Medizin in ausgeprägter und komplizierter Form. Die Sitte des Spiels mit Muscheln oder kleinen Früchten war in Indien seit ältester Zeit weit verbreitet. Daß sie von einem eignen Dämon geschützt, von Königen geübt wurde, die dabei Reich, Thron und Familie verlieren konnten, daß sie sich in dem frühesten wie dem gegenwärtigen Ritual findet, ist die Folge davon, daß man in ihr eine Prophetie im Sinne der alten Schicksalsidee sieht. Beim Dīvāli-Fest wird im Kreise der Familie gespielt. Man richtet es dann gern so ein, daß der Hausherr dabei gewinnt, denn das bedeutet Glück für das kommende Jahr. Hier wird also das Schicksal durch menschliches Handeln listig getäuscht. Gebräuche dieser Art finden sich im alten Ritual vielfach, besonders in der Zeremonie der Königskrönung. In ihr wird das, was dem König besonders am Herzen liegen muß: Sieg, Beute, Unschädlichmachung der Verwandten, Wahrung der Zentralgewalt im eignen Stamm, Gewinnung von Besitztum, in symbolisch-theatralischer Form oder durch das Losorakel (Würfelspiel) zuerteilt. Der Sinn des hier in einer zeremoniell errichteten Hütte stattfindenden Würfelspiels ist nicht völlig klar; da aber die fünf dabei verwandten Würfel im Begleitspruch mit den fünf Himmelsrichtungen gleichgesetzt werden, so dürfte es sich um ein Spiel handeln, bei dem der König diese „ersiegt", d. h. die Welt erobert. — Hernach fordert der fungierende Priester zum Spiel mit den Worten auf: „Spielt um die Kuh." Das nun folgende Spiel kann dem Herrscher vielleicht nur „Glück im Spiel" gesichert haben; es ist aber auch denkbar, daß es aus einer Zeit stammt, in der ein junger Stammesfürst als (gopati d. h.) „Rinderherr" sich darüber klar werden wollte, ob er seine erste Aufgabe, „Mehrer des Reichs" durch „Kuhgewinnung" zu werden, würde erfüllen können. Würfelspiele zum Zweck der Gewinnung von Kühen finden sich im Ritual auch sonst. Unter den in ihm vorgeschriebenen Belustigungen tritt der bekannte Kampf zwischen einem Arier und einem Schudra um ein weißes Fell hervor. Natürlich siegt immer der Arier und sein Gewinn bedeutet nichts anderes als der Gewinn im Würfelspiele. Noch heutigen Tages steht, allerdings kaum in rein arischen Kreisen, das Losorakel unmittelbar im Dienst der Religion. In manchen Tempeln wird Bhairava, eine Manifestation des Schiva von scheußlichem Aussehen, als einfacher, mit zwei kleinen Löchern versehener Stein dargestellt. In jedes dieser Löcher legt der das Orakel Befragende eine Betelnuß, trägt sein Anliegen vor und dreht dann den Stein um. Wenn die linke Nuß zuerst herabfällt, bedeutet es: Mißlingen, die rechte: Erfolg. — Der Schicksalsbefragung durch das Rollenlassen einer Getreideschwinge ist die Sitte der Orāon benachbart, einen Mühlstein durch das Dorf zu wälzen. Das Haus, in dem er anhält, birgt den Priester, den man gesucht hat. — Einen Blick in die Zukunft zu tun, mußte jedem jungen Menschen besonders vor seinem Eintritt in die Ehe erwünscht sein. Die abergläubische Wertung der weiblichen Körpermerkmale, welche das Glück der Ehe gewährleisteten, bildete sich allmählich zu einer Art von Wissenschaft aus. Da es aber dem Bräutigam nach damaligen Anstandsbegriffen so wenig als nach gegenwärtigen freistand, die Braut auf ihre körperlichen Merkmale zu untersuchen, so wandte man sich zu diesem Zweck an einen Spezialgelehrten dieses Fachs. War ein solcher nicht aufzutreiben, dann nahm man zum Losorakel seine Zuflucht. Man ergriff dann (so berichten die Gesetzbücher über die häuslichen Zeremonien) acht Klümpchen verschiedener Erden, indem man sie von einem Felde, das jährlich zwei Ernten bringt; einem Kuhstall; einer Opferstätte.... einem Kreuzweg; einem Leichenweg entnahm. Darauf sagte man zu seiner Zukünftigen: „Nimm eine von diesen." Nimmt sie den ersten Kloß, so ist sie reich an Grundbesitz; den zweiten, reich an Vieh, den dritten, fromm; ... den vorletzten, ungläubig; den letzten, so trachtet sie ihrem Zukünftigen nach dem Leben. — Oder man läßt sie zwischen folgenden Dingen wählen: verschiedenen Arten von Samen, loser Erde von einem Opferaltar, einem Erdklumpen von einem Felde, Kuhdung, einem Erdklumpen von einem Bestattungsplatz. Die Auslegung ist der eben gegebenen analog. Hervorhebenswert ist es, daß man auch zwischen einem fruchtbaren Felde und unbebaubaren Lande in gleicher Weise wählen kann: das Erstere ist natürlich glücklich, das Letztere unglücklich — eine bedeutsame Tatsache! Die Wahl zwischen den Erdstückchen findet — hier ist das Losorakel bereits im Begriff, dem göttlichen Willen Ausdruck zu geben — an geweihter Stelle statt. Der Bewerber darf zurücktreten, wenn das Los ihm Unglück prophezeit. Die Schicksalsbefragung ist nicht etwa ein Appell an die Lebenszufälligkeiten. Der Spruch des Orakels entquillt vielmehr der „heiligen Ordnung" als dem obersten Vernunftprinzip; ein bei der Erdwahl rezitierter Spruch sagt: „Die heilige Ordnung entstand am Anfang [der Dinge] als [deren] erstes; auf der heiligen Ordnung beruht die Realität [der Erscheinungswelt]. Wozu dieses Mädchen hier [nach Schicksalsschluß] geboren ist, das möge eben diese hier [durch dies Orakel] erlangen; was wahr ist, das soll gesehen werden." Übrigens kann auch das Mädchen ihr Los befragen, angeblich ohne umworben zu sein. Aber schon die Fragen als solche (ob sie reich werden wird usw.) haben doch nur einen Sinn, wenn man hinter ihnen einen Mann stehen sieht und der dabei rezitierte Spruch beweist durch sein besonders hohes Alter, daß die Frau es in ältester Zeit war, welche die kardinale Schicksalsfrage richtete. Die Erde ist nur eines der Elemente, an die man sich wandte. Das Wasser ist die Quelle aller Fruchtbarkeit schlechthin und gibt auch über die Fruchtbarkeit des Menschen — eine leichte Variation der gleichen Idee — die zuverlässigste Auskunft. Unfruchtbare Weiber gehen zu einem Brunnen, der „das Bad der Jungfrauen" heißt und in der Nähe von Nāgapatna liegt. Dort opfern sie zunächst [dem Wasser], werfen dann eine Limone hinein und sprechen dabei: „Laß uns wissen, ob wir Kinder bekommen werden oder nicht?" Wenn die Frucht in die Höhe kommt, so wird ihre Hoffnung erfüllt, anderenfalls vereitelt. Es gibt ferner Brunnen, die Fragen an das Schicksal beantworten, etwa die, ob ein Kranker gesunden oder sterben werde.

Dem Feuer, namentlich des Opfers, werden Wahrzeichen entnommen. Auf seine Farbe und Helligkeit soll man achten, wenn es sich um eine Reise, um eine gelegentliche Entfernung vom Hause, um eine Hochzeit, um die Zeremonie der Zopfaufbindung oder der Aufnahme in den Schülerstand oder um irgendein Feueropfer handelt. Sein Ton, Farbe, Geruch, äußeres Aussehen, Helligkeit, Rauchlosigkeit, Glanz, Bewegung, seine Neigung oder Abneigung, das Opfer zu belecken, seine Bewegung usw. werden beobachtet und gedeutet.

Das Ordal ist eine Schicksalsbefragung unter Einsetzung der eignen Existenz. Die Antwort, die hier nur die Schuldfrage lösen und auf ja oder nein lauten darf, kann den Frager vernichten. Die Gottesgerichte sollen deshalb in der Gerichtshalle, am Tor des Königspalastes, vor einem Tempel oder an einem Kreuzwege stattfinden. Wunderlich und ein Zeichen der beginnenden Zersetzung ist es, daß die gefährlichen Ordalformen (Gift usw.) bei schwachen oder hochstehenden Personen (Kindern, Brahmanen) nie angewendet werden sollen; für sie ist die Weihwasser- oder Wage-Probe vorgeschrieben. Dagegen ist beim Ehebruch das Feuerordal verordnet, nicht minder beim Diebstahl: ein Beweis dafür, daß das Eherecht zum Sachrecht gehörte. In dem bekanntesten indischen Mythus läßt sich Sītā, da sie von ihrem Gatten der ehelichen Untreue bezichtigt wird, einen Scheiterhaufen anstecken und stürzt sich in dessen Flammen. Der Gott des Feuers erhebt sich aus seinem Element, die Sītā im Arm und gibt sie dem Gatten unversehrt zurück. — Es werden 5, in anderen Quellen 9 Arten von Gottesgerichten aufgezählt. Meistens ist das Medium, welches das Orakel spricht, als solches traditionell heilig. Dies gilt vom Feuer, Wasser, Gift und Gold. Anderen Dingen wie der Wage, Pflugschar, den Reiskörnern kommt kulturelle, an Heiligkeit grenzende Hochschätzung zu. Die Gottheit selbst kann mittelst ihrer Bilder oder der ihr geweihten Gegenstände (die Kette, an der die heilige Lampe hängt usw.) reden. Gottesurteil, Fluch und Eid werden mit dem gleichen Worte bezeichnet. Ordal und Schwur sind eventuelle Selbstverfluchungen. Die Vollziehungsart des Gottesgerichts war zeitlich und namentlich örtlich sehr verschieden. Beim alten Feuerordal muß eine glühend gemachte, eiserne Kugel eine gewisse Strecke weit fortgetragen werden. Der Beschuldigte darf vorher zu seinem Schutz die Hand mit einer Schicht von Blättern umwickeln. Er gilt für unschuldig, wenn sie frei von Brandwunden bleibt. Läßt er die Kugel zu früh fallen oder bleibt es zweifelhaft, ob er sich verbrannt hat oder nicht, so ist die Probe zu wiederholen. — Es wird aber auch die glühende Pflugschar (an der man lecken muß, ohne sich die Zunge zu verbrennen) und das heiße Beil (an dem man sich nicht die Hand verletzen darf) erwähnt. — Bei dem Wasserordal taucht der zu Prüfende in einem See oder Fluß unter und muß so lange unter dem Wasser aushalten können, bis ein gleichzeitig abgeschossener Pfeil von einem Schnelläufer zurückgebracht worden ist. Beim Reiskörnerorakel soll man geweihte Körner von unenthülstem Reis auf ein Blatt speien. Kommt hierbei Blut zum Vorschein, so ist die Schuld erwiesen. Beim Götterbilderordal steckt man ein Idol in Wasser und gibt dem Beschuldigten davon zu trinken; als Schuldbeweis gilt es, wenn ihm oder seinen nächsten Verwandten innerhalb einer bestimmten Frist ein Unglück zustößt; oder man steckt Bilder des „Rechts" und des „Unrechts" in einen Krug und es kommt darauf an, welche Figur ergriffen wird. Hier erinnern wir wieder an das Glücksspiel mit Kaurimuscheln oder kleinen Früchten, dessen Würfel ja Besitz oder Besitzlosigkeit, Freiheit oder Sklaverei bedeuteten. Andere, moderne Verfahren sind etwa folgende: in Canara ließen die Könige des Landes eine Zitrone (die wir oft im Gottesdienst angewendet sehen) in einen Topf tun, der Giftschlangen birgt. Wer bei einem Rechtsstreit diese, ohne Schaden zu erleiden, herausnehmen kann, hatte gewonnen. — Fälle, in denen Eid und Gottesgericht in einander übergehen, finden sich auch im neuesten Indien. Dort schwebte in Gilgit eine heilige goldne Kette in der Luft über einem Altar. Wenn ein Streitfall durch den Eid der Parteien zu entscheiden war, so rief man diese Kette an, die sich dann zauberhaft um den Hals des Schuldigen schlang. — Der Schwur als Selbstverfluchung ist zugleich ein eventuelles Selbstopfer. Die Verfluchung erfolgt durch die Eidesformel unbedingt, hat aber keine Folgen, wenn der Eid „wahr" ist, d. h. den Tatsachen der Vergangenheit oder der Zukunft (Eidesverpflichtung) entspricht. Wie beim Opfer berührt der Schwörende den eignen Körper oder die statt dessen verpfändeten lebenden oder leblosen Dinge, so z. B. das Haupt des Sohnes oder der Gattin, in jedem Falle aber natürlich einen integrierenden Teil des eignen Selbst, deshalb der Krieger seine Waffen (der Thug seine Axt) usw. Der Brahmane schwört bei der Wahrheit, d. h.: der höchsten erkenntnistheoretisch erfaßbaren Grundlage der Welt. Der Meineid würde mithin den kosmischen Bau in physikalischer und ethischer Hinsicht zwangsweise auf den Kopf stellen. Umgekehrt führt der wahre Eid auf rein dynamischem Wege den unnatürlichen Zustand wieder zur Ordnung zurück, auf den als auf den tatsächlichen, aber nicht gottgewollten, die Eidesanrufung Bezug nimmt. Die Mutter, in deren Schoße ihr totes einziges Kind liegt, schwört in der buddhistischen Erzählung: „So wahr ich meinen Gatten mehr hasse, als die Schlange, die eben meinen Sohn tötete, möge dieser wiedererwachen." Da schlägt der Totgewesene die Augen auf. — Erst verhältnismäßig spät steht der Schwur unter Anrufung einer Gottheit, z. B. derjenigen, die man gerade über sich waltend glaubt (im Tempel, an irgendwie geweihter Stelle) oder der man einen Teil oder das ganze Gefüge der religiös-menschlichen Satzungen zuschreibt. Prototyp für diese ist Varuna, dessen Erscheinung sich nicht mit Naturdingen zusammenbringen läßt; er ist auch Gott des Eides.

Der wichtigste Teil der Mantik ist, wie sich schon aus dem Vorausgehenden ergibt, die Astrologie; die wichtigste Priestergruppe die Astrologengilde. In den prähistorischen, riesenhaften Zeitperioden jener Völkerwanderungen, die einen Teil der arischen Stämme von unbekannten nördlichen Gegenden nach Indien brachten, waren die Sterne die sichersten Führer. In ihrer Mitte stand der Polarstern, der auf der äußersten Spitze der Weltachse, um die sich der Himmel drehte, ruhend gedacht wurde. Die einzelnen Himmelskörper schienen über das Schicksal derjenigen Gewalt zu haben, die sie sich als Geleitwesen erkoren hatten. Verfinsterte sich ein solcher Stern, der dem scharfen Beobachter Himmelsrichtung und Tageszeit mitten in der Wüstenei einer unbekannten Natur anzeigte, so mußte den ihm zugesellten Menschen ein Unheil treffen. Zeigten sich gar unerhörte Erscheinungen, wie etwa ein Komet, ein Zodiakallicht, bedeckte sich der ganze Himmel mit Rauch und Nebel, wurde die Sonne oder der Mond von einem der unsichtbaren Wölfe verschlungen, die hinter ihnen herlaufen — hier bricht das Bild des Sterns als eines Herdentiers, eines Schafes (vgl. Schillers Rätsel) oder einer Kuh, wieder durch — oder fraß der riesenhafte, den halben Himmel umspannende Drache diese beiden Lebensspender auf, kurz: ereignete sich eine Sonnen- oder Mondfinsternis, so schien das Weltende gekommen zu sein. Deshalb sagt ein alter Weiser: „Von den Planeten abhängig ist Erhebung und Fall der Könige wie Sein und Nichtsein der Menschenwelt". Was Wunder, daß man den Gestirnbeobachtungen den höchsten Wert beimaß und daß sie suggestiv veranlagten Naturen übertragen wurden, die mit scharfer Beobachtungsgabe und gutem Gedächtnis für den alten Märchenkram und seine endlose Kasuistik begabt waren. So bildete sich der Stand der Astrologen heraus, der zunächst dem Stamme schlechthin, später dessen Führer Mitteilungen zu machen, zu raten und durch Abwehrmaßregeln zu helfen hatte. Der Kanon der volkstümlichen Mantik, der Atharvaveda, barg den Weisheitsschatz dieser Priester, die sich in besonders abergläubischen Zeiten und bei schwachen Fürsten zu den Stellen der höchsten Ratgeber der Krone aufzuschwingen verstanden. Ihre Herrschsucht war außerordentlich groß: „Der König soll bei allen seinen Geschäften von den Astrologen abhängig sein". Angeblich können dieselben die Gestirne beeinflussen. Natürlich verlangen sie deshalb Geschenke, wie sie auch für die Gestirnopfer gut bezahlt werden wollen und ihre Weissagungen und Ratschläge nicht umsonst verlauten lassen. Sie werden selbst beim Hausbau herbeigerufen und bestimmen die Himmelsgegend, die Lage des Mittelpfeilers, ja dessen Holzart. Wird im Hause ein Kind geboren, so weissagt der Astrolog ihm die Zukunft, wozu er sich des Horoskops bedient, und wählt ihm einen Geheimnamen aus, der von den Gestirnen genommen sein muß. Die ganze Pflege des jungen

Menschen richtet sich nach den Lehren von den bösen oder glückverheißenden Tagen, so z. B. das erste Anlegen des Kindes an die Mutterbrust, die früheste Nahrung usw. Beständig muß man das junge Wesen vor den bösen Planeten schützen. — Die Stellung der Astrologen war seit Alters verrufen. Der brahmanische Sterndeuter gehörte mit dem vagierenden Gesindel, den Musikanten, Schauspielern, Tänzern, Gauklern u. a. m. zusammen. Noch heute wird er als Volksausbeuter neben Bettler und Quacksalber gestellt. Seine Neigung zu hohen Honorarsätzen in den für ihn natürlich besonders günstigen, aufgeregten Zeiten der Sonnen- und Mondfinsternisse ist ihm freilich durch ein spezielles Verbot fruchtlos gemacht. — Dem Astrologen steht der Mediziner sehr nahe: kommt doch die böse Influenza durch die Influenz der Gestirne zustande. Es gibt Traktate, die zugleich über Medizin und über Astrologie reden. Die Entstehung des Fiebers wird begreiflicherweise sowohl den Jahreszeiten wie auch den Gestirnen als deren Regenten zugeschrieben. So steht der von Dorf zu Dorf reisende Kurpfuscher vor uns, der zwar den „Autoren von Rechtsschriften" als Sünder gilt, aber gleichwohl sein Einkommen findet. Er wird uns in der medizinischen Literatur anschaulich geschildert. Die astrologische Terminologie ist zugleich die medizinische. Sie spricht von Prodromalstadien, Anfangsstadien, Symptomen von Unheilskometen. Es ist kein Zufall, daß die Astrologen, auf Vorstellungen der entlegensten Urzeit zurückgreifend, den Aufgang der Sonne als deren Geburt ansehen. Der als Wolkenstreif auftretende Querbalken, welcher den Austritt dieses Gestirns aus dem Mutterleibe der Nacht verhindert, wird mit eben jenem astrologischen Terminus bezeichnet, der in der Medizin für den querliegenden, die Entbindung unmöglich machenden Foetus angegeben wird (parigha und kīla). — Eine Vorstellung von den astrologischen Ideen und Methoden zu geben, ist in dem Rahmen unserer Betrachtungen völlig unmöglich. Wir müssen uns damit begnügen, zu betonen, daß die arischen Auffassungen der ältesten Zeit sehr primitive waren. Eine vorhistorische, starke Beeinflussung von Babylon, dem der indische Norden wahrscheinlich die Kenntnis der Planeten mit Ausnahme von Uranus und Neptun und die Identifikation des Morgen- und Abendsterns zu verdanken hat, ist mit Sicherheit anzunehmen. Nach dieser Lehre stand der Polarstern über der Spitze des auch in Babylon verehrten Götterberges, der in Indien mit dem ausländischen Namen Meru oder Sumeru wiedergegeben wird. Der Meru liegt also im Norden und hat mit dem Himālaya oder einem seiner Berge, die ja unmöglicherweise in der Nordrichtung vorgestellt worden sein konnten, nichts zu tun. Der über ihm ruhende Polarstern bildet die Spitze jener Achse, die von ihm aus zum Beobachter gezogen gedacht wird. Um sie drehen sich die Gestirne. Die Planeten gehen ihren eignen Gang. In den Avestatexten werden sie als feindliche Dämonen, in Indien meist als gütig vorgestellt. Eine Ausnahme machen stets Mars und Saturn. Auch hier liegen altbabylonische Ideen zu Grunde. Die exakten Erkenntnisse der Ursachen der Gestirnverfinsterungen, die in Indien neben dem mythischen Wahn herliefen, ferner die Lehre von der Präzession, die sich bei dem klassischen Autor Varāhamihira in seinem „großen Compendium" findet, stammen aus Griechenland. Dem Inder wardie Erkenntnis der Naturzusammenhänge immer nur als Mittel wichtig, das Göttliche zu erschauen und in ein System zu bringen. Er spricht deshalb auch von 3 Gruppen zu je drei Planeten, zu denen er Sonne und Mond, ferner Rāhu und Ketu, die Verschlinger beider zählt, ferner Merkur, Venus, Mars, Jupiter und Saturn. Als regierendes Gestirn gilt ihm die Sonne, die er namentlich auch als Verscheucherin der Nachtdämonen in männlicher oder weiblicher Gestalt aufs innigste verehrt. Ihr wird auch Heilkraft zugeschrieben. Sie ist die Vertreterin der Wahrheit. Sie entdeckt und entsühnt begangene Verbrechen. Deshalb sollen Zeugenvernehmungen im Strafprozeß erst nach Sonnenaufgang stattfinden. Ihrer mystischen Heiligkeit entspricht es, daß alles Unreine vor ihr weicht. Schmutzige oder verunreinigte Straßen werden durch die Sonne rein. Der durch einen bösen Traum magisch Befleckte berichtet ihn der Sonne. Ihren eigentlichen Namen pflegen die in Prosa abgefaßten Vedatexte durch die Wendung zu umschreiben: „Sie, die da heiß ist" — man wagt das Wort s ū r y a für Sonne nicht auszusprechen. Der Brahmane begrüßt sie, nachdem er morgens nicht später als sie aufgestanden ist, zugleich mit den Hausgöttern. Die im Hause gepflegten Opferfeuer gelten als ihr mystisches Abbild und haben zu ihr geheimnisvolle Bezüge. Ihre Heiligkeit wächst in den „kritischen Zeiten". Bei ihrem Auf- oder Untergang darf man seinen Blick zu ihr nicht emporheben, sie nicht im Spiegel oder Wasserspiegel, in Öl oder in einem Brunnen betrachten. — Vom M o n d e gilt ähnliches. An einem bestimmten Tage im Jahre darf man ihn überhaupt nicht, ferner den Neumond nur mit entblößten Füßen, den Zeigefinger zwischen die Augenbrauen haltend, sehen. Gegen Sonne oder Mond gewandt, darf man nicht Kot oder Urin lassen. Dies Gebot gibt, um ein Beispiel aus der primitiven Mythologie zu wählen, d e r M o n d s e l b s t als grundlegendes Gesetz, indem er in der Tchimschian-Sage zu den Menschen spricht: „Ihr sollt zu mir beten, und ihr sollt den Mond nicht ansehen, wenn ihr am Ufer sitzt und eure Notdurft verrichtet." Auf ihn mit dem Finger zu weisen, gilt in Griechenland, Deutschland, China, Odschibwä als Beleidigung für ihn. Nach Manus heiligem Gesetz ist der Regenbogen, an den sich viele Furchtmomente knüpfen, in gleicher Weise geschützt. Die Heiligkeit des Mondes ist älter als die der Sonne und steht damit im Zusammenhange, daß er als Sitz der Seelen Verstorbener gilt. Lautet doch auf die Frage: „Wer wird wiedergeboren?" im Rätselspiel des ältesten Rituals die Antwort: „Der M o n d wird wiedergeboren." Der Wuchs der Pflanzen und belebten Wesen hängt von ihm ab. Er heißt der „Herr der Gewächse". Dem Genius des ersten Neumondtages ruft man im alten Gebete zu: „Gib einen Foetus, Sinīvalī!" Jede der 27—28 Stationen seines Phasenumlaufs hat Namen und Bedeutung. Die mūla-Station wird immer als die verderblichste hervorgehoben. Sie wird nebst anderen in den volkstümlichsten, modernen Wetterregeln der Landleute genannt, die über den Einfluß des Mondes auf das Gedeihen der Ernte unterrichten. Der zunehmende Mond gehört seit Alters den Göttern und den ihnen wohlgefälligen Handlungen, der abnehmende den hier als Dämonen gefürchteten Ahnen und dem Totenkultus. Bei jenem werden Hochzeiten, bei diesem totenkultische Handlungen vollzogen. Vom Monde müssen die Seelen, wenn sie die himmlischen Freuden je nach dem Grade ihres Verdienstes kürzere oder längere Zeit hindurch ausgekostet haben, wieder zur Erde herabsteigen. Auch fallende Sterne werden so aufgefaßt. Die Mondesstrahlen gelten als weihend, Kraft und Leben spendend. Noch heute herrscht der alte Glaube, daß „Ambrosia" (ein Unsterblichkeit verleihender Tau) vom Monde herabfalle. Wenn man seinen Strahlen ein die Nacht hindurch in einem Kruge stehen gelassenes Wasser aussetzt, was übrigens im alten Ritual sehr gewöhnlich ist, so gewinnt man ein Heilmittel gegen Krankheiten wie Mondsucht, Wasserscheu oder Schwindsucht. Volkstümlich sind bestimmte Gelübde, die dahin gehen, zugleich mit dem Monde die Nahrungsaufnahme immer mehr zu verringern.

Die gewaltigste Störung im Kreislauf der Natur ist die Verfinsterung von Sonne und Mond. Trifft sie ein, so gilt alles menschliche Tun als unrein. Man erwehrt sich durch unheilabwehrende Gegenstände und Handlungen der ausgeströmten Befleckung und geht auch (durch Lärm, Schießen) zur Gegenoffensive über. Verboten ist zunächst die Aufnahme von Speisen. Stunden zuvor wird keine gekochte Nahrung genossen. Unmittelbar vorher werden alle Wasserkrüge im Hause ausgegossen, damit der Dämon nicht in sie eintreten kann. Der Familienpriester legt ein Blatt des heiligen Kuscha-Grases auf die Schwelle. Man tut gut, sich und die Hausgottheiten zu baden. Solche Bäder schützen nicht nur die Person des Badenden oder dessen Hausinventar, soweit es dem Bade unterliegt, sondern auch die verdunkelten Gestirne selbst, da erst der durch das Wasser Gereinigte fähig wird, die Sonne und Mond befreienden, heiligen Verse zu sprechen, so weit nicht dazu ein Priester herangezogen wird. Die Zahl derjenigen, die sich bei solchen Gelegenheiten an heiligen Plätzen zusammenfinden, ist oft ungeheuer groß. Das besonders heilige Gangeswasser wird über die Blätter der Tulasī-Pflanze oder des heiligen Basilienkrautes gesprengt und als Schutzmittel in das Trinkwasser und die gekochten Speisen getan. Sehr wichtig ist die Verwendung von Eisen als Wehr gegen die Nachtunholde sowie der von Weibern mit metallenen Pfannen hervorgerufene Lärm.— Besonders bedeutsam ist die bei Sonnenuntergang und Sonnenaufgang eintretende Verfinsterung, die erhöhte Abwehrmaßregeln verlangt.

Als volkstümlichste Erscheinung der Schicksalsmacht aber treten die Kometen auf. Es gibt eine komplizierte Afterwissenschaft, die mittelst traditioneller Sterntabellen die ganze Zeit eines Weltalters mit diesen furchtbaren Erscheinungen, deren eine die andere ablöst, erfüllt. Die Gesamtzahl der zwischen der Weltentstehung und Weltvernichtung auftretenden Kometen ist schematisch angegeben; sie beträgt beispielsweise 101, ist also der Zahl der Todesarten gleich, die es auf Erden gibt. Jeder sichtbare Schweifstern kennt als Führer eine Zahl von dunkeln Geleitwesen, die keinen Sondercharakter tragen, aber das von dem „Herrn" ausgehende dunkle Grauen verstärken. Als Sonderwesen unheimlichster Art tritt ein einzelner gewaltiger Komet auf. Er bringt am Schluß der Tage die Weltvernichtung. Auch seine Vorgänger sind mit Ausnahme derjenigen, die dereinst aus der Tiefe des Milchmeeres bei dessen Quirlung erstanden, d. h. der Gruppe der „Ambrosia-Entsprossenen", nichts als Verkündiger von Krieg, Verwüstungen, Pest, Tod von Königen, Viehsterben. Wenn wir uns erinnern, daß noch die Zeitgenossen von Kepler und Newton die Kometen als Verderbenbringer ansahen und Shakespeare sie beim „Tod oder Fall von Königen" beteiligt sein läßt, so können wir uns über Gleichartiges bei den Indern nicht wundern. Besonders bedeutsam ist es in religionspsychologischer Hinsicht, daß zeitgenössische Berichte den himmlischen Verderbenbringern ganz wunderliche Gestalten andichteten, so namentlich die von Beilen und anderen Waffen, Stöcken (die „strafenden Himmelsruten" Abraham a Santa Clara's) usw. Der Furchtinstinkt projizierte psychogene Schreckgestalten, die mit der nächstgelegenen Wirklichkeit nichts zu tun hatten. Das war nicht bloß im grauen Altertum und in Indien so, sondern auch z. B. beim Tode Peter d. Gr., wobei natürlich das himmlische Flammenkreuz in die Erscheinung trat. Der Tod des Gründers des Maratthenstaates soll von der Manifestation eines Kometen, zu dem sich noch ein Mondregenbogen und Erdbeben gesellten, begleitet worden sein. —

Ein eingehendes Studium verlangen die Planeten, deren siderische Stellung zu einander, zu Sonne und Mond sowie zu den atmosphärischen Erscheinungen (Regenbogen, „Hof") beobachtet wird. Als Folge des ungünstigen Planetenstandes gilt z. B. die Pockenerkrankung. Die vor etwa 120 Jahren in Nepal ausgebrochene Epidemie wurde vielfach darauf zurückgeführt, daß der Planet Saturn mit anderen Planeten zusammen in dem dominierenden Zeichen des Tierkreises stand. Der Saturnstag gilt durchaus als unglücklich. An ihm darf man weder messen noch ernten. Wenn unter dem Einfluß des Saturns das Zuckerrohr sproßt, so pflegt dessen Besitzer eine Unheil abwehrende Zeremonie zu veranstalten. Fällt der Sonnabend mit dem 15. des Monats, also dem entscheidenden Phasenwechsel des Mondes, zusammen, so ist er besonders geeignet, die Werke der schwarzen Magie, bei der z. B. auch mit Leichen Mißbrauch getrieben wird, zu begünstigen. — Von den Fixsternen wird wenig gesprochen. Die Sternbilder des Tierkreises sind bekannt, ihre Namen zweifellos babylonischer Herkunft oder babylonisch ausgestaltet. Um den Nordstern bewegen sich die Sterne des großen Bären, die sieben Weisen der Urzeit, ein köstlicher Nackenschmuck der göttlichen Nacht. Es werden auch Richtsterne der anderen Himmelsgegenden konstruiert, so Agasti (Canopus), der des Südens. Als alter Weiser soll er den Ozean ausgetrunken haben. Im heutigen Volksglauben besitzt er die Macht, den Regen aufzuhalten. Süden, Hitze, Dürre, Tod — das sind für den Inder benachbarte Begriffe. — Die Meteore (Sternschnuppen) führten zu einem Aberglauben, der uns sehr geläufig ist: wenn man Zeit findet, während des Fallens einer Sternschnuppe einen Wunsch zu äußern, so geht dieser in Erfüllung, aber man tut gut, sich vier oder fünf Finger in den Mund zu stecken, damit die Seele im Körper bleibt und nicht etwa dem fallenden Stern Gesellschaft leistet — der ja die Verkörperung einer nach dem Genuß der Himmelsfreuden zu abermaligem Erdgeschick herabgesendeten Seele ist. Die Kasuistik, mit der diese Naturerscheinungen behandelt werden, ist sehr weitgehend und stellt ein belastendes und den seelischen Horizont einengendes Afterwissen dar. Das Meteor soll Schaden bringen, wenn es etwa vor einer Schlacht aufleuchtet; am Tage statt in der Nacht erscheint; aufplatzt; Getöse verursacht; Rauch und Funken gibt;

bestimmte, phantastisch beschriebene Formen, namentlich die von Waffen und ominösen Tieren, zeigt; [grelle] Farben trägt; seine Bahn abnorm ist; planlos am Himmel herumirrt; zur Zeit der Morgen- oder Abenddämmerung auftritt; am Mittag erscheint; auf gewisse Gestirnkörper oder irdische Gegenstände (Häuser, Tempel, Götterbilder usw.) fällt. — Ähnlich kasuistisch ist die Lehre vom Blitzschlag, von der Verfinsterung einzelner Teile der Mondbahn, deren Sektoren solchen der Erdfläche entsprechen, aufgebaut. Die Astrologie und Mantik der himmlichen Erscheinungen drang wohl früher als irgend ein anderer Teil der abergläubischen Lehrsysteme in den Buddhismus ein. Andererseits fand sich auch immer wieder Opposition dagegen, so z. B. seitens des Bhai Guru Dās, der die sehr ausgebreitete und rein ethisch orientierte Sekte der Sikhs belehrte, indem er sprach: „Es ist eitel, den Omina, den neun Planeten, den 12 Zeichen des Tierkreises, Bezauberungen, der Magie, der Wahrsagung aus Linien und durch die Stimme Aufmerksamkeit zu schenken". — Die Stimme wurde abergläubisch gewertet. Wenn Tiere ungewöhnliche Laute ausstoßen, sich gurgelnde Töne in Speisen oder unheimliche Geräusche im Erdinneren hören lassen, wenn gar Menschen, namentlich Frauen und Kinder, widerwärtige Schreie von sich geben, so bedeutet das sicherlich Unglück. Nichts ist belanglos, denn die Göttin der Stimme, derRede, genannt Vāc oder Sarasvatī, ist inspiriert. „Zunächst spricht sie unter den Göttern; sodann wandelt sie im Menschengeschlecht. Nicht ohne [göttlichen] Antrieb spricht Vāc, denn heilige Wahrheit ist diese Sarasvatī" sagt ein wichtiger indischer Text.

Die indische Medizin ist, wie wir sahen, ein Teilgebiet der Astrologie, von Urzeiten überliefert und eben deshalb heilig und ewig wahr. Sie stammt von dem Götterarzt Dhanvantari, der sie seinerseits in letzter Linie von Brahman erhalten hat. Der indische Schematismus hängt ihr als schwere Bürde an. Es gibt 1120 Krankheiten, oder deren „unzählige". Sie werden in 4 oder 7 Klassen eingeteilt. Die eine von ihnen heißt: „Durch die Macht des Schicksals entstanden," also der auch im Gestirnlauf waltenden Prädestination, der „Macht der Zeit", unterworfen. Die wissenschaftliche Medizin kann sich mithin vom Aberglauben nicht frei machen, aber sie gestattet den natürlichen Wirkungsfaktoren einen weit größeren Spielraum als die Mantik schlechthin. Während diese beispielsweise in der Geburt von Zwillingen ein bloßes Verhängnis, eine Schickung sieht, gilt sie einem medizinischen Autor zwar noch als der Sühne bedürftig, aber man führt sie doch schon vielfach auf physiologische Momente, auf die regelwidrige Beschaffenheit des Samens oder Mutterleibes oder andere Abnormitäten zurück. Ganz wunderlich ist die Anatomie. Sie gibt die überall wiederkehrende Lehre, daß die Zahl der menschlichen Knochen gleich der der Tage des Jahres sei. Der Mensch wird eben auch in physiologischer Hinsicht zu einem Mikrokosmus. Die wichtigsten Organe sind durch die Tierschlachtungen anatomisch bekannt und mit Namen belegt. Das Gesamtbild des Körperinneren ist aber ganz phantastisch. Der Blutsaft (Chylus) strömt durch 24 Röhren, wovon 10 aufsteigend, 10 absteigend, 4 wagrecht sind. Es gibt 700 Adern, die den Körper befeuchten, wie ein Garten durch Kanäle bewässert wird. Der Nabel ist der Zentralpunkt. Es ist auch von

72 000 Röhren die Rede, die vom Herzen ausgehen. — Die Physiologie beschränkt sich darauf, die inneren Organe wie Herz, Gehirn, Netz als Träger von Seelenteilen aufzufassen. Die Körperwärme wird durch das „Verdauungsfeuer“ erzeugt, das in einemOrgan oberhalb des Nabels liegt. Der fundamentale Ausgangspunkt der gesamten Physiologie und Psychologie ist aber die zum ersten Male im philosophischen System der Sāṃkhyā vorgefundene Lehre von den drei Bestandteilen, später Attributen, alles Irdischen, die sich im Körper und in der Seele des Menschen im ruhigen Gleichmaß wiederfinden sollen und sich nicht gegenseitig stören oder beeinträchtigen dürfen. In der Natur trifft man sie als Leichtheit, Kraft, Starrheit, im Körper als Wind, Galle, Schleim, in der Seele als luftiges, galliges, schleimiges (d. h.: 1. als sanguinisches Temperament [die Arterien sind bei der Leiche blutleer und gelten deshalb als lufterfüllt] 2. cholerisches bzw. melancholisches d. h.: gelb- bzw. schwarzgalliges Temperament, 3. phlegmatisches) Temperament an. „Wenn das Gleichgewicht der Elemente gestört wird, leidet der Körper oder stirbt.“ Das Entsprechende gilt auf seelischem Gebiete. Wie drei parallel fließende, durch Dämme von einander getrennte Ströme laufen die drei Grundeigenschaften der Charakterbildung bei dem abgewogenen Menschen neben einander her. Überwuchert das Eine Moment, so zerreißt es seinen Damm und verursacht einen „Zusammenfall“ mit dem Nächstgelegenen. Jede ausgesprochen nach einer Seite neigende Temperamentsveranlagung ist also pathologisch. Es kann auch zum „Zusammenfall“ aller drei Veranlagungsarten kommen. In späteren Schriften kommt zu Luft, Galle und Schleim noch das Blut. Diese psychischen und physischen Konstituenten stehen unter der Domination der drei Hauptjahreszeiten, die stürmisch, heiß oder träge sind und ihrerseits wieder von je 3 „Planeten“ regiert werden. — Da die Krankheiten auf den Überfluß von Wind, oder Galle, oder Schleim zurückgeführt werden, so wird die Genesung durch eine Ernährungsart ermöglicht, die diese Disharmonie aufhebt. Viele Pflanzen wirken in dieser spezifischen Richtung. Ferner wendet man beim Windüberfluß Fett- und Schwitz-Mittel, Klystiere und andere, den Wind vertreibende Mittel; beim Gallenüberfluß (Galle = Hitze!) kalte Waschungen usw. an. Das Fieber kann aus jeder der drei Urstoffe bestehen. Es gibt deshalb Wind-Fieber; Gallen-Fieber; Schleim-Fieber; am schlimmsten ist das aus allen drei Arten bestehende „Zusammenfallfieber“. Nur wenn das Fieber durch die der gerade herrschenden Jahreszeit entsprechenden Grundsäfte hervorgerufen wird, gilt es als „natürlich“. Es zeigt in solchem Falle selbstverständlich auch die Symptome seiner speziellen Gruppe. Das Gleiche ist beim Puls der Fall, dessen Beobachtung erst von den Griechen erlernt worden ist. Der Puls des Sanguinikers springt, hüpft wie ein Frosch usw., der des Phlegmatikers läuft langsam wie ein Hahn oder eine wilde Taube. Die jedesmal regierende Jahreszeit wirkt in der Richtung ihrer Eigenart ein. Deshalb wird angesichts der Zunahme von Schleim im „zähen“ Winter die Einnahme von Brechmitteln, die ihn abführen, empfohlen. — Sogar die Geographie untersteht dieser Theorie. Es gibt drei Arten von Ländern, von denen die Eine die Eigenschaften des wässerigen (luftigen), die zweite die des heißen, die dritte die des gemischten Temperaments hat. In dieser

letzten Gruppe leben Menschen, in denen sich die drei Grundsäfte das Gleichgewicht halten. Die Bewohner der anderen Ländergruppen haben die Kunst zu erlernen, sich dem Klima ihrer Gruppe anzupassen. Da in der Natur immer nur ein Faktor dominierend wirken kann, wird der Grundsaft, die dominierende Substanz im menschlichen Körper oder seiner Seele, als „Fehler" bezeichnet. — Die Fundamentallehre von den drei, später vier „Fehlern" ist im semitischen Orient, wo wir sie wieder treffen werden, in unveränderter Gestalt erhalten.

Die Schilderung der Kennzeichen und Ursachen der Krankheiten nimmt bei den indischen Medizinern einen weiten Raum ein. Da es Methoden der inneren Untersuchung nicht gab, wurden die Symptome rein äußerlich aufgezählt, wobei man körperliche und seelische Merkmale vermischte (z. B. Schwäche und Erbrechen mit Niedergeschlagenheit). Die Einzelbeobachtungen sind aber oft scharf und zeugen von reicher Erfahrung, wie wunderlich und abergläubisch sie uns auch bisweilen zu sein scheinen; so zum Beispiel, wenn als Symptom der Schwindsucht neben dem Anschwellen der Füße auch „Verlangen nach Frauen und nach geistigen Getränken" genannt wird. Hier lernen wir die traurigst bekannte Heiratslust der Phthisiker zum ersten Mal in der Geschichte kennen! Hervorhebenswert ist die Berücksichtigung der seelischen Stimmung des Leidenden sowohl als Symptom wie auch für die Behandlung. Der altindische Glaube an die Einheit von Körper und Geist trägt hier seine schönsten Früchte. Was erst die modernste Medizin des Abendlandes zu verstehen beginnt — daß man den Körper durch die Seele heilen kann — wußten die Inder seit langem. In den ersten zehn Tagen nach der Geburt, wo für Mutter und Kind die schwerste Gefahr herrscht, soll man die Wöchnerin auf jede Weise aufheitern. Doch selbst bei Tuberkulose soll man auf das Gemüt des Kranken durch „Wohlgerüche, Musik, freundliche Reden, Verkehr mit geliebten Freunden und Frauen und dergleichen" und bei Verwundungen „durch Freunde, die durch ihre Reden den Kranken seine Schmerzen vergessen machen", einwirken. Andererseits verlassen wir bei solchen Vorschriften das Gebiet des Aberglaubens nicht völlig; denn nicht Erfahrungstatsachen sind es, die hier auf den Weg der Suggestion verweisen, sondern die Magie des von der Stimmung der Freude getragenen medizinischen Handelns ist es, die Schicksal-zwingend auf den Verlauf der Krankheit einwirkt. — Daß umgekehrt die kranke Seele den Körper siech machen kann, war eben so gut bekannt; Melancholie wie überhaupt das Vorwiegen eines Temperaments galt ja als Ursache der meisten Krankheiten. Angst und Schrecken rufen Herzfehler, Sorge und Kummer Milzleiden, Impotenz usw. hervor. Bösartigkeit und Zorn verursachen Krankheiten.

Das Erschrecken und Einängstigen von Kindern ist besonders streng verboten; hier erfahren wir den Grund: die Dämonen würden sich sonst ihrer bemächtigen. Sie sind in der Volksphantasie die eigentlichen Anstifter körperlicher und geistiger Erkrankungen. Seit ältester Zeit werden sie, mit den Symptomen der Leiden, die sie verbreiten, behaftet dargestellt. Ihnen liegt auch die Heilung der von ihnen gesendeten Krankheiten ob. Das alles gilt bereits bei Varuṇa, dem königlichen Götterherrn des ältesten Veda, der mit

Stricken, Fesseln oder Schlingen das Menschenwild fängt und, weil er die Wassersucht und wohl auch Krankheiten, deren Symptom sie ist, sendet, zu Zeiten ganz unfürstlich und körperlich verkümmert dargestellt wird. — Wenn von seiner Zaubermacht (māyā) die Rede ist, so wird er zum höchsten Lehrmeister der zaubernden Männer und Weiber, die über die Volksmasse wie über den Einzelnen Krankheiten senden. Dem indischen Volksbewußtsein ist die Empfindung, daß alles Unheil angehext wird, noch heute tief einverleibt.

Neben den Dämonen und Hexenmeistern sind es die Würmer, die in der Lehre von den Krankheitsursachen stark hervortreten. Sie verzehren, wenn sie sich auf die äußeren Körperteile werfen, die Haut. Hier liegt das Bild der Laus als Prototyp zu Grunde. Die inneren Würmer greifen die Eingeweide an. Sie heißen „Bauchwürger", „Herzfresser". Den „aus dem Blut entstandenen Würmern" werden die Hautkrankheiten, die Zersetzungen der Haare, der Nägel, der Zähne usw. zugeschrieben. Als Entstehungsboden gilt für viele Würmer der Schmutz, für die im Körperinneren hausenden Kot, Schleim, und, wie wir eben sahen, das Blut. Auch schlechte Diät trägt zu ihrer Vermehrung bei. — Es ist ersichtlich, daß die Beobachtung von Spulwürmern einerseits, von Maden aller Art andererseits, vielleicht auch von Parasiten, die sich in der Muskulatur festsetzen (Medinawurm), die Veranlassung zum Glauben an solche Wesen gegeben hat. Die Würmer haben durchaus dämonische Züge, leben nach Geisterart im Körperinnern, fressen, was ihnen gut schmeckt, tragen konventionelle Bekleidung und können durch Zaubersprüche („Wurmsegen") besänftigt werden. — In den Fällen, in denen Würmer als Ursachen von Krankheiten angesehen werden, handelt es sich meistens um lokale Leiden, die erst sekundär zum allgemeinen Verfall führen. Anders steht es um die „Auszehrung". Hier ist der Verfall das Primäre. Wir haben dabei nicht bloß an Tuberkulose sondern auch an Marasmus senilis und andere unerkannte Leiden zu denken. Die Auszehrung ist als yaksman; rapider, präseniler Verfall als rājayaksman („Königsschwindsucht", weil die Könige sich im Harem schnell verbrauchten) bekannt. Als ältester König, der diesem Leiden verfiel, wird der Mond angesehen. Zum Heilmittel bei Marasmus sen. dient die als „das Essen des Cyavana" bekannte Speise; durch sie soll der greise Cyavana (selbst noch nach der Lehre des indischen Mediziners Caraka) jung geworden sein. Sie besteht aus einer Abkochung von Butter und Melasse mit den verschiedensten Stoffen, ist also komplizierter zusammengesetzt und sehr viel billiger gewesen als jedes der aus Indien importierten, aus wohlbekannten Früchten hergestellten modernen Verjüngungsmittel. — Als wichtige Krankheitsursachen waren natürlich äußere Verletzungen erkannt. Die Furcht vor Waffen aller Art, wie sie in den Händen der Dämonen und Götter liegen, ja in ihrer körperlichen Form göttliche Verehrung genießen, um dann wiederum als Abwehrmittel gegen die bösen Geister zu dienen, redet hier eine deutliche Sprache. Äußerst gefährlich sind auch die „Gifte", d. h.: Infektionsstoffe, die in den Klauen und Zähnen gewisser Tiere, wie Tiger, Affe usw. vorkommen sollen, namentlich, wenn es sich um tollwütige Wesen handelt. Die indische Medizin kennt eine große Zahl von mineralischen, pflanzlichen und tierischen Giften, die zu Zwecken des Mordes und ferner als Reizmittel, namentlich Aphrodisiaka, angewandt und als letztere („Liebestränke") mit der Gewalt des Liebeszauberkrauts ausgestattet gedacht, also pharmakologisch falsch verstanden werden. Die furchtbarsten Gifte aber existieren nur in der Phantasie der Inder; ich nenne die „halāhalā", mit der der Weltenozean vergiftet worden sein soll. Schlangengifte sind natürlich bekannt. Auch gegen sie versucht man sich durch Zaubersprüche zu wehren, wenn man es nicht vorzieht, sich willig in sein Schicksal zu ergeben. Schlangenkönige können durch ihren Stich Wunderwirkungen (Verwandlungen) hervorrufen. Die üblichen Mittel der antiken Heilkunde, das Ätzen, Ausschneiden und Brennen von infizierten Wunden waren den indischen Medizinern wohlbekannt.

Viel tiefer als die gelehrte, im Altertum weit verbreitete und hochgeschätzte Medizin stand und steht natürlich der Volksbrauch. Er geht auf den Dämonenglauben als Krankheitsursache zurück. Fast in unveränderter Form finden wir ihn im deutschen Volksaberglauben. Da gibt es böse Geister, die den Menschen angreifen (deshalb: Fieber-Attaque), ihn überfallen, besitzen (daher: „Besessenheit"), umwerfen (im epileptischen Krampfe), schütteln, sich auf seinen Rücken setzen. Mit den Seelen der Toten sind sie aufs engste verwandt. Die niedrigen Stämme der Orāons meinen, daß, wenn ein Europäer einen Eingeborenen auf den Rücken geschlagen hat, dadurch die Krankheit auf diese Stelle des Körpers gebracht wird; wie denn überhaupt die Übertragung durch Berührung — aber auch durch seelischen Kontakt, durch Zauber und namentlich den bösen Blick — sehr stark hervortritt. — Rein dämonistisch ist die Wertung des Irreseins; für sie wird häufig das Wort „Raserei durch die Bhūts [genannten bösen Geister]" gebraucht. Diese Wesen fahren in den Gottestrunkenen und [im engsten Sinne des Wortes] Irrsinnigen namentlich dann ein, wenn jemand sich gegen die Religion, deren Praktiken allein vor ihnen Schutz gewähren können, vergeht oder wenn er in einem leeren Hause oder auf einem Leichenacker [d. h.: da, wo die Feinde lauern] schläft. Der Wahnsinnige nimmt dann (hier wie überall!) die Züge des Dämons an, der von ihm Besitz ergriffen hat und gestattet durch sein Benehmen einen Rückschluß auf den Gruppencharakter des Geistes; z. B. „hat der von einem Schlangendämon besessene Mensch rote Augen, einen starren Blick, einen krummen und schwankenden Gang, streckt die Zunge heraus, leckt sich die Mundwinkel, liebt Milch, Honig und Süßigkeiten", wird also zu einer leibhaftigen Schlange, wobei zu erwägen ist, daß den Hausschlangen Milch und Süßigkeiten als Kultspeisen vorgesetzt werden.

In den mit der Vorstellung des Wesens der Krankheiten sich beschäftigenden Komplex drängen sich religiöse Ideen stark und — wie immer! — äußerst verderblich ein. Anhaltende und schwere Leiden, für deren Erdulden-Müssen man einen Grund in dem vermeintlich waltenden Ethos des Naturganzen sucht, werden auf dem Wege der Seelenwanderungslehre, von der wir bereits sprachen, erklärt. Dies gilt nicht nur von Einzelerkrankungen, sondern auch von Epidemien. Damit steht die Lehre von der Erblichkeit von Krankheiten im nächsten Zusammenhang. Der echte Aussatz soll beispielsweise hereditär sein, da der Keim zu ihm im Samen des Vaters und im Menstrualblut der Mutter vorhanden sei. Auch durch den Fluch einer zaubermächtigen Person kann er einem Unglücklichen in die Wiege mitgegeben werden.

Was die Erkennung der Krankheiten anlangt, so beruht sie teilweise auf bloßem Aberglauben. Man schließt aus dem Verhalten des sie mitteilenden Boten, aus dem Gesamteindruck des Leidenden und einzelnen körperlichen und seelischen Symptomen. Dabei wird beispielsweise die Farbe des Auges in Betracht gezogen, was wissenschaftlich sein kann, wenn aus der Gelbfärbung auf Gelbsucht geschlossen wird, aber natürlich in die Irre führt, wenn man aus ihr Schlüsse auf eines der drei „Temperamente" zieht oder gar den Gott zu ermitteln weiß, der sie verursachte.

Die Lehre von den drei Humores oder Grundsäften gab auch den Unterbau für die Bekämpfung der Krankheiten. Daß man der Natur des einzelnen Leidens damit nicht gerecht werden konnte, liegt auf der Hand. Die gleiche Krankheit konnte, wie wir sahen, als Ausfluß des Überwiegens jedes der drei Grundelemente aufgefaßt und deshalb ganz verschieden behandelt werden. Neben dieser quasi-wissenschaftlichen Heilkunst stand, auch in der gelehrten Literatur anerkannt, die volkstümliche Heilkunde. Sie geht von der Dämonologie und dem sie bekämpfenden Zauber aus. Hier gilt der Grundsatz: „Gleiches mit Gleichem!" Die Gottheit, die eine Krankheit verbreitet, wird um ihre Heilung gebeten. Das Idol der Pockengottheit wird in einem Wasser, in dem sich Nīm-Blätter befinden, gebadet und dieses dann auf den Leidenden gesprengt. — Die den Heilzauber begleitenden Sprüche und Handlungen sollen den Erfolg vorwegnehmen, was z. B. dadurch geschieht, daß man den kranken Körperteil bereits als genesen preist. Oder man macht es wie im Panjab: wenn dort ein Kind stirbt und der Tod durch den Leichendämon Masān verursacht sein soll, so bringt man die Bahre, die das Kind zur Leichenstätte gebracht hatte, von dort ins Haus zurück, wäscht sie und bewahrt sie sorgfältig, bis ein neues Kind geboren ist. Dies wird dann auf die gleiche Bahre gelegt. Es soll nun gegen das Todesübel des älteren Geschwisters geschützt sein. — Das verstorbene Kind wird dadurch zum Substitut des Jüngeren oder das Jüngere zum Analogon des älteren. — Für die im Heilzauber sehr häufig angewandte Befehlsform liefere der Spruch ein Beispiel, der nach Gebärmuttervorfall angewendet wird: „Gesegnete! geh' an deinen Platz!" Die Anrede an den Uterus muß mit der Reposition des Organs an seinen richtigen Platz gleichzeitig sein. — Zu Urinstinkten, die im Körper das vegetative Leben vermuten und es sich menschenfresserisch einverleiben wollen, greifen wir zurück, wenn wir uns der Heilkraft der „Mumie" erinnern, die weit über das Mittelalter hinaus in unseren Apotheken geschätzt war und durch die Araber von Ägypten nach Indien gebracht worden ist. Daneben geht das Bestreben her, die wichtigste Lebensessenz, die in der Kopfspitze weilend gedacht wurde, sich unmittelbar beim lebenden Individuum zu eigen zu machen oder sie aus irgendeinem Leichenteil zu destillieren. Ein Europäer wurde beschuldigt, durch Zaubermittel einen schwarzen und möglichst fetten Knaben gewohnheitsmäßig in seine Gewalt zu bringen, ihm ein kleines Loch in die Kopfhaut zu bohren, sodann ihn bei den Beinen über ein gelindes Feuer aufzuhängen und die sieben ersten Tropfen, die aus der Wunde quellen, als kostbare Medizin aufzufangen. — Freimaurer, deren Logen als „Häuser des Geheimnisses" bekannt sind, werden als Zauberer und Magier betrachtet und sollen mit diesen Blutsaugern gemeinschaftliche Sache machen. Die Anatomie-Räume der wissenschaftlichen Institute stehen zu Zeiten unter gleichem Verdacht. Überall herrscht dort wie hier der aus borniertem Unverstande und trotzigemHochmut gegen wissenschaftliches Denken hervorgegangene Argwohn, daß die gelehrte Forschung nichts als ein Deckmantel zur Verschleierung selbstsüchtiger Interessen und unheimlicher Manipulationen sei. —

Unter den harmlosen Heilmitteln nennen wir das Wasser, in dem seit Ewigkeiten alle Heilkraft schlummernd geglaubt wird. Der Götterarzt befand sich im Weltenozean. Besonders wirksam ist das Regenwasser. Man soll es das ganze Jahr hindurch genießen. Magische Riten sehen das Nacktlaufen im Regen vor. Daß der Regentropfen die auf die Erde zurückkehrenden göttlichen Ahnen in sich verschließt, sagt der Veda; daß er (sicherlich aus diesem Grunde) eine besondere Heiligkeit birgt und deshalb von den im Stande der Heiligkeit Stehenden gemieden werden muß, lehrt das häusliche Ritual. Waschungen mit fließendem Wasser sind als Läuterungsmittel überaus häufig. Dazu kommt die Askese, wenn der Leidende sich im Stande der Unreinheit befindet. Dies ist beispielsweise der Fall, sobald eine vernachlässigte Wunde Maden zeigt (vgl. oben die Bedeutung der Würmer). Bisweilen werden in solchen Fällen, namentlich auch dann, wenn die Sünde des Kranken als Entstehungsursache gilt, Geißelungen vorgenommen, bei denen das Blut in Strömen fließt. Hiermit vergleicht sich in Europa der bei Syphilis, ja selbst Tuberkulose, als Folgen von „Ausschweifungen" gewährte seelenärztliche Beistand, der zu starken Depressionen und Schädigungen des Kranken führt. In einem mir bekannten Fall wurde ein schwer hysterisches Mädchen aus einem Pfarrhause der Klinik zugeführt. Die Mitglieder der geistlichen Familie hatten, in knieender Stellung die Kranke umgebend, zu Gott gebetet, er möge deren sündiges Herz bessern. In Indien werden solche Kranken bisweilen geprügelt, ausgestoßen und ihres Eigentums beraubt.

Damit kommen wir zu den Seelenkrankheiten im engeren oder weiteren Sinn. Die alte Zeit fürchtet sie und verehrt deren Träger, auch die durch Rauschgifte usw. vorübergehend abnorm Gewordenen, wie wir sahen, als Heilige. Stellt sich aber die Notwendigkeit ein, den Besessenen zu heilen, so geschieht dies in Bengal noch heute, indem der Exorzist sich eines Dämons bemächtigt, der stärker ist als der Verursacher der Krankheit und diesen vertreibt. Er wird bisweilen in ein Stück Bambusrohr eingesperrt und als Marktware verkauft. Als eigentliche Heilmittel gelten neben Spenden, die dem Dämon dargebracht werden, Bußen, Gebete, gottesdienstliche Verrichtungen aller Art und Ehrungen der Brahmanen, leider aber auch in weitem Umfange Mißhandlungen. Sie sollen dem Dämon den Aufenthalt im Körper des Besessenen verleiden und werden deshalb stets angewandt, wo ein solcher vermutet wird. Dies ist bei der Hochzeit der Fall, wo vielfach die Braut den Bräutigam schlägt. Unfruchtbare Weiber werden geschlagen. Der Baigapriester peitscht weibliche Hysteriker mit der magischen Kette, welche gewöhnlich im Dorfheiligtum hängt. Mißhandlung durch Schlagen mit Schuhen (eine besonders entehrende

Strafe!), verschärft durch Anwendung von rotem Pfeffer, ist in Bengalen zu Hause. Nach der Lehre der Mediziner soll man den Geisteskranken, wenn Zureden nichts hilft, in einen wasserlosen Brunnen werfen, damit er dort hungere; oder man lege ihn, gebunden, mit dem Gesicht nach oben in die Sonne; oder man brenne ihn mit glühenden Eisen usw. Bisweilen finden Teufelsaustreibungen, verbunden mit Mißhandlungen, in der Pagode statt. Das alles klingt höchst barbarisch, ist aber von sittlichem Standpunkt aus viel weniger verwerflich als die noch zu unserer Väter Zeiten schwunghaft gehandhabte Irrenpeitsche und die Zwangsjacke. — Von besonderem, eigenartigen Interesse ist es übrigens, daß (nicht bloß in Indien) der König bei seiner Krönung von Priestern geschlagen wurde.

Das einfachste Mittel, sich eines Krankheitsdämons zu entäußern, war dieses, daß man ihm das Feld räumte oder daß man ihn seinerseits wegschickte. Den ersteren Weg sind die indischen Stämme bis zur neuesten Zeit vielfach gegangen. Die Völkerverschiebungen der Geschichte haben ihren Grund nicht nur in Kriegen und Hungersnöten, sondern auch in Krankheiten. Die Kenntnis dieser Tatsache auf indischem Boden gab dem großen Hygieniker Max von Pettenkofer eine der wesentlichen Veranlassungen zur Aufstellung seiner Grundwassertheorie. Bereits die klassischen Mediziner Indiens lehrten, daß man bei Epidemien die heimgesuchte Gegend verlassen müsse. — Die zweite Möglichkeit ergibt sich, wenn man die Wagen eines Prozessionszuges oder ein Floß, das man mit Gaben für die Pestmutter belädt und dann in einen Fluß setzt, verwendet. Selbst kleine Modelle einer Eisenbahn werden dazu gebraucht. — Krankheiten werden in Vogelgestalt herumschwirrend gedacht. Die Seele verwandelt sich vielfach in einen Vogel; man denke an die Büchse der Pandora. Manche dieser Tiere, wie namentlich Taube und Krähe, sind deshalb sehr gefürchtet. Der mit dem Todesdämon gleichgesetzte Krankheitsgeist wird durch Beschwörungen in die Ferne gebannt oder er soll seinerseits das Leiden mit fortnehmen, ein Verfahren, das bereits der Veda kennt. Die Gelbsucht wird in ältester Zeit auf gelbe Vögel gebannt, die an das Lager des Kranken gebunden wurden. Heutigen Tages pflegen zum Zwecke des Krankheitsschutzes indische Landleute kleine Figuren aus Butterteig um den Hals ihrer Kinder zu hängen und sie den Krähen oder anderen unreinen Vögeln zu schenken. Auch manchen Nahrungsmitteln, unter denen beispielsweise die Zitrone (Limone) als von Geistern sehr gern gesucht genannt wird, pflegt man den Krankheitsdämon durch Zauberei einzuverleiben und solche Früchte dann nach dem Feinde zu werfen. Sehr gewöhnlich ist seit ältester Zeit das Schleudern von Steinen, die zunächst als Angriffsmittel gegen gefährliche Genien gelten, aber auch ihrerseits mit Krankheitsstoffen beladen sein können.

Als gewaltiges Heilmittel gilt seit den frühesten Tagen der Tanz. Er ist der primitivste und unantastbarste Ausdruck größter Lebensenergie und deshalb produktiv wirksam. Die Bewegung des Weltalls um seine Achse gilt, wie nachweislich die des Großen Bären, als himmlicher, welterhaltender Tanz. Weltbildend ist die kreisende Bewegung des gequirlten Urmeeres, dem die höchsten Mächte der Religion und Natur entsteigen; sie wird als tanzend aufgefaßt. Die Tänze der höchsten Gottheiten namentlich des schivaïtischen Kultus sind kosmogonisch. Sie wiederholen sich, Gefahr drohend, in den Göttertempeln. Auch Tote tanzen, obwohl ihnen Glieder (der Kopf usw.) fehlen können, um ihr Anrecht an die Welt des Lebens zu beweisen. Allerdings sind Vorstellungen dieser Art dem arischen Empfinden fremd gewesen. Es kennt keine Teufelstänze. Auch der in dieser Richtung sich bewegende Schivaïsmus ist seiner Veranlagung nach sicherlich unarisch. Heutigen Tages aber treten die Teufelsaustreibungen durch exorzistische Tänze sehr stark hervor. Überall herrscht die Vorstellung, daß der Kranke den Mangel an Lebenssubstanz durch das Einfahren eines Geistes in seinen Leib ergänzen kann. Solche Tänze sind deshalb überaus leidenschaftlich; sie ergehen sich in rasenden Ekstasen und verlangen eine uns unverständliche Riesensumme von Muskelenergie. Der Kranke fällt endlich auf den Boden und windet sich in Zuckungen. Solche Zeremonien werden gewöhnlich von den Freunden des Leidenden, deren einer dem gütigen Hausgeist befiehlt, auf das Haupt eines Mitgliedes des Familie des Kranken zu kommen, verabredet. Nun beginnen alle zu tanzen. Einer verfällt dann in Raserei und prügelt darauf — als Träger des mächtigeren Dämons — den Kranken (als Inhaber des schwächeren Geistes) so fürchterlich durch, daß dieser (nach der allgemeinen Auffassung) gesund wird oder an den Folgen der energischen Behandlung stirbt.

Die Kenntnis heilkräftiger Kräuter mag alt gewesen sein. Im Indien der historischen Zeit wiegt sie gegenüber der von Mineralien und animalischen Produkten durchaus vor. Sicher ist es aber, daß sie durch das Eindringen in das an pharmakologisch wertvollen Pflanzen so reiche Land von Grund aus umgestaltet und sehr wesentlich bereichert wurde. Mitglieder der niedrigsten Kasten männlichen wie weiblichen Geschlechts gelten als Heilkundige; die Eingeborenenstämme haben den Ariern das wertvollste Gut übermittelt. Sind sie doch selbst beim Verkauf der Somapflanze, die im Mittelpunkt des ganzen Opferkultus steht, hervorragend beteiligt gewesen. Ihr Leben im Walde, im Hochgebirge zwang sie zur Kenntnis der sie umgebenden Natur; ihr Bestreben, Kulturgüter der Arier sich zu eigen zu machen, zum Verkauf. Der Autochthone ist zudem ohnehin als Zauberer gefürchtet. Der viehhaltende Arier übernahm von dem Haustier, vorwiegend der Kuh, die wichtigsten Medikamente. Dazu gehörten namentlich die Ausscheidungen dieser Tiere: Milch, Kot und Urin, der äußerlich und innerlich als Universalheilmittel angewendet wurde, ferner innere Teile wie der Gallenstein des Rindes. Gegenwärtig werden von Schafen, Ziegen, Büffeln, Kamelen, Elefanten, Pferden und Eseln heilkräftige Substanzen entnommen. Über 700 Pflanzen und viele der bekannten Mineralien werden in gleicher Weise verwertet, zumal die Edelmetalle und unter ihnen an erster Stelle das als „unsterblich" geltende und deshalb „Unsterblichkeit" verleihende Gold. Unter den pflanzlichen Medikamenten sei des Öls gedacht, das zum Salben und Baden verwendet und in der Mantik auf Wasser getröpfelt wurde, um Figuren von weissagender Bedeutung zu bilden. Äußerst wichtig war seine Benutzung beim Wundverband; es erzielte einen völligen Luftabschluß und damit Schutz vor Infektionen, wurde auch im Okzident als Ersatz für Desinfektion beständig verwendet, aber auch schauerlich mißbraucht.

Der Versuch, den Kranken seelisch zu beeinflussen, führte zu der Frage der inneren Anwendung des Alkohols. Er war bei der Volksmasse seit Alters sehr beliebt. Männer wie Frauen betranken sich bei den großen Festen und auch wohl zu Hause. Die Brahmanen genossen beim Opfer den Soma (der stark berauschte) und dessen Surrogate, ferner auch bei gewissen Darbringungen Schnaps (Arrak und dessen Substitute). Im profanen Leben sollten die Priester alkoholfrei leben. Die religiösen Gesetzbücher stehen teils auf einem fanatisch-abstinenten, teils auf vermittelndem Standpunkt. Der Brahmane soll berauschende Getränke meiden, weil er sonst etwas ungehöriges tun oder in Unlauteres geraten könnte. Wer das Verbot bricht, soll solange heißes Wasser trinken, bis er durch Verbrühung den Tod findet; dann wird er rein. Der Verkehr mit Frauen, die berauschende Getränke genießen, ist verboten, desgleichen der Genuß von Ersatzmitteln des Arraks und sogar das Riechen daran. Andererseits aber sagt Manu's grundlegendes Gesetz: „Im Fleischgenuß liegt keine Sünde, noch im Rauschtrank, noch in der Begattung. Das ist der natürliche Drang des Menschen. Die Enthaltsamkeit davon aber trägt selige Frucht." Die Literatur der Mantik widerspricht sich in der Frage der Verwerflichkeit des Alkohols denn auch in ganz seltsamer Weise. Die Rechtsschriften machen seinen Genuß großenteils zu einer der fünf Todsünden; die das häusliche Ritual behandelnden Texte, mit jenen aufs engste verwandt, verbieten ihn neben dem Fleischgenuß vor allem den im Stande der Unreinheit Stehenden und den „Heiligen". Der heutige Brahmane genießt weder Alkohol noch Fleisch. Der Standpunkt der klassischen Mediziner ist uns deshalb von weitgehenderer Bedeutung, weil er den Beweis liefert, daß das religiöse Gebot der Alkoholenthaltung nicht etwa sanitären Erwägungen zu verdanken ist. Der „Schnapsteufel" wurde von den Brahmanen, deren Lebensweise ohnehin einen durchaus asketischen Zug trägt, abergläubisch gefürchtet, wie der Teufel des Würfelspiels, ohne daß man sich mit der Alkoholfrage in medizinischem oder überhaupt kulturellem Sinn auseinandersetzte. Das lebensfrische Wort des ältesten Veda: „Soma haben wir getrunken; unsterblich sind wir geworden", findet bei den klassischen Medizinern einen Nachhall, wenn diese klug und richtig sagen: „Geistige Getränke wirken bei richtigem Gebrauch wie Ambrosia, bei falschem wie Gift." Von den einzelnen Stadien des Rausches schärft das Erste den Verstand, das Gedächtnis und den Appetit, bewirkt Heiterkeit usw. Als Aufheiterungsmittel wird der Alkohol überhaupt durchaus geschätzt; in größeren Mengen genossen, wirkt er als Narkotikum bei Operationen. Er verhindert Depressionen und Kollapse, so z. B. nach Extraktion der toten Frucht.

Entscheidend für die Leistungen der indischen Medizin ist natürlich die Persönlichkeit des Arztes. Sein Wissen war zwar von Aberglauben nicht frei, aber auf uralten, teilweise wertvollen Erfahrungen beruhend. Die wissenschaftliche Mode war für ihn nicht vorhanden. Die ihm zur Verfügung stehenden Lehrbücher galten zwar als klassisch, widersprachen sich aber so häufig, daß ihm eignes Urteil wohl stets erlaubt war. Mit Land und Leuten war er aufs genaueste bekannt. Eine große Zahl wertvoller Heilmittel stand ihm zur Verfügung. Er besaß ein zweifelfreies Selbstbewußtsein, das bei der indischen

Bevölkerung außerordentlich stark suggestiv wirkte. Noch vor wenigen Generationen zogen christliche Missionare den indischen Arzt zu Zeiten dem europäischen vor. Ein mir bekannter indischer Professor verteidigte mit guten Gründen die Heilkunst seiner Ärzte gegen die europäische Weisheit.

Der Inder fühlt sich als Glied des Kosmos und erkennt seine Abhängigkeit ihm gegenüber an. Zugleich weiß er sich in die Welt des ihn umgebenden Lebens eingestellt. Er ist nicht der Herr der Schöpfung sondern ein Teil derselben, dem Wandel untertan, den seine Seele im Laufe der Existenzenkette durchzumachen hat. Deshalb ist jede grausame Behandlung von Menschen oder Tieren, die ja die Seelen der nächsten Verwandten bergen können, unter Umständen ein Vater- oder Muttermord. Der zu wiederholten Malen in Europa tätig gewesene Apostel Kṛṣṇamūrtti lehrt eindringlich die Liebe zu den Tieren als religiöse Pflicht. Ein indischer Naturforscher, J. Bose, vertrat während seines Aufenthalts in Wien die für seine Weltanschauung grundlegende Ansicht, daß die Pflanzen ein lebender Organismus wie die Tiere sind. Er suchte durch Experimente zu zeigen, daß sie einen regelmäßigen Pulsschlag haben, Nerven besitzen und unter denselben Erscheinungen sterben wie der tierische Organismus. Er glaubte sie in Erregung setzen, tanzen lassen, betäuben, durch Kampferlösung ermuntern, ihr „Herz" lähmen und stimulieren zu können. Solche Versuche besagen besonders deutlich, daß dem Inder die Wissenschaft eine Frucht der Religion ist. Kleine deutsche Sekten, die zweifellos in England und Amerika ihre Filialen haben, stehen auf dem indischen Standpunkt, daß selbst der Genuß von Milch und Eiern als indirekte Tier- bezw. Embryonentötung anzusehen ist. Eine Würzburger Missionsstelle schickte mir Zettel mit folgenden Worten: „Sei für Gerechtigkeit! Lebe ohne Fleisch, Milch und Eier! Das Verzehren dieser Dinge ist verbunden mit Freiheitsberaubung, Betrug, Mord, Raub usw. Was du säest, wirst du ernten." Die Schonung des Lebens erstreckt sich bereits nach Manu's Gesetz auch auf die Pflanzenwelt, namentlich auf Schlingpflanzen. Der Brahmane darf niemanden töten, aber er darf in der Notwehr, im Notstande, zum Schutz der Kaste und der (heiligen) Kühe die Waffen ergreifen. Waffendienst aber ist für ihn schändlich und befleckend. Die orthodoxe Auffassung des Veda macht selbst die welterlösende Tötung des Riesen Vṛtra für den Kriegsgott Indra und die Erschlagung des Dämons Rāvaṇa durch Rāma für diesen zur Sünde. Sehr streng und zusammenfassend ist im Epos die Lehre vom „Nichttöten" ausgesprochen. „Es gibt kein höheres Gesetz als die Schonung aller lebenden Wesen; darum ist auch die Viehzucht grausam, weil sie das Quälen und Töten von Tieren im Gefolge hat. Grausam ist auch das Halten von Sklaven und der Handel mit lebenden Geschöpfen; selbst der Ackerbau ist voll Sünde, denn der Pflug verwundet die Erde und tötet viele lebenden Geschöpfe." Bekanntlich verbietet auch der rein ethisch eingestellte Buddhismus jede Tötung, hier zum ersten Male nicht aus abergläubischen, sondern aus sittlichen Gründen. Er verwirft deshalb auch die blutigen Opfer. Im Brahmanismus können sie dargebracht werden; eine Schlachtung zu Ehren der Manen oder der Gäste gilt dem Opfer gleich. Aber deutliche Spuren weisen auf das Eingeständnis einer durch die Schlachtung verübten Sünde hin. Das Opfer wird mit der ungeweihten Schneide des

Messers zerlegt; das erste dabei herausfließende Blut, ja sogar der Strick, mit dem das Tier angebunden worden war, ist verflucht. Einzelne Opfergeräte werden nach Vollendung der Zeremonie ins Feuer geworfen, der das Herz haltende Bratspieß vergraben. Der Tötung gehen Spenden voraus, die vom Verbrechen des Mordes reinigen sollen und es folgen besänftigende Libationen. Das alles gehört dem alten Ritual an. — Unzweifelhaft liegt die Grundidee dieser Vorstellungen und Handlungen in einer abergläubischen Furcht vor unbekannten, im Reich der Natur waltenden dämonischen Mächten, die man im Leben freundlich anspricht, nährt, umschmeichelt, im Tode verehrend umtanzt (so z. B. das beim Opfer getötete Pferd). Aber ebenso sicher ist es, daß die grundlegenden Gebote des menschlichen Ethos, wenn sie am Tier halt machen, nichts weiter als wertlose Opportunitätsmaßnahmen sind und daß ihre Ausdehnung auf die Tierwelt dem germanischen Empfindungsleben entspricht, wie sie mit den Erkenntnissen der Naturwissenschaft in völligem Einklang steht. Unendliche Summen an Qual sind durch das Grundgebot des „Nichttötens" hochentwickelten Wesen erspart geblieben, wie eben dies Gebot durch den Buddhismus eine Richtlinie bekommen hat, die völlig unantastbar ist und bleiben wird.

Dem indischen Volksempfinden ist die dämonistische Furcht aufs tiefste eingeprägt. Sie kommt zum Durchbruch, wenn ein Vogel rechts oder links vom Beobachter fliegt, ein Elefant sich des Morgens zeigt, ein Ameisenschwarm die Wand des Hauses in die Höhe läuft, im Traum sich eine giftige Blume oder im wachen Zustande ein heiliger Baum den Augen darbietet. Ja, man kann sagen, daß das einzelne Naturwesen nur das Prototyp einer in den Tiefen der indischen Seele verankerten, mit bestimmten Ideen belasteten religiösen Form ist. Daraus erklärt es sich, daß von einer wertfreien Beurteilung der Natur und damit von ihrer Erkenntnis in unserem Sinne nicht die Rede sein kann. Selbst die fabelhaften Wesen des Waldes, des Meeres und der Luft, die Schlange, die am Schwanz einen zweiten Kopf hat (svaja) und das löwentötende achtbeinige Ungeheuer (scharabha) leben in der Vorstellungswelt des Inders als primäre Erkenntnisobjekte. Aus unvordenklicher Zeit ist das Bild des nordischen Bären und des gewaltigen Adlers in diesen Vorstellungskreis hineingezogen. Das Pferd gilt noch heute als Pfadpfinder. Wie im alten Ritual, läßt man es laufen, wohin es will und folgt ihm bis zu dem Orte nach, an dem es stehen bleibt. Alle Stellen, an denen man solche Pferdespuren findet, werden zu Feuergruben beim Opfer benutzt. Im alten Ritual wird der beim Bau des großen Feueraltars verwendete Ton vom Hufe des Pferdes berührt, auf der Fußspur eine Spende geopfert. Erst dann wird der Ton ausgegraben — ein sicherer Beweis dafür, daß das Tier als der Entdecker des geweihten Platzes gilt. — Die Ziege ist der Gott der niedrigsten Kasten, die im Gebirge wohnen, gewesen. Sie führt den Eingeborenen im unwirtlichen Gelände auf steilem Wege. Als Pfadfinder, zugleich aber auch als Tier des Feuergotts tritt sie stärker hervor, wie sie ja auch dem nordischen Blitz- und Donnergott als Attribut mitgegeben ist. Deshalb sieht man sie als dämonenvertreibend und Unreinheit abwehrend an. Sie wird beim Totenmahl verwendet. Auch gilt sie (wohl der großen Hoden des männlichen Tieres wegen) als Bild des männlichen Geschlechtstriebes. — In dieser Hinsicht gleicht ihr der Affe, das Prototyp der Liebeslust und geschlechtlichen Fruchtbarkeit. Am Sonnabend, der ihm heilig ist, bestreichen Weiber sein Bild mit Öl. Unfruchtbare Frauen fallen vor seinem Schrein nieder, entkleiden sich und umarmen sein Bildnis. Im Traumaberglauben tritt er häufig als Seelenräuber auf und ist dann natürlich verderblich. Unter den Haustieren nennen wir den Elefanten, den intelligentesten, treuesten und selbständigsten vierbeinigen Gefährten des Menschen, zugleich die wichtigste lebendige Waffe im Kriege und den besten Arbeitsgenossen im Frieden. Obgleich er in der Regel schwarz ist, bringt sein Anblick immer Glück. Die weißen Exemplare werden in Hinterindien vergöttlicht; sie leben dort nahe bei dem königlichen Palast, von einer großen Zahl von Dienern gepflegt, durch Weihrauch verehrt. Die Entdeckung und Gefangennahme eines solchen Tieres gilt als glückliches Omen für den regierenden Kaiser, der Traum von ihm weissagt die Königswürde. — Sehr groß ist die Zahl der Tiere, die zum Totenreich und zur Nacht in Beziehung stehen. Die indische Volksphantasie trägt einen durchaus düstern Charakter. Seit indogermanischer Urzeit wurde der Mensch auf seinen Wanderzügen vom Hunde begleitet. Im iranischen Altertum gilt dieser als heilig, im indischen als verachtet, beides aus gleichem Grunde: er frißt die Leichen und bemächtigt sich der lebend Zurückgebliebenen, die er zerreißt. Dadurch reinigt er die Schöpfung Ahura Mazda's, aber er verzehrt die Seelen derjenigen, die sonst auf langem Wege wohlbehalten zum Totenreich wandern könnten. Er lauert den Verstorbenen auf und schweift auf jenem Totenwege herum. Der älteste Veda kennt die Götterhündin mit ihren beiden gefährlichen Abkömmlingen, von denen der Eine die ominöse gesättigt-schwarze Farbe trägt, der Andere gesprenkelt ist. Diese Vorstellung ist äußerst populär gewesen, vom Buddhismus übernommen und noch heutigen Tages nicht vergessen. Die Grundidee, daß der Hund Körper und Seele zerreißt, das sonst in das Ahnenreich flüchtende „Leben“ zerstört, schimmert häufig durch. Die Lehre von der Wanderung einer leiblich gedachten Seele zum Todesgott und den Ahnen ist eben viel jünger als die „Erfahrung“, daß die Gesamtexistenz des Menschen durch den leichenschänderischen Hund, der dann wohl kynanthropische Züge bekommt, vernichtet wird. Der im Reich der Ahnen gebietende Todesgott wird hier, einer älteren Vorstellung folgend, zum Herrn der Hunde gemacht, die dem Tode seine Beute zutreiben. Da heißt es im Veda in einem Liede, das zur Erhaltung des Lebens dienen soll: „Nicht möge der dunkle und der gesprenkelte Hund, die beiden Abgesandten des [Todesgottes] Yama, die beiden Wegbeschützenden Hunde, dich fressen.“ Und in einem bei der Bestattung rezitierten Liede wird zum Toten gesagt: „Entrinne den beiden Hunden der Saramā, den vieräugigen, gesprenkelten, durch einen guten Weg und komme bei den... Ahnen an... Welches deine Hunde sind, o Yama, die Beschützer, die vieräugigen, die Weg-Beschützer, die nach den Männern spähen, den Beiden übergib ihn [den Toten], o König! und Heil und Unversehrtheit [vor den Bissen der Tiere] verleihe!“ „Die beiden breitnasigen Seelenfresser..., die Boten des Yama gehen unter den Leuten umher; diese beiden mögen uns heute glückliches Leben jetzt hier geben, damit wir die Sonne schauen.“ Daß der alte Weg des Toten nicht an den Hunden vorbei sondern durch sie hindurch geht und daß die gleiche Gefahr die Überlebenden treffen kann, beherrscht das Empfindungssubstrat dieser Strophen, die sicherlich nicht einheitlich gedacht und erdichtet, sondern zu Ritualzwecken zusammengestellt sind. Die Rolle der beiden Hunde geht hier in die von unentbehrlichen Geleitwesen (daher: „den Beiden übergib ihn") über, wie dies notwendig war, wenn sich neben der seelenzerstörenden Funktion das Dogma von der Wanderung des Toten durchsetzen wollte. Heutigen Tages schützen diese Hunde den Toten vor den raubgierigen Kollegen, ja sie werden selbst zu Yama's menschlichen Boten gemacht, welche die Seelen der Menschen, wenn ihre Zeit auf Erden erfüllt ist, abfangen und einem vorläufigen Verhör unterziehen. Iranische und muslimische Gerichtsvorstellungen knüpfen hier an. Aber die Furcht vor herumlungernden Hunden, die ehemals die aus den Zelten herausgeworfenen Leichen der Wandernden fraßen, klingt noch heute in der kultischen Fütterung dieser Tiere nach. In der buddhistischen Literatur tauchen die beiden, mit eisernen Zähnen jedermann fressenden Hunde auf und nach Plutarchs Angaben sollen sich abergläubische Griechen davor gefürchtet haben, von dem Kerberus verschlungen zu werden. — Zerreißt im heutigen Indien ein Hund, Fuchs, Wolf oder Hyäne einen Menschen, so ist es mit dessen Leben bei seinem Gott sicherlich aus. Das mörderische Tier aber wird zum seelentragenden Gespensterwesen, wie denn überhaupt die Furcht, von Leichenschändern aller Art, aber auch seelenraubenden Vögeln, entführt zu werden, sehr groß ist. Die magische Auslegung der Vogelsprache spielt hier mit hinein. Wie sehr auf sie geachtet wurde, lehren klangmalerische Vogelnamen und selbst die gelehrten Wiedergaben der einzelnen Töne des Schreies der verschiedenen Geflügelwesen in Varāhamihiras großem Kompendium der Mantik. Ferner galt es, festzustellen, ob ein Vogel saß oder flog, nach welcher Seite er flog oder worauf er sich niedersetzte; wie er sich dort verhielt (ob er etwa Kot auf einen geweihten Platz ließ); welche Farbe er trug, welcher Gattung er angehörte, in welcher Tages- oder Jahreszeit er sich zeigte. Taube und Eule gelten schon im alten Ritual als Unheilwesen. Wenn sie den Weg des Wanderers kreuzen, wird dieser sicherlich die Reise nicht fortsetzen sondern lieber nach seinem Hause zurückkehren. Menschen verwandeln sich in der Sage in Vögel, desgleichen der abgeschlagene Kopf eines Dämons — ein Beweis dafür, daß solche Verwandlungen nichts anderes als Überleitungen in das Reich des Todes sind. Besonders gefürchtet und gehaßt ist, wie angedeutet, die Krähe, weil sie von Aas lebt. Noch heute ist sie im Glauben mancher Kasten ein Totenvogel; der Opferplatz, über den sie flog, galt als entweiht, wie auch das Haus, auf dem sich die Taube niederläßt. Es bedarf der Rezitation heiliger Sprüche oder gar höchst umständlicher Sühnezeremonien, um das drohende Unheil abzuwenden. Die Lehre von den „Vogelflugwahrzeichen", die viele gelehrte Traktate füllt, ist überaus differenziert und in ihren Grundelementen sehr volkstümlich. — Der Maulwurf gehört zu den ausgesprochenen chthonischen Geschöpfen. Wenn er den Weg eines Schülers kreuzt, soll dieser 24 Stunden lang das Vedastudium unterbrechen. Er verunreinigt durch seinen Biß die menschliche Nahrung, durch seine Gräberarbeit die Erde, die dann selbst zur Reinigung des menschlichen Körpers nach der Verrichtung eines natürlichen Bedürfnisses untauglich wird. Dem finsteren, alten Gott Rudra ist er geweiht. Beim dritten Tertialopfer des alten Rituals wirft man einen Kuchen auf einen Maulwurfhaufen mit dem Spruch: „Dies ist dein Anteil; der Maulwurf ist dein Tier, Rudra!" — Nicht minder bekommt der „Mäusekönig" — in Indien leben selbst die Mäuse in der monarchistischen Staatsordnung — auf einem Schutthaufen ein Opfer. Wenn die Mäuse ein Gewand zernagen, so galt dies als gefährlich. Die Kunst, daraus die Zukunft zu erkennen, war ein spezieller Zweig brahmanischer Weisheit. Der Gott der Weisheit, Gaṇescha, der mit seinem dicken Bauch und Elefantenrüssel so viele indische Bücher ziert, erweist sich als ursprünglich chthonisches Wesen, da ihm eine Maus oder Ratte als Geleittier beigegeben wird.

Der Fisch gilt in Indien, wie alle Wasserwesen, schon seiner üppigen Nachkommenschaft wegen als Glück bedeutend. Ein riesiger Fisch rettet den indischen Noah (Manu) und damit das Menschengeschlecht. Der Genuß von Fischen ist aber den höheren Kasten verboten, dem Buddhisten eingeschränkt gestattet. Die Fischer gehörten ihren Kasten nach zu den Verachtetsten und sind zweifellos unarisch; sie werden als „Fischmörder" gebrandmarkt. In der Sage treten die Nymphen (Apsaras), die fischähnlich laichen können, aber mit Sterblichen Ehen gegen tabuistische Vertragsbestimmungen eingehen, hervor. Nach heutigem Volksglauben nimmt ein junges Paar, um Kinder zu bekommen, eine Matte an einen Fluß oder ein stehendes Gewässer mit und fängt damit eine bestimmte Sorte von Fischen, die sich außerordentlich stark zu vermehren pflegt, küßt sie und läßt sie dann wieder schwimmen. — Die Schlange ist sicherlich schon seit Urzeiten verehrt, da sie in die Wohnstätten einzudringen und deshalb, aus dem Boden kriechend, als schützender Ahn des Hauses angesehen zu werden pflegte. Ihrem Auftreten, ihrer Farbe, Größe und Gestalt sowie ihrem Verhalten werden so viele Wahrzeichen entnommen, daß eine ausgebildete „Schlangenwissenschaft" entstand. Von den höheren Kasten wird die Tötung selbst der giftigen Arten vermieden, die harmlosen werden mit Spenden verehrt, ohne deren Vollzug kein Haus, kein Tempel, zu göttlichem oder menschlichem Gebrauch geeignet wäre. Das alte Ritual kennt komplizierte Schlangenopfer. Die weiße Farbe verleiht dem Tiere, nicht anders als in der germanischen Sage, eine besondere Heiligkeit. Das Verschwinden des schützenden Genius bringt auch im indischen Volksglauben Unglück. Das chthonische Element wird hier besonders stark betont, wie schon der beigelegte Zug der Weisheit der redenden, ja dichtenden Schlangen andeutet und die Vorstellung von Schlangenkönigen als Herrn ganzer Völker (das ethnisch gegliederte Geisterreich!) klar dartut. Der „Drache des Urgrundes" ist eine indopersische wie auch eine nordische Idee. Der Hautwechsel der Schlange hat dem Seelenwanderungsglauben Nahrung gegeben. Die Vorstellung von ihr als einem Genius — ein bekannter Zug der griechischen Plastik und Sage — lebt noch heute in voller Klarheit. Im Narbudatal wurden einmal drei Weiber zugleich mit dem Leichnam ihres Gatten verbrannt. Da krochen plötzlich zwei große Schlangen herbei, bestiegen den Scheiterhaufen und wurden von den Flammen vernichtet. Die umstehende

Volksmenge war davon überzeugt, daß diese Wesen Wiederverkörperungen von Frauen des Verstorbenen aus einer früheren Existenz wären. Deshalb veranstaltete man die Bestattungszeremonie zu Ehren von sechs, anstatt von vier vergöttlichten Kultpersonen. Verstorbene solcher Art erlangen zu Zeiten Götterrang und Opfer. Schlangenzauber finden sich unter offensichtlicher Deïfizierung dieser Tiere seit den ältesten Zeiten (Atharvaveda), in der buddhistischen Literatur und den Bower-Manuskripten (450 n. Chr.), bis zu den jüngsten Tagen. Für die Verehrung, die dies Tier als leibhaftiger Repräsentant der Gottheit genießt, spricht wohl nichts deutlicher als Manu's heiliges Gebot, das in verschiedenen Versformen vorliegt: drei Geschöpfe soll man nicht verachten, selbst wenn sie im Elend sind: einen Brahmanen, einen Adligen und eine Schlange, denn alle drei sind [dank ihrer dämonistischen Macht so gefährlich wie] Giftschlangen.

Weitaus wichtiger im gesamten psychischen Komplex des arischen Inders als irgend eines dieser genannten Tiere, deren sachdienliche Erörterung eine unübersehbare Tatsachenmasse berücksichtigen müßte, ist aber das indische Rind. Die arischen Stämme kamen aus Gegenden des hohen Nordens. Der Bär, das Pferd standen im Mittelpunkt ihres kulturellen Lebens. In der ältesten literarischen Epoche aber waren die Inder ungeachtet ihrer Kenntnis des Ackerbaus Viehzüchter. Wie der Sikh unserer Tage seine Religionsschriften, der Kaufmann sein Hauptbuch, so verehrt der Landmann sein Vieh. Krischna, ein alter Hirtengott, sagt: „Wir sind walddurchwandernde Hirten, die stets vom Reichtum der Kühe leben. Die Kühe sind unsere Gottheit, die Berge und die Wälder.“ Schiva, in der Manifestation als Bhairava, ist die gegenwärtig verbreitetste Gottheit der Kuhherden, auf das innigste verwandt mit dem sie begleitenden Hunde Ruru. Da dieser Name auch den Gott selbst bezeichnet, ist es äußerst wahrscheinlich, daß der Gott in Hundegestalt als Herdenbeschützer vergöttlicht wurde. Als „Herr des Rindviehs“ (paschupati) gilt Schiva noch heute in den Ländern der Himālaya-Terrassen und wird als solcher verehrt. In Urzeiten wurden Himmel und Erde unter den Bildern des befruchtenden Stieres und der empfangenden und Nahrung spendenden Kuh dargestellt. Der Regen ist der Samen des Urstiers, der, aus der Avestareligion übernommen, noch im späten Mithrazismus als weltbildende Macht verehrt wird. Damit hängt die Stellung der Urkuh in der Edda historisch und begrifflich zusammen. Der alte indische Donnergott Parjanya ist deshalb stiergestaltig gedacht worden, zu Zeiten auch Indra, der ihn teilweise ablöste. Götter verwandeln sich in Rinder, die Gangā (der Ganges) in eine schwarze Kuh; Yama reitet einen schwarzen Büffel, Schiva den Büffel Nandin. Die älteste vedische Literatur vergöttlicht den Zugstier und verwebt sein Prototyp mit den Gestalten aller Götter in mystischen Bildern: „Der Zugstier trägt die Erde und den Himmel; der Zugstier trägt den weiten Luftraum. Der Zugstier trägt die sechs weiten Weltengegenden; der Zugstier hat die ganze Welt durchdrungen“. Die Idealkuh lebt, das ganze Jahr hindurch Milch gebend und später als Eselein-Streck-Dich „alle Wünsche herbeimelkend“, in Indras Paradiese. Eine Andere weilt am Himmel als Mondstation (rohinī). — Dem irdischen Tiere gilt noch heute der erste Gruß des Brahmanen, wenn er des Morgens aufsteht.

Der Landmann hält die Kuh seinem Bette möglichst nahe, damit er sie gleich bei seinem Erwachen bewillkommnen kann. Er streicht sie dann mit der Hand und heiligt sich dadurch. Diese Berührung gilt auch für den kriegerischen Adligen als Glück bringend, denn ihr Leib ist heilig. Ihr kann als Stellvertreterin des Ahns das diesem geltende Opfer zukommen. Wenn man den Ort für ein Heiligtum auswählen will, so nimmt man eine Kuh mit schwarzen Euterstrichen, hängt ihr eine Schelle um und läßt sie des Morgens los. Wo sie sich niederlegt, um zu ruhen, gründet man die Pagode. Sicherlich aus gleichem Grunde tragen viele indischen Orte den Namen von Rindern so z. B. das bekannte Mysore (= mahischäsura d. h.: „Der Dämon in Büffelgestalt"). Das „Freilassen des Büffels" ist eine sehr alte, bis zur Gegenwart erhaltene Hirtenzeremonie, die, wie es scheint, dazu dienen soll, als Ersatz für ein Rinderopfer einzutreten, aber auch vollzogen wird, um dem Stier Gelegenheit zu geben, sich die ihm passende Kuh auszusuchen; der Hirt gibt dem jungen Büffel, wie auch beim Pferdeopfer dem Pferde, nachdem man das Tier lange gepflegt hat, die Freiheit. — Als „Rinderhirt" (gopati) wird auch der Stammesfürst bezeichnet, denn die Herden waren Stammesbesitz. Seinen Gewohnheiten nach fällt er (ein Prototyp ist Krischna) oft in die alten Hirtengewohnheiten zurück, lebt auf dem Lande, belustigt sich mit Hirtenmädchen usw. Sein Szepter ist wohl ein alter Hirtenstab, sein Fliegenwedel ein Büffelschweif, seine erste Pflicht, neben den Göttern und Brahmanen die Kühe zu schützen und für sie nötigenfalls das Leben zu lassen. Wer für sie stirbt, kommt sicherlich in den Himmel und kann sich auf Erden von den schwersten Verbrechen loskaufen. — Die Kuh darf beim alten Opfer getötet werden, doch tritt diese Darbringung sehr zurück. Die profane Tötung galt vom frühesten Tage an bis heute als eine sehr große Sünde, heißt doch die Kuh: „die Unverletzliche". Der Genuß von Kuhfleisch seitens der Moslems schafft zwischen diesen und den Hindus eine unüberbrückbare Kluft. Der schwere Cholera-Ausbruch i. J. 1817 wurde der Schlachtung von Rindern durch englische Truppen zugeschrieben. Kuhmord-Revolten kennt die neue indische Geschichte und muß die englische Herrschaft befürchten. Schwere Krankheiten wie Lepra usw. werden auf die Sünde des Genusses von Kuhfleisch zurückgeführt, desgl. Blindheit, Lahmheit und andere Gebrechen. Die juristische Literatur wird unter priesterlichem Einfluß je länger um so fanatischer. Die ältestenTexte erlauben zwar noch, wenngleich unter einander nicht widerspruchslos, die Tötung des Rindes, selbst der Kuh; andere belegen sie mit geringen Bußen, aber alsbald werden harte Geldstrafen, verbunden mit Kasteiungen, vorgeschrieben. Noch in später Zeit wird die Tötung einer Kuh mit dem Tode bestraft. Die Theologie rast, wenn sie an dies Verbrechen denkt und ergeht sich in schauerlichen Höllenschilderungen von unausdenklicher Länge. Wenn im Kultus auf die Haut einer Kuh geschossen wird, muß deren Fell von einem unfruchtbaren Tiere kommen. Stößt einem König, einem Brahmanen oder einer Kuh ein Unglück zu. so soll man sich der Speise enthalten. Wer ein solches Tier gestohlen hat, muß sich durch das Pflugschar-Ordal reinigen, d. h.: an einer glühenden Pflugschar lecken, ohne die Zunge zu verbrennen. Die Kälber schützt man, indem man die Kühe nicht vollständig ausmelkt, mithin den Rest für die Jungtiere bewahrt. Ihre Göttlichkeit beweisen diese Tiere durch ihre Wirksamkeit beim Gottesgericht. Soll jemand, der aus der Kaste gestoßen ist, wieder in sie aufgenommen werden, so muß er Kühen Gras zu fressen geben. Nehmen sie die Nahrung an, so erfolgt die Wiederaufnahme. Beim Schwur nannte man in alter Zeit neben dem Gott der heiligen Ordnung auch die Kühe. Auf ihren Schwanz wird der Eid geleistet. Der Meineid zu ihren Gunsten gilt als entschuldbar. Den Schweif ergreift der Sterbende, um, wie Hirtenbuben über einen Bach, so sich über den Totenfluß mit einem Schwunge hinwegzusetzen. Unter den alten Zeremonien, in deren Mittelpunkt das Rind steht, nennen wir abgesehen von der des Freilassens eines Rindes noch die zeremonielle Schenkung der Kuh und das „Spießrindopfer", wobei der Spieß ein Symbol für Schiva ist. Das wohl ursprünglich mit der Jahreswende verbunden gewesene Manenopfer Aschtakā konnte in vereinfachter Form vollzogen werden, indem man einer Kuh Futter vorwirft und dabei sagt: „Das ist meine Aschtakā." Gegenwärtig wird die „Zeremonie des Gedeihens der Kühe" von den Weibern des Pañjab vollzogen, indem diese eine Figur Krischna's, ihres Hauptgotts, aus Kuhmist darstellen. Das Idol ist von einer Szenerie von Bergen, auf denen sich Hirten, Hütten und Herden befinden, umgeben — alles aus Kuhmist gebildet. Ältere Feste dieser Art beschreibt ein Missionar, der sie vor mehr als 100 Jahren sah. In der heißesten Zeit des indischen Jahres wird die Kuh jeden Morgen verehrt. Im alten Ritual spielt sie eine erhebliche, auch passive Rolle. Zu den bekanntesten, volkstümlichen Zügen gehört die Prügelei, welche zwischen einem Arier und einem Schudra (Schwarzen) um ein Kuhfell ausgeführt wurde (s. o.). Kampfesszenen dieser Art kennt der heutige Volksbrauch. Um die Kuh findet beim Opfer der Königskrönung ein solennes Würfelspiel statt, das sicherlich eine vorbedeutende Beziehung zu der „Rindergewinnung" des jungen Monarchen hat. Um die auf dem Verbrennungsplatz liegende Leiche vor dem Feuergott, der sie offenbar zu zerstören in solchem Falle nicht wagen würde, zu schützen, wurden deren einzelne Teile mit solchen einer Kuh bedeckt: auf das Gesicht des Toten legte man das Netz dieses Tieres usw. Seine Heiligkeit zeigt sich gegenwärtig darin, daß man es in Tempeln hält, die eher Viehställen gleichen. Kein Landmann wird es wagen, eine Kuh aus seinem Reisfelde zu vertreiben. In den Städten geht sie frei herum; man weicht ihr ehrfürchtig aus. Indem man sie um Gebäude herumführt, läutert man diese vor bösen Geistern oder gefährlichen Tieren (Tauben). Als prophetisches Wesen setzt sie die Hochzeit fest: Die Dhangar-Kaste in Bombay sucht für die Hochzeit einen glücklichen Tag, indem sie eine Kuh freiläßt, der ein Kalb folgt. Wenn nun das Kalb rechts von dem zukünftigen Paare, das außerhalb der Hütte sitzt, vorbeiläuft, so gilt das Wahrzeichen als glücklich und die Hochzeit findet statt; anderenfalls wird sie aufgeschoben. Besonders wichtig sind die fünf Produkte der Kuh: Milch, Saure Milch, Butter, Harn und Kot — so nach den Ritualtexten und Kommentatoren. Sie alle gelten als Läuterungsmittel, auch bei der Buße. Die Milch ist die wesentlichste Gabe für die Götter seit ältester Zeit; sie wird noch heutigen Tages den Elementargottheiten geweiht. Die Erde trinkt die erste Milch der Kuh nach dem Kalben; diese Spende gilt auch dem gemeinschaftlichen Ahn des Dorfes.

Aus dem weltumgebenden Milchmeer entstanden die ersten kosmischen und kosmogonischen Mächte des Pantheons. Das Wasser von heiligen Strömen soll sich zeitweise in Milch verwandeln. Da von der Milchsekretion der Kuh in sanitärer und volkswirtschaftlicher Hinsicht außerordentlich viel abhängt, wird deren Behexung sehr gefürchtet und durch Zaubermittel (Sprüche, Beräucherung des Euters mit heiligem Holz) zu verhindern gesucht. Die Analogie zu deutschen Gebräuchen und Auffassungen, die den Hexenprozessen immer neues Material lieferten, bietet sich hier als besonders naheliegend dar. — Überaus verbreitet ist die Verwendung des Mistes und Urins der Kuh, namentlich bei den Anhängern Schivas. Nach deren Meinung soll der Kuhdung alle Himmel ersiegen, alle Götter geneigt machen, alle Sünden tilgen. Er gilt als Symbol der schivaïtischen Religion und der ganzen Welt überhaupt. Seine Asche wird auf den Leib gerieben, wenn der Gläubige irgendeine religiöseHandlung vollzieht (beim Opfer, bei Hochzeiten. Begräbnissen usw.). Mit Streu vermengt und weiß gebrannt, wird Kuhmistasche als Sektenzeichen verwandt. Wenn der Priester einen Jünger in seinen Dienst nimmt, so beschmiert er ihn mit dieser Asche und legt solche in seine Hand. Sie wird auch auf die Erde geschüttet und heilige Figuren von Göttern und Göttersymbolen werden darauf gezeichnet. Da sie als besonders stark dämonenabwehrend gilt, wird der Opferplatz sowie jeder Boden, der geweiht werden soll, damit bestrichen; desgleichen werden die Wände der Häuser, Sitzplätze, Eß- und Trinkgeschirre damit gereinigt. Zum Schutz gegen den üblen Einfluß von Sonnen- und Mondfinsternissen zieht die schwangere Hindufrau einen Kreis von Kuhmist um sich. Dagegen ist dem Hindu der verworfenen Kasten der Gebrauch des heiligen Mittels verwehrt. Wenn er Kuhmist oder Kuh-Urin genießt, fällt er in eine schaurige Hölle. Auch die Verwendung des Kuhmistes zu Götterbildern (s. o.) beschränkt sich natürlich auf die reinen Kasten, nicht minder das Besprengen der Idole mit Kuh-Urin. Reinigen doch diese Exkremente von allen Sünden. Der warm getrunkene Urin der Kuh ist die wahre Reinigung der Seelen. Die klassischen Mediziner rechnen den Kuhdung zu den Schwitzmitteln, die, erhitzt und an den kranken Körperteil gebracht, denselben heilen. Sehr wichtig ist auch das Räuchern mit diesem Mittel. Man soll eine geräumige Grube mit Mist füllen, denselben entzünden und über ihn, wenn das Feuer keinen Rauch mehr gibt, das Bett des Kranken stellen. Durch Vermischung von Pottasche mit einer sechs mal so großen Menge von Kuh-Urin wird ein in der Medizin überaus wichtiges Ätzmittel gewonnen. Vor einem chirurgischen Eingriff wird die Operationsbasis damit eingerieben; das gleiche Mittel wird zur Desinfektion verwandt. Als Ätzmittel gebraucht, ist es jedenfalls dem blutigen Eingriff bei ungenügender Asepsis weit vorzuziehen. Bei den strengsten Buddhisten der ältesten Zeit war stinkender Kuh-Urin das einzige Heilmittel; als Mittel gegen alle Krankheiten wird er oft gepriesen. Seine vielseitige Verwendung geht auf die Zeit des alten Hirtenlebens zurück und findet sich deshalb auch bei den Iraniern. Noch die heutigen Parsîs waschen sich nach einem Leichenbegängnis mit Kuhurin. — Die einzelnen Teile des Körpers der Kuh haben seit dieser Zeit eine abergläubische Bedeutung und finden eine sehr vielseitige praktische Verwendung. Die Verwertung des Kuhmistes statt des Holzes (aber auch für die Flamme des chemischen Apparates) ist nicht bloß abergläubisch, sondern durch den in manchen Gegenden vorhandenen Holzmangel gegeben. Obgleich seltsamerweise das Maul der Kuh den beim Opfer gebrauchten Mörserkolben entweihen soll, gilt das Schlürfen von stehendem Wasser seitens des Tieres für dies als Reinigungsmittel — sicherlich eine alte Hirtenerfahrung. — Eine eingehende Beobachtung findet auch die Farbe der Kuh. Wenn ein schwarzes Rind der Herde vorausgeht, gibt es Regen. Wenn man diesen wünscht, soll man nach ältesten Vorschriften eine schwarze Kuh opfern. Im ältesten Ritual wird überaus häufig eine Kuh verwertet, die ein gleichfarbiges Kalb hat. Das Gegenteil gilt als normwidrig und deshalb als unheilig. Wird es doch im ältesten Veda als eines der größten Naturwunder angesprochen, daß schwarze Kühe weiße Milch geben. Auch diese Schlußfolgerung liegt tief im primitiven Menschen begründet. Ein Uitoto-Indianer Kolumbiens diktierte dem Forscher Th. Preuß: „Ihr ... eßt Mais und Reis, daher seid ihr weiß. Ihr trinkt die Milch der Kühe; daher seid ihr weiß." — Einer besonderen Beliebtheit erfreut sich das in der Galle von Kühen gefundene gelbe Pigment (gorocanā), das sogar als Amulett getragen wird. — Kein Aberglaube ist tiefer in der Seele des Hindu verwurzelt als der die Kuh umgebende. Und doch haben nicht bloß hochstehende Secten ihn zu bekämpfen versucht, sondern schon ein alter, höchst origineller Vedagelehrter sagte, indem er den Fetischismus des Kuhfleisches bekämpfte: „Was mich angeht, so esse ich es (das Kuhfleisch), wenn es nur hübsch zart ist."

Die Allbeseelung, welche in der Verehrung einzelner Tiere als Glieder einer geistig gefaßten Einheit des gesamten Naturreichs so deutlich hervortritt, erstreckt sich auf die Pflanzen- und Mineralienwelt. Sie greift zuweilen in das kosmische Gebiet über. Der Dschambu-Baum, der nach indischem wie eddischem Glauben im Mittelpunkt der Welt steht; das Gold, dessen Beziehung zur Sonne im Kultus und Aberglauben so klar hervortritt, sind Beispiele dafür. Von besonderer Bedeutung aber für diese Vorstellung des Ruhens des Alls in einem einheitlichen, rein geistigen Element sind die Ideen, die der Inder an die Grundstoffe des Wassers, der Erde und des Feuers knüpfte. — Der Dämonismus, aus dem der Inder durch Reflexion und kultische, aus dem Opportunismus des „Naturmenschen" hervorwachsende Handlungen zu der hohen Vorstellung des „Alles in Gott" sich durchrang, trägt sehr düstere Züge. Zwar gilt das Wasser als der Schöpfer und Vermehrer der Vitalität. Aber diese philosophische Idee, die in den zwei Worten des ältesten Veda: „In den Wassern liegt die Heilkraft" (apsu bheṣajam) am klarsten zum Ausdruck kommt, tritt psychologisch hinter der religiösen Furchtvorstellung weit zurück. Nicht nur das stehende, sondern auch das fließende Wasser wird gefürchtet. Die Furcht vor den Flüssen zeigt sich in den ihnen dargebrachten Flußopfern; in den Weihgaben, deren die in ihnen lebenden Dämonen, Ungeheuer, Drachen, Schlangen und wirklich existente Wesen teilhaftig wurden; in dem verderblichen Einfluß der ihnen entsteigenden Mitglieder der Geisterwelt: Krankheit stiftende Leichen von Selbstmördern oder gewaltsam oder zufällig Ertränkten suchen die Umgebung heim. Die Wassergeister bemächtigen sich namentlich des Ungeborenen. Deshalb darf ein Brahmanenweib, wenn es schwanger ist, nicht im Strome baden, und vom fünften Monat ihrer Schwangerschaft bis zu der Zeit, in der ihr Kind $1^1/_2$ Monate alt ist, einen Fluß nicht überqueren. Dem badenden Mann ist es vorgeschrieben, das Wasser um sich herumzuwirbeln und dabei zu sprechen: „Was am Wasser grausam, was unrein, was unheilvoll ist, das möge weggehen." Das Wasser kann „Rudra und der Tod" sein, denn in ihm ruhen die Ahnen. Daher wird die „Zeremonie der Speisung der Ahnen" vorgeschrieben, falls jemand über einen Fluß setzt. In jedem Regentropfen schlummert ein Ahn. Die Totenopfer sollen besonders in der Regenzeit stattfinden; eben dann kommen nämlich die Toten aus Yama's Welt in die unserige zurück. Der Zusammenhang zwischen Wasser und Tod ist durch die Gestalt des Varuṇa gegeben, der zugleich Wasser- und Todesgott ist. Deshalb stößt man beim Reinigungsbade das Wasser mit der Spitze des Fußes zurück, indem man murmelt: „Gelöst ist die Schlinge Varuṇa's, zurückgestoßen ist die Schlinge Varuṇa's." Die Manen bedürfen des Waschwassers als einer Gabe der Überlebenden. Wenn diese zum Baden gehen, schleichen sie hinterher. Deshalb soll man nie das Bad beenden, ohne die Manenspende (mit Wassergüssen) dargebracht zu haben. Bisweilen ist das heiligste Wasser, das der großen Ströme, durch badende Kranke verunreinigt. Deshalb darf man in dieses nicht hineinspeien, sich das Hinterteil darin nicht waschen usw. Leider werden diese sehr primitiven Reinlichkeitsvorschriften oft nicht mehr beachtet. Dämonisch geladen ist namentlich das Wasser, in dem ein Heiliger oder ein Heiligenbild, etwa beim Gottesgericht, gewaschen wurde: es bewirkt zugleich Segen und Fluch. Stehendes, mit Salz gemischtes oder gegen die Strömung treibendes Wasser gilt immer als unheilvoll. Überaus häufig macht man es durch Zusätze von heiligenden Essenzen, Blumen, Goldplättchen, Getreidekörnern zum gedeihlichen Gebrauch geeignet. Die Verehrung des Meeres ist bei der Küstenbevölkerung allgemein, beschränkt sich aber, obgleich im jungen Ritual angedeutet, praktisch auf die niedrigen Kasten. Die Fischer pflegen, sobald der Monsunwind aufgehört hat und sie wieder in See gehen können, Gaben von Milch, Blumen und Kokosnüsse sowie berauschende Getränke ins Meer zu werfen. — Das Wasser von ummauerten Teichen wird hochgehalten und zum täglich dreimal zu vollziehenden Bade benutzt. Unter den natürlichen Seen tritt der in der Literatur häufig genannte Mānasa, der dort unbestimmt und phantastisch lokalisiert wird, bereits als sündentilgendes Gewässer hervor. Er gilt als der heiligste und berühmteste See der Welt, am meisten gefeiert und besungen. Von unzähligen Pilgern wird er besucht. Andere Seen sollen in ihren Tiefen Feen- oder Nāga-Gottheiten (Menschen mit Schlangenunterkörper) bergen, die dort ihren Hof halten. — Besonders, auch für den landfremden Besucher, auffällig ist die Verehrung vieler Flüsse, die bereits teilweise in der ältesten Literatur genannt werden. Sie selbst, nicht etwa die in ihnen weilend gedachte Gottheit, wird verehrt. Sieben von ihnen, die schon der Veda kennt, sind von Pagoden, die ihrem ganzen Laufe folgen, umgeben und erfreuen sich einer überaus großen und volkstümlichen Heiligkeit. Bis zum heutigen Tage werden sie beim Abschluß der Ehe als Schenker von Fruchtbarkeit angerufen und ihre Gestalt durch sieben Striche, die an der Hausmauer angebracht werden, angedeutet. Am heiligsten ist der Ganges. Seine Befleckung gilt als schwere Sünde. An manchen Stellen, namentlich dem prayāga (der Vereinigung von Gaṅgā und Yamunā), wird er von Tausenden von Pilgern jährlich besucht. Wer dort badet, läutert sich von jeder Sünde. Das Wasser der Gaṅgā wird über Brautpaare gegossen, von Heiligen herumgetragen und verkauft. Frauen geloben ihr, wenn sie ihnen ein Kind schenkt, den Erstgeborenen. Kranke werden durch sie geheilt. Der Tod in ihr führt zur Welt der Seligen; daher strömen dorthin viele unheilbar Leidende, Sterbende werden zu ihren Ufern getragen. In ihren Fluten treiben die vom Leichenbrand zerstörten Körper. Der größte, die See erreichende Arm ihres Stromes ist die Stätte religiösen Selbstmordes. Als besonders glücklich gilt derjenige, der dort durch einen Haifisch einen schnellen Tod findet. — Da der Weltgeist auch in Indien „Geburt und Grab" webt, ist die Stätte der abgeschiedenen Seele zugleich die des nach Wiederverkörperung strebenden Lebens. Das Wasser befruchtet: solches, das von 7 Quellen entnommen ist, gilt als heilkräftig, namentlich als Mittel gegen die Unfruchtbarkeit von Frauen, nicht minder das Baden in fünf Quellen. Bäder jener Art werden gern an einem Kreuzwege und ohne Zeugen vorgenommen: auf den Kreuzwegen lauern die Seelen der Verstorbenen, die sich wieder inkarnieren wollen. Junge Paare werden mit heiligem Wasser übergossen, besonders auch deren Hände und die des Vaters des Mädchens. Dadurch kommt nach alter, unendlich häufig geübter Sitte der Vertragsschluß der Ehe zustande. Wenn in Bombay der Bräutigam nicht genügend Geld hat, um die Kosten für die Hochzeitsfeierlichkeiten zu bestreiten, so sprengt er Wasser über das Mädchen; sie beide werden dadurch zu Mann und Frau. Auch Schenkungen bekommen durch Handbegießung Rechtswirkung, wie überhaupt jeder Vertragsschluß. Der Inder schwört, wie wir mit dem Kruzifix in der Hand, indem er in ihr Gangeswasser hält: das Gleiche geschieht beim Fluchen. Der Schwur ist ja nichts als eine eventuelle Selbstverfluchung. — Schon im alten Ritual werden die Schenkel einer Frau mit Wasser begossen, um das Weib zu befruchten. Zum Zweck der Dämonenabwehr wird es bei allen heiligen Handlungen verspritzt. Mittelst der Wasserweihe wird die Inthronisation vollzogen (abhiṣeka). Im Kruge verwahrt, vertritt es die Stelle einer leibhaftigen Gottheit. Bei der Zeremonie der Brustreichung setzt man zu Häupten der Frau einen Wasserkrug und rezitiert dabei den Spruch: „Wachet, o Wasser, im Hause! Wie ihr unter den Göttern wacht, so wacht über die Frau, die einen guten Sohn hat." Wer nach dem Beischlaf die vorgeschriebene Waschung unterläßt, setzt sich der Gefahr einer Geschlechtskrankheit aus. Das Schlürfen von Wasser findet des Morgens, vor der Mahlzeit, nach dem Begräbnis statt. Im Ritual wird Wasser zum apothropäischen Zweck nach allen Seiten verspritzt. Die Tilgung der Sündenbefleckung im primitivsten Sinn, wie wir sie durch Bäder nach einem bösen Traum, nach einer Sonnenfinsternis (als Zeichen der zwischen Gott und Menschen bestehenden Disharmonie) kennen gelernt haben, tritt in den späteren Gebräuchen deutlich hervor. Die indischen, nach der Narbada pilgernden Frommen machen ein Boot mit schwarzen Segeln flott, die bald weiß werden sollen und damit ein Zeichen dafür liefern, daß die Sünden der Gläubigen hinweggespült sind. Hier ist muslimischer Einfluß anzunehmen, der bei Chidr, einer Wassergottheit, welche die Sünden fortnehmen soll, deutlich zu Tage tritt. — Als prophetisch erscheint das Wasser in der Hexenprobe, wie wir sie unverändert in Deutschland wiederfinden. Das heilige Element wird zum Richter, der das beklagte Weib verstoßen (ausstoßen) oder annehmen (untersinken lassen) kann. Die Quelle gilt als Sitz der Weisheit. Sie weissagt die Zukunft und verfärbt sich bei bevorstehendem Unglück. Beispielsweise wird sie schwarz, wenn die Cholera naht. Manche Brunnen zeigen Hungersnot oder Krieg an.

Der Wasserspiegel wird in der Magie verwandt. Bei den (niedrigstehenden) Orāon erkennt der Zauberpriester darin das Bild der Hexe, die im Dorfe Schandtaten ausgeführt hat. — Das Wassersuchen an versteckten Stellen wird bestimmten Menschen und Kasten, namentlich auch vaterlosen Söhnen, zugeschrieben. Wie nach germanischem, so können nach indischem Glauben Quellen dadurch entspringen, daß ein heiliger Mann eine Lanze in den Grund bohrt. Eine berühmte Quelle dieser Art, von dem Sikh Guru Govind Singh ins Leben gerufen, befindet sich im Panjab. — Das Graben von Brunnen ist, wie die Anlage von Kunstbauten aller Art, mit Zeremonien verbunden. — Sehr weit verbreitet ist seit ältester Zeit der den Regen erzwingende Zauber. Er wird seit ältester Zeit am Frosch ausgeübt. Gegenwärtig bindet man dieses Tier an eine Stange. Mädchen und Knaben tragen es von Haus zu Haus. Jeder Hausherr begießt es mit Wasser. Häufig geschieht die Wasserbesprengung, eine offenbare Analogiehandlung, an heiligen Personen, Priestern, Götterbildern. Bisweilen herrscht das Gefühl vor, daß die Dürre als Strafe der Gottheit nur durch selbstauferlegte, den Gott zum Mitleid bewegende Qual aufgehoben werden könne. Bekannt ist es, daß zu diesem Zweck sich indische Asketen eiserne Haken durch das Hüftfleisch jagen und an diesen schaukeln lassen. Man gießt heißes Öl in das linke Ohr eines Hundes. Sein Heulen soll die Gottheit rühren. — Zum bösartigen Zauber gehört die Erzeugung von Dürre. Man übt sie, indem man Regenwasser in einem Topf abfängt und unter dem Herde vergräbt.

Auch hier steht den Volkssitten die eigentliche Religion gegenüber. Schon die strengen Anhänger Schiva's sehen nur in der Versenkung in den Einen Gott alles Heil und verwerfen die täglichen Bäder. Die Buddhisten haben gegen sie einen fruchtlosen Krieg geführt: man könne sich durch sie Erkältungen zuziehen, nicht aber seine Seele läutern. Wenn man durch sie heilig würde, so müßten die Ganges-Frösche am allerheiligsten sein.

Das Feuer gilt im Veda als das heiligste Element, nicht, weil es erwärmt oder die Speisen kocht, denn die erstere Tugend ist für das tropische Klima nicht unbedingt notwendig und die letztere gilt nicht als stets erforderlich, da tierische Sekrete und Körperteile ihm beim Opfer roh überlassen wurden — sondern, weil es dem Auge die Sehkraft in der Zeit natürlicher Finsternis verleiht und dadurch den Menschen von einer überaus großen Summe wirklicher und eingebildeter Gefahren befreit. Noch heute geht die gewissenhafte Hindufrau bei Anbruch der Nacht durch ihr ganzes Haus und leuchtet in alle Ecken, um die Nachtdämonen zu verscheuchen. Das Feuer ist ja der „Dämonenmörder" schlechthin. Obgleich heilig, wird es selbst zur Zeit der Unreinheit in

Brand gehalten. Zehn Tage lang muß deshalb die Wöchnerin eine Lampe am Kopfe ihres Kindes brennen; ehemals flackerte statt dessen ebenso lange das Feuer des Gebärerinnen-Hauses. In der Zeit der Wanderungen war seine Inbrandhaltung unter Umständen eine Lebensfrage. Jeder Haushalt mußte deshalb ein Feuer in einer Erdgrube unterhalten. In den Tagen der Ansässigkeit verblieb diese Sitte. Der bereits der Zeit der indopersischen Gemeinschaft eigentümliche Feuergott galt als Beschützer der arischen Stämme. Ihr weiteres Vorrücken auf indischem Boden wurde durch ihn gesegnet, das neueroberte Land von Dämonen befreit und „genießbar gemacht", der (als Dämon geltende unarische) Urbewohner durch Jangal-Brände vertrieben. Die Einstellung des arischen Volkscharakters zur Erscheinung des Feuers war eine doppelseitige, wie sie der indischen Religionsauffassung entspricht; die Furchtbarkeit der Naturgewalt, wie sie sich in großen Bränden, Vulkanausbrüchen usw. zeigt, tritt in der Beobachtung ganz zurück. Das Feuer ist ja bereits erzeugbar und deshalb dem menschlichen Willen in gewissem Sinne unterworfen. Andererseits fehlt es nicht an der Furchtempfindung vor dem Dämon der Elementarmacht. Agni (das Feuer) ist der Gast des Hauses, der den Ehrensitz beansprucht, durch sorgfältig memorierte, bis in die Einzelheiten der Akzentuation sich gleichbleibende metrische Gebete und Opfer, durch einen zweimal am Tage zu wiederholenden Ritus verehrt werden muß, wenn er nicht gefährlich werden oder verschwinden soll. Die Unterhaltung des heiligen Feuers am eignen Herde ist noch heute, wie vor Jahrtausenden, eine Pflicht jedes Brahmanen und seine oft erst mit dem Tode erlöschende Lebensaufgabe. Selbst dann, wenn er Asket geworden und als solcher alle anderen rituellen Pflichten über der der Ertötung seines Fleisches vergessen hat, hält er oft den heiligen Brand wach. Kinder werden von frommen Ehepaaren für den Fall ihrer Geburt oder ihrer Erhaltung in der Zeit schweren Ungemachs der lebenslänglichen Pflege des Feuers gewidmet. Gottheiten erstehen aus seinen Flammen und gewähren dem Frommen seine Wünsche. Aus diesen bald starken, bald schwachen, jetzt licht und klar, jetzt dumpf und raucherfüllt, in verschiedenen Farben emporzüngelnden Wahrzeichen wurden wichtige Omina für das Gedeihen des Opferdarbringers und der Seinigen entnommen. Die Asche der rituellen Brände gilt als heilig. Sie war ehemals der Beweis dafür, daß man dem genius loci geopfert und dadurch eine bewohnbare Stätte geschaffen hatte (so z. B. im Veda bei der Überschreitung der sadānīrā). Jetzt soll sie von Krankheiten befreien (wie die der germanischen Johannisfeuer). — Das Opferfeuer wurde im Veda als Mittel aufgefaßt, die Gabe in den Bereich der Gottheit gelangen zu lassen. Man erzeugte es seit Urzeiten nach Analogie der menschlichen Paarung, indem man ein hartes, stehendes Holz (mittelst Quirlstricks) in einem weichen, liegenden herumbewegte. Die rituelle Feuererzeugung ist bis zum heutigen Tage beibehalten. Ihr Erfolg, die Entstehung des Kindes Āyu („Leben", d. h.: „Feuer"), gilt noch immer als magisches Geschehnis. Nach ihrem Vorbild wird der Mensch erschaffen. Wie die Asvin mit goldenen Reibhölzern ehemals das Feuer als den Foetus im Holz entwickelt haben, „rufen wir" — so betet man, zur jungen, in der Paarung begriffenen Frau gewandt — „diesen deinen Foetus herbei, damit er im zehnten Monat geboren werde.“ Heutigen Tages gilt, wie ehemals, in dem Hause, in dem die rituelle Feuererzeugung stattfindet, das obere Reibholz als Stellvertreter des Mannes, das Untere als der des Weibes. Beide schlafen nachts zusammen mit diesen Teilen. Hierbei wird die Zeugungskraft des Menschen sympathetisch auf die Hölzer übertragen. Mißlingt die Entzündung auf rituellem Wege, so ist kein Opfer und deshalb keine soziale Gemeinschaft für den Hausherrn möglich. Er müßte fluchbeladen in die Einsamkeit der Dickichte gehen. — Der ursprüngliche Sitz des Feuers, das ja auf Erden nur „ein Gast“ ist, befindet sich im Himmel. Von dort aus wurde es den Menschen gebracht. In Erinnerung und Erneuerung dieses Gnadengeschenkes ließ noch Akbar d. Gr. am Tage der stärksten Sonnenenergie die Strahlen des Gestirns sich auf einen lichten Stein sammeln, dessen Wärme einen trocknen, nahe gelegenen Tuchfetzen entzündete und so das göttliche Licht auf die Erde übertrug. In der alten Zeit galt der beim Morgengrauen vollzogene Ritus der Übertragung eines brennenden Scheites auf den östlichen Altar des Hauses als Nachahmung und Stütze eines Teils der sittlich-kosmischen Ordnung. Die Welt würde aus ihren Fugen gehen, die Sonne würde nicht mehr am Himmel scheinen, wenn diese Zeremonie nicht vollzogen würde. — Gegenwärtig werden beim Frühlingsfest namens Holi vom Rauch des entzündeten Feuers Wahrzeichen entnommen. Man schließt aus ihnen auf das kommende Jahr. Mit der übrig gebliebenen Asche reibt sich eine Frau nach der Menstruation die Stirn und badet, um wieder rein zu werden; diese Asche beschützt vor Unglück und dem bösen Auge. — Jedes Feuer bedarf der religiösen Rücksichtnahme; unehrerbietige Handlungen sind von Schaden. Wer ihm nur den Rücken kehrt, muß sühnende Sprüche hersagen. Die Götter selber fürchten sich, ein heiliges Licht, das ins Freie gestellt ist, auszublasen. Deshalb ist eine mit Butter gefüllte Lampe, aus dem Hause herausgetragen und auf den Erdboden gesetzt, ein Schutz gegen Ungewitter. — Die Natur selbst sorgt durch den Blitzschlag für die Erneuerung des himmlischen Feuers auf der Erde. Die Parsîs halten solche Brände für besonders heilig und machen große Anstrengungen, sie zu erlangen. Der älteste und populärste Gott Indiens, Indra, zweifellos vorhistorisch mit ursemitischen Gewitterriesen verwandt, selbst vom Buddhismus als „Donnerkeilträger“ anerkannt und sehr häufig als solcher abgebildet, trägt die Züge eines Blitzdämons. Der Geist des Yama, der zuerst den Weg des Todes betrat und dann zum Fürsten des Todes wurde, kommt nach gegenwärtiger Meinung im Gewitter vom Himmel herab. Unwetter entsteht auch, wenn der allmächtige Gott seinen Wagen im Himmel bewegt. Die ältere und verbreitetere Auffassung sieht prähistorische Steinbeile, Keile, Keulen oder auch den Diamanten (wegen seiner Fähigkeit, jedes andere Gestein zu zerschneiden) als Donnerkeile an. Wenn ein Blitz einen Baum niederschlägt, so sucht man nach dem Donnerkeil, der dies verübt und nimmt irgendeinen Stein statt eines solchen, der dann heilig gehalten und durch Opfer verehrt wird. Der Baum selbst soll geschont, sein Holz zu profanem Gebrauch nicht verwendet werden. Die Furcht vor dem Blitzschlag ist groß und zeigt sich in den sehr ausführlichen Bestimmungen über die Bedeutung des Verletztwerdens vieler Kultur- und Naturgegenstände, sowie in den Vorschriften über die dann nötig werdenden

Sühnezeremonien. Der Blitz gilt als verhängnisvoll, wenn er aus heiterem Himmel fällt, am Tage leuchtet, menschliche Bauwerke angreift, Bäume zerschmettert, aus ungünstiger Himmelsrichtung, in Begleitung ungünstiger Winde, zu unerwarteter Zeit, in gewissen Formen und Farben auftritt. Er bringt Glück, wenn er bei Sonnenauf- und Untergang erscheint, aus günstiger Himmelsrichtung kommt, nicht einschlägt, im Frühling sich zeigt. Den vom Blitz heimgesuchten Gegenstand soll man wegschenken. — Strenges Schweigegebot während des Gewitters herrscht auch in Indien: in seinem Machtbereich redet der Gott allein. Gegenwärtig schwingt man Beile und Messer und murmelt Sprüche, um sich vor dem Blitz zu schützen. Eine versteinerte Muschelart wird zum Gewitter in nahe Beziehungen gesetzt: es ist der sālagrāma genannte Ammonit, der im Ritual z. B. auch der Verehrung der Morgen- und Abenddämmerung Verwendung findet. Die in ihm befindlichen kleinen Löcher werden auf „Donnerkeil-Insekten" zurückgeführt und der Stein, angeblich wenigstens, dieser Löcher wegen verehrt. Er soll auch der an der höchsten Spitze des Kopfes ausfahrenden Seele beim Eintritt in die lichten Regionen behilflich sein. Deshalb pflegt der Amtsnachfolger eines Yogin, der schon ohnehin die Kraft hat, bei Lebzeiten seine Seele aus der Kopfspitze heraus zu lassen, an dieser Stelle eine Kokosnuß oder Muschelschale (beide sind im Kultus viel gebraucht) auf dem sterbenden Vorgänger zu zerbrechen und in die so gewonnene Öffnung einen heiligen Ammoniten zu stecken. Das ist der sog. „Schädelritus".

Berge werden, wie wir sahen, verehrt, vor allem der mystische Nordberg, der schon im Veda die Stelle einer seligen Insel zu vertreten scheint und von dem Märchenvolk der Uttarakuru's (Nord-Kuru's) bewohnt sein soll. Im Schoße dieser, später mit dem Himālaya oder gewisser Teile desselben gleichgesetzten Stätte der Glückseligkeit ruhen die wunderbarsten Geheimnisse, thronen die höchsten Götter. Wer an ihn denkt, erlangt Sündenerlaß. Noch erinnern wir uns des Kailāsa, der Heimat des Kubera, des Gottes des Reichtums — daher der durch die Alexanderzüge nach dem Westen gekommene Mythus von dem unendlichen, in den Gegenden der indischen Berge vorhandenen Reichtum — und des Schiva. Der Gaurisankar (gaurīśaṃkara) trägt nach der Gaurī, der Gemahlin Schiva's, und nach dem Gott selbst seinen Doppelnamen. Diese Gottheiten werden auf den Bergen thronend, aber auch sich in ihnen verkörpernd vorgestellt. Der Zug unendlicher Pilgerscharen sowie einzelner Anachoreten bewegt sich seit Jahrtausenden in die nördliche Bergwelt und strebt nach jenen unerreichbaren Höhen, von denen aus die Gangā, allmählich niedersteigend, aus der Götterregion in die Menschenwelt tritt. — Berge, die in der Waldwüste liegen, werden mit heiligen Sprüchen verehrt. Der einzelne, in der Alluvial-Ebene sich findende Block erregte dämonologische Besorgnisse, seine Unveränderlichkeit und Härte sollte sich auf die Menschenwelt übertragen. Der in der Hochzeitshütte errichtete und oben mit roter Farbe angestrichene Stein gilt als Bild der Gattin Schiva's. Die Braut berührt diesen Stein mit ihrem Fuß oder der Bräutigam nimmt, sich niederbückend, die große Zehe der Braut in seine Hand und berührt mit ihr den Stein. Im klassischen Zeremoniell muß die Braut bei der Hochzeit einen Stein betreten, [ebenso bei der Annahme eines Vedaschülers der Novize. Der dabei gesprochene Hymnus beweist klar, daß der Zweck des Ritus der war, durch Berührung des Steins dem Körper des Berührenden die Festigkeit eines Steins und damit Langlebigkeit und Härte im Kampf zu geben. Daß der Fels dies sein Fluidum mitteilen kann, daß die Riesen der Vorwelt aus Stein bestanden oder aus ihm hervorgingen, ist eine auf dem Gebiet der germanischen Sagenwelt (von Weinhold) seit langem nachgewiesene Idee. Der Rustem der persischen Mythe war ja dem Fels entsprungen und gewinnt aus dem mütterlichen Boden von neuem die alte Titanenkraft.] Im Ritual heißt es bei dieser Gelegenheit: „Betritt diesen Stein; so fest sei wie ein Stein... zermalme die Feinde." — „Komm heran; betritt den Stein; der Stein soll dein Leben sein; hundert Jahre mögen die Allgötter dir das Leben machen." Die auch in Indien bekannten Sagen von der Verwandlung von Menschen (auch solchen, die sich, wie Lot, nach geweihten Szenen umsehen) und Sachen in Steine sprechen für das Leben, das im Stein vermutet wurde. Ein Dorf der Angāmi Nāga's rühmt sich des Besitzes zweier Steine, deren einer männlich, deren anderer weiblich gedacht wird. Sie begatten sich jährlich und erzeugen Kinder. Bei Steinen (wie bei Feuer und Wasser) werden Eide geschworen, die als sehr heilig gelten. Steine entscheiden auch bisweilen beim Gottesgericht. Das sexuelle Element tritt zu Zeiten hervor. Wie im Islâm den „Stein des Nichthinweisens", so gibt es im Meithei-Distrikt einen Stein, der den Männern Kraft gibt. Die Weiber dürfen ihn nicht einmal ansehen. — Steine jeder Art, ob behauen oder unbehauen, Pfeiler, Säulen mit Inschriften, Telegraphenstangen usw. werden verehrt, wenn sie sich da finden, wo man sie nicht erwarten kann. Idole brauchen auch in Indien durchaus nicht menschliche Formen zu zeigen. Schiva wird in Gestalt eines unbehauenen Steins, der mit Öl oder roter Farbe bestrichen ist, verehrt. In Tibet ist (s. o.) die Veneration von Steinen, die zu Haufen aufgeschichtet daliegen, sehr gewöhnlich. Der Vorübergehende vermehrt sie, indem er einen neuen Stein hinauflegt, an den er bisweilen einen Gewandfetzen gebunden hat. In Guzerāt gilt ein bemalter Stein als Flur hütende Gottheit (kṣetrapāla). Er soll einen sehr gefürchteten bösen Geist bergen. Steine stellen das Bild der Mutter Erde dar und werden zeremoniell gereinigt, wenn diese eine Menstruation überstanden haben soll.

Aus der Mutter Erde, der Beherbergerin des Geisterreichs, quellen Geburt und Tod. Sie speist die Welt der Lebenden mit ihrem unendlichen Seelenvorrat. Deshalb haben viele Riten, die Schwangerschaft hervorrufen sollen, chthonischen Charakter. Beispielsweise baden Frauen auf Kreuzwegen oder auf einem Leichenplatze über einem brennenden Holzhaufen. Auch das Bad in einer Quelle hat den gleichen Grundcharakter. Es soll dem Wasser die Lebenskraft nehmen und sie dem Weibe zukommen lassen. — Die Erdmutter trägt ursprünglich bösartige Züge. Sie ist die Beschützerin und Herrin der zahllosen in ihr in Tier- und anderer Gestalt hausenden Dämonen, deren Leiber sie verschlungen hat. Ihr kommen noch gegenwärtig vorzugsweise blutige Opfer zu — das Blut beweist das Vorwalten der dämonistischen Idee. Man verstümmelt die dargebrachten Tierleichen bisweilen, um sie an der Rache gegen den Lebenden zu verhindern. Die Basors opfern zu Ehren eines Verstorbenen ein Schwein, schneiden ihm die Beine ab und begraben den Rumpf in dem Hofraum; das beinlose Tier ist eben unschädlich. Der Erdboden hat, wie wir noch sehen werden, je nach den Gewächsen, mit denen er bestanden ist, nach seiner Farbe, seinem Gehalt an Mineralien usw. eine bestimmte Bedeutung. Deshalb muß der Opferboden gewissen, streng vorgeschriebenen Bedingungen genügen. Nach der Lehre der Mediziner soll man beim Sammeln der Pflanzen, die Heilkraft besitzen, zunächst das Erdreich untersuchen: es darf weder Löcher noch Kies, Steine, Ameisenhaufen, Steppensalz usw. enthalten. Je nach seiner Beschaffenheit hat der Boden die Eigenschaften der fünf Elemente. So soll man z. B. Abführmittel einem Erdboden entnehmen, in dem Erde und Wasser vorherrschen usw. — Das Schlafen auf bloßem Erdboden ist für Asketen, Opfernde und solche, die ein Gelübde getan haben, unter Umständen religiöses Gebot, gilt aber im übrigen als gefährlich. Deshalb trug der Brahmane früher ein Antilopenfell, jetzt verdrängt durch eine einfache Decke, beständig mit sich, und ruhte auf ihr. In besonders dämonistisch beeinflußten Zeiten wird die alte Verbindung mit dem Geisterreich wiederhergestellt: drei Tage lang nach der Hochzeit schlief das junge Paar auf dem nackten Boden, zehn oder elf Tage lang nach einem Trauerfall der leidtragende Verwandte; bei manchen Stämmen fand die eben Entbundene dort ihr Lager. Gegenwärtig gilt die Erdgöttin überall im Erdreich als anwesend. Erdmaterie und Erdgeist sind eben zweierlei und doch eins. Das geistige Element tritt aus dem körperlichen heraus, sobald eine seelische Beziehung des Menschen zum Objekt zu Stande kommt. Verehrung genießt die Erdgottheit von Seiten des einfachen Landmanns namentlich an Steinsäulen oder einem unter dem Dorfbaum zusammengetragenen Lehmhaufen. Junge Weiber und untergeordnete Priester fungieren an diesen primitiven Altären als Priester; sie schütten Körner und Früchte über sie aus und bringen Milchspenden über ihnen dar. Wenn eine Kuh neu gekauft ist oder wenn sie ihre erste Milch nach dem Kalben gibt, läßt man die ersten fünf Milchgüsse auf den Boden herabfallen (vgl. o.). Der Landmann weiht der Erdgöttin kleine Spenden und bittet sie um Regen, um reiche Ernte, damit die Steuern und sonstigen Abgaben bezahlt werden können, um Schutz für sich und seine Kinder. Um den Schaden wieder gut zu machen, den man beim Bestellen des Bodens durch dessen Aufwühlen hervorruft, bewilligt man der Mutter Erde im ältesten Mythus eine Konzession. Um die gleiche Schuld bei der Erdbestattung zu entsühnen, wirft man gegenwärtig in das Grab eine kupferne Münze hinein. „Nicht soll man die Erde aufritzen" und „nicht soll man einen Lehmklumpen auseinanderreiben", heißt es in Manu's Gesetz. Der König steht als ihr Herr und Ehegemahl in besonderem Bunde mit ihr. Im Drama rühmt sich der Monarch, nur zwei Frauen zu haben: die Lieblingsgattin und die Erde. Das Prototyp des indischen Königs, Rāma, war mit der Sītā verheiratet; sie ist eine Erdgöttin, die aus jener Furche entstand, die ihr Vater Janaka zog und die schließlich in den Armen der Mutter Erde verschwand. Ihrem Namen nach bedeutet sie soviel wie: Ackerfurche. Das Ritual kennt die zeremonielle Verheiratung der nach Befruchtung verlangenden Erde. Nur weil der Ackerbau das Prototyp der geschlechtlichen Vereinigung ist, kann es den Weibern verboten sein, obgleich sie im übrigen zu schwerer Arbeit angehalten werden, den Boden zu bestellen: der Pflug gehört dem Manne; die Ackererde ist der gebärende Schoß. In der Zeit ihrer angenommenen Schlafesruhe unterläßt man im Panjab jede Arbeit. Wenn sie erwachen soll, stößt man sie vorsichtig und sagt zu ihr, es sei jetzt an der Zeit, die Herrschaft über die neue Ernte zu übernehmen, deren Mutter sie ist. In Bengalen herrscht der Glaube, daß die Erdmutter beim Einsetzen der Regenzeit menstruiert wird. Deshalb ruht dann die Feldbestellung. Die Weiber genießen keinen Reis. Nach Ablauf dieser Frist wird ihr aus einem Stein bestehendes Idol gewaschen und mit Opfern verehrt. — Als Zeichen der Mißachtung gilt es in den höchsten Kasten, sie mit nackten Füßen zu betreten. Fromme Leute bitten sie um Vergebung, bevor sie auf sie des Morgens den (nackten) Fuß stellen. Sandalen haben für Könige und Brahmanen eine gewisse Heiligkeit. Durch die Inthronisation ist es dem Herrscher auferlegt, zeitlebens Schuhe zu tragen. Sie werden statt des (in Verlust geratenen) Leichnams zugleich mit der Witwe verbrannt. Rāma's Sandalen wurden als Vertreter des Königs feierlich auf den Thron gesetzt. — Die Bestattungszeremonien, der an die Leichenstätten sich knüpfende Aberglaube an Seelen, die nach Wiederverkörperung streben, finden ihr Gegenstück in den schlichten modernen Ritualien, die, zur Zeit der Geburt von Kindern gefeiert, der Erdgöttin gelten. Im fünften Monat nach der Geburt wurde das Kind auf die Erde gesetzt und diese durch einen Spruch aufgefordert, es wie eine Mutter zu schützen. Im ältesten Begräbnisritual spricht man den gleichen Wunsch aus. Der Tote ist zum Keim der Erdsaat geworden. Hervorhebenswert ist es allerdings, daß gerade der älteste Veda, der auch den Wunsch ausspricht, die Erde möge den Toten nicht drücken, von tausend Säulen möge sie deshalb getragen werden, eine dämonenfeindliche Weltfreudigkeit atmet, die später niemals in der Literatur zum Ausdruck kommt und auch in der frühesten Periode nur bestimmten Sängerkreisen und deren Milieu eigentümlich gewesen sein kann. — Besonders tief mußte es den Inder ergreifen, wenn der für unvergänglich und ewig ruhend gehaltene Erdschoß zu schwanken begann. Die Erdbebenkatastrophen sind deshalb in der umfangreichen Sühneliteratur wie in Sondertraktaten meist, wenn nicht stets, erwähnt. Leider werden auch sie in späterer Zeit auf die menschlichen Sünden zurückgeführt. Ihre Entstehungsursache finden wir in der Sagenliteratur sehr verschieden angegeben. Viṣṇu, der die Erde trägt, soll sie dann, sagt man, von der einen seiner mächtigen Schultern auf die andere, oder der welttragende Elefant soll sie in solchen Zeiten von einem Stoßzahn auf den anderen nehmen. Ein Skorpion sticht dann den Stier, auf dessen Hörnern sie ruht usw. In der buddhistischen Literatur finden sich andere Entstehungsursachen. Das Wackeln und Heißwerden des Throns des Götterkönigs als Folge der heißen Klagen von Menschen über ihr Mißgeschick grenzt hieran an. Noch sei erwähnt, daß die gesamten Elementarkräfte, die man im Stein, Eisen, Feuer und Wasser schlummernd vermutet, durch Berührung die Mitglieder eines Leichenbegängnisses reinigen sollen.

Die im Boden schlummernde Magie mußte aufs sorgfältigste gewertet werden. War und ist doch von ihr die Ansässigkeit des Menschen abhängig. Die indische „Wissenschaft von der Bodenbeschaffenheit“, deren Durchforschung der Zukunft vorbehalten bleiben muß, beweist, daß die Besiedelung des Landes nicht bloß von Nützlichkeitserwägungen, sondern auch von religiösen Empfindungen stark beeinflußt ist. Der Zug der wandernden Stämme längs dem Lauf der Ströme hat wenig oder garnichts mit deren Fischreichtum, um so mehr aber mit dem Gefühl zu tun, daß der Strom heilig und die Ansiedlung an ihm von der Gottheit erlaubt ist. — Die ältesten Herrn des Bodens waren die Tiere. Die Verehrung, welche der Affe genießt, entstammt der Idee, daß er der natürliche und älteste Herr des indischen Bodens ist. Ihm wird dadurch eine ebenso hohe Bedeutung zuerteilt wie etwa auf der Ebene dem Pferde, das vermittelst seines Ortsinnes den Menschen zur Heimat trägt; oder dem Rinde in wasserreichen Gegenden; der Ziege im Gebirge. Das Ritual beweist uns, daß man die Führer-Tiere wegen ihrer Divinationsgabe vergöttlichte. Neben diese praktischen Erwägungen kommt für die Wahl der Ortsniederlassung ganz wesentlich die Notwendigkeit in Frage, die Einwilligung solcher Wesen, zu denen unter den chthonischen Tieren auch die Schlange gehört, zu erlangen. Unreine Tiere verhindern die Ansiedelung, so z. B. die Krähe und der Schakal. Die von manchen Stämmen ausgeführten zeremoniellen Jagden scheinen den Zweck zu haben, die in Tiergestalt den Erdboden verseuchenden Dämonen zu vernichten. Wesen dieser Art drängen sich auch unter die Herden und müssen dann abgefangen werden. — Auf den Spuren des Tieres hat sich der Mensch des Bodens bemeistert. Die niedrig stehenden Ureinwohner Indiens, oft in die Gestalten von Dämonen übergehend, gelten dem Arier noch vielfach als die alten, mit Vorrechten an den Boden versehenen Herrn desselben. Sie kennen die auf ihm und in ihm hausenden Geister und deren Wege. Ihrer Heimatscholle verlustig gegangen, sind sie zu Feinden des Heimatlandes und der über ihm waltenden Götter geworden. Umgekehrt kann der vertriebene und wiedergeholte König die Erdscholle der Heimat beim Zauber für seine Rückkehr verwenden. Ist sie ihm doch als Gattin angetraut. Selbst in der Medizin tritt sie hervor. Durch den Genuß von zauberkräftiger Erde wurde Pheru, ein Heiliger des Panjab, von der Lepra geheilt. — In der Erde wohnt, ihrer alten dämonischen Furchtbarkeit Ausdruck gebend, die Göttin der Vernichtung. Der Zauber des Liedes soll neben dem rituellen Furchenziehen, das aus dem Unland das Land, aus dem Dämon den Gott schafft, die Grabeserde, den „Schoß der Vernichtung", zu einer herrlichen Säulenhalle umgestalten; so schon im ältesten Veda. Der Zufall hat uns die Nachricht von einem Altar erhalten, auf dem man diese Gottheit der unfruchtbaren, salzigen und mit Rissen versehenen Erde verehrte: die drei Backsteine, aus denen er bestand, sind schwarz, mit Hülsenfeuer gebacken und befinden sich an der Südweststelle, wo der Fußboden die Kennzeichen jener Erde trägt. Süden und Westen bringen Unglück, schwarz ist die Farbe des Todes, die Hülse des Getreides durfte beim Opfer so wenig als das Blut des Opfertieres verwandt werden. — Auch die Stätte des Durchbruchs heißer Quellen gilt als verfemt; hier wurde ein Dämon getötet oder versank in die Erde. Der von Menschenhand gegrabene Brunnen dagegen schafft heiliges Land. — Wo Ameisen sind, ist auch Wasser. Damit hängt zusammen, daß man an die drei heiligen Feuer, ohne die kein frommes Hindu-Haus zu denken ist, ein Stück von einem Ameisenhaufen legt. Wer aber Erdreich in Beschlag nimmt, wo es „verzaubert" ist, das heißt: wo finstere oder unbekannte Dämonen walten, oder wer Bauholz aus einer heiligen Grabstätte entwendet, verfällt in Wahnsinn. Die im Irrsinn oder im Traum auftauchenden Geister kommen ja stets aus der Tiefe. Dort hausen auch die Manen. Sie haben in Erdgruben ihren Sitz und werden darin verehrt. Die Bestattung an oder im Hause ist die Vorbedingung dieses Ritus. Da das Blut den Ahnen, nicht den Göttern, d. h. nur den chthonischen Mächten zukommt, verstehen wir es, daß man den Boden mit ihm düngt, um der von den Ahnen (nach überaus weit verbreiteter Anschauung) abhängigen Feldfrucht Gedeihen zu verschaffen. Selbst die Saat wird bisweilen mit dem Blut von Opfertieren getränkt. — Dem Dämon weicht der Mensch. Die aufgescheuchte Gemse, das bei der Nahrungssuche gestörte Raubtier meidet die Stätte des bisherigen Aufenthalts. Solche Tiere fliehen den Boden, nicht den Belästiger oder Bedränger; sie kehren zu dem alten Ort nicht mehr ohne zwingenden Grund zurück, selbst dann nicht, wenn die Gefahr der Belästigung oder Bedrängung sich überhaupt oder im Sinne der Tiere nicht wiederholen kann. Der Mensch flieht verzauberte Orte, oder solche, an denen andere Menschen getötet sind, d. h.: rächende Geister weilen. Der Bannkreis einer Zauberin kann von ihr mit der Hand oder dem Stock im Erdreich gezogen werden, aber auch über 10 oder 12 (englische) Meilen sich erstrecken. Die Krankheitsdämonen pflegt man, wenn sie an der Scholle kleben, leider nicht nur zu umgehen sondern versucht es bisweilen, sie zu versöhnen. Man bedient sich auch hier des Pfluges, benutzt aber dabei den sehr verachteten, gefürchteten und den Dämonen geweihten Esel. — Der Boden. der freiliegende Leichen oder Aas trägt, oder an dem unreine Menschen weilen, kann nicht besiedelt werden. Niedrig stehende Stämme verlassen ein Haus, in dem mehrere Todesfälle stattgefunden haben. — Es ist die Möglichkeit vorhanden, den Erdboden künstlich gefährlich zu machen. Man vergiftet mit pflanzlichen Toxinen die Erde eines Leichenplatzes und wirft sie dann gegen den Feind. Das Vergraben von unreinen Abfallstoffen des menschlichen Körpers oder von tierischen Leichenteilen war oft ein Racheakt oder konnte doch zur Vorsicht bei der geplanten Niederlassung mahnen. Bisweilen zwingt aber der stärkere Zauber der Heiligkeit der den Unrat bergenden Stätte den geringeren dieser schmutzigen Substanzen. Deshalb vergräbt man die Letzteren z. B. in einem Kuhstall. Sie können dann dem Menschen nicht mehr schaden. — Die alte Rücksichtnahme auf die Mutter Erde tritt bedeutsam beim Legen der Fundamente eines Hauses hervor. Die Ghasya in den Vereinigten Provincen bringen aus diesem Grunde der Erdmutter ein Brandopfer. Auch opfern sie ihren (anwesend gedachten) Vorfahren Reis, verlassen trotzdem aber die neue Hütte, wenn sie darin in der ersten Nacht den Schrei eines weiblichen Schakals hören. — Für die Anlage von Tempeln gibt es umständliche Vorschriften. Sie muß mit Brahmanen beraten, der ausersehene Platz durch Bepflügen, Behacken und Besäen, durch Abweidung der dann gewonnenen Frucht mittelst Kühen, ferner durch Bestreuen mit Reis usw. geheiligt werden. Es finden sorgfältige und komplizierte astronomische Beobachtungen statt. Auch der Vogelflug wird beachtet. Die Pagode selbst erhält ihre Weihe durch das zeremonielle Hineinsetzen von Götterbildern. — Unzugänglich, weil von Dämonen besiedelt, sind alle wüst liegenden Gegenden, namentlich Gebirge, Wälder und Steppen. Erst sehr langsam, und zwar häufig unter der Einwirkung einer Traumvision (Divination; vgl. die Jakobserscheinung des A. T.), faßt der Mensch den Mut, in das Ödland vorzudringen. Bevor der Garo ein Stück Jangal ausrodet, macht er zunächst, indem er an einer Ecke ein kleines Stückchen davon bearbeitet, einen tastenden Versuch, ob die Gottheit des Bodens dies erlaubt. Wenn ihn in nächster Nacht ein Traum warnt, läßt er von seinem Unternehmen. Aber selbst im günstigen Falle zieht er bei der Aussaat einen Priester zu, denn das aus dem Jangal erschallende grausige Tönen verkündet die Nähe der Geisterwelt. Dickichte dieser Art unterstehen eignen Gottheiten. Bisweilen werden diese als ehemalige Heroen und Herrn ihres Bezirkes, die, weil sie sonst Krankheiten verbreiten, durch Sühnehandlungen gewonnen werden müssen, aufgefaßt. — Der Furchtbarkeit dieser Genien entspricht es, daß unsoziale Zauberhandlungen oder solche von besonderer dämonistischer Energie außerhalb des Dorfes vorgenommen werden müssen. Im Walde soll nach alten Vorschriften „der Ritus der Vernichtung von Nebenbuhlern" vollzogen werden, desgleichen die Dämmerungszeremonie (da die Dämmerungen besonders kritische Zeiten sind; s. o.) und die Bereitung der Speisen für die Totenkulthandlungen. — Sehr groß ist die Furcht vor bebaut gewesenen, aber verlassenen Plätzen. In den Ebenen wird ein Dorf niemals auf einem verlassenen Platz gebaut, weil man glaubt, daß dessen frühere Besitzer seinen „Glück und Segen" aufgebraucht haben. Leere Häuser und alte Ruinen sind von Bhūts (Geistern) bewohnt. Immer wieder erzählen uns die mantischen Lehrbücher von den aus ihnen dringenden, gefahrdrohenden Schreien usw. Die Furcht vor dem Boden, der solche Gebäude trägt, erschwert unseren Archäologen die Ausgrabungsarbeiten aufs äußerste. Die Eingeborenen glauben dann natürlich (wie leider auch unsere Landsleute bei der Teilnahme an Erduntersuchungen zu wissenschaftlichen Zwecken) an Schatzgräberei. Bisweilen spielt die Goldgier tatsächlich mit hinein. Dann rächen sich die Unterirdischen: die Erde erbebt; ja, wenn es sich um besonders große Freveltaten handelt, scheint eine lokale Weltkatastrophe herangekommen zu sein. Als ein Steinbrecher, ein reiner Hindu, im Auftrag eines Engländers in den Schacht eines Bergwerks ging, faßte ihn ein Muhammedaner am Arm und sagte: „Ziehe deine Schuhe aus! Willst du den Aufenthalt der Götter entweihen?" — Diese Gottheiten können, wie wir sahen, durch Sühnehandlungen besänftigt werden. Auf der einen Seite schließt man aus dem Charakter des Landes auf den der sie besitzenden Gottheit, auf der anderen auch umgekehrt. Hier entscheidet sicherlich häufig der Zufall. Die Verehrung von Lokalgottheiten, die neben dem brahmanischen Pantheon noch heute in weitester Verbreitung sich findet, ist ein magisches Mittel, die Siedelung zu heiligen, ihren Platz vor Zauber und Dämonen zu schützen. Zu gleichem Zweck bediente man sich des aufgestrichenen Kuhmistes und aufgestreuten heiligen Grases. Auf solchen Erdboden wurde der Sterbende, den man nicht in die Gewalt der Dämonen kommen lassen wollte, gelegt. Der Tote mußte „in geweihter Erde", die frei von Dornen und Milchsafthaltigen Pflanzen, und die nach altem Ritual mit Wurzeln durchwachsen sein sollte, gebettet sein. An einem solchen Ort wurden mit einem Pfluge Furchen gezogen, die Stelle mit Wasser besprengt und Samen aller Art gesät. Hier zeigt sich noch, daß man in ältester Zeit einen für die Viehhaltung geeigneten, erst später einen Ackerfrüchte tragenden Boden als Kulturland (heilig) ansah. Die Salzsteppen sind im Veda zwar als für die Rinderzucht geeignet anerkannt, gelten aber schon als verflucht. — Die Gottheiten des Erdbodens gehen nach alten Glauben „in allen Gestalten" umher. Das bei der Okkupation aufgescheuchte Wild trug, wie in der germanischen Mythe, zweifellos die göttlichen Züge. Der genius loci, bezeichnenderweise als der „Herr der Stätte" oder deren „Beschützer" gepriesen, auch als der „[unheimlich] Schwarze" anerkannt [vāstoṣpati, kṣetrapati, kṣetrapāla; śyāma; neupersisch: zāmîn-dâr], empfängt bei der Hausgründung oder ersten Bodenbestellung noch heute sein Opfer. Interessanterweise trägt der den „Feldhüter" darstellende Stein zuzeiten das Bild eines Pferdes, hier wohl noch als des Entdeckers des Bodens. In einem primitiven Ritus wird er als Bulle dargestellt, offenbar der genius loci der Rinderweiden. Gegenwärtig verkörpert ihn der Landmann auch als einen schwarzen, mit weißen Strichen versehenen Topf, den er zum Schutz gegen den bösen Blick und gegen böse Dämonen in seinem Felde aufhängt. Der Topf ist ja das geheimnisvolle, das Göttliche bergende Gefäß, der Wasserkrug schlechthin heilig. — Einen eigentlich chthonischen Charakter tragen die Muttergottheiten. Die ihnen geltenden Opfer werden deshalb in die Erde eingegraben. Der Verkörperung der Leichenstätten (Masān) sind wir bereits begegnet. Jedes Haus hat seit alters seine Gottheit, deren Verehrung im Jahreskreislauf und zu allen kritischen Zeiten den Bauer mehr beschäftigt als die der großen Götter. Dieser Hausgottheit fließt das Blut kleiner Opfertiere. Auch Figuren aus Teig, selbst in Menschengestalt, die offenbar Menschenopfer vertreten, werden ihr dargebracht. Die grundlegende Zeremonie der Ehe, die Umkreisung des Feueraltars durch das Brautpaar, wird bei den Sāgars Bombay's in der Weise vollzogen, daß das Paar den Altar der Feldgottheit umwandelt. Altäre für Erdgottheiten begründen den Wohnplatz von Dörfern. Viele Spezialgottheiten wohnen in einzelnen Teilen des Hauses, so z. B. in einer Ecke des Herdes, unter der Schwelle, über der Türe, am Eingang (wo sie die göttlichen Türhüter, wie andere die Palasthüter und abermals andere die „Schützer der Weltgegenden" sind) und namentlich an dem tragenden Hauptpfosten. Die nichtkanonischen buddhistischen Texte belehren uns über diese sehr volkstümlichen Göttergestalten. Wie jeder Mensch, so hat jedes Haus, jedes Dorf und jede Stadt dort eine Schutzgottheit; den Stadtbeschützern kommen in der Sage sogar noch Menschenopfer zu. Auch hier wechseln die Erscheinungen dieser Geister: bald sind sie licht wie die großen Götter, bald sieht man sie als schwarze oder weiße Stiere, sogar als Esel. — Die Vorstellung von der „glücklichen Erde" spielt wichtig ins Kulturleben hinein. Einige Arten von Erden gelten als besonders glücklich. Die Auswahl von Erdsorten, aus denen die Hochzeitskochstätte hergestellt wird, ist ein wichtiger Ritus. Auf der Schwelle der Küche erhält die Hausgottheit, die dort wohnt, alsdann ein kleines Opfer. Gewöhnlich ist es die

Mutter der Braut, die nach der zeremoniellen Badung des zukünftigen Paares den zur Kochstätte bestimmten Lehmklumpen nach Hause bringt. — Als heilig gilt die Erde des Palasttores, unter gewissen Bäumen, am Kuh-, Elefanten- und Pferdestall, an der Pagode, an manchen Flüssen und Anhöhen. — Heiliges Land wird, wie wir sahen, geschaffen, indem man Unland bewirtschaftet. Die Bodenbestellung liefert, wenn sie erfolgreich ist, den Beweis dafür, daß die sich unter, in und auf der Erde befindenden Unheildämonen entsühnt und mit der Bestellung einverstanden sind. Deshalb erheben sich Städte nur auf Kulturboden und umgekehrt kann eine Stadt dadurch entvölkert werden, daß man ihren Boden mit einem Esel (vgl. oben) statt einem Rinde bestellt. — Sämtliche Phasen der Bodenbestellung werden nicht nur „unter göttlichen Schutz gestellt“ — das ist eine modern-theologische, unklare Redensart — sondern gelten als Neuoffenbarungen heiliger, weltschöpferischer Handlungen, deren Nachahmung die Gewähr für das menschliche Gelingen bietet. Bevor die Arbeit des Pflügens beginnt, muß zu Anfang des Jahres der Boden geweiht werden. Der herbeigerufene Brahmane zieht eine Linie ins Feld, hebt mit einem Spaten fünf Erdschollen auf und streut mit einem geweihten Zweige fünfmal Wasser in die Öffnung. Die Aussaat ist für den Landmann eine heilige Tätigkeit und von vielen Zeremonien, von mystischen Handlungen und Empfindungen durchzogen. Männer und Frauen umkreisen das Dorfheiligtum, in Paaren gehend (das geschlechtliche Moment soll hier in Sympathiewirkung zum Boden stehen). Sie werfen dann etwas Erde auf, säen und bewässern sie. Wie in Deutschland, so kam es auch in Indien alsdann zu Scheinkämpfen, die bisweilen einen so ernsten Charakter annahmen, daß sie verboten werden mußten. Hier können wir vielleicht an den „Sklavinnentanz“ des ältesten Veda, eine Begehung, die Nahrungsfülle hervorzaubern soll, erinnern: es werden Wasserkrüge hingestellt; die Mädchen singen einen Hymnus, der mit dem Worte „Honig“ beginnt. „Denn der Honig ist die höchste Speise der Götter, die höchste Speise erlangen sie [durch diesen Gesang]; mit den Füßen stampfen sie [den Erdboden]; Freude stellen sie dadurch [in die Opferherrn] hinein.“ Das Wort „Honig“ wirkt also ebenso wie der Tanz mystisch; der letztere erzeugt Freude. Tatsächlich sind ja die Aussaat- und Erntetänze, wie wir immer wieder sahen, außerordentlich orgiastisch gewesen. In Gujarât existiert die schöne Sitte, das Bild eines bebaubaren Feldes ins Heiligtum des Hauses zu bringen und dort mittelst Sesamkörnern aus ihm das Modell eines Getreidelandes zu ziehen. Am zehnten Tage werden die jungen Sprossen verehrt. Bei Hochzeiten, der Zeremonie der Umgürtung mittelst der heiligen Schnur und bei Schwangerschaften werden solche Getreidekörner in Behälter gesät. Die heilige Mutter Erde wird gebeten, in die Samenkörner einzutreten. Der Ritus weist auf die Sitten einer agrarischen Bevölkerung vom reinsten Typus hin. — Der Veda kennt die Erstlings-opfer in ausgeprägter Form. Gegenwärtig werden auch die letzten Teile der Ernte bisweilen aufbewahrt; sie sollen, wie unser „Heckpfennig“, den Grundstock späteren Reichtums legen. — Die Ackerbaugeräte gelten im Mythus wie im Aberglauben als göttlich. Der Pflug wird verehrt, wenn die Zeit des Pflügens und Säens schließt, mitunter auch, wenn sie beginnt. Auch als Waffe ist die

Pflugschar heilig. Kṛṣṇa's Bruder wird in Bengalen unter der Form eines angeschirrten Pfluges verehrt. Vielfach finden wir die Anwendung dieses Geräts beim Fruchtbarkeitszauber. In Zeiten der Dürre gehen Weiber höherer Kasten nachts auf das Feld, entkleiden sich völlig und spannen sich zu zweien vor einen Pflug, während eine Dritte dessen Handgriff erfaßt. Nun ahmen sie die Gebärden des Pflügens nach. Dabei ertönt der Ruf: „O Mutter Erde, bringe Körner, Wasser und Spreu! Unser Bauch platzt auf vor Hunger und Durst!" Dies hört der Besitzer, kommt heran und legt Körner, Wasser und Spreu auf das Feld. Die Weiber ziehen sich nun an und gehen nach Hause. Diese Zeremonie soll unfehlbar wirken. — Wie das Feld, so wird dessen Grenze verehrt. Grenzsteinverrücken gilt ja auch im deutschen Recht als schweres Verbrechen, dessen Verüber noch als Gespenst die Grenzmarke auf die richtige Stelle zu tragen hat. In Indien gilt der Grenzstein als so heilig, daß er an seinem Orte belassen wird, selbst wenn man die Ansiedlung verlegt. Manche Stämme bespritzen ihn mit Opferblut und verehren ihn jährlich. Die Festlegung der Dorfgrenze ist eine äußerst bedenkliche Sache, da man dadurch leicht in fremde Rechte eingreifen kann. Hierbei werden Priester niedrigsten Grades verwandt, deren Betrunkenheit sie der göttlichen Weisung besonders zugänglich macht; oder man schickt eine freigelassene Ziege voraus (sie ist ja schon im Veda „Pfad-schaffend"!), oder Mitglieder der niedrigsten Kasten, die alten Herrn des Bodens (Ureinwohner gegenüber den Ariern); oder man legt einem Gerber [der in der Kaste sehr tief steht] eine Kuhhaut auf den Kopf: durch sie soll er, wohin er geht, die Gabe der Weissagung empfangen. Hier denkt man an die List der Dido. Der zur Kuh gewordene Mensch ist ebenso wie die übrigen Tiere uns als Pfadfinder bekannt. — Natürlich spielt der Totenkult mächtig hinein: den Toten muß das Gelände durch Opfer abgekauft werden. Im Veda wird von einer Grenze eine Erdscholle entnommen; sie soll im Totenritual den Lebenden von der Leiche trennen. — Zu dem Bau, dessen Platz nach mantischen (astrologischen und oneirologischen) Grundsätzen auserwählt wurde, wird der Grund erst dann gelegt, wenn man den Platz mit Wasser besprengt und Blumen darüber gestreut hat. Auch tut man in einen kupfernen Topf, der alsdann in die Erde versenkt wird, kleine Juwelen, Betelnüsse, einen roten Wollfaden, Blätter von heiligem Grase. Bei der Erbauung des Hauses pflegt man eine Stange in der nördlichen Richtung, der Richtung der Götter, aufzustellen; es ist dieser Brauch unserem Richtfest ähnlich. Man lädt dabei die Nachbarschaft zu Zeugen ein, wobei man ihnen einen Schmaus gibt. Durch diesen Akt wird das Eigentumsrecht an dem Boden erwiesen. Unter jener Stange gräbt man, um die chthonischen Geister zu versöhnen, Reis, Betel, Zucker und ein Stück roten Gewandes ein. Wenn einmal dieser Pfahl ausschlägt und Zweige treibt, so gilt dies als besonders glückliches Omen. Dem alten Ritual gehört die Umzäunung des Grundstücks durch einen dreimal vor und dreimal nach Vollendung des Baus wiederholten Wasserguß an. Das Wasser schützt ja vor Dämonen. — Die Vorschriften über das häusliche Ritual bestimmen über den Hausbau: in die Grube, in welcher der mittlere Hauspfosten stehen soll, soll man (das heilige) kuśa-Gras werfen, und soll darüber Wasser sprengen, in das man Reis und Gerste gemischt hat und dabei sprechen: „Dem unerschütterlichen, der Erde zugehörigen [Tragpfosten] sei heil!" Nach der Aufrichtung des Mittelpfostens soll man das Gebet sprechen: „.... Diesen Nabel der Welt errichte ich; ... hier errichte ich die feste Hütte. In Frieden möge sie dastehen, von Schmelzbutter überfließend. Reich an Pferden, Rindern, voll von Wonne erhebe dich zu großem Glücke." In der Mitte des Hauses soll man sodann einen Topf voll Speise kochen, davon dem genius loci unter Hersagung von vier Veda-Versen eine Spende bringen, darauf den Brahmanen ein Essen geben und sie auffordern, zu sagen: „Glücklich ist der Grund und Boden." Auch in anderen Texten findet sich bei gleicher Gelegenheit die Einsegnung des Mittelpfostens, der als „der Unerschütterliche" angeredet wird, also beständig in Gefahr war, zusammenzubrechen. — Hervorhebenswert ist seine Gleichsetzung mit dem „Nabel der Welt", d. h. dem unerschütterlichen Polarstern und der Weltenachse, deren Krone er ist; dadurch bekommt er kosmische Bedeutung, wie der zentrale Jambu-Baum Indiens und die eddische Weltesche; beide sind tragende Mittelpunkte. — Einige Teile des Hauses gelten als besonders dämonen-beseelt; über seine Schwelle wird deshalb auch in Indien die junge Frau getragen, wenn sie ins Haus einzieht. Alle jene zahlreichen und örtlich verschiedenen Zeremonien dienen dazu, ein „ruhiges Wohnen" zu ermöglichen und erfüllen nach der Auffassung ihrer Zeit diesen Zweck vollständig. Daß etwa drohende Gespenster ins Haus eindrängen, Kinder fräßen, Erwachsene entführten, oder sonst einen Schaden anrichteten, erfahren wir meines Wissens aus den Texten nirgends. Vielmehr ist das Haus, zeremoniell richtig erbaut, ein Stück von der Seele seiner Bewohner; es nimmt an deren Freuden und Leiden einen sympathetischen Anteil. Wenn man in die Mauer des Hauses ein Messer stößt, so verwundet man damit dessen Besitzer. Zu seinem Schutz dient in der Magie der Wasserguß wie die Umwandlung seitens heiliger Wesen, vor allem aber der darin waltende Ahn, die Gruppe der Hausgeister, die auch mit der dämonischen Macht des Fremden, des Gastes, fertig zu werden pflegen. Die Umzäunung des Familienwohnsitzes stammt aus prähistorischer Zeit und gründet Recht am Boden; der lateinische hortus, unser Garten, das Paradies sind umzäunte Grundstücke, über deren Peripherie keine fremde Macht hinwegkommen kann. Die nicht-arischen Thāru's, die in dem Tarāi, dem von der Pest heimgesuchten Flachlande, wohnen, errichten an den Ecken des Landes ganze Gruppen von Pfählen und glauben dadurch die Bewohner vor den unbekannten Gefahren der Jangal-Gegenden zu schützen, die jenseits des umzäunten Landes liegen. Das ist ja eben die Aufgabe des genius loci (vāstoṣpati), daß er feindlichen Mächten aller Art, Gottheiten, Tieren und Menschen den Weg versperrt. Wenn er einem Hausbewohner feindlich gesinnt ist, was sich z. B. darin zeigen kann, daß Mann und Frau sich mit einander zanken, d. h., daß der Dämon die (ins Haus geführte) Frau nicht als „Genießerin" des Bodens ansieht, so muß er versöhnt werden. — Die Fiktion, daß der Boden Eigentum der Gottheit ist, tritt besonders deutlich bei den Stiftungen der Könige hervor. Das von ihnen geschenkte Land wurde von einer Tempelpriesterschaft oder Sekte besiedelt. Der eigentliche Herr aber war der Gott; daher der Name: „Gottesland" (= devasthāna). Nur hier gab es allgemein anerkanntes Eigentum; daher die Bergung des menschlichen Besitzes in Tempeln zu Zeiten der Gefahr. Wenn eine Maus von dem heiligen Öl einer Pagodenlampe trinkt, so begeht sie damit eine Sünde, die in der Hölle erst nach Ablauf von 10^9 Jahren abgebüßt ist. Jedes Verständnis für die Geschichte und die Entstehung des Eigentumsbegriffs ist uns verschlossen, wenn wir vergessen, daß nur auf dem Umwege über die Gottheit die Rechtsidee wie die materielle Rechtsprechung im Einzelfall zustande kommt.

Wenn wir nun den Menschen als soziales Wesen im engsten Sinne betrachten, nachdem wir ihn zuvor als Mitglied der Gesamtwelt und Bürger der Erde kennen gelernt haben, so richtet sich unser Blick naturgemäß zuerst auf den König. Seine Würde wird sehr verschieden, jedoch auch in den klassischen Rechtsschriften bisweilen noch urzeitlich aufgefaßt. Selbst der Mediziner Suschruta sagt: „Menschen und Könige haben lediglich das Gleiche Äußere. Befehlsgewalt, Opferwilligkeit, Langmut und Herrschermacht aber gehören ihm nicht als Menschen an. Deshalb soll der einsichtsvolle Mann ihn in Gedanken, Worten und Werken als Gott ansehen.“ Seinen nur ihm eigentümlichen Bund mit der göttlichen Erde lernten wir kennen. Er ist der leibhaftige Gott des Rechts und deshalb mit dem des Todes identisch. Aus seiner Unfehlbarkeit und Allmacht quellen nicht nur Rechte, sondern auch Pflichten gegen sein Land. Er ist für das Gedeihen der Bevölkerung, deshalb auch für den Rechtsvollzug und (im Agrarland) für den Saatenstand verantwortlich. Alle diese Vorstellungen ergeben sich daraus, daß er als Vertreter des ganzen Volks unter dem deterministischen Zwange der Gestirne steht, die in ältester Zeit nur ihm den Weg weisen, daß er also durch unrechte Handlungen die Natur aus dem Gleis bringt, durch Mißgeschick den Beweis liefert, daß dies geschehen ist. Sehr ähnliche Ideen finden wir z. B. in China. Nach einer in diesem Punkt einheitlichen Lehre aller Gesetzbücher muß der König in Person Ersatz leisten, wenn etwas gestohlen oder geraubt wurde und nicht zurückgebracht werden kann. Leidet das Recht Schaden, so fällt dem König und seinen Vertretern (den Richtern) ebensoviel Schuld zu wie dem eigentlich Schuldigen und den Zeugen. Andererseits verbürgt seine sittliche Güte das Heil des Staates ohnehin. Manu's Gesetz und die astrologische Literatur heben oft hervor, daß alles Gute auf der Welt durch die guten Könige kommt. Unter ihrer Herrschaft gibt es keine Fehl- und Mißgeburten, niemand stirbt vor der Zeit, die vegetative Fruchtbarkeit ist groß, der Boden gedeiht. Da zu den höchsten religiösen Pflichten die Bodenbewirtschaftung gehört, entledigt sich (vgl. China!) der Chân in Balutschistân in Zeiten der Dürre seiner vornehmen Gewänder, zieht das wollene Oberkleid der Landleute sich an und treibt ein Joch Ochsen den Rain entlang. — Auch in der Rechtspflege steht er an Gottes Stelle: neben Wasser und Feuer wird er als Glied der Dreiheit genannt, in deren Anwesenheit man schwören soll, er heißt deshalb auch deva d. h. Gott. Als solchen soll man ihn neben den Eltern und dem Lehrer verehren. Sein bloßer Anblick bringt Glück. Er empfängt die Geldbußen (die er allerdings nicht für sich verwenden soll) und in Ermanglung von Leibeserben eines Verstorbenen dessen Besitz. Besonders bedeutsam und für die innerliche Gesundheit des indischen Volkes bezeichnend ist es, daß selbst nach der Auffassung eines orthodox-theologisch orientierten astrologischen Werks und mancher Rechtsbücher der König „sofort rein ist, wenn eine königliche Pflicht in Frage kommt", d. h. daß der ganze versklavende Apparat von Vorschriften über das, was man tun und lassen soll, für ihn als Monarchen nicht existiert.

Um so unbedingter ist derjenige Stand ihm unterworfen, der sich stets als der Erste bezeichnet, der Stand der Priester. Wir lernen sie als die Zauberer in Wort und Tat kennen, als magische Redner und magisch Handelnde. DieseDoppelfunktion dokumentiert sie als Träger einer mystischen Kraft, des brahman; sie nennen sich deshalb brāhmaṇa's, Brahmanen. Das ihnen zuerteilte Ansehen war und ist beispiellos. Der Brahmane als solcher ist deva: Gott. Für die leibliche, ihm inne wohnende Heiligkeit, die ihn allein zu Sühnehandlungen (wie zu allen anderen religiösen Begehungen des öffentlichen Kultus) befähigt, spricht ein halb belustigendes Faktum: beim Tode eines Königs wurde bis vor kurzem ein Teil von dessen Gebeinen zu Asche zerstoßen, mit gekochtem Reis vermengt und diese Speise von 12 Brahmanen gegessen. Die „Sünden" des Königs werden also dadurch, daß man sie zugleich mit dessen Körper durch den Leib der Heiligen schickt, getilgt. — Rachedämonen entweichen vor der Heiligkeit des Brahmanen: Mädchenmorde wurden dadurch entsühnt, daß über der Stelle des Hauses, auf der das ermordete Kind lag, ein Brahmane seine Nahrung einnahm. Die bei den zahllosen, noch jetzt vollzogenen Opfern in unausdenkbarer Menge „der Gottheit" improduktiv geweihten Speisen werden tatsächlich von den Brahmanen gegessen. Das Gleiche gilt bei allen Festen in Haus und Hof, bei zeremoniellen Begehungen irgendwelcher Art. Die Speisung der Brahmanen ist stets, mag der Anlaß noch so harmlos sein, unerläßliche Pflicht. Statt des Toten wird er gespeist. Nur von der göttlichen Stellung des Brahmanen aus ist es zu verstehen, daß die ihm dargebrachten Geschenke als religiös geboten und für den Geber im höchsten Grade heilsam gelten. Sie werden ihm auch zur Entsühnung schwerer Vergehen oder zur Erlangung metaphysischer Vorteile geweiht. Ihr Wert und ihre spezielle Art sind oftmals vorgeschrieben (Dörfer, Kühe, Pferde, Gold, Kleider, Speisen). Es gilt aber der Satz, daß dem Magen des Brahmanen nichts schadet. Deshalb schenkt z. B. der König die unrechtmäßig erhobenen Geldbußen an ihn fort. Andererseits ist er seinerseits selbst für den unermeßlichen Riesenadler des Mythus absolut unverdaulich. Angesichts seines guten Magens ist er „der Aufbewahrungsort für die Menschen, das Gefäß für die Götter" (in das der Fromme seine Opferspende hineinlegt). — Von einzelnen besonders heiligen Teilen seines Körpers erwähnten wir den Ringfinger. Wer schwört, kann beim Schwur die Füße eines Brahmanen anfassen. Die Berührung seitens der Füße der Brahmanin bringt Glück. Bei dem im Stande der Heiligkeit Befindlichen steigert sich diese magische Wirkung. Es tritt dabei hervor, daß ein solcher Bevorzugter (entlassener Brahmanenschüler; ein Mann, der die Weihe zu einem großen Opfer auf sich genommen hat; ein Religioser usw.) die für alle gültigen Reinheitsgebote in erweitertem Maße und verschärfter Form auszuführen hat (er muß sich vor dem Anblick und der Berührung unreiner Wesen hüten usw.). Der chthonische Charakter des vor Schmutz starrenden nackten, allen Geboten Trotz bietenden, auf Leichenäckern lebenden, Schnaps trinkenden Heiligen ist vergleichsweise jung und volkstümlich. Das klassische Ritual kennt ihn nicht, oder macht ihn doch nicht zum Muster. — Aus diesen Reinheitsvorschriften entwickeln sich ethische Gebote. Wie die Gottheit des Herdes die Gebote des „Nichttötens", „Nichtstehlens" [nur im umzäunten, gottgeschützten Raum gibt es Eigentum], so verhängt die des Opfervollzugs z. B. die des „Nicht-Lügens" [neben anderen, die ritueller Natur sind]. „Der [für den Opfervollzug] mit den Weihezeremonien Ausgestattete soll nichts böses von einem anderen sagen, nicht zornig werden, nicht weinen, nicht Harn oder Kot ansehen". Auch die geschlechtliche Tätigkeit wird in unmittelbarer Nähe der Gottheit — zunächst als zu sehr von dieser gefährdet — untersagt. Ein solches Verbot ist zwar zeitlich und örtlich begrenzt, kann aber diese Fesseln brechen (wenngleich der Brahmane irgendwo anders als in den Ländern der Frommen kaum zu denken ist). Wer die (äußerst umständliche) Zeremonie der Schichtung des Feueraltars dargebracht hat, darf ein Jahr lang oder während des ganzen Lebens nicht im Regen ausgehen, kein Vogelfleisch (natürlich erst recht kein anderes Fleisch!) essen und nur mit einer Frau der gleichen Kaste zusammenleben. Nach einer zweiten Schichtung darf er nur der eignen Gattin, nach einer dritten überhaupt keinem Weibe mehr beiwohnen. — Hier bereitet sich, aus der religiösen Praxis, der Dauervollziehung des Zeremoniells hervorgehend, der Zustand der persönlichen Heiligkeit vor. Freilich, leicht genug war es dem Frommen gemacht, sich der Befleckung zu entledigen. Sehr häufig sagt das alte Ritual, ein Brahmane, der gelogen hat—die Lüge als die schwerste, weil der „heiligen Ordnung" direkt sich widersetzende Sünde! — würde dadurch rein, daß er sich den Mund ausspült. — Aber jedenfalls genügt es uns zunächst, festzustellen, daß das Verbot des Nicht-Lügens überhaupt zeit- und ortlos gültig sein soll. Solche rein sittlichen Bestimmungsmomente setzen sich, vermischt mit abergläubischen Vorschriften und Geboten der Kastenehre, allmählich durch. Häufig wird betont, daß der Brahmane körperlich tadellos sein soll — sonst wäre er ja ein schlechtes Omen! Alle jene Untugenden, die im engen Zusammenleben der Angehörigen gleicher Kaste sich bei dem Einzelnen so störend geltend machen, soll er vermeiden: Mißgunst, Unwahrhaftigkeit, Verleumdungssucht, Mitleidlosigkeit, namentlich aber Alkoholgenuß und Tötung lebender Wesen; Vertragstreue und Opfermut werden von ihnen verlangt. Streng verboten ist ihm jede Tätigkeit, die über den Pflichtenkreis seiner Kaste hinausgreift: er darf deshalb weder Land bebauen noch kaufmännische Geschäfte treiben, vor allem aber nicht wuchern. Die Strafe bei Übertretung dieser Bestimmungen wird (wenn der betreffende Brahmane sich nicht gerade den Kultus eines Gottes zur Spezialität gemacht hat) kaum von einer bestimmten metaphysischen Macht verhängt, sondern vollzieht sich automatisch im Laufe der Seelenwanderung durch Herabfallen in eine schlechte Existenz. Vor allem aber war man davon überzeugt, daß, wer sich schwer gegen die Kastenvorschriften dieses höchsten Standes versündigt, eben in Wirklichkeit gar kein Brahmane, sondern nur ein frisierter Schudra ist. Der Typus dieser Priester war eben so alt, feststehend und volkstümlich, daß man ihn sich nur durch unedles Blut, nichtarische Abstammung, verderbt denken konnte — eine Vorstellung, die der blödesten Form des Standeshochmuts Ausdruck zu geben scheint und die doch viel vernünftiger ist als die, welche etwa in den Worten von gewissen Kreisen unserer Landsleute hervorbricht, wenn sie sagen: „Ein Falschspieler — pfui Teufel, das ist gar kein Edelmann." Denn leider stimmt das nicht immer, dagegen stimmt es sicherlich, daß der Brahmane dank seiner reinen, von schwarzem Blut nicht verseuchten Rasse (Kaste) in sich einen Schatz „adliger" (d. h.: arischer: edler) Ideen erhalten konnte, die ihm ein hohes Kulturniveau sicherten. Dieses wurde dann durch das Verbot minderwertiger Arbeitsformen gewährleistet. Der Brahmane als soziale Persönlichkeit litt und leidet unter einem solchen Veto natürlich aufs schwerste, da er meistens fast nichts verdient. Aber die Achtung, welche er genießt, grenzt noch jetzt in den Gegenden des strengen Hinduismus an Vergötterung; sie hat mit der Erkenntnis individueller Charakterschäden nichts zu tun und ist durchaus abergläubisch. Der Brahmane ist Magier wie zu seiner Zeit Paracelsus oder Faust, und wird ebenso sehr gefürchtet. Natürlich liegt auch in dieser übertriebenen Wertschätzung des arischen Bluts und der Vererblichkeit von Intelligenz und Gesittung kein reaktionäres, volksverdummendes Dogma. Denn erstens ist es richtig, daß, wie dies schon Manu's Gesetz sagt, die Erbanlage von den Eltern kommt, und zweitens lehrt ein Text mit Nachdruck: „Man soll den Menschen nach ihrem Charakter Ehre erweisen, nicht nach ihrer Geburt." Allerdings sind solche Lehren viel zu hoch, um sich durchzusetzen. Im allgemeinen gilt der hochkastige Pandit noch immer als halber Gott, der Schudra irgend einer Gruppe, der „Outcaste", rein leiblich genommen als stinkendes Aas, vor dessen Hauch sich jener Mund und Nase zuhält. Das Gesetz schützt seit ältester Zeit den Brahmanen vor Tötung, körperlicher und verbaler Beleidigung durch die schwersten religiösen und strafrechtlichen Maßnahmen. Selbst seine fahrlässige oder zufällige Körperverletzung wird geahndet. Er selbst ist ein „wandelndes Feuer", d. h.: magischer Gefahrträger, sein Angesicht und Antlitz bringt Glück, ebenso sein Segenswort; sein Fluch, der den von ihm Betroffenen augenblicklich zu Asche verwandeln kann, geht in Erfüllung. Da ihm eine Art von Naturgesetzlichkeit inne wohnt, kann er nicht zurückgenommen werden. Der zweifelsfreie Glaube an die eigne Macht gibt diesen Priestern gewaltige suggestive Fähigkeiten, die ihnen in ergötzlicher Weise auch bei unseren protestantischen (und katholischen) Missionaren zu Gute gekommen sind. Erzählt doch noch der alte Ziegenbalg allen Ernstes, daß die Priester des Heidentums mit dem Teufel im Bunde stehen und ihn „leibhaftig herbeirufen können, wenn sie ihn nur haben wollen". — Die Tage des Brahmanismus sind noch lange nicht gezählt; im Gegenteil, er gewinnt immer mehr an Boden. Beispielsweise werden von den niedrigen Stämmen, die bisher bei den großen Totenfesten ihre eignen Stammesältesten oder ihr Familienoberhaupt fungieren ließen, neuerdings immer mehr Brahmanen hinzugezogen. Die soziale Stellung jener Priester wirkt sich seit Alters noch in strafrechtlichen Ausnahmestellungen zu ihren Gunsten aus: vor Leibesstrafen waren sie im allgemeinen geschützt, Notzucht wurde bei ihnen mit Geldbuße, oder, da sie fast niemals Geld hatten, mit Gebeten bestraft. Jetzt wird das natürlich langsam anders. Die Grundlage hat auch hier der Buddhismus gelegt, der eine brahmanische Gegenreform zur Folge hatte. Für ihn gibt es im Orden keine Kasten; Intelligenzgrade werden anerkannt, aber durch die Forderung tiefster, wahrer Bescheidenheit des Herzens in ihre Schranken verwiesen; Gesittung ist alles; sie findet sich, erweckt durch die reine Lehre, zu Zeiten auch beim Schlechtesten. Die Prohibitivgebote des Aberglaubens: nicht töten, nicht stehlen usw. werden zu positiven ethischen Lebensnormen, die auf der Basis der Herzensreinheit stehen müssen, umgestaltet. Der aktiv wirkende sittliche Generalfaktor aber ist die Liebe. Das hier in Frage kommende Wort hat man zwar im Sinne der christlichen Propaganda mit „Wohlwollen" übersetzt. So lange aber, bis dieses „Wohlwollen" einmal als Band zwischen Mutter und Kind genügen wird (hierfür wird es gebraucht!), muß man eine solche Übersetzung leider als Urkundenfälschung bezeichnen. — Auch der Brahmanismus will, und zwar selbst oder gerade beim weltabgewandten Asketen, diese Gesinnung hochgehalten wissen. Die Wirklichkeit steht aber sehr tief unter dem erträumten Ideal. Das eigentliche Streben des Gelehrten geht seit Uralters vor allem nach Geld und Ansehen, d. h. Anerkennung seiner abergläubischen Kastenvorzüge. Die Stellung dieser arischen Priester zu den Eingeborenenkulten muß notwendigerweise eine prinzipiell ablehnende sein; der Brahmane ist natürlich gezwungen, sich an seine heiligen Bücher zu halten. Andererseits ist aber bereits in das alte Ritual so vieles Fremdartige eingedrungen, daß ihm eine Anpassung an die volkstümlichen Formen der Götterverehrung nicht schwer werden kann — wir denken nur an den von den Ariern in Indien vorgefundenen Schlangenkultus, der doch auch wieder uralte indogermanische Züge trägt und deshalb dem Brahmanen die Entscheidung im Sinne des Für und Wider erschwert. Da hilft er sich denn zu Zeiten, indem er, während niedrig stehende Priester damit beschäftigt sind, die Schlangengöttin mit Kokosnüssen zu füttern, zwar daran nicht teilnimmt, aber dabeisteht und von den gespendeten Gaben seinen Obolus bezieht — dem Magen eines Brahmanen schadet nichts! Seine Kaste ist selbstverständlich unbedingt, sein Priesteramt in den Tempeln meistens erblich. An Stelle des Sohns kann auch der Lieblingsschüler fungieren; er tritt ja durch die Angliederung an den brahmanischen Lehrer unmittelbar in dessen Ahnenreihe ein. — Bei den niedrigen Stämmen entscheidet noch die alte Prophetengabe, bisweilen auch die Gottheit, durch das Los: die Munda's zum Beispiel lassen in einem Dorf, das einen Priester braucht, ihre Kinder eine Getreideschwinge rollen. An wessen Haustür sie hält, der ist gewählt. Seinen Lebensunterhalt bezog der Priester früher durch Opferlöhne, Unterrichtsgelder, freiwillige Spenden von Königen und Frommen, das Bettelbrot seiner Schüler. Jetzt kommt noch der Gewinn der Tempelgüter dazu. Die Heiligtümer bringen natürlich, wenn sie durch irgend ein Wunder in Mode kommen, plötzlich sehr viel ein. Darin liegt die tiefste Quelle des Geheimnisses von Götterbildern, die den Arm erheben, tanzen usw. Auch im Abendlande sollen Wundergeschehnisse eine Goldgrube sein können. Sehr viele Gottesmänner der niedrigsten Grade leben, wie seit Urzeiten, auf der Wanderschaft und dann natürlich von der Dummheit ihrer Mitmenschen. Der handfeste und sehr hohe

Stock, den nur die Brahmanen tragen dürfen, kennzeichnet sie als alte Vaganten. Sie teilen sich beruflich in zahllose Gruppen und Untergruppen, von denen manche durch die Kleidung abzustechen und Furcht einzuflößen wissen. Was der Landmann am nötigsten braucht oder wissen will, vermögen sie ihm zu beschaffen oder zu verkünden. Da gibt es Wetter- und Regenpropheten, solche, die den Regen heranzaubern und den Hagel bannen, gestohlenes Gut entdecken (diese schon in grauestem Altertum!), Hell- und Fernseherei ausüben, Träume deuten, aus den Konjunkturen der Gestirne auf die richtige Zeit zum Eheabschluß, die nahe Todeswahrscheinlichkeit, die Geburt eines Sohnes schließen, Überschwemmung und Seuchen weissagen und für alles Unheil natürlich für Geld und gute Worte ihre „Gegenmittel" bereit haben. Sie mischen sich in Liebes- und Eheangelegenheiten ein und zeigen der Frau den richtigen Mann oder umgekehrt. Nach den Bestimmungen des häuslichen Rituals drängt sich der Priester sogar ins Brautgemach ein. Bei der „Zeremonie der Sohneserzeugung" steckt er unter Rezitation eines Vedaspruchs eine Spende für den Gott der Zeugung (Prajāpati) in die Scheide der Frau. Selbst nach den Vorschriften der klassischen Mediziner sollen Brahmanen, die den Atharva-Veda kennen, sich bei der Entbindung im Gebärhause befinden. Bei allen Familienfesten (wie sie im Jahreskreislauf oder nur „gelegentlich" sich ereignen) muß der Priester zugegen sein. Er hat durch seine Sprüche und Handlungen die Entbindung glücklich und schnell zu gestalten, das Kind in die Lehre zu geben, Frieden zwischen den Ehegatten herzustellen, das heranwachsende Wesen gegen das böse Auge, gegen Zauber und Unheil aller Art zu schützen, den Herden Segen zu verleihen und Seuchen von ihnen fern zu halten; den Handel und Wandel des jungen Mannes daheim und auf Reisen zu behüten. — Unbedingt erforderlich sind manche Gruppen dieser Kaste seit ältester Zeit in Krankheitsfällen. Leider können deren Vertreter nicht nur heilen, sondern durch ihren Zauber auch Krankheiten hervorrufen. Eine der sieben Gruppen von Krankheiten, die aufgezählt werden, gelten als durch Zaubersprüche des Atharvaveda bewirkt! Und doch kann es ein solcher Heil- und Unheil-Künstler an Gemeingefährlichkeit mit dem Hauskaplan des Königs, dem Purohita, nicht im entferntesten aufnehmen. Nach dessen Stellung als der Höchsterreichbaren drängten sich viele Jahrhunderte hindurch alle jene Zauberpriester, die das Land unsicher machten und sich später, durch Erfahrung gewitzigt, in die Hauptstadt einschmuggelten. Die heiligen Texte führen wütende Kriege um der Frage willen, welcher Schule (jeder Text steht im Dienst einer Schule) der Purohita angehören soll. Am energischsten aber beanspruchten dessen Platz die Atharvans, die Astrologen und Ärzte, die uns schon begegnet sind. Denn die Gestirne weissagen ja zunächst nur Königen und Völkern ihr Schicksal; die aus ihnen gewonnenen Offenbarungen waren stets die Wirkungsvollsten (fielen am meisten auf die Nerven). Die in den Händen dieser Priester ruhenden Lehrbücher der Astrologie genügten für alle nur erdenklichen Fälle im Reich der himmlischen Wahrzeichen und ferner — worauf es besonders ankam — für deren Entsühnung. Der purohita ist der Oberpoenitenziar des Reichs. Ihm soll der König, wenn er bemerkt, daß es in der Natur irgendwo nicht in Ordnung sei, zu Füßen fallen und sprechen:

„Erlauchter, entsühne mich!" Dann muß der ganze, fabelhaft komplizierte und kostspielige Apparat der Sühnezeremonien in Bewegung gesetzt werden. Aber die Kunst geht hier, wie überall, nach Brot und Gold, und ferner, worauf es fast noch mehr ankam, nach Macht. Wohin sich priesterliche Phantasie verirren kann, lehr der Veda oft, und selbst in der Rechtsliteratur heißt es: „Was auch immer die Astrologen und Vorzeitenforscher ihm [d. h.: dem König] sagen, das beachte er; denn einige erklären, daß davon die Wohlfahrt des Reiches abhänge." Wenn er im großen nichts verrichten kann, so fängt er es im kleinen an; deshalb finden wir ihn als Kammerdiener des Königs diesen des morgens mit den Emblemen seiner Würde schmückend und dazu fromme Sprüche hersagend, ja selbst im Gebärhause der Königin wieder. Ich darf darauf hinweisen, daß die Maskierung durch Lakaienstellung äußerst gefährlich ist: schurkische Leibdiener haben noch stets, namentlich unter mystischer Verkleidung, die Stelle ausfindig zu machen gewußt, an der ihr Herr am schwächsten war. Das durch solche Existenzen hervorgerufene Unheil beschränkte sich keineswegs auf Prophezeiungen von unabwendbaren Begebenheiten, sondern griff zu Verhaltungsmaßregeln über: Krieg und Frieden hingen an den Lippen des Hauspriesters. Bezeichnend für die Stellung, die ein solcher bei einem schwachen Monarchen einnehmen konnte, ist die Bestimmung, daß „auch der Purohita dem Gesetz und der Strafe unterworfen sein" solle. Er wird in der Gesetzesliteratur ungeachtet seiner mächtigen Position mit dem Muttermörder, Freundesverräter, Frauentöter, Ehebrecher, Schauspieler, Wucherer usw. zusammen genannt. Der [unverantwortliche] Dienst beim Könige gehört ohnehin zu den Greueln, deren Vollzieher ein Totenmahl beflecken. Die wirksamen Zauberformeln werden streng geheim gehalten und nur dem Sohn oder Nachfolger überlassen. Durch die Aufnahmezeremonie in den Schülerstand wird dies Geheimwissen auf den Jünger (mittelst Handauflegung) mystisch übertragen. Der Schüler gilt als Sohn seines Meisters, als dessen Foetus, den der Lehrer drei Tage lang in seinem Leibe zu tragen hat; die Zeremonie der Schüleraufnahme als Wiedergeburtsakt. Die urzeitliche Idee von der Wiedergeburt des Vaters im Sohne wird hier also in vergeistigter Form erneuert. Erbgut ist nicht nur der vegetative Mechanismus, sondern die traditionelle Erkenntnismasse, zugleich der heiligste, absolut und ewig wahre Wissensschatz, der nicht niedergeschrieben und in seinem wichtigsten Teil nur dem begünstigten Schüler, oder (bei Erblichkeit der Würde) dem Sohn oder Nachfolger überlassen wird, der ihn selbst durch Drohung oder Gewalt sich nicht entreißen lassen soll. Dies Wissen ist durchaus Kastenvorrecht: „Wenn ein Schudra dem Veda zuhört, so sollen ihm die Ohren mit Zinn oder Lack vollgegossen werden; wenn er ihn hersagt, so erfolgt Abschneiden der Zunge." Es liegt im Sinne dieser Magie, daß sie nur auf das Wort, kaum auf den Inhalt Wert legt, sich in der Setzung von Analogien ergeht (daher der bekannte Merseburger Segen: nach Analogie des urzeitlichen heiligen Vorgangs wird der seinem Stil nach übrigens in Indien wiederfindbare Zauberspruch angewandt), Wort und Wendung häufig, oft leicht modifizierend, wiederholt, und sich ein unausdenkliches Alter anmaßt, wobei Wort und Handlung unbedenklich entlehnt werden: Juden, Moslems, Hindus und Christen bedienen sich der gleichen

Formen, allenfalls die Namen ihrer eignen Heiligen statt der Übernommenen wählend. In Indien wird der allmächtige Herrscher über die Geister, Salomon, auch von den Ariern angerufen. In seinem Namen wird dem bösen Geist einer Krankheit oder einem Gegenzauber geboten, in seine alte Wohnung zurückzugehen. Dem feindlichen Magier sollen Füße und Hände in Fesseln gelegt, sein Zauber vernichtet werden, ihm selbst alles Böse geschehen, was er dem Sprecher selbst anzutun wünscht. Die Sprüche passen sich der Gelegenheit, bei der sie gesprochen werden, in gewisser Weise an: es gibt Schutzformeln gegen Schlangenbisse, Geistes- und Leibeskrankheiten, Seuchen der Herden, Angriffe seitens der Raubtiere, Abwehrmittel gegen das böse Auge u. a. m. Urtümlich ist in dem nun zu nennenden Zauberspruch die Aufzählung der noch kaum als Glieder eines einheitlichen Organismus empfundenen Körperteile, zugleich ein Beispiel für die Kasuistik des Formelwesens überhaupt (Beispiel aus dem Atharvaveda, der hier eine vedische Fassung des „Merseburger Segens" zu geben scheint): „Zusammen möge dir Mark mit Mark sein, zusammen dir ferner mit dem Gelenke das Gelenk, zusammen dir das, was vom Fleisch dir herabgeglitten ist, zusammen möge dir auch der Knochen wachsen. Mark möge sich dir mit Mark zusammenfügen, mit der Haut die Haut wachsen.... Fleisch mit dem Fleisch wachsen." Das häufig wiederholte Wort „wachsen" bezieht sich auf den Geheimnamen der Pflanze, welche diese Wunderkräfte entwickeln soll und etwa die „Wachs-Pflanze" heißt. — Dieser Eigenart des Spruchs folgend, werden Körperteile von Tier und Mensch mit Spenden und Formeln bedacht, die deren spezielle magische Kraft stärken sollen. Da im Laute (Schall) der gesprochenen Formel deren Magie schlummert, verstärkt man diese Zauberkraft, indem man sie, wenn der Spruch zum Beispiel den Wunsch der Erlangung eines hundertjährigen Lebens enthält, dem Neugeborenen durch Einflüstern der Formel in die rechte Ohrwurzel förmlich eingießt. Bedeutsam ist eine andere Stilform: das einzelne Geschehnis wird (wie in den historischen auch) in den kosmischen Zusammenhang eingereiht.Dem entsprechend heißt es in dem Spruch zur Heilung der Wanderniere: „Die Kühe haben sich niedergelassen an ihrem Rastort; das Geflügel ist zum Nest geflogen; die Berge stehen fest an ihrer Stätte: ich habe die Niere feststehen gemacht an ihrem Ort." — Als ergötzliches Beispiel einer Analogiehandlung sei der Zeremonie der „Schenkung der [gesamten] Erde" gedacht. Der König verehrt sie seinem Hauspriester, aber glücklicherweise nicht in Wirklichkeit, sondern nur im Modell, das die Größe einer Kuhhaut hat und — die Geistlichkeit war nie bescheiden! — aus Gold bestehen soll. Wahrscheinlich mit dem gleichen kostbaren Metall werden Flüsse, Meere, Berge, Wälder usw. angedeutet, das Ganze noch mit Gold, Silber, Juwelen, Perlen usw. geschmückt und dann dem König in die Hand gegeben, der es dem Priester mit dem Ausdruck seiner Verehrung dedizieren soll. Wie hier eine genaue Analogie zwischen Erde und Erd-Modell, so wird eine solche, zweifellos nach babylonischem Vorbild, zwischen Himmel und Erde konstruiert. Jedem Himmelssektor entspricht ein solcher der Erde. Dort oben regieren die Teilschnitte des Tierkreises, hier unten die Könige; die weltlichen Regenten sind gottgesetzt, aber von dem Himmel abhängig. Für die Weltanschauung der Inder und ihre Auffassung von der Königswürde ist das sehr bezeichnend.

Neben oder unter dem brahmanischen Priester steht der in allen Sätteln gerechte eigentliche Zauberer. Er ist ganz Magie und wird deshalb auch in sprachlicher Hinsicht geradezu als „Zauber“ bezeichnet. Selbst die Ehefrau kann, ihrer mystischen Eigenart entsprechend, zum „zweibeinigen Zauber“ werden. Ein solcher ist, wie wir noch sehen werden, immer in einem Gefäß verschlossen und kann aus ihm herausspringen. Deshalb sind Krüge usw. stets heilig und als Bilder von Gottheiten verwandt. Das Wort „Gefäß“ bedeutet im sanskrit eine respektable Person, ein Wesen, vor dem man sich am besten in acht nimmt (pātra). Der Zauberer ist ein „Gefäß des Zaubers“. Nach der Auffassung der kanonisch-buddhistischen Schriften wird bei dem Orakel, das man durch Befragung eines Mädchens gewinnt, dieses zum Gefäß der Gottheit. Man legt in es die Frage hinein und bekommt aus ihm die Antwort. — Der Zauberer gehört in die niedrigsten indischen Kasten. Er wird mit den Leichendämonen (Leichenfressern) gleichgestellt. Hexen und Hexenmeister sind jedenfalls schwarz: wenn man ein Individuum der Zauberei verdächtigt, so schwärzt man ihm das Gesicht. Der Mann aus dem Stamme der ambaṣṭha, das Mädchen aus dem der kirāṭa, das mit goldner Haue auf den Gipfeln der Berge das Heilkraut abpflückt, der Mann aus dem gleichen Volk (hier kirāṭa, zunächst als Eigenname eines Zauberers, der einem Mann namens subandhu zeitweise die Seele entführen kann), sie alle gehörten diesen Zünften an. Heutigen Tages sind beispielsweise die Thāru's berüchtigte Zauberer. Thāru-Land ist soviel wie Zauberland. Zauberei ist gegenwärtig bei den nomadisch lebenden und verbrecherischen Kasten stark verbreitet, aber auch bei den Ansässigen vorhanden und organisiert. Bei den südindischen Malabaren gibt oder gab es in neuester Zeit unter Anderen zwei Kasten, deren eine Wahrsagekünste betreibt, während die andere ihren Mitmenschen den Glauben beibringt, daß ihre Mitglieder sich unsichtbar machen und nach Belieben bald hier, bald dort sein können. Als Träger dieses aktiven Aberglaubens werden Personen angenommen, deren Eltern und Großeltern bereits Hexerei getrieben haben. Die erbliche Belastung hat sicherlich zur Bildung der Priesterkasten viel beigetragen. Der gewohnheitsmäßige Gebrauch narkotischer Mittel, der Entartung voraussetzt, wie er Entartung erzeugt, ist seit Alters bei diesen Gilden, auch bei den Tänzern, Springern usw., die auf eine tausendjährige Tradition zurückblicken können, im Schwange. Niemals versuchen sie, nur durch den Erfolg ihrer Leibesschulung zu glänzen; vielmehr steht immer das magische Element im Vordergrund. Seelische Veranlagung und Giftwirkung erzeugen jenen Zustand von heiliger Raserei, der als Vorbedingung religiöser Offenbarung gilt. Bei einem Ritus steigt z. B. der „Dämon des schwarzen Gewölkes“ auf den Kopf eines Verehrers herab, der dann in den wildesten Jangal hineinrast und rechtzeitig abgefangen werden muß, um nicht zu Grunde zu gehen. Häufig sieht man in diesen Exaltierten die Sündenböcke einer Gemeinschaft. Im Altertum war, wie die Beobachtung der volkstümlichen vrātya lehrt, die Verzückung bereits sehr geschätzt und sicherlich in einzelnen Stämmen und Sippen erblich. Diese Priester der primitivsten Art trugen lange

Haare, bekleideten sich mit rotbraunem Schmutz, bestiegen das Windroß. Der Leib blieb zurück. Die Namen der zur Erzielung solcher Zustände verwandten Rauschgifte weisen auf die Eingeborenensprachen hin; es handelt sich also um nichtarische Kultformen. Gegenwärtig wird die Zauberei samt allen ihren Disziplinen und Unterdisziplinen als regelrechte Wissenschaft von Generation zu Generation vererbt. Alte Weiber erteilen in ihr jungen Mädchen Unterrichtskurse, die praktischen Erfolg zeitigen müssen. In der alten Religion kennen wir Fälle von hysterischen Weibern, die Weissagungen bezw. autoritative Aussprüche kundgeben; sie sind von Gandharven besessen, deren Namen uns bisweilen mitgeteilt werden. In den meisten Fällen sind sie und ihre Manipulationen sicherlich bösartig. Hier verweise ich auf die fratzenartigen Entstellungen des Opfers: statt mit heiligen Gaben wird bei ihnen mit Gift, statt mit einem Pferde mit dessen Zerrbild, einem Esel geopfert. Als Meister der Schwarzkünstler wird der Riese Vīrabhadra verehrt. Der Spezialitäten, die er oder ein anderer Gott oder Halbgott gelehrt hat (der Planet Venus ist Meister der Teufelskünste, der Götterarzt dhanvantari solcher der Medizin), gibt es, wie auch der neueste englische Zensus beweist, je nach Zeit und Ort verschiedene und jedenfalls sehr viele. Der von uns bereits genannte Missionar Ziegenbalg zählt nach einer von ihm benutzten Handschrift 64 verschiedene Künste auf. Wie wir neben die (noch von Shakespeare stets als „göttlich" bezeichnete) Musik die „Zauberkunst" setzen und die Sanskritsprache diese als die „Kunst" schlechthin bezeichnet (kṛtyā von kar = machen, können), so liegt jener Aufzählung, mag sie nun Teile von Wissenschaften, Künsten, Zweige von Handwerk und Technik oder die rohesten Gaunertricks nennen, stets die Bewertung des ganzen Geisteslebens als eines magischen Elements zu Grunde. Tatsächlich finden wir hier neben dem alten trivium und quadrivium, das heißt neben Poesie, Musik, Tanz-, Mahl-, Bau-, Rede-, Bildhauerkunst, Astronomie, Chemie, Medizin, Geographie, Acker-, Gartenbaukunst, Pharmakologie und den Ethicis — halb magische Künste: die Schießkunst, bei der man nur einen Pfeil abschießt, der sich in viele Pfeile zerspaltet; die Kunst Gift auszutreiben und giftige Tiere zu fangen; Liebestränke zu brauen, zu verführen, mit unwandelbarem Glück zu spielen („Spielkunst" oder „Würfelkunst" — sehr alt!); Kriegs-, Fecht-, Steuermanns-Kunst, die Kunst sich die Jugend zu bewahren, alle Sprachen zu verstehen, lange Zeit ohne Speise zu leben; — rein magische Künste: Wahrsagekunst aus dem Vogelflug, aus den Gliedern oder Linien des Körpers bei Mensch und Tier, Feuer-, Wasser-, Luft-Kunst (d. h. die Fähigkeit, der Elemente Herr zu werden, zum Beispiel auch, die Wolken über seinem Kopfe zu versammeln), die Kunst, viele Soldaten und alles, was man sonst haben will, herbeizurufen, sich in die Luft zu erheben, nach Belieben seine Gestalt zu verwandeln, sich unsichtbar zu machen, sich nach Belieben im Augenblick an einen andern Ort zu versetzen, sich schußfest zu machen, grüne Bäume wachsen zu lassen, so daß sie in einer Stunde groß werden, blühen und reife Früchte bringen, die genossen werden können; — Gauklerkünste: die Gauklerkunst schlechthin, die Kunst, vor aller Leute Augen auf einmal ungemein viel zu essen, Verblendungsspiele zu treiben, mit großen eisernen Kugeln in der Luft spielen zu können, so daß keine auf die Erde fällt sondern alle aufgefangen und wieder in die Höhe geworfen werden; — Schwarzkünste: die Schwarzkunst schlechthin, die Kunst, schwarz zu weiß und weiß zu schwarz zu machen, Schätze zu graben, den Teufel auszutreiben, Gespenster herbeizurufen; — nichtswürdige Künste: die Kunst, auf unbemerkte Weise jemandem das Geld zu entführen, jemandem den Teufel auf den Hals zu schicken, eines anderen Geld und Gut in Asche zu verwandeln. — Die unabsehbare Märchen- und Fabelliteratur Indiens sowie der uns in Wort und Bild aufbewahrte Legendenschatz des Buddhismus und vieler Sekten würde diese Aufzählung bis ins ungeheure vermehren. Der alte, vom Buddhismus in die Enge getriebene Brahmanismus muß sich ein ganzes Sündenregister seiner Torheiten aufzählen lassen. Da gibt es Sprüche zur Gewinnung von Schnelligkeit und Stärke, zur Wiedererweckung toter Menschen und Tiere, zur Hebung von Schätzen, zum Schutz gegen den bösen Blick oder irgend etwas anderes. Wenn der Brahmane völlig moralisch sinkt, so macht er bei den Diebskasten Anleihe, deren geistiges Kronjuwel natürlich in Sprüchen besteht, die alle Leute einschläfern, den Sprecher unsichtbar machen, Schloß und Türen öffnen u.sw. Die Verwandlungsfähigkeit wurde jedem wirklichen Zauberer zugeschrieben („in veränderter Gestalt üb' ich grimmige Gewalt" sagt die Sorge im Faust II.). Deshalb fliegen nach der Vorstellung des ältesten Veda's diese Unholde in Vogelgestalt umher, indem sie „ihre [wahre] Gestalt mit Trug umhüllen" und sich in solchen Fällen z. B. als Eulen zeigen, d. h. als Todverkünder gebärden. Wir erwähnten bereits die Verwandlungsfähigkeit in reißende Tiere, die sich jetzt in dem tigerreichen Bengalen in der Form erhalten hat, daß bestimmt prädisponierte Individuen als Tiger Nachts die Menschen heimsuchen. Sobald ihr Hunger gesättigt ist, verwandeln sie sich in ihre ursprüngliche Gestalt zurück. Auch in Indien wie in Deutschland ist die Katze als verwandelte Hexe bekannt. Die Macht der Dämonenbezwinger gilt jetzt als kaum geringer denn zur Zeit des alten Vischvāmitra, der die Welt auf den Kopf stellen konnte: sie können alles Verborgene finden, Tote lebendig machen (eine Gabe, die auch vielen großen Heiligen zugeschrieben wird), Steine in Wachs verwandeln, Menschen in jede beliebige Gestalt umschaffen, Liebende trennen, das Wetter verkehren usw., kurz, es wird ihnen die Fähigkeit zugeschrieben, die Naturgesetze zu durchbrechen, namentlich auch, sie außer Kraft zu setzen, wenn sie ihnen gerade verderblich werden müßten. Darauf beruhen die Hexenproben. In Gujarāt bindet man eine der Hexerei verdächtige Frauensperson an einen Baumzweig und schaukelt sie hin und her. Wenn der Zweig nicht bricht und sie auch sonst keinen Schaden erleidet, ist sie sicherlich eine Hexe! Dieser Gedankengang kann von einem späteren verdrängt, die Beurteilungsmethode umgekehrt werden: die göttliche Schutzmacht kann zu Gunsten eines auf die Probe Gestellten als wirksam sich erweisen. „Wen [beim Gottesgericht] das entflammte Feuer nicht verbrennt und wen das Wasser nicht auftauchen läßt, wer [ferner beim Ordal] nicht sofort Schaden erleidet, der gilt, so soll man wissen, . . . als rein." — Die Macht der Zauberer auf die Gemüter war und ist, wie wir sahen, äußerst groß. Selbst die klassische Medizin stellt den magischen Weg der Krankheitsbehandlung gleichberechtigt neben den exakten; zum

Beispiel sollen bei einer Totgeburt entweder ärztliche Behandlung oder Besprechung und sonstige, im Atharvaveda angeordnete Methoden zur Anwendung kommen. Der Kurpfuscher geht dem Arzt am Krankenbett immer voran, trotz seiner Unwissenheit und Geldgier. Der Kampf gegen ihn dürfte nicht jünger sein als gegen seinen noch gefährlicheren Bruder, den Astrologen, der seit Jahrtausenden erfolglos bekämpft wurde. Heutigentags erhängen manche Stämme (die Banjāras Zentralindiens, die in den Jangaḷn leben), manche Hexe nach dem Richterspruch ihrer geheimen Tribunale. In der klassischen Gesetzesliteratur ist Zauberei verboten. Ein ihrer Verdächtiger muß sich durch einen Eid reinigen. Ist er schuldig, so kann er sich durch harte Kirchenstrafen wieder in die Kaste einkaufen. Interessanterweise gilt dem strengen Gesetzbuch des Manu ein Teil des kodifizierten Ritus, der nach seiner Ansicht nicht orthodox ist, als Zauber. Im ältesten Veda werden alle Zauberinnen in jenes Haus dort unten gewünscht. „Möge ich heute sterben, wenn ich ein yātudhāna (Zauberer) bin", lautet ein metrisch gehaltener, uralter Schwur. „Der von mir, der ich kein Zauberer bin, sagt: „Er ist ein yātudhāna" oder der rakṣas (vermenschlichter Zauberdämon), der von sich selbst sagt: „ich bin rein", den soll Indra mit gewaltiger Waffe schlagen." — Die soziale Stellung dieser Zauberer war schon in alter Zeit so niedrig, daß selbst ein noch dem Veda angehöriger Text die Wahrsager, also wohl eine ihrer harmloseren Gruppen, mit Tänzern und anderem Gesindel zusammen nennt. Diese Propheten der Landstraße sind als Zigeuner bekanntlich bis nach Deutschland gedrungen und haben den fränkischen Bauern, die den Ort meiner Ansässigkeit umgeben, auf eben jene Fragen zu antworten, die auch von den indischen Landsleuten an sie gerichtet wurden und werden, nämlich: ob man Glück im Stalle haben, alt werden, Kinder kriegen, eine gute Ernte erlangen werde. Hier wie dort entscheiden sie auch durch das Losorakel.

Unmöglich ist es, von dem aus tausenden kleinlicher Verhaltungsmaßregeln zusammengesetzten Mechanismus, der Tun und Lassen aller Kasten, und zwar der höchsten Stände am meisten, regelt, eine Vorstellung zu geben. Jeder gesunde Fortschritt, jedes gemeinschaftliche Handeln der einzelnen Kasten, deren Gesamtheit den Namen des Volkes kaum verdient, wird noch heute dadurch gelähmt. Der Ungebildete braucht eigentlich nichts anderes als diese seine Kasten-Vorschriften zu kennen; sie sind ihm „Religion", ihre Nichtbeachtung sein Verderben. Die älteste Gesetzesliteratur behandelt die Frage: „Was ist recht?" im Sinne von: „Was ist koscher?" „Der Vater [dieser heiligen Bücher]" sagt deren bester Kenner, „ist jener uralte Aberglaube, der das Fühlen, Denken und Handeln des Primitiven beherrscht." Die Reinheit, das heißt die magische Sauberkeit von Personen und Sachen ist nach Manu das Erste, was der brahmanische Lehrer seinem Schüler beizubringen hat. Für den Aberglauben ist dies (oben angedeutete) Gebiet wichtig. Die Zeit des Aufstehens, der Stuhlgang, das Schweigen dabei, die Ankleidung und der Schmuck — alles das hat mystische Bezüge. Wohlgerüche und Kränze, frische Gewänder, Juwelen und Schmuck bewirken Beliebtheit; der Anblick des ersten Gegenstandes am Morgen („Angang") ist entscheidend für das Geschick des Tages. Der Himmel wird beobachtet: bei Nebel, Wolken zur

Unzeit usw. stellt man das Studium ein. Entsprechend der magischen Gewalt des Worts ist es dem jungen Brahmanen streng verboten, saure, herbe, barsche Reden zu führen. Tut er dies dennoch oder verunreinigt er den Mund in anderer Weise, so muß er, wie vor und nach jederMahlzeit, ihn spülen. Es gibt drei Grade von Verunreinigung: 1. durch Berührung seitens eines unreinen Menschen, 2. durch anklebende Speisereste, 3. durch Harn, Kot, Blut, Samen usw. — Magische Übertragung findet, einem allgemeinen Volksglauben entsprechend, namentlich auch vermittelst des Hindurchschlüpfens zwischen Personen und Gegenstände statt, so z. B. zwischen einem Feuer und einem Brahmanen, zwischen zwei Pfosten oder zwei Rindern und Kühen. Was und wie der Brahmane essen darf, ist genau geregelt. Verboten ist ihm vor allem das, was das Mitglied einer niederen Kaste angesehen oder gar berührt hat, auch gewürzte Speisen oder scharfe Gewürze; Honig; Fleisch; Ölkuchen; Sachen, denen die Kraft entzogen ist (Bouillonfleisch); Fische; das Fleisch von räuberischen Vögeln oder solchen Tieren, die fünf Krallen haben. Man soll seinen Reis nicht im Schoße, nicht unter einem Baum, nicht Nachts, nicht vor Zuschauern, nicht mit dem Weibe zusammen essen. Für den Brahmanen ist es, wenn er seine Kaste nicht verlieren will, deshalb so gut wie unmöglich eine Reise nach Europa zu machen, zumal ja der Alkoholgenuß bald als Todsünde bald als läßliche Sünde gilt und das erste Glas Selterswasser, das ich ihm in den Wagen hineinreiche, schon durch meine Berührung ihm zu Gift wird. Selbst in Indien soll er die großen Städte meiden. Ihm, als dem alten wandernden Zauberer der Urzeit ist in ihnen ohnehin nicht wohl. — Viele Sachen sind unrein, so vor allem natürlich Leichen und Leichenteile, tote Körperglieder und Ausscheidungen, alles was mit einer Leiche in Berührung gekommen ist, von ihr sich nährte, und was Speisereste beherbergt. Obwohl der Fleischkonsum im allgemeinen verboten ist, darf nach den alten Ritualbüchern der Hase und das Wildschwein immer genossen werden. Manche Wesen sind nur unter bestimmten Umständen oder an gewissen Teilen rein: das Weib stets beim Liebesgenuß, niemals während der Menstruation, immer aber am Munde; das Rind am Hinterteil, nicht an der Schnauze; der Brahmane an den Füßen; das Pferd an der Schnauze, ebenso die Ziege. — Das wichtigste Reinigungsmittel ist das Bad; es befreit auch von der durch Naturkatastrophen (Sonnenfinsternisse) und die unmittelbare Einwirkung der Gottheit (beim Opfer) sowie durch Sünden erworbenen Unreinheit. Örtliche Wasserbehandlung (Abreiben des befleckten Körperteils, Spülen der Leibeshöhlen) kommt in Anwendung. Sehr hoch steht die Säuberung mittelst des Sesamöls, Kuhurins. Unter den festen Reinigungskörpern nennen wir den Lehm, die Asche des Kuhmistes, einige Pflanzen, unter ihnen das heilige kuscha-Gras, das Reinigungsmittel schlechthin. Sehr wichtig ist seit ältester Zeit das Durchseihen „als Reinigungsmittel für alle Flüssigkeiten", wie ein Text sagt. Das Sieb gehört zu den wenigen Gegenständen, die jeder Buddhist und Jainamönch bei sich tragen muß. — Bisweilen spielen vernünftige Erwägungen mit hinein: Goldene und silberne Gefäße werden vermittelst des Wassers, ein kupferner Behälter aber nur durch Säure oder ätzende Substanzen rein. Andererseits ist es völlig verkehrt, in den rituellen Vorschriften primitive Hygieneverordnungen zu sehen: die „immer reine" Schnauze des Pferdes kann den furchtbaren Rotz, das noch so häufig durchgeseihte Wasser die Cholera übertragen. Unsachgemäß sind auch ihrem Inhalt wie ihrer Ausführung nach die Handlungen des Abkratzens, Salbens, Räucherns, des Wegwerfens der befleckten Gegenstände, wozu hölzerne und irdene Geschirre gehören. Eine Spur von innerer Wahrheit trägt die Vergöttlichung der ewig jungen und Gesundheit spendenden Natur: Feuer, Wind, Sonne und Mond reinigen, desgleichen die Erde. Wenn Muscheln, steinerne Gegenstände oder Edelsteine im höchsten Grade verunreinigt sind, so werden sie sieben Tage lang in die Erde eingegraben. Ist aber der Erdboden selbst verunreinigt, so soll man ihn je nach der Art der Befleckung säubern, besprengen, bestreichen, bestreuen, aufritzen. Durch viererlei wird er nach einer anderen Vorschrift gereinigt: dadurch, daß er von Kühen begangen wird, durch Graben, Ausbrennen und dadurch, daß man ihn beregnet werden läßt, daß man ihn bestreicht und durch die Zeit. Die Verjährung, ohne deren Eintritt natürlich die ganze Welt zum Leichenhaufen werden müßte, kommt also auch in Frage. — Überaus verhängnisvoll ist es, daß durch solche Regeln, deren Beobachtung sich nach den Kasten abstuft und modifiziert, eine unüberbrückbare Kluft zwischen diesen geschaffen ist. Der Schudra ist, wie der Europäer, für den orthodoxen Hindu ein unreines Tier, „nach Belieben hinaus zu werfen und zu töten," wie der Veda sagt. Zum mindesten darf er „nach Herzenslust gequält werden". Seine Tötung steht der des Hundes und der Krähe gleich. Wenn sie überhaupt juristisch erwähnt wird, so geschieht es, weil dem vergossenen Blute, namentlich auch unreiner Wesen, eine magische Gewalt zukommt. Im übrigen ist der Schudra ein „Leichenacker". Jedes reine Tier steht, auch in der Stufenleiter der Wesen in der Seelenwanderungsfolge, dem Arier unendlich viel höher als der aus der Kaste Verstoßene oder Paria (cāndāla), der bisweilen gezwungen wird, auf Leichenstätten und von Aas zu leben. Ein solcher Unglücklicher macht sich strafbar, wenn er in den äußeren Lebensgewohnheiten (Sitz, Lager, Rede, Haltung) dem Arier sich gleich zu stellen trachtet; er wird grausam verstümmelt, wenn er den Veda hersagt; bei Anlegung der Abzeichen der Brahmanenwürde getötet. Seine Beleidigung wird auch gegenwärtig ganz ungenügend oder gar nicht gerächt — er ist eben unrein! Die Verworfenheit dieser niedrigsten Kasten ist oft durch die Berufsbeschäftigung begründet. Der „Angang" des Ölmüllers gilt als sehr unglücklich, weil bei dessen Handwerk unzählige Insekten getötet werden; außerdem quält ein solcher Mann meistens seinen Ochsen. Wäscher und Baader kommen mit allen Kastenvertretern in körperliche Berührung. — Die Haut der Kuh ist heilig. Deshalb hat der Gebrauch des vom Lohgerber benutzten Wassers Ausstoßung aus der Kaste zur Folge. Neben den „Rackern" (Abdeckern), den Salzverkäufern, Reishändlern, Tänzern und Gauklern gehören die Leineweber in die unterste Schicht. Als sozial entgleist gelten sie schon deshalb, weil sie sich nicht rituell zu verheiraten pflegen, ihre Frauen also eine Beute der Lebewelt der höheren Stände sind, und weil sie ihren Weibern eine zweite Ehe erlauben. Die Verachtung dieser so tüchtigen und wertvollen Handwerker findet sich bekanntlich auch in Deutschland. Der

Leineweber war ehrlos, ja, ihm wurde bisweilen das kirchliche Begräbnis versagt. Verständlich ist diese Auffassung vielleicht, wenn wir uns vergegenwärtigen, daß unter allen Handwerkern der Weber als ältester und größter Zauberer gilt. Die Schicksalsgöttinnen spinnen den Lebenspfaden, das Gedicht (Zauberlied) gilt als Gewebe. Die Analogie zwischen dem Faden und dem menschlichen Leben bezüglich seiner Länge und seiner Gestalt wurde außerordentlich stark betont. Jeder Knoten hat vielfache Bedeutung. Für Indien kommt noch in Betracht, daß der dorthin eingewanderte Arier neues Textilmaterial vorfand, dessen Verarbeitung zunächst dem Eingeborenen oblag, der natürlich unarische Sitten hatte. Eine solche niedrige Weberkaste kannte z. B. die Sitte des Begrabens statt des Verbrennens. — Verwerflich und töricht ist die Tabu-Kette, die Mensch von Menschen trennt, sicherlich. Aber sie ist häufig durchbrochen worden. Der Buddhismus läßt die Kasten in eine religiöse Gemeinschaft einmünden, wie alle Ströme im Meere zusammenlaufen. Die moderne Entwicklung versucht in verschiedenen Gemeinschaften das Gleiche. Schon Manu's heiliges Gesetz sagt: „Von allen Reinheiten gilt die Reinheit in den Zielen als die höchste Reinheit. Wer nämlich in seinen Zielen rein ist, der ist wahrhaft rein, nicht aber ist der mit Erde und Wasser Gereinigte rein." — Es darf schließlich darauf hingewiesen werden, daß in der Welt des Abendlandes ein Kastengeist herrscht, der teilweise sogar vom Gesetz sanktioniert wird und in der Verschiedenheit des Ehrbegriffs seinen Ausdruck findet. Die alten Tabu-Bestimmungen sind Versuche, religiöse Ideen der arischen Rasse gegen eingeborene Unkultur zu schützen. Die moderne abendländische Gesetzgebung, dem römischen Machtwillen entsprungen, ins unübersehbare ausgebaut, entbehrt des ethischen Gehalts völlig und macht das Leben zum Eiertanz zwischen zahllosen Gesetzes- und Polizei-Strafbestimmungen, die niemand achtet, fast niemand kennt.

Die einzigartige Bedeutung der Speisegesetze macht den Hinweis auf einzelne, besonders wichtige und auf andere, verbotene Nahrungsmittel notwendig. Wir erwähnten die „Speise des Cyavana", das Essen, durch das dieser wieder jung wurde. Indien kennt seit seiner ältesten Zeit das Ambrosia, das Avesta zwei dem Namen wie der Sache nach entsprechende Substanzen, von denen die Eine eigentlich „Fülle", die Andere „Unsterblichkeit" heißt. Wunderwirkende Speisen solcher Art sind noch in der indischen Sagenliteratur auffindbar. Ein Brahmane nimmt sich eines Affen an, der ihm aus Dankbarkeit eine schwere Frucht gibt. Er und seine Frau genießen sie und erlangen dadurch hohes Alter und Gesundheit. Nach der Theorie des Veda bedeuten die Speisen „Lebensodem"; ihnen liegen qualitativ verschiedene Tugenden zu Grunde, die sich auf den Genießer übertragen und deshalb bei festlichen Gelegenheiten verwandt werden. Beispielweise verhilft ein Fischgericht zur Schnelligkeit. Die Genesung von einer Krankheit wird als Zunahme von Lebenskraft, vermittelt durch die in dem Nahrungsmittel vorhandene Lebenssubstanz, angesehen; sie wird auch durch Sympathiewirkung ermöglicht. Wenn eine Frau in Gefahr ist, eine Fehlgeburt zu tun, so soll sie in der rechten Hand „große Kräuter" halten; Milch genießen, die mit diesen zubereitet ist; Kleider tragen, die mit dem Saft von milchreichen Bäumen getränkt sind; belebende Kräuter äußerlich und innerlich genießen. Unmittelbar vor der Entbindung soll sie Kinder männlichen Geschlechts um ihr Bett haben, Früchte masculini generis in ihrer Hand halten (um einen Sohn zu bekommen). Die Hochschätzung der milchsafthaltigen Bäume, die auch wiederum gefürchtet sind, fällt hier auf. — Bei der Speiseaufnahme können die Dämonen in den Mund eindringen. Deshalb soll man dabei schweigen. Ferner muß man die Sinne konzentrieren, denn dadurch wird auch der vegetative Apparat zur konzentrierten Höchstleistung gezwungen. Man sitzt beim Mahle entweder nicht oder doch nicht so nahe zusammen, daß man sich gegenseitig in den Essnapf sehen kann — das böse Auge könnte sonst seine Wirkung tun. Da es verboten ist, die Speise mit dem Mitglied einer niederen Kaste in Berührung zu bringen, schlossen sich schon zu Buddhas Zeiten die Zimmerleute usw. zu ganzen Dörfern zusammen. Die Furcht vor Verzauberung ist auch der Grund dafür, daß die Ehefrau das Überbleibsel des Mahles essen muß, also später als ihr Gatte speist. Die Speisegesetze sind für die Kinder weniger streng und landschaftlich verschieden; die niedrigsten Kasten (Abdecker, Schnapsbrenner, Korbmacher usw.) kümmern sich um sie überhaupt nicht. Dagegen ist ihre Beobachtung für den im Stande der Heiligkeit Befindlichen doppelt bedeutsame Pflicht. Da z. B. der „Geweihte“ (vor einem großen Opfer) durch seine eigne Heiligkeit leiblich verfemt ist, darf er nur erbettelte oder freiwillig geschenkte Speise genießen. Er schickt Boten aus, die ihm Nahrung bringen sollen; jedenfalls darf er das Essen nicht selbst bereiten. Manche Speisen werden (auch unter Berücksichtigung der Mondstationen) an gewissen Tagen erlaubt oder vorgeschrieben, während sie im übrigen verboten sind. In der schwarzen Magie tritt die widrige Speise stark hervor. Man sucht hier das Ungeheuerliche, holt die urtümlichen Volksideen wieder ans Tageslicht: wenn man die Augen einer Eule ißt, so gewinnt man die Gabe, in der Nacht zu sehen. — Unter den einzelnen Speisen nannten wir das Öl. Es begabt die damit gesalbten Idole (Steine) mit Leben — so schon im vorislamischen Semitentum seit ältester Zeit. Dem Lebenden verleiht es Zeugungskraft und läutert ihn. Deshalb werden junge Paare damit eingerieben. Dies geschieht auch nach Leichenbegängnissen, wenn man es nicht vorzieht, alsdann die Füße durch den Rauch einer Ölflamme gehen zu lassen. Auch das Erdöl wird für ein überaus wichtiges Heilmittel gehalten. Es soll vor Schlag- und Stichverletzungen aller Art in magischer Weise schützen. — Nach dem Genuß verunreinigender Speisen wird neben Wasser und Gerste auch Öl angewandt. Der Öl-Spiegel tritt in der Mantik hervor; er soll den Beschauenden läutern, ihm seine Gefährlichkeit nehmen. Wenn ein unter dem Unglücksgestirn mūla geborener Sohn zu seinem Vater aus der Fremde heimkommt, so sieht der Alte zunächst nicht das Kind, sondern dessen Spiegelbild im reinigenden Öl an. — Die zerlassene Butter gilt seit ältester Zeit als Krone aller Speisen. Neben dem (schwer erreichbaren, wilden) Honig (der im Ritual auch an Rinder verabfolgt wird, außerordentlich geschätzt, aber dem strengen Brahmanen verboten ist) soll die Schmelzbutter, nach der im Opfer der Feuergott mit seinen tausend Zungen leckt, die erste Nahrung des Säuglings bilden, die ihm bereits gereicht wird, noch ehe die Nabelschnur durchschnitten ist. Diese zeremonielle Speisung soll, wie das Ritual lehrt, das Leben verlängern oder Kraftfülle erzeugen; sie wird vom Vater veranstaltet und soll die Substanzen von „Kraft“ und „Leben“ auf den Sohn übertragen, und zwar vermittelst eines goldenen Löffels, dessen Zaubermacht das Gleiche bewirkt. Selbst nach der Lehre des klassischen Mediziners Suschruta soll man den Neugeborenen an einer Mischung von Honig, Butter, Anantā-Wurzel, Brāhmī-Saft und pulverisiertem Golde lecken lassen, die man ihm mit dem (besonders heiligen) Ring-Finger in den Mund steckt. Gewisse stärkende Kräuter werden dem Neugeborenen auf den Kopf gelegt, Destillate von solchen auf den Kopf gesetzt. Die Zauberwirkung dieser Mittel kann man durch Sprüche aus dem „Veda der Heilkunst“ verstärken, die man bei deren Anwendung rezitiert. Zu den wichtigsten Opferspeisen gehört auch dicke Milch. Viele Abstinenzen und asketische Übungen, die entweder freiwillig oder zwecks Läuterung (zur Buße) vollzogen werden, bestehen darin, daß man sich auf einzelne oder mehrere dieser heiligen Speisen beschränkt. Da der Wind der „Läuterer“ ist, leben manche nur vom Winde (den sie wohl verschlucken), oder von Wasser, von Milch („vrata“ bezeichnet zugleich Gelübde und Milch). Eine Buße besteht darin, daß man nur jeden zweiten Tag Nahrung aufnehmen darf, und zwar muß diese aus Milchprodukten, Kuhmist, Kuhurin und einer Abkochung von kuscha-Gras bestehen. Alle diese „Speisen“ des rituellen Ariertums mußte auch derjenige genießen, der, nachdem er zuvor bei einem unreinen Volke gelebt hatte, wieder in den Kastenverband aufgenommen werden wollte. Unter den Pflanzen stand, so sahen wir, der wunderkräftige Soma, dessen Milchsaft stark berauscht, am höchsten. Er wird jetzt mit Asclepias acida gleichgestellt. Noch heute soll er Weisheit verleihen, wenn man, nachdem man drei Nächte lang gefastet und Zaubersprüche hergesagt hat, ihn 2000 mal genießt und wenn man ihn, in Wasser geworfen, ein Jahr lang trinkt. Der Schnaps wird gegenwärtig oft vom Saft der Kokospalme gewonnen. Die Schnapsbrenner gelten seit langem als überaus verachtet. — Der Genuß von Fleisch ist überhaupt verboten, besonders aber der des Fleisches von unreinen Tieren, wie z. B. vom Hunde und von der Krähe. Der Abkocher von Hundefleisch ist seit alters sprichwörtlich für einen verachteten Menschen. Die dämonentragenden Tiere sollen eben vermieden werden. In der Not aber frißt der Teufel Fliegen und selbst der älteste und weiseste Fromme ein Hundestück, wie das indische Sprichwort sagt. Die scharfen, bitteren, gewürzten Speisen gelten sogar im Traum gesehen als verhängnisvoll. Dazu gehört der Knoblauch. Dagegen bringt das hochberühmte Bower-Manuskript ein Loblied auf dieses Gewächs.

Die kleinste Einheit des sozialen Organismus ist das Haus, die Familie. Sie wird durch die Ehe begründet, die, je nach der Kaste, sehr verschiedene Formen hat und in rechtlicher Hinsicht sehr ungleich bindet. Die bei ihrem Abschluß zu vollziehenden Zeremonien sind zeitlich und örtlich verschieden. Ihnen geht die Brautwahl voraus, die durchaus abergläubisch orientiert ist. Die junge Frau soll wohlgebaute („tadellose“, d. h. nicht entstellte, und deshalb „un heimliche“) Glieder, ein weiches Haar und an ihrem Nacken zwei nach rechts gedrehte Haarlocken haben. Auf diese Locken wird besonders geachtet. Hören wir doch noch in Deutschland von Kurpfuschern, die aus ihnen Krankheiten erkennen wollen! — Die Abstammung der jungen Frau ist nicht gleichgültig. Die älteste Literatur opponiert bereits gegen die vorhistorische Geschwisterehe, die dem Arier ein Greuel geblieben ist. Im Nāsik-Distrikt wird von zwei Brüdern erzählt, die auf dem Felde sich eine Frau entgegenkommen sehen. Jeder von ihnen behauptet, daß sie sein Weib sei; aber sie ist tatsächlich deren gemeinschaftliche Schwester. Beide werden dadurch von so großer Scham erfüllt, daß sie ein Feuer anzünden und sich in ihm verbrennen. Um das Selbstopfer zu vollenden, tut ihre Schwester das Gleiche. — Die Exogamie ist also durchaus die Regel, auch nach der Gesetzesliteratur. Der Eheabschluß ist aber natürlich nur unter Mitgliedern der gleichen Kaste gestattet. Auch in anderer Hinsicht unterlag er einschränkenden Bestimmungen. Die jüngere Schwester darf sich nicht vor der Älteren verheiraten; sonst ist sie „vollkommen schlecht". Eine verstoßene Gattin ist verfemt; im Ritual der Königskrönung gilt sie als „der Göttin der Vernichtung geweiht". Die weibliche Fruchtbarkeit ist es, die den Ausschlag darüber gibt, ob die Frau ein glückliches oder unglückliches Omen ist; die Tänzerin, die sich nicht (rituell) verheiraten, also auch nicht Witwe werden kann, gilt immer als ein glückliches, die Witwe stets als ein unglückliches Wahrzeichen. Sie darf der Braut nicht nahen, keine Handreichungen machen usw.; das ist vielmehr die Aufgabe der mit vielen Söhnen gesegneten Weiber. Eine Wiederverheiratung ist zwar nicht unmöglich, gilt aber als äußerst schimpflich. Die Frau des zweiten Mannes erbt nicht nach ihrem Gatten. Schon die jüngere Rechtsliteratur empfiehlt der Witwe, sich zugleich mit dem Ehegemahl verbrennen zu lassen. Noch gegenwärtig glaubt man, daß, wenn in einem Dorfe eine Frau sich wiederverheiratet, der Ort abbrennt. Die Witwenverbrennung ist zwar im Veda nicht verordnet. Aber schon im ältesten Ritual wird die Witwe neben die Leiche ihres Gatten auf den Holzstoß gelegt; sie faßt seine Hand und geht dadurch mit dem Verstorbenen eine zweite Ehe, die im Himmel ausgelebt werden soll, ein. Sodann aber kehrt sie sofort zur freudigen Welt des Lebens zurück. — Der heitere, die grauenvollen Seiten des Glaubens oder Aberglaubens verkleidende Charakter der ältesten Texte macht es fast zur Gewißheit, daß dieses Zeremoniell lediglich die, vielleicht nur örtlich gültige, Ablösung des (bekanntlich bei vielen indogermanischen Stämmen, auch den nordgermanischen Völkern bestehenden) Brauchs der Witwenverbrennung war, die sich hier als Beilager der männlichen Leiche bei dem lebenden Weibe darstellt. Das Leichenfeuer vermittelt die Transsubstantiation beider Körper, die, nicht verklärt, sondern rein leiblich, aber frei von Gebrechen und Alter in die Himmelswelt eingehen. Neben der Verbrennung auf dem Holzstoß findet sich das Hineinwerfen in Feuergruben, eine wohl unarische „Sitte", die auf Süd-Indien weist, während die eigentliche Heimat des furchtbaren Brauchs in den Adelskreisen des Nordens (bei den Rājputen) zu suchen ist. Die Frauen fürstlichen Geblüts, deren Männer meist im Gefecht fielen, achteten ihres Lebens ebensowenig als deren Gatten; sie standen an ritterlichem Sinn ihnen nahe und waren oft die Besseren und Tapfereren des Ehebundes. Die Treue bis an den Tod und darüber hinaus ist hier, wie in der Brünhildsage, als

Affekthandlung zu denken, während die Brahmanen, die den Brauch übernahmen, die Witwen oft moralisch oder physisch zum Selbstopfer zwingen mußten, die Unglücklichen mit Bambusstangen auf dem Scheiterhaufen festhielten und sich mit kühlendem Wasser begießen ließen. Es ist deshalb kein Zufall, daß die spätesten Fälle von Witwenverbrennung nach Nepal, also nach dem höchsten Norden, weisen. Der junge Brahmanismus hat das Selbstopfer als äußerst verdienstlich hingestellt. Nur der Strenge der englischen Verwaltung ist es zu verdanken, daß es nicht, wie ein halb erloschener Brandherd, wieder auflodert, obgleich mindestens ein Fall davon der Gegenwart nicht fremd ist. Wir müssen annehmen, daß Hunderttausende von Frauen sich an der Leiche ihrer Gatten verbrennen ließen und dadurch dem jammervollen Schicksal der indischen Witwe entrannen. Die Analogie zu den okzidentalen Hexenprozessen bietet sich hier von selbst, aber sie schlägt sehr zu deren Ungunsten aus. Dort mußte das Opfer freiwillig in den Tod gehen oder doch zu gehen scheinen, hier wurde es nach Martern in ihn hineingetrieben; dort war die Liebe, hier der Haß das grundlegende Motiv; dort wollte man die Ehe in der Himmelswelt ermöglichen, hier durch die Einäscherung (inscineratio) die Knochensubstanz und damit die Wiederauferstehung (die an das Skelett geheftet geglaubt wurde) unmöglich machen; dort opferte der geistliche und weltliche Adel seine Mitglieder, hier die mönchische Kirche die von ihr maßlos gehaßten Vertreter der Frauenwelt, und bereicherte sich dabei. — Die Idee der himmlischen Hochzeit ist das psychologische Grundmotiv der Witwenverbrennung. Im späten Ritual findet sie sich sehr deutlich in der Tracht der Tod-bereiten Witwe, ihren Emblemen, dem Gang zum Scheiterhaufen als Hochzeitszug usw. ausgesprochen. Und doch kann in dieser Vorstellung nicht die älteste Quelle des grausigen Brauches gelegen haben. Die Gemeinschaft von Gatte und Gattin in der Himmelswelt ist eine verhältnismäßig späte Vorstellung gegenüber dem nur die männlichen Vorfahren in sich aufnehmenden Ahnensaal. Frauen, Kinder, Sklaven und alle Hausgenossen gehörten dem pater familias an, sie mußten ihm als sein Eigentum ins Grab folgen, sollte nicht sein rächender Geist sie gewaltsam entführen. Nur aus dieser Vorstellung ist die Verachtung der Witwe, ihre Unreinheit als die eines mit dem Dämon ihres Gatten beladenen Weibes zu verstehen. Nur deshalb kann es verordnet worden sein, daß sie bloß einmal am Tage essen, nicht in einem Bett schlafen, keine Wohlgerüche und keinen Schmuck tragen, täglich ihrem Gatten opfern, Gelübde und Fasten halten, zu heiligen Wallfahrtsorten pilgern und nicht einmal einen anderen Männernamen als den ihres Gatten nennen darf. So tief eingewurzelt ist die Vorstellung dieser Zugehörigkeit zu dem Verstorbenen, daß der Ablösungsprozeß des Toten von seinen lebenden und toten Inventar sich nur überaus langsam und unter Ritualien vollzog, die uns höchst seltsam und barbarisch erscheinen. Die Trauer um den Dahingegangenen mit allen ihren Förmlichkeiten, beginnend mit einem Nächte hindurch währenden Sitzen an oder im Grabe, dem Abschneiden der Haare und deren Mitgabe in die Gruft, ist nichts als eine spätere Etappe dieses langen Weges. Eine der frühesten Stufen finden wir in der mehrfach bezeugten Sitte, etwa die Sklaven (so bei den Karen's von Burma) zusammen mit ihren Herrn lebendig zu begraben, ihnen aber Speise für einige Tage mitzugeben und, wenn sie die elftägige Frist der furchtbaren Periode überstanden haben, sie wieder in Freiheit zu setzen. Wenn sich die Witwenverbrennung als Brauch fast bis zur Gegenwart halten konnte, so geschah es namentlich auch, um dem aus brahmanischen Kreisen stammenden Ehemann die Gefahr zu ersparen, von dem eignen Weibe ermordet zu werden, ohne daß diese ihre Sünde mit dem eignen Tode büßte. Der Giftmord war an der Tagesordnung. Der König soll keine Speise genießen, ehe durch ein Experiment festgestellt ist, ob sie Gift enthält oder nicht. Der Hochzeitsspruch des Bräutigams, der vor dem „bösen Auge" der Braut schützen soll, lautet: „Sei nicht böse-blickend, keine Gatten-Töterin." Vor dem Abschluß der Ehe wurden Losorakel geworfen; sie ergeben mit einer Wahrscheinlichkeitsquote von $12^1/_2$, nach anderer Methode von 25% das Schicksal des Gatten, durch die eigne Frau „zur Verbrennungsstätte geführt" zu werden. Die altgriechische Nachricht von der Witwenverbrennung als einer Vorsichtsmaßregel ist also durchaus unanfechtbar. — Die Idee der himmlischen Hochzeit, angrenzend an den barbarischen Brauch des Beilagers der Großkönigin mit dem toten Hengst bei dem feierlichsten indischen Opfer, bietet ein Verständnis für die soziale, abergläubisch gewordene Wertung des Weibes überhaupt. Wir lernen die indische Frau als das Ackerfeld des Mannes, den irdischen König als Gatten seines Landes, den Götterkönig als Herrn (Gatten) der gesamten Erde (urvarāpati) kennen. Daraus ergibt sich das Gebot der Befruchtung von selbst. Es ist in Indien so folgerichtig durchgeführt, daß dort kein Ackerboden so wenig als irgend ein weiblicher Schoß unbestellt bleiben darf. Das Mädchen des Epos kann in Vollziehung eines religiösen Pflichtgebots die Schwängerung verlangen. Fehlt ein Ackerbesteller, so muß ein solcher gesucht werden: daher die Pflegschaft fremden Grundes und Bodens, daher die Bestellung eines Beischläfers zum Zweck der Erzeugung von Söhnen (der niyoga) und das Levirat. Die auf dem „Felde" (im Doppelsinne) lastende „Schuld" wird von dem Erben übernommen. Im Manenopfer wird sie von dem Nachkommen für eine Reihe von Generationen zurückbezahlt. Wie wir von „Schuld" und „Schulden", so spricht der Inder von der Schuld im Sinne der materiellen (auf dem toten Inventar lastenden) und ideellen (das Manenopfer erzwingenden) Verpflichtung, welche letztere übrigens auch in Form von Gebeten abgetragen werden kann. Die wesentlichste „Schuld", die der Befruchtung, „ruht" bei der Erde wie bei dem Weibe während der Menstruation. Beiden kommt uralte Heiligkeit zu. Die buddhistische Mahnung: „Töte nicht ein Weib", gilt, wenn auch nicht ausnahmslos, im indischen Recht. Diese Vorzugsstellung, die angesichts der Massenhaftigkeit der Mädchenmorde und der Verachtung der Frau im sozialen Leben sehr seltsam wirkt, ist nur als Rest eines alten Frauenkultus aufzufassen. Das Weib wird nach den indischen Gesetzbüchern überhaupt nie befleckt oder der nächste Monatsfluß wäscht sie von allen Verfehlungen rein. Bei geschlechtlichen Vergehen wird sie viel milder behandelt als der Mann. — Es ist ein Irrtum, darin einen hohen Kulturzustand zu sehen. Gerade bei den niedrig stehenden Stämmen findet sich, wie wir einer sehr umfassenden Sonderdarstellung entnehmen können, eine wunderlich wirkende mystische Verehrung des als verfemt geltenden und deshalb gefürchteten Weibes. Das Ziel der Kultur muß dahin gehen, auf die Frau zugleich mit allen, ihr durch Natur und Vernunft zukommenden Rechten auch die entsprechenden Pflichten und jene Verantwortung zu übertragen, vermöge derer sie allein als gleichberechtigte Gefährtin neben dem Manne stehen kann. — Andererseits trägt sie zu gewissen Zeiten den Fluch der Unreinheit an sich. In den drei ersten Tagen der Menstruation soll sie keusch bleiben; ein etwa alsdann erfolgender Geschlechtsumgang mit ihr wird dem widernatürlichen Laster gleichgestellt. Sie darf dann weder baden noch sich schmücken, muß ihre Nahrung aufs äußerste einschränken und andere Kasteiungen üben. Ihr Aufenthalt ist das verfemte „Geburtshaus". Ihre Berührung befleckt jeden Reinen. Der in den Priesterstand Aufgenommene darf sie nicht einmal ansehen. Nach der Menstruation soll sie, bevor sie wieder „gesellschaftsfähig" wird, baden und frische Kleider anlegen. Erkrankt sie und wird ein operativer Eingriff erforderlich, so darf sie einen Arzt kommen lassen; leider ist es dann meist zu spät und statt des Chirurgen erscheint der Kurpfuscher oder Beschwörer. Die körperliche Untersuchung wird von dem orientalischen Doktor gern gemieden, denn „die Nacktheit beim Weibe ist schändlich und verwerflich", sagt der Buddhismus und „keine nackte Frau darf er (der Brahmane) sehen außer bei der Begattung". Selbst diese Ausnahme findet nicht statt, wenn es sich um die Ehe einer Nymphe mit einem Sterblichen handelt. Gewisse Körperteile gelten beim Weibe, wie auch beim Manne, als besonders wichtig, ja heilig, d. h.: magisch gefährlich. Der obere Körper bis zum Nabel ist rein, der untere gehört den Dämonen. Berührt werden (auch beim Schwur, deshalb die Aufforderung „Hand aufs Herz!" und der römische Schwur bei den Geschlechtsteilen als Zeugen: testis bedeutet das Eine wie das Andere): die als Pforten für die Dämonen gefürchteten Körperöffnungen, der Kopf, die Herzgegend, die Geschlechtsteile, die Augenbrauen, deren Platz in der Erotik nur als Rest des alten magischen Anspruchs zu verstehen ist. Den Frauen kommt die linke, den Männern die rechte Körperseite zu. Nur deshalb kann Ymirs eines Bein mit dem Anderen Kinder erzeugen. Bei den Weibern fühlt man den linken, bei den Männern den rechten Puls. Die Schwangere wird ein männliches Kind gebären, wenn sie zuerst mit dem rechten Fuß ausschreitet, zuerst in ihrer rechten Brust sich Milch zeigt und so weiter. Bei der „Zeremonie" der Erzeugung eines männlichen Kindes soll man, wenn man einen Knaben wünscht, in das rechte Nasloch etwas Milch gießen; wenn ein Mädchen, in das Linke. Wenn im Ritual in das rechte Ohr des Tieres oder Kindes eine Spruch geflüstert wird, so steht dies mit seinem Geschlecht in Zusammenhang. Der nach der Lehre einer Upanischad im rechten Auge waltende „Geist" ist der männliche Indra, seine Gattin Indrānī thront im linken Auge. Beide steigen während des Tiefschlafs in das Körperinnere herab und vollziehen dort den Geschlechtsverkehr. Von dem Augenblick an, in dem dieser zur Befruchtung führt, wird das Alter des durch ihn erzeugten Menschen gerechnet, also nicht von der Geburt an; denn bereits bei der Erzeugung steht der „Gandharve", der geistige Teil des Menschen, neben Blut und Samen als dritter im Bunde bereit — der Menschist schon dann ein geistiges Wesen. Während der Kindesmord in Indien sehr häufig ist, gilt seit ältester Zeit die Abtreibung als eines der schwersten und schändlichsten Verbrechen. — Die Erzeugung des Menschen setzt diesen aus sämtlichen physischen Grundstoffen zusammen: der Same ist von wässriger, das Menstrualblut, das mit ihm sich vereinigen muß, von feuriger Beschaffenheit; — Erde, Luft, Wind wirken gleichfalls mit. Es kommt auf die Menge, Farbe, den Geruch und das Volumen des männlichen Samens an. Die Rechtsbücher schreiben eine Prüfung der Zeugungsfähigkeit vor, wobei es von Wichtigkeit ist, ob der Same im Wasser untersinkt. Das Kind wird männlichen Geschlechts, wenn es an einem geraden, es wird weiblich, wenn es an einem ungraden Tage erzeugt wird. Ort und Zeit müssen geeignet sein: Erzeugung im Wasser, an unsauberen Plätzen usw. verursacht Defekte (des Körpers bzw. [beim Verkehr an dämonischen Stätten] des Geistes), Geschlechtsverkehr am Tage Schlafsucht. Wenn die junge Frau Augensalbe braucht, wird ihr Kind blind usw. Der geistige Teil des Menschen, der Gandharve, trägt die Züge der Ahnenseele. Die Wiedergeburt des Ahns im Nachkommen wird hier zum mythischen Symbol; diese Seele hat Menschengestalt, ist aber sehr klein, wie überall im Volksglauben. — Neben der natürlichen Zeugung gibt es namentlich in der buddhistischen Lehre, die über Persien und durch den Manichäismus, die Gnostik und den Mithrakult hindurch auch zweifellos das Christentum beeinflußt hat, eine übernatürliche Fortpflanzung, die sich schon darin zeigt, daß statt der männlichen Geschlechtsorgane nur die den weiblichen Leib berührende Hand benötigt wird, wofür angeblich Buddha selbst Fälle anführt. Die Sage lehrt, daß der männliche Same verschluckt oder statt seiner Früchte genossen, daß er in einem Gefäß lebenskräftig erhalten werden kann. Zeugungen können auch stattfinden durch göttliche oder Geisterwesen, den Wind, die Mondesstrahlen. An die Möglichkeit der Windbefruchtung glauben gegenwärtig z. B. die wilden Bhuiyas, die sich „Kinder des Windes“ nennen. Daß die Sonne die gleiche Wirkung ausüben kann, wird in Indien allgemein angenommen. Mädchen, die in der Pubertät stehen, werden deshalb vor ihr geschützt. Als besonders bekanntes und seltsames Beispiel der göttlichen Zeugung erwähne ich ein bekanntes Beispiel des Epos: die Zwillingsgötter „Aschvins“ wohnen der Mādrī bei und erzeugen mit ihr Zwillinge; als Beispiel der Entstehung aus dem Fruchtkorn folgende Sage: ein heiliger Mann gibt einem Weibe zwei zauberhaft wirkende Gerstenkörner und verleiht ihr dadurch, daß er sie zu deren Genuß überredet, Zwillinge. Alle Zeugungen sind, mit Einschluß der natürlichen, im höchsten Grade von Dämonen bedroht, die auch das Brautbett umlauern. Deshalb soll man in ihm nicht schlafen sondern stellt bisweilen neben dem ehelichen Lager ein zweites Bett auf, das der Mann allein benutzt. Wir lernten die Begattung (im indischen Sinne) als Nachahmung der Feuererzeugung, deren Produkt deshalb als Āyu (Leben) bezeichnet wird, kennen: „Auf die Samī ist der Aschvattha gestiegen (d. h.: auf das weibliche Holz das männliche); davon ist die Sohneserzeugung genommen; das ist ja das Finden eines Sohnes; das tragen wir an die Weiber heran.“ — Naigameṣa ist einer der Dämonen, die auch im deutschen Altertum Kinder im Mutterleibe vertauschen oder forttragen (die Zwergen-Wechselbälge; die Kinder raubenden

Hexen; modern gesprochen: Wasserköpfige Kinder; eingebildete Schwangerschaft). Rituelle Schwängerungsversuche finden sich in der Bestreuung der Braut mit Getreidekörnern, viel klarer aber in dem Brauch, nach derHochzeit eine bestimmte Wurzel zu zerstampfen und der jungen Frau in das rechte Nasenloch zu schütten. Schon hierbei soll das Geschlecht des Kindes beeinflußt werden. Da es sich nach indischer Anschauung im dritten Monat herausbildet, muß man bei der Zeremonie der Sohneserzeugung einen besonders gearteten und behandelten Zweig eines heiligen Feigenbaumes zu Pulver zerstoßen und im dritten Schwangerschaftsmonat der jungen Frau in die Nase reiben. Vor allem wichtig ist aber die in der Regel im siebenten bis zehnten Lebensjahr vor sich gehende und den Anfang des Vedastudiums eröffnende Zeremonie der Aufnahme des jungen Brahmanen in den Schülerstand. Hierbei wird er mit einem Gürtel aus muñja-Gras umgeben. Dadurch wird er zum „Zweimalgeborenen", denn der Gürtel ist ein Stellvertreter des Muttermundes, aus dem die geistige Geburt erfolgt. Vielfach finden sich bei niedrig stehenden Völkern ähnliche Gebräuche. Bei der Zeugung wurde ein altes Gebet gesprochen, das, wie es scheint, zunächst zwei lunare Geburtshelferinnen, sodann die uns bereits bekannten göttlichen Helfer und Ärzte um Befruchtung bittet: „Einen Foetus lege hinein, Sinīvalī; einen Foetus lege hinein, Sarasvatī, einen Foetus sollen in dich die beiden göttlichen Aschvin hineinlegen." Es ist bemerkenswert, daß nach dieser Auffassung die Keimbildung noch ein freies göttliches Geschenk ist, also nicht, wie später, durch den Zusammenfall des Samens mit dem Menstruationsblut bewirkt gedacht wird. — Nach der Zeugung muß eine lustrierende Waschung stattfinden. Bei der erwähnten Zeremonie der Sohneserzeugung soll die junge Frau baden, nach einer Glücksgegend sehend am Feuer sitzen; ihr Gatte soll, hinter ihr stehend, mit der rechten Hand den unbedeckten Platz ihres Nabels mit dem Spruch ergreifen: „Männlichen Geschlechts sind mitrāvaruṇa, männlichen Geschlechts die beiden Aschvin; ein Mann ist agni und vāyu; ein Mann der Foetus in deinem Leibe". Hier scheint die Berührung des Nabels, der häufig als Zentralorgan gedacht wird, die Geschlechtsbestimmung hervorzurufen, die im übrigen unter Hinweis auf Zwillingsgötter vorzunehmen versucht wird. Es läßt dies den Gedanken aufkommen, daß man Zwillinge männlichen Geschlechts zu erwecken versuchte. Solche Doppelwesen gelten zwar vielfach, aber durchaus nicht immer als gefährlich. Bei der Entbindung wird in einem Vers von einem mythischen Wesen berichtet: „Es hatte ein männliches Geschlechtsglied; das nahm der [göttliche] Spender wieder fort; gehe [an uns] vorüber, o vipascit; als Mann wird dieser da geboren werden und zwar soll er ... so und so ... heißen." — Hier finden wir die bekannte Furcht vor der geschlechtlichen Schädigung klar vor. Von besonderem Interesse ist die in der Frühzeit oft wiederkehrende Meinung, daß nicht dem Ehemanne, sondern einem fremden bösen Geist, dem man die junge Frau zunächst überlassen muß, das körperliche Anrecht auf diese zukommt. Die Anerkennung des ius primae noctis in erweiterter Form wurde in Indien in Form der erwähnten Tobiasnächte geleistet, während derer der Neuvermählte sein Weib nicht berühren durfte. In einem Ritualtext heißt es: Drei Nächte lang sollen sie beide auf der

Erde schlafen, Keuschheit beobachten und pikante Gewürze und Salz meiden. Zwischen ihnen auf dem Lager liegt ein Stock, der mit etwas Wohlriechendem bestrichen und mit einem Stück Zeug oder einem Faden bewickelt ist. — Dieser Stock ist der Gandharve, der das eheliche Vorrecht hat; er ist auf primitivstem Wege zum Idol gemacht. Nach sehr altem Ritus gewinnt der Bräutigam das Mädchen am Tage der Hochzeit mit dem Spruch: „Der Mondgott gewann dich als erster zum Weibe; der Gandharve gewann dich zum Weibe als nächster; Agni (Feuergott) ist dein dritter Gatte; dein vierter bin ich als Menschensohn." Tatsächlich gehört das Weib zunächst dem Monde, von dem die Seelen der Verstorbenen, sich in der jungen Frau zu inkarnieren lüstern, auf die Erde herabregnen. Seine Knotenstationen sind den Geburtsgöttinnen unterstellt und deshalb so heilig, daß der Mann während ihres Waltens sich der Frau nicht nahen darf. — Agni ist der Gott, durch dessen Vermittlung das junge Paar den Ehevertrag schließt, der ferner auch die verbrannte Leiche in der Himmelswelt wiedergebiert. Von ihm als Drittberechtigten wird das Weib an den Menschensohn abgetreten. — Der Gandharve als Totenseele ist dem Krankheitsdämon eng benachbart, namentlich dem Herrn der psychischen Leidenstifter. Wenn es deshalb heißt, daß die Gandharven die Weiber in Gestalt von Hunden, Affen, haarigen Jünglingen packen, daß ein Mädchen von einem Gandharven ergriffen ist und dann eine religiöse Offenbarung verlauten läßt oder mit jenem Geist als einer Totenseele es zu tun hat, so haben wir es zweifellos mit hysterischen Erscheinungen zu tun. — Die Medizin hat den Volksaberglauben ausgebaut; sie setzt den Gandharven mit der „Seele", dem „Leben", dem von den Handlungen in einer früheren Geburt angetriebenen windschnellen „Geist" gleich, der durch den Zusammentritt mit den fünf Grundelementen den Foetus schafft. Hier ist dieser Dämon also zu dem den Leibesverfall überdauernden Individualteil des Menschen geworden. Er beherbergt die Affekte, Intelligenz und Gotteserkenntnis. Nach modernerer Lehre ist übrigens der Foetus zunächst ein toter Fleischklumpen. Erst im fünften Monat der Schwangerschaft fährt die Seele in den Körper hinein.

In der Schwangerschaftsperiode wirkt das körperliche und seelische Verhalten der Frau auf den Foetus ein. Die werdende Mutter soll deshalb ungeeignete Nahrungsmittel vermeiden, nicht mit Schmutzigem und Schädlichem in Berührung kommen und der Geisterwelt ja Tür und Tor schließen; sie darf zwar Götter verehren, nicht aber Tempel besuchen, muß Leichenplätze und leere Häuser meiden. Vor Zorn und Schrecken muß sie sich hüten. Ist sie eine Trinkerin, wird ihr Kind durstig; wenn zänkisch, fallsüchtig werden. Die törichten, für unsere Ammen geltenden Diätvorschriften setzen in Indien schon während der Schwangerschaft ein und führen zwar nicht, wie bei uns, zu den bekannten dummen Wassersuppen der Wöchnerinnen, aber zu Milchgerichten bei sonstiger Nahrungsentziehung. — Den Schwangerschaftsgelüsten soll man gewissenhaft Rechnung tragen. Aus der Fabelliteratur erfahren wir in ergötzlicher Weise, wie sehr der junge Ehemann durch die abnormen Neigungen seiner Frau unter deren Pantoffel kam. Befriedigt er deren Wünsche nicht, so leiden Mutter und Kind Schaden. Aber auch sonst gibt es viele Gefahren für das keimende Leben. Es kommt vor, daß der Foetus kleiner statt größer wird (abstirbt). Dann bleibt zwar die junge Frau schlank, aber sie wird dadurch einem Nāga-Weibchen ähnlich: ihr Unterleib sieht aus wie der einer Schlange. Diese Nāga-Frauen gebären ohne vorausgegangene erhebliche Schwangerschaftssymptome und ohne Schmerzen. — Um die Dämonen zu vertreiben, welche der schwangeren Frau und der Frucht schaden können, werden gewisse Vedaverse gesprochen.

Die Entbindung des Weibes wird von diesem in einer kleinen Hütte abgewartet; sie soll aus Holz bestehen; das nötige Hausinventar und eine Badegelegenheit darf nicht fehlen. Arzeneien, Instrumente und Personal müssen zur Stelle sein. Das in diesem Häuschen lodernde Feuer ist für jeden anderen religiösen und profanen Gebrauch untauglich; es soll wohl die bösen Geister verscheuchen. Zu gleichem Zweck werden an der Entbindungsstätte gewisse Pflanzen angewandt; die Gebärerin wird mit entsühnendem Wasser besprengt. Nach der Geburt, aber vor der Abnabelung, finden noch gegenwärtig umständliche Zeremonien statt, die den alten „Geburtsritualien" entsprechen. Die Furcht, daß die Plazenta zurückbleibt, ist deutlich durchzufühlen, ebenso die Angst vor diesem plötzlich ans Tageslicht kommenden unheimlichen Gast, der zwar gebeten wird, auszutreten, dann aber sofort den Hunden vorgeworfen werden soll. Es ist also seine Vernichtung zwecks Abwendung dämonischer Gefährdungen geplant. Denn der Tod durch Hunde bedeutet Zerstörung von Leib und Seele (s. oben). Tatsächlich gilt noch heute, wie in ältester Zeit, die Nachgeburt allgemein als äußerst gefährlich. Sie wird sorgfältig begraben oder verbrannt. Die Brahmanen in Gujarāt graben nach einer Geburt mit einem Stück der Eisenteile eines Pfluges ein Loch in die Erde und werfen die Plazenta dort hinein. Das Eisen wehrt die Dämonen ab. Der chthonische Charakter des Ritus ist unverkennbar. Sicherlich will man das nach dem Kinde geborene, physiologisch ganz unverstandene zweite Wesen möglichst harmlos machen. Zu diesem Zweck wurde der Mutterkuchen auch an Bäume aufgehängt (zum Dörren — ein altes Aussetzungsmittel) und — angeblich nur versehentlich — auch teilweise gegessen. Die Verzehrung desselben lebt in der Sage indischer Stämme fort; die Naturwissenschaft kennt das Verspeisen der Plazenta bei Fleisch- und selbst bei Pflanzen fressenden Tieren (Kuh, Kaninchen). Vom indischen Standpunkt mußte es natürlich als äußerster Greuel erscheinen: es kam der Verspeisung der lebenden Frucht gleich. Auch hier geht übrigens der Aberglaube als konstruierte Priesterweisheit in die Irre, „denn die Natur ist aller Meister Meister." Der sofort nach der Geburt erfolgende Genuß der Plazenta bedeutet die Zuführung von arteignem (gegenüber dem artfremden, nur langsam und unter Kräfteaufwand assimilierbaren) Eiweiß als wichtigem Aufbaumaterial. Der Aberglaube zeigt sich hier wie sonst als eine Summe verderblicher, theologischer Lehren, die im Gefolge des Versuchs liegen, die Natur zu verbessern und mit ethischen Qualitäten zu belasten. Gegenwärtig werden plazentare Stoffe des menschlichen Weibes zur Erhöhung von dessen Milchsekretion verwandt: der Mutterkuchen wird also quasi genossen. Der Instinkt der Urzeit hat durch solche Ordination sein vom Verstand ihm zugebilligtes Recht bekommen; die tyrannische Leitung des

Völkertums durch priesterliche Voreingenommenheit ist damit gebrochen, denn sie beruht auf falscher Naturanschauung und ungerechtfertigten Verallgemeinerungen — auf Aberglauben! Nur scheinbar gehören dem Letzteren die primitiven Mittel an, die störrische Plazenta ans Tageslicht zu bringen, wie z. B. das künstliche Hervorrufen eines Erstickungsanfalles: man will die Aktivität des Organismus aufs äußerste steigern. Die manuelle Ausräumung mit der wohlgeölten Hand wird erlaubt. — Die Unreinheit der Frau (im engsten Sinne) überdauert die ersten zehn Tage nach der Geburt des Kindes nicht. Während dieser Zeit sucht man das Heer der Mutter und Kind bedrohenden, auch oft in fratzenhafter Tiergestalt erscheinenden Dämonen zu verscheuchen, indem man etwa Senf streut. (Seine überaus häufige Verwendung beruht wohl darauf, daß man die bösen Geister mit ihm zu blenden weiß, denn sie haben große und sehr böse Augen.) Oder: man räuchert mit bewährten Mitteln; legt eine Mörserkeule (die Waffen sind apotropäisch) quer vor die Tür; hängt am Eingang oder am Bett des Kindes „dämonentötende" Zweige und Kräuter auf; zieht um es Zauberkreise, legt vor dasselbe ein Messer, einen Amboß; läßt einen Brahmanen Sühnegebräuche (für die etwa schon vorgekommene magische „Befleckung") verrichten und Zaubergebete sprechen. — Der eigentliche kritische Tag dieser zehntägigen Zeit ist der sechste. Er steht als Dämon vor den geängstigten Familienmitgliedern da; ihm wird ein eigner Kultus zuteil, der selbst von muslimischen Frauen ausgeübt wird und sich, vom Brahmanismus ausgehend, auf die niedrigsten unarischen Stämme erstreckt. Zur Lustration gehört nicht nur das Verbrennen der unsauberen Unterlagen sondern leider auch das Baden der jungen Frau im fließenden oder stehenden Wasser. Wir haben hier ein Schulbeispiel dafür, was der Aberglaube an die Heiligkeit des (durch häufiges Baden besonders verseuchten) Wassers verschulden kann und wie, allgemein gesprochen, urzeitliche Ideen trotz aller augenfälligen Beweise ihrer Gemeingefährlichkeit am Leben bleiben. Am sechsten Tage führen die puerperalen Infektionen am häufigsten zum Tode. Eben dann steckt man die schwerkranke oder sterbende Frau ins Badewasser heiliger Ströme, während jedes Baden der normalen Wöchnerin weit über diese Zeit hinaus vermieden werden müßte. Die Dämonenfurcht dieser ersten zehn Tage wird durch Freudigkeit und Lustbarkeiten aller Art hinwegsuggeriert; man will das Schicksal durch Vorwegnahme des erhofften zukünftigen Glückszustandes zwingen. Auch von unserem „Polterabend" gilt das Gleiche. Daß gerade die Wöchnerin im Leben wie namentlich im Tode eine „Gattenmörderin", ihre Leiche sehr gefährlich und deren geisterndes Wiedererscheinen im Hause der Familie todbringend sein kann, wußte man freilich. — Fehlgeburten waren bekannt und mußten je nach dem Alter des Foetus — je älter, um so mehr — entsühnt werden. Man versuchte den Unheil-Dämon zu vertreiben und verbrannte die Hütte, in der die Lustration vorgenommen wurde. Als Gegenstand der Verachtung galt die unglückliche Frau, als Furchtobjekt die Fehl- oder Frühgeburt, und zwar in gesteigertem Grade dann, wenn ihr Aussehen abnorm war. Als Unglückssymptom für das ganze Land eines babylonischen Königs wurde es angesehen, „wenn eine Frau einen Lehmklumpen gebiert." Man könnte darin eine bloße Ausgeburt der Phantasie sehen, aber die indischen nicht minder als die babylonischen Texte lehren, daß man auf Monstrositäten im äußersten Maße achtete und von ihnen hier wie dort auf den Zerfall ganzer Reiche schloß. Die indische Mantik spricht von ungestalten, gliedlosen Fleischklumpen (ruṇḍa). Der heute beste Kenner dieses Gebiets sagt: „Der Acardius soll durch mangelhafte Ernährung zur formlosen Masse gemacht werden, als welche er sich uns bei der Geburt darstellt, also in vielen Fällen zum Beispiel als ein ungegliederter, mit Haut überzogener Klumpen". — Als besonders ungünstig galt nach der Lehre der Mediziner merkwürdigerweise die (doch meistens durchaus lebensfähige) Frühgeburt im achten Monat (der zehn Mondmonate dauernden Schwangerschaftsperiode). Jede Abnormität, auch die des zur normalen Zeit geborenen Kindes, wurde für sehr verhängnisvoll angesehen. Ein altes Gebet sagt: „Ein Unverminderter, Voller möge geboren werden, ein nicht Lahmer [nicht Blinder], nicht von den Pischāca [=Dämonen] Gesäugter." Neben dem zu viele oder zu wenige Glieder zeigenden Monstrum wird hier also das von den Zwergammen der deutschen Sage gesäugte Kind als Möglichkeit erwähnt, wie denn überhaupt gerade auf diesem finsteren Gebiete (im vorliegenden Falle handelt es sich um Cretinismus) Wort für Wort für Deutschland so gut wie für Indien gilt. Unter den Abnormitäten ist Zwillingsgeburt und Albinismus sehr gefürchtet. Im persischen Epos wird dem Helden Sâm ein Sohn geboren, der weißes Haar hat. Da ruft er entsetzt aus: „Ist dies ein gescheckter Panther oder gar ein Teufelskind?" Um nicht Thron und Reich zu verlieren, läßt er, so sahen wir, den Sohn im Hochgebirge aussetzen. Das gleiche sollte in Indien nach gewichtigen Vorschriften der späteren Zeit bei mißgestalteten Geburten geschehen, ja selbst dann, wenn die Entbindung unter einem Unglücksgestirn (mūla) erfolgt ist. Die zahllosen, noch jetzt statthabenden Mädchenmorde gehen auf die abergläubische Furcht vor der verfemten Geburt weiblicher Wesen zurück. Selbst deren Mutter wird als „Gebärerin von Weibsbildern" (strīprasū) gemieden.

Nehmen wir jedoch den Normalfall des gesunden Kindes an, so versucht man im frühesten Lebensalter auf die Erhaltung des Lebens durch Förderung der Qualität der Muttermilch günstig einzuwirken. Daher die Diätmaßnahmen für die Ammen: keinen Rum, keine Milch, keine Fleischbrühe u. dgl. Leider beschränkte man die Nahrung der Amme, wenn das Kind krank war. Der bei uns unausrottbare Aberglaube, daß viele „Krankheiten von den Zähnen kommen", also mit der Zahnung in Zusammenhang stehen, existiert auch in Indien, dort allerdings in der vernünftigeren Form, daß solche Leiden nach dem In-die-Erscheinungtreten der Zähne von selbst vergehen, also Begleiterscheinungen eines physiologischen Normalzustandes sind. Anders steht es um die eigentlichen Kinderkrankheiten. Sie sind, wie ihre Erreger, die Dämonen, proteusartig und „nur mit dem Auge der Wissenschaft erkennbar"; das heißt: man erkennt die Dämonen, nicht die Krankheiten! Wenn es zum Beispiel gelungen ist, den Naigamescha als Unheilstifter festzustellen, so besteht die Therapie darin, daß man „dem beliebige Gestalten annehmenden, hochberühmten Gott mit dem Ziegengesicht" eine Spende darbringt und ihn auffordert, das bedrohte Kind zu hüten(!), wie man ja überhaupt grade in der

Volksmedizin den Bock zum Gärtner macht. — Unmöglich ist es, die ihrem Sinn und Zweck nach teilweise unbekannten Zeremonien zu betrachten, die, von der Namengebung bis zur Hochzeit, den Lebensweg regeln. Verhältnismäßig klar ist der „Ritus des ersten Spazierganges", den die junge Mutter mit ihrem erst wenige Monate alten Säugling unternimmt. Sie tritt in einen geweihten Kreis, zeigt dem Kinde die Sonne, singt ein Lied zu deren Preise und bittet um langes Leben für sich und ihr Kind. Die Sonne ist hier, wie seit ältester Zeit, die Lebenspenderin. Der sehnlichste aller Wünsche: „Lange die Sonne zu sehen", wird dabei dem Gestirn durch die Mutter vorgetragen. Besonders wichtig ist der „Ritus der Durchbohrung der Ohren". Erst nach seinem Vollzug gilt der Knabe als wirklicher Hindu, was auch äußerlich dadurch zum Ausdruck kommt, daß er von nun ab im Todesfall verbrannt werden muß, während man ihn begräbt, wenn er vorher stirbt. Die Ohrlöcher werden wohl hergestellt, um die bösen Geister über das Geschlecht des Kindes zu täuschen. Die Knaben sind mehr bedroht als die Mädchen, was auch in der Sprache zum Ausdruck kommt. — Bald nach dem Eintritt der ersten Menstruation verheiratet sich das Mädchen, meist etwa im 13. Jahre, oft früher, selten wesentlich später; das hat die mit Recht gefürchteten Aborte und vielfach dauerndes Siechtum zur Folge.

Die Frau hatte in Religion und religiösem Volksglauben wie im Recht eine bevorzugte Stellung. Zwar in den großen sakralen Begehungen ganzer Stämme und Völker — solche Riten finden jetzt kaum mehr irgendwo statt — war sie nicht handelnd tätig, obgleich ihr Beilager bei dem bereits getöteten Hengst im Pferdeopfer beweist, daß sie für würdig erachtet wurde, bei dieser heiligsten Zeremonie mitzuwirken und (symbolisch, magisch) den Keim des höchsten Gottes (das Pferd ist ein Abbild der Sonne) in sich aufzunehmen. Aber an den häuslichen Riten nahm und nimmt sie lebhaften Anteil, desgleichen an den volkstümlichen schlichten kultischen Handlungen. An den unheiligen Riten wirkt sie mehr als die Männer mit. Hier zeigt sich noch sehr lebhaft das Dämonische ihrer angeborenen Veranlagung wirksam. Bekannt und in der populären Literatur vielfach dargestellt ist ihre Rolle als Göttermädchen. Diese Mädchen gehen mit dem Gott, dem sie dienen, unter großem Gepränge eine förmliche Ehe ein. Sodann treiben sie Tempelprostitution und lassen sich gegen Bezahlung in fremde Häuser zu Lebemännern, auf Hochzeiten usw. rufen. Ihre Tänze sind kunstvoll und geben den Inhalt des zugleich ertönenden Gesanges mimisch wieder. Die Stoffe ihrer Vorträge nehmen sie oft aus der heiligen Sage. Sie sind überhaupt — das gilt von der Oberschicht der Prostituiertenwelt für Indien seit Alters — der gebildeteste Teil der Frauenwelt. Die in den „Gesetzbüchern über die Liebe" vorgeschriebenen Unterhaltungsstoffe für die großstädtischen Bordelle stehen höher als die unserer durchschnittlichen guten Gesellschaft. Das im Kern und Wesen der Tempelprostitution liegende religiöse Element zeigt sich in Indien besonders deutlich. — An Alter geht die große Zahl eigentlicher Fruchtbarkeitsriten noch über diese Sitte oder Unsitte hinaus. Geschlechtsverkehr im geweihten Bezirk, auch unter theatralisch gestalteter Wechselrede, war im alten Opfer bekannt und wird zur Hebung der Fruchtbarkeit auch jetzt in Malabar in einer bestimmten Nacht vollzogen.

Noch erinnern wir abschließend daran, daß man sich vor dem weiblichen Körper, namentlich vor den von Dämonen umdrängten Geschlechtsteilen, fürchtete und deshalb das Weib nicht gern nackt sah, daß ihre Drüsensekrete im Aberglauben mißbraucht, ihr Leib als Vermittler von Fruchtbarkeit mit unfruchtbaren Menschen, Pflanzen, Ackerboden in Berührung gebracht wurde — das beliebte erotische Motiv des Dramas von dem schönen Frauenfuß, dessen Kontakt mit einer Knospe notwendig ist, diese zum Aufbrechen zu bringen; an die Berührung des Nabels, der Geschlechtsteile des Weibes, „weil das Glück bringt." Ich gedenke der kultischen Nacktheit, auch im Volksbrauch, die auf dem Sympathiewege ihre magische Schaffenskraft überträgt, des Nacktlaufens der Frau, um gute Ernte oder Regen zu erzielen. Wenn zu letzterem Zwecke ein Weib völlig entkleidet vor das Idol des Hanumân, des heiligsten Götteraffen, sich stellt, so liegt eine Verquickung der Tempelprostitution mit einem alten Regenzauber, der natürlich nur auf freiem Felde vollzogen werden könnte, vor. — Unreife Mädchen, in denen die ganze Lebens- und (vegetative) Schaffenskraft noch schlummert, werden in der schwarzen Magie verwendet.

Vieles, was uns anstößig erscheint, haben wir betonen müssen, wenn wir von der sozialen Wertung des indischen Weibes, wie sie durch den Aberglauben gegeben ist, sprachen. Barbarisch und unverständig ist die Furcht vor ihrem Körper, die Geringschätzung in Staat und Familie, ihr Eingesperrtsein in ein oft mehr als dürftiges Heim, ihre Verachtung und Mißhandlung nach dem Tode des Gatten, ihr fürchterlicher Feuertod. Nirgends so deutlich als auf diesem Gebiete zeigt sich die Schädlichkeit des Aberglaubens, sein verderblicher Einfluß auf die Lebensgestaltung zahlloser Millionen von Menschen. Aber wir dürfen nicht vergessen, daß auch die älteste christliche Kirche menstruierende oder frisch entbundene Frauen von den heiligen Gebräuchen ausschloß und daß die Gruppe von Furchtvorstellungen, die sich an den weiblichen Organismus klammerte und diesen mit ungeheurer, verderblicher Macht ausgestattet wähnte, im Abendlande zum eigentlichen Weiberhaß und zur Verfolgung durch die Hexenprozesse geführt hat, die, mögen sie romanisch oder semitisch-orientalisch beeinflußt sein, für unser Volk die größte Schmach der Geschichte bleiben werden. Die Ehe des Brahmanen krankte an seiner doch immer asketisch gebliebenen Einstellung, an der alten Idee, daß der Mann sich im Sohne aus dem Weibe herausgebäre, d. h. der Sohn der neuerstandene, den alten Weisheitsschatz zu wahren berufene Vater sei, denn durch diese zur erklügelten Theorie gewordene Urmeinung war das Weib nichts als das „Gefäß" des Mannes. Das Mädchen war überhaupt nichts, ein Mißgriff der Natur, für den Vater „das größte Unglück". Auch von einem anderen Standpunkt aus mußte sie als solches gelten. In Indien lebte als volkstümliche Religion seit Uralters der Ahnenkultus. Ihm ist es eigentümlich, daß in den schlecht verehrten und nicht gespeisten Seelen der Vorfahren hungrige und rachedürstige Dämonen gesehen wurden, die fast jedes Unglück in Haus und Familie anzurichten pflegten und darüber hinaus in den Stammes- und Staatskörper verderbenbringend eingriffen. So wurde es — denn diese Idee besaß eine zwingende Macht über die Gemüter — zur unabweislichen Pflicht, die

Manen der eignen Familie zu besänftigen. Dies konnte aber, wie wir sahen, nur der Sohn, der lebende pater familias des gleichen Geschlechts vollbringen. Ihm stehen die ahnenkultischen, so außerordentlich wichtigen Speisungen der Seelen zu. Das Mädchen hatte zwar im häuslichen Zeremoniell, aber nicht im ältesten Ritual dieser Gruppe eine Stelle. Wir wissen dies mit Sicherheit aus der Tatsache, daß die alten Weisen der Vorzeit, die Hymnendichter, auch mit Sternenseelen gleichgesetzt, durchaus nur Männer sind. Diese Urvorfahren der lebenden Brahmanen, die in den Augen der späteren Geschlechter Asketen, also Weiberfeinde und doch mit einer sehr großen Schwäche für das weibliche Geschlecht belastet waren, wirkten als Zauberer mit unbeschränkter Macht über die gesamte Natur, weil sie die unverstandenen Formeln und Verse des Veda zur rechten Zeit und am rechten Orte zu brauchen wußten. Damit war das Sanskrit zur Göttersprache geworden. Die brahmanischen Frauen konnten und durften es nicht anwenden. Mann und Weib waren also durch die ungeheure Kluft des Gebrauchs verschiedener Sprachen getrennt. — Daß der kriegerische Adel ganz anders dachte und handelte, sahen wir bereits. Die Frau ist im indischen Epos nicht bloß die Heldin in der Liebe, sondern auch im Schaffen für Krone und Reich in schweren Tagen. Die ritterlich-vornehme Gesinnung der adligen, nordischen Geschlechter, wie sie sich in der Anerkennung einer Schutzpflicht gegenüber der bedrängten, dem Beschützer oft völlig unbekannt bleibenden Frau kundgibt, sucht meines Wissens in der gesamten Welt ihres Gleichen. Der widerlich-süßliche, mystisch-obszöne Minnedienst der verliebten Ritter unseres Mittelalters verschwindet dahinter in ein Nichts. Es ist dies für uns auch deshalb bemerkenswert, weil es beweist, daß die praktische Einstellung zu Leben und Wirklichkeit, wie sie sich in den regierenden Kreisen von selbst ergab, das beste Schutzmittel gegen die Müßigkeit der Pflege phantastisch-traditioneller Gebilde sein mußte und immer bleiben wird. In beschränktem Grade gilt das Gleiche bei der ackerbautreibenden Masse des Volkes, die zwar das Weib mit manchen Tabu's belastet wähnt, es aber zur mitarbeitenden Gefährtin des Mannes macht. Jenes rätselhafte Gefühl, das wir als Familiensinn bezeichnen, das dem Mann die Schutzpflicht, der Frau die tätige Liebe zum Gatten und zu den — möglichst zahlreichen! — Kindern zur Selbstverständlichkeit macht, ist in den Indern aufs tiefste verankert und wird, da zahlreiche Bestrebungen die offensichtlichen Benachteiligungen der Frauenstellung auszugleichen suchen, den Bewohnern dieses Weltteils unter geeigneter politischer Führung jene Gesundheit und Kraft geben, die es gegen fremde Eingriffe widerstandsfähig macht.

Der Mensch ist nicht nur in seinen Auswirkungen auf das kosmische, irdische und soziale Geschehen dämonisch, sondern auch bis in seine kleinsten Körperteile, seine Haarspitzen, ja selbst seine Kleidung hinein der Träger zauberkräftiger Medien. Nicht nur handelnd, sondern auch ohne sein Zutun vermöge seines seelisch-körperlichen Organismus als einer Kräfte-Einheit schlechthin beeinflußt er die mit ihm in Berührung kommende Umwelt. Da finden wir seit ältester Zeit Riesen und Zwerge. Aus der als Fels vorgestellten Wolkenbarre entspringt der Sonnengott Mithra „und geht des Wegs gleich als ein Held“ — der Sol invictus der römischen Kaiserzeit. Die gesamte, als belebt gedachte Schöpfung formt sich zum Bilde des „Menschen“ (puruṣa), der zugleich Geist und Körper ist und durch Selbst-Zerteilung die Welt erschafft. Am Anfang allen Geschehens steht also das große Selbstopfer, wie es auch Odin nach der von indisch-iranischem Geist beeinflußten Erzählung dargebracht hat — „er selber sich selbst“. — Neben diesen hylozoïstischen Riesen-Elementen stehen die Zwerg-Energien, die in und unter der Erde schaffen. Jeder Riß im Boden konnte sie bergen; die hinsichtlich ihres Wertes maßlos überschätzten zufälligen Funde aus vorgeschichtlicher Zeit schienen von ihrem Wirken Zeugnis abzulegen. Auch der normale menschliche Körper wurde gescheut. Daher die Furcht vor der Nacktheit. Der Brahmane darf in nacktem Zustande weder schlafen noch essen noch baden. Da die Gegend unterhalb des Nabels unrein ist, darf er bei religiösen Riten nicht sie selbst, ja nicht einmal das sie verhüllende Untergewand berühren. Der im Zustande der Heiligkeit befindliche Schüler und Geweihte wie selbst das Opferwesen, also auch die zum Verbrennungsplatz schreitende Witwe, sind unantastbar. — Für die Gewichtigkeit des Glaubens an die spezifische Kräftewirkung der einzelnen Körperteile des Menschen spricht die strenge Handhabung des ius talionis, des „Aug um Auge, Zahn um Zahn“. „Mit welchem Gliede er [der Schūdra] die Zweimalgeborenen [d. h. die Mitglieder der höheren Kasten] beleidigt, das soll abgeschnitten werden“ heißt es im Recht. Dieser Strafvollzug ist nur aus der Meinung heraus zu verstehen, daß nicht dem unsozialen Willen, sondern dem das Delikt begehenden Körperteil (z. B. der Zunge des einen Vedavers hersagenden Schūdra) die strafrechtliche Verantwortlichkeit zufällt. Der Reliquienkult, wie er beispielsweise mit den Teilen von Buddhas Körper getrieben wird, beruht auf der Vorstellung einer magischen Fernwirkung dieser Art, desgleichen die Mumifizierung und der Genuß von Mumienteilen sowie tierischen oder gar menschlichen Gliedern in der Volksmedizin. Nicht nur das abnorm geborene Kind sondern auch der entstellte und verkrüppelte Erwachsene bringt Unheil. Er heißt „Pret“, das heißt: „Leichendämon“ und seine Geburt wird oft darauf zurückgeführt, daß die Zeremonien der „Kindeserzeugung“ und „Sohneserzeugung“ nicht auf ihn angewendet worden sind, denn nur sie prägen ihn zu einem „Arier“, einem „Edlen“ und „Freund“; ohne ihre Vollziehung wird er zum Feind, zum Dämon. Die Vorschrift der Texte, daß man nicht mit einem solchen Menschen verkehren dürfe, wird gewissenhaft eingehalten. Die Jaina-Priester in Mysore weigerten sich einmal, mit dem König Bhittideva zusammen zu speisen, weil er einen Finger verloren hatte. Selbst aus dem buddhistischen Orden wurden und werden Lahme, Bucklige, Blinde, Taube, Taubstumme usw. ausgeschlossen. Bei der Aufnahmezeremonie wird an den Novizen eine Anzahl von Fragen gerichtet, deren erste die ist: „Hast du Beulen, Aussatz, Schwindsucht, Fallsucht?“ Es ist allerdings zu erwägen, daß die buddhistischen Orden von einem zu ehrlicher Arbeit untauglichen Gesindel von jeher als Unterschlupf benutzt wurden und daß diese religiösen Gemeinschaften, wie ja auch die christlichen Mönchsorden, sich Kranke vom Halse halten mußten. Körperliche Entartungen galten auch in Indien als Folgen von Fluch und Sünde, der Verwachsene und der Einäugige als Intrigant, überhaupt als gemeingefährlich.

Solche Bedauernswerten durften z. B. beim Gottesgericht nicht einmal als Zeugen auftreten. Die Avesta-Religion ist in dieser Hinsicht noch strenger. Dem gottgesetzten Ebenmaß der Natur soll das des Menschen entsprechen. Das in unseren Tagen von Krischnamürtti verkündete Evangelium soll nach der Überzeugung seiner Anhänger ein Evangelium der Schönheit sein. Nur ein schöner und reiner Körper kann das Behältnis der Energien sein, derer die Menschheit für ihre Höherentwicklung mit dem Ziele umfassender Brüderlichkeit bedarf. So wenig wie zwischen einem schönen und guten Körper, gibt es einen Unterschied zwischen schönen und glückbringenden Körperteilen. Dem entspricht die Auffassung der klassischen Literatur. Nur der körperlich-schöne ist der wahre, auch in sozialer Hinsicht vollkommene Mensch. Wo immer von schönen Augen, untadligen Gliedern einer Frau gesprochen wird, da klingt der Gedanke an den in sie eingebetteten Glücksgehalt, der sich bei der Begegnung („Angang"), bei der Berührung, so offensichtlich mitteilt, mit hinein; ja die Vorstellungselemente „Glück" und „Schönheit" sind so fest mit einander verwachsen, daß selbst ihre formale (sprachliche) Trennung zur Unmöglichkeit wird (śubha als Ausdruck von beidem!). Der waltende, fast ins Metaphysische gesteigerte (zweifellos altsemitische) Gott Varuṇa wird zu Zeiten zum widerwärtigen Greis; denn nur als solcher kann er Unheil bringen. Buddha's Körper bekommt eine lange Liste von „Schönheitsmerkmalen", deren manche, wie das in Form eines Rades sich zeigende Muttermal, seine Größe als Welteroberer bereits bei der Geburt prophezeien. Seinelangen Arme weissagen, daß sie die Erde umspannen werden. Es gibt besondere Traktate über die Körpermerkmale Buddha's, Elaborate, deren Grundgehalt dem Sinn und Wesen des Buddhismus völlig entgegengesetzt ist. Beim Durchschnittsmenschen kommt es auf alle Teile seines Körpers, auf die Farbe von Augen und Haaren, das normale Aussehen der Nägel an. Das Neugeborene wird genau geprüft und ihm im günstigen Falle Reichtum, langes Leben, Macht, Fähigkeit, sein Ziel zu erreichen, Ansehen u. dergl. vorausgesagt, im ungünstigen natürlich das Gegenteil. Die sozialen Nachteile für den Kranken waren und sind schwer. Nach Manu's Gesetz soll ein Mensch, der verkrüppelte Nägel und schwarze Zähne hat, von dem Götter- und Manenopfer ausgeschlossen werden. — Als Zwerge oder Riesen voll widerlicher Gebrechen, jedenfalls als abschreckend häßlich, gelten, dem starken Rassegefühl des indischen Volkes entsprechend, alle Landfremden, die mit dem Arier in Berührung kommen und gegebenenfalls bei ihm Schutz suchen. Das Prototyp eines solchen unheimlichen Gastes ist das „fleischverzehrende" wilde Feuer. Man ladet es, eben, weil man es fürchtet, zum Mahle ein, bietet ihm den Ehrensitz an, preist es als „König", als „Unsterblichen unter den Sterblichen". Nur vom Standpunkt des Versuchs aus, den feindlichen zum freundlichen Menschendämon umzuwandeln, können wir die hohe Bewertung der Gastfreundschaft in Indien überhaupt verstehen. Sie wird in der Rechtsliteratur, den Epen, als eine der höchsten, wenn nicht als höchste Tugend überhaupt gepriesen. Sie macht vor keiner sozialen Schranke halt. Selbst — oder vielmehr im Sinne der alten Zeit gesprochen: gerade — der unreinste Mensch, der niedrigste Kastenangehörige, wird, wenn er das Haus eines

Brahmanen betritt, für diesen zum Gott. Gastbewirtung ist Gottesdienst und im heiligen Gesetze streng geregelt; sie ist eine Vorsichtsmaßregel und wird als solche bei primitiv lebenden Stämmen und Völkern durchaus empfunden, so z. B. bei den Litauern, die, wie ich wohl weiß, Gäste anderer Nationalität und Stellung mit liebenswürdiger Miene bewirten, aber, wenn sie das Haus verlassen haben, ausspeien, sich bekreuzigen und den Boden der Wohnstube reinigen. Es gibt Athleten der Gastfreundschaft: Der Gott des Rechts, Dharma, kommt in Menschengestalt in das Haus eines armen Brahmanen (Sudarschana). Dieser hatte gelobt, den Gästen in jeder Hinsicht gefällig zu sein. Dharma nimmt ihn beim Wort und verlangt seine Frau; nachdem er sie von Sudarschana bekommen hat, erklärt Dharma, jener hätte den Tod besiegt. Nach Manu's Gesetz gibt es fünf Klassen von Wesen, deren jede ein Opfer verlangt; die letzte ist die Klasse der Menschen. Man bringt ihr das Opfer dar, indem man die Gäste bewirtet. So lange ein Brahmane einen Haushalt führt, herrschen über ihn die göttlichen Weisen, Ahnen, Götter, Bhûta's (s. o.) und Gäste. Er gibt $^2/_3$ seiner Mahlzeit den Gästen, oder, wenn keine kommen, den Vögeln oder Hunden (der Parallelismus ist für den dämonischen Charakter dieser Wesen sehr bezeichnend). Das alte Ritual kennt besondere Spenden für die (göttlichen) Gäste. Da auch der irdische Gast ein Gott ist (der Brahmane als Feuergott Agni mit allen dessen Ansprüchen ein fremdes Haus betritt), so ist zu seiner Ernährung sogar ein Tieropfer erlaubt. Die den Schlangen als besonders dämonischen Tieren dargebrachten Spenden weichen in nichts von der „Verehrung der Gäste ab“: man spendet ihnen Gaben und Gebete, bringt ihnen Wasser zum Baden, einen Spiegel usw. Kulturhistorisch wichtig ist es, daß der Gast meist ein Fremder ist, gegenwärtig im ungünstigen Falle ein Europäer, der im Leben wie im Tode vielfach als Zauberer gilt, früher ein vagierender Brahmane, gelehrter, zauberkundiger Strolch oder Bettler. Die Heilighaltung des Bettlers ist mit der des zaubernden Fremden aufs innigste verquickt, da Einheimische nicht betteln. Der in Indien außerordentlich stark entwickelte Familiensinn und die Verehrung des Alters verhindert es, alte Leute auf den Bettelweg zu schicken. Der Buddhismus hat auch diese ganze Gedankenreihe aus dem Abergläubischen ins Ethische gewandt: er entzieht ihr den mystischen Boden, indem er (wie das Opfer überhaupt, so auch) die Spende für die Dämonen (auch Totengeister) durchaus verwirft, deren ungewolltes soziales Resultat aber sich zu eigen macht und in erstaunlichem Grade ausbaut. Noch heute werden in den Rasthäusern der Buddhisten Tausende von Bettlern versorgt, mit Almosen und Kleidung versehen. Manche Fremdlinge bekommen Wohnung, Gelegenheit, sich zu ernähren, ja, einen Ehestand zu gründen. — Doch selbst die abergläubische Grundlage der Gastidee hat zu einer Zahl hoher Tugenden geführt: das Haus ist eine Stätte des Friedens, da es ja nur als Lehnsgut seitens der göttlichen Mächte des Bodens, auf dem es steht, aufgefaßt werden kann. Sein Herr ist nach dem Zeugnis des Veda und der Traditionsliteratur der Gott des heiligen Herdfeuers: „Agni wird unter dem Namen „Hausherr“ immer bei den Opfern verehrt“. Ein Bruch des Hausfriedens wäre ein Eingriff in seine Rechte. Die schuldige Verehrung gegen ihn macht den Mächtigsten dem Ärmsten gleich. Allerdings wird diese Verehrung verlangt: wer sich der Hausgottheit nicht unterstellt, wird verwiesen, der reine Gast aber als Gott verehrt und durch die sakramentale Speisegemeinschaft an den Gastgeber gefesselt. Der Freundschaftsbund, der den Vertrag als wichtigste Rechtsinstitution ermöglicht, kommt im Hause unter den Augen der Feuergottheit zustande, die hier zugleich das Prototyp des göttlichen Feuers, der Sonne ist; daher die Umwandlung des Feuers beim Ehevertrag. Wie das irdische, so rächt das himmlische Feuer den als besonders verwerflich angesehenen Vertragsbruch. Es ist dieser Gedankengang von außerordentlich starker sittengeschichtlicher Bedeutung; man geht kaum fehl, wenn man sagt, daß die (über die Kastenpflichten hinausgehenden) sozialen Maßnahmen entweder charitativen Charakter tragen oder als Ausfluß des Vertragsverhältnisses zu gelten hatten. — Oft wird der Gedanke der Abwehr eines unheilbringenden Mediums innerhalb der Handlungen der Gastfreundschaft besonders betont: man füttert die eingedrungene Schlange, den draußen herumlungernden Hund als „Gast". Das Trinkgeld ist wörtlich genommen ein „Besänftigungsmittel"! Selbst die bei dem schauerlichen Brauch des lebendigen Begräbnisses den Unglücklichen mitgegebenen Lebensmittel sind nichts als eine Abfindung ihrer Rachegeister. —

Nicht nur der Fremde, auch der bevorzugte Einheimische kann als magischer Kraftträger vergöttlicht werden. Entweder ist er für seine Person heilig, oder die Heiligkeit hat sich als magisches Fluidum auf seine Person vererbt.

Neben der Gesamtheit des Körpers sind dessen einzelne Glieder Träger magischer Kräfte. Unter den von der Mantik besonders berücksichtigten Teilen erwähnen wir zunächst den Kopf. Bei manchen Negerstämmen ist es dem Häuptling verboten, den eignen Schädel auch nur zu berühren. Die Handauflegungen, auch der christlichen Kirche, legen für seine mystische Bedeutung das beredteste Zeugnis ab. Nach indischer Lehre darf man ihn nicht mit zusammengelegten Händen kratzen (ebensowenig den Unterleib). Der an ihm hinten in die Höhe ragende Intelligenzknorren, der sich bei Buddha zu einer förmlichen Krone entwickelt (der krobylos der Griechen), wird besonders geschätzt, desgleichen der auch rechts oder links gedrehte Wirbel, der sich in mehr oder weniger eng aneinander liegende Teile spalten kann, wobei die dem Sonnenlauf, also der göttlichen Weltordnung entsprechende Rechtsrichtung immer gutes verheißt. Auch auf die Wirbel des Kinnbarts wird Bezug genommen. — Unter den inneren Teilen ist das Herz das Zentralorgan, nicht deshalb, weil die Affekte es beeinflussen, sondern weil es als Wohnsitz des gesamten geistigen Lebens, das bei seiner Beschädigung erlischt, gilt. Bei der Zeremonie der Aufnahme eines Schülers legt der zur Lehre berufene Brahmane seine Hand auf die Herzstelle des Knaben und sagt dabei: „Meinem Denken folge dein Denken; meines Wortes freue dich von ganzer Seele...." Es ist also eine unmittelbare Beeinflussung des Intellekts vermöge des Worts (durch Handberührung) beabsichtigt. — Die Leber gilt auch in Indien, da sie die „Stätte des Blutes" also des Lebens ist, als einer der Seelentragenden Teile. Die Gegend des Sind kennt unter den Gruppen der schwarzen Magier die des „Leberessers", der das Organ durch Zauber rauben und sich dadurch mystische Kraft verschaffen kann. — Das Auge hat Anlaß zu dem universalen, äußerst gefährlichen Aberglauben vom „bösen Blick" gegeben. In ihm wird „ein Mann" oder „ein Geist" (beide bezeichnet das Wort: puruṣa) gesehen; es ist dies das Leben, das sich im wachen Zustande an den Bewegungen, der Arbeit der Sinne kundgibt, im Tiefschlaf aber in die Herzgrube hinabsteigt, die also als Zentralsammelstelle des vegetativen und geistigen Lebens gilt. Im Zustand der Bewußtlosigkeit wie im Tode entweicht also dieses Bild im Auge. Es liegt hier die bereits von Plinius erkannte Tatsache vor, daß die Hornhaut des Leichenauges wegen ihres Wasserverlustes schnell faltig wird, die Umwelt also nicht mehr reflektiert. Daher nahm man an, daß das Entweichen des „Männleins" (deutsch: „Kindleins", sanskrit auch: kaninakā, griechisch korê; vgl. auch A. T. Jer. 2, 18) den Tod bedeute. Damit ist der Spiegel-Aberglaube verwandt: im eigenen Auge spiegelt sich das Bild desjenigen, mit dem man redet; man hielt diesen Reflex für einen immanenten Teil des Trägers selbst, einen Teil, dessen außerordentliche Kleinheit nicht wundernehmen kann, denn die Seele selbst ist ebenfalls zwergisch klein und trägt Menschengestalt. — Die Magie der Hand sahen wir schon bei der Schüleraufnahme wirksam. Dadurch, daß der Mann die rechte Hand des Weibes (die sie sonst jedem männlichen Wesen, sogar dem eignen Vater, versagt) ergreift, wird es seine Gattin; der Opferdarbringer berührt das Opferwesen; dies wird dadurch zum Übertrager seiner Heiligkeit an den Opferveranstalter. Die Gestalt und Linien der Hand wurden zum Gegenstand eines Teiles der „Gliederkunde", der „Mantik der Hände". Sie wird bekanntlich von den Zigeunern verwertet, wie denn überhaupt die praktische Nutzanwendung dieses populärsten Kapitels der Magie sich für viele Tausende herumlungernder, heruntergekommener Brahmanen in bares Geld umsetzt. Die rechte Hand, zum Oberkörper gehörig, wird zur praktischen Arbeit und zum Götterdienst; die linke Hand, zum Unterkörper gehörig, zu dessen Säuberung und zum Manenopfer gebraucht. Speisen darf man mit ihr nicht berühren. Ihre Ergreifung seitens eines Mannes bedeutet für das Weib eine Beleidigung oder Scheinehe. Der Ringfinger wird besonders gescheut; er trägt deshalb, wie alles wahrhaft Heilige, keinen (öffentlich genannten) Namen (anāmikā). Der Zwischenraum zwischen Daumen und Zeigefinger gilt als die „Furt der Manen"; manche ihnen zukommende Spenden werden durch diesen Spalt gegossen. — Auf die Haartracht wird besonderer Wert gelegt. Wir wissen, daß sie seit ältester Zeit bei verschiedenen Stämmen verschieden war. Es gab ein wichtiges Fest: „die Herstellung des Schopfes", oft im dritten Jahre nach der Geburt vollzogen. Dabei wird der Kopf bis auf die Stellen, welche die Flechten liefern sollen, kahl geschoren, der Zopf oder die Zöpfe selber nach recht oder links hin aufgewickelt. Die Haarbüschel zeigen die Stammeszugehörigkeit des Trägers und gelten als Sitz des Lebens und der Macht, ihr Verlust bedeutet deshalb den nahen Tod, auch, wie bei Simson, die Entzauberung, den Verlust der dem Stammesmitglied oder dem einzelnen „Heiligen" eigenen magischen Energie. Die Brahmanen waren, so lange sie in Dörfern lebten, an ihre Frisur gebunden, wenn sie aber als Asketen in den Wald gingen, vernachlässigten sie ihr Äußeres vollständig. Auf den Köpfen mythischer Heiliger bauten Vögel ihre Nester; der Bart wurde lang und ungepflegt. Dies sollte aber nicht eher geschehen als bis die Frommen einen Sohn bekommen und großgezogen hätten; ein Sohn ist besser als ein langer Bart, sagen die alten Texte, obwohl ein solcher Urwald von Haaren den Eindruck natürlicher Gefährlichkeit der einsiedlerischen Zauberer steigert. Jedoch wird alles Haar rasiert, wenn ohnehin der Mensch dem Geisterreich besonders nahe steht, also bei der Übernahme eines Gelübdes, in der Askese, beim Eintritt in den Brahmanenstand, bei der Hochzeit, bei der Totentrauer. Die Sitte, dem Toten einen Haarbüschel ins Grab mitzugeben, lebt auch in Indien. Die Witwe gewisser Brahmanengruppen schneidet ihr Haar ab, wickelt es in ihr Brusttuch und legt es auf die Bahre ihres verstorbenen Gatten. Darin liegt zugleich die Anerkennung des Eigentumsrechts des Toten an seine Ehefrau wie auch die Ablösung der Inanspruchnahme dieses Rechts durch Mitgabe eines Körperteils statt der ganzen Person des Verfallenen. — Auch das Auflösen der Haare begegnet als Trauerzeremonie. Es entfernt den Verstoßenen aus dem sozialen Verbande. Vor den König als Staatsrepräsentanten darf dagegen niemand mit aufgelösten Haaren treten. — Verzauberung der abgeschnittenen Haare zu bösartigen Zwecken oder zu eignem Schutz begegnet vielfach. Wenn die Mutter vieler Kinder heimlich um eine Locke bestohlen wird und die Diebin verbrennt diese, so kann die Fruchtbarkeit der Frau auf die Räuberin übergehen. Der böse Dämon, dem man einen Haarbüschel abschneidet, muß dem Schädiger als sein Diener folgen. Aberglauben dieser Art heftet sich vorzugsweise an das Haar und an die Fußspur. Das mangelhafte, graue oder gar rote Haar gilt als unheimlich; es lockert die Stammeszugehörigkeit seines Trägers und schränkt seine Teilnahme auch beim Opfer ein. Man vergräbt die Abfallteile im Kuhstall. — Die Zähne müssen gut gewachsen und nicht schwarz sein. Wenn sie zu lang werden, drohen sie Gefahr. Dämonen haben Eberzähne usw. Wenn die ersten, offenbar die Beißzähne, zuerst im Oberkiefer erscheinen, dann bietet man dem Kinde ein Gericht aus Feldfrüchten (Bohnen, Reis) an und rezitiert dabei den alten Spruch, der die Gefahr der spitzen Naturwaffen von den Eltern auf die natürliche Nahrung ablenken soll: „Ihr beiden, die ihr wie Tiger herabgestiegen seid und Vater und Mutter zu fressen wünscht, — euch, ihr beiden Zähne, mache gnädig, Brahmanaspatis... Reis eßt, Gerste eßt, Bohnen und Sesam; das ist als euer Anteil euch verordnet, ihr Zähne..., nicht verletzt Vater und Mutter. Angerufen [durch bindenden Zauberspruch], ihr Vereinten, [seid] gnädig, ihr beiden Zähne, voller glücklicher Vorbedeutung. Die euch beiden [innewohnende] Schrecklichkeit möge vorübergehen, ihr Zähne. Nicht verletzt Vater und Mutter." — Die Ausscheidungen des Körpers, wie Speichel, und entbehrliche Körperteile wie Nägel, Haare, Zähne, werden zu Zauberzwecken benutzt. Die Hexen bemächtigen sich ihrer oder eines Gewandfetzens, vergraben solche Abfälle oder nähen sie in ein sackartig geformtes Tuchstück ein. Die Seele des Verzauberten bleibt dann in diesem Sack, bis man ihn öffnet. Besonders unappetitlich ist in Indien wie überall der Liebeszauber. Er wird auch in der Weise ausgeübt, daß man abgefallene Körperteile, Schamhaare, Menstrualblut dem

Gegenstand seiner Liebe beibringt. Der bezauberte Teil nimmt dann an Körpergewicht ab, an Bauchumfang zu, wird elend, siecht dahin und kann sich nur durch das Geständnis seiner Liebe erlösen. — Das Blut gehört den bösen Geistern, die im Boden wohnen und es im Opfer trinken. Es ist, wie die Hülse des Getreides, der „Göttin der Vernichtung", die ja in Erdritzen wohnt, nicht aber den lichten Göttern eigen. Es wird bei den Opfern für diese deshalb weggegossen. Daß es zauberkräftig ist, bezweifelt noch heute kein Hindu. Die es ersetzende, rote Farbe wird auf die Götzenbilder niedrigsten Ranges und selbst auf die Hörner der Haustiere geschmiert, wenn man sein Vieh für schutzbedürftig hält. Daß man Blut dem Geisterreich zuweist, lehrt schon der älteste Veda: die Sünder sitzen in der Hölle in Strömen von Blut. — Aus Blut und Schweiß entstehen Riesenwesen; aus dem Schweiß des Schiva der tausendköpfige Riese Vīrabhadra — auch hier in engstem und zweifellos nicht zufälligem Zusammenhang mit der Edda, die ja bekanntlich in ihren kosmogonischen Sagen dem Schweiß mehrfach eine bedeutende Rolle zuweist. — Als unrein gelten endlich noch der Magen und die Auswurfteile. — Die Reflexbewegungen des Körpers werden argwöhnisch betrachtet. Es gibt eine „Wissenschaft" der Zuckungen — auch in Indien! Niesen, Gähnen und Schlucken bedeutet Unglück. In solchen Fällen ist deshalb die Nennung der Namen von Gottheiten, ein kurzer Gebetsanruf, ein kleines Opfer nötig. Es gilt als gute Vorbedeutung, wenn man jemandes Worte „beniest". Doch lauert darin immer eine gewisse Gefahr. Nach der Lehre der Jaina sterben im Allerbesten der verschiedenen Zeitalter die Männer durch Niesen. Deshalb sagt man ein frommes, Unheil abwehrendes Sprüchlein, wenn jemand niest. Buddha verbot dies ausdrücklich, weil darin dämonistischer Aberglauben liegt. Leider fielen seine Mönche aber in die alte Unsitte zurück und sagen in solchem Falle: „Verehrung [sei] dem Buddha." — Aus dem Gähnen spricht der Gott; es gilt als sehr bedenklich, kann aber durch einen frommen Spruch oder (wie auch beim Niesen und Erschrecken) durch wiederholte Anrufung von Schivas Namen unschädlich gemacht werden. Um irgendeine Antwort über die Zukunft zu erfahren, befragt man ein zur Prophetie geeignetes Weib. Es vernimmt den Gotteshauch, gähnt beständig, und ruft dann den Namen und Willen Gottes aus. Ein Weib „nach Belieben" gähnen zu sehen, ist im übrigen verboten. Nach der Satzung des Veda soll man beim Gähnen den Spruch sprechen: „In mir ist Kraft." Der durch den Reflex ausgelöste Kräfteverlust wird durch das Zauberwort zurückgebracht. — Von hohem magischen Wert sind ferner Bekleidung, Bewaffnung und Schmuck. — Über die Erde ist die Metaphysik des Kleides verbreitet: wenn man es irgendwie verletzt usw., leidet darunter dessen Träger, auch dann, wenn er es nicht angelegt hat. In Indien zeigt sich dabei die interessante Variante des Dörrens eines Körpers, den man der Lebenskraft berauben will; denn die vitale Energie liegt nach ältester Theorie in dem Saft, der umlaufenden Flüssigkeit, als der eigentlichen Quintessenz (rasa) eines Dinges. Das Dörren ist also das „Entziehen des Lebenselixiers". — Wenn ein Kumbi in den Zentralprovinzen das Kind eines Feindes zu schädigen wünscht, legt er dessen Kleid zum Trocknen in die Sonne. Sowie das Kleid, soll auch der junge Mensch vertrocknen. In der Tracht liegen schon deshalb, weil sie nicht individuell, sondern durch die Kaste und die Landessitte bestimmt ist, weil einzelne ihrer Teile mystisch gedeutet (derGürtel des Brahmanen) und andere bei bestimmten Personen und Gelegenheiten angelegt werden (die Sandalen des Königs), magische Werte. Nach dem hohlen Schema der alten Texte trägt der Brahmane weiße, der Adlige rote, der Landmann blaue, der Śūdra schwarze Kleider. Die beiden letzten Farben sind deshalb ominös. Wunderliche Sekten machten sich durch seltsamen Kleiderschnitt und Trachtfarbe oder vollständige Nacktheit gefürchtet. In der Mantik gilt schöne Kleidung als gutes, schlechte und schmutzige als böses Wahrzeichen. Wenn man sich vergegenwärtigt, daß sie sich zum Schutz gegen die Witterungseinflüsse wenig eignet, daß sie bei kleinen Kindern ganz fehlt, bei Frauen der niedrigsten Kasten erst mit der Geschlechtsreife obligatorisch wurde, so gelangt man leicht zu der Annahme, daß sie angelegt wurde, um einzelne Körperteile, namentlich die Geschlechtsorgane, vor Verzauberung zu schützen und daß die Furcht vor der Nacktheit, die namentlich in der Mantik und im Traumaberglauben sehr groß ist, die Bekleidung erzwang.

In der plastischen Kunst bleibt aber der Schmuck, nicht die Kleidung, die Hauptsache. Er besteht in den von der Religion und der (religiösen) Sitte gelehrten Emblemen, ferner aus Abwehr- und Reizmitteln, d. h. aus Stoffen, die, wie die Sandelsalbe, Dämonen vertreiben, oder, wie der Jasmin, auf die Trägerin die Aufmerksamkeit lenken sollen. Aller Schmuck soll glückbringend sein. Der Begriff des glückbringenden Gegenstandes ist dem des Schmucks nach indischer Auffassung noch übergeordnet, weil er alle Bemalungen des Körpers und das Amulettwesen umfaßt. Die nach unseren Begriffen sehr ungefügen Schmuckstücke gehören bei Göttern und Helden zu deren unerläßlichen Emblemen, und beide Kategorien wären ohne Schmuck ebenso undenkbar wie etwa Herkules ohne Keule. Er besteht bei ihnen wie bei dem Menschen entweder aus Metallen oder Perlen oder aus Blumen, kann an den Körper angehängt oder in ihn eingebohrt werden. Die Götter sind glücklich genug, den Blumenschmuck nicht wechseln zu brauchen: er prangt unverdorrbar. Die einzelnen Pflanzen haben vielfach symbolische Bedeutung, vor allem aber werden stark duftende Blumen und daraus hergestellte Salben verwandt, denn ihr Geruch soll gegen die bösen Geister schützen. Vier Arten Schmuck gibt es: denjenigen, der eingebohrt wird (wie etwa die Ohrringe); den Angebundenen; den Angelegten (Fußringe); den Aufgezogenen (der von oben über den Kopf gezogen wird, wie etwa eine Perlenkette). Hierbei erwähnen wir die „Zeremonie der Ohrdurchbohrung", das Anlegen von Amuletten und Perlen zum Beweise dafür, daß der „Schmuck" tatsächlich aus „glückbringenden Dingen" (mangala) besteht. Zwischen Amulett und Schmuck kann häufig nicht geschieden werden: alle Edelsteine, Perlen, Halsketten dienen beiden Zwecken, selbst dann, wenn sie nach unserer Auffassung geschmacklos sind. Jedes Juwel besitzt, wenn auch nur nach der Lehre späterer Texte, einen bestimmten magischen Charakter, der begrifflich eingeengt, aber inhaltlich verstärkt wird, wenn man ihm eine künstliche Form gibt. Schutzheilige bestimmter Kasten werden deshalb in Form kleiner

Plastiken am Körper getragen. Sie stellen mitunter mythische Szenen dar. Die Mitglieder einer gewissen Kaste tragen fast ausnahmslos das Bild eines Mannes, der sich von einer Giftschlange in die Zunge beißen ließ. Er war ein eifriger Schlangenverehrer gewesen, hatte aber einmal eine diesen Wesen zukommende Milchspende vernachlässigt und sich darauf der Strafe, von der Vernachlässigten getötet zu werden, freiwillig unterzogen. Jetzt schützt sein Bild gegen Schlangenstich. — Ein anderes Amulett, das in der Schlacht verwandt wird, erhält folgende quasi-historische Beglaubigung: „Kaschyapa (ein Demiurg) schuf dich, Kaschyapa begabte dich mit Energie. Indra trug dich in der Menschen Weise; trug dich im Schlachtgetümmel und siegte. Das tausendfältige Kleinod machten die Götter zu ihrem Panzer". Es ist damit zugleich das Beispiel eines „Panzers" gegeben, das in Wort und Bild, unzählig variiert, hervortritt. Die ganze Kleidung, namentlich der Frauen, ist durchtränkt vom Zauber der Amulette. Die indische Frau ist überhaupt erst vollständig, wenn sie „mit allen Schmuckgegenständen geschmückt ist". Daß dazu die Blumen (Kränze) dienen, lehrt deren spezialisierte Ausdeutung in der Mantik. Die Sandelsalbe soll nicht bloß, wie die Dichter singen, die Liebende kühlen, denn sie heißt (mangalyā, d. h.:) „die Glückbringende". Bei der Hochzeit ist die Braut mit den ihrer Kaste zukommenden Zeichen und Emblemen geziert, ferner seit Alters mit einer Schnur, die jetzt tāli heißt und eine goldene Figur trägt. Sie ist mit Safran gefärbt und besteht aus 108 fest zusammengedrehten Fäden. Zunächst bleibt sie in den Händen des fungierenden Priesters, der eine Gebetsformel über sie spricht, dann wird sie herumgereicht und von allen Gästen angefaßt, endlich aber von dem Bräutigam der Braut um den Hals gehängt. Sie steht danach im Mittelpunkt der Ehezeremonien. Auch sie heißt: „Glückbringerin" und soll das Leben des Paares bis auf hundert Jahre verlängern. Schnüre dieser Art, die in sich zurücklaufen und Zauberformeln, die analog gebaut sind, wurden und werden als beliebteste Amulette benutzt. „In entgegengesetzter Richtung mögen die Zauberhandlungen [der Feinde] vermöge der Schnüre laufen!" heißt es in einer alten Beschwörungsformel. Die Safranfärbung ist für den magischen Gebrauch wesentlich. — Die Form der gebrauchten Amulette ist außerordentlich mannigfaltig, ihre Anwendung namentlich in jeder bedeutsamen oder schwierigen Lage (bei allen wichtigen Lebensabschnitten, bei Krieg, Dämonengefahr) gegeben und durch sie bestimmt, so z. B. schon im frühesten Kindesalter auf sonst nacktem Körper (selbst die Mediziner Indiens schlagen diesen Gebrauch vor!), in der Pubertät, bei der Hochzeit, Entbindung, auf der Straße, auf Reisen, bei Seuchen- und jeder anderen Gefahr, außerdem ohne spezielle Veranlassung möglich, wenn der bloße Wunsch, glücklich zu werden, oder einen Vorteil zu erlangen, vorliegt. So gibt es z. B. die „glückverheißende Zeremonie der Knüpfung eines der Zahl der abgelaufenen Lebensjahre entsprechenden Knotens in eine Schnur." Noch sei an den zaubermächtigen, jedes Hindernis (namentlich auch bei der Entbindung) bereitenden Knoten des Gewandes oder einer Schnur gedacht. (Der Knoten in der Schürze erschwert die Entbindung — so will es der deutsche Aberglauben.) Die Zahl dieser Knoten, die rhythmisch durch größere oder kleinere, eingebundene oder aufgezogene Schmuckstücke

(Früchte, Muscheln, Steine) gegliedert wurde, hat sicherlich als älteste Rechenmaschine die Menschheit in die Geheimnisse der Arithmetik eingeweiht, die ursprünglich nur objektgebundenen, d. h. abergläubischen Zwecken diente. — Kurz seien noch hier die mit Amuletten gegen Fieber, Ohnmacht, Schrecken versehenen Ketten und die Rosenkränze erwähnt, die sich der von der hochheiligen tulasī-Pflanze herrührenden „Perlen" bedienen können. — Als Beispiel einer besonders zauberkräftigen menschlichen Porträtfigur sei die einer verstorbenen Frau genannt, deren Mann sich wiederverheiratet hat. Die zweite Gattin — so sehr verachtet! — trägt das Bild ihrer Vorgängerin am Halse, verehrt es mit Spenden, fragt es in jeder schwierigen Lage und gewinnt aus der Veränderung der Lage der Figur, die sich aus den Bewegungen der Trägerin ergibt, Orakel. Hier zeigt sich die primitivste Form von dem, was man Eifersucht und Angst vor ihr nennt, denn natürlich ist es der Dämon der Verstorbenen, den die Lebende fürchtet. — Überaus häufig werden Münzen als Amulette getragen, deshalb auch z. B. Rupienstücke von kleinen Kindern zum Schutz gegen die eifersüchtigen Geister derjenigen, die kinderlos gestorben sind. Die Verwandten solcher Unglücklichen schmücken sich mit dem Bilde einer menschlichen Figur — sie soll offenbar den neidischen Toten selbst darstellen (similia similibus!) — oder verwenden einen Talisman in Form eines auf ein Blatt geschriebenen und in einen kupfernen Behälter gelegten Zauberspruchs. Unzählig sind die Verwendungsarten in Flur und Feld, in Hof und Haus. Hier geht das (meist am Körper getragene) Amulett in das apotropäische Glückssymbol über. Bisweilen wird betont, daß es nur demjenigen nützt, der an seine Wunderwirkung glaubt. Dieser Glaube an den „Glücksträger" — anders können wir das indische mangala kaum übersetzen — ist für dessen Wirksamkeit ein unbedingtes Erfordernis, mag es sich nun um ein körperliches Objekt (Amulett), um eine fromme Tat (Opfer, Gebet, Bad, religiöses Geschenk) oder einen Zustand (schönes Aussehen, Schmuck) handeln. Bekanntlich wird auch in der von Lessing benutzten indischen Fabel von den drei Ringen die Gabe innerer und äußerer Heiligkeit von dem gläubigen Tragen des echten Opalringes abhängig gemacht. Immerhin wird das sittliche Schwergewicht nicht in den Menschen, sondern aus diesem heraus verlegt, wenn er an ein Glückszeichen glaubt. Deshalb muß die vertiefte Ethik des Buddhismus sich mit dem Amulett auseinandersetzen. Da kommt die Frage auf: „Vielerlei mangala's haben Götter und Menschen sich ausgedacht, weil sie sich nach dem Glück sehnen. Nun nenne du mir das beste maṅgala!" Und die Antwort lautet, wortreich und die Begriffe umschreibend, aber innerlich um so klarer, indem sie sagen will: „Die innere Unantastbarkeit ist es; unsere Ablehnung äußerlichen Glücksstrebens unter Zuhilfenahme von gefährlichen Mitteln" — so: „Nicht den Toren ergeben sein, sondern den Weisen ergeben sein und diejenigen verehren, die der Verehrung würdig sind, das ist das beste maṅgala; die Eltern ehren, für Weib und Kind liebevoll sorgen, eine ruhige Beschäftigung pflegen, das ist....; das Aufgeben und Vermeiden des Bösen, die Enthaltung vom Trinken berauschender Getränke und Aufmerksamkeit gegenüber den Geboten der Lehre...."

Menschliche und tierische Körper sowie Gegenstände können durch ihre bloße Nähe Glück oder Unglück bringen, namentlich dann, wenn man sie des Morgens oder überhaupt bei einem zeitlichen oder räumlichen Anfang, am ersten Tage des Jahres oder am zweiten Tage der lichten Hälfte des Monats sieht. Unter den Menschen gehören Brahmanen und Könige, sowie meist auch junge Frauen zu den glücklichen „Angängen". Bei uns werden die Priester im Aberglauben meist ungünstig qualifiziert; es ist dies eine Folge ihres Keuschheitsgelübdes: der Unfruchtbare wird gemieden. Der Brahmane dagegen ist verheiratet, weissagt also gutes. Die Embleme der Königswürde bringen durchaus Glück: die Schuhe, der Sonnenschein, der Fliegenwedel, der Thron; sie alle haben an der Göttlichkeit des Königs Anteil. — Die Götter selbst oder die Ahnen (Manen) des eignen Geschlechts können nicht minder als die Religiosen (Sādhus) und die Götterbilder auch im Traume, namentlich in dem weissagenden Traumgebilde des Morgens, durch ihr bloßes Erscheinen Glück verheißen; dies gilt natürlich in erster Linie von der Gottheit des Glücks und der Schönheit, Schrī; von Gaṇescha, der die Tempeleingänge und von den Weltenhütern, die, in den Himmelshauptrichtungen aufgestellt, die „Eingänge" zur Welt bewachen. Unter den Tieren nennen wir Pferd, Elefant und Fisch, unter den Mineralien die Edelmetalle, ferner, in einer Gruppe für sich allein stehend, das Eisen, während das Blei als unheilbringend gilt; unter den Steinen die kostbaren Juwelen, voran den Diamant; ferner die (sehr stark hervorgehobene) Perle; unter den Gegenständen den Wasserkrug, der zugleich das primitive Idol aller Gottheiten ist. Seine Glücksbedeutung wird gehoben, wenn Blumen, Essenzen oder Gold auf oder in ihm liegt. Immer wieder findet man ihn im Hause oder auf Flur und Feld aufgestellt und immer bringt er Glück. Ein „Gefäß der Gottheit" ist auch die Trommel, namentlich die bei festlichen Gelegenheiten gezeigte Glückstrommel. Da sie die Gottheit heranruft, gilt sie als deren Bergerin, wie offensichtlich die Schamanentrommel des höchsten Nordens. — In Beziehung zur göttlichen Weltordnung steht auch die sich von rechts nach links windende Muschel. Man könnte sie als den Zentralberg Meru auffassen, ihre Windungen als die Bahn der Sonne um diesen Weltenberg. Unter den tierischen Produkten tritt das als rocanā bezeichnete gelbe Pigment hervor, auch, wenngleich nicht ausnahmslos, der Honig; unter den Pflanzen sind die scharf riechenden zu nennen; es sind: Senf, Zitrone u. a.; wenn man sie mischt, so liefern sie den dämonen-abwehrenden Weihrauch. Der Reis und die Getreidekörner gehören gleichfalls zu den Glückbringern. Unter den Zauberdingen ist zunächst der Spiegel zu nennen; sodann eine Zahl mathematischer Figuren, die in geheimnisvollen Beziehungen zum Kosmos stehen, so z. B. das Hakenkreuz und andere; sie sind zum Ausgangspunkt weiter Zweige der indischen Magie gemacht. — Natürlich öffnet man seinem Glück ein Pförtchen. Man läßt sich die Glück bringende Kuh des Morgens, bevor man die Augen aufschlägt, ans Bett stellen; man legt eine Zitrone an das Lager und berührt sie morgens; man geht nicht auf die Straße, ehe man gewiß ist, zunächst einen Elefanten, womöglich einen königlichen Elefanten zu treffen. Ganz besonders vorsichtig muß die Frau sein, die nach der Menstruation gebadet hat: ihr zukünftiger Sohn wird demjenigen Manne gleichen, den sie dann zuerst sieht. Daher muß es ihr natürlich sehr daran gelegen sein, zunächst dem Gatten zu begegnen. — Zweideutig, aber in seiner Vielgestaltigkeit besonders wichtig, ist der „Angang" des Worts. Könige hören gern zunächst das Wort „Sieg" und provozieren bisweilen in kindlicher Form, auch durch Geschenke, die laute Nennung solcher günstigen Omina. — Ungünstig ist der „Angang" vieler, besonders giftiger, Pflanzen, unreiner Tiere (Schakal, Krähe, Hund, die z. B. über einen Opferplatz laufend, diesen entweihen) verkrüppelter Menschen (Weiber ohne Brüste, Männer ohne Nase, mit krummen Nägeln usw.), Asketen und anderer unfruchtbarer Personen, sowie der Vertreter einiger der niedrigsten Kasten (Barbier, Schnapsbrenner, Holzträger, Ölmüller, Goldschmied). Jeder Mensch bedeutet Glück, wenn er einen vollen, Unglück, wenn er einen leeren Wasserkrug trägt.

Wie im Wort, wird auch im körperlichen Wesen eine göttliche Macht wirkend vorgestellt, die in ihm nicht etwa bildlich zu liegen, sondern lediglich den Begleitumständen nach in es „hineingesehen" zu werden braucht. Der geringfügigste Stein kann dadurch, daß man ihn versehentlich verschluckt, daß er vom Himmel fällt, durch Farbe, Form, Gewicht oder Temperatur von seiner Umgebung absticht, daß man sich an ihm den Fuß verletzt, zu einem „Stein des Anstoßes", einem religiösen Objekt, werden, dessen Bedeutsamkeit, einmal scheinbar erprobt, für alle Fälle behauptet und in der Magie voreilig in Anspruch genommen wird. Die Beziehungsvorstellungen zwischen dem denkenden Subjekt und durchdachten Objekt ergeben den Analogiezauber, der stets das Naturwesen als den Empfindungsträger zum Regenten des Geschicks, zum Inhaber der Seele des Subjekts macht. So oft wir ein altes Andenken einbüßen, geht damit ein Stück unserer Seele verloren. — Wir lernten Grenzsteine, wie sie sich z. B. bei den niedrigen Garos Indiens finden, nicht nur als Schutzgottheiten, sondern als Dämonenträger von kollektivistischer Funktion, d. h. als etwas Heiliges schlechthin, kennen. Steine, die an hervorragendem Platz, in der Nähe von Dörfern, stehen und sich durch besonderes Aussehen auszeichnen, werden als Gottheiten durch blutige Spenden verehrt. Das geometrische als ein in der menschlichen Seele praeformiertes Element wird in schlichten Materialien (in Indiens Alluvialgegenden in dem seltenen Stein, sonst in Ton) zur Anschaulichkeit gebracht: ein Kegel aus Ton stellt den Gott dar. — Als Parallelerscheinung zum Menschen ist der Baum bekannt. Er paart sich nach Menschenart. Das Pflanzen von heiligen Bäumen in Gruppen dient dem Zweck, eine geschlechtliche Vereinigung verschiedener Baumsorten zu ermöglichen. Kinderlose Eheleute glauben einen Sohn zu bekommen, wenn sie die Hochzeit des heiligen Feigenbaums (ficus religiosa) mit dem Neem-Baum (melia azadirachta) feiern, was unter Wahrung des ganzen Rituals geschieht. Erst nach dem Abschluß der Zeremonien ist es erlaubt, von den Früchten dieser Gewächse zu genießen. Die einzelnen Teile des Baumkörpers werden in der Sagenwelt mit solchen des menschlichen oder tierischen Leibes gleichgesetzt. Es wird von ihrem Lachen, Singen, Reden, Weinen, Von-der-Stelle-rücken, Hinfallen, Sichaufrichten und so weiter gesprochen. — Als Idole dienen neben Naturdingen, oft mit diesen verbunden, rohe „Symbole", von Menschenhand geschaffen oder verändert. Bhīmasena, ein Held des Epos, ist jetzt eine der Hauptgottheiten der Gonds;

er wird hergestellt durch ein Stück Eisen (Eisen ist heilig!), das man in einem Stein oder Baum befestigt, oder durch einen mit roter Farbe beschmierten unbehauenen Stein, oder durch ein paar Holzstücke, die 3—4 Fuß hoch, in den Boden gesteckt werden. In diesen Verkörperungen lebt der rein arische Ritter bei den wilden Gonds weiter! — Die Rotfärbung der Idole hängt mit dem an Farben überhaupt sich knüpfenden Aberglauben zusammen: das Weiß ist Glücksfarbe, so namentlich auch bei Tieren, Blumen, Gewächsen usw. Der ganze altarische Götterdienst war im wesentlichsten ein Licht- und Sternkultus; schon deshalb mußte man das Weiß verehren. Blau galt als gefährlich, namentlich beim Kleide. Schwarz (an Haut und Kleidung), bedeutet den Tod, gelb als Farbe des (sterilen, buddhistischen) Mönches meist Unglück. Am meisten wird des Rot gedacht, offenbar weil seine Reizwirkung am größten und seine künstliche Darstellung mittelst Pflanzensäften am leichtesten war. Rote Gewächse bedeuten fast immer Unglück, desgleichen Gewänder und Kränze von dieser Farbe, vor allem aber die roten Farbstoffe, wie Lack, Mennig u. a., obgleich sie von den (verachteten!) Färberkasten und selbst als Schminken vielfach angewandt wurden. Dem Rot wohnte offenbar eine Heiligkeit im urältesten Sinne inne. Schon im Reich der Gestirne und der atmosphärischen Erscheinungen war es ängstlich beobachtet und gescheut: der rote Mars, die roten Erscheinungen der Zodiakallichter usw. bringen ebenso wie der schwarze Saturn, die schwarze Verfinsterung und Nachtfinsternis verderben. Das Sanskritwort maṅgala bedeutet: „Omen", zugleich „Planet Mars". Die Zweideutigkeit des roten Farbstoffs erklärt sich am besten aus der Wertung des Bluts. Es ist ein ganz besonderer Saft, gefürchtet und vielfach angewendet. — Die Farbe des Herdentieres beachtet der Landmann sehr. Wenn in einem Rinderhaufen ein schwarzes Tier vorangeht, so wird der ersehnte Regen kommen. Wenn bei einem im Dekkhan gefeierten Fest die Herden den Dorftoren zugetrieben werden, so beachtet man, ob der erste Ochse rot oder weiß ist. Danach richtet es sich, welche Farbe die Hirse haben wird. Die bösen und guten Farben werden nicht nur bei den entsprechenden Gottheiten selbst, sondern im Kultus bei allen ihren Emblemen angewandt: ihrer Gewandung, Wagen usw., so daß die Szenerie der einzelnen Planetenidole ganz einheitlich ist. Im rohen Götterdienst ist Bhairava dunkelblau, ebenso Schiva; Gaurī heißt „die Rotgelbe". Sie ist Schiva's Gattin. Gelb, wie schwarz und rot, sollen vielleicht nach dem Grundsatz: „gleiches mit gleichem", auch Mittel sein, Dämonen zu verscheuchen. Deshalb werden schwarze Tiere der schwarzen „Göttin der Vernichtung" geweiht. Dem Gelb der Fieberdämonen entspricht das der Zitrone, die besonders stark dämonenabwehrend wirkt (s. oben). Krieger, die in der Schlacht zu sterben wünschen, kleiden sich gelb, vielleicht, weil die gelbe Sandelsalbe bei Leichen angewendet wird. Außerordentlich weit verbreitet ist die erwähnte Rotfärbung, so z. B. von kultischen Idolen. Sehr vielfach, nicht immer, ersetzt künstliche Färbung das blutige Opfer. Jedenfalls genügt der bloße Akt der Rotmachung irgendeines Gegenstandes dazu, ihm Heiligkeit zu verleihen. Wenn man in Gujarāt eine Quelle ausgegraben hat, so wird ein Stein mit roter Farbe bestrichen und am Rande der Quelle errichtet, um als Wohnung für die Göttermutter zu dienen. Mit roter Farbe werden auch die Idole des Landmanns bestrichen; Kleider und Baumwollfäden gefärbt, die zu sakralen Zwecken gebraucht werden; Gräber angestrichen und dadurch für heilig erklärt; Marken auf die Stirn getragen, um sich selbst vor Begehung eines Opfers oder Übernahme eines Gelübdes (Wallfahrt) der Gottheit zu weihen oder sich vor dem bösen Blick zu schützen; die Kultgeräte, ferner das kultisch gebrauchte Wasser; die Hörner der Rinder, die beim Dīvāli-Fest — es soll den Herdenbestand sichern — Anteil haben, bestrichen. Die Fahnen, die auf oder bei einem Dorfheiligtum gewöhnlich auf einer Stange wehen, haben rote Farbe, um die Heiligkeit des Platzes zu betonen und böse Geister an der Annäherung zu hindern. Rot sind die Kränze des Opfertieres und des Henkers. Eben diese Farbe ziert die Hand der indischen, zur Selbstverbrennung fahrenden Witwe, die sie an das Haupttor des Tempels drückt. Überhaupt tritt bei der Witwenverbrennungszeremonie als himmlischer Hochzeit, wie bei der Eheschließung mancher Kasten, diese Farbe hervor. Die Kleidung und die Instrumente des Schülers vor Aufnahme in den Brahmanenstand zeigen sie. Die weit vom Zentrum der brahmanischen Kultur entfernten Stämme verscheuchen durch sie Krankheitsgeister, indem sie mit ihr Schnüre färben, die sie um den Hals ihrer Kinder hängen. Die Tibeter schmieren rote Erde auf einen Ziegenbock und opfern ihn dann oder lassen ihn nach Belieben laufen. So wird die Bergkrankheit geheilt. — Einen roten Ziegenbock erhält am gemeinschaftlichen Hochzeitstage mehrerer Geschwister der für die Fruchtbarkeit in der Ehe sorgende Gott. Das erinnert sehr an die Verehrung des Feuers durch Darbringung roter Tiere. Im Zauberritual der ältesten Zeit findet sich die Lehre, daß man ein rotes Tier (Kuh ?) dem Rudra opfern soll, dem gefährlichen Gott zu gefährlichem Zweck den ihm „zukommenden“ gleichartigen Anteil. — Die niedrigen Kasten bringen die blutigen Opfer noch unverfälscht dar, indem sie das Blut auf den Boden, in die Erdgrube oder auf ein rohes Idol (bei den Hirten des Panjab ist es ein gekrümmter Eisenstab) laufen lassen. Die befreite menschliche Seele ist nach einem Upaniṣad-Text „wie ein Safrankleid, wie ein (roter) Indragopa-Käfer.“

Das Bild mußte zum Zweck des bösartigen Zaubers bis in seine Einzelheiten ausgeführt werden, denn es standen ja die Körperteile der Figur mit denen des Menschen, der geschädigt werden sollte, in ursächlichem Zusammenhang. Einzelne Glieder werden abgehauen oder, am besten auf einem Kreuzweg, die ganze Figur zerschmettert. Bisweilen bohrt man Nägel in sie hinein oder stellt eine Gruppe her: Durgā zerstößt mit ihrem Dreizack die Brust des Bildes. Ein Opferfeuer wird angezündet und der Tod über die Person, die man zu vernichten wünscht, ausgerufen. Wir erinnern an die bei den Totenzeremonien gebrauchte Figur des „Blättermanns.“ Noch heute werden, wenn ein Toter nicht in Person bestattet werden kann, 360 Blätter des palāscha-Baumes auf eine schwarze Antilopenhaut gelegt, die alle seine Körperteile darstellen soll, obenan, als Kopf, eine Kokosnuß, als Ohren zwei Muscheln und so weiter. Auch die inneren Körperteile werden angedeutet. Neben dieser altheiligen Wiedergabe besteht die neuere, das plastische Bild statt der Leiche zu verbrennen. Götterbilder werden bekleidet, frisiert, gewaschen, zum

Schlaf niedergelegt, in Prozessionen herumgeführt (Götterbesuche!) usw. Als unmittelbare Stellvertreter der Gottheit finden wir sie beim Losorakel, bei der Eidesleistung. Das Wasser, in dem sie gebadet werden, gewinnt dadurch an Heiligkeit und wird deshalb auch von Gläubigen hinterher benutzt. — Für das Unglück, das der Aberglaube an Götterbildern anrichten kann, ist folgende Geschichte bezeichnend: Ein Bewohner von Jabalpur wusch und salbte einmal eine Statue des Viṣṇu. Dabei ließ er sie fallen, so daß der eine Arm abbrach. Er wollte sich nun aufhängen, wurde aber daran verhindert und von den Brahmanen angewiesen, nach Benares zu gehen, wo man ihm sagen würde, wie er den Zorn der Gottheit beschwichtigen könne. Er folgte dem Gebot und ging, obgleich in seiner Heimat die Pocken ausgebrochen waren und einer seiner nahen Verwandten daran litt, unter Mißachtung des entgegenstehenden Gesetzes nach Benares. Dadurch übertrug er dorthin die Infektion und viele Menschen starben. — Der höhere Schwindel der sich bewegenden Heiligenbilder besteht noch immer, auch in China, obgleich dessen Regierung in einem Erlasse sagt: „Aller Volksglaube ist als Aberglaube erklärt und abgeschafft". Im Herbst 1928 soll in einem Ort des nördlichen China einer der vielen Buddha's, die als Steinfiguren in den Nischen einer Pagode sitzen, aufgestanden sein und segnend die Hand ausgestreckt haben. Ein ungeheurer Zulauf der Masse, die sich zu ganzen Pilgerzügen zusammenschloß, war die Folge. — Als Beispiel einer Analogiehandlung erwähnen wir das „Geschenk der Erde", d. h.: die „symbolische" und Glück bedeutende Schenkung des Abbildes der ganzen Welt, das man am Tage der Königskrönung nach dem Ritual dem neuen Herrscher weiht. Es ruht hier auf einem Tigerfell wie (s. oben) der Brahmane auf einem Kuhfell: die Kuh gehört zum Brahmanen wie der Tiger zum König. Auf diesem Fell sieht man eine Erdscheibe, umgeben von den sieben Inseln samt Meeren und Bergen. Natürlich handelt es sich dabei nicht um ein Kunstwerk, sondern einen Zaubergegenstand. Unter den Formen, die den Leib als solchen darstellen sollen, tritt die des Gefäßes besonders stark hervor. Es gibt zugleich, wie die Gesichtsurnen lehren, den menschlichen Kopf wieder. Darüber hinausgehend, birgt es, weil es dem menschlichen Blick seinen Inhalt entzieht, ohnehin Magie. Dieser Inhalt ist, wie das Material des Topfes der Leib, ein Stück der Seele des Menschen. Wo dein Schatz ist, da ist dein Herz, sagte Christus. Zum Inhalt des Wassergefäßes eilt oft die Seele des durstigen Träumers. Ein Krug verschließt auch die Gebeine des Toten. Daß in diesen Leben schlummert, beweist die Hausurne: nicht den morschen Knochen, sondern der kleinen in oder neben ihnen weilenden Seele wurde das Häuschen gebaut. Dem Inbegriff des menschlichen Leibes entspricht der des gefüllten Kruges: die sieben Söhne Eduards sind die sieben Violen seines heiligen Bluts (Shakespeare). — Ferner wird in einer solchen Flasche, wie wir schon sahen, mancher Dämon gefangen gesetzt, so noch im Grimmschen Märchen der hochmächtige Merkurius (Quecksilber). Die in Gefäßen irgendwelcher Art (Bambusrohrstücken) verwahrten Gifte und Schlangen vermehrten die Furcht vor den Behältern als magischen Machtmitteln. — Wie im Topf das Wasser, ruht in dem menschlichen Weibe das Fruchtwasser, das den Embryo schützt. Der zwischen beiden bestehende

Parallelismus wird im alten spekulativen Teil des Rituals bis ins einzelne durchgeführt. Unter den hochheiligen Gefäßen des Rituals gibt es ein großes goldenes, das einen „goldenen Fötus“ bergen soll. Man stellte sich unter ihm den Urkeim des kosmischen Lebens, kosmologisch als älteste Gottheit, natur-spekulativ gedacht als Urzelle vor. Einerseits kann deshalb ein sehr bekanntes altes Lied mit den Worten beginnen: „Der goldne Fötus entwickelte sich im Anfange [der Dinge]“, auf der anderen Seite konnte das geistige Element der hohen Lebensträger, das zu suchen bekanntlich die älteste indische Philosophie geschaffen war, damit bezeichnet werden. Eine spätere Zeit setzt den König durch eine umständliche Zeremonie mit dem „goldnen Keim“ in der Sonne, also deren schaffender Quintessenz, gleich. Zunächst unternehmen die Priester ihre Lustrationen usw., dann wird von ihnen die Erlaubnis zur Veranstaltung des Ritus mit den Worten eingeholt: „Der König wünscht in den Zustand eines goldnen Fötus zu kommen. Die Erhabenen mögen dies gestatten“. Darauf soll der König in ein goldnes Gefäß hinein kriechen und dort mit voller Energie sich den „goldnen, mit goldnem Mutterleib versehenen, mächtigen Geist („puruṣa“ [der in der Sonne waltet]) vorstellen, dann wieder aufstehen, sich mit einem goldnen Rade drücken lassen („um den Tod zu verscheuchen“) und dann wieder herauskommen. — Es wird in dieser Zeremonie also der Versuch gemacht, den König zum Inbegriff der Sonnenenergie umzugestalten. — Noch sei, um zu einer weit älteren Stufe des Rituals zurückzukehren, namentlich der Feuerschüssel gedacht, die von den höchsten, spekulativ sie umwebenden Geheimnissen erfüllt ist. Sie wird als Kopf wie als Mutterleib angesehen. Zugleich ist sie „das Haupt des [Dämons] Makha“ und „dem [Feuergott] Agni ein Mutterleib“. Ein sehr alter Text sagt: „Mit 7 räuchert er; denn 7 Lebensodem gibt es im Kopf; die Feuerschüssel aber ist der Kopf des Opfers; in den Kopf des Opfers legt er [dadurch] die Lebenshauche hinein; deshalb gibt es im [menschlichen] Kopf 7 Lebenshauche [Augen, Ohren, Nasenflügel und Mund]“. Die Magie des Gefäßes hat sich unverändert bis auf die Gegenwart fortgeerbt. Die heutigen Dorfbewohner benutzen als Idole, wenn sie keine Steine finden, irdene Töpfe. Vielfach werden solche Gefäße mit Farben angemalt und auf das Feld gebracht, dort auf eine Stange gesteckt und dann als Schutzgottheiten verehrt. Oft aber werden sie mit ganz einfachen Dingen (einem Steinchen) gefüllt. Dann gilt der Inhalt als das eigentlich göttliche Element, z. B. als Ehegottheit. Im jüngsten Ritual (nārāyaṇabali) bedient man sich einer Fünfzahl kupferner Gefäße, in die man Idole der fünf großen Gottheiten versenkt und sie anbetet, um die Ahnen zu besänftigen. Die Heiligenschreine und Tabernakel, selbst des ältesten Ägyptens, grenzen hier an. Mit dem indischen Ahnenkult ist das Gefäß, vor allem das Wassergefäß, eng verbunden. In Bombay werden noch heute Töpfe gebraucht, um die verstorbenen Vorfahren darzustellen; man verehrt sie mit Spenden. Im Hochzeitsritual gilt es für alle Klassen der Hindus als Vorschrift, Töpfe hinzustellen, in denen die Fruchtbarkeitsdämonen ihren Platz haben. Im alten Ritual hören wir, daß die zum Totenopfer eingeladene Seele in das Wassergefäß schlüpft. Der Eine der drei beim alten Totenopfer verwandten Wasserkrüge soll nicht von der Stelle genommen werden, „weil in ihm verhüllt die Väter weilen.“ Auch Lebende geben sich im Bilde des Kruges wieder: das Wort pātra bezeichnet einen Topf und eine würdige Person. Im Ritual vertritt der Wasserkrug den [aufsichtführenden] Brahmanenpriester. Viel wunderlicher Aberglauben, Hexerei und Zauber schließt sich an die Gefäße; sie bergen Dämonen, stellen solche dar (die Pocken werden unter dem Bilde eines Wasserkruges verehrt) und sind als Fallen für sie geeignet. Man schließt den Deckel und der Teufel findet keinen Ausweg; nicht anders ergeht es der Seele des durstigen Trinkers.

Die menschliche Seele wird, wie im Worte und Bilde, so auch im Zauberspiegel gebunden — ein weit verbreiteter, namentlich auch bei den Chinesen sorgfältig ausgebauter Aberglaube, der natürlich von der Ungreifbarkeit der Spiegelerscheinungen ausgeht. In Indien scheint das Spiegelbild den psychischen Teil der menschlichen Wesenheit zu beherbergen. Dadurch, daß man sich beschaut, wird man seiner selbst gewiß; man kann sich nicht verloren gehen, bleibt also am Leben. Deshalb benutzt der König an jedem Morgen einen goldenen Spiegel oder er besieht sich in Schmelzbutter. Oft spielt die Idee mit hinein, daß das Spiegelbild des Beschauers zweites Selbst ist. Wer sich deshalb fortpflanzen will, mag ihn benutzen, dem Mönch oder der Witwe ist dies natürlich unter keinen Umständen erlaubt. Auch scheint die Spiegelwahrsagung als minderwertig und des Brahmanen unwürdig, wahrscheinlich als bösartiger Zauber, ihm verboten gewesen zu sein. So verstehen wir manche Vorschriften: der Brahmane und die Witwe sollen nicht in einen Wasserspiegel oder in einen Spiegel von Schmelzbutter sehen. Dagegen betrachtet sich in einem (Kunst-) Spiegel die unmittelbar vor der Entbindung stehende Frau, wie er denn überhaupt als glückbringend, die Lebensenergie vermehrend vorgestellt wird: der süße Wahn der Eltern, im Kinde das eigne Selbst wiedergeboren zu sehen, spricht sich in diesem Gebrauche aus. Von dieser Gefühlsrichtung aus ist auch der Spiegel als Glücksgegenstand bei der Hochzeit anzusehen und nicht minder bei der Witwenverbrennung: die Todgeweihte beschaut sich in ihm bei ihrer letzten Fahrt andauernd. Auch bei der Zeremonie des Haarabschneidens wird ein Spiegel verwandt, der offenbar dem Kinde das Leben erhalten soll. Der diesen Gegenstand umflechtende Aberglaube wird sogar von den klassischen Medizinern vertreten. Man darf wohl annehmen, daß die alte mantische Idee von dem weggefangenen, verhexten, verdoppelten, verkürzten, belichteten, zerrissenen, gefärbten, verzerrten (konischen) Spiegelbild eines Kristalls, des Wassers oder der (im kulturellen Leben und im Ritual gebrauchten) Schmelzbutter, also dem zufälligen und überraschend erscheinenden Abbild von den Brahmanen zu einer „Crystall-(Kunstspiegel-) Philosophie“ verarbeitet worden ist. Ihr sind viele Vorschriften entsprossen, bei denen von irgendwelcher Volkstümlichkeit nicht die Rede sein kann. Beispielsweise soll man, ehe man den Teilnehmer eines Dauer-Opfers zu der sehr heilig-gefährlichen Weihezeremonie zuläßt, ihn in einen Spiegel, ein Gefäß mit Wasser, auf die Arundhatī (das auf der Grenze der Sichtbarkeit stehende Sternlein am Stern Alcor des Großen Bären), die Person im Auge sehen lassen. Alle diese Dinge zeigen entweder das Bild des Menschen oder stellen es dar: die arundhatī und der Polarstern verschwinden dem

Todgeweihten, mit dem sie mystisch eins, dessen kosmisches Reflexbild sie sind. Der in den Stand der Heiligkeit Tretende — Heiligkeit birgt den Tod: es stirbt, wer Jehova schaut — hat also allen Grund, durch intensive Betrachtung seiner Lebensträger diese sich einzuverleiben. — Es ist selbstverständlich, daß sie nicht mißachtet oder verletzt werden dürfen; der weggefressene oder weggefangene Schatten tritt noch im Brahmanismus auf, der es verbietet, ihn mit Kot oder Urin zu besudeln, auf ihn zu treten usw.

Was vom Spiegelbild gilt, gilt auch vom Schatten; eine gewisse Gefährlichkeit ist ihm als Träger der Seele des Besitzers eigen; sie ist um so größer, je mächtiger dieser ist. Der der Kaste Verlustige verbirgt sich aus Ehrfurcht, aber auch aus gemeiner Angst vor dem vorübergehenden Brahmanen, damit nicht dessen zaubermächtiger Schatten ihn trifft. Derselbe darf nicht von seinem Besitzer getrennt, getreten oder mißhandelt werden. Durch einen Stich mit dem Messer in seinen Schatten kann man dessen Besitzer töten. Frauen nehmen in der Absicht, ihre Unfruchtbarkeit dadurch aufzuheben, Bäder und lassen danach ihren Schatten auf ein Kind fallen. — Dämonen haben vielfach keinen Schatten; sind sie doch selbst nichts anderes als solche, als die geistigen Teile menschlicher Wesenheiten. Die jetzt so verbreitete Klasse der Bhūt's ist deshalb schattenlos; andere, wie die Ancheri, die an den Südabhängen des Himālaya verehrt werden, sollen dagegen durch ihren Schatten, den sie auf kleine Kinder werfen, diese schädigen. — Manche Formen des hierher gehörigen Aberglaubens finden sich auch bei den Moslems Indiens und sind in unveränderter Form in Deutschland bekannt. Es wäre denkbar, daß die namentlich durch die Kreuzzüge angebahnten regen Beziehungen zwischen Ost und West jene Ideen nach Europa gebracht haben. Jedenfalls herrscht die Sitte, in einem Hause, das einen Toten birgt, sämtliche Spiegel zu verhängen, in Indien wie in Deutschland. Das Spiegelbild ist auch hier als Wirklichkeit empfunden worden.

In höherem Grade, als wir es nachzuempfinden vermögen, ist das Wort nicht bloß der geistige Inbegriff, sondern das akustische, ja sichtbar gefühlte Symbol, das Ebenbild des Dinges, das es wiedergeben soll. Erinnern wir uns doch, daß auch die Schrift ursprünglich nicht den Begriff, sondern die räumliche Form des konzipierten Gegenstandes bildlich vor Augen stellte. Dies versuchte die gebundene Rede, die im Dienste der Magie stand, mit mystischen Mitteln zu erreichen. Die Gewalt der Zauberei wird durch das Wort getragen, das der begleitenden Formel angehört. Es darf nicht bloß Mittel zum Zweck, muß vielmehr durch lautliche Seltsamkeit und begriffliche Unverständlichkeit aus der Fülle des sprachlichen Guts herausgehoben sein. Die Zigeuner gelten als Zauberer, weil ihre Sprache niemand versteht. Die zwischen Wort und Tat vorhandene Kausalität wird durch die Unverständlichkeit der Rede zum magischen Geschehnis. Die Magie der Sanskritsprache beruht auf ihrer Unverständlichkeit in der Laienwelt. Den in ihren Zauberformeln schlummernden Gewalten ist tiefste Mystik eigen. Sie sind nicht klaren Überlegungen, sondern Exaltationen entsprungen und gehen auf sinnlose Exaltationen und Schreie zurück. Gilt doch, wie wir sahen, die Sprache des Berauschten, Hysterischen und Wahnsinnigen als wahrsagend. Der Priester der niederen indischen Stämme erteilt fast immer nur dann Orakel, wenn er, an einem Feuer sitzend, auf dem Weihrauch usw. brennt, sich in einen delirierenden Zustand gebracht, d. h. (meist unter sehr heftigen Kopfbewegungen) mit Kohlenoxydgas und Kohlendunst vergiftet hat. Selbst die Sprache des metrischen Veda ist, zum mindesten da, wo magische Zwecke unmittelbar beabsichtigt worden sind, als aus der äußersten Exaltation hervorgegangen zu denken. Die traditionelle und modern-wissenschaftliche Grammatik versagt deshalb zu Zeiten den Anforderungen gegenüber, sie verständlich zu machen. Schon die altindischen Ritualtexte schreiben ausdrücklich die Nähe des Opferfeuers, an dem unverständliche Worte nach vorausgegangenem Fasten gemurmelt werden, für den Geweihten vor, und rechtfertigen dadurch die Annahme, daß als Erfolg ein trance-Zustand beabsichtigt war, der eben als gotterfüllt galt. Der gesamte Veda galt als das erste Glied der Weltschöpfungsreihe und die Welt aus ihm emaniert. Er ist deshalb unveränderlich. Unter „Wissen" schlechthin versteht man nur den Veda samt allen seinen Haupt- und Nebengliedern. Aufs treueste überliefert, sorgfältig vor Profanation geschützt, vorschriftsmäßig angewandt, hat er seine volle, weltbewegende und weltsetzende Kraft sich bewahrt. Das „Wissen", das „höchste aller Güter", auf dem der Vorrang des Brahmanen beruht, verschafft ihm alle physischen und metaphysischen Vorteile. Alle Fassungen der einzelnen Schulen galten für deren jedesmalige Angehörige als völlig autoritativ. Dem Ungläubigen, dem Menschen, der die Kaste verloren hatte oder einer niederen Kaste angehörte, werden sie nicht mitgeteilt. Deshalb ist ihre Drucklegung sehr jung und ihre Rezitation vor einem Europäer überaus schwer zu erreichen. — Der älteste Veda, durch die frühesten, mächtigsten Weisen oder Gott Brahman selbst erschaffen, ermöglichte das kosmische Werden: „die Weisen der Urzeit erschufen, da ihre Zaubersprüche wahr [d. h.: dem evolutionistischen Weltgeschehen adaequat] waren, die Morgenröte". „Das ganze Meer der Erscheinungswelt ist nämlich an die [heilige] Rede gefesselt." Sie bestimmt Entstehung, Entwicklung und Ziel des Menschengeschlechts sowie die Aufgaben des Einzelnen in dem unverrückbaren Gefüge der Kastenorganisation; sie kennt Werden und Vergehen von Himmel und Erde, ja vom gesamten Weltall. Jedes Abirren von der Lehre des Veda ist Ketzerei, bedeutet also auch Untreue gegen die Kaste. Alle neuen Erkenntnisse des Menschengehirns sind in ihm verschlossen, die sich herausstellenden Widersprüche zwischen Alten und Neuem nur scheinbar vorhanden. Er umfaßt als besonderes „Geheimnis" die nur einzelnen, meist begünstigten Schülern mitteilbaren Upanischad's, ergeht sich in vielen Rätseln, die einen Teil des Weltgeheimnisses in die Hände des „Kenners" (Dichters) legen, kennt die Sitte des in Frage und Antwort theatralisch verlaufenden Rätselfragespiels und Geheimzeremonien. Manche Gesänge sind so heilig, daß sie nur unter Abwehrritualien vorgetragen werden dürfen. Anderenfalls erfaßt der Tod die Rezitierenden. Umgekehrt vermag das Wort die Menschheit vom Tode zu befreien. In einem Spruch, der mit irgend einer Zauberhandlung, vielleicht mit der Anwendung eines aus dem „Götterholz" geschnitzten Amuletts in Zusammenhang steht, heißt es — die Worte richten sich an einen Menschen, dessen Leben man verlängern will —:

„Du Unverletzter, nicht wirst du sterben, nicht wirst du sterben, nicht fürchte dich, denn nicht sterben sie dort, nicht gehen sie in das tiefste Dunkel, [vielmehr] lebt dort jeder, Kuh, Pferd, Mensch, Rind, wo diese Zauberhandlung (brahman) vollzogen wird als Schutzwehr, damit man weiter leben kann", wobei das Wort brahman als Inbegriff des mystischen Zwanges und „Schutzwehr" als Symbol der Verteidigung gegen dämonische Angriffe, die man mit Wall, Wasser und Graben abwehrt, hervorhebenswert ist. — Als Beispiel für die Geheimhaltung einer überaus heiligen Formel nenne ich die sāvitrī, die als Quintessenz des ganzen Veda der Lehrer dem Schüler ins Ohr flüstert. Ihre magische Kraft hebt sie hoch über alle Opfer empor. Die niedrigen Kasten dürfen sie nicht beten. Auf den Schwingen des Gesanges (es handelt sich um das bṛhadrathantarasāman) trägt sie den Inhalt des Gebets zum Himmel empor. Die Zeremonie der Morgen- und Abend-Dämmerung, in deren Mittelpunkt sie steht, ist geheim (allein und außerhalb des Dorfes zu vollziehen). Vielfach müssen Zauberworte, Gebetsformeln leise gesprochen werden, oder man bewegt seinen Wunsch nur still in der Seele. Es ist nicht zu leugnen, daß sich in dem Gebot, der Waldeinsiedler solle bei allen Opfern und Riten unhörbar rezitieren, eine Verinnerlichung der Gebetsauffassung geltend macht; aber der Ausgangspunkt ist doch ein magischer. Dies zeigt sich klar darin, daß auch dasOpfer durch bloßes Denken (Meditation) vollzogen werden kann. Schweigen ist Pflicht in der Gottesnähe; das Gebet (z. B. die eben genannte sāvitrī) ist auch rückwärts vollziehbar, wenn dadurch eine andersartige oder gegenteilige Wirkung erreicht werden soll. Von diesem magischen Ausgangspunkt aus ist die wiederholte Rezitation von Gebeten (mythische Weise sprechen die gāyatrī-Strophe 1000 Jahre lang!) und ihre Anwendung als Mittel, die Reinheit zu erlangen, d. h. böse Dämonen los zu werden, zu verstehen. Die Buddhisten niedrigster Observanz glauben durch die Gebetsformel om maṇi padme om (heil dir du Kleinod auf dem Lotusblatte!), die Schivaïten durch die Ausrufe schiva, schiva oder nama schivāya (Verehrung dem S'iva!) aller ihrer Sünden ledig zu werden. Allerdings besagen selbst die volkstümlichsten Lehrbücher dieser Religionen, daß ohne den Glauben an die göttliche Wirkung im Worte nichts getan sei; nur die allerniedrigste Religionsauffassung geht soweit in die Irre, diese Magie als im laut gesprochenen oder stillen Gebet ruhend anzuerkennen und diese Wundermacht proportional mit der Gebetsmasse sich steigern zu lassen. Die Gebetsmühlen sind tibetisch-buddhistisch und, im Gegensatz zu den Rosenkränzen, von der Kirche des Okzidents nicht übernommen worden. Den christlichen Prozessionen entsprechen die zwei Monate anhaltenden Dauerläufe um ein Heiligtum „mit concentrierten Sinnen" und unter beständigem Hersagen von Formeln. —Direkt reinigend wirkt auch ein Sündenbekenntnis, wie es von einer untreuen Frau verlangt wurde. Das Wort ist hier das magische Mittel, sich der Schuld zu entheben. In der Rechtsliteratur aber soll das Sündenbekenntnis vor dem Gericht erfolgen und die religiöse Buße nach sich ziehen.

Das einzelne Wort ist, wie wir sahen, um so heiliger, je weniger es ergründet werden kann; in dem Laut om ruhen Himmel, Luftraum, Erde. DenGott seiner Verehrung nennt man nicht gern mit Namen; statt „Wind" sagt man: „er der dort weht"; statt Feuer „es das dort wärmt." Für einzelne Personen sind zufällig gehörte Worte, die sich auf sie beziehen, besonders wichtig, so für den König das Wort: „Sieg", für eine Frau: „Mutter lebender Söhne". Glückbringend ist ein Wort, das zu der Lage des Hörers besonders gut paßt, namentlich, wenn es des Morgens oder beim Eintritt in eine feierliche Handlung gesprochen wird, ferner ein der Situation angepaßtes Vedawort (s. o. unter „Angang"). Der Aberglaube an die Macht des Wortes geht so weit, daß es besondere „Glückwunschsprecher" gab, die natürlich für ihr „Prosit" beim Niesen und andere Dummheiten ihre Trinkgelder bezogen. Sie wurden verachtet; und dennoch provoziert ein König, wenn er gefährlich krank ist, die für ihn glückbringenden Worte, indem er unter die Bevölkerung Reis verteilt. Bequemer als dieser hat es der Schüler bei der Aufnahmezeremonie zum Veda-Unterricht, denn in die dabei gesprochene Formel soll je nach der Kaste des jungen Studenten ein für ihn glückbringendes Wort eingeflickt werden; ist er adlig: „Herrschaft"; ein Landmann: „Nahrung". Die scheinbar spielerische Verwendung von einzelnen Worten soll deren magischen Inhalt ausnutzen; so gibt es z. B. einen Halbvers, in dem jedes Wort mit uttarā d. h.: „die Obere" beginnt: die ihn sprechende Frau will ihrer Konkurrentin gegenüber die „Obere" sein, den Gatten für sich allein haben. — Andererseits ist neben „dem Genuß von dem was nicht genossen werden soll", auch „das Sprechen von dem was nicht gesprochen werden soll" genannt. Schon die vedische Prosa kennt Worte der „Göttersprache", die nicht nachgebildet werden sollen, bisweilen archaische Sprachformen, oft flache, aber mysteriös erscheinende Wortverdrehungen. Wer im Stande der „Heiligkeit" ist, darf ominöse Worte nicht brauchen. Statt nakula („ Ichneumon" [der Unglück bedeutet]) sagt er: sakula („Hausgenosse"). Den Namen der Yamunā vermeidet man, weil er an Yama (den Todesgott) erinnert.

D e r N a m e ist auch in Indien ein sehr erheblicher Teil der Wesenheit eines Menschen. Deshalb nennt man den Enkel oft nach seinem Großvater oder dessen Vater oder Großvater. Ein solches Kind gilt dann als der wiedergeborene Ahn. Diese Sitte ist aber jetzt abgekommen. Man vermeidet im allgemeinen selbst die Nennung des Enkels nach dem l e b e n d e n Großvater. Das Kind erhält, noch ehe sein Geschlecht festgestellt werden kann, einen Geheimnamen. Der nur den Eltern bekannte Namen soll mit demjenigen Buchstaben beginnen, der auch den der dann waltenden Mondstation einleitet, vorausgesetzt, daß diese nicht Unglück bedeutet. Daher Namen wie sunakschatra, das heißt: „Mit einer guten Mondstation versehen", wahrscheinlich für Kinder passend, bei denen die Geburt unter ein schlechtes nakschatra fiel. — Man darf den Namen, dessen Träger man schützen will, nicht nur nicht bösen Menschen, sondern auch nicht bösen Dämonen gegenüber nennen. Deshalb nennen schwangere Weiber den ihrer zukünftigen Kinder i n d e r N a c h t z e i t nicht. Wenn man einer Eule (Totenvogel!) einen Namen nennt, muß deren Träger sterben. Den Namen derjenigen, die im Stande der Heiligkeit sind, darf niemand nennen. Durch Nennung des Namens eines Dämons (bei der Beschwörungsformel) wird dieser gefesselt: „Dies ist dein Name, wir kennen deine Geburt; dies dein Vater, dies deine Mutter". Andererseits wird der

Name selbst von Gottheiten niedrigsten Ranges gegenwärtig verschwiegen, damit sich dessen der Zauber nicht bemächtigen kann. Einem solchen „unbekannten Gott“ werden diejenigen Beschäftigungen unterstellt, die unter die anderen Gottheiten nicht aufgeteilt werden können. Schon die ältesten vedischen Sänger begaben Götter mit vielen Namen und halten diese geheim, um vor ihren Kollegen etwas voraus zu haben. Varuna selbst hat dem Vasischtha das Geheimnis anvertraut: „Dreimal sieben Namen trägt die Kuh“; der glückliche Besitzer dieser Weisheit bittet, das Geheimnis dieses Halbverses nicht auszuplaudern oder weiter zu überliefern. Wir wollen seiner Bitte willfahren, denn wir wissen nicht, was der Gott meint. — Sobald die Einzelfunktionen der vielen Götter des indischen Pantheons von der Wesenheit einer einzigen Macht (Vischnu, Schiva, Buddha) aufgesogen sind, bekommt dieser Genius zahllose Namen, von denen z. B. tausend in gesonderten Werken aufgezählt werden. Lange Reihen von Göttern und Ahnen werden nur namentlich und zwar mit dem Zusatz „Verehrung [sei dir]“ genannt. Sehr vielfach geschieht dies unter euphemistischem Decknamen. Die furchtbare Kālī wird zur Zeit von Seuchen als „Beschützerin“; das hitzige, durch die echten Pocken erzeugte Fieber als „das Kalte“; die Pockengottheit selbst, der Schrecken aller indischen Mütter, von diesen als „Mutter“ oder „Großmutter“; die rākschasa's von demjenigen, der in die Klauen dieser Dämonen gefallen ist, als „Onkel“ bezeichnet, der sohnlos Verstorbene (also bösartige Geist) mit „Vater“ („Ahn“), die bösartigen Gottheiten Rudra und Schiva mit „Herr“ oder „Gnädiger“ (das Wort schiva ist seinerseits ein Euphemismus); der sehr gefährliche Schakal mit „die Gnädige“ (schivā), der gefahrdrohende Planet Mars mit „Glückszeichen“ (mangala) angeredet. Des Morgens werden manche Namen nur umschreibend genannt; so z. B. bezeichnet man dann den Bären als den „Fresser weißer Ameisen“. Nie nennt man das Wesen, das man jagt oder fängt, so wenig als das Element, in dessen Gewalt man ist. Unsere Jäger sprechen von dem „Krummen“, nicht aber von dem „Hasen“. Ein indischer König belehrte einen englischen General, der über sein Pech auf der Jagd klagte, er solle den Hasen nicht „Eselsohr“, sondern „Langohr“ nennen; dann würde er eine Menge von Hasen schießen. — Der Zauber des Wortes sucht proleptisch den gewünschten Erfolg zu sichern. Viele Kinderlügen sind nichts anderes als eine solche Vorwegnahme der gewünschten Tatsache oder Handlung: Kinder, die auf eine Reise zu gehen wünschen, erklären, bereits auf Reisen zu sein und geben sich einen dementsprechenden Anschein. Der Wunsch wird im Namen objektiviert; daher die vielen religiösen Namen wie „Gottlieb“, „Lebelang“ und Judennamen wie „Heidenreich“ usw. Dem „Lebelang“ entspricht der indische jīva und āyuschmant; beide Worte bedeuten: „[Langes] Leben.“ Der Frau, die in den Wehen liegt, rufen die sie unterstützenden Weiber zu: „Geboren, geboren [hast du] einen reichen reichen Sohn!“ Diese Vorwegnahme kann den Schicksalsbeschluß geradezu umkehren: „Etwas unglückliches soll er glücklich nennen.“ Der echte Brahmane unterläßt es deshalb, wie etwa unsere Bauern, die Dinge beim richtigen Namen zu fassen. Die gesamte Begriffseinkleidung ist durchaus abergläubisch orientiert. Wer einen Feind, ein Unglück fürchtet und seinen Empfindungen durch die Sprache Ausdruck verleiht, ist dadurch schon diesem Mißgeschick verfallen. Die ungeheuerliche, uns ganz unverständliche Verschlossenheit und Unwahrhaftigkeit unseres Landvolks beruht auf dieser Furcht, durch das Mittel des selbstgesprochenen Worts „verhext" zu werden. Der Gedankengang des Brahmanen ist nicht anders gerichtet. Von der Kuh, die keine Milch gibt, soll man nicht sagen: „Sie ist keine Milchkuh." — Bei wichtigen Anlässen wird die ungünstige Eventualität durch die magische Wortsetzung proleptisch ausgeschaltet. Bei einem Opfer gibt es einen „Jasager" und einen „Neinsager". Der eine behauptet: „Die Opferteilnehmer erreichen ihren Zweck nicht", der andere: „Die Opferteilnehmer erreichen ihren Zweck". Natürlich behält der Jasager in der Disputation Recht! — Weltschaffend wirkt das Wort im Zauber, der stets von einer (laut, leise, oder nur in Gedanken gesprochenen) Formel begleitet ist, denn das gewünschte und durch die Handlung erzwungene Faktum wird im Spruch bereits als gegenwärtig bezeichnet. In äußerst vielen Fällen, wenn nicht in der Regel, wird das durch den rituellen Vorgang und den Begleitspruch erzwungene Glücksgut oder kosmische Moment nur für denjenigen erlangbar, „der solches weiß", d. h. der die mystische Auslegung kennt, mithin für den studierten Priester. Ein langer Schmelzbutterguß ins Feuer kann langes Leben bedeuten, „wenn man solches weiß". Es ist nun recht wichtig, dies zu wissen, und den begleitenden, auf langes Leben bezüglichen Zauberspruch zu kennen, denn ein niederträchtiger Priester kann wegen schlechter Bezahlung Butterguß wie Spruch zerhacken und dadurch den Lebensfaden zerreißen. — Wort und Taterfolg fallen zeitlich oft zusammen. Die bildliche oder verbale Darstellung eines Geschehnisses bedeutet dieses selbst; es liegt hier „Analogiehandlung" vor, deren Symbolik das Naturgeschehen zwangsläufig und sofort herbeiführt. In einem Zauberspruch heißt es: „Aus den Knochen, aus den Markteilen, aus den Sehnen, aus den Röhren (Adern), aus den Händen, aus den Fingern, aus den Nägeln winde ich dir die Schwindsucht heraus." Der Zwang des Zaubers zieht also (während der Rezitation) den Krankheits*stoff* aus den innersten Körperteilen heraus, bis er an der Ausgangspforte der Nägel den Leib verläßt. — Die Gemütsbewegungen finden ihre Analogie in äußeren Vorgängen: „Ich spanne dir die Sehne vom Bogen, den Zorn von deinem Herzen". Auch wir sprechen von geistigen und seelischen Anspannungen und Entspannungen. — „Wir werfen unter einen Stein deinen Zorn!" — Selbst die scheinbar rein historischen Einkleidungen von Zaubersprüchen sind letzten Endes Beweise für den Analogiezwang: Weil das Wort, die Handlung, der Gegenstand sich von jeher als zauberkräftig bewährt haben, sind sie es bis heute. „Das Amulett, welches die Dākṣāyaṇa's dem Śatānīka anbanden, das binde ich dir an." — Der Analogiezwang des Wortes kann oft recht heilsame Folgen haben. Wer nur ein Weib ansieht, ihrer zu begehren, der hat schon in seinem Herzen mit ihr die Ehe gebrochen, sagt Christus. „Wenn ein [verheirateter] Mann aus Hochmut *sagt*, er habe mit der oder der Frau Geschlechtsumgang gehabt, so wird dies als Ehebruch betrachtet", sagt ein juristischer Text. Am meisten kommt die Macht des Worts im *Fluch* (s. oben) zum Ausdruck; er wirkt wie ein Naturgesetz unaufhaltsam fort. Die von einem Brahmanen ausgestoßenen Verwünschungen und Flüche werden an Kraft und Bedeutung höher gestellt als die Strafen des Königs, weil diese nur irdisches Leid zufügen können, während jene für das Leben des Sünders nach dem Tode von höchster Bedeutung sind. Ihre unbeschränkte Wirkung, die sich um Wirklichkeiten und Möglichkeiten nicht kümmert, ist erklärlich, wenn man neben das Faktum der Tat das des Wortes als Energiequelle setzt. Als dritte Macht kommt die des kontemplativen Denkens, das den erschauten Gegenstand aus sich heraus in die Wirklichkeit stellt, hinzu. — Die klare Struktur der Sanskriteigennamen, deren Bildung aus den begrifflich wichtigsten Wortbestandteilen (Wurzeln) meist von selbst erhellt — man kann also das Geheimnis des Namens durch Zurückführung auf die ewigen Ur-Einheiten der Wurzel intuitiv erschließen — macht es verständlich, daß man Lebensinhalt und Lebensgeschick der Einzelpersönlichkeit etymologisch erfassen zu können meint. Das geht so weit, daß man die deutschen Namen von Sanskrit-Gelehrten in gleicher Weise zergliedert und daraus seine Schlüsse zieht. Der bekannte Philosoph Deussen [= DEV-SEN] ist danach ein sehr großer Gelehrter gewesen, denn er führte ein ganzes „Heer von Göttern" (deva-sena, sprich: dev-sen) hinter sich her! — Das Richtige hat auch hier der Buddha seit langem erkannt. „Lieber!", heißt es in einer kanonischen Schrift des Buddhismus, „der Name ist nur eine äußerliche Bezeichnung; durch den Namen wird kein Glück erreicht". Damit war fast der ganzen Magie, die sich stets an die „offnen" wie an die „verborgenen Namen", d. h. an die nicht manifesten Erscheinungsformen der Götter und göttlichen Naturmächte klammerte, der Boden entzogen. Die Natur, die jetzt nicht mehr mit geheimen Stimmen redete — eine dem Aberglauben Indiens stets eigen gewesene Vorstellung — war dem sittlichen Wollen des Menschen unterworfen.

Selbst aus dem engsten sozialen Verband ist der Träumer ausgeschieden. Die originäre indische Traumweisheit hat aber dereinst auf dem Standpunkt gestanden, daß zwischen Traum und Wirklichkeit ein Unterschied nicht zu konstruieren sei. Da die Wirklichkeit dadurch zur bloßen Fortsetzung des Traumlebens wird, muß sie das halten, was jenes verspricht. So wird der Traum prophetisch. Natürlich muß man sich seiner erinnern. Die verworrenen, bald vergessenen und durch andere Bilder verdrängtenTräume werden dadurch von selbst ausgeschaltet. Dies lehrt schon die indische Theorie. Ihr kam, wahrscheinlich in der Zeit der Alexanderzüge, die griechisches Gut nach Indien brachten, die hellenische Medizin zur Hilfe, die, unter babylonisch-chaldäischem Einfluß stehend, die Temperamente von den Gestirnen und die Träume von den Charakteren (Temperamenten) ableitete. Sie engte das Gebiet der mantisch verwertbaren Träume stark ein, da sie die krankhafte (einseitige) Veranlagung als natürliches Erklärungsmoment gelten lassen mußte; standen doch die Charaktere unter dem deterministischen Zwange der Jahreszeiten und Planeten, so daß von einer göttlichen Traumoffenbarung nicht mehr die Rede sein konnte. Dazu kam die (sicherlich nicht originär indische) Erfahrungstatsache, daß man vielfach das träumt, was man zuvor durch die Sinne aufgenommen hat, d. h.: daß der Traum eine empirische, natürliche Grundlage haben kann. Danach sind nur „die Motive von Ideenkomplexen (= Traumvorstellungen), die durch die bloße Erfahrung (resp. durch die

Naturveranlagung) nicht zu erklären sind, bei den Göttern zu suchen." Natürlich versuchte man in entscheidender Lage den Willen der Götter zu erkunden und zu beeinflussen. Diesem Streben diente der Schlaf an Stätten, die erfahrungsmäßig von irgendeinem Gott oder einem aus der Erde aufsteigenden Dämon besucht wurden, also in späterer Zeit — das alte Indien kennt keine massiven Heiligtümer — der Tempelschlaf, die Inkubation. Sie war natürlich nur des Nachts möglich. Der (ohnehin verbotene) Tagesschlaf fand ja statt, wenn die Pforte zum Geisterreich nicht geöffnet war. Traum und Nacht wie Traum und Tod stehen einander überaus nah. Im Nachtschlaf besuchen nach der Auffassung der späteren Zeit die aus den tiefen Höllen vorübergehend aufsteigenden Gespenster den Lebenden und offenbaren ihm ihr Schicksal, unter Umständen auch das seinige. Bei abgewogenem Gemütszustand hat man aber nichts zu befürchten. Die Idee der Harmonie zwischen dem Naturwalten und dem sich ihm anpassenden menschlichen Verhalten bricht hier, ins Ethische gewendet, wieder durch: „Wer in der Tugend wandelt, gesund ist, festen Charakter zeigt, seine Sinne in der Gewalt hat und mitleidig ist, einem solchen läßt der Traum in der Regel die erbetene Gabe zukommen."— Am wichtigsten war nach ältester, sich bis zur Gegenwart gleich gebliebener Lehre der letzte Traum. Wenn dieser günstig war — nun gut; erwachte man in tiefer Nacht über ein angenehmes Traumgesicht, so konnte man es einfach dadurch realisieren, daß man wach blieb „unter dem Lobe und Preise des Sonnengotts", denn dieser ist es ja, der den Schlaf und mit ihm das böse Traumgesicht verscheucht. Ihm wird das gute, aber durchaus unter keinen Umständen das ungünstige Traumbild mitgeteilt; durch das Ausplaudern bei hellem Tageslicht würde es gewissermaßen in die Wirklichkeit hineingesetzt. War der Morgentraum böse, so sollte man einfach weiterschlafen — selbst bis in den Tag hinein. Vielleicht fand sich dann der gewünschte günstige Traum noch vor dem Erwachen. Ein Mittel, sich vor dem bösen Gesicht zu schützen, gewissermaßen sich eine geistige Inkubationsstätte zu bereiten, war dies, sich den Sonnengott kontemplativ vorzustellen, wie denn überhaupt die Versetzung in die Sphäre der großen und guten Götter und Ahnen die Stätten des Schlummers von Dämonen aller Art, Vampyren, Incuben und Succuben läutert. Sehr wichtig ist auch prophylaktisch wie therapeutisch das Bad, ja die bloße Vorstellung von heiligen Badeplätzen, ferner das Abreiben mit Asche. Interessant ist es, daß man dieses Schutzmittel nebst anderen (der Verehrung der Götter und des Lehrers, fünfmaliger Verneigung, unter frommen Sprüchen, Erfassung von Früchten) selbst dann anwenden soll, wenn man einen guten Traum gehabt, aber noch nicht frei erzählt hat: man muß vom Erwachen an in einer Sphäre der Heiligkeit bleiben, die eine Dämonenbefleckung ausschließt. Als Mittel, die Wirkung des bösen Traums zu vernichten, wird sehr häufig die Askese empfohlen. Aber auch fast jeder andere Weg, den ein Frommer überhaupt gehen kann, führt zu diesem Ziele. Entweder reibt man mit Lehm oder Seife die Traumbefleckung vom Körper oder man opfert stark riechende Hölzer (Sandel), die man durch Besprengung mit Opferbutter und durch das tausendfache Hersagen einer heiligen Formel besonders abwehrkräftig gemacht hat. Der Veda kennt Gebete, die eigens geschaffen sind, das böse Traumgesicht zu verscheuchen. Dies wird auch durch die Vorstellung von heiligen Dingen aller Art (den Göttern, den drei Fußtapfen Vischnu's, der Gangā), durch Opfer und fromme Werke irgendwelcher Art (Speisung von Brahmanen, Lesen heiliger Texte), die Verehrung heiliger Bäume, Berührung der Kuh, Anblick glückbringender Wesen usw. erreicht. Das verhängnisvolle Traumbild des Königs verlangte einen weitschichtigen Apparat von Abwehrhandlungen, die außerhalb der bewohnten Orte stattfanden und die Teilnahme von weit mehr als 100 Priestern erforderlich machten.

Was die Trauminhalte anlangt, so sagt das umfangreichste Buch dieser Art: „Kein unbelebtes oder belebtes Wesen gibt es in der Welt, das im Traum durchaus nicht erblickt werden könnte; nun also! warum noch weitere Worte?“ Tatsächlich werden belebte und unbelebte Wesen der verschiedensten Art als Traumobjekte genannt. Teils sind sie günstig, teils ungünstig. Es ist aber sicher, daß die beglückenden Träume nur des Schemas wegen genannt worden sind. Nur darauf kam es an, die Unglückbringer dieser Gattung zu erkennen und durch die geeigneten Gebräuche unschädlich zu machen. Die Traumkunde war und ist also eine hervorragend praktische Wissenschaft. — Das Beurteilungsprinzip ist nicht immer klar. Ein gewisser Schatz uralter Ideen wohnt den Textbildern inne. Danach „kommt es (im Leben wie) im Traum immer anders als man denkt“, und so „bringen Träume stets die umgekehrte Frucht“. „Wer im Traume weiße Kleider trägt, trauert, weint, wehklagt, oder stirbt, erfährt überall gegenwärtiges Glück.“ Wir denken daran, daß, wenn bei uns im Traumgesicht Frauen weiße Kleider tragen, nach deutscher Meinung ein Todesfall bevorsteht — also ebenfalls das Entgegengesetzte, denn weiß ist bei uns doch Hochzeitsfarbe. Dies Prinzip ist aber keineswegs überall durchgeführt. Im allgemeinen bedeutet alles Lichte, jede Flamme, jede freundliche Farbe, ein blühender Baum, ein junger Mensch, ein nicht bösartiges Tier gutes. Es läßt sich leicht die Grundidee der Beurteilung etwa so zusammenfassen: was naturgesetzlich ist, der göttlichen Weltordnung dient und zur Hilfe kommt, wie etwa ein Regenbogen zur Gewitterzeit, das ist gut; alles normwidrige, wie z. B. ein Regenbogen am klaren Himmel, ungünstig. So dachte die älteste Zeit natürlich nicht, sondern sie hielt im wachen Zustande (beispielsweise) gewisse Bäume für gleichgültig, andere für gefährlich, noch andere für glückbringend, und zwar je nach den persönlichen Erfahrungen, die der Mantiker zunächst mit dem einzelnen Objekt, später mit der Baumart machte. Da alles Wunderliche Grauen und Angst hervorrief, fürchtete man sich vor einem abgehauenen Baum, der wieder ausschlug oder vor einem Gewächs, das im Spätherbst junges Laub bekam. Die Traumkunde der Spezialisten dieses Gebiets registrierte solche Fälle und abstrahierte das Gesetz von der „heiligen Ordnung“, aus deren Kreislauf die Natur sich nur herausreißen kann, um sich und die Menschen zu verderben. — Das alles gilt auch für die Traumkunde, die allen Gesetzen der Mantik unterworfen ist, wie sie alle Objekte der Wirklichkeit zwar berücksichtigt, sie aber im verzerrenden Spiegel des unterbewußten Trieblebens zeigt. Im Traumgespräch sind Frager und Antworter natürlich eine Person. Der

Träumende erfährt also, was er zu erlangen wünscht oder befürchtet hat, so z. B. das Zaubermittel, den Gegenstand der eignen Liebe zu erobern; eine Quelle zu entdecken; durch ein magisches Medium Krankheiten zu bannen; an bestimmten Orten die hilfreiche Gottheit zu finden. Träume können drohen und warnen. Der Traum vom Beischlaf, auch mit Tieren, hat den Glauben an den erfolgreichen Verkehr mit diesen aufkommen lassen oder doch neu belebt. Der uralteste Standpunkt, daß gerade ein solcher normwidriger Geschlechtsverkehr der Welt den großen Helden bringen müsse, ist in Indien noch nicht gänzlich verlassen. Die alten Dursträume sollen zwar nach der Lehre der Traumbücher als „pathologisch" eigentlich nichts bedeuten; tatsächlich aber führen sie natürlich immer wieder dazu, an verborgenen Stellen nachzugraben, weil man im Traume dort Wasser getrunken hat. Die richtige Stelle zum Bau von Tempeln wird häufig auch in indischen Traumvisionen von der Gottheit dem Menschen gezeigt. An den Jacob-Stein (Beth-El) denken wir, wenn wir hören, daß gewisse Nāga-Stämme an dem Platz eines Traumsteins schlafen, dort opfern und Orakel empfangen; der Akt der Entdeckung des heiligen Steins durch einen weissagenden Traum ist der Weihe des Orts als Inkubationsstätte natürlich vorausgegangen. Solche Träume werden künstlich hervorgerufen. Daß der Wunsch des Gedankens Vater ist, lehrt dieser Glaube an Traumsteine, wofür ein seltsam-rührender Fall erwähnt sei: in Bengalen fand einmal eine Frau in einem Teich einen weißen, glänzenden Stein. Sie nahm ihn nach Hause. In der folgenden Nacht erschien ihr im Traum eine alte Frau (Magierin), die ihr zeigte, wie man diesen Stein anbeten soll. Er wird jetzt als „die Cholera-Mutter" von Hindus wie Moslems verehrt. — Während man hier ein Mittel gegen Seuchen fand, entdeckte man anderswo ein solches gegen Hungersnot. Der Mehltau hauste im Getreide. Da zeigte der Traum einem Manne einen ziemlich umständlichen Weg, aus einer bestimmten Stelle eines Flusses Wasser zu schöpfen und es auf die Felder nach gewissen Regeln zu gießen. An diese Traumoffenbarung wurde so sehr geglaubt, daß unmittelbar hinterher etwa eine halbe Million Menschen sich an jenem Flusse einfanden. — Vielfach wird die Trauminterpretation im Märchen und im Epos gegeben. Wenn jemand sterben soll, so häufen sich die Unglück bedeutenden Träume bei ihm oder seinen Verwandten. Alle in der Mantik bekannten ungünstigen Einzelheiten werden hier plump auf ein einzelnes Bild übertragen. Da erscheint denn eine schwarze Frau mit roten Kleidern, die lacht und tanzt und mit zerrauftem Haar den Kranken in südlicher Richtung fortschleppt; sie kann auch nackt sein, einen roten Kranz auf dem Kopf tragen, Schnaps trinken usw. — Ganz bedeutsam ist ein solches Bild von demjenigen verschieden, das etwa im deutschen Volksleben das nahe Ableben voraussagte. Da ist es nicht eine gespenstige Fratze, sondern etwa die tote Mutter, die des Morgens zu dem noch nicht völlig Erwachten sagt: „Komm mit!" Wie die gesamte indische Literatur, so ist auch die der Traumkunde im Gegensatz zu der deutschen äußerst gemütsarm; sie ergeht sich in unheimlichen, abstoßenden Bildern. Daran hat aber nicht das Volk, sondern eine engherzige Literatenschicht schuld; die Masse als solche führte ein musterhaftes Familienleben. Daß die Seele auch des Inders durch den Abruf eines dahingegangenen Verwandten aus dem siechen Leib geholt werden kann, erfahren wir — um bei diesem Beispiel zu bleiben — von den gelehrten Pedanten dieser Oneiromantiker-Kaste zufällig, fast wie gegen ihren Willen.

Mit dem Todesproblem freilich befaßt sich der Inder bereits der alten Zeit, allerdings in ganz verschiedenem Grade. Der früheste Veda spricht von Tod und Jenseits äußerst wenig. Nicht der Wunsch, in den Himmel zu kommen sondern der, möglichst lange, reichlich und bequem auf Erden zu leben, ist dort der Maßgebende. Später wird das anders. Schon in ältester Zeit wußte man freilich, daß der Mensch sterben muß. Höchstens hundert Jahre sind ihm auf dieser Erde beschieden. Noch heutigen Tages meint man so, wobei man von der Zahl hundert allerdings eine konkretere Vorstellung als ehemals hatte, denn im Altertum bezeichnete man damit einfach eine unbestimmte Größe. Nach moderner Meinung ist das Todeslos determiniert: der finstere Gott nimmt nur denjenigen, dessen Lebenszeit bereits abgeflossen ist. Auch die Vorstellung von dem Schreibergott der semitischen Stämme, der in seinem Buch die Namen der Todverfallenen löscht, ist vorhanden. Am eindrucksvollsten zeigt sich die Idee der Vorherbestimmung in der Astrologie: 101 Dämonen walten, teils sichtbar, teils unsichtbar, meist in wüst-phantastischer Gestalt, gefahrdrohend am Himmel; jeder dieser 101 bringt den Menschen einen „Tod", eine Todesart. Ihre Zahl besagt, daß es unendlich viele ($100 = \infty$) und noch dazu ein überschüssiges, besonders grauenvolles Los der Vernichtung gibt. Diese Schicksalskünder in „Kometen"-Gestalt am Himmel aufsteigen zu sehen, ihre Eigenart (Farbe, Gang) rechtzeitig erkennen zu können, war die Aufgabe der astrologischen Ärzte. Die Diagnose bestand in Seuchengefahr usw., die Prophylaxe in Sühnopfern. Der einzelne Kranke wurde von dieser Gruppe von Ärzten erst beobachtet, als sie ihm ein spezielles Gestirn am Himmel zuschreiben konnte.

Trübte sich dies, so stand es schlecht um den Kranken, dessen Leiden ja einen Verlust an Lebenssubstanz bedeutet. Daß diese bei einem Ohnmächtigen großenteils abhanden gekommen, etwa von einem geisternden Tiger, einem Zauberer, verschluckt worden sei, glaubt man noch jetzt in Indien. Ein seltsamer, kaum in den ältesten Veda hineingehöriger Hymnus beschwört den Geist eines Sterbenden, aus allen Verstecken, in die er hineingeströmt ist, wieder zum Leibe zurück zu kommen: aus der Behausung des Yama (Todesgotts), von Himmel und Erde, von den vier Weltgegenden, dem Meere usw. Kaum dürfen wir annehmen, daß die Seele in die ganze Welt emaniert vorgestellt ist. Vielmehr will der Zauber lediglich kasuistisch alle Verbleibsmöglichkeiten (sogar in zeitlichem Sinne) aufzählen. Jedenfalls aber handelt es sich (wenn der Kommentar recht hat) um das Entweichen aus dem noch nicht entseelten Leibe. Und anderswo wird gesagt: „Mittelst göttlicher Rede führen wir dich aus den Schlingen der Gottheit der Vernichtung empor." Diese „göttliche Rede" ist natürlich der Zauberspruch, der angeblich das Leben schlechthin verlängern, nach dem Wortlaut des Hymnus aber wohl eine augenblickliche Gefahr abwenden, also Ohnmächtige vor dem Tode schützen soll. Der Tod ist danach mit dem Wohnen „im Schoße der Vernichtung", namentlich dem Verschwinden in Erdritzen usw. gleichbedeutend; die

Rückkehr galt unter Umständen als nicht unmöglich. — Die heutige Sitte, aus frühesten Zeiten stammend, geht oft dahin, den Sterbenden, wenn man ihn verloren gibt, aus dem Hause zu entfernen, um dessen Bewohnerschaft vor Befleckung und vor der Inanspruchnahme seitens des Toten zu schützen. Nur einige Stämme lassen den Sterbenden im Hause den letzten Atemzug tun, weil dessen Seele sonst nicht leicht ihre Ruhe finden könnte. Unter die Leiche wird heiliges Gras gelegt; noch mehrfach wird uns das Bestreben begegnen, rings um den Toten eine Sphäre der Heiligkeit zu schaffen, ihm die Leichendämonen fern zu halten, denen er sonst verfallen wäre. Man denke an den Streit des Satans mit den Engeln an Moses (Fausts) Leiche, an die unter den Kopf des Sterbenden gelegte Bibel usw. Primitiv mutet demgegenüber die deutsche Sitte an, den Scheidenden auf dem Erdboden zu betten, ihm das Kopfkissen wegzureißen usw. Der Augenblick des Todes wie dessen untrügliche Merkmale — noch heute in tiefes Dunkel gehüllt — wurden nicht festgestellt. Was Th. Preuß von den Primitiven sagt, gilt auch für Indien. „Der Begriff des Todes war überhaupt nicht von den Naturvölkern erkannt. Der primitive Mensch glaubt fast überall an ein Weiterleben nach dem Tode, aber er hat häufig gar keinen Ausdruck für Seele, sondern spricht lediglich vom Toten, vom Abgeschiedenen, der weiterlebt". Ich darf erneut darauf hinweisen, daß die „Gespenstergeschichten", die ich gehört habe, schon durch die literarische Wiedergabe unter diesem Titel gefälscht werden, denn die erzählende Person berichtet garnicht von „Geistern" oder „Gespenstern" sondern von einem Manne oder einer Frau, die starben; der „Er" oder „Sie" „kommen" dann „wieder". Leib und Seele werden im Tode also ungetrennt gedacht. Der „Weggang" beider ist der Tod, die „Rückkehr" durchaus möglich. Diese früheste Stufe der Nichtsonderung des Geistigen vom Körperlichen zeigt sich in Indien noch in der Meinung, daß man den Träumenden nicht wecken darf, weil sonst seine Seele nicht zum Körper zurückfindet. Hier scheint zwar noch Leib und Geist von einander getrennt zu sein. Aber die in der Ferne irrende Seele ist körperlich gedacht; sie kann Wolf- oder Tigergestalt annehmen und dann „reißen gehen". Die Vorstellung, daß im Bett ein toter Scheinleib zurückbleibt, wechselt mit der oder geht vielmehr, richtiger gesprochen, mit der Hand in Hand, daß der ganze Schläfer, so wie er ist, draußen Unheil anrichtet. Wenn der Geist ausfährt, so geschieht es durch „das Loch des brahman", offenbar jene Stelle des Schädels, an der dessen Nähte sich erst nach der Geburt zu schließen pflegen, so daß ein scheinbarer unmittelbarer Verkehr zwischen Gehirn und Außenwelt bis dahin möglich ist. Die Gestalt der Seele ist sehr verschieden. Die individuelle Form der Einzelseele tritt, da ja in Indien das Individuum ohnehin beinahe nichts, der Kasten- und Stammesverband alles ist, ganz zurück; sie zerfließt vielmehr in irgendeine der landschaftlich und zeitlich verschiedenen Dämonengruppen. Selbst diese haben, wie bei uns die Zwerge (zugleich Ahnen und böse Dämonen) Mischgestalt; z. B. besitzen die Bhūts Kehlen, die so eng wie eine Nadelspitze sind — das erinnert an die Ahnen mit den nadelartig engen Kehlen; zugleich rückwärts gewandte Füße — wie das Gespenst Corail, das ehemals eine im Wochenbett verstorbene Frau war —; endlich, soziologisch genommen, einen Gesellschaftstrieb, der sie mit den Menschen vereint — dieser Zug ist ihnen nach Analogie der Vorstellung von dem Reich der seligen, in fremden Ländern wohnenden Geister, eigentümlich. — Die Unklarheit der äußeren Form dieser Wesen projiziert den Pandämonismus ihrer „Gläubigen" — man sieht sie eben überall und in allen Gestalten. Um Gespenster an dem Eintritt in ihre unheilvolle Laufbahn zu verhindern, vermeidet man selbst beim Opfer zu Zeiten die blutige Tötung: das Opferroß wird erwürgt. Hinrichtungen werden perfid umgangen: den brahmanischen Schwerverbrecher läßt man gern Hungers sterben. Bekanntlich geht eine Opferform in derselben Richtung. Die Erde wimmelt von bösen Geistern. Selbst während des Hochzeitszuges muß ihnen an Kreuzwegen, Bergen, Bäumen Verehrung bezeigt werden. „Auf den Straßen und in den Gewässern, im Walde und auf den Bergen, am Leichenorte, an der Kuh-Hürde und an allen anderen Orten ist Rudra-Śiva" (ihr Oberherr). Kreuzwege und Misthaufen sind mit ihnen überfüllt. Deshalb darf man keine Ausscheidungen (Harn, Kot, Blut, Speichel) darauf fallen lassen. Nach dem Zeugnis des ältesten Veda dringen die Gespenster sogar in die Dörfer ein. Als Totengeister sind auch die Gandharven und Apsaras dieser Textgruppen aufzufassen, wenn sie als die ganze Schöpfung unheimlich belebend gepriesen werden. Die Dämonenfurcht treibt den Eingeborenen bei Anbruch der Nacht in sein Dorf zurück. Er verläßt das Haus oder gar seine Ansiedlung höchst ungern in der Dunkelheit; die Bhūts oder Prets ängstigen ihn dann überall. Selbst am Tage bringt man dem Bilde des Dämons, der im Walde haust, im Vorübergehen eine kleine Spende, sei es auch nur ein Blatt dar. Die Nacht wird bereits im alten Ritual als eine gefährliche Göttin vorgestellt, die man verehrt, um den König vor ihr zu schützen. Es werden deshalb Weihrauchdüfte, Fackeln und Senfkörner angewandt, die man mit der Funktion der Dämonentötung durch Zaubersprüche begabt und um das Bett des Königs streut. Auch wirft man Kiesel nach allen Himmelsrichtungen usw. Die Nacht birgt nach heutigem Glauben Tod und Wahnsinn: der von ihr Ergriffene läuft über Stock und Stein, klettert zwecklos auf einen hohen Baum usw. Höchst kritisch sind auch die Zeiten der Dämmerungen. Seltsamerweise nimmt man gerade in ihnen bedenkliche Handlungen, wie etwa das Wägen oder Messen des Getreides vor: man glaubt die Dämonen (Bhūts) dann zu sehr beschäftigt, um die Verrichtung zu stören. Am meisten wirkt sich die Dämonenfurcht bei Gestirnverfinsterungen aus. Wenn die dann schweifenden Geister eine Schwangere bei ihrer Tätigkeit in Haus oder Feld überraschen, schädigen sie das werdende Kind: wenn sie irgend etwas schneidet, bekommt es eine Hasenscharte usw. Solche Frauen werden deshalb in ein (dämonensicheres) dunkles Zimmer verschlossen. Selbst tragende Herdentiere schützt man, indem man ihre Hörner mit roter Farbe einschmiert.

Die Totengeister haben bald menschenähnliche, bald fratzenhaft dämonische bald tierisch-menschliche Mischgestalt. Ihr dämonisches Wesen zeigt sich oft dadurch, daß sie sich an Leichenstätten aufhalten (Vetāla's), Menschenfleisch fressen (Rākṣasas, Piśāca's), sich in der Gestalt und Gewohnheiten unheimlicher Tiere offenbaren (wohl: kinnara's), auch durch seltsam-schöne Körperform im Verein mit der (bezaubernden) Laute Wahnsinn erzeugen (der hysterische Wahnsinn wird immer durch Musik begünstigt: gandharva's, apsarasas). Gegenwärtig wird der Tote meist als äußerst bedauernswert, namentlich der Speise und des Trankes bedürftig, sowie nackt, vorgestellt. Bald friert er deshalb, bald leidet er unter Hitze und stets unter Durst. Seine Speise ist Kot. Seine Gestalt kann in die gewisser dämonischer Vögel übergehen oder Vögel können Seelen entführen. Auf den Sagen von Menschen raubenden Riesenadlern des Hochgebirges beruht die Magie des in Vogelgestalt gebauten Altars, der den Opferer zur Himmelswelt befördert. Ein altindischer Rechtstext sagt: „Es wird gelehrt, daß die Väter einherziehen, das Aussehen von Vögeln annehmend." Wenn man im alten Ritual die verbrannten Knochenreste des Toten vergraben soll, sie aber nicht findet, so breitet man ein Gewand an der Stelle aus, an der man die Seele weilend annimmt. Der erste Schmetterling oder das erste Insekt anderer Art, das sich heraufsetzt, ist der Tote. Diese Sitte, die wir bereits auch auf Samoa fanden, hat sich bei den Kāmi's Bengalens erhalten. Sie legen bei ihren Leichenfesten Blätter wohlgeordnet auf den Boden des Jangals nebeneinander und warten, bis sich ein kleines Insekt dort niederläßt. Dann decken sie einen Stein über die Stelle und sind zufrieden, daß der Geist des Toten gekommen ist und die Darbringung angenommen hat. Auch andere indische Stämme hegen den gleichen Glauben; sie nehmen kleine Tiere als Seelen Verstorbener mit nach Hause und verehren sie. Über das Äußere der Gespenster unterrichtet uns noch ein besonderer Zweig brahmanischer Weisheit eingehend. Auch in Menschengestalt gekleidet, sind diese Geister so klein, daß ein Faden ihnen als Gewand gespendet werden kann; ein paar Tröpfchen Wasser würden ihren Durst stillen, wenn sie durch die nadelgroße Mundöffnung dringen könnten. Der ganze Körper ist daumengroß und seiner besten Kräfte, namentlich auch der Zeugungsfähigkeit, beraubt. Die mantischen Texte sprechen von unheimlichen Geisterrufen. Nach heutigem Glauben hausen in bestimmten Gegenden widerwärtige, verstümmelte (kopf-, beinlose usw.) Gespenster, deren Rufen man nicht folgen darf, weil man sonst wahnsinnig würde oder stürbe. Ähnliche Vorstellungen finden sich weitverbreitet. Hier ist natürlich der Wahnsinn, der die Gehörshalluzination erzeugt, das Primäre, das zugehörige Gespenst sekundär. — Weitverbreitet ist die Magie der Fußspur. Ihr Alter zeigt sich darin, daß sie den Toten in Lebens-, nicht in Daumengröße voraussetzt. Überhaupt genießt der Fuß (auch von Frauen s. o.) einen gewissen Kultus. Ich erinnere an die drei weltschöpferischen Fußspuren Vischnu's, die Fußspuren Buddha's im entarteten Buddhismus. Im Raghuvaméa ist der durch ein Haremsfenster herausgestreckte Fuß des Königs so schön, daß das ganze Volk vor ihm auf die Knie fällt. Rāma's Fußspuren werden überhaupt verherrlicht. — Das Wasser, in dem der brahmanische Lehrer seine Füße gebadet hat, wird getrunken und verkauft. Der Staub von den Füßen heiliger Wesen gilt als heilig. Das Hochzeitspaar reicht sein Fußwasser den beiderseitigen Eltern zum Trunk; sie übernehmen damit Glück und Unglück ihrer Kinder. Die junge Mutter nimmt den Staub von ihrem linken Fuß und reibt ihn auf die Stirn ihres Kindes, um dadurch den Einfluß des bösen Auges zu lähmen. Bei niedrigstehenden Stämmen wird, wie in Ostpreußen und in slavischen Gegenden zu den Zeiten, in denen die Geister schwärmen, die Asche des Herdes ausgestreut und nach einiger Zeit sorgfältig untersucht. Wenn sie Fußspuren zeigt, so ist dies ein Beweis dafür, daß der Tote zu seiner Wohnung zurückgekommen ist. Er erhält dann die versprochene Spende. — Die Beobachtung der Fußspur im kulturellen Leben reicht bis tief in die Nomadenperiode hinein. Entsprechend der Handhabung der Jagdtechnik ist sie im religiösen Aberglauben das Mittel des Dämons, das Menschenwild zu verfolgen. Schon im ältesten Ritual ist von ihrer Verzauberung die Rede. Die zum Grabdenkmal, das eben angelegt wurde, und vom Begräbnisplatz hinweg führende Fußspur pflegte man (dies war meist die Arbeit der leidtragenden Frauen) sorgfältig zu verwischen. Will man den Pfad, den der Tote gehen soll, für die Lebenden ungangbar machen, so befestigt man nach frühester Sitte einen Büschel an dem Fuß der Leiche. Die unreinen Mahārs in Bombay mußten ehemals einDornbüschel hinter sich ziehen, um mit ihm ihre Fußspur zu verwischen und es dadurch den höheren Kasten ungefährlicher zu machen, ihnen zu folgen. Auf dem Kriegspfade und beim Rinderdiebstahl ist dieser Trick wohl erlernt worden. Wenn der Kuhdieb die Spur unsichtbar machen will, bindet er an den Fuß der gestohlenen Tiere einen Büschel.

Die Begehungen des Totenrituals bieten die Gewähr dafür, daß der Ahn befriedigt, daß von ihm nichts zu befürchten ist. Nicht immer konnten sie stattfinden. Das alte Ritual spricht von Ahnen, die verbrannt und solchen die nicht verbrannt, ausgesetzt und nicht ausgesetzt wurden, Soma getrunken oder nicht getrunken hatten. Die kinderlos Gestorbenen mußten hungern und dursten. Sie waren, wenn sie nicht durch Verbrennung ihrer Gebeine unschädlich gemacht worden waren, für die Überlebenden gefährlich. Gegenwärtig glaubt man, daß die sohnlos Dahingegangenen zu Bhūts würden; für sie werden besondere Tempel errichtet, durch deren Spenden sie versöhnt werden sollen. — Wenn jemand eines unnatürlichen Todes gestorben ist, namentlich in der Schlacht fiel oder als Verbrecher gerichtet wurde, so wird sein Geist zum pischāca, der auf Leichenstätten wohnt und Menschenfleisch frißt. Die Völker des arischen Kulturzentrums haben die an der Peripherie gelegenen Stämme stets als minderwertig und als dämonisch veranlagt angesehen. Die orthodoxen Brahmanen konnten deshalb gewisse Stämme des Nordens mit solchen piśāca's gleichstellen. Vielleicht ist der Dialekt, den Buddha gesprochen hat, die paiśācī-Sprache gewesen. Jedenfalls gelten die Geister dieser Gruppen als äußerst gefährlich. Sie gehen zu den Orten ihrer ehemaligen Tätigkeit zurück und töten dann viele Menschen; auch am Tage erscheinen sie, von Hunger und Durst gequält. Das Gleiche gilt natürlich von den unbestatteten Toten, den Ermordeten, Selbstmördern(Aufgehängten), von Tigern aufgefressenen und denjenigen Frauen, die in der Zeit der Schwangerschaft, der Geburt oder der auf sie folgenden Periode der Unreinheit starben. Der Tiger verleibt sich den Toten ein. Man fürchtet beide in eins; sind sie doch ein Leib und eine Seele; zunächst allerdings ist die Furcht vor dem Tiger, der ja gern zu dem halbverschlungenen Opfer zurückkehrt, größer als die vor der menschlichen Leiche. In der Auffassungsweise der späteren Zeit ist nur die Tatsache entscheidend, daß so Verstorbene die rituellen

Totenopfer nicht bekommen konnten, mithin das Los der Nichtarier, zu Dämonen zu werden, teilten. — Die Angst vor den äußerst giftigen Kindbettleichen läßt sich verstehen. Sie gehen, mit umgekehrten Füßen statt nach vorn, gern ins Haus zurück und holen Lebende nach. Außer ihnen gelten noch die irreligiösen, sittenlosen, verwahrlosten und schein-schwangeren Weiber als besonders gefährlich. In den eigentlichen, mehrere Generationen der aufsteigenden Linie umfassenden Ahnenkult sind nur Männer aufgenommen. Da nur der Leibeserbe sie ernähren darf, lag in der Forderung, hierdurch den alles überwältigenden Dämonismus zu bekämpfen, ein kategorisches Ehegebot, das angesichts der Vorliebe vieler Mitglieder der höchsten Kasten, als Asketen sich Furcht und Macht zu verschaffen, von äußerster sozialer Wichtigkeit war. Der rituell bestattete und durch die Ahnenkultspenden ernährte und gekleidete Tote war der Freund des Hauses, der mit den Lebenden lachte und weinte. Er wird um Reichtum an Kindern gebeten, am Hochzeitstage und bei anderen Familienfesten verehrt. Eine Vernachlässigung seiner Pflege bereitet ihm Pein; er kann aber nicht gefährlich werden. Anders steht es, wie wir wissen, um jene bösen Totenseelen, die, wie überall, so auch in Indien, in fremde (tote oder schlafende) Leiber einfahren, ihre Gestalt wechseln oder vermöge ihrer bloßen Veranlagung Unheil stiften können. Zu diesen gehören besonders auch die Seelen ungeborener Kinder, wie im deutschen, so im indischen Aberglauben. Die gewissenhafte Vollziehung des Totenrituals sichert nicht gegen das Geistern der nichtarischen Bevölkerung, zumal sie ja bei dieser verboten ist. Im Gegenteil: die Mitglieder der Straßenfegerkaste hält man für besonders verworfen und man glaubt, daß, wenn sie wie ehrliche Leute [nämlich mit dem Gesicht nach oben statt unten] begraben würden, ihre Geister umgehen und Krankheiten stiften müßten.

Wie unbedingt unheilvoll auch der einzelne Dämon ist — als Gruppenwesen verliert er viel von seiner Furchtbarkeit. Er ist dann eben bereits von der Leiche zum halbgeistigen Wesen geworden. Die Vetāla's, reine Leichendämonen, sollen auch gutes stiften können. Sie gelten als Oberherren der Zauberer, da diese sich seit alters gern auf Leichenstätten aufhalten. — Ich erwähne sie deshalb, weil sie mit unseren Hauskobolden eine merkwürdige Ähnlichkeit haben. Das kleine, seltener das große Pech des Lebens wird auf sie zurückgeführt. Wenn sie ihren Schabernack treiben, mißrät in der Wirtschaft alles; das Mädchen kriegt keinen Mann; der Schüler begreift den Veda nicht usw. — Auch hier ist mit Sicherheit an Ahnenseelen gedacht, die im Hause sich bemerkbar machen und versöhnt werden müssen. Als Krankheitsdämonen, in die Totengeister übergehend, sind weibliche Wesen wirksam, die, wie die Inkuben, Succuben, Vampyre, den Jüngling zum gemeinschaftlichen Mahle und zum Geschlechtsverkehr verführen. Sie saugen ihm dann Kraft und Jugend aus. Als grauhaariger Mann kehrt er wieder. Der Glaube an die Möglichkeit einer körperlichen Gemeinschaft zwischen Lebenden und Toten wird hier deutlich erkennbar. Jeder Irrenarzt kennt die Klagen der angeblich von solchen Dämonen ausgepumpten Kranken. Das Alter dieser zu halbreligiösen Gebilden gewordenen Wahnideen zeigt sich in dem gegen die buddhistischen Mönche gerichteten Verbot, mit weiblichen Totenseelen geschlechtlich zu verkehren. An Gelegenheit dazu fehlt es nicht, denn diese Dämoninnen wohnen in Städten und auf Inseln zusammen, dringen aber auch bis zu den Ansiedelungen der Menschen vor, wo sie ihre Kinder sehen wollen. — Äußerst volkstümlich sind seit ältester Zeit die räkschasa's oder rakṣas, offenbare Nachtdämonen, vielfach in die Erscheinungen räuberischer Geister übergehend, die aus dem Dunkel auch zum Tageslicht vorstoßen. Sie gehen Liebschaften mit Sterblichen ein und können sich in reizender Gestalt zeigen. Schon die ältesten Prosatexte berichten von ihnen wie von den ihnen wesensverwandten älteren Asurās, den Götter-feindlichen Riesen der frühesten griechischen und germanischen Sagenwelt. Sie erbauen Burgen und führen mit den arischen Lichtgottheiten Kriege, aber beim ersten Hahnenschrei—so will es die indische wie die deutsche Mythe — müssen sie in ihr nächtliches Reich zurückfliehen. Die prähistorischen Bauten, erratische Blöcke stammen von ihnen. Die rote Erde des Landes und ein Strom, der Blut wälzen soll, zeugt von diesenKämpfen. — Die Bhūts sind mager, schwarz, wohnen in Bäumen, durchstreifen die Felder und erschrecken die Wanderer. Sie haben auch Vorliebe für Frauen und verführen sie gelegentlich. Man vertreibt sie durch Lärm, Blasen auf der Muscheltrompete und Läuten einer Glocke sowie durch Gebete an die großen Gottheiten, namentlich an Schiva. — Wir sehen aus diesen Andeutungen, daß die Totengeister bereits Gruppen, wo nicht soziale Gemeinschaften bilden und bereits als zeugungsfähig (gegenüber dem „kraftlosen" Einzelgeist) gedacht werden. Der höchste Gott des alten Pantheons, Varuṇa, ist das Prototyp der indischen Könige bis in späte Zeiten; seine Spione und Häscher finden sich im Menschen- wie im Geisterreich, die Schuldigen verhaftend. Er selbst ist Totengott, seine Diener sind die rächenden Dämonen. Vom irdischen König gilt das Gleiche: „Wo die Strafe schwarz, mit rotem Auge, sichtbar waltet, dort gedeihen die Untertanen, wenn der König in gerechter Weise alles prüft." Man fürchtet den Toten nur als „wandelnde Leiche" oder als ein aus ihr entstandenes Ungeheuer, und selbst dann nur, wenn man sich der religiösen Pflichten, auf die er dem Lebenden gegenüber Anspruch besitzt, nicht entledigt hat. Anderenfalls begrüßt man ihn als „Ahn". Über den Ahnenkultus in Indien als solchen können wir kaum andeutend sprechen; er trägt zwar ausgesprochen abergläubische Züge, wird aber von der brahmanischen Religion als deren Bestandteil anerkannt. Bei den niedrigst stehenden Stämmen werden die Manen unter Umständen als einzige Gottheiten verehrt. Wir sahen sie bei der Arbeit der Hausbewohner mittätig, sich in der Familie wiedergebärend. Nach den klassischen Schriften gibt es drei Gruppen von Wesen: Götter, Ahnen, Menschen. Mit den Pflichten gegen viererlei Wesen wird man geboren: gegen die Manen, Götter, alte Weisen und Menschen. Gegen die Ahnen hat man die Pflicht der Sohneserzeugung. Die kultischen Pflichten gegen sie beginnen, wenn der Tote an seinem Bestimmungsort angekommen ist, also in der Regel nach einem Jahre; sie dauern, solange als man ihre Eigennamen kennt, also etwa 3 Generationen lang; die älteren Geschlechter sind in die namenlose Väterschar eingemündet. Dies gilt nicht bei den priesterlichen Weisen, die vielmehr ihren Stammbaum bis auf die Urzeiten zurückführen; sie glänzen als Sterne am Himmel, sind Demiurgen. Die Vorstellung, daß die

Menschen je früher um so weiser und mächtiger waren; daß die frühesten Geschlechter als Ahnen ihren Nachkommen die heiligen Traditionen und Kultgebräuche überlassen haben; daß die späteren Generationen diese Sitten und Handlungen wahren und unverfälscht lassen müssen und daß sie, indem sie dies tun, dem Gedeihen und der Ordnung der Welt dienen (die sittliche Ordnung der Welt ist historisch wie erkenntnis-theoretisch gesprochen eine kosmische Projektion des Ahnenwillens), ist den „Naturvölkern" geläufig und indisches Erbgut geworden. — Um eine Stufe tiefer als diese „Weisen der Urzeit" stehen die Lokalheiligen, die sich von den bösen Dämonen eben nur dadurch unterscheiden, daß ihre Lebenshandlungen und namentlich die Veranlassungen zu ihrem Tode nicht böse waren, wenngleich ihr Leben plötzlich abriß; für König, Kühe, Brahmanen haben sie sich geopfert, Gottheiten untersten Ranges oder einem besonderen Pflichtenkreis mit mustergültiger Treue sich geweiht — der Gehorsam der Frau gegen den Mann, des Sohnes gegen den Vater war den Heroen in unvergleichlicher Weise eigen. Bisweilen werden sie als Verkörperungen großer Gottheiten angesehen und dann auch in das brahmanische Pantheon aufgenommen. Eigentliche Nachrichten aus ihrem Leben sind oft nicht erhalten. Die Sage knüpft schon an das frische Grab an. Der Aberglaube verleiht ihm irgendeine Wunderkraft: zu heilen, Regen zu spenden, ja, Verstandesfähigkeiten zu vermitteln: an einem Grabe soll den Kindern das fleißige Lernen beigebracht werden. Es werden deshalb Wallfahrten zu solchen Gräbern unternommen. Die Zahl dieser Stätten vermehrt sich gegenwärtig noch immer. Auch von Dichtern, die ja als Schöpfer der vedischen Poesie und der Epen Götterrang haben, gehen mystische Kräfte aus. In diesen Gebräuchen und Auffassungen sind sich Moslems und Inder eins. Daß der Islâm hier mächtig eingewirkt hat, geht daraus hervor, daß für diejenigen Personen, die schon zu Zeiten ihres Lebens von der Volksmeinung selig gesprochen werden, die heiligste aller Sitten, die der Leichenverbrennung, nicht gilt, sondern daß man in solchen Fällen die Erdbestattung anwendet. Der Tote liegt dann, in lethargischem Schlaf befangen, in seiner mit heiligen Emblemen (Lotusblume, Muschel usw.) gezierten Ruhestätte. Der Gräberkult findet sich auf dieser psychologischen Grundlage bei Jainisten, Sikhs usw. Er hat sich in den einzelnen Gegenden und Kasten sehr verschiedener Personen bemächtigt, deren Idole bisweilen verehrt und als Amulette am Leibe getragen werden. Auch die Verbrecherkasten haben ihre Heiligen. — Die Geschichte des Ahnenkults geht bis auf die Urzeit zurück. Als die Brahmanen mittelst ihrer Zauberformeln die Erde und den Himmel beherrschen wollten, verdrängten sie die alten Sagenfiguren von ungeheuren Adlern, Bären, Wölfen und Hunden, die von den Ariern nach Indien mitgenommen waren, und setzten zaubermächtige „Weise" oder abstruse Phantasiefiguren an deren Stellen an den Himmel. Auf Erden aber walteten die Dämonen, die, wie die Zwerge der deutschen Sage, in die Gestalt der Ureinwohner übergingen. Deshalb spricht die älteste Literatur von den „Dasyu's [Feinden], die sich unter die Väter gemischt haben, wie Verwandte aussehend." Der Ahn wird ja erst durch gastfreundliche Behandlung zum Freund des Hauses, der Feind zum Gast, d. h. der böse zum gütigen Dämon.

Ein ferneres Mittel, sich des Toten zu entledigen und zugleich — im Sinne einer späteren Zeit — ihm die Freuden des Jenseits zu verschaffen, ist seine vorschriftsmäßige Bestattung, die, bis zur Gegenwart oder doch den spätesten Zeiten sich gleichbleibend, sehr alten Ideen den Ursprung verdankt. Mag das Geisterheer von denjenigen gespeist werden, die auf der Reise, im Kriege, in der Waldwüste, im Wasser den Tod fanden — der rituell Verbrannte kommt in die Götterwelt. Die alte, hier zu Grunde liegende Vorstellung ist zweifellos die, daß er vernichtet und dadurch für den Lebenden unschädlich gemacht wird. Denn unter allen Methoden, die Leiche und das in ihr wohnende geisternde Leben zu ertöten, den Toten — wirklich sterben zu lassen, ist die des Verbrennens die radikalste. Während der langen Wanderzüge zum Indusgebiet kann sie in unwirtlichen, holzarmen Gegenden nur ausnahmsweise, vielleicht bei besonders magisch wirksamen Personen, bei toten Häuptlingen (ihnen gelten wohl die ältesten Vedahymnen und die Riten der Neuvermählung auf dem Scheiterhaufen) und hochinfektiösen Frauenleichen angewandt worden sein. Später aber, unter dem Einfluß der Priesterherrschaft und ihrer Metaphysik, wurde sie allgemein, soweit die kulturellen Verhältnisse es gestatteten. Und doch führte sie zu einem seelischen Konflikt. Denn das Streben, Leib und Seele des Toten zugleich zu vernichten (ihn etwa den Hunden zum Fraß zu geben) wurde von dem Wunsche gekreuzt, beide Elemente zu erhalten. Der neu mit Kraft wieder begabte Körper steigt mit dem Rauch des Leichenbrandes zu den Göttern. Der Anfang einer Idealisierung dieses Jenseits, das doch unmöglicherweise die Misere unserer Erde nüchtern wiederholen kann, liegt darin, daß die darin Wohnenden „die Krankheiten ihres Leibes hinter sich gelassen" haben; „sie sind nicht lahm, nicht krumm an allen Gliedern"; sie behalten auch ihre Zeugungsfähigkeit.

Die älteste Form, sich des Toten zu entledigen, die Aussetzung der Leiche, findet sich mehrfach und zwar auch generell neben der Begrabung und Verbrennung genannt. Neben dem Herauswerfen aus dem Zelt haben wir darunter das Dörren an der Sonne nach vorausgegangenem Aufhängen auf einem Baume zu verstehen. Dieser Bestattungsmodus sollte die Abortusmole der Kuh und sicherlich auch die des Menschen, also zwei besonders gefürchtete Wesenheiten, unschädlich machen. In neuester Zeit wurden Lepra-Leichen dadurch beseitigt, daß man sie ins Wasser warf, wie denn überhaut Sterbende zu Massen in heilige Flüsse gestoßen werden oder sich selbst hineinstürzen. Vielfach vermeidet man die Erdbestattung, weil hochinfektiöse Leichen den Erdboden vergiften würden. Andere Stämme aber ziehen das Erdbegräbnis offenbar gerade deshalb in diesen Fällen vor, weil der unreine Tote zur Verbrennungszeremonie nicht zugelassen wird. — Kleine Kinder werden, als noch nahezu seelenlos, nicht bestattet sondern „wie ein Stück Holz" im Walde liegen gelassen; jedenfalls pflegt man sie, wenn sie das zweite Lebensjahr noch nicht überschritten haben, nicht zu verbrennen, sondern zu begraben (was zugleich billiger und bequemer ist). Im Pañjab werden sie unter der Schwelle des Hauses verscharrt, die dadurch natürlich besonders dämonenhaltig wird. So verstehen wir es, daß die Seelen dieser Jüngsten in Weiber einfahren können, die eine solche Schwelle überschreiten und im Zusammenhang damit den Glauben, daß diese kleinen Geister ihre Wiedergeburt in Mitgliedern der gleichen Familie erleben. Hervorhebenswert ist es, daß die Vorstellung der Wiedergeburt des Ahns im Enkel eine nachweisbare Quelle der indischen Seelenwanderungsvorstellung ist und daß die Sitte des Begräbnisses im Hause offenbar mit ihr zusammenhängt. Die Beseitigung totgeborener, gleich nach der Geburt oder vor dem Zahnen verstorbener Kinder bewirkt gar keine, die Erdbestattung sehr kleiner Kinder auch nach strengster Observanz nur eine kurze Unreinheit (während der Foetus sehr gefürchtet wird!). Wir lernten diese „ethnische Elementaridee" bereits in anderem Zusammenhange kennen. — Die ausgewachsene Leiche gilt als unrein. Die Befleckung überträgt sich auf das Wasser, mit dem sie gewaschen wird; ihre Kleidung; ihr Lager; die Speisen des Leichenmahls, die der diensttuende Priester nur gegen Bezahlung genießt; alle Mitglieder des Hauses, ja der gens, sowie auf das Haus selbst. Der Priester ist auch hier in gewissem Sinne immun. Seinem Magen schadet nichts. In Stellvertretung des Toten genießt er als dessen „Ernährer" ein ganzes Jahr lang (so lange dauert die Reise zum Totengott) täglich die dem Geiste zukommende Speise, die ihm dessen Verwandte gewissenhaft übersenden. Die Furcht vor der Leiche ist so groß, daß diese selbst das Leichenfeuer unrein macht. Im alten Ritual wird beim Ahnenkult das sogenannte aupānasa-Feuer auf einem anderen Wege als durch die Tür fortgeschafft — wie man Leichen auf seltsamen Wegen herausbefördert, damit sie den Rückweg nicht mehr finden. Die Unreinheit im Hause der Wöchnerin, die auch deren Feuer befleckt, ist vielleicht damit zu verbinden, daß sie mit der Bestattung der Plazenta eröffnet wurde, deren ungewöhnliche Gefährlichkeit nur mit der des Ungeborenen wetteifert.—Besonders energische Abwehrmittel gegen den geisternden Toten, wie gegen den „Nachzehrer" im slavischen und deutschen Aberglauben, sind in dem Festbinden desselben an der Bahre, der Durchbohrung von Händen und Füßen mittelst Nägel usw. gegeben. Auch streut man roten Pfeffer in die Augen. Im vedischen Ritual dauert die Zeit der Unreinheit im allgemeinen 10 Tage lang; allerdings kann sie wesentlich herabgesetzt werden. Da ja aber der Tote erst nach einem Jahr in Yama's Behausung angelangt ist, muß man ihn bis zu diesem Termin noch fürchten. Die Gespenster bildende Phantasie ist eben mächtiger als die Abstraktion, die zur Erkenntnis der seelisch-leiblichen Vernichtung durch den Leichenbrand hätte führen können. Während der Zeit der eigentlichen Unreinheit, die übrigens bei Mitgliedern der niederen Kasten länger dauert als bei Brahmanen, darf man kein Fleisch, keine Süßigkeiten, nur gekaufte oder geschenkte, nicht aber erbettelte oder selbst zubereitete Speisen genießen [die erbettelte ist verboten, weil sie den untersagten Verkehr mit Menschen zur Voraussetzung hat; die selbst zubereitete, weil sie die Befleckung des Zubereiters auf ihn rücküberträgt], nicht Salben, Sandel oder Betel gebrauchen; die Schuhe nicht anziehen; die Haare nicht schneiden oder sich rasieren, nicht Geschlechtsverkehr treiben noch studieren, nur einzeln auf bloßem Erdboden schlafen. — Während dieser eigentlichen Trauerzeit liegt die Furcht, von dem Abgeschiedenen in die Unterwelt nachgeholt zu werden (im „Schoße der Vernichtung" ruhen zu müssen, wie die alten Texte oft derb materialistisch sagen), wie ein Alp auf den Gemütern der Hausgenossen. Sie zu bannen, wäscht man sich, wechselt die Kleider, fastet, betet, umschmeichelt und verehrt den Toten, gibt ihm ein Gewand und zündet ein Licht an. Sehr viele Bräuche dieser Zeit wie auch des eigentlichen Totenkultus muten uns sehr vertraut an: man führt die Leiche durch besondere Ausgänge ins Freie und vermauert diese dann; wählt besondere Totenwege für den Kondukt; die Leichenbehandlung ist sehr homogen: die Augen werden geschlossen (da der „böse Blick" des geöffneten Leichenauges gefährlich ist), die Füße dem Hauseingang zugekehrt. Schon im vedischen Ritual wurde ein (für den Totengeist als unüberschreitbar gedachter) Grenzstein zwischen Lebende und Tote gesetzt. In unserer Zeit werden Steine von jedem der überlebenden Leidtragenden nach der Verbrennung der Leiche in der Richtung auf diese ausgestreut. Der bevorzugte Sitz des jüngst befreiten Geistes befindet sich an dem heiligen Dorfbaum oder heiligen Feigenbaum, oder an markanten Bäumen, die auf halbem Wege zwischen dem Bestattungsplatz und dem Totenhause gelegen sind. Dort hängt man einen mit Wasser gefüllten Krug auf, dessen Bodenöffnungen mit Stengeln des heiligen Kuśa-Grases geschlossen werden. Die durchsickernden Tropfen kommen dem Toten zu gute. Auf halbem Wege macht der Leichenzug halt (so bei den niedrigen Bhils), stellt fünf Steine nahe zusammen und hängt ein Stück von dem Leichentuch an den benachbarten Baum. Hier soll der Tote platznehmen und sich ausruhen. Dem Hause darf er jetzt nicht mehr näher kommen. Diese Sitte der Totenrast auf halbem Wege und der Statuierung einer Grenzscheide wiederholt sich in überraschender Weise in den mir heimatlichen ostpreußischen Bräuchen. Die Absperrung von der Welt der Lebenden wird auch durch Dornenbarrikaden angestrebt. Sehr verbreitet und bei vielen Gelegenheiten geübt ist die Sitte, zum Schutz gegen böse Geister Wasser auszugießen; ja, mit ihm einen „Graben" als Teil einer Festung anzulegen (so beim Hausbau). Ein paar Wassertropfen werden für den schwachen Toten ein bedeutendes Hindernis. Andererseits will man ihm den Übergang über den Totenfluß ermöglichen: daher der Ritus der Schwanzergreifung einer Kuh, die man sodann dem Brahmanen, d. h. den Göttern weiht (s. oben). Haupthaar, Bart, Körperhaare und Nägel werden, wie bei so vielen Völkern, auch bei den Indern von der Leiche abgeschnitten und sorgfältig vergraben, damit sie nicht zu bösem Zauber dienen oder vermöge ihrer Beschaffenheit als Leichenteile unfreiwillig Unheil stiften können.

Die Idee der Dämonenabwehr konkurriert bei den Bestattungsgebräuchen mit der Zuweisung des Toten an die chthonischen Mächte. — Die Leichenverbrennung findet jetzt häufig so schnell wie möglich statt, damit die abgereiste Seele nicht in den Körper zurückkehren kann. Das darauf folgende Begraben der verbrannten Gebeine wird an einem ungraden (also dämonenhaften) Tage nach der Verbrennung vorgenommenen. — Den Dämon darf man nicht sehen, während man den Anblick der Gottheit zu erlangen wünscht. Deshalb darf man nicht rückwärts blicken, wenn man einen gefährlichen Ort verläßt; wenn man, von den Trankspende-lüsternen Manen gefolgt, zum Bade geht; wenn man von der Verbrennungsstätte zurückkehrt. Schon bei der vedischen Totenspende muß man, wenn man die Speise für den

Toten hingelegt hat, sich wegwenden.— Das Gebot des Schweigens ist eine Klugheitsmaßregel, wenn Reden Unheil bringen würde, wie dies im Bereich der Gottheit immer der Fall ist. Deshalb wird Ruhe während des Gottesdienstes der anerkannten Religionsgemeinschaften durch unser Gesetz erzwungen. Man schweigt bei uns aus „Taktgefühl" vor dem geöffneten Sarge, aus „Aberglauben" beim Gewitter. In Indien soll man beim Totenmahl Schweigen beobachten.—Die Speiseenthaltung (oder Speiseeinschränkung) haben wir als Gebot vor und bei den gottesdienstlichen Verrichtungen als Pflicht der Opferveranstalter kennen gelernt. An dämonenverseuchten Orten, zum Beispiel in leeren Häusern, gilt sie durchaus. Die Aussetzung der Toten auf Sandboden, d. h. einer der „Gottheit der Vernichtung" zugehörigen Erdpartie; die Furcht davor, auf Haare, Knochen, Asche, Getreidehülsen, Urin, Kot, Schleim, Speichel, Erbrochenes zu treten, redet die gleiche Sprache. Das Durchkriechen durch enge Löcher, Jochteile usw., das wir so gut aus dem deutschen Aberglauben kennen, findet sich in Indien vielfach, z. B. im vedischen Ritual in der Form, daß nach der Verbrennung einer Leiche die Leidtragenden unter einem Joch von zusammengebundenen Ästen des Parṇa-Baumes durchgehen. Der aufhockende Dämon kann offenbar die enge Öffnung nicht passieren. — Die Dämonenfurcht zeigt sich besonders deutlich in der „Entlassung" der Götter nach stattgehabtem Opfervollzug. Die urwüchsige Sitte, den gefürchteten, lästigen Gast nach vollendetem Mahle etwa durch Knüttel zu vertreiben, sehen wir im Ritual nicht mehr wirksam. Daß aber die Opferspeise nur gereicht wird, um den gesättigten bösen Geist so schnell wie möglich wieder los zu werden, mit anderen Worten, daß der gesamte Kultus dem Furchtinstinkt entspringt, lehren noch z. B. die tiefstehenden Lhota-Nāga's, wenn sie für den gelegentlich gefürchteten bösen Geist einige Reiskörner ins Feuer werfen und sagen: „Nimm dies, Bhūt, und gehe weg!" Im altvedischen Ritual werden am Neumondstag die Manen nach ihrer „Sättigung" aufgefordert: „Gehet fort, ihr Väter, auf euren alten, tiefen Wegen!" Ihre Speisung ist eine „Abfindung"; nach ihrer Vollziehung „bittet sich" der Opfernde „von ihnen los"; er schmeichelt den daumengroßen Toten, indem er von ihrem Leben, Lebenssaft, ihrer Fruchtbarkeit und ihrem Getön — sie können ja nur wispern! — redet; er gibt die Furcht vor ihrem Zorn kund und will das dargereichte Mahl, auf das er im Gebet derb hinweist, in der Absicht gegeben haben, um von ihnen Mittel für weitere Spenden zu empfangen. — Die Dämonenfurcht begegnete uns ferner bei der höchst eigenartigen Sitte des Durchprügelns von Königen am Tage ihrer Inthronisation. Beabsichtigt war hier die „Austreibung unsauberer Geister" aus dem zwischen Gott und Menschen stehenden Fürsten. Zu reinen Krankheitsdämonen geworden, werden sie, wie wir sahen, durch Vögel in die Ferne geschickt. Nach alter Sitte wird die Krankheitssubstanz bei einem Vogelnest aufgehängt. Oder man kombiniert die Methoden der Aussetzung mit denen der Vogel-Entführung. Gewisse Nāga-Stämme stellen ein kleines Floß her, legen auf dasselbe ein Ei, ein wenig rote Wolle und binden einen lebendigen Vogel mit den Beinen daran; dann lassen sie das Floß stromabwärts treiben. Nach dem Grundsatz: similia similibus! läßt der Zauberer gewisser niedriger

Stämme das rohe Modell eines Eisenbahnzuges in den Jangal rollen; er glaubt nämlich — vielleicht nicht ganz mit Unrecht — daß die bösen Engländer mit ihren Eisenbahnen die Cholera verbreiten. Ihr Dämon wird auf dem analogen Wege weggeschickt. — Die Vertreibung der Geister durch Lärm (Schreien, Schlagen von Trommeln, Klingeln von Glöckchen), Schießen (Explosionen von Feuerwerkskörpern) und lichte offne Feuer wird bei Familienfestlichkeiten noch heute versucht. Die Spielsachen der indischen Kinder mit ihren primitiven allegorischen Figuren bieten der Sagengeschichte ein eignes, hochinteressantes Kapitel, das namentlich auch den Übergang vom volkstümlichen Mythus zur kindlichen Märchenwelt zu verfolgen gestatten würde. Hier sei nur der Kinderglöckchen (Klappern) gedacht, die ebenfalls apotropäischen Charakter tragen. — Einer besonderen Erwähnung bedarf der im jüngeren Ritus überall unentbehrliche Weihrauch (s. oben). Er wird auch in der Medizin vielfach angewandt. Man erhofft Heilung durch die Anwendung der althergebrachten Gewächse (z. B. Bdellion), aber auch durch Quecksilberdämpfe bei Syphilis. Das Verfahren ist rationalistisch, die Erklärung der Heilwirkung spiritualistisch. Selbst die Inhalation gilt als ein Ausräuchern der Dämonen. Bei der Geburtshilfe soll man die Frau, wenn die Wehen begonnen haben, räuchern; ferner das gleiche Mittel unter Anwendung der Haut schwarzer Schlangen brauchen, wenn die Geburt nicht vom Fleck kommt. Den modernen Götterbildern wird Weihrauch geopfert, der allerdings natürlich lieblich riechen muß, gleichwohl auch die überall herzudrängenden Geister zur Flucht nötigt und dadurch eine Sphäre der Heiligkeit schafft. — Die mythischen Berge tragen Gewächse von wunderbarer Heilkraft, die selbst bei tödlichen Wunden sich zeigt, so der Kailāsa. Ich gedenke hier der erschütternden Erzählung des Firdôsî von dem Kaiser, der seinen besten Helden trotz der Bitten von dessen Vater verbluten läßt, obgleich eine Pflanze ihm das Mittel geben würde, den Verletzten zu heilen: der vorsichtige Schâh wollte nicht Vater und Sohn zugleich zu Beratern haben! — Auch in der Veterinärkunde wird geräuchert: wenn eine Herde von einer (infektiösen) Krankheit befallen ist, so soll der Besitzer derselben in der Mitte der Kuhhürde opfern, sodann Opfergras und Schmelzbutter in das Feuer werfen, und darauf seine Kühe durch den Rauch führen. Natürlich waren bei allen Ceremonien Zaubersprüche notwendig; ihr Zweck ist die Erlösung vom Unheil, worunter man nicht die materielle Auslösung im Wege der Erstattung von Gegenentgelt (durch das Opfer), sondern die Befreiung von der Fesselung zu verstehen hat, mit der die Dämonen den Kranken (Schuldigen) gebunden haben. Von der Notwehrmaßnahme, den Viehdieb an eine hölzerne oder eherne Säule zu ketten, ausgehend, sprechen die Texte von der Fesselung durch Krankheit, Sünde, Traum, Zauber. „Wie die Wassergurke vom Stengel, so möge ich vom Tode loskommen“ (wobei „Stengel“ sprachlich als „Fessel“ [bandhanam] gegeben wird). „Ich löse dich, sagt der Zauberer zum Kranken, „durch das Opfer los, damit du [weiter] leben kannst.“ — Diese Schlingen, die den Sünder oben, in der Mitte und unten an den Schandpfahl fesseln, werden natürlich zunächst von dem Richter-Gott Varuṇa angelegt, dem der Strafvollzug obliegt, sodann aber auch von der „Gottheit der Vernichtung“, die nach einem überaus interessanten Hymnus nicht nur einen Schoß sondern auch einen „furchtbaren Rachen" hat. Ihr Vulgärnamen sei „Erde", während das Seherauge des Sängers in ihr die „Vernichtung" erblicke; sie wird gebeten, die Gabe anzunehmen, die ihr gespendet wird und „diese und jene [Menschen]" hier ist der Text wohl falsch, es handelt sich vielmehr um eine einzelne, dem Sprecher besonders teure Persönlichkeit — von der „Schuld" zu befreien, die eisengewirkten Netzschlingen abzulösen. „Yama gibt mir dich wieder; diesem [Gott] Yama, dem Tode, soll Verehrung sein. An einen eisernen Pfosten wurdest du hier gefesselt, umstellt von tausend Toden. Mit dem Yama, der mit den Ahnen eines Sinnes ist, lasse ihn zum höchsten Firmament aufsteigen." Es ist hier offenbar eine Beschwörung der Erdgöttin als einer rein chthonischen, vernichtenden, verschlingenden Gottheit uns erhalten geblieben, die einen Einzelnen, vielleicht den Gatten der Sprecherin, mit ihren eisernen Stricken an einen ehernen Pfosten gebunden und mit tausend Todesarten umstellt hat. Aus dieser düsteren Szenerie möge der Gefangene in die höchsten Regionen emporsteigen. Interessant ist es dabei auch, daß Yama zugleich als der Tod schlechthin, als die Vernichtung, und als der Gott gepriesen wird, der in den lichten Regionen sich zusammen mit den Manen ergötzt. — Der kurze Hymnus ist ein sehr klares Beispiel eines volkstümlichen, finstere, fast materialistische Anschauungen wiedergebenden Zauberspruchs. Wir gaben ihn, um zu zeigen, wie ein Spruch von der Erdhölle und ihren Dämonen befreien kann. —

Als weiteres Mittel zu gleichem Zweck erwähnen wir die Anbringung von Lampen an Götterbildern, ja die Wertung der nächtlichen Feuer überhaupt: sie sind bekanntlich zunächst nichts als Abwehrmittel gegen die Nachtunholde. Am Kopfe des Sterbenden wird ein Licht angezündet. Bei den großen Totenfesten wird die Grabesfinsternis durch Lampen erhellt. Ferner pflegt man in der Zeit der Unreinheit, die auf einen Todesfall folgt (s. o.), seit Alters eine Lampe auf den Fußboden zu setzen und (nach der Lehre der Kauthuma-Schule) dazu den Namen des Verstorbenen zu rufen, worauf folgende Widmung gesprochen wird: „Hier gebe ich dir eine Lampe, damit du durch die furchtbare Finsternis, die auf dem Wege nach Yama's Stadt herrscht, hindurchkommen mögest." Sonst würde ja der Tote zum bösen Geist! Er muß aber unter Umständen auch hölzerne Brandscheite zur Erwärmung erhalten, wie man in Ostpreußen ihm den Ofen heizt. Unter den im modernen Ritual der Nacht und ihren Geistern geltenden Zeremonien sei erwähnt, daß mit Lampenruß auf dem Boden Kreise gezogen und darauf ein schwarzer Ziegenbock geopfert wird, dessen Kopf man im Hause errichtet und mit Spenden verehrt. Ein Universalmittel, sich Leiden aller Art fern zu halten, ist aber die Frömmigkeit, d. h.: die genaue, allerdings nur schwer zu erlangende Kenntnis aller jener Dämonen, die den Menschen heimsuchen und die Beobachtung der gegen sie probaten Mittel. Man muß wissen, daß die Teufel wie im Himmel als die erwähnten 101 Tode, so auf Erden in Gruppen auftreten (vgl. die deutschen Beschwörungsformeln), daß sie bestimmte Erscheinungs-Zeiten (ungerade Tage) und -Formen haben. Auch bei uns spricht man von der Tollwut wie von einem Gespenst, daß nach 9 Jahren, 9 Monaten oder 9 Tagen auftaucht und macht den von ihr ergriffenen Kranken zu ihrem Dämon, indem man das Bild des Leidens fratzenhaft verdreht. Manche Krankheitsbilder treten in der indischen Volksphantasie sehr deutlich hervor. Die Göttin der Pocken, schītalā, reitet auf einem Esel in grauenvoller Gestalt, der die des Kranken entspricht (übelriechender, eitriger Blatternausschlag, Blindheit). Dadurch ergibt sich dann die Verehrung dieser Göttin, für die viele Vorschriften existieren, nach dem Grundsatz: „gleiches mit gleichem" von selbst. Eine solche volkstümliche Theorie hätte zur Schutzpockenimpfung führen können, wenn die Dämonenfurcht dies nicht unmöglich gemacht hätte. Auch die Verehrung der eisernen Schlange des Moses hat ja leider nicht Veranlassung gegeben, Schlangengifte zu injizieren. Man hat sich damit begnügt, eine eherne Schlange als Idol zu errichten, den Ziegenbockschädel (s. oben), den Pferdekopf (am deutschen Dachgiebel) aufzuhängen. Die Beobachtung der rituellen Bräuche stellt eben einen Vertrag zwischen Göttern und Menschen her, der jenen die Ernährung und Umschmeichelung, diesen die Gefahrsicherheit garantiert. Die Vertragsidee ist von fundamentaler Wichtigkeit für die ganze religiöse Auffassung geworden; auf ihr beruht der Freundschaftsbund mit dem Hausfeuer, der seinerseits die sozialen Bündnisse ermöglicht. — Die Geisterabwehr durch Grabmitgaben sei hier noch einmal angedeutet. Immer widersprechen sich Ideen und Handlungen auch dieser Gruppen des Aberglaubens. Den bösen Geist versucht man zu vertreiben, indem man die Hütte, in der der Lebende geweilt hat, verbrennt oder sofort verläßt oder Teile von ihr zugleich mit der Leiche in die Flammen des Totenbrandes wirft; andererseits will man den teuren Verstorbenen (Ahn) an sein Haus fesseln, indem man statt dessen an der Leichenstätte eine kleine Strohhütte erbaut und anzündet. Dann ruft man dem Toten, indem man seinen Namen nennt, zu: „Komme schnell, dein Haus brennt!" Hier bietet sich von selbst der Vergleichspunkt mit dem (von Mannhardt in vielen Variationen gegebenen) Kinderreim: „Flieg, Käferchen fliege, dein Vater ist im Kriege, deine Mutter ist in Engelland, Engelland ist abgebrannt!" Die in Vogelgestalt im Lande der Engel weilende Seele soll zur Heimat zurückberufen werden, indem man ihr Gefahr vortäuscht. — Als selbstverständliche Abwehrmittel dienen ferner Waffen, deshalb auch paläolithische und neolithische Geräte, die oft mit dem Blitz und dem Himmelsgott in Zusammenhang gebracht werden. Sie bestehen bisweilen aus Holz. Die hölzernen Instrumente des Brahmanen, die er beim Opfer verwendet, haben bisweilen aggressive Eigenschaften; sie dienen dem Dämonenkampf. In einem alten Hirtenbrauch kehrt das Schwert aus dem geweihten udumbara-Holz wieder: um die Fruchtbarkeit der Herden zu steigern, soll man mit einem Messer aus diesem Holz (das im Spruch als „Beil" bezeichnet wird) in das Ohr eines Kalbes Marken (Symbole, Linien) einschneiden, die zugleich das weibliche und männliche Geschlechtsmerkmal darstellen. (Die Markierung von Körpern und totem Inventar mit Linien, die namentlich auch Geschlechtsmerkmale darstellen und deshalb Schutz verleihen sollen, sei noch einmal in Erinnerung gebracht.) Zu den primitivsten Kampfmitteln gehört abgesehen von dem hölzernen Messer, dessen Verwendung im Hirtenbrauch erklärlich ist, der Steinwurf (gegen den Teufel; die Teufel und Dämonen; das böse, bedrohende „Etwas"), der im jüngeren Ritual bei den apotropäischen Zeremonien immer wieder kehrt, sich im Avesta findet und auf das Christentum übergegangen ist. — Die himmlischen Waffen finden wir in der Hand der Götter und Dämonen, welche letztere Verfinsterungen hervorrufen. Hier sei des Discus gedacht, der als Zeichen Vischnu's seinen Verehrern mit einem Eisen auf die Stirn gebrannt wird. Götter wie Dämonen bevorzugen überhaupt die primitiven Waffen, ja, sie werden in deren Gestalten wiedergegeben. Auf den babylonischen Grenzsteinen kennzeichnet die Dolchspitze den Marduk, die Keule mit dem Löwenkopf Nergal, die Keule mit dem Geierkopf Zamama. Die Keule Indra's ist von höchster Berühmtheit. Sie zerschmettert das Heer der Dämonen und der Arier-Feinde; sie spaltet den Wolkenberg und läßt das befruchtende Naß zur Erde strömen. Rāma tötet den Rāvaṇa, einen Dämonenfürsten, mit einer von Gott Brahman selbstgeschmiedeten Waffe. Die Erb-Waffen von Brahmanen und Kriegern sollen eine besondere Zaubermacht besitzen. Die der Brahmanen liegt teilweise auch im Vedawort, das als Donnerkeil bezeichnet wird, ebenso werden zeremonielle Handlungen genannt, mittelst derer man Feinde töten kann. Im gegenwärtigen Volksbrauch Indiens wirft man eine Spitzaxt zum Hause heraus, oder hält eine solche Axt mit der Spitze gegen die Wolken gerichtet, um dadurch ein Hagelwetter zu zerstreuen oder man nimmt ein Schwert oder ein Messer in die Hand und sagt, indem man sich so stellt, als ob man die Luft durchschlagen wollte: „Geh, geh, zum Bergpaß und zur tiefen Schlucht". — Beim Gottesgericht und beim Schwur sind die Waffen besonders wichtig. Bei ihnen wird die Beteuerung geleistet. Sie rächen den Meineid und die Schuld. (Beispielsweise faßt der Dieb eine glühende Axt, der Krieger seine Waffe an.) In der Medizin sind sie als Dämonenabwehrmittel bekannt: Wer an Geschwüren leidet, soll im Bett liegen, indem er eine Waffe zur Bekämpfung der bösen Geister in der Hand hält. Der als paraschu („Beil") bekannte Baum soll vermöge der mysteriösen Gleichartigkeit seines Namens mit der „Beilwaffe" als „Paraśu" wirken. Ein Blatt von ihm dient dazu, die Fußspur des Feindes zu treffen und deren Besitzer damit zu schädigen. Das Epos lehrt, dem Schwerte Verehrung zu erweisen. Der Pfeil wird apotropäisch wie im Orakel vielfach verwandt. Er ruht in den Händen der zur Selbstverbrennung fahrenden Witwe. In die Luft geschossen, zeigt er je nach der Himmelsrichtung, in der er niederfällt, die Gegend an, aus der man Glück und Erfolg oder deren Gegenteil zu erwarten hat. Im Zauberritual wurden ja abwehrende Sprüche als „Panzer" aufgefaßt und bezeichnet. Die Vorstellung von den Waffen der Artemis und ihrer Unschädlichmachung durch Anbetung findet sich auch in Indien. Schiva trägt einen Speer in der Hand, ja wird wohl als solcher angebetet; als „Speer" wird aber auch jeder stechende Seitenschmerz bezeichnet. Im Verlauf einer Zeremonie, die zur Gesundung eines Patienten führen soll, wird ein goldener und silberner Speer einem Opferpriester geschenkt, von diesem errichtet und an ihn die Aufforderung ergehen gelassen, das „Stechen" im Bauch, den Seiten, dem Rücken zu beseitigen. Das beste Beispiel für die Verehrung von Waffen aber bietet die Mördersekte der Thugs. Ihre heilige Axt wurde an einem glücklichen Tage geschmiedet. Kein Schatten eines lebenden Wesens durfte auf sie fallen. Vor dem Gebrauch wurde sie zunächst in eine große Schüssel gelegt und in ihr sorgfältig mit kostbaren Essenzen abgewaschen. Dann führte man sie siebenmal durch ein loderndes Opferfeuer. Nun mußte der Priester mittelst ihrer eine Kokosnuß (die oft die Stelle eines Menschenkopfes vertritt) mit einem Schlage spalten. Mißlang ihm dies, so war alle Arbeit umsonst gewesen. Im günstigen Falle aber wurde die Axt vergraben. Sie galt nun als heilig und war zur Schutzgottheit der Thugs geworden. Die aus der germanischen Sagenwelt so gut bekannte Vorstellung, daß dem Schwerte persönliches Leben zukommt, daß sein Besitzer von ihm nicht getrennt werden kann und mit ihm zu einem Wesen verschmilzt, ist dem indischen Glauben und Brauch sehr geläufig. Bei den Rājputen und anderen hohen Kasten wird die Braut bisweilen dem Schwerte des Bräutigams angetraut. Das Dämonische der Waffe tritt auch hier hervor.

Wir heben noch einmal, zusammenfassend, die religionsgeschichtlich äußerst wichtige Tatsache hervor, daß die Dämonenfurcht es ist, die den Ahnenkultus, den volkstümlichsten und in seinen sozialen Äußerungen wichtigsten Teil der Religion, schafft. Wie der Kultus der großen Götter die Stammesgemeinschaft und die Gemeinschaft der Stämme, den Staat, so hat der der „Väter" die Familie begründet. Jener verwirklichte sich in dem die Vertragsidee verkörpernden Opfer, dieser in der noch dämonologisch orientierten Ahnenkultspende. Sie befriedigt die normalen Bedürfnisse des menschengleich gedachten Toten und macht ihn dadurch unschädlich („da ist ein Kleid für euch, ihr Väter; holt euch nichts anderes von uns, ihr Väter!"). Sie sorgt selbst für die Erfordernisse der unbekannten „ruhelosen", „herumirrenden" Seelen, denen die Überreste der Opfer zur Verfügung stehen. Deshalb soll man diese nicht wegschaffen, bevor der Tag der Seelenspende zu Ende gegangen ist. — Als die Substitute der Leiche lernten wir bereits die Schuhe des Verstorbenen, den Käfer, der sich auf das Gewand setzt, kennen. Besonders hervorhebenswert aber ist die Figur des „Blättermanns", die aus 360 Blättern zusammengesetzt wird, also dem „Jahrmenschen" entspricht (jener heißt parṇanara, dieser saṃvatsarapuruṣa), da sein „Blätterskelett" soviel Knochen wie das Jahr Tage hat. Der Araber Abu'l Faḍl erzählt, daß man, wenn man die Leiche nicht findet, statt ihrer eine Figur verbrennt, die mit Mehl, den Blättern des paläscha-Baumes, mit Schilfrohr, einem Antilopenfell und einer Kokosnuß (die auch hier den Menschenschädel vertritt) gebildet wird. — Steine werden als Abbilder des Toten angesehen, so z. B. der „Stein des Toten", der, wie jedes Idol, statt der im Gefolge des Leichenbrandes stehenden Vergeistigung, einen Fetisch schafft. Ihn hebt der Hauptleidtragende da, wo die Leiche niedergesetzt ist, auf, umwandelt mit ihm den Leichenbrand und verrichtet dabei eine Libation mittelst eines durchbohrten Wasserkruges, ölt ihn dann, betet ihn an, sprengt Getreidekörner rings herum und läßt sie von der Krähe als dem Totenvogel gefressen werden, um endlich den Stein für die Zeit der „Unreinheit" in sein Haus zu nehmen. Auch in den Gedächtnissteinen, Pfeilern und Bildnissen steckt ein Stück der Seele des Verstorbenen. Im Panjab werden solche Steine geradezu pīrs, d. h.: „Ahnen", genannt. Diese Materialisation der Seelen greift zum Gräberkultus und der Verehrung der Geister

Verstorbener in Naturobjekten überhaupt über, wobei auch hier hervorgehoben sei, daß nicht etwa jedes leblose Ding „animistisch“ beseelt, sondern gewisse durch die Umstände der Zeit, des Orts, der Form „bedenkliche“ Gegenstände bei besonderen Gelegenheiten (in Zeiten der „Gefahr“, also auch bei Hochzeiten) veneriert wurden. Als eigentlich gefährlich konnten, wie wir sahen, nur die fremden, d. h. kultisch vernachlässigten Seelen gelten, wie nur der Fremde gefürchtet (und deshalb als Gott verehrt) wurde. So wird es in der heutigen Landbevölkerung auch tatsächlich angenommen. Die Seelenwanderungslehre wird nicht durch eine unendliche Kette von Generationen hindurch verfolgt. Nach volkstümlichem Glauben kommt die Seele vielmehr in einen der Himmel bzw. eine der Höllen oder sie macht eine Wiedergeburt durch, die sie von ihren Gebrechen läutert. Der Schreibergottheit, welche die Lebensfrist des Menschen notiert, gedachten wir schon. Eine gütige Gottheit kann wohl zu Zeiten den Todesgott bemogeln, indem sie vor die Ziffer der noch zu absolvierenden Lebensjahre eine Zahl schreibt, ohne daß die Todesgottheit diese Urkundenfälschung wahrnimmt. Eine solche Sage hat dem sehr weit verbreiteten und volkstümlichen Dīvāli-Feste angeblich die Entstehung gegeben. Es verdient betont zu werden, daß, wie ein besonders gut über das heutige Indien unterrichteter Engländer schreibt, „Teufelstänze und Dämonenverehrung in der arischen Rasse nicht bekannt“ sind. Zwar kennt sie wandelnde Leichen und ekelhafte Fratzen, aber diese verschwinden im ewigen Wechsel und Wandel der Natur. Der Fromme hat von ihnen nichts zu fürchten. Ihm erscheinen segnend die Eltern, Frommen und Heiligen.

Unter den „Glücksträgern“, die durch die buddhistische Lehre von der Autonomie des Moralgesetzes ausgeschaltet wurden, war das Wichtigste das Opfer. Nur insofern, als es von indischem Standpunkt aus das religionsgeschichtlich bedeutsamste Mittel ist, von außen her einen Zwang auf das Weltgeschehen auszuüben, also durchaus abergläubischen Charakter hat, kann es hier andeutungsweise zur Sprache gebracht werden; denn der orthodoxe Brahmanismus erkennt es durchaus als die schlechthin einzig denkbare Form des Gottesdienstes an. Selbst das stille Gebet, die bloße lebhafte Vorstellung einer heiligen Handlung sind für ihn „Opfer“ (Rezitationsopfer, Kontemplationsopfer). Der Vischnuismus unserer Tage, garnicht zu reden von den nichtarischen Kulten, engen es praktisch und theoretisch zwar ein, verwerfen es jedoch nicht. Die gegenwärtig teilweise vorhandene Vertiefung des Gottes- und Opferbegriffs — nicht auf die Fülle der gebrachten Gaben, sondern auf die Gesinnung, mit der sie dargebracht werden, kommt es an — stammt aus späteren Sektenlehren. Die als Vedāntismus uns bekannte, seit mehr als 3000 Jahre wirksame religiöse Bewegung, die auf den morgenländischen Pietismus einen so großen Einfluß ausgeübt hat, verwirft grundsätzlich jeden Gottesdienst, selbst das Gebet. Diesem geläuterten System gehören viele der gebildetesten Hindus an. Es ist wichtig, sich dies zu vergegenwärtigen, um für das heutige Christentum etwa des griechisch-orthodoxen Bekenntnisses dieser Lehre gegenüber den richtigen Beurteilungsmaßstab zu finden.

Das Opfer entstammt der unbekannten Vorzeit. Der von einer ganz unbestimmt empfundenen, noch namen- und formlosen, über ihm stehenden

Macht sich abhängig glaubende Mensch läßt nicht nur, wie das Tier, im einzelnen Falle das im Stich, was er zu besitzen vermeinte, wenn eine solche Übermacht sich ihm in den Weg stellt, sondern er setzt sich zu ihr in ein gewisses dauerndes Verhältnis, indem er dasjenige abstößt, was er von dem mächtigeren Etwas beansprucht glaubt; dazu gehört beispielsweise das erste Kind seiner Weiber, da er aus Erfahrung weiß, dass dies schwächlicher und dem Tode leichter verfallen ist als seine späteren Geschwister. Schon hier schleicht sich offenbar die Vorstellung ein, daß das so gemachte Tauschgeschäft — Leben gegen Leben, das ältere Kind statt eines jüngeren — kein für den Menschen ganz ungünstiges sein kann: man gibt, was man der größeren Wahrscheinlichkeit nach ohnehin verlieren müßte, und zwar gleiches um gleiches, die Leiche statt des Lebenden, der anderenfalls zur Leiche werden müßte. Daneben, sicherlich ebenfalls urzeitlich, steht aber auch die Freilassung des gottgeweihten Opfer-Wesens, seine Aussetzung, d. h. Entrückung in eine absolut gottunterstellte Sphäre. Wird in diese durch menschliche Willkür ein Einbruch verübt, so gilt ein solcher als ungeheuerlichster Frevel, so z. B. die Abfangung des ein ganzes Jahr lang frei herumschweifenden Opferrosses — übrigens ein neuer, wichtiger Anhaltspunkt dafür, daß Eigentum nur im Zusammenhang mit der göttlichen Machtsphäre anerkannt wurde. Die Grenzen zwischen Freilassung und Tötung verschwimmen vielfach, so z. B. bei der Aussetzung neugeborener Kinder. — In welcher Form der Vernichtungswillen der höheren Macht sich auswirkt, bleibt zunächst eine ungelöste und sicherlich auch unausdenkbare Zeiträume hindurch ungestellte Frage. Man mag sich damit begnügt haben, festzustellen, daß das ausgesetzte Wesen „verschwunden", daß es „aufgezehrt" worden ist, wobei Wolf, Hund, Hyäne die Einkleidungen für den Dämon waren, der, einer urzeitlichen Prädestinationsidee zufolge, irgendein Wesen sich zum Fraß erkor, und deshalb statt des Einen, ihm nahe liegenden, auch ein anderes annahm. Daß das Opfer als schlechthin notwendig galt, ist ja nur vom Standpunkt dieser Tauschidee aus verständlich. Jedenfalls hängen die Worte für die Todesgottheiten (Hel, Hades) mit Wurzelelementen zusammen, die soviel wie „verbergen" bedeuten. Die Dämonen, deren kultische und begriffliche Vereinigung diese Gottheiten ergab, verbargen, entführten eben den Menschen, oder sie fraßen ihn auf, teils in Hunde- (Wolf-, Hyänen-, Fuchs-) Gestalt, teils als Mischfiguren (Mensch mit Schakalkopf), teils als unterirdische, unklar oder verzerrt dargestellte Dämonen, oder als Abstraktionen, denen die körperliche Greifbarkeit fehlt, verehrt. Die in der Erde entdeckten Höhlen, Risse und Löcher sind Wohnsitze gefürchteter Geister gewesen, die später von dem Brahmanismus unter dem Begriff der Göttin „Vernichtung" zusammengefaßt wurden, einer Gottheit, deren Rachen alles verschlingt, in deren Schoß das Leben fällt. Ihr entspricht die Dhruj nasus der Avestatexte, die dort, wie wir bereits sahen, zur Pestfliege geworden ist, also doch immerhin eine greifbare Gestalt bekommen hat, was bei dem Dämon der Vernichtung so wenig wie bei dem analogen „Herrn des Platzes" der Fall ist, denn dieser kollektiviert ja nur die Prozesse der freundschaftlichen Aneignung des Bodens wie jener die der Abfindung unversöhnlicher Gewalten. Was die „Vernichtung" (nirṛti) mikrokosmisch, ist der sonnenverschlingende Rāhu makrokosmisch: im Grunde nichts als ein ungeheuerer Rachen. Was diente ihm zum Faß? Urzeitlich sicherlich zunächst der Mensch. Noch die indische Ritualtheorie erkennt dessen Weihung als die einzige vollwertige an. Menschen sind sicherlich formlos gelegentlich geopfert worden, wo unmittelbare Gefahr die Preisgabe eines Lebens wünschenswert werden zu lassen schien. Wenn ein Bär eine Familie überfiel, warum sollte man ihm nicht den ältesten Sohn vorwerfen? Besser, als wenn er sie alle fräße — und: ein Opfer muß er haben! Zu den gelegentlichen, kamen aber noch dauernde Gefahren von Wind, Wasser, Feuer, durch Mißwuchs usw., Gefahren, denen man, wenn sie akut wurden, vorbeugen konnte. Und dies geschah natürlich ebenfalls durch ein Opfer. Die Idee des bloßen Tausches gleichwertiger Waren zeigt sich hier noch deutlich darin, daß man, um Rinder zu erhalten, ein Rind (so nachweislich noch in Indien); um Pferde, ein Pferd darbrachte. Mit der Opferung des Rosses verlassen wir den rein hypothetischen Boden und treten auf das festere Gebiet der prähistorischen Altertumsforschung über. Alle indogermanischen Stämme von Bedeutung haben zweifellos in der Periode des Gemeinschaftslebens dieses Opfer gekannt. Sein Zweck wechselte. Die bloße Tatsache seines Vorkommens und seiner Wertung als wichtigster Darbringung während des ganzen Verlaufs der indischen Geschichte und Vorgeschichte ist aber Beweis genug dafür, daß es bereits in der Urzeit eine einzigartige Wertung genoß, denn vom Standpunkt der religiösen Sonderentwicklung Indiens ist es nicht zu verstehen. Was sollte der Brahmane mit einem Pferde anfangen? Warum sollte er Pferde töten, um das Pferdegeschlecht zu erhalten? Dem indogermanischen Arier aber war das Pferd Lebensinhalt, Gottheit, wie dem Hirten die Kuh, dem Nordländer das Rentier, dem Araber das Kamel. Pferd, Rentier, Kamel sind tatsächlich unter annähernd den gleichen Riten geopfert worden. Ein Rest der beispiellosen Bedeutung, die das Pferd in der Zeit jenes Gemeinschaftslebens hatte, schlummert noch in Sagen, die Feuer und Gestirne [die Rosse des Sonnenwagens], Wasser [Hippokampen] und Winde [die Renner der Sturmgötter], ja selbst das Erdinnere [Pferde des Pluto, die Demeter Phigaleia] mit Pferden belebte, mithin nach dem früh auftretenden Grundsatz: „gleiches mit gleichem" auch Pferde zum Opfergegenstand machte. — Das Pferd ist, wie später die Kuh [pecus, daher pecunia: das Geld], Tauschobjekt, Münzeinheit, gewesen. Auch von dieser Tatsache aus verstehen wir seine Hingabe im Opfer nach dem Grundsatz des Wertumtausches. Die Reste seiner ungeheuren sozialen Wertschätzung schimmern noch im indischen Opfer deutlich durch: das Roßopfer soll „Königsherrschaft ersiegen" lassen. Das Tier ist den höchsten göttlichen Regenten der beiden höchsten Kasten (Indra, Varuṇa) unterstellt; erwürgt, geht es mit der Großkönigin eine Totenhochzeit ein. — Von jeher hat der Stamm, nie die einzelne Familie, es geopfert, wie ja auch nur der Stamm es verzehren konnte. Die an seine Darbringung geknüpften Hoffnungen gingen offenbar so weit, daß es früh zu legendären Erzählungen einzelner besonders prunkvoller Opferungen kam — tatsächlich scheint die älteste indische Epik sich an solche Berichte angeschlossen zu haben — und daß die besonders große Heiligkeit der Zeremonie deren Vollziehung sehr früh von den Händen des Stammesältesten in die des Priesters gleiten ließ. — Die älteste Zeit scheint nur die Schmückung, [blutige] Tötung und Versöhnung des Tiergeistes durch Leichentänze der Frauen gekannt zu haben. Erst eine jüngere Periode hat die „Freilassung des Rosses", hier wunderlich mit der Tötung kombiniert, die Totenhochzeit mit der Großkönigin und die Erwürgung mittelst eines Gewandes statt der Schlachtung gegeben. Sie hat zugleich unter dem Einfluß brahmanischer Theorien die Idee der Vergöttlichung des Jahreskreislaufs geschaffen und Riten hinzugefügt, die das spezielle Opfer zum „Heilsopfer" für ein ganzes Volk und alle Fälle des Lebens umschufen. Dies geschah, indem man nicht bloß dem Geist des Pferdes das Pferd gab, sondern Hunderte von Tieren (deren 609!) an die Opferpfähle band. Es sollte mit dem „Allopfer" das „All" erlöst werden! — Das Opfer dauert, in dieser Form vollzogen, ein ganzes Jahr. Das weiße Pferd ist ein Abbild der Sonne, das durch seine zeremonielle Umwandlung des Altars in der Sonnenrichtung und seine Tötung, d. h.: das Eingehen seiner Seele in den pferdegestaltigen Sonnengeist mit dem Gestirn selbst eine Einheit eingeht und dieses dadurch kräftigt, mit einer Zufuhr von Lebenssubstanz versieht, ohne deren Mithilfe der jährliche Kreislauf der Sonne ebenso sicher der Auspumpung erliegen würde wie der tägliche ohne Darbringung des morgendlichen und abendlichen häuslichen Feueropfers. Als Parallele, die diese Idee verständlich zu machen geeignet ist, sei einer Sage der Azteken gedacht. Nach ihr war die Sonne zwar erschaffen worden, aber sie konnte und wollte nicht weiterziehen. Da ließen sich die Götter ihre eignen Herzen ausreißen und diese ihr als Opfer darbringen, damit die Sonne ihre Nahrung habe und Kraft gewönne. Durch Ausreißen und Darbringen der Herzen werden seitdem die Menschenopfer vollzogen, deren Häufigkeit gerade in jenen Gegenden bekanntlich beispiellos ist. Das Herz tritt hier als übertragbares Lebenssubstrat deutlich hervor. Seine Funktion übernimmt in Indien das (soweit ich sehe, nur bei diesem Opfer geschätzte und den Göttern dargebrachte) Blut und das Fett. Die genießbaren Opferteile werden gekocht und gemeinschaftlich verzehrt. Der durch die Zerteilung zerstörte Opferleib soll, durch das Opferfeuer wiedergeboren und, restlos von neuem aufgebaut, „bei den Göttern sein." Das Feueropfer und seine Metaphysik wurden in der frühesten Zeit des indischen Sonderlebens ausgestaltet. An Spuren des feuerlosen Opfers fehlt es nicht. Abgesehen davon, daß zu diesem alle „Spenden" für einzelne Tiere, Menschen (Fremde), für die Seelen der Verstorbenen gehörten, finden wir z. B. den Zug, daß man dem Toten zwei Nieren eines Opfertieres in die Hände legte, um ihn vor den Hunden des Yama zu schützen. Die Zerreißung der Leiche durch Hunde bedeutete ihre Vernichtung, die man dem „Freund" ersparte, indem man das beste Teil des stellvertretenden Opferleibes dahingab. In der Zeit der indischen Sonderentwicklung bekamen die nur teilweise arischen, durchweg aber der indischen Eigenart angepaßten Gottheiten ihre gesonderten Opfer zu Zwecken, die innerhalb des Machtbereichs dieser höheren Wesen lagen. Weil das Pferd dem Krieger (Adligen, Kleinkönig) angehörte, wurde es den Königen unter den Göttern dargebracht, da diese dann „Königsherrschaft" spenden konnten (Varuṇa, Indra). Bei den Gesängen und Opfern, die dem

Indra galten, liegt die Idee der Verbrüderung mit diesem Prototyp der allgewaltigen irdischen Herrscher bisweilen zu Grunde. Dadurch, daß man ihn sich zum „Freunde" machte, wollte man im Kampfe siegen. Die Vertragsidee, die hier hervortritt — hier gutes Essen und Trinken, Lob und Schmeichelei, dort Hilfe im Kriege — löste sich von dem Licht- und Sonnengott, der so oft als Wahrer der Verträge gepriesen wird, los und schuf eine eigne göttliche Erscheinung: Mitra, den Vertrag. Die Ritualien verselbständigten sich aber immer mehr; jeder behauptete von dem neuen Kniff, den er erfunden hatte, daß er zu vielem, ja zu allem gut sei. Dadurch daß die gesonderte Darbringung allgemeine magische Bezüge suchte (das Pferdeopfer saugt in sich das „Allopfer" auf), wird schließlich jede dieser kultischen Handlungen zu allem gut. Anders steht es natürlich um die Sühnopfer: für sie war der jedesmalige Zweck genau vorgeschrieben; und abermals anders um die Verehrung für den höchsten Himmelsgott, der als high god überhaupt nicht mit Opfern bedacht wurde: man schätzte seiner Hände Werk, das Weltgebäude, und ließ ihn als gütigen Vater gewähren.

Neben der Götter- und Dämonenverehrung finden wir, tief in die prähistorische Frühzeit hineinragend, die Veneration der Totenseelen durch Spenden, die uns beweisen, daß der Begriff des Todes und der Zustand des Totseins überhaupt nicht richtig gewürdigt wurden. Als aus frühester, gemeinindogermanischer Epoche stammend dürfen wir die Auffassung gelten lassen, daß der einzelne Tote des Hauses (Gehöftes) je nach dem weiteren Schicksal der zugehörigen Familie als gut oder gefährlich angesehen wurde und daß man aus dem Ergehen der Überlebenden Folgerungen auf die Art und Weise der Bestattung und des Totenkultus zog. Die Sonderbehandlung septischer Leichen; die Vorstellung, daß die (von Raubtieren) zerstörte Leiche restlos (auch psychisch) vernichtet und jedes „Weiterlebens" beraubt sei; andererseits die Massenhaftigkeit der Totenmitgaben, die Spenden an der Hausschwelle, unter der ehemals sicherlich der Verstorbene begraben war, lehren dies nachdrücklich. Sie beweisen zugleich, was von großer Wichtigkeit ist, daß eben jene Zeremonien der Beschenkung mit Kleidern und Nahrungsmitteln, die wir für die Gastgewinnung als wesentlich finden, auch die Grundlage für die Versöhnung mit den Totengeistern waren: denn durch diese Spenden wurde der Tote zum Ahn. Zugleich müssen wir uns vergegenwärtigen, daß die Erkenntnis, der Dahingeschiedene könne den Lebensunterhalt nicht selbständig erwerben, die Gruppe der Unterscheidungsmomente zwischen den Reihen des Lebens und des Todes eröffnete und immer wieder, wie in den Beigaben der frühesten Funde, so, wenngleich um viele Jahrtausende später, in den Texten hervorgekehrt wird: „Dort (in der Geisterwelt) gibt es keinen Ackerbau und kein Hüten von Rindern gibt es dort, auch keinen Handel gibt es in jener Welt, keinen Kauf und Verkauf um Gold; die abgeschiedenen Toten leben in jener Welt von dem, was ihnen hier gegeben wird." Daher verehrt man sie durch Nahrungsspenden und versteht es, daß sie, wie die Zwerge des deutschen Märchens, über ihre Speisen mit wölfischem Hunger herfallen. Unter den Trankopfern treten die Spenden von Milch allgemein und stark hervor. Auch die Schlangen, die ursprünglich Seelenwesen waren, werden vielfach damit gefüttert. Dazu kommen die Getreideerzeugnisse: Mehlprodukte, rohe aus Teig gefertigte Bilder lernten wir als Idole der indischen Frühzeit bereits kennen; sie sind bei vielen indoarischen Stämmen nachweisbar. Als spezielle Kultspeise des indischen Ahns aber gilt der Mehlkloß, ohne den der Ahn einfach nicht bestehen kann. Die Pflicht, diese Kultspeise darzubringen, liegt den männlichen direkten Nachfolgern ob und beschränkt sich nach dem späteren Ritual gewöhnlich auf die drei letzten männlichen Vorfahren als Empfänger der Gaben. Für die Verfassung der indischen Hausgemeinschaft ist diese Ordnung von größter Wichtigkeit: sie erweist sich dadurch als durchaus patriarchalisch. Eine kultische Verehrung der Mutter ist zwar nicht unerhört, aber vergleichsweise äußerst jung. — Zu den ältesten Totenspeisen gehört der Honig, der auch mit Mehl vermengt, vor allem aber in reiner Form und gegoren, also als Met, dargeboten wird. Er wird in lebhaftesten Tönen gepriesen; nicht immer aber wissen wir, ob an seinen Alkoholgehalt oder an seine Süßigkeit gedacht wird. Jedenfalls soll er gerade in der Welt der seligen Geister zu finden sein. Als Kultspeise gilt er wohl auch deshalb, weil er die Fliegen so sehr anzieht, in deren Gestalt sich Seelenwesen bergen. Das Herbeirufen und Verscheuchen dieser kleinen Dämonen erinnert lebhaft an die Art, in der die Hausfrau ihr Geflügel zur Fütterung herbeiruft und dann davonjagt. — Unter den Garten- oder Feldfrüchten tritt die Bohne besonders hervor. Ihre Verwendung im Ahnendienst ist arische Gemeineigentümlichkeit. Der römische Forscher Plinius glaubt, daß man nach ihrem Genuß schwere Träume gehabt und die in diesen auftretenden Alpgeister als Beweis dafür angesehen habe, daß die Bohne den Verkehr mit der Gottheit vermittele. — Das tut sie nicht, aber sie macht, wie alle jene eben genannten Kultspenden, den feindlich ins alte Wohnhaus eindringenden Geist, das Gespenst eines Vorfahren, durch die nur dem männlichen Familienmitglied offen stehende Beteiligung am Mahl zum „Freund", d. h. zum Stammesgenossen und führt mithin aus jener barbarischen Periode des rohen Dämonismus zu der des eine bestimmte Kulturhöhe verbürgenden Ahnenkults.

Wenn wir uns nun zu den Grundlagen des Opfers auf indischem Boden wenden, dessen unübersehbares Ritual uns in den vielleicht langweiligsten Büchern der Weltgeschichte mitgeteilt wird, so haben wir die ethischen oder ethisch-gefärbten Begriffe der jüdischen Religionsgeschichte, die Kategorien des „Bitt-", „Dank-Opfers" usw. von vorn herein auszuschalten. Nur das „Sühnopfer" besteht zu recht, ohne deshalb den modernen Schuldbegriff vorauszusetzen, denn es wird vorzugsweise nach Naturkatastrophen vollzogen, die eine rituelle Verfehlung meist unbekannter Art allerdings voraussetzen. Das Dankopfer scheidet völlig aus. Jedes Opfer ist von einer Bitte begleitet. Wenn diese nicht erhört wird, so schließt man daraus aber nur auf die gleichzeitig untergelaufenen Ritualfehler, später auf andere mystische Gegenwirkungen (den Haß anderer Götter, den Fluch von Weisen usw.), jedenfalls nicht auf die Opferunwürdigkeit des Darbringers. Es herrscht nicht der Gefühlston des Gnadengaben verlangenden Sterblichen sondern des seine berechtigten Ansprüche gegen Barzahlung geltend machenden Zauberers. Die diesem zu Gebote stehenden Handlungen und Formeln lassen die Gabe des

Opfers um so mehr zurücktreten, als die Zeremonie vermöge ihrer bloßen Kompliziertheit wirksam wird. Von diesem Standpunkt aus aber konnte man schließlich alles erwarten. Das geschah tatsächlich. Für die materiellen Wünsche aller Art wurde restlose Befriedigung in Aussicht gestellt, so namentlich für die Sehnsucht nach Reichtum und Rindern, Macht und Ansehen, langem Leben und endlichem Erreichen der Welt der Seligen. Der Opferzweck wurde teilweise als Geheimnis der Priester bewahrt; von seiner Kenntnis war die Wirkung der Darbringung abhängig gedacht. Die in den Dörfern herumlungernden Priester verkauften nicht nur Kräuter sondern auch Zauberformeln oder deren Machtwirkungen. — In der Theorie des indischen Opfers tritt die Idee, daß man ein Leben vernichten müsse, um ein gleichartiges zu erhalten, sehr stark hervor. Nur vom Standpunkt dieses Tauschhandels ist es verständlich, daß man an den Anfang der Welt den Gott der Schöpfung setzte, der diese nicht etwa aus sich emanierte, sondern sich selbst zum Opfer (d. h.: zur Masse der Opfermaterialien) umschuf, sich opferte und dadurch das Weltganze ins Leben rief. Die finstere Vorstellung, daß man töten müsse, was man ins Leben hineinsetzen, verehren wolle — der Glaube an eben diese magische Produktivität des Opfervorgangs — zeigt sich seit den ältesten Tagen im kleinen wie im großen; sie findet sich in Manus Gesetzbuch, wenn es dort heißt: „Das ins Feuer geworfene Opfer eilt zur Sonne; aus der Sonne quillt der Regen; aus dem Regen die Nahrung; aus der Nahrung die Menschen"; er schlummert in den zeremoniellen Jagden, die kultische Nachklänge zeigen; er tut sich deutlich in der Sage von dem ungeheuren Schlangenopfer kund, dessen magische Gewalt die gesamte Schlangenwelt ins Opferfeuer zu locken in Gefahr war, eine Darbringung von nie erhörten Ausmaßen. Es ist dabei zu erwägen, daß die Opfer der (mythischen) Vorzeit als Idealdarbringungen galten, namentlich, was die Opfermasse und die Masse der Priesterhonorare anlangt (s. o.). Wie volkstümlich die Idee der Schenkung gleichartiger Gaben an gleichartige Gottheiten war, lehrt ein Hirtenopfer, bei dem Gott Rudra in Stiergestalt auftritt und einen Stier empfängt. Wer Großvieh wünscht, soll den Mist eines Kälberpaares, wer Kleinvieh wünscht, den eines Schafpaares opfern. — Die eigentliche Sehnsucht aber richtete sich nach der Erhaltung des Lebens. Das Gebot, die Opferzeremonien am Tage zu vollziehen, die dabei ausgesprochenen Gebete, die Bezugnahmen auf die Gottheiten des Lichts als des Lebens und unzählige mystische Akte lehren dies direkt; die genaue und pedantische zeremonielle Gegenteiligkeit der schwarzen Magie, die ja töten will, indirekt, desgleichen das Manenopfer, das ebenfalls weiß zu schwarz, den Tag zur Nacht macht, die beiden Hände des Betenden mit der Innenseite nach oben gekehrt werden läßt usw. Der Tod soll eben mit dem Leben keinerlei Gemeinschaft haben. — Scheinbare soziale Ideen liegen in dem Analogie- und Fruchtbarkeitszauber, der zwar in den Opferkreis einbezogen, aber seinem Wesen nach kein Opfer ist. Unter den zahllosen Beispielen gedenken wir des bereits genannten Holi-Festes. Bei seiner Feier wird ein lebendiger Baum mit Gaben bedacht und entzündet. Die dorfbewohnenden Verehrer umkreisen das Feuer in der Richtung des Sonnenlaufes. Manche springen über die brennenden Reste oder die heiße Asche. Dies geschieht im Frühlingsmonat

Phālguna und soll der Frühlingssaat Fruchtbarkeit verleihen. — Die Analogie zu den Gebräuchen unserer Johannis-Feuer ist zu offenkundig, um erwähnt werden zu brauchen, der eigentliche Zweck des deutschen Ritus, die Sonnenbewegung nachzuahmen und dadurch zu stärken, aber nur aus dem indischen Analogon mit Sicherheit erschließbar. — Die eigentlichen großen Opfer, jene Haupt- und Staatsaktionen mit Hunderten von Priestern als Schauspielern und Tausenden von Zuschauern, von denen die Lieder singen, werden jetzt nicht mehr vollzogen. BlutigeDarbringungen gehören überhaupt nur noch dem häuslichen Kult der niederen Stämme oder der Verehrung der Muttergottheiten an. Oft geht das Klingeln mit Glocken oder der Ruf der Muscheltrompete voraus, der die Gottheit zum Mahle ladet. Meist begnügt man sich mit Getreidekörnern, flüssiger Butter, Blumen, Wasser, Milch oder Kuchen. Zu den blutigen Spenden zählt die Darbringung eines kastrierten Böckchens, eines Schweins oder Küchleins. Der eigentliche Brahmanismus will von der Darbringung solcher Tiere im Heiligtum nichts wissen. Den untergeordneten Priestern bleibt es überlassen, diesen Tieren den Kopf abzuschlagen, der ihnen dann als Lohn zufällt. Ein paar Tropfen Blut fallen auf das rohe Idol; der Rest wird bisweilen von dem Spender und seinen Freunden in Gegenwart des Gottes verzehrt. Ein solcher Ritus ist völlig unarisch, da die Weihegabe des Bluts sich auf die chthonischen Gottheiten beschränkt. Allerdings finden wir auch den Brauch, das Opfer auf einem Feldstein zu vollziehen und ihn dann mit dem Blute des Tieres zu bestreichen; wahrscheinlich liegen hier muslimische Entlehnungen vor. Arisch dagegen kann die Sitte sein, beim „Büffelopfer für Śiva" das Blut für die Schlangen, d. h. den Ahn, auszugießen. Zu den wichtigsten, der Gottheit (nicht dem Dämon) dargebrachten Körperteilen gehörte von Alters her das Herz, das weniger als Sitz der Lebensvorgänge als vielmehr als Träger des Empfindungslebens, wohl richtiger: des Begehrens galt. Es war so heilig, daß es dem Opfer entrissen und auf einen besonderen Spieß gesteckt wurde. Neben diesem „Herzspieß" gab es einen „Netzspieß". Das Netz (omentum) und sein Fett werden kaum minder als das Herz bewertet. Beim Tieropfer wird es unter Nennung der Namen des Rudra gesondert dargebracht. Dabei fungieren abgesehen von dem Spieß zwei aus einer bestimmten Holzart hergestellte Stöcke, mit denen das Opfertier vom Priester berührt werden muß, während der Opferer seinerseits den (fungierenden) Priester berührt. Diese Stöcke, die „Netzbratspieße" heißen, sind also offenbar dazu geschaffen, die in dem Netz wirksam werdende magische Energie auf alle Beteiligten zu übertragen. Vielfach bietet das alte Opfer Beispiele dafür, daß einzelne Organe (der Huf des Pferdes usw.) mit besonderen Kräften ausgestattet geglaubt werden und daß man deren Übermittlung versucht. Diesen urzeitlichen Ideen entspricht das beim alten Opfer gebrauchte Werkzeug, das teilweise mit der Hand (ohne Zuhilfenahme der Töpferscheibe) gedrehte Krüge und hölzerne (statt metallener) Löffel usw. zeigt. Dem „Animismus", dem furchtsamen Ausschauen nach widerstrebenden Elementarkräften, ist die Furcht oder das Mißtrauen erwachsen, das zur Verehrung stehende Element könnte die zugedachte Gabe ablehnen. Ehe der fungierende Priester eine bestimmte Wasserspende verwendet, zu der er das Material entnommen hat, muß er sich fragen lassen: „Hast du die Wasser erhalten?" [d. h.: „haben sie nicht widerstrebt?"] — und die Antwort soll lauten: „Ja, sie haben ihre Einwilligung gegeben." Um wieviel mehr bedarf der Veranstalter eines Tieropfers der göttlichen Bestätigung! Das furchtbarste Unglück, welches ein echtes Brahmanengehirn sich auszudenken vermochte, der Verlust des zum Opfer ausersehenen Pferdes, beruhte ja darauf, daß dieses Tier in einem solchen Falle von der Gottheit abgelehnt (zugleich allerdings auch ein Einbruch in die göttliche Rechtssphäre ausgeübt worden) war. Die Gegenwart kennt einen besonders instruktiven Fall dieser Art. In Camba wird ein männlicher Büffel in den Rāvi-Fluß hineingeworfen, wozu der König das Zeichen gibt. Wenn die Flut das Tier fortreißt, so glaubt man, daß die Gabe angenommen ist. Gelingt es ihm, das andere Ufer zu erreichen, so hat es die Sünden der Stadt, die es beherbergte, dorthin übertragen. Taucht es aber aus dem Wasser auf und klettert es auf der gleichen Seite in die Höhe, so verkündet es dem Staate Unglück und es bleibt dann nichts übrig, als daß man es im nächsten Jahre wieder hineinwirft und so fort, bis es endlich das Leben verliert. Es gilt als in den göttlichen Kreis eingetreten, wenn es von der Hand des Priesters berührt ist; deshalb heißt „berühren" geradezu soviel als „opfern" (ālabh). Sobald das Tier sich dabei schüttelt oder zittert, gilt dies als Einwilligung seitens der Opfergottheit oder, älter gedacht, des Opferwesens. Es darf sich aber nicht zur Flucht wenden oder aus Furcht schreien. Daß man ihm die Flucht bisweilen freigibt, wissen wir. Wie das Pferd, so wird in einer alten und sehr volkstümlichen Zeremonie ein junger Büffel losgelassen, während in dem gleichen Ritus an einem alten Stier die blutige Tötung vollzogen wird. Nach einem Todesfalle wurde in der volkstümlichen Meinung, dadurch die Sünden des Verstorbenen mit fortzunehmen, ein Stier in Freiheit gesetzt. — Gegenwärtig wird ein Bulle in einem Ritus nicht nur auf einige Jungkühe losgelassen, sondern mit drei oder vier Stück davon förmlich verheiratet. Der Tote soll dadurch mit Nachkommenschaft versorgt werden. — Als Beispiel eines unblutigen Opfers, das vielleicht seit unvordenklichen Zeiten dargebracht, bis in die Gegenwart hineinragt, nennen wir die Erstlingsspende. Sie wird, bestehend aus neuem Getreide, von dem noch niemand genossen hat, den Brahmanen, Religiosen (sādhu's), verehrten Ahnen und den Ortsgottheiten dargebracht, wenn man sie nicht dem genius loci (kṣetrapāla) weiht. Die älteste Form ihrer Spendung ist die, daß man sie einfach auf dem Felde stehen läßt. Getreidekörner gelten ja ohnehin als sehr heilig. Wie bei uns das Brot, so gehört bei dem Inder die Getreideähre als Erstes in ein neu gebautes Haus. — Auch das letzte Korn gehört der Gottheit. Man läßt es auf dem Felde eine Zeit lang stehen. Nimmt man es endlich nach Hause, so schützt es dieses vermöge seiner besonderen Heiligkeit; man bringt es deshalb an der Dreschtenne, einem Baum oder dem Viehstall an. — Das alte Ritual kennt bereits die Verehrung der Erstlinge in aller Ausgeprägtheit.

Es konnte uns nur darauf ankommen, von dem Opfer insofern, als es sich auf allgemein vorhandenen, frühzeitlichen magischen Ideen aufbaut, eine Vorstellung zu geben. Das Sanskritwort karman, das zunächst nur „Handlung", dann „heilige Handlung", in engster Begrenzung auch „Opfer" bezeichnet, lehrt, daß die Vielseitigkeit und Variationsfähigkeit desselben unermeßlich ist. In die volkstümliche Presse kommen leider nur die absurdest erscheinenden Einzeltatsachen. Dazu gehört beispielsweise die, daß trotz ihrer sonstigen Unreinheit die Ratten als heilige Tiere des Gottes der Wissenschaft (gaṇeśa) einmal im Jahre gefüttert werden; daß es sogar Sonderlinge gibt, die deren Pflege sich zur Lebensaufgabe machen. Die ihnen dargebrachte Speise gilt dann als ihr „Opfer".

Der Vorschriften über den Opfervollzug gibt es in der Veda-Literatur ungezählte Tausende. Es bedurfte eines uns völlig unfaßlichen Gedächtnisses, sie im Kopf zu haben. Und doch war der „Arzt des Opfers" dazu im Stande; ja, noch mehr, er wußte für jedes verschuldete und unverschuldete Mißgeschick ein „Heilmittel". Die diese Medikamente aufzählende Sühneliteratur läßt uns einen tiefen Blick in die Opferpraxis tun: da sehen wir, wie vielen Zufälligkeiten, die unter freiem Himmel — denn Opferlauben sind vergleichsweise, Opfergebäude (Tempel) äußerst jung — stattfindende heilige Handlung ausgesetzt war. Genügte doch ein ins Opfer gefallener Regentropfen, eine Sühne notwendig zu machen. — Die Praxis ist aber auch noch in anderer Hinsicht unvergleichlich viel interessanter als die graue Theorie: das volkstümliche Element muß bei ihr mächtig hervorgetreten sein. Beim Pferdeopfer soll das herbeigeströmte Volk ein ganzes Jahr lang mit Schmausereien und Musikvorträgen unterhalten werden, die, wie die alten Ritualvorschriften lehren, abwechslungsreich sein und jedem das geben sollen, was er braucht. Der kolossale Apparat, den diese Begehung erheischt, wird in feierlicher Weise herangeschafft: zunächst durch einen besonderen Beamten (somapravāka) die ganze Elite der notwendigen Priesterschaft; sie sollen in ihren Wohnungen aufgesucht, auf Pferde oder Elefanten gesetzt und zum Opferplatz getragen werden. Das geschieht je nach Rang und Würdigkeit der Einzelnen und dauert viele Tage lang. Erst jetzt betritt der König, und, ihm folgend, sein weiblicher Hofstaat in feierlichem Schmuck den Raum. Dort müssen sich dann bereits die nötigen Requisiten finden. Ihr Name einerseits, (sie heißen: „Zusammentragungen") ihre beispiellose Massenhaftigkeit und Kostbarkeit andererseits, nicht zum mindesten aber auch der Gesamtcharakter des Opfers als einer Stammesbegehung macht es sicher, daß sie aus gemeinschaftlichen, von Haus zu Haus eingesammelten Gaben hervorgegangen sind, die ja auch in einer Zeit, in der das dargebrachte Pferd als Nahrung für die Zuschauermenge nicht mehr genügte, die Schmausereien am Opferplatz allein verständlich machen. Noch heutigen Tages besteht in Indien die Sitte fort, junge Burschen zum Empfang religiöser Gaben, die dann gemeinschaftlich verzehrt oder dem Priester geschenkt werden, durch das Dorf zu schicken. An ausgelassener Fröhlichkeit fehlt es nicht und der Schnaps tut seine Wirkung. Die sich hier eröffnende Szenerie entspricht vollständig der, welche sich bei den Maifesten noch heute uns darbietet: die singend herumgehenden und Geld, lieber aber Bier, Brot und Flitterschmuck einsammelnden Buben, die nachher den Maibaum umtanzen, sind die alten Volksbeauftragten der großen Opferfeste einer urältesten Vorzeit.

Wir sahen, daß solche Prunkfeste auch in Indien nicht mehr dargebracht werden. In Zeiten der wirtschaftlichen und politischen Not durften sie, den Umständen entsprechend, eingeschränkt werden. Zwar, für den Opferveranstalter und das Opferfeuer gibt es keinen Ersatz; doch können Opferfeuer im Notfall durch weltliche Feuer ersetzt werden; an Stelle des weltlichen Feuers kann die rechte Hand des Brahmanen treten; an seiner Statt das rechte Ohr einer Ziege stehen; dieses durch Büschel des darbha-Grases; das letztere durch Wasser; dieses durch Gold substituiert werden. Diese sämtlichen Dinge gelten dann als zum profanen Gebrauch ungeeignet: den Brahmanen soll man nicht ansehen; die Ziege nicht genießen; auf dem darbha-Grase nicht sitzen; mit dem Wasser nicht die Füße waschen; das Gold nicht tragen. — Neben diesen rituellen Modifikationen gab es natürlich solche, die sich durch die Not der Zeit oder landschaftliche Gepflogenheiten sowie durch das Nachlassen der religiösen Impulse von selbst boten. Neben der Tötung des Opfertieres genügte bisweilen das Vergießen weniger Tropfen seines Bluts. Es ist allerdings, da hier das Blutopfer hervortritt, zu prüfen, ob nicht muslimische oder roh animistische Gepflogenheiten vorliegen. Unblutig ist ja schon die Schenkung einer Gabe an den Brahmanen und in später Zeit an den Tempel. — Das Gelöbnis ist ein Eventualopfer. Wenn ein Kind (Knabe) ernstlich krank ist, so gelobt sein Vater bisweilen, das Gewicht desselben im Falle der Genesung in Gold darzubringen. Der König soll sich durch Brahmanen gegen einen Goldklumpen abwiegen lassen und diesen dann den Priestern schenken; so wird er frei von allen Sünden. Wird jemand im Zivilprozeß wiederholt abgewogen und ist er bei der zweiten Wägung schwerer als bei der ersten, so ist das Recht auf seiner Seite — so lehrt der gelehrte arabische Forschungsreisende Alberunî. Zu einem alten Erntebrauch führt ein gelehrter Kompilator zurück, wenn er vorschreibt: im āṣāḍhā-Monat, am Vollmondstag, vor Beginn der Regenzeit (die über das Gedeihen der Saat entscheidet) soll man Getreide verschiedener Art auf zwei Waagschalen legen, so daß deren Balken in der Schwebe bleibt und unter Gebeten diese Samenkörner des Nachts darauf liegen lassen. Wenn am folgenden Morgen die eine Schale sich herabgesenkt hat, so nimmt das Getreide zu, dessen Körner auf ihr liegen. — Daß alles klingt roh materiell, aber wir dürfen nicht vergessen, daß schon die älteste Spekulation eine Art von Vergeistigung des Opfervorgangs kannte: das „reine Denken" war der Opferlöffel, die „Rede" (das heilige Wort) die Opferbank usw.; d. h.: vor dem Sinnfälligen lebte das Geistige; beides aber war nur im Opfervorgang primär vorhanden. Daß der Wunsch, der Wille, die Intuition und Kontemplation, nicht minder also das heilige Wort, der Logos, dem Leiblichen gegenüber das Ältere, Schaffende war, glaubt man in Indien seit ältester Zeit. Der Buddhismus und der ihm so feindliche, gleichaltrige Jainismus sind in der Überzeugung eins, daß ein fest im Herzen getragener Wunsch, etwa der, als Adliger wiedergeboren zu werden, in einer späteren Existenz in Erfüllung geht. — Man darf es dem Brahmanismus nicht vergessen, daß er aus dem Moment der Vernichtung das der Lebenserschaffung, aus dem Körperlichen das Geistige hervorzuziehen verstanden hat. Wir sollen die von den heiligen Vorfahren am meisten gepriesenen Tugenden in uns ausbilden, sie aufs äußerste steigern und als reines, unblutiges Opfer auf den Altar der Gottheit legen. Unser ganzes Leben wird dann zum Opfer. Die Selbstsucht, die Habgier, das lüsterne Verlangen nach dem Weibe eines Anderen sollen wir schlachten. „Wer mit seiner Gattin zufrieden ist und selbst in Gedanken kein anderes Weib begehrt, erwirbt sich ein herrliches Los in der anderen Welt und sogar dasselbe Verdienst wie einer, der 1000 Roßopfer darbringt." Besonders verderblich und namentlich vom Buddhismus aufs lebhafteste bekämpft ist die Zornesaufwallung. Deshalb heißt es: „Wenn Einer, ohne zu ermüden, Monat um Monat 100 Jahre lang opfert und ein Anderer über nichts zürnt, so ist von beiden der Nicht-Zürnende der Größere." „Gastfreundschaft ist besser als 100 Opfer." Und Vāsvāni, der gegenwärtig Hindus und Moslems zu vereinigen versucht, sagt: „Opfere und du wirst gesegnet sein! Yājña (opferwürdig) ist nicht äußerlicher Ritus sondern dasjenige, was man dem Herrn widmet. Ihr meint, großes getan zu haben, wenn der Herr von euch ein ehrfürchtig dargebrachtes Blumen- oder ähnliches Opfer entgegengenommen hat. Ich fordere indes, daß ihr versucht, Euerer Gemeinschaft, Euerer Gesellschaft, Euerem Lande nützlich zu sein. Ein bißchen Hilfe, etwas Mitgefühl, eine liebevolle Handlung ist yājña." —

Diese Vertiefung und Vergeistigung der Opferidee blieb natürlich das Sondergut eingeweihter Kreise. Das urzeitliche Element besteht im geheimen fort. Nach ihm ist das Menschenopfer die einzig vollwertige Darbringung; sie bedarf nicht immer des Feuers. Sind doch die niederen Dämonen, die bestimmte wüste Gegenden, Gewässer, Wälder bewohnen, nichts als Menschenfresser. Daß man ihnen lebende Wesen, darunter Menschen, darbrachte, sie ihnen überließ, kann nicht fraglich sein. Da sich ihre Macht auf ein bestimmtes Territorium beschränkte, konnten sie durch solche Gaben unschädlich gemacht werden. In der buddhistischen Volks- und Fabelliteratur, jedoch auch schon in dem Epos gehen die zahlreichen Dämonenklassen in solche von „Menschenfressern" über, so z. B. die dānava, rākṣasa, gandharven und Schlangenwesen. Hinter den verschiedensten Ungeheuern des Mythus, der Phantasie und der Wirklichkeit konnte sich ein Menschenfresser verstecken. Wie das Grimmsche Märchen, kennt auch die indische Sage Riesen dieser Art. Da sich solche Ungeheuer in jede beliebige Gestalt kleiden konnten und sehr häufig als Menschen auftreten, war die Vorstellung von Kannibalen äußerst geläufig. Als solche galten viele Grenzbewohner der arischen Bezirke Indiens mit und ohne Recht, ferner einzelne Persönlichkeiten, Hexen und Zauberer. Die buddhistische Literatur spricht von einem menschenfleischfressenden König, der durch seine Diener die an einer Straßenkreuzung Stehenden (d. h.: auf dämonenverseuchtem Boden Befindlichen) fangen ließ. Wenn wir uns nun erinnern, daß einzelne Organe (Herz, Netz, Leber) als Seelensitze, als bevorzugte Vermittler der Lebenskraft galten, daß sie im Opfer als solche dargebracht und selbst die Werkzeuge, mit denen dies geschah, als besonders „heilig" teilweise vernichtet wurden, so ist es unbezweifelbar, daß der Inder, dem Geist und Materie stets einheitliche Begriffe geblieben sind, zu den Zwecken des unheiligen Ritus diese Organe benutzt haben wird und daß das Feuer auch dabei keine Rolle gespielt haben kann; im Gegenteil: man riß das Organ aus dem Körper und verzehrte es so frisch wie möglich. Nur der Zufall kann uns Einzelheiten so furchtbarer Bräuche bekannt werden lassen, die als Wahnideen unter der Decke von Zivilisation und Moral bei allen Völkern schlummern. Wir wissen, daß Kinder dazu mißbraucht werden, ein menschliches Gehirn roh zu verzehren, daß Hexenweiber, die eine menschliche Leber vertilgen, dadurch die Gabe bekommen sollen, ihre Zaubersprüche und Zaubermanipulationen niemals vergessen zu können. Allerdings verwandeln sie sich dann in Dämonen, aber diesen ist Zauberkraft und Prophetengabe teilweise eigen. Der Genuß eines Foetus wird in der Volksmedizin Frauen empfohlen, die an Bauchschwangerschaft leiden, Steinkinder tragen und ähnliches. Die Embryonen sollen derartig zubereitet sein, daß sie beim Genuß keinen Ekel erregen(!). Aus der Verwandten-Anthropophagie ist, wenn sie zum Gemeinschaftsmahl führte, das Menschenopfer erwachsen. Dies bestätigt auch die Ethnologie Indiens: von den Padaeern erzählt Herodot, daß sie ihre Alten und Kranken getötet und dann verzehrt hätten. Der mit dem Brandopfer kaum vereinbare Blutgenuß findet sich bei einer Gruppe besonders gefürchteter Zauberer; neben solchen männlichen gibt es weibliche Blutsauger, die in die Vampyren des Aberglaubens übergehen. Die bösen Feen des Märchens werden als Bluttrinkerinnen bezeichnet. Auch Tierblut wird, roh genossen, zu Zauberzwecken benutzt. Ritualien, die irgendwie einem Opfer nahe kommen, dürften der Verspeisung stets vorausgehen. Menschenfleisch soll gleichfalls Zauberkraft verleihen. Zauberinnen können Kinder aus der Erde graben und sie wieder lebendig machen, um sie für ihre unheimlichen Zwecke zu verwenden. — Noch gegenwärtig trinken ganz niedrig stehende indische Stämme das frische Blut aus der Wunde des Opfertiers, während sie die Leckerbissen in die Flammen werfen. Den Rest nehmen sie als Nahrung für sich nach Hause. Die Sitte des Genusses von rohem Tierblut hat sich leider bis zum ältesten Sitz des Buddhismus, nach Nepal, verbreitet. — Daß Menschenopfer im eigentlichsten und engsten Sinne noch sporadisch vorkommen, lehren Nachrichten, die aus den Nāga-Distrikten zu uns dringen. Bei den Khonds herrschten sie früher. Man versuchte, die Einwilligung des Opfers dadurch zu erlangen, daß man es auf das Beste behandelte. Seine Rache lenkte man ab, indem man sagte: „Wir kauften dich teuer! Wir sind unschuldig!" Die mehrfach genannte Mördersekte der Thugs soll Menschenopfer dargebracht haben. An ihre Stelle sind jetzt Opfer von Ziegen getreten, die in brutaler Weise getötet werden. Ebensowenig als dieser Kult ist der außerordentlich weit verbreitete Dienst des Schiva und der Kālī arisch gewesen. Beide Gottheiten werden, mit einer Kette menschlicher Schädel verziert, verehrt. Ihre Kultstätten sind u. a. Kreuzwege und Verbrennungsplätze. Aus Menschenschädeln trinken Kālī's spezielle Verehrer. Vor nicht langer Zeit brachte man ihr Menschen dar. Zur Abwehr von Naturschäden geschah das Gleiche so lange, als die Fremdherrschaft dies gestattete, in aller Öffentlichkeit, ohne daß dabei der Name eines Gottes oder eines Dämons, der ja mit Ort und Zeit ohnehin gewechselt haben müßte, hervorgetreten wäre. Zur Verhinderung von Hagelschlag erfolgte neben dem Opfer der eignen Person das des erstgeborenen Sohns am Heiligtum eines Lokalgottes. Gegenwärtig ritzt man noch den Finger und läßt das Blut daraus herabfließen. Als Fruchtbarkeitszauber ist das Menschenopfer weltbekannt. Die Analogie zwischen pflanzlichem und menschlichem Wachstum und Leben war hierbei wohl grundlegend. Ganz besonders barbarisch und eigenartig mutet uns dabei der Versuch an, die Lebenskraft des Opferwesens aus diesem herauszupressen und zugleich langsam und unmittelbar dem Boden, der Herde, dem Kranken zuzuführen. Den Kühen soll es zugute kommen, wenn deren Hirten beim Dīwālifest ein Schwein an den Füßen festbinden und ihre Herden über das Tier treiben, bis es zu Tode getreten ist. Daß es hier das Substitut eines Menschen ist, lehrt ein Brauch der Bhīls, die ihre Herden über den Körper eines Stammesmitglieds jagen. Es kehrt dabei das Gesicht nach unten und soll nicht verletzt werden. Für seinen Opfermut bekommt es eine Belohnung. Weit furchtbarer als ein solcher vergleichsweise öffentlich getriebener ist natürlich der geheime Fruchtbarkeitszauber, welcher sich der Mittel der schwarzen Magie bedient. In allen Fällen, mag es sich um die Befruchtung des Bodens oder des weiblichen Schoßes handeln, ist die Verwendung des frischen Bluts die Regel. Um gebären zu können, tötete ein Weib ein Brahmanenkind unter entsetzlichen Martern und badete sich in dessen mit Wasser vermischtem Blut; ein anderes trank das Blut eines von ihr ermordeten Kindes. — Die Vorstellung, daß die Flüsse ihre Opfer verlangen — es rast der See und will sein Opfer haben — ist so tief eingewurzelt, daß es als verwegen galt, einen Ertrinkenden zu retten, da sich der Dämon des Stroms an dem Retter rächen könnte. Der heiligen Gangā (Ganges) wurden Kinder gelobt und geopfert; das Gleiche geschah nach Plutarchs Zeugnis an den Ufern des Indus. Die Charmār's weihen das erste Haar ihrer Kinder noch heute dem Ganges oder werfen diese selbst in den Strom, heben sie aber heraus, ehe ihnen ein Leid geschehen ist. Wenn ein Dorf in Gefahr ist, überschwemmt zu werden, so wird ein Opfer aus Kokosnüssen und einer Rupee dem Flutendämon dargebracht; in Gujārāt fügt man ein Frauenkleid hinzu — möglicherweise ist das der Rest eines Menschenopfers. Sicherlich trifft diese Deutung bei den Kokosnüssen zu. In Zeiten von Massensterben erhebt der alte Dämon sein Haupt und schreit nach sieben Opfern, von denen die ersten fünf Tiere, die beiden letzten aber Menschen — ein Mann und ein Weib — sein sollen. Noch zu Beginn des vergangenen Jahrhunderts konnten solche Darbringungen für die Pestgottheiten nur durch Gewaltmaßnahmen verhindert werden. Einzelne Bevorzugte verschafften sich lebende Menschen als Opfer für ihre Leibesnöte. Man gedenke der Transfusion (Blutübertragung) im deutschen Volkstum usw. Nach einer Sage soll ein indischer König täglich ein Kind getötet haben, um von einem Geschwür befreit zu werden. Heutigen Tages werden Abbilder irgendwelcher Art den Toten ins Grab gegeben, um die Überlebenden zu erretten. Wenn in den Zentral-Provinzen ein Dreckfeger stirbt, während die Sonne in bestimmten Sternbildern steht, so werden vier Bilder aus Teig in Menschengestalt hergestellt und mit dem Leichnam begraben. Anderenfalls glaubt man, daß in der Familie vier neue Todesfälle vorkommen werden. — Das alte Ritual erlaubt die Hinschlachtung eines gebrechlichen Greises. Das im Canon eingehend behandelte Menschenopfer kann eine gelehrte Fiktion sein. Aber schon die Bestimmung, daß der zu Opfernde ein Brahmane oder ein Adliger sein soll, widerspricht so sehr der Lehre von der Unantastbarkeit der höchsten Kasten, daß man ihr volkstümliche Züge zuerkennen muß. Wie beim Roßopfer, ist auch hier die Schlachtung mit der vorübergehenden Freilassung kombiniert. Diese Zeit dauert ein Jahr, während dessen man dem Todeskandidaten alle Wünsche, nur nicht den nach Frauen, erfüllen darf. Nach seinem Tode soll die Großkönigin sich zu ihm, wie zum Beischlaf, legen. Der geheiligte Opferleib wirkt also fortzeugend. Es ist möglich, daß das Konkubinat des Pferdes mit der Großkönigin eine Nachbildung der alten Sitte dieser „Totenhochzeit" ist. Jedenfalls war der Zweck einer solchen rituellen Opferung derart, daß Massenschlächtereien von Menschen dadurch unwahrscheinlich werden. Man hat vielleicht Entsühnung von schweren Stammesverschuldungen, sicherlich Sieg im Kampfe oder ähnliche Glücksfälle erstrebt; dazu dürfte ein Mensch wie später auch ein Pferd (als dessen nachweislicher Ersatz) genügt haben. Die massenhaften, damit verbundenen Tiertötungen dienten der Völlerei der Masse und haben mit eigentlichen Opfern wenig gemein.

Höchst altertümlich sind die auch in Vorder- (wie in Hinter-) Indien häufig bezeugten Bauopfer. Sie entspringen dem weitverbreiteten Glauben, daß eine Brücke, ein Gebäude, die Aufschüttung eines Wasserbehälters, selbst der rituelle Feueraltar des altindischen Opfers an Festigkeit gewinne, wenn die Geister hingeschlachteter Menschen diese Werke beschützen. Bei der Errichtung eines Stadttors sagte, so erzählt ein buddhistischer nichtkanonischer Text, der Hauspriester zum Könige: „O Fürst, das großmächtige Tor wird von großmächtigen Gottheiten beschützt. Man muß einen lohfarbenen Brahmanen, der die Zähne verloren hat und der nach beiden Seiten von reiner Abkunft ist, töten, mit dessen Fleisch und Blut das Opfer darbringen, den Körper darunter legen und das Tor darüber errichten; auf diese Weise wird es dir sowohl wie der Stadt zum Heil gereichen." Dem Einfluß der buddhistischen Lehre gelang es, das Opfer eines lebenden Brahmanen in das einer toten Ziege umzuwandeln. Nicht immer war dies möglich: der älteste eigne Sohn, die Gattin wurden lebendig eingemauert und verfielen dem finstern Wahn. In anderen Fällen traf das Los rassereine, aber degenerierte Wesen, offenbar deshalb, weil sie der Kaste nach vollwertig, aber ohnehin von der Hand der „Vernichtung" gezeichnet waren. Bisweilen rächten sich die Opfer: das eingemauerte Weib wurde zum Cholera-Dämon — eine offenbare Opposition jüngeren Kulturempfindens gegen den grausamen Brauch. Die Einmauerung sollte vielmehr oft, wenn nicht in der Regel (dies gilt zum mindesten vom massiven Gebäude, der Holzbau ruhte auf dem Mittelpfosten), das Fundament des Hauses (Dammes usw.) stärken. Nach den Satzungen des alten Rituals werden die Häupter der fünf „Opfertiere" (Mensch, Roß, Rind, Schafbock, Ziegenbock) als Teile der ersten untersten des aus fünf Schichten bestehenden Gemäuers des Opferaltars bei der Feuerschichtung verwertet, während die Rumpfe in das Wasser geworfen werden. Aus diesem Wasser nimmt man den Ton und die Flüssigkeit, die zum Kneten der Backsteine dient; diese sollen dadurch fest werden. — Besondere Heiligkeit genießt überall die Eingangspforte. Zu Ujjayanī pflegte man an der Torpforte des Vikramāditya-Palastes Menschenopfer darzubringen, später aber statt ihrer Büffel zu töten und dere

Köpfe dort zu begraben. Dieser Brauch stammt sicherlich aus der Zeit, in der das Begräbnis unter der Schwelle stattfand. Für die Beerdigung von Leichen, das Eingraben von magischen Mitteln an dem Haustor kennt die Völkerkunde viele Beispiele. Bei den Thāru's im Tarāi an den Schwellen des Himālaya wird ein Mann, der durch seine Weisheit im Rat, Tapferkeit auf der Jagd oder Kenntnis der Magie und Medizin berühmt war, unter dem Boden des Hauses begraben, in dem er gelebt hat. Dadurch wird dasselbe so heilig, daß es für den profanen Gebrauch untauglich ist: die Familie verläßt es. — Die erste Person und der erste Schatten, die ein neugebautes Haus zu beleben wagen, sind dessen Dämon verfallen und müssen sich, wie die Sage des Abendlands vielfach zu berichten weiß, loskaufen. Nach indischem Brauch wird statt des Menschen sein Schatten gemessen — die Messung lernten wir als einen die Persönlichkeit des zu Messenden ergreifenden Zauber kennen — und in das Fundament des Hauses versenkt.

Als Selbstopfer ist der religiöse Selbstmord anzusehen. Auch er hat fast immer die do-ut-des-Theorie, das Bestreben, für den Leib etwas Höheres einzutauschen, zur Grundlage. Im Ritual ist er nicht vorgeschrieben, wurde aber bis zur neuesten Zeit verübt, und zwar nicht bloß um himmlischer, sondern auch um irdischer, in einer späteren Geburt erlangbaren Vorteile willen. Von dem Daitya Kāhār, einem Felsenriff der Rājputāna, stürzten sich Gläubige herab, oft auch in Erfüllung eines Gelübdes. Eine Frau soll für den Fall, daß ihr ein Kind geboren würde, gelobt haben, gemeinschaftlich mit diesem den Todessturz zu vollziehen. Sie gebar, blieb ihrem Eide treu — und beide kamen mit dem Leben davon. — Kinder werden vor ihrer Geburt für deren Fall nicht nur der Askese sondern auch dem Tode gelobt. Sobald sie erwachsen sind, üben sie Selbstmord oder lassen sich töten. Eine andere Veranlassung für diesen Schritt ist etwa der Wunsch, in einer höheren Kaste wiedergeboren zu werden, oder schrecklichen Krankheiten zu Gunsten eines gesunden Leibes zu entrinnen. Lepra-Leidende stürzen sich deshalb in eine Feuergrube. Auch sie hoffen zudem auf den Kastenaufstieg. Selbstkasteiung mit Todeserfolg findet sich vielfach, namentlich in Sekten; sie wird u. a. den Jainisten empfohlen, wenn die zwölfjährige Periode ihrer Askese nicht genügt hat, das eigentliche Ziel, ein völliges Aufgeben alles Leiblichen, zu erreichen. Als Ideal gilt in diesem Fall der Hungertod. — Andere Selbstmordformen sind die Reisen nach dem Himālaya, der Paradiesesgegend, die mit dem vorsätzlichen Tode der Frommen im Schnee und Eis enden. Oft hat der Todgeweihte dabei ein ganz bestimmtes reales Ziel: seine Familie soll nicht aussterben u. a. Bisweilen ist sein Wunsch sittlicher Natur. Die religiösen Gesetzbücher schreiben es z. B. vor, daß der diebische Brahmane seinen König bitten soll, ihm mit der Keule den Kopf zu zerschmettern. Der Ehebrecher gleicher Kaste soll sich die Geschlechtsteile abschneiden, sie in die Hand nehmen und solange nach Süden gehen, bis er tot umfällt. Auch Brahmanenmord (oder fahrlässige oder zufällige Tötung) wird oft mit Selbstmord gesühnt. Endlich wird dieser bisweilen vollzogen, damit der befreite Geist sich an seinem Übeltäter rächen könne.

Stellvertretende Handlungen für das Menschenopfer sind uns bereits begegnet: statt der lebenden Person gibt man deren Bild; oder ein Objekt, das der Länge oder dem Gewicht nach dem Opferwesen entspricht; man schenkt (entbehrliche) Körperteile (Haare) desselben; bringt Tiere statt des Menschen dar, oder spendet statt dessen Früchte (Kokosnuß). — Die Sündenbockidee zeigt sich in einem Brauch der Khārwārs der Vereinigten Provinzen noch besonders deutlich. Das Tier ist hier kein Bock, sondern ein Hahn, wird aber als Weib herausgeputzt: in der Zeit von Seuchen nimmt man ein schwarzes Exemplar, beschmiert seinen Kopf mit roter Farbe, tuscht seine Augen mit Antimon an, schminkt es und läßt es mit dem ausgesprochenen Wunsch, daß die Sünden der Gemeinschaft vernichtet werden mögen, in das Dickicht laufen. — Interessant ist die Vernichtung von Körnern anstelle von blinden Menschen. Um übermäßigen Regen zum Stillstand zu bringen, pflegt man den Ritus der „Fesselung des blinden Mannes" zu vollziehen. Dabei werden Getreidekörner, deren jedes den Namen eines blinden Mannes trägt, welcher dem Veranstalter der Zeremonie bekannt ist, in einen Tuchfetzen gewickelt und dieser dann unter eine Dachtraufe gebracht oder an einen Baum aufgehängt. Angeblich will man dadurch das Mitleid des Gottes der Gewitter (Indra) erwecken. Ein ähnlicher Ritus findet statt, um Regen hervorzuzaubern. Die mehrfach hervortretende Idee, daß man durch die Qualen der Opfer das Mitleid der Gottheit rege machen will, zersetzt natürlich diese Form des Kultus überhaupt.

Nirgends ist der verfehlte Versuch, durch Gaben auf die Gottheit zu wirken, häufiger als in Indien gemacht, aber auch nirgends ist das Opfer mehr vergeistigt worden als eben dort. Seit Jahrtausenden wird es von den Vertretern der Intelligenz aus rationalistischen, von denen der Mystik aus religiösen, vom Buddhismus aus ethischen Gründen bekämpft. Die grausige Schlächterei des Tieropfers verbietet Buddha schlechthin; die Spenden von Milch, Honig und Öl mag er außerhalb des Ordens gelten lassen. In der buddhistischen Gemeinschaft aber gibt es nur die Schenkung von Gaben an fromme Mönche. Höher als diese steht die „Zuflucht" zum Orden, am höchsten aber die Gewißheit der sittlichen Vervollkommnung, welche die Widergeburt vernichtet. Sie ist das höchste Opfer. Ihr gegenüber versinkt alles Ritual in ein Nichts. Das Grundfundament ihres Werdens und Wesens aber ist die Liebe. „Alle Mittel in diesem Leben, um sich religiöses Verdienst zu erwerben, haben nicht den Wert eines Sechszehnteils der Liebe, der Erlösung des Herzens. Die Liebe, die Erlösung des Herzens, nimmt sie in sich auf und leuchtet und glänzt und strahlt."

Die Liebe hat die versklavende religiöse Form aufgelöst, die Selbstsucht sie gegeben. Die volkstümliche Gesittung stellt zwischen beiden einen Kompromiß dar, indem sie, ohne das Gute zu wollen, das Schlechte meidet, wo es dem Täter unbequem oder gefährlich werden kann. Die landläufige praktische Ethik besteht deshalb darin, daß man gewisse schwere Verbrechen unterläßt, den Regeln seiner Kaste folgt, seine Tochter pflichtgemäß verheiratet, Brahmanen speist und seine Wallfahrten vollzieht. Die Furcht vor der Sünde treibt den Inder im allgemeinen viel weniger dazu, Unrecht zu unterlassen als die Gesetze seiner Kaste zu befolgen. Nur hierüber wachen auch die Götter.

Der in Bandengemeinschaft die Wege unsicher machende Raubmörder glaubt sich deshalb völlig vor seinem Gott oder seiner Göttin (devī) „gerechtfertigt", wenn er in eben diesem Sinne seinen „religiösen" Pflichten nachkommt, und hat von einem solchen „korrekten" Wandel nicht weniger Vorteile zu erwarten als der Brahmane, dessen Wesen in der Vorstellung der göttlichen Liebe aufgeht. Die „Korrektheit" der Handlungen wird durch die Konvention gewährleistet und durch das quasi-religiöse Schrifttum kontrolliert. „Was die Edlen loben, wenn es getan wird, das ist recht und Pflicht; was sie tadeln, das ist Unrecht." Der „Wandel der Religiosen", d. h.: der bewährten und professionellen Seiltänzer auf diesem schwankenden und schmalen Lebenspfad, ist deshalb eine wesentliche Rechtsquelle — so sagt Manu's Gesetzbuch. In der religiösen Literatur ist kaum etwas anderes als die Lebensregel und der Zauberspruch lebendig geblieben, weil jene Macht und Ansehen schützt, dieser sie vermehrt. Als Sünde und deshalb als gefährlich gilt die Überschreitung der Kastengesetze, die Abweichung von der Norm, auch im Naturgeschehen. Wenn bei den Angāmi Nāga's, einem sehr tief stehenden Stamm, eine uneheliche Geburt vorkam, so galt sie nicht als Schande für die Mutter sondern als Gefahr für den Stamm. Man tötete deshalb das Kind und durchbohrte seine Füße mit Dornen; dadurch glaubte man es zu verhindern, seine Mutter in Träumen zu bedrängen. — Es gab und gibt eben neben dem „Wandel" der Guten den „Wandel" der Gestirne, d. h. die dem menschlichen Denken immanent gewordene Offenbarung des Weltgesetzes neben dem Menschengesetz, das doch schon deshalb, weil es von dem göttlichen Urvater geoffenbart und für alle Zeiten verbindlich wurde, nichts weiter als ein Stück der Weltoffenbarung ist. Die „heilige Ordnung" der Natur zeigt sich deshalb makrokosmisch im periodischen Ablauf der Tages- und der Jahreszeiten, mikrokosmisch in der menschlichen Gesittung, oder, richtiger, in dem Verbleiben der einzelnen Kasten innerhalb ihres Pflichtenkreises. Die „Tugend" der Menschen wirkt sympathetisch auf die „kosmischen Abläufe"; die „Irreligiosität" zerstört das normale Naturgeschehen. „Man hat den Naturvölkern immer Unrecht getan, indem man annahm, daß sie durch ihre Glaubenserlebnisse gegenüber den unzähligen einzelnen Mächten vollauf befriedigt seien. All dies Einzelne erforderte von vorne herein eine Synthese, und dies war die Harmonie des Weltgeschehens als Ganzes, soweit das eigne Gedeihen der Menschen in Frage kam." Wir sahen, daß der Gestirnwandel das Leben, die Gesundheit, das Geschick des Einzelnen wie der Masse im wachen nicht minder als im Traumzustande bestimmt, daß die menschliche Klage den Götterthron zum Wanken bringt, Weltperioden auch Menschenheitsperioden sind und gnädige Gestirne gute Könige, durch diese glückselige Zeiten heraufführen. Dadurch ergibt sich eine ideelle Ausrechenbarkeit des gesamten Weltentreibens; die vorzeitig einbrechende Nacht wird wie die Abweichung von der gelobten Tat zum „Vergehen" gegen die Naturmächte. Beide gelten als „Unwahrheiten", zu denen im sozialen Leben namentlich auch der Vertragsbruch gehörte, denn auf dem Vertrage beruhte, soweit er nicht durch die fast als charitativ aufgefaßte Verwaltungstätigkeit des Königs überflüssig gemacht wurde, die ganze Gemeinschaftsarbeit, ferner aber auch, wie wir sahen, der „Bund" mit den Göttern, d. h. die gesamte Religionsausübung. „Wie auf der Sonne der Tageshimmel, wie auf der sittlichen Weltordnung die Āditya's (die höchsten Götter), so ist auf der Wahrheit die Erde gegründet" — so sagt ein hochheiliger Vedavers. „Gut ist es, die Wahrheit zu sprechen. Es gibt nicht höheres als die Wahrheit. Durch Wahrheit wird alles in Ordnung gehalten. Auf die Wahrheit ist alles gegründet." Deshalb soll der im Stande der Heiligkeit Befindliche von dem, was er nicht gesehen oder gehört hat, nicht sprechen, als ob er es gesehen oder gehört hätte, denn dieser Stand läßt in den Gottesdienst, das „Opfer", und damit in den kosmisch-ethischen Naturmechanismus die bedeutsamsten Eingriffe tun. Die Lüge, praktisch-sozial oft bedeutungslos, als Schutzmittel erlaubt, von der Gottheit geübt, wird hier zur Weltgefahr. Diese Idee schließt die Vorstellung von Katastrophen, die durch gesetzwidrige gottesdienstliche Handlungen herbeigeführt werden können, von selbst ein. Wer einen Altar in der Richtung gegen die Sonne umkreist, wirft die Naturordnung um.

Nur wenige Menschen, nur diejenigen, die sich spekulativ in das Zentrum des Weltmechanismus versetzt glauben können, fühlen sich theoretisch oder praktisch bisweilen zu den Einschränkungen veranlaßt, die ihnen diese hohe Meinung von sich selbst mitgibt. Die übrigen leben in den Tag hinein und glauben sich durchaus dazu berechtigt. Die religiöse Literatur ist moralisch-didaktisch so gut wie wertlos. Der Veda ist kein unbequemes Sittenbuch. Kein einziges seiner Werke ist vorzugsweise oder gar ausschließlich ethischen Gehalts; kein einziges Kapitel lehrt, was man tun oder lassen solle, um vor Gott oder Menschen wohlgefällig zu werden. Dagegen erfahren wir zahllose Zaubermanipulationen, die geschaffen oder vollzogen sind, sich selbst — kaum noch: dem Stamme — zu nützen und dem Feinde zu schaden, sowie den Folgen eigner Sünden zu entgehen. Es gibt überhaupt keine unsühnbaren Verbrechen. Eine einzelne asketische Übung (das aghamarṣaṇa) vermag bei 21-tägiger Übung die vier großen Todsünden unschädlich zu machen. Die „Sünde" („Schuld") wird abergläubisch verehrt und gefürchtet. Sie gilt als „Flecken" (mala), „Schmutz", der abfärbt; der zerteilbar ist; der durch Dämonen übermächtige Wesen, Menschen, Vierfüßler, leblose Gegenstände, durch Vögel und die Magie des Worts (Fluchs) übertragen werden kann und eine abwägbare Masse darstellt. Dieser „Flecken" wird dann oft in den toten Überresten des Körpers, in Haaren und Nägeln, wohnend geglaubt. Man schließt deshalb solche Abfallteile in einen Klumpen von Rinderdung ein, vergräbt sie in einem Kuhstall oder bei einem Feigenbaume mit dem heiligen darbha-Gras zusammen und sagt dabei: „So vergrabe ich die Sünden von so und so." Die gesamte Einstellung zum Moralprinzip ist schon deshalb in unseren Augen ungenügend, weil Tugend als Frucht der Erkenntnis gilt und weil Gesittung nicht Selbstzweck sondern Mittel ist, in einer späteren Existenz Vorteile zu genießen. Selbst die Sündenerkenntnis ist durch die vom Fatum bestimmte Intelligenzmasse des Einzelnen geregelt, so daß das Individuum lediglich aus dem göttlichen Gnadenvorrat zu schöpfen braucht, oder, wenn sich diese Quelle ihm verschließt, eben zu Grunde geht. Die überall lauernden Dämonen der Liebe, des Alkohols, des Würfelspiels usw. richten es dann zu Grunde.

Auch der höchste Gott des Veda gilt als Verführer. Die obersten Moralvorschriften des Brahmanismus ruhen auf abergläubischer Grundlage. Das „Verbot der Tötung lebender Wesen" erstreckt sich auch auf Schlingpflanzen und ist der Furcht vor der Rache der Geister der Getöteten entsprungen, weshalb vor allem die blutige Tötung vermieden wird. Der Mörder ist ein Übermensch; er wird „ausgeschlossen" d. h. aus der Stammesgemeinschaft verstoßen. — Der Alkoholgenuß wird den Manen und Göttern erlaubt. Selbst Schnapslibationen sind nicht unerhört. Der Brahmane soll berauschende Getränke im profanen Leben meiden, er genießt sie aber beim Opfer. Das Verbot des Ehebruchs zeigt deutlich die abergläubische Grundlage. Die Frauen von Tänzern usw. sind vogelfrei, „weil deren Männer sie ohnehin preisgeben". Das Weib ist also nur als Eigentum des Mannes geschützt. Selbst dieser aber scheut sich, es zu berühren, denn zunächst (nach der Hochzeit) „genießt er" die Gottheit. Unter diesen Umständen ist es verständlich, daß Ascendentenmord und Blutschande zu den schwersten Verbrechen zählen. Beide greifen in die gefestigte häusliche Rechtssphäre ein und machen dadurch gebändigte Dämonen los. So lange die Sünde als materieller Stoff (Blut usw.) gedacht wurde, galt sie als mechanisch weiterwirkend, bis sie vernichtet wurde, was wesentlich auch durch die Strafe geschah. Das Strafamt ist die Hauptaufgabe des Königs. Deshalb fällt ihm die Sündenschuld des begnadigten Mörders, des nichtermittelten Viehdiebs zu. — Da nach der Seelenwanderungslehre Wort, Gedanken und Handlung dynamisch fortwirken, kann unter Umständen der Vorsatz mit der gleichen Strenge wie das ausgeführte Verbrechen bestraft werden und bedarf der religiösen Sühne. Zwar ist auch die zufällig begangene Verletzung fremder Personen und fremden Eigentums strafbar. „Wo [aber] Wissen in besonderem Maße vorhanden ist, da soll sie [die Schuld] für den Wissenden besonders groß sein." Nach volkstümlicher Auffassung ist auch der sündhafte Träumer mit einer Schuld behaftet. Das Staatsgesetz aber kümmert sich um diese nicht. Der „Kranke" selbst oder sein „Arzt" wäscht sie ab.

Werfen wir auf des Heilkundigen Moral, nachdem wir sein aberglaubendurchsetztes Handwerk betrachtet hatten, einige Blicke. Sein äußerlicher Gesamteindruck muß günstig sein, denn die Magie des vollendeten Körpers muß von ihm ausgehen. Er sei gelehrt, geschickt, unbescholten, habe ein freundliches Benehmen usw. Dies alles gilt ja auch vom Brahmanen, dessen Ethik mit der seinigen nahe verwandt ist, wie beide letzten Endes von der Zauberei leben, an die der sie Ausübende viel schwerer als der ihr Unterliegende glauben kann. Die Hauptsache ist deshalb auch für den Mediziner das bare Geld. Die Mitglieder verworfener Kasten und Sünder soll er überhaupt nicht behandeln. Durch „richtiges", d. h.: erfolgreiches Verfahren „erlangt er Freunde, Ruhm, Verdienst, Reichtum und Vergnügen." Wo aber nichts Gutes zu erwarten ist, wie z. B. bei der bereits manifest gewordenen Tuberkulose, da soll „der auf seinen Ruhm bedachte(!)" Arzt die Finger davon lassen. Wie hier so zeigt sich überall der Mangel an jenem sittlichen Idealismus, der nur von Führernaturen ausgehen kann. An ihnen fehlte es auch auf medizinischem Gebiet sicherlich nicht, aber sie drangen durch den Wust schwächlicher Ideen und Gesinnungen nicht durch. Die Seelenwanderungslehre hat sich hier als ein sehr gefährliches Hindernis erwiesen. Ihr eignet der Glaube, daß auch der abnorme (pathologische) Körperzustand eine „Frucht" früherer Handlungen, also ein gerechtes Los sei. Bei solcher Denkungsweise konnte natürlich von dem Draufgängertum der modernen Chirurgie, die das Schicksal zu höhnen scheint, nicht die Rede sein.

Wie es um die theoretische und praktische Sittlichkeit der berufsmäßigen Priester stand und steht, braucht nur noch einmal gestreift zu werden. Nur aus Furcht füttert, kleidet, verehrt und besingt man die Götter, und zwar stets die erweislich Mächtigsten; aus Mangel an Angst läßt man den höchsten Gott und auch gewisse Beschützer der Dörfer und Felder ohne Kultus, und zwar wird die Herzensgüte höherer Wesen mit naiver oder schamloser Offenheit als Grund für deren Vernachlässigung angegeben. Deshalb kommen auch die christlichen Missionare mit dem „lieben Gott im Himmel" in Indien nicht aus; sie bedürfen des göttlichen Rächers und Richters. Neben der Furcht ist es der Eigennutz, der die Religion am Leben erhält. Jeder Gott muß in irgendeiner Weise nützlich sein können. Die an Heiligtümern so oft beobachteten Heilungen von hysterischen Leiden begründen auch in Indien deren Ruhm und rufen Wallfahrten von größtem Umfange hervor, bis die dortigen Wunderwirkungen ausbleiben oder anderswo überboten werden. Mit gleicher Inbrunst wandert der Hindu zu dem wundertätigen muslimischen, hinduïstischen und christlichen Grabe. Eine Durchdringung des Hinduïsmus mit christlicher Kultur würde dessen volkstümliche Ideenwelt nicht vernichten sondern mit abendländischem Aberglauben versetzen. Auch Tempelzerstörungen fruchten nichts, denn anstelle der unnützen Gottheit findet die Masse sicherlich deren ein paar Nützliche. Der Islâm hat umsonst seit vielen Jahrhunderten in indischen Tempeln gerast. Die Wut der enttäuschten Verehrer richtet sich nur gegen das einzelne Idol oder Heiligtum, nie gegen deren lebendige Gottheit. Das Bild kann falsch, die Gottheit muß wahr sein. Freilich erlebt man es, daß z. B. der (sehr niedrig stehende) Schutzpatron des Hagels mit Schuhen geschlagen wird — eine besonders entehrende Art der Züchtigung. Selbst an einem Bilde der devī (Gemahlin Śiva's) in Nepal wagte ein enttäuschter Verehrer sich zu vergreifen. Es war dies ein König, dessen Gemahlin durch die Blatternnarben verunstaltet worden war und sich deshalb das Leben genommen hatte. Wenn man der Gottheit huldigt, so tut man es auch heutigen Tages, weil man Vorteile erlangen will und Sündenvergebung wünscht; denn Sünde hat Strafe im Gefolge. Die grausame Art der Tiertötung beim Opfer (langsames Zermartern usw.) dient ebenfalls nur dem eignen Nutzen. Die Qual soll der Sünde entsprechen, die langsame Überführung aus dem vollkräftigen in den toten Zustand den Parallelvorgang zur Sündenvernichtung klar veranschaulichen und durchführen. — Der Glaube an die Spezialwirkung der einzelnen Gottheiten wird erst dadurch zur Verirrung, daß diese als selbständige, durch Gebete bestimmbare Kräfteeinheiten aufgefaßt werden. Es gibt in Indien bestimmte Gottheiten gegen Tigergefahr usw. Jedenfalls feiert dort wie hier auch im Kultus der Eigennutz Triumphe. Den Willen der Gottheit ermittelt das (jetzt sicherlich selten gewordene Staats- und) Privatorakel. Es weissagt Kriege, Seuchen, Sonnenfinsternisse usw., wird befragt, wann man freien oder gefreit werden darf; ob Kinder geboren werden und anderes mehr. Stets bleiben die Wünsche und Sorgen am Irdischen hängen. Verirren sie sich aber einmal ins Geisterreich, so sind sie besonders gefährlich. Noch kürzlich erfuhren wir von „Besessenen", die von der Menge angebetet wurden und sich als Schutz-Heilige durch einige Morde ausgewiesen hatten: sie hatten die Träger von Gegen-Dämonen beseitigt. — Jenseits der Geisterwelt stehen die früheren Existenzen, die Höllen und Paradiese. Sie werden ebenso sinnlich derb vorgestellt wie das Erdenleben. Es kommt nur darauf an, zu ihnen den Zutritt zu gewinnen. Ein gewisser durch den Hinduïsmus übernommener muslimischer Heiliger besitzt ein Grab, das, wenn man es zur Zeit des ihm geweihten Festes in glücklicher Stunde besucht, dem Paradiese gleich kommen soll. Dann ist der Andrang in dieser Höhle so groß, daß trotz aller Vorsorge der Polizei alsdann mannigfaches Unheil, ja Todesfälle vorkommen. — Der Gegenwart entspricht die Vergangenheit durchaus. Das alte Zauberritual mit seinen Versuchen, den Besitzstand, die Gesundheit, wo nicht das Leben, die geschlechtliche Fruchtbarkeit des Nächsten, oft des Feindes, sehr häufig aber auch des durchaus nicht verfeindeten Nachbarn, des „Konkurrenten", des (mangelhaft bezahlenden) Brotherrn zu treffen, birgt eine Fülle von Schmutz. Die zur Unterhaltung der Menge der Zuschauer bei den großen Opfern veranstalteten Schaustellungen, angeblich „Fruchtbarkeitsriten" usw., sind von exzessiver geschlechtlicher Gemeinheit und wilder Barbarei. An den hohen Ideen der Einheit mit Gott, der Gottesliebe und Gnade, der sittlichen Willensfreiheit nimmt die Masse keinen Anteil. Fehlt es doch an Vermittlern zwischen ihr und den Kulturträgern, deren Kastenstolz und Geheimniskrämerei jedes Arbeiten mit dem Volke und für das Volk unmöglich macht. Das sittliche Ideal ist nicht der tätige, sondern der „heilige" Mensch, der schmutzstarrende religiöse Bettler. Erbettelte Speise tritt ja bei den im Stande der Heiligkeit Befindlichen an Stelle der Erworbenen, da die Gottesmacht lähmend wirkt und die heilige Hand die erfaßte Nahrung verderben würde. — Die allmählich erfolgende Aufwärtsentwicklung des religiösen Dienstes ist nicht zu leugnen, aber auch sie beschränkt sich auf enge Kreise. Dankopfer werden gegenwärtig zwar dargebracht; auch die furchtbare Kālī empfängt sie, wenn der Herbst ungewöhnlich gut war. Aber der Grundgedanke ist doch immer eben jener, der den Menschen veranlaßt, für irgend eine Gabe oder Gnade sich dem Wohltäter gegenüber „erkenntlich" zu zeigen: man kann nicht wissen, ob man ihn nicht in Zukunft noch einmal braucht. Das späte Ritual kennt „Opfer" wie die für den Allgott Brahman dargebrachten, bei denen von blutigen Handlungen nicht mehr die Rede sein kann. Der König, der hier offenbar als Darbringer gedacht wird, muß sich zwar dem ganzen Wust abergläubischer Opferhandlungen fügen, „glückbringende" Sprüche über sich ergehen lassen; er wird von „Glückwunschsprechern" bei dem (das Opfer abschließenden) Bade umrungen; wenn er kniend um den gewünschten Erfolg bittet, umgeben ihn „Vorleser von Glück bringenden Geschichten" und so weiter. Aber nach dem Abschluß der Zeremonien soll er nicht nur die Brahmanen sondern auch Elende, Hilflose, Blinde, Krüppel „ganz besonders" ehren, sodann sein Leben lang keine lebenden Wesen töten und keine Bäume fällen, die Gefangenen und die im Zorn gefesselten Feinde in Freiheit setzen, sowie im Kreise umher Sicherheit verkünden. Das Opfer führt also zur Gottesnähe. Das Gleiche gilt vom Gelübde. Es soll nicht bloß zu einer Abstinenz zwingen sondern in einer bestimmten seelischen Stimmung dargebracht werden; als die am meisten Geeignete wird oft die religiöse Liebe genannt. Beispielsweise gibt es „das Gelübde, nicht mit dem Bösen zusammen zu kommen"; es dient dazu, vergangenes Böses zu vernichten, langes Leben und Gesundheit zu erlangen. Dabei soll man einen gewissen Zauberspruch, von der Stimmung der Liebe erfüllt, sprechen, baden und dann beten: „Der [eben gespendete] Sesam schütze mich vor den bösen[Elementen] dank deiner Gnade, o Gott. Und du schütze mich, Götterherr, vor Befleckung seitens der Rede, des Gedankens, des Leibes." Daß solche „Opfer" heiligend wirken, läßt sich verstehen. Ihr Darbringer soll lebenslänglich nicht nur das Böse meiden sondern auch Tugenden, wie namentlich das Mitleid, üben. Dies gilt auch von den Veranstaltern von Zeremonien für die „Naturgottheiten", so z. B. den Sonnengott. In der dauernden Beobachtung des Gesetzes der „Furchtlosigkeit" (Sicherheit) für alle Wesen zeigt sich brahmanischer, im Gebot des Mitleids buddhistischer Einfluß. Der Buddhismus ist es denn auch, der dem Opfer, das für ihn nur ein Begriff, keine sakrale Handlung sein konnte, den ethischen Charakter verlieh, indem jeder Gegenentgelt im Diesseits ausgeschaltet, im Jenseits nur für die Moral der Masse beibehalten wurde. Das Selbstopfer des Buddhismus ist von allem rituellen Beiwerk völlig frei, ein Akt höchster Liebe, ohne unreine und selbstsüchtige Beimischung und deshalb nicht geschaffen, den unreinen Samen des Wunsches und damit einer neuen Existenz auszustreuen. Diese völlige, leibliche und seelische Hingabe dient dem Schutz Bedrängter, der Erlösung dem Tode Verfallener. Jeder religiöse Selbstmord im landläufigen Sinne wird vom Buddhismus durchaus verworfen. Er ist aber gegenwärtig nicht unerhört und dient, auch bei Frauen, bisweilen unlauteren Motiven. Wir wissen, daß man Selbstmörder, d. h. ihre Dämonen, sehr fürchtet. Verehrung genießen sie, wenn die Beweggründe des Selbstmordes edel waren. Auch Frauen werden dann unter Umständen in den Göttinnenrang gebracht.

Wenn das am Tage vollzogene Opfer der Gemeinschaft der Familie oder des Stammes nützen konnte, so diente die schwarze Magie ausschließlich gefährlichen, selbstsüchtigen Zwecken. Mit dem Opfer für die Gottheiten der „Vernichtung" mag sie begonnen haben. Sie bedient sich der Reste von Leichenstätten, um Auszehrung und Tod zu übertragen. Die Seelen wie die Körper der Toten zwingt sie in ihren Dienst. Besonders sind die Leichen junger, lebenskräftiger Personen, auch schwangerer Weiber und septische Frauenleichen geschätzt. Daß die Letzteren äußerst gefährlich werden können, bedarf keines Worts. Die schwarze Magie verhält sich zu der weißen, wie der Affe zum Menschen oder der Esel zum Pferde. Beide Vergleiche sind auch insofern statthaft, als tatsächlich Affe und Esel statt der edleren Wesen dargebracht wurden. Der Zweck ist der, den Segen der heiligen Handlung in Fluch zu verkehren. Nicht nur das hier zu Grunde liegende Haßmotiv sondern auch die Vorstellung, daß eine derartige Gesinnung vermittelst kultischer Handlungen sich bei der Gottheit auswirken könne, ist verwerflich und barbarisch, allerdings auch wiederum notwendig, wenn Annahme oder Ablehnung der Gabe nicht in das Belieben der Gottheit gestellt wurde. Der Schadenzauber Indiens unterscheidet sich von der „Hexerei", die wir kennen, weniger ihrem Wesen nach — nirgends treten vielmehr so deutlich die gleichen Motive und Handlungen hervor als eben hier — als dadurch, daß es im Orient an der priesterlichen Anleitung nicht fehlte; denn die herumlungernden Zauberer waren allen Fällen und allen Spezialitäten gewachsen. Natürlich stellte sich ihnen auf Seiten der Geschädigten Furcht, Haß, Verfolgung entgegen. Böse Zauberei macht „unrein", ja, sie verursacht Kastenverlust — so sagen die Gesetzbücher.

Wir sahen, wie die Sünde entsteht. Wie wurde sie festgestellt und beseitigt? Ihre Feststellung erfolgte durch freimütiges Bekenntnis, beim Opfer, vor dem Gott (namentlich auch des Tageslichts), vor dem König als dem gottgesetzten Rächer. So lange die Herrschergewalt in den Händen des Vaters der Großfamilie lag, muß er gestraft haben. Das Feuer des häuslichen Herdes soll nach deutschem Aberglauben Bekenntnisse annehmen. Ich bin dessen gewiß, daß der indische Feuergott, der als der „Hausherr [Träger der Macht] aller menschlichen Stämme" verehrt wurde, ebenfalls als Beichtvater und strafender Richter galt, wie dies ja auch im Feuerordal deutlich zum Ausdruck kommt. Wenn ihm wesentlich auch die Frau, und zwar im Falle des Ehebruchverdachts, unterworfen wird, so läßt sich dies nur aus einer Kultsitte der Einzelfamilie verstehen. — Wichtiger als Bekenntnis und Gottesgericht ist für die Feststellung des Vergehens das erlittene Mißgeschick des Einzelnen und der Masse, von dem aus auf die Schuld zurückgeschlossen wird. Wenn den Seher der ältesten Zeit die „Wassersucht" ergreift, so schließt er von dort aus auf den Zorn Varuṇa's als des göttlichen Richters, und von diesem Zorn aus auf irgend ein rituelles oder profanes Delikt, das er im wachen oder im Traumzustande begangen haben müsse. Eine solche Auffassung ist so ziemlich das Gegenteil von dem, was wir ethisch nennen würden. Der Dämonismus macht es dem Primitiven gewiß, daß er bei jedem Handgriff, Luftzug, auf jedem Boden, in den Herrscherbereich irgendeiner fremden Macht eintreten könne. Da liegt es denn auf der Hand, daß man, wenn man irgendeinen Schaden erlitten hat, von dort auf die begangene Sünde schließen muß. Wenn ein Kind in das prasselnde Feuer speit, so sagt man ihm bei uns: es wird einen Bläschenausschlag auf der Lippe bekommen. Beobachtet man also diesen Ausschlag, so ist man der göttlichen Strafe für ein Delikt, das als solches ganz allgemein anerkannt wird, gewiß. Es muß immer wieder darauf hingewiesen werden, daß die hier zu Tage tretende Auffassung von der Diesseitigkeit von Strafen und Belohnungen roh abergläubisch, im Einzelfall als völlig verkehrt erweislich ist und daß sie eine machtlüsterne Priesterschaft geradezu dazu auffordert, Sittenkodizes zu verfassen, die ihr bequem und für ganze Kulturen versklavend sind. — Träger der Schuld sind erst in der Zeit des erwachten Individualbewußtseins die Einzelnen, in der eigentlichen Antike vielmehr sämtliche Mitglieder der Hausgemeinschaft oder des Stammes. Dies gilt stets noch in der historischen Aera Indiens bei den Landplagen (Feuers-, Wassers-, Hungers-Not, Epidemien, Heuschreckenplage; Verfinsterung der Gestirne, abnormen Gestalten am Himmel und in der Atmosphäre und — was bedeutsam ist — auch bei menschlichen und tierischen Mißgeburten). — Wie aber reinigt sich das befleckte Wesen? Hier gibt es zunächst zwei mystische, sich völlig widersprechende Mittel: entweder man bekennt seine Sünde frei vor Gott und Menschen oder man verheimlicht sie. In beiden Fällen gilt sie als körperliches Medium, das man in die freie Natur ausströmen und dadurch verloren gehen läßt, oder in sich ertötet; wird es dagegen an irgendeinen Ort „gesetzt", indem man es beim richtigen Namen nennt, so kann es dort Unglück hervorrufen. — Auf der einen Seite wird deshalb „durch das Bekenntnis" des Ehebruchs „die Schuld geringer" (s. oben); auf der anderen ist unter den drei Arten der „Reinigung" die erste die, daß man nicht weiß und gesehen hat, daß Unreinheit vorhanden ist (Manu). Selbst die Traumsünde soll verschwiegen werden. „Wenn man eine Sünde von jemandem erfahren hat, soll man nicht der Erste sein, den gefallenen Anderen anzuzeigen". Man soll demjenigen, der für ein Vergehen die weltliche oder geistige Buße geleistet hat, diese nicht vorwerfen; den Dieb darf man nicht Dieb nennen usw. Ein nicht erkannter Mord wiegt viel leichter als ein erkannter. Brahmanenmord nebst den drei anderen größten Verbrechen werden durch die tausendmalige Rezitation des gāyatrī-Strophe (eine harmlose, kaum eine Stunde dauernde Gebetsübung) getilgt, wenn diese Sünden nicht öffentlich bekannt geworden sind, während sie anderenfalls oft als unsühnbar hingestellt werden, und z. B. der Brahmanenmord schwere Sühne selbst dann erforderlich macht, wenn er tatsächlich nicht begangen, sondern nur einer Einzelpersönlichkeit wahrheitswidrig vorgeworfen ist. „Die Beschuldigung ist eben ein zauberischer Infektionsstoff." — Es liegt nahe, ihn abzuwischen. Die Worte für „Schmutz" (kalmaṣa und mala, s. o.) bezeichnen auch die „Befleckung" (Verfinsterung) der Gestirne wie die irdische Sünde. Beide werden gleich bewertet. Es gibt eine Pflanze und eine rituelle Spende, die nach der ihnen aufgetragenen Funktion des „Abwischens" genannt werden. Auf gleicher psychologischer Grundlage liegt das Bad, die Reinigung mit Lehm, Öl, Seife, die Leibesentleerung, da letztere von unreinen Substanzmassen den Körper „läutert". Man überträgt die Sünde durch fließendes Wasser, durch Niederlegen an belebten Orten, durch Land- und Wasserfahrzeuge, durch den „Sündenbock", vermittelst des Durchkriechens durch enge Öffnungen (von Steinen, Bäumen, Türspalten; diese letztere Methode dient nicht, wie bei uns, zur Abstreifung von Krankheiten, sondern erklärtermaßen von Sünden). In Nordindien legt man auf einen Platz oder einen Kreuzweg, jedenfalls da, wo großer Verkehr zu erwarten ist, die gefährlichen Hautschuppen eines Pockenkranken hin. Man hofft, damit die Krankheit — die Sündenfolge — des Leidenden auf Fremde zu übertragen, bedeckt allerdings die Hautteile mit Blumen und einem kleinen Erdhügel. Auch mischt man diese Infektionsträger mit Milch und der Flüssigkeit der Kokosnuß und weiht diese Mischung der „Pockenmutter" auf deren Altar. Selbst an den Türeingängen eines Hauses kann man ein solches Gift anbringen. Dies gilt freilich als verboten. Andere Mittel, die gleiche Krankheit zu übertragen, sind die, daß man Topfscherben, Rinderschädel u. a. m. von dem verseuchten Haus über die Grenze wirft; oder man treibt einen Sündenbock ins nächste Dorf. Wenn dies nichts nützt, soll ein Wagen die Krankheit (auch Cholera) mitnehmen; man transportiert sie dann in irgendeiner Form (als Stein, Bild) bis an die Grenze und vergräbt sie dort. Ein König oder Reicher kann sich den Luxus leisten, sie in die Form eines Menschen zu bringen, mit schwarzem Stoff zu überziehen, innerlich auszustopfen, äußerlich sehr reich mit Schmuck und Gold zu versehen, sie sodann auf Räder zu setzen und dies gefährliche Idol einem Brahmanen zu schenken (in dessen Wohnung man es offenbar hineinfährt). Der Geschenkgeber glaubt sich dadurch in Zeiten schwerer Krankheit von Sünden befreien zu können. Der Beschenkte freilich soll begreiflicherweise in der Regel sterben. Ist doch die Figur der den König quälende Krankheitsdämon, dessen schwarze Farbe an die Pestleichen und an die Kālī gemahnt. Das Gold ihres Schmuckes ist das eigentliche Opfer, zur Loskaufsumme geworden. Opfer und Geschenke an Brahmanen sowie das Lesen und Rezitieren heiliger Texte und Textstellen, deren Schlußsätze sich oft in Lobsprüchen über die Verdienstlichkeit ihrer eignen Rezitation gegenseitig überbieten, sind weitere Sündentilgungsmittel. Wenn ein „Zweimalgeborener" (reiner Arier) unlautere Speise genossen hat, muß er zur Wiederherstellung des reinen, ungefährdeten Zustandes die gāyatrī-Zeile 1008 mal oder 500 mal oder 108 mal flüstern. Zahllose Gebete gelten als Austreibungsmittel der Dämonen von Krankheiten und Leidenschaften. Sünde und Schuld, meist als Ursache oder Folge der Verblendung („Begriffsverwirrung", vgl. das Blindwerden durch die Leidenschaften, daher: Verblendung) aufgefaßt, gelten stets als geistig-körperliche, im Menschen hausende Wesen, derer man durch andere magische Kraftmaterien Herr werden kann. Zu diesen Energiemitteln gehört der ekstatische Tanz; die oft bis zum äußersten gesteigerte Askese, die dem Menschen- und Göttergesetz zu trotzen unternimmt; die an Götterbildern verübte Bedrohung und Züchtigung; die Auspeitschung des Dämons aus dem Kranken (Sündigen; hier erinnere ich an das Verprügeln von Kindern und Erwachsenen, aus denen der alte Adam ausgetrieben werden soll). Bisweilen, freilich spät und selten, wendet man sich an die Gnade, das Mitleid der Gottheit, indem man Tiere so lange quält, bis sich die Gottheit des Tierhalters erbarmt oder indem man den eignen elenden Zustand schildert. Hat man keine Gnade zu erwarten, so steht der Weg des religiösen Selbstmordes, der Hinrichtung der eignen Person, offen. Wer ihn wählt, etwa weil er das Gebot der Gastfreundschaft infolge eines Konflikts mit einer anderen religiösen Bestimmung oder unter der Herrschaft einer vis maior verletzt hat, darf der Bewunderung der Mit- und Nachwelt sicher sein, ja, er wird als Schutzheiliger einer bestimmten Tugend (Gastfreundschaft) angebetet. Die zum Tode oder zur Erreichung eines unerträglichen Lebenszustandes führende Selbstqual dient zweifellos häufig dazu, von sich oder seinem Stamm ein großes Verhängnis (Sündenschuld) abzuwälzen. Die Idee von dem freiwillig leidenden und sterbenden Erlöser, der zugleich der Gerechtigkeit seines Gottes durch einen qualvollen Tod Genüge tat und zugleich dessen Mitleid wachruft, ist auch indisch. Wichtiger aber und bedeutsamer in der indischen Religionsgeschichte tritt der höchste Selbstschöpfer als selbstdargebrachtes Opfer hervor: der Vater der Dinge (Prajāpati) erschafft hierdurch die Welt; der

Demiurg Schiva errettet sie, indem er aus Liebe zu ihr das sie verderbende Gift genießt. — Der göttlichen Gnade kommt der Mensch durch seine Arbeit an der eignen Vollkommenheit entgegen: „Er betrauere in seinem Herzen seine Übeltaten, indem er ihrer gedenkt und wandle in Askese und Besonnenheit; so wird er des Bösen ledig." Mahnungen dieser Art stammen von einzelnen, ausgesprochen religiös eingestellten Persönlichkeiten; sie finden sich in der indischen Literatur äußerst selten und haben keinen Nachhall gefunden. Ihren Wert darf man nicht überschätzen. Sühne- und Trauerzeremonien für dumpfgefühlte, auf dem Stamme lastende Schuldhandlungen kommen vielfach vor, z. B. auch im alten Mexico, und wollen für die praktische Ethik wenig besagen.

In welcher Weise erfolgt die Vergeltung für das begangene Unrecht? Die diesseitige Strafe wurde vom König als dem Stellvertreter des (die höchste, die Todesstrafe verhängenden) Todesgotts vollzogen, wobei das Prinzip des ius talionis („Aug um Auge") in den Rechtsschriften stark hervortritt. Die ursprünglich dem Stamme zustehende Blutrache ist durch das Wergeld, das sich bereits in sehr alten Texten genannt findet, abgelöst. Die obwaltende Vorstellung ist eine hylozoïstische: das sündigende Körperglied, nicht der sündigende Wille, tragen die Schuld. Die Hinrichtungen der alten Zeit galten nicht als Strafen für die schwersten Verbrechen, die vielmehr mit der Ausstoßung aus dem Stamme (der Kaste) geahndet wurden: der Verbrecher war dämonisch „übersättigt"; die von ihm ausgehende Kraft mußte ungefährlich gemacht werden. Als besonders schwere Heimsuchung und Strafe galt der Sturz in eine Wildgrube. Derartige Fallen dürften sicherlich auch in den unaufhörlichen Kämpfen zwischen Ariern und Eingeborenen benutzt worden sein. Der Wunsch der Sänger, die Götterfeinde mögen in das tiefste Dunkel fallen, grenzt an die Totenszenerie: die trockne finstere Wolfsgrube, deren unglücklicher menschlicher Gast durch den Leib eines Raubtiers geht. Der priesterlichen Gedankenwelt war der Determinismus bereits sehr früh eigen: das vom Himmel verhängte Geschick bestimmt das Los des Einzelnen wie der Völker. Das Fatum kann aber durch Sühnehandlungen zu Gunsten der Menschen abgelenkt werden. — Der Glaube an die Vergeltung im Diesseits zeigt sich in der indischen (wie in der europäischen) Volksmeinung oft in kleinlicher Weise. Wenn jemand eine Speise erbricht, so ist sie ihm beneidet worden oder nicht auf ehrliche Weise gewonnen — so sagt der deutsche Volksglauben. In Indien wird von einem Manne erzählt, der einer Hexe einen Fisch raubte und ihn aß. Der Räuber starb. Der Fisch fand sich unversehrt in dessen Eingeweide. Solche Erzählungen sind bemerkenswert, denn sie zeigen, daß eine jenseitige Vergeltung dem Drange nach Gerechtigkeit — wenn auch in beschränktester Form — nicht genügt. Die alte Forderung, sobald als möglich, und zwar hier auf Erden, gut zu machen, was man verbrochen hat, taucht auch in den jüngsten Partien der Rechtsquellen auf. Für die Tötung eines Brahmanen soll man dessen Gewicht in Gold erstatten: das ius talionis ist hier noch nicht völlig in die Sphäre des Ersatzes durch das Wergeld herübergeglitten. Beim Morde einer Kuh soll man die Kühe auf die Weide begleiten und sie auf jede Weise bedienen, den von ihnen erregten Staub einschlürfen, sie bei Unwetter und Gefahr mit Preisgebung des eignen Lebens in Sicherheit bringen und von nichts als von ihren fünf Produkten leben. In die abendländische Gefühlswelt übertragen, würde dies etwa heißen können: wer ein Kind durch einen Zufall, an dem er sich selbst die Schuld zuschreibt, verloren hat, soll nur für Kinder leben, für sie Asyle bauen; wer im Spiel ein Kind geblendet hat, soll sich der Blindenpflege widmen u. a. m. — Der verderbliche Rückschluß von offensichtlichem Mißgeschick auf das sittliche Verhalten der Vorfahren des Trägers spannt das ethische Argument über Generationen. Dieser Schluß ist unabweislich, solange der Besitz erblich bleibt, an dem ja Glück und Unglück haftet, und so lange der Glaube existiert, daß zu dieser Erbmasse das seelische Moment im Menschen gehört. Wir finden eine solche primitive und weitverbreitete Idee in der zu den letzten Folgerungen durchgedrungenen Gestalt des „Karman", der zum Geschick gewordenen Handlung, wieder. Hier ist der enge Ring der Verkörperungen, die vom Ahn zum Nachfahrn führen, über alle Wesenheiten der Körper- und Geisteswelt verbreitert. Die Folgerung aus dieser Ausgestaltung des Seelenwanderungsglaubens muß jeden Glauben an die Früchte der sittlichen Tat vernichten. Die Kaste, in der ich geboren bin, mein Lebensglück in Beruf und Ehe, mein Geschick bei Zufälligkeiten des Lebens — alles das ist durch mein Verhalten in früheren Existenzen bestimmt. Die Volksmeinung zieht diesen Schluß nicht; das Epos glaubt an Heldengröße, Tapferkeit, Treue und Stärke im Leid als an selbsterrungenes Gut. Törichte Rückschlüsse von der körperlichen Veranlagung auf das vorausgegangene Verhalten der Schwangeren oder der männlichen Vorfahren finden sich allerdings im weitgehendsten Maße. Wenn ein Kalangi-Mädchen eine offene Wunde so schrecklich vernachlässigt, daß sich Maden in ihr bilden, so trägt sie daran insofern die Schuld, als die Sünden eines Menschen, in dem sich das Mädchen wiedergeboren hatte, dies Leiden verursachten. Wer nun der Kranken Wasser reicht, vermittelst dessen sie die Wunden ausspülen kann, greift dadurch in das göttliche Strafsystem, das mechanisch fortwirkt, ein: er selbst zieht sich eine derartige Erkrankung oder vielmehr die Sünde desjenigen, der bei dem Mädchen die Wunde verursacht hat, zu. Unter diesen Umständen ist es begreiflich, daß jenes reinigende Wasser nicht von einem, sondern mehreren Männern, gespendet wird; der Einzelne kommt dann, was Sünde und Krankheiten anlangt, weniger übel davon. — Noch erinnern wir daran, daß gerade die furchtbarsten Krankheiten als Folgen übler oder sträflicher Handlungen der Voreltern angesehen werden, so z. B. gilt die Elephantiasis als Strafe für den Bruch eines Keuschheitsgelübdes in einer früheren Existenz, offenbar, weil sie mit entsetzlicher Vergrößerung des Hodensackes verbunden sein kann. Abergläubische Vorstellungen dieser Art zu bekämpfen, ist außerordentlich schwer, da das Individualbewußtsein völlig fehlt und die Seelenwanderungslehre die volkstümlichste metaphysische Idee Indiens ist, wie die von dessen religiöser Literatur am besten vertretene. Selbst die für den weltlichen Gebrauch bestimmten Gesetzbücher setzen sie als wahr voraus; die Wiedergeburt im Leibe schmutziger Tiere und solcher Wesen, in denen der Verbrecher sich und seine Instinkte völlig „ausleben" kann, gilt ihnen als Selbstverständlichkeit: der räuberische König wird zum Tiger usw. Die vom Gesetz bei Delikten angedrohte Brandmarkung mit dem Hundefuß hat den Zweck, den Gebrandmarkten in der nächsten Existenz zum Hunde zu machen. — Die medizinische Literatur hat sich, was den Punkt der Vererbung anlangt, von der Schuldfrage ziemlich weitgehend losgemacht. Im allgemeinen ist der Kranke für sein Leiden in Person verantwortlich: äußere körperliche Einwirkungen (Verletzungen), schlechte Ernährung, seelische Insulte (Schreck) sind die Ursache der Krankheiten. Dazu kommen schlechte Gewohnheiten: Schlaf bei Tage und so weiter. — Leider haben diese vernünftigen Ideen im profanen Recht sich nicht völlig durchsetzen können; sie sind keineswegs volkstümlich. Der Blinde ist deshalb in den Augen der Masse noch immer ein Sünder, der Aussätzige sogar (nach dem klassischen Recht) nicht erbfähig. — Die Vorstellung von Himmel und Hölle als metaphysischen Vergeltungsstätten ist sehr alt und bereits in vorhistorischer Zeit unter babylonischem Einfluß in Indien entwickelt. Die Vergeltung beschränkt sich aber auf die Männerwelt. Ferner hat nur der Arier als „Götterfreund" Gutes zu erwarten; dem die arischen Götter nicht verehrenden Schwarzen ergeht es schlimm. Einzelne Verbrechen werden durch den Aufenthalt in tiefen Verließen und in Höllen, deren Insassen Blut und Eiter saufen müssen, bestraft. Der Buddhismus hat die volkstümlichen Ideen von Entrückungsstätten, von Himmeln und Höllen, in den Vordergrund gerückt, um durch die Aussicht auf Belohnung und Strafen, ohne die man die Menschheit nie wird erziehen können, zu ködern oder zu schrecken.

Wir haben das indische Denken bisher nur in die engsten traditionellen Formen eingepreßt kennen gelernt. Und doch greift es weit über diese hinaus. Nur das Übermenschliche, Ungeheuere ist das Dämonisch-Göttliche. Der von der Menge gefürchtete, bewunderte, angebetete Asket steht jenseits von Gut und Böse. Er pflegt seinen Körper nicht, kennt keine Speisegesetze, keine Gebete und religiösen Feiern. Weil die anderen Menschen auf den Füßen stehen, steht er, um das Weltgesetz in die Schranken zu fordern, zu Zeiten auf dem Kopfe. Das taten seine Vorgänger schon vor Jahrtausenden. Wenn die Mitmenschen den Genuß von Fleisch, oder gar vom Schenkel des (verachteten) Hundes verwerfen, beruft er sich auf den Angesehensten aller indischen Asketen, der in der Not sich daran vergriff. Wenn gerade das Geschlechtsleben bei den „Gesitteten" durch viele Vorschriften äußerst streng geregelt ist, so bietet er der Sitte Trotz, indem er sich obszönen Gebärden und widernatürlichen Lastern hingibt. Seine Speise ist die verfemteste — „heiligste" —: Unrat, Blut und übelriechendes Fleisch. Lasterhandlungen pervers-grauenvollster Art, im Dunkel der Nacht und einsamer Stätten vollzogen, geben diesen Titanentrotz im Zerrbilde wieder. Die Bewunderung des Übermenschen reicht über sein Grab hinaus: wo ein Raubmörder, das Mitglied einer verbrecherischen Kaste, hingerichtet wurde, bringt noch heute das Volk Gelübde dar, um vom Fieber geheilt zu werden, denn die Lebenskraft des Titanen überträgt sich von dessen Grabe aus. Man weiht ihm jetzt Tieropfer; diese sind aber nur Stellvertreter des Ritualmordes, begangen an einem mit Schnaps berauscht gemachten Kinde, das an einem benachbarten Baum unter orgiastischen Riten geschlachtet wurde. — Das indische Denken schweift zu Zeiten zurück, in denen Götter und götterähnliche Wesen, die sich um Vorschriften nicht zu kümmern brauchten, die Erde bevölkerten. Die altindische Sage, in der selbst der vergeistigtste Gott mit seiner eignen, in eine Hirschkuh verwandelten Tochter Blutschande und sodomitischen Geschlechtsumgang treibt, in der Indra wegen mehrfachen Mordes ausgestoßen wird, als Ehebrecher und Lügner fungiert, der Götterkönig Varuṇa betrügt und zur Sünde verführt, in der es von sexuellem und sonstigem Schmutz zum Himmel riecht, ist schon für Buddha der Gegenstand des Ekels und der Anfechtung gewesen. Aber man irrt, wenn man darin eine Wiederspiegelung der Volksseele, ihres religiösen Strebens und ihrer ethischen Instinkte sieht. So wenig als der Inder vier Köpfe oder sechs Arme zu haben wünscht, obwohl seine höchsten Gottheiten sie besitzen, strebt er danach, ihnen im Übermenschlichen gleich zu sein. Der furchtbare Gott, den, im Norden der Welt sitzend, die Schädelkette ziert, mag mordend über Länder, Völker und Zeiten dahingehen; ihm, dem Landmann, dem Gewerbetreibenden oder Dorfältesten, ist es auferlegt, die „Pflichten" seiner Kaste bis ins Kleinste zu befolgen. Quod licet Jovi, non licet bovi.

REGISTER

Der Aberglauben im Völkerleben

Der Aberglauben der Primitiven

Indischer Aberglauben.

Deutsche Volkskunde

Handwörterbuch des deutschen Aberglaubens. Herausgegeben unter besonderer Mitwirkung von E. Hoffmann-Krayer und Mitarbeit zahlreicher Fachgenossen von Hanns Bächtold-Stäubli. Lexikonformat.
Band I: *Aal—Butzemann.* LXXI, 1764 Spalten. 1927/1928. Subskriptionspreis RM 44.— in Halbleder geb. 52.—
Band II: *C—Frautragen.* 1778 Spalten. 1930. Subskriptionspreis RM 45.—, in Halbleder geb. 53.—
(Handwörterbuch zur deutschen Volkskunde, herausgegeben vom Verband deutscher Vereine für Volkskunde, Abteilung I.)

Handwörterbuch des deutschen Märchens. Herausgegeben unter besonderer Mitwirkung von Johannes Bolte und Mitarbeit zahlreicher Fachgenossen von Lutz Mackensen. Lexikonformat.
1. Band. Lieferung I: *Abend—Amor.* VIII, 64 Seiten. 1931. Subskriptionspreis RM 5.—
(Handwörterbuch zur deutschen Volkskunde, herausgegeben vom Verband deutscher Vereine für Volkskunde, Abteilung II.)
Lieferung II: *Amor—Aulnoy.* Seite 65—144. 1931. Subskriptionspreis RM 5.—

Die Eingeweide. Lebens- und Seelenkräfte des Leibesinnern im deutschen Glauben und Brauch. Von Ernst Bargheer. Groß-Oktav. XV, 443 Setten. Mit 8 Tafeln und 8 Abbildungen im Text. 1931. RM 28.—, in Leinen 30.—

Das Feuer im deutschen Glauben und Brauch. Von Herbert Freudenthal. Groß-Oktav. XL, 571 Seiten. Mit 11 Tafeln und 15 Textabbildungen. 1931. RM 38.—. in Leinen 40.—

Quellen zur deutschen Volkskunde. Herausgegeben von Dr. V. von Geramb, Privatdozent an der Universität Graz, und Dr. L. Mackensen, Privatdozent an der Universität Greifswald.

Erstes Heft: Arabische Berichte von Gesandten an germanische Fürstenhöfe aus dem 9. und 10. Jahrhundert. Ins Deutsche übertragen und mit Fußnoten versehen von Dr. Georg Jacob, o. Professor an der Universität Kiel. Groß-Oktav. V, 51 Seiten. 1927. RM 4.—

Zweites Heft: Die Knaffl-Handschrift, eine obersteierische Volkskunde vom Jahre 1813. Herausgegeben von Viktor von Geramb. Mit 4 einfarbigen und 4 mehrfarbigen Tafeln. 173 Seiten. 1928. RM 24 —

Drittes Heft: Volkskundliches aus Strafprozessen der österreichischen Alpenländer mit besonderer Berücksichtigung der Zauberei- und Hexenprozesse 1445 bis 1850. Herausgegegeben von Fritz Byloff. 68 Seiten. 1929. RM 8.—

Viertes Heft: Das Zerbster Passionsspiel 1507. Von Willm Reupke. VI, 65 Seiten. 1930. RM 6.—

Deutsche Volkskunde, insbesondere zum Gebrauch der Volksschullehrer. Im Auftrage des Verbandes deutscher Vereine für Volkskunde herausgegeben von John Meier. Oktav. IV, 344 Seilen. 1926. RM 10.—, in Leinen 12.—

Lehrproben zur Deutschen Volkskunde. Im Auftrage des Verbandes deutscher Vereine für Volkskunde hrsg. von John Meier. Oktav. 136 Seiten. 1928. RM 3.60, kart. 4.—

Deutsche Volkskunde im außerdeutschen Osten. Vier Vorträge von G. Brandsch, G. Jungbauer, V. Schirmunski, E. von Schwartz. Groß-Oktav. IV, 81 Seiten. 1930. RM 5.—

Jahrbuch für Volksliedforschung. Im Auftrage des Deutschen Volksliedarchivs mit Unterstützung von H. Mersmann, H. Schewe und E. Seemann herausgegeben von John Meier. I. Jahrg. 1928. RM 14.—, geb. 16.—. II. Jahrg. 1930. RM 14.—, geb. 16.—

Volkskundliche Bibliographie. Im Auftrage des Verbandes deutscher Vereine für Volkskunde herausgegeben von E. Hoffmann-Krayer. Oktav.
Für das Jahr 1917. XV, 108 Seiten. 1919. RM 2.—
Für das Jahr 1918. V, 126 Seiten. 1920. RM 2.—
Für das Jahr 1919. XVI, 142 Seiten. 1922. RM 2.—
Für das Jahr 1920. 212 Seiten. 1924. RM 6.—
Für die Jahre 1921 und 1922. XXVII, 414 Seiten. 1927. RM 18.—
Für die Jahre 1923 und 1924. XXXIII, 492 Seiten. 1929. RM 24.—

Zeitschrift für Volkskunde. Im Auftrage des Verbandes deutscher Vereine für Volkskunde mit Unterstützung von Johannes Bolte herausgegeben von Fritz Boehm. Lexikon-Oktav. Jährlich 3 Hefte im Umfang von etwa 7 Bogen. 1930. RM 18.—

Druck von J. J. Augustin in Glückstadt und Hamburg

Kolibri 360 GmbH
Ferdinand-Jühlke-Straße 7
99095 Erfurt, Deutschland
produktsicherheit@kolibri360.de